U0233835

本书为国家自然科学基金项目《消费者多源信任融合模型及政策应用研究：以安全食品为例》（项目号：71203122）、国家社会科学基金重大招标项目《食品安全风险社会共治研究》（项目号：14ZDA069）、教育部人文社科研究项目《基于微观主体行为视角的中国有机农业发展研究》（项目号：10YJC790346）和山东省社会科学基金重点项目《生猪养殖户病死猪处理行为及其引导政策研究》（项目号：16BGLJ02）的结题成果。

构建中国特色食品安全社会共治体系

Constructing a social co-governance system for food safety with Chinese characteristics

尹世久　高杨　吴林海　著

人民出版社

序　言

近年来,诸如"三聚氰胺"、"瘦肉精"、"染色馒头"、"地沟油"、"牛肉膏"、"毒豆芽"等一系列食品安全事件频繁发生,引发了社会各界对食品安全问题的普遍关注,民众对食品安全状况产生了不同程度的担忧。食品安全是一个全球性难题,发展中国家更是饱受困扰。我国作为一个发展中的人口大国,在经济体制深刻变革、利益格局深度调整的历史时期,食品安全风险更为严峻。层出不穷的食品安全事件增加了我国公众对食品安全的担忧。党和政府高度重视食品安全问题,各级政府和各部门按照习近平总书记"四个最严"的要求,全面加强食品安全工作,不断完善相关法律法规,对食品安全犯罪严惩重处,食品安全保持了"总体稳定向好"的态势,但不能否认的是,一些食品安全问题仍然没有得到很好的解决,尤其是与民众的期望和要求仍有差距。

食品安全问题关乎国计民生,要解决好食品安全问题,需要全社会共同参与。2015 年实施的《食品安全法》在总则法治化地明确了食品安全工作实行社会共治。社会共治可以克服中国面临的相对有限的行政监管资源和相对无限的监管对象之间的矛盾,充分发挥和利用多元主体的力量,弥补政府监管力量的不足、单一监管的缺陷和市场失效。从发达国家经验来看,社会共治已经成为解决食品安全问题的基本途径。从单一的政府监管走向社会共治,是我国食品安全治理的必然选择。因此,深入研究食品安全社会共治理论,系统总结我国食品安全社会共治的经验,构建中国特色的食品安全社会共治体系,具有重要的理论与现实意义。

曲阜师范大学山东省食品安全治理政策研究中心于 2015 年 4 月成立。

中心成立以来,以尹世久教授为代表的一批中青年学者怀揣社会责任感,踏踏实实地开展研究工作,致力于建立"人员开放流动、多种学科交叉、研究方向鲜明"的团队,承担了多项重要课题的研究,取得了一批"基础理论创新显著,应用对策具有实效,具有较好社会反响的标志性研究成果"。基于时代赋予学者的历史责任和研究团队对食品安全问题的长期研究,本书在借鉴西方现代治理理论的基础上,把握中国食品安全风险的基本特征与现实国情,构建中国特色的食品安全社会共治的理论分析框架,进而分别从食品安全社会共治的三大主体:政府、市场与社会的角度,研究了三类主体的典型行为特征与规律性表现,从而科学总结我国食品安全治理的现实经验。

本书至少在如下三个方面具有鲜明的研究特色:

一是实践特色。本书共19章,其中第五章、第七章以及第十章至第十九章等12章的若干研究内容均源自于实地调查,超过本书全部章节的50%。通过实地调查研究,总结实践经验,服务实践应用,保证了本书鲜明的实践特色,体现了本书努力回答社会关切的基本宗旨,更反映了尹世久教授及其研究团队根植于国情而研究中国食品安全问题的学者情怀。

二是理论特色。本书致力于构建具有中国特色的食品安全社会共治体系的理论框架,在借鉴西方理论与研究成果的基础上,在把握"全球视野"与"本土特质"两个维度的层次上进行了大胆探索,并提出了"整体性治理应该是构建理论分析框架的基本思路","理论分析框架应具有研究视角的中国特色、风险治理的实践特色、共治体系的系统特色、共治体系的开放特色",以及"治理体系与治理能力、技术保障的有机统一的特色"等一系列理论观点。

三是研究方法。本书坚持"学科交叉、特色鲜明、实证研究"的学术理念,努力采用了多学科组合的研究方法,并力图采用科学、前沿的研究工具展开研究。在食品安全现实问题的考察中采用大数据工具的研究方法,在市场与社会主体的行为考察中采用混合Logit模型等系列计量模型,这是本书最鲜明的特色,为科学地回答"食品安全风险社会共治首先'共治'什么"奠定了科学基础。

本书既是为学界同人提供有益借鉴的学术资料,也能为生产经营者、消费者与政府提供可以借鉴的食品安全信息,对探索构建多主体无缝合作的食品安全社会共治格局具有积极作用,对我国职能部门决策方式转变和决策水平提高可望具有很好的现实意义。我们衷心地感谢尹世久教授及其研究团队为中国食品安全治理所作出的努力,并由衷地祝愿曲阜师范大学山东省食品安全治理政策研究中心的研究团队能够为提升山东省乃至全国食品安全水平作出新的贡献。

马恒运①
2017 年 1 月

---

① 马恒运,河南农业大学教授、博士生导师,"长江学者"特聘教授。

目 录

序 言 ………………………………………………………………… 1

前 言 ………………………………………………………………… 1

总 论

第一章 我国食品安全风险状况的总体考察 ……………………… 3

一、食品安全相关概念的界定 …………………………… 4

二、我国主要食品种类的质量安全状况 ………………… 12

三、我国食品安全事件的总体分布、基本特征与主要成因 ………… 19

四、我国食品安全风险的现实状态与未来走势 ………… 28

第二章 食品安全社会共治的理论内涵 …………………………… 35

一、食品安全社会共治的产生背景 ……………………… 35

二、食品安全社会共治的内涵 …………………………… 37

三、食品安全社会共治运行的主要机制 ………………… 42

四、食品安全社会共治的运行逻辑 ……………………… 44

第三章 食品安全社会共治体系的理论框架 ……………………… 50

一、理论框架构建所面临的主要问题 …………………… 50

二、理论框架构建的研究视角 …………………………… 53

三、理论框架研究的总体思路 …………………………… 57

四、构建理论框架的基本内容 …………………………… 58

第四章 食品安全社会共治中政府、市场与社会的职能定位 ……… 66

一、政府与食品安全社会共治 …………………………… 66

二、生产者与食品安全社会共治 …………………………… 74

三、消费者与食品安全社会共治 …………………………… 80

四、社会力量与食品安全社会共治 ………………………… 85

上篇　食品安全社会共治中的政府力量

第五章　我国食品安全监管体制改革进展 ………………… 91

一、1949—2012 年间食品安全监管体制改革的历史演变 ………… 91

二、新一轮食品安全监管体制改革进展及其主要成效与问题 ……… 96

三、地方食品安全监管机构模式设置的论争 ……………… 109

四、地方政府食品安全监管体制改革的案例调查 ………… 116

五、进一步深化食品安全监管体制改革的政策建议 ……… 125

第六章　我国政府食品安全信息公开状况的考察 ………… 130

一、政府食品安全信息公开取得的新进展 ………………… 130

二、政府食品安全信息公开状况存在的问题 ……………… 141

三、福喜事件发生后政府食品安全信息公开的考察 ……… 145

四、社会共治背景下"互联网+"与政府食品安全信息公开的建

设重点 ………………………………………………… 150

第七章　构建食品安全风险监测、风险评估与风险交流机制 ………… 154

一、食品安全风险监测体系的持续优化 …………………… 154

二、食品安全风险评估与预警工作有序稳步开展 ………… 158

三、"十三五"期间我国食品安全风险监测与评估的发展目标

与主要任务 …………………………………………… 162

四、食品安全风险交流进展与挑战 ………………………… 165

五、食品安全风险交流与公众风险感知特征 ……………… 167

六、向社会共治转型:未来食品安全风险评估与风险交流的建

设重点 ………………………………………………… 182

第八章　食品安全检验检测体系与能力建设 ……………………… 187

一、新一轮改革后食品安全检验检测体系与能力建设的规范
性要求 ……………………………………………………… 187

二、政府食品药品检验检测机构体系与能力建设总体状况 ……… 195

三、政府食品检验检测体系与能力建设中存在的主要问题 ……… 207

四、政府食用农产品质量检测体系建设概况 ………………… 213

五、食品检验检测体系的重要缺失：市场化严重不足 ………… 216

第九章　食品安全法律体系建设 …………………………………… 220

一、中国食品安全法律体系的建设历程 …………………… 220

二、新的《食品安全法》的基本特征及其实施后产生的影响 …… 235

三、《食品安全法》配套法律法规建设的新进展 ……………… 244

四、以司法解释和典型案例解读推动食品安全法律法规的贯
彻落实 ……………………………………………………… 253

五、司法系统依法惩处食品安全犯罪的新成效 ……………… 265

六、全面落实《食品安全法》与加强食品安全法治建设的重点 …… 269

中篇　食品安全社会共治中的市场力量

第十章　食品企业安全生产行为：食品添加剂的案例 …………… 277

一、食品添加剂问题研究的理论与现实背景 ………………… 277

二、食品企业安全生产行为的描述分析 …………………… 279

三、决策实验分析法与模糊集理论的基本原理 ……………… 282

四、企业添加剂使用行为的实证分析结果与讨论 …………… 285

五、政府加强食品添加剂管理的政策选择 ………………… 288

第十一章　种植业农户安全生产行为：病虫害防治外包采纳的
案例 ………………………………………………… 290

一、研究背景与简要文献回顾 …………………………… 290

二、农户采纳病虫害防治外包的研究假设与变量设置 ……… 292

三、以山东寿光为案例的调查基本情况 ……………………… 294

四、菜农生计资产产值测算与类型划分 ………………………… 295

五、农户病虫害防治外包决策机理实证分析结果 …………… 297

六、促进农户病虫害防治外包采纳的政策建议 ……………… 301

第十二章　家庭农场安全生产行为:以绿色防控技术采纳为例 …… 303

一、研究背景与简要文献回顾 …………………………………… 303

二、家庭农场绿色防控技术采纳三阶段模型的构建 ………… 306

三、变量设置与调查基本情况 …………………………………… 309

四、影响家庭农场绿色防控技术采纳行为的主要因素 ……… 316

五、促进家庭农场绿色防控技术采纳的政策建议 …………… 321

第十三章　生猪养殖户安全生产行为:病死猪处理的案例 ……… 323

一、养殖户病死猪处理行为的调查 ……………………………… 323

二、养殖户病死猪处理行为选择模拟:基于仿真实验的方法 …… 327

三、新世纪以来我国病死猪总量估算与典型案例 …………… 344

四、病死猪流入市场的事件来源与基本特点 ………………… 347

五、病死猪流入市场的运行逻辑:基于破窗理论 …………… 350

六、病死猪流入市场的典型案例分析 …………………………… 353

七、病死猪流入市场问题的政府治理措施 …………………… 358

第十四章　食品安全治理与消费者行为:可追溯食品的消费者
　　　　　偏好 ……………………………………………………… 361

一、国内外研究简要回顾与评论 ………………………………… 362

二、消费者群体偏好的理论分析框架 …………………………… 365

三、食品案例的选择依据与具体方法 …………………………… 366

四、以河北唐山为例的调研方案设计与实施 ………………… 368

五、可追溯食品消费者偏好的模型估计结果 ………………… 369

六、促进我国可追溯食品市场发展的政策建议 ……………… 373

第十五章　食品安全治理与消费者行为:认证食品的消费者偏好 …… 375

一、消费者偏好数据收集方法及研究进展 …………………… 376

二、安全认证食品消费者偏好的理论分析框架 ……………… 379

三、实验设计与调查基本情况 ……………………………… 381

四、消费者对认证食品支付意愿的估计结果与讨论 ………… 386

五、促进我国安全认证食品市场发展的政策建议 …………… 393

第十六章　食品安全治理与消费者行为:餐饮服务量化分级管理

　　　　　的案例 …………………………………………… 395

一、餐饮服务食品安全量化分级管理的职能定位 …………… 395

二、消费者对量化分级管理及其"笑脸"标志的相关行为与评价 … 396

三、消费者依据"笑脸"标志进行就餐选择行为的实证分析 … 397

四、构建消费者广泛参与共治体系的政策改革思路 ………… 403

下篇　食品安全社会共治中的社会力量

第十七章　公众参与食品安全治理意愿与行为研究 ………… 407

一、公众参与食品安全风险治理的法理依据和现实作用 …… 407

二、公众参与食品安全治理意愿的调查分析 ………………… 411

三、食品安全的消费投诉与权益保护:基于全国消协组织等数

　　据的分析 ………………………………………………… 424

四、公众食品安全治理参与行为基本特征与政策建议 ……… 430

第十八章　社会组织参与食品安全社会共治的能力考察 …… 434

一、社会组织参与食品安全社会共治的理论与现实背景 …… 434

二、食品行业社会组织的概念界定 …………………………… 436

三、社会组织参与能力可能影响因素的理论假设 …………… 439

四、调查基本情况与样本特征描述 …………………………… 446

五、社会组织参与治理能力影响因素的实证分析结果 ……… 450

六、主要结论与研究展望 ……………………………………… 458

第十九章　村民委员会参与食品安全治理行为研究 ………… 460

一、村委会参与食品安全治理行为研究的理论与现实意义 … 460

二、参与现实治理行为测度量表的构建·····················466

三、村委会实地调查方案与统计性分析·····················468

四、村委会参与食品安全治理行为的实证模型分析·············472

五、村委会参与农村食品安全风险治理的行为路径·············477

参考文献 ··479

后 记 ··505

前　言

民以食为天，食以安为先。食品安全事关人民群众切身利益，是坚持共享发展、改善和发展民生的重要着力点，是全面建成小康社会决胜阶段的重大任务。2015年10月1日实施的《食品安全法》在总则明确了食品安全工作实行社会共治的原则。现代社会治理理论的发展，也使得构建政府、市场、社会等多主体协同的共治体系成为防范食品安全风险的必然选择。

"十三五"时期是全面建成小康社会的决胜阶段、全面深化改革的攻坚时期、全面推进依法治国的关键时期，也是全面建立严密高效、社会共治的食品安全治理体系的重要机遇期。以现代社会治理理论为指导，深刻把握和总结我国食品安全治理的实践经验，构建中国特色的食品安全社会共治体系，全面提高食品安全治理能力，是全面实施食品安全战略的重要着力点，是切实保障人民群众饮食安全的基本前提，是推进健康中国建设、全面建成小康社会的重大任务，也是时代赋予我们学者的重要理论命题。

正是基于这样的时代背景，本书在深入研究国内外文献基础上，以现代治理理论为指导，把握中国食品安全风险的基本特征与现实国情，构建食品安全社会共治的理论分析框架，进而分别从食品安全社会共治的三大主体：政府、市场与社会的角度，选取具有代表性的研究案例，研究了三类主体的典型行为特征与规律性表现，为食品安全共治体系的构建提供理论指导与实证支持。全书内容分为四个部分。第一部分为"总论"，在对我国食品安全风险状况进行总体考察的基础上，分析食品安全社会共治的产生背景与理论内涵，界定社会共治格局中三大主体：政府、市场与社会的职能定位，进而构建食品安全社会共治的理论分析框架。第二部分为"上篇：食品安全社会共治中的政府力量"，基于食品安全社会共治理论分析框架，以政府在食品安全社会共治中的职能定位为依据,总结了我国食品安全监管体制改革的进展,进而着重基于我国政府食品安全信息公开与风险交流、食品安全检验检测体系与能力建设以及食品安全法律体系建设等问题的现实考察,提出了制度安排与政策改革的可行路径。第三部分为"中篇:食品安全社会共治中的市场力量",着重分析市场的两个重要主体:生产者和消费者。在对食品生产者行为的研究中,着重关注食品企业、种植业农户与养殖业农户以及家庭农场等最具代表性生产主体,而对消费者行为的研究,着重研究消费者对安全认证食品和可追溯食品两类最具代表性的安全食品的偏好以及对餐饮服务食品安全监督量化分级管理政策的评价。第四部分为"下篇:食品安全社会共治中的社会力量",基于食品安全社会共治理论分析框架,研究了普通公众、社会组织以及村民委员会等社会主体在食品安全治理中的行为表现,归纳出社会力量参与食品安全社会共治的一般规律,进而提出了相应的建议。

本书的主要创新之处在于,以现代治理理论为指导,借鉴国际经验、总结国内实践,从中国的实际出发,正确处理政府、市场、企业与社会等方面的关系,提出具有中国特色的食品安全社会共治的理论分析框架,并用以指导实践,在实践中探究如何构建具有中国特色的食品安全社会共治体系。

当然,食品安全问题具有非常复杂的成因,任何研究皆难以提出彻底的解决方案。更由于各种客观条件的限制,本书也不可避免地存在一些问题与不足,对社会关切的一些重点与热点问题的研究尚不深刻。比如,如何构建政府、社会、企业生产经营等共同参与的食品安全风险社会共治的格局,形成具有中国特色的食品安全风险国家治理体系,使之成为国家治理体系的一个重要组成部分,显然由于比较复杂的原因而未展开深入的探讨。这不能不说是一个遗憾。我们期待在后续的研究中,能够进一步总结提炼崭新的观点。

愿本书能够为提升我国食品安全水平、保障人民健康做出积极的贡献。

尹世久　高　杨　吴林海

2016 年 12 月

总　论

第一章 我国食品安全风险
状况的总体考察

　　食品安全风险是世界各国普遍面临的共同难题①,全世界范围内的消费者普遍面临着不同程度的食品安全风险问题②,包括发达国家在内,全球每年因食品和饮用水不卫生导致约有1800万人死亡③。1999年以前美国每年约有5000人死于食源性疾病④。我国作为一个发展中的人口大国,正处于经济体制深刻变革、利益格局深度调整的特殊历史时期,食品安全风险更为严峻,食品安全事件高频率地发生。尽管我国食品安全总体水平呈现"稳中有升,趋势向好"的基本态势⑤,但不可否认的是,食品安全风险与由此引发的安全事件仍已成为我国当前最大的社会风险之一⑥。在这样的时代背景下,在对食品安全相关概念进行科学界定的基础上,全面、真实、客观地研究、分析中国食品安全的真实状况,科学评估中国食品安全风险,是食品安全治理的基本前提,也构成了本书的逻辑起点。

---

　　① M.P.M.M.De Krom,"Understanding Consumer Rationalities:Consumer Involvement in European Food Safety Governance of Avian Influenza",*Sociologia Ruralis*,Vol.49,No.1,2009,pp.1-19.

　　② Y.Sarig,"Traceability of Food Products",in Agricultural Engineering International,*the CIGR Journal of Scientific Research and Development*,Invited Overview Paper,2003.

　　③ 魏益民、欧阳韶晖、刘为军等:《食品安全管理与科技研究进展》,《中国农业科技导报》2005年第5期,第55—57页。

　　④ P.S.Mead, L.Slutsker, Dietz, V., et al., "Food-Related Illness and Death in the United States",*Emerging Infectious Diseases*,Vol.5,No.5,1999,pp.607.

　　⑤ 《张勇谈当前中国食品安全形势:总体稳定正在向好》,新华网,2011—03—01[2014—06—06],http://news.xinhuanet.com/food/2011-03/01/c_121133467.html。

　　⑥ 英国RSA保险集团发布的全球风险调查报告:《中国人最担忧地震风险》,《国际金融报》2010年10月19日。

一、食品安全相关概念的界定

食品与农产品、食品安全与食品安全风险等是本书中最重要、最基本的概念。本书在借鉴相关研究的基础上①,进一步做出科学的界定,以确保研究的科学性。

(一)食品、农产品及其相互关系

简单来说,食品是人类食用的物品。准确、科学地定义食品并对其分类并不是非常简单的事情,需要综合各种观点与中国实际,并结合本书展开的背景进行全面考量。

1. 食品的定义与分类

食品,最简单的定义是人类可食用的物品,包括天然食品和加工食品。天然食品是指在大自然中生长的、未经加工制作、可供人类直接食用的物品,如水果、蔬菜、谷物等;加工食品是指经过一定的工艺进行加工生产形成的、以供人们食用或者饮用为目的的制成品,如大米、小麦粉、果汁饮料等,但食品一般不包括以治疗为目的的药品。

1995 年 10 月 30 日起施行的《中华人民共和国食品卫生法》(在本书中简称《食品卫生法》)在第九章《附则》的第五十四条对食品的定义是:"食品是指各种供人食用或者饮用的成品和原料以及按照传统既是食品又是药品的物品,但是不包括以治疗为目的的物品"。1994 年 12 月 1 日实施的国家标准 GB/T15091—1994《食品工业基本术语》在第 2.1 条中将"一般食品"定义为"可供人类食用或饮用的物质,包括加工食品、半成品和未加工食品,不包括烟草或只作药品用的物质"。2009 年 6 月 1 日起施行的《中华人民共和国食品安全法》在第十章《附则》的第九十九条对食品的界定,与国家标准 GB/T15091—1994《食品工业基本术语》完全一致。2015 年 4 月 24 日,十二届全国人大常委会第十四次会议新修订的《食品安全法》对食品的定义由原来的"食品,指各种供人食用或者饮用的成品和原料以及按照传统既是食品又是药品的物品,但是不包括以治疗为目的的物品"修改为"食品,指各种供人食

---

① 吴林海、徐立青等编著:《食品国际贸易》,中国轻工业出版社 2009 年版。

用或者饮用的成品和原料以及按照传统既是食品又是中药材的物品,但是不包括以治疗为目的的物品",将原来定义中的"药品"调整为"中药材",但就其本质内容而言并没有发生根本性的变化。国际食品法典委员会(CAC)CO-DEXSTAN11985 年《预包装食品标签通用标准》对"一般食品"的定义是:"指供人类食用的,不论是加工的、半加工的或未加工的任何物质,包括饮料、胶姆糖,以及在食品制造、调制或处理过程中使用的任何物质;但不包括化妆品、烟草或只作药物用的物质"。

食品的种类繁多,按照不同的分类标准或判别依据,可以有不同的食品分类方法。GB/T7635.1—2002《全国主要产品分类和代码》将食品分为农林(牧)渔业产品,加工食品、饮料和烟草两大类①。其中农林(牧)渔业产品分为种植业产品、活的动物和动物产品、鱼和其他渔业产品三大类;加工食品、饮料和烟草分为肉、水产品、水果、蔬菜、油脂等类加工品;乳制品;谷物碾磨加工品、淀粉和淀粉制品,豆制品,其他食品和食品添加剂,加工饲料和饲料添加剂;饮料;烟草制品共五大类。

根据国家质量监督检验检疫总局发布的《28 类产品类别及申证单元标注方法》②,对申领食品生产许可证企业的食品分为 28 类:粮食加工品,食用油、油脂及其制品,调味品,肉制品,乳制品,饮料,方便食品,饼干,罐头食品,冷冻饮品,速冻食品,薯类和膨化食品,糖果制品,茶叶及相关制品,酒类,蔬菜制品,水果制品,炒货食品及坚果制品,蛋制品,可可及焙烤咖啡产品,食糖,水产制品,淀粉及淀粉制品,糕点,豆制品,蜂产品,特殊膳食食品,其他食品。

GB2760—2011《食品安全国家标准食品添加剂使用标准》食品分类系统中对食品的分类③,也可以认为是食品分类的一种方法。据此形成乳与乳制品,脂肪、油和乳化脂肪制品,冷冻饮品,水果、蔬菜(包括块根类)、豆类、食用菌、藻类、坚果以及籽类等,可可制品、巧克力和巧克力制品(包括类巧克力和代巧克力)以及糖果,粮食和粮食制品,焙烤食品,肉及肉制品,水产品及其制

① 中华人民共和国国家质量监督检验检疫总局:《GB/T7635.1—2002 全国主要产品分类和代码》,中国标准出版社 2002 年版。

② 《28 类产品类别及申证单元标注方法》,广东省中山市质量技术监督局网站,2008—08—20[2013—01—13],http://www.zsqts.gov.cn/FileDownloadHandle? fileDownloadId=522。

③ 中华人民共和国卫生部:《GB2760—2011 食品安全国家标准食品添加剂使用标准》,中国标准出版社 2011 年版。

品,蛋及蛋制品,甜味料,调味品,特殊膳食食用食品,饮料类,酒类及其他类,共十六大类食品。

食品概念的专业性很强,也并不是本书的研究重点。如无特别说明,本书对食品的理解主要依据 2015 年 10 月 1 日实施的《食品安全法》。

2. 农产品与食用农产品

农产品与食用农产品也是本书中非常重要的概念。2006 年 4 月 29 日第十届全国人民代表大会常务委员会第二十一次会议通过的《中华人民共和国农产品质量安全法》(在本书中简称《农产品质量安全法》)将农产品定义为"来源于农业的初级产品,即在农业活动中获得的植物、动物、微生物及其产品",主要强调的是农业的初级产品,即在农业中获得的植物、动物、微生物及其产品。实际上,农产品亦有广义与狭义之分。广义的农产品是指农业部门所生产出的产品,包括农、林、牧、副、渔等所生产的产品;而狭义的农产品仅指粮食。广义的农产品概念与《农产品质量安全法》中的农产品概念基本一致。

不同的体系对农产品分类方法是不同的,不同的国际组织与不同的国家对农产品的分类标准不同,甚至具有很大的差异。农业部相关部门将农产品分为粮油、蔬菜、水果、水产和畜牧五大类。以农产品为对象,根据其组织特性、化学成分和理化性质,采用不同的加工技术和方法,制成各种粗、精加工的成品与半成品的过程称为农产品加工。根据联合国国际工业分类标准,农产品加工业划分为以下 5 类:食品、饮料和烟草加工;纺织、服装和皮革工业;木材和木材产品,包括家具加工制造;纸张和纸产品加工、印刷和出版;橡胶产品加工。根据国家统计局分类,农产品加工业包括 7 个行业:食品加工业(含粮食及饲料加工业);食品制造业(含糕点糖果制造业、乳品制造业、罐头食品制造业、发酵制品业、调味品制造业及其他食品制造业);饮料制造业(含酒精及饮料酒、软饮料制造业、制茶业等);烟草加工业;纺织业、服装及其他纤维制品制造业;皮革毛皮羽绒及其制品业;木材加工及竹藤棕草制造业[①]。

由于农产品是食品的主要来源,也是工业原料的重要来源,因此可将农产品分为食用农产品和非食用农产品。商务部、财政部、国家税务总局于 2005 年 4 月发布的《关于开展农产品连锁经营试点的通知》(商建发〔2005〕1 号)

---

① 吴林海、钱和等:《中国食品安全发展报告(2012)》,北京大学出版社 2012 年版。

对食用农产品做了详细的注解,食用农产品包括可供食用的各种植物、畜牧、渔业产品及其初级加工产品。同样,农产品、食用农产品概念的专业性很强,也并不是本书的研究重点。如无特别说明,本书对农产品、食用农产品理解主要依据《农产品质量安全法》与商务部、财政部、国家税务总局的相关界定。

3. 农产品与食品间的关系

农产品与食品间的关系似乎非常简单,实际上并非如此。事实上,在有些国家农产品包括食品,而有些国家则是食品包括农产品,如乌拉圭回合农产品协议对农产品范围的界定就包括了食品,《加拿大农产品法》中的"农产品"也包括了"食品"。在一些国家虽将农产品包含在食品之中,但同时强调了食品"加工和制作"这一过程。但不管如何定义与分类,在法律意义上,农产品与食品两者间的法律关系是清楚的。在我国现行或新修订的《食品安全法》与《农产品质量安全法》分别对食品、农产品作出了较为明确的界定,法律关系较为清晰。

农产品和食品既有必然联系,也有一定的区别。农产品是源于农业的初级产品,包括直接食用农产品、食品原料和非食用农产品等,而大部分农产品需要再加工后变成食品。因此,食品是农产品这一农业初级产品的延伸与发展。这就是农产品与食品的天然联系。两者的联系还体现在质量安全上。农产品质量安全问题主要产生于农业生产过程中,比如,农药、化肥的使用往往会降低农产品质量安全水平。食品的质量安全水平首先取决于农产品的安全状况。进一步分析,农产品是直接来源于农业生产活动的产品,属于第一产业的范畴;食品尤其是加工食品主要是经过工业化的加工过程所产生的食物产品,属于第二产业的范畴。加工食品是以农产品为原料,通过工业化的加工过程形成,具有典型的工业品特征,生产周期短,批量生产,包装精致,保质期得到延长,运输、贮藏、销售过程中损耗浪费少等。这就是农产品与食品的主要区别。图1-1简单反映了食品与农产品之间的相互关系。

目前政界、学界在讨论食品安全的一般问题时并没有将农产品、食用农产品、食品作出非常严格的区分,而是相互交叉,往往有将农产品、食用农产品包含于食品之中的含义。在本书中除第一章、第二章分别研究食用农产品安全、生产与加工环节的食品质量安全,以及特别说明外,对食用农产品、食品也不作非常严格的区别。

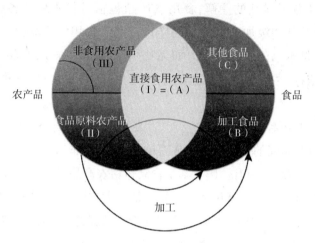

图 1-1 食品与农产品间关系示意图

（二）食品安全的内涵

食品安全问题贯穿于人类社会发展的全过程,是一个国家经济发展、社会稳定的物质基础和必要保证。因此,包括发达国家在内的世界各国政府大都将食品安全问题提升到国家安全的战略高度,给予高度的关注与重视。

1. 食品量的安全与食品质的安全

食品安全内涵包括"食品量的安全"和"食品质的安全"两个方面。"食品量的安全"强调的是食品数量安全,亦称食品安全保障,从数量上反映居民食品消费需求的能力。食品数量安全问题在任何时候都是各国特别是发展中国家首先需要解决的问题。目前,除非洲等地区的少数国家外,世界各国的食品数量安全问题从总体上基本得以解决,食品供给已不再是主要矛盾。"食品质的安全"关注的是食品质量安全。食品质的安全状态就是一个国家或地区的食品中各种危害物对消费者健康的影响程度,以确保食品卫生、营养结构合理为基本特征。因此,"食品质的安全"强调的是确保食品消费对人类健康没有直接或潜在的不良影响。

"食品量的安全"和"食品质的安全"是食品安全概念内涵中两个相互联系的基本方面。在我国,现在对食品安全内涵的理解中,更关注"食品质的安全",而相对弱化"食品量的安全"。

2. 食品安全内涵的理解

在我国对食品安全概念的理解上,大体形成了如下的共识。

（1）食品安全具有动态性。现行的《食品安全法》)在第九十九条与新修订的《食品安全法》在第 150 条对此的界定完全一致："食品安全,指食品无毒、无害,符合应当有的营养要求,对人体健康不造成任何急性、亚急性或者慢性危害。"纵观我国食品安全管理的历史轨迹,可以发现,上述界定中的无毒、无害,营养要求,急性、亚急性或者慢性危害在不同的年代衡量标准不尽一致。不同标准对应着不同的食品安全水平。因此,食品安全首先是一个动态概念。

（2）食品安全具有法律标准。进入 20 世纪 80 年代以来,一些国家以及有关国际组织从社会系统工程建设的角度出发,逐步以食品安全的综合立法替代卫生、质量、营养等要素立法。1990 年英国颁布了《食品安全法》,2000年欧盟发表了具有指导意义的《食品安全白皮书》,2003 年日本制定了《食品安全基本法》。部分发展中国家也制定了《食品安全法》。以综合型的《食品安全法》逐步替代要素型的《食品卫生法》、《食品质量法》、《食品营养法》等,反映了时代发展的要求。同时,也说明了在一个国家范畴内食品安全有其法律标准的内在要求。

（3）食品安全具有社会治理的特征。与卫生学、营养学、质量学等学科概念不同,食品安全是个社会治理概念。不同国家在不同的历史时期,食品安全所面临的突出问题和治理要求也有所不同。在发达国家,食品安全所关注的主要是因科学技术发展所引发的问题,如转基因食品对人类健康的影响;而在发展中国家,现阶段食品安全所侧重的则是由市场经济发育不成熟所引发的问题,如假冒伪劣、有毒有害食品等非法生产经营。在我国,食品安全问题则基本包括上述全部内容。

（4）食品安全具有政治性。无论是发达国家,还是发展中国家,确保食品安全是企业和政府对社会最基本的责任和必须做出的承诺。食品安全与生存权紧密相连,具有唯一性和强制性,属于政府保障或者政府强制的范畴。而食品安全等往往与发展权有关,具有层次性和选择性,属于商业选择或者政府倡导的范畴。近年来,国际社会逐步以食品安全的概念替代食品卫生、食品质量的概念,更加凸显了食品安全的政治责任。

基于以上认识,完整意义上的食品安全概念可以表述为:食品(食物或农产品)的种植、养殖、加工、包装、贮藏、运输、销售、消费等活动符合国家强制标准和要求,不存在可能损害或威胁人体健康的有毒有害物质以导致消费者病亡或者危及消费者及其后代的隐患。食品安全概念表明,食品安全既包括生产安全,也包括经营安全;既包括结果安全,也包括过程安全;既包括现实安全,也包括未来安全。本书的研究主要依据新修订的《食品安全法》)对食品安全所作出的原则界定,且关注与研究的主题是"食品质的安全"。在此基础上,基于现有的国家标准,分析研究我国食品质量安全的总体水平等。需要指出的是,为简单起见,如无特别的说明,在本书中,食品质的安全、食品质量安全与食品安全三者的含义完全一致。

(三)食品安全风险与食品安全事件(事故)

1. 食品安全风险

风险(Risk)为风险事件发生的概率与事件发生后果的乘积[①]。联合国化学品安全项目中将风险定义为暴露某种特定因子后在特定条件下对组织、系统或人群(或亚人群)产生有害作用的概率[②]。由于风险特性不同,没有一个完全适合所有风险问题的定义,应依据研究对象和性质的不同而采用具有针对性的定义。对于食品安全风险,FAO(Food and Agriculture Organization,联合国粮农组织)与 WHO(World Health Organization,世界卫生组织)于 1995—1999 年先后召开了三次国际专家咨询会[③]。国际法典委员会(Codex Alimentarius Commission,CAC)认为,食品安全风险是指将对人体健康或环境产生不良效果的可能性和严重性,这种不良效果是由食品中的一种危害所引起的[④]。食品安全风险主要是指潜在损坏或威胁食品安全和质量的因子或因素,这些因素包括生物性、化学性和物理性[⑤]。生物性危害主要指细菌、病毒、真菌等能产生毒素微生物组织,化学性危害主要指农药、兽药残留、生长促进剂和污染物,违规或违法添加的添加剂;物理性危害主要指金属、碎屑等各种各样的外来杂质。相对于生物性和化学性危害,物理性危害相对影响较小[⑥]。由于

---

① L.B.Gratt,*Uncertainty in Risk Assessment*,*Risk Management and Decision Making*,New York:Plenum Press,1987,p.254.

② 石阶平:《食品安全风险评估》,中国农业大学出版社 2010 年版。

③ FAO Food and Nutrition Paper,"Risk Management and Food Safety",*Rome*,1997.

④ FAO/WHO,*Codex Procedures Manual*,10th edition,1997.

⑤ Anonymous,*A Simple Guide to Understanding and Applying the Hazard Analysis Critical Control Point Concept*(2nd edition),International Life Sciences Institute(ILSI) Europe,Brussels,1997,pp.13.

⑥ N.I.Valeeva, M.P.M.Meuwissen, Huirne, R.B.M., "Economics of Food Safety in Chains: A Review of General Principles", *Wageningen Journal of Life Sciences*, Vol.51, No.4, 2004, pp.369-390.

技术、经济发展水平差距,不同国家面临的食品安全风险也不同。因此需要建立新的识别食品安全风险的方法,集中资源解决关键风险,以防止潜在风险演变为实际风险并导致食品安全事件①。而对食品风险评估,FAO 作出了内涵性界定,主要指对食品、食品添加剂中生物性、化学性和物理性危害对人体健康可能造成的不良影响所进行的科学评估,包括危害识别、危害特征描述、暴露评估、风险特征描述等。目前,FAO 对食品风险评估的界定已为世界各国所普遍接受。在本书的分析研究中将食品安全风险界定为对人体健康或环境产生不良效果的可能性和严重性。

2. 食品安全事件(事故)

在新现行的《食品安全法》中均没有"食品安全事件"这个概念界定,但对"食品安全事故"作出了界定。现行的《食品安全法》在第十章《附则》的第九十九条界定了食品安全事故的概念,而新修订的《食品安全法》作了微调,由原来的"食品安全事故,指食物中毒、食源性疾病、食品污染等源于食品,对人体健康有危害或者可能有危害的事故",修改为"食品安全事故,指食源性疾病、食品污染等源于食品,对人体健康有危害或者可能有危害的事故"。也就是新修订删除了现行法律条款中的"食物中毒"这四个字,而将"食品中毒"增加到了食源性疾病的概念中。新修订中的"食源性疾病",指食品中致病因素进入人体引起的感染性、中毒性等疾病,包括食物中毒。

目前,我国包括主流媒体对食品安全出现的各种问题均使用"食品安全事件"这个术语。"食品安全事故"与"食品安全事件"一字之差,可以认为两者之间具有一致性。但深入分析现阶段国内各类媒体所报道的"食品安全事件",严格意义上与现行或新修订的《食品安全法》对"食品安全事故"是不同的,而且区别很大。基于客观现实状况,本书采用"食品安全事件"这个概念,并在第十五章中就此展开了严格的界定。本书主要从狭义、广义两个层次上来界定食品安全事件。狭义的食品安全事件是指食源性疾病、食品污染等源于食品、对人体健康存在危害或者可能存在危害的事件,与《食品安全法》所指的"食品安全事故"完全一致;而广义的食品安全事件既包含狭义的食品安全事件,同时也包含社会舆情报道的且对消费者食品安全消费心理产生负面

---

① G.A.Kleter,H.J.P.Marvin,"Indicators of Emerging Hazards and Risks to Food Safety",*Food and Chemical Toxicology*,Vol.47,No.5,2009,pp.1022-1039.

影响的事件。除特别说明外,本书研究中所述的食品安全事件均使用广义的概念。

本书的研究与分析尚涉及到诸如食品添加剂、化学农药、农药残留等其他一些重要的概念与术语,在《食品安全法》中也有一些修改,但由于篇幅的限制,在此不再一一列出。

二、我国主要食品种类的质量安全状况

为把握我国食品质量安全的总体现状,本书基于农业部农产品质量安全例行监测数据和国家食品药品监督管理总局(以下简称"国家食药总局")在全国范围内组织的抽检数据,以 2015 年数据为重点,并适当结合往年数据,动态分析我国主要食品种类的质量安全状况。

(一)基于例行监测数据的主要食用农产品质量安全状况

近年来,农业部持续在全国开展大规模农产品质量安全例行监测。2015 年农业部在全国 31 个省(区、市)152 个大中城市组织开展了 4 次农产品质量安全例行监测①,共监测 5 大类产品 117 个品种 94 项指标。

1. 主要食用农产品监测合格率总体状况

2015 年的例行监测,共抽检样品 43998 个,总体合格率为 97. 1%。其中,蔬菜、水果、茶叶、畜禽产品和水产品例行监测合格率分别为 96. 1%、95. 6%、97. 6%、99. 4% 和 95. 5%。"十二五"期间,我国蔬菜、畜禽产品和水产品例行监测合格率总体分别上升 3. 0、0. 3 和 4. 2 个百分点,均创历史最好水平。食用农产品例行监测总体合格率自 2012 年首次公布该项统计以来连续 4 年在96% 以上的高位波动,质量安全总体水平呈现"波动上升"的基本态势,但是不同品种农产品的质量安全水平不一②。

2. 主要食用农产品的监测合格率

本书主要介绍蔬菜、水果、茶叶、畜禽产品和水产品五类主要食用农产品的例行监测合格率及其动态变化。

---

① 目前农业部例行监测的范围为各省、自治区、直辖市和计划单列市约 153 个大中城市,其中各省和自治区抽检省会城市和 2 个地级市,地级市每隔 2—3 年均要进行调整。

② 数据来源于农业部关于农产品质量安全检测结果的有关公报、通报等。

（1）蔬菜。农业部蔬菜质量主要监测各地生产和消费的大宗蔬菜品种。对蔬菜中甲胺磷、乐果等农药残留例行监测结果显示，2015 年蔬菜的检测合格率为 96.1%，较 2014 年下降 0.2 个百分点，但较 2005 年大幅提高了 4.7 个百分点。总体来看，自 2006 年以来持续呈现出良好势头，农药残留超标情况明显好转，并且自 2008 年以来，全国蔬菜产品抽检合格率连续 8 年保持在 96.0% 以上的高位波动，其中 2012 年检测合格率达到峰值，2013 年、2014 年、2015 年检测合格率略有下降，这表明我国蔬菜农药残留超标状况得到有效遏制。未来随着农药残留监测标准的严格实施、农产品监管部门力度的持续强化，稳步提高蔬菜产品质量安全水平仍有较大的空间。

（2）畜产品。农业部对畜禽产品主要监测猪肝、猪肉、牛肉、羊肉、禽肉和禽蛋。对畜禽产品中"瘦肉精"以及磺胺类药物等兽药残留开展的例行监测结果显示，2015 年畜禽产品的监测合格率为 99.4%，较 2014 年提高 0.2 个百分点，较 2005 年提高了 2.0 个百分点，自 2009 年起已连续 7 年在 99% 以上的高位波动。这表明我国畜禽产品质量安全一直保持在较高水平。其中，备受关注的"瘦肉精"污染物的监测合格率为 99.9%[1]，比 2013 年又提升了 0.2 个百分点，连续 8 年稳中有升，城乡居民普遍关注的生猪瘦肉精污染问题基本得到控制并逐步改善。

（3）水产品。农业部对水产品主要监测对虾、罗非鱼、大黄鱼等 13 种大宗水产品。对水产品中的孔雀石绿、硝基呋喃类代谢物等开展的例行监测结果显示，水产品合格率自 2006 年开始上升，到 2009 年达到高峰 97.2%，但自 2012 年开始，连续两年下降至 93.6%，2015 年水产品检测合格率为 95.5%，较 2014 年提高了 1.9 个百分点。虽在一定程度上受到监测范围扩大、参数增加等因素影响，水产品合格率自 2006 年开始上升，到 2009 年达到高峰 97.2%，但合格率为 2008 年以来的最低值且连续三年低于 96%，在五大类农产品中合格率位列最低。这也表明，我国水产品质量安全水平稳定性不足，总体质量"稳中向好"态势有所逆转，应该引起水产品从业者以及农业监管部门的高度重视。

（4）水果。农业部对水果中的甲胺磷、氧乐果等农药残留开展的例行监

---

① 2012 年"瘦肉精"的数据为 2015 年上半年国家农产品质量安全例行监测数据。参见《2015 年上半年中国农产品总体合格率为 96.2%》，2015—06—16［2016—07—01］，http://finance.sina.com.cn/money/future/20150616/081622442569.shtml。

测结果显示,2015 年水果的合格率为 95.6%,较 2014 年下降 1.2 个百分点,较 2009 年首次纳入检测时仍回落了 2.4 个百分点。总体来看,自 2009 年以来(2010 年、2011 年数据未公布),我国水果合格率相对比较平稳,检测合格率一直在 95%以上的高位波动,这表明我国水果质量安全状况虽然总体平稳向好,但仍有一些问题需要解决。

(5)茶叶。对茶叶中的氟氯氰菊酯、杀螟硫磷等农药残留开展的例行监测结果显示,2015 年茶叶的合格率为 97.6%,较 2014 年提高 2.8 个百分点,近四年茶叶合格率的波动幅度远高于其他大类产品。这表明我国茶叶质量安全水平仍不稳定,质量提升有较大的空间。

(二)加工制造环节食品质量国家抽查状况

为进一步科学统筹食品安全的监督抽检工作,更好地分析利用海量数据,更为准确、全面地把握全国食品安全的整体状况,2015 年国家食药总局进一步完善了监督抽检工作,按照统一制定计划,统一组织实施,统一数据汇总,统一结果利用"四统一"的要求全面展开监督抽检,并且突出重点品种、重点区域、重点场所和高风险品种的监督抽检力度,监督抽检涵盖了 25 类食品大类(包含保健食品和食品添加剂,下同),抽样对象覆盖了大陆地区各省、自治区与直辖市的所有获证生产企业。与此同时,按照国家、省、市、县四级体系明确监督抽检的分工体系,科学配置相关监管资源,统一按照企业规模、业态形式、检验项目等确定抽检对象和内容,最大程度地防范了系统性、区域性的食品安全风险①。

1. 抽查的总体状况

2015 年,国家食药总局在全国范围内组织抽检了 172 310 批次食品样品,其中检验不合格样品 5 541 批次,样品合格率为 96.8%,比 2014 年提升了 2.1%。在抽检的 25 大类食品中,粮、油、肉、蛋、乳等大宗日常食品合格率均接近或高于 96.8%的平均水平。图 1-2 的数据表明,国家质量抽查合格率的总水平由 2006 年的 77.9%上升到 2015 年的 96.8%,提高了 18.9%。2010 年以来,国家质量抽查合格率一直稳定保持在 95.0%以上。

---

① 需要说明的是,本章节中 2012 年及以前的国家质量抽检合格率等数据来源于国家质检总局,2013 年以后数据均来源于国家食药总局。

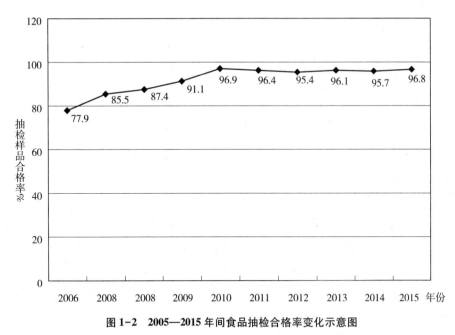

图 1-2 2005—2015 年间食品抽检合格率变化示意图

资料来源:2005—2012 年的数据来源于中国质量检验协会官方网站,2013—2015 年的数据来源于国家
食品药品监督管理总局官方网站。

从不合格样品的地域分布来看,2015 年,国家食药总局在各省、自治区、直辖市抽检的不合格样品,其生产企业主要位于广东省、山东省、四川省、湖南省和浙江省,这些省域企业生产的不合格食品数量占当年抽检样品不合格数量的 5%以上;其后分别为广西省、河南省、安徽省、陕西省、吉林省、江苏省、江西省、山西省、黑龙江省和河北省,这些省域企业生产的不合格食品数量占当年抽检样品不合格数量的 3%—5%;而福建省、辽宁省、新疆维吾尔自治区、重庆市、湖北省、甘肃省、内蒙古自治区、贵州省和上海市的企业抽检样品不合格数量占当年样品抽检总量的 1%—3%;北京市、宁夏回族自治区、天津市、云南省和海南省企业生产的不合格食品样品占当年样品抽检总量的 1%以下。

2. 主要大类食品抽查合格率

在抽检的 25 个大类食品中,粮、油等大宗日常食品消费品合格率均接近或高于 96.8%的平均水平。2015 年国家监督抽检合格率为 99.5%及以上的品种分别是食品添加剂和乳制品,居前两位,其后是茶叶及其相关制品和咖啡、糖果及可可制品,均为 99.3%。而合格率最低的食品品种为饮料和冷冻饮品,均仅达到 94.1%。焙烤食品以 94.8%的合格率,水果及其制品、水产及水产制品均以95.3%的合格率同样排位较后。与2014年相比,25类食品中有19类抽检合格率有所提升,其中豆类及其制品、餐饮食品和酒类合格率提高的幅度较大。虽然饮料样品合格率也有较大的提升,但与其他品种相比,合格率仍然垫底,值得相关监管部门重视。

(1)粮食及其粮食制品。2015年,共抽检粮食及其粮食制品样品23 942批次,样品合格数量23 301批次,不合格样品数量641批次,合格率达到97.3%。抽检覆盖104 470个企业产品样品,主要包括大米、小麦粉、粉丝粉条等淀粉制品、米粉制品、速冻面米食品(水饺、汤圆、元宵、馄饨、包子、馒头等)及方便食品等。大米制品的合格率较高,达到99.9%;其次分别为小麦粉、方便食品和生湿面制品,均达到98.5%以上的合格率。紧随其后的是速冻米面食品和米粉制品,两者合格率分别为97.3%和97.0%,而玉米粉合格率仅96.2%为最低,究其原因,主要是霉菌、大肠菌群、黄曲霉毒素B1超过标准值。粉丝粉条则以96.3%的合格率位居粮食及其制品样品抽检合格率的倒数第二,其主要不合格项目是铝含量超标。需要指出的是,与2014年方便食品的抽检合格率仅为93.75%相比,在2015年其合格率有了明显提高。

(2)食用油、油脂及其制品。2015年,共抽检食用油、油脂及其制品样品为9 510批次,抽检项目达到19项,样品合格数量为9 329批次,合格率达到98.1%。主要为食用植物油,涉及品种有芝麻油、花生油、调和油、大豆油、菜籽油和玉米油、葵花籽油、棉籽油和山茶油等。其中玉米油样品抽检合格率最高,达到99.9%,棉籽油样品抽检合格率最低为93.0%。其他品种的合格率由高到低依次为调和油99.8%、大豆油99.0%、芝麻油98.6%、花生油98.2%、葵花籽油97.3%和山茶油97.3%。这些样品主要抽检不合格项目为过氧化值、溶剂残留量、苯并(a)芘、酸值、黄曲霉毒素B1等超标。需要指出的是,虽然棉籽油抽检样品仅有57个,但其中就有4个产品样品不合格。针对棉籽油生产企业的监管显然需要进一步加强。

(3)肉及肉制品。2015年,共抽检肉及肉制品样品18 344批次,覆盖47个抽检项目中的13 819个产品样品,合格率96.6%。其中抽检样品主要包括酱卤肉制品、腌腊肉制品、熏烧烤肉制品、熏煮香肠火腿制品和熟肉干制品等食品类别。其中熏煮香肠火腿制品样品抽检合格率最高,为98.4%,其后分别为酱卤肉制品的97.9%、腌腊肉制品的97.5%、熟肉干制品的97.4%和熏烧烤肉制品的97.0%。与2014年相比,除了腌腊肉制品抽检合格率有所下降以外,其余类别均有所上升,其中虽然熏煮香肠火腿制品的抽检合格率提升明显,但仍然在肉及肉制品类别中位居最末。

(4)蛋及蛋制品。2015年,共抽检蛋及蛋制品样品2 339批次,样品合格数量达到2 291批次,合格率为97.9%。主要包括鲜蛋,其他再制蛋、皮蛋(松花蛋)、干蛋类、冰蛋类等。其中鲜蛋合格率与2014年一致,仍为100%,其他再制蛋抽检合格率为99.4%,比2014年提升1.15%,皮蛋(松花蛋)抽检合格率最低,为97.6%,比2014年99.3%的合格率下降明显。抽检不合格项目主要是菌落总数超标。

(5)蔬菜及其制品。2015年,共抽检蔬菜及其制品样品5 482批次,样品合格数量为5 241批次,合格率达到95.6%。主要涉及酱腌菜、蔬菜干制品(自然干制品、热风干燥蔬菜、冷冻干燥蔬菜、蔬菜脆片、蔬菜粉及制品)、食用菌制品等。其中酱腌菜样品抽检合格率最低,仅为93.3%,抽检不合格项目主要是苯甲酸、大肠菌群、环己基氨基磺酸钠(甜蜜素)等超标。蔬菜干制品样品抽检合格率为最高的97.3%,抽检不合格项目主要是总砷、铅、镉等超标,干制食用菌样品抽检合格率是95.8%,抽检不合格项目主要是镉、二氧化硫等超标。

(6)水果及其制品。2015年,共抽检水果及其制品样品4 615批次,涵盖了42个抽检项目,不合格样品数量215批次,合格率为95.3%。主要包括蜜饯、水果干制品、果酱等。其中蜜饯制品样品抽检合格率最低,为92.5%,不合格项目主要是环己基氨基磺酸钠(甜蜜素)、二氧化硫残留量、糖精钠、苯甲酸等超标。水果干制品样品抽检合格率为94.2%,主要在菌落总数、苯甲酸、山梨酸等项目超标。而果酱样品抽检合格率最高,为98.4%。针对蜜饯制品生产企业的监管力度有待进一步加强。

(7)水产品及水产制品。2015年,共抽检水产品及水产制品样品6 560批次,不合格样品数量为309批次,合格率达到95.3%。抽检的水产品及水产制品范围主要包括淡水鱼虾类、海水鱼虾类、熟制动物性水产品(可直接食用)、其他动物性水产干制品、其他盐渍水产品等。其中,其他盐渍水产品样品抽检合格率最低,为90.1%,不合格项目主要是明矾(以铝计)超标。而其他动物性水产干制品样品抽检合格率最高,达到96.2%,不合格项目主要是山梨酸、亚硫酸盐(以二氧化硫残留量计)超标。另外熟制动物性水产品(可直接食用）样品抽检合格率为95.8%，主要是因为大肠菌群、金黄色葡萄球菌、菌落总数等指标超出国家标准。海水鱼虾类样品抽检合格率为95.2%，不合格项目主要是为恩诺沙星（以恩诺沙星与环丙沙星之和计）、呋喃西林代谢物、孔雀石绿、喹乙醇（以3-甲基喹啉-2-羧酸计）超标。淡水鱼虾类样品抽检合格率93.1%，主要是由于恩诺沙星（以恩诺沙星与环丙沙星之和计）、孔雀石绿、呋喃西林代谢物、呋喃唑酮代谢物、土霉素等指标超标。

（8）饮料。2015年，共抽检饮料样品13 507批次，涉及56个抽检项目，不合格样品数量802批次，合格率为94.1%。抽检的饮料主要包括饮用纯净水、天然矿泉水、其他瓶（桶）装饮用水、果蔬汁饮料、碳酸饮料（汽水）、含乳饮料、茶饮料、其他蛋白饮料（植物蛋白饮料、复合蛋白饮料）等。主要不合格项目为亚硝酸盐、酵母、霉菌、溴酸盐、蛋白质、电导率、高锰酸钾消耗量、游离氯、大肠菌群、界限指标—偏硅酸、界限指标—锶、铜绿假单胞菌、余氯等。其中天然矿泉水中铜绿假单胞菌超标尤其应受到关注。在抽检饮料中，饮用纯净水合格率为91.8%，为饮料类样品抽检合格率最低，其次由低到高分别为：其他瓶（桶）装饮用水样品抽检合格率为92.7%，天然矿泉水样品抽检合格率为96.2%，其他蛋白饮料（植物蛋白饮料、复合蛋白饮料）样品抽检合格率99.0%，含乳饮料样品抽检合格率99.6%，而果蔬汁饮料、碳酸饮料（汽水）和茶饮料样品抽检合格率均为100%。

（9）调味品。2015年，共抽检调味品数量达到11495批次，不合格数量为361批次，合格率为96.9%。包括酱油、食醋、味精和鸡精调味料、固态调味料、半固态调味料等均受到抽检。其中酱油样品抽检合格率96.3%，食醋样品抽检合格率97.3%，味精和鸡精调味料样品抽检合格率98.9%，固态调味料样品抽检合格率94.5%，半固态调味料样品抽检合格率96.7%。显然，调味品中固态调味料质量有待进一步提升，而味精和鸡精调味料样品抽检合格率在调味品中排名最高。

（10）酒类。2015年，酒类样品抽检数量达到15 963批次，合格数量为12 705批次，合格率达到79.6%。抽检主要涉及白酒、黄酒、啤酒、葡萄酒及果酒和其他发酵酒等。其中白酒样品抽检合格率为96.1%，不合格项目主要为酒精度、固形物、氰化物、甜蜜素、糖精钠、安赛蜜等超标。黄酒样品抽检合格率97.5%，啤酒样品抽检合格率100%，葡萄酒样品抽检合格率97.9%，果酒样品抽检合格率 95.6%,其他发酵酒样品抽检合格率 97.2%。抽检中发现,果酒样品、白酒样品的质量需要引起高度重视。

(11)焙烤食品。2015 年,抽检焙烤食品样品为 7 672 批次,其中 402 批次不合格,合格率为 94.8%。抽检样品主要包括糕点、饼干、粽子、月饼等。其中粽子和月饼抽检合格率较高,分别为 100.0% 和 97.2%,面包样品抽检合格率为焙烤食品样品中最低,合格率为 92.3%,而糕点和饼干样品抽检合格率分别为 94.5% 和 94.6%。检出焙烤食品样品不合格的检测项目主要为菌落总数。

(12)茶叶及其相关制品、咖啡。2015 年,共抽检茶叶及其相关制品、咖啡样品 3 605 批次,涉及 28 个抽检项目,合格率 99.3%。抽检样品主要包括茶叶、代用茶、速溶茶类和其他含茶制品,抽检结果显示,茶叶样品合格率为 98.8%,代用茶样品抽检合格率为 97.3%,主要问题是铅含量超标。而速溶茶类、其他含茶制品样品抽检合格率则均为 100%。

(13)特殊膳食食品。2015 年,特殊膳食食品样品抽检 4 063 批次,涉及 67 个抽检项目,163 批次不合格,样品合格率 96.0%。抽检样品主要包括婴幼儿配方食品、婴幼儿谷类辅助食品等。其中婴幼儿配方食品样品抽检合格率 99.3%,而婴幼儿谷类辅助食品样品抽检合格率仅为 91.5%,主要不合格项目为钠、维生素 A、维生素 B2、烟酸、菌落总数等指标不符合国家标准,相关生产企业的食品质量安全需要引起重视。

(14)食品添加剂。2015 年,各省(区、市)局共新颁发食品添加剂生产许可证 217 张。截至 2015 年 11 月底,全国共有食品生产许可证 170 195 张,食品添加剂生产许可证 3 349 张,食品添加剂生产企业 3 288 家。2015 年,针对食品添加剂生产企业共抽检食品添加剂样品 2 476 批次,抽检样品合格率 99.6%。主要包括食品用香精和明胶、复配食品添加剂等。其中食品用香精样品抽检合格率为 99.8%,明胶样品抽检合格率为 99.0%,而复配食品添加剂样品抽检合格率为 100.0%。

三、我国食品安全事件的总体分布、 基本特征与主要成因

我们采用自主研发的食品安全事件大数据监测平台 Data Base V1.0 版本

进行数据抓取并建立数据库,剔除事件发生的时间、地点、过程不详与相同或相似的食品安全事件,最终由大数据挖掘工具自动筛选确定在 2015 年 1 月 1 日—2015 年 12 月 31 日期间发生的具备明确的发生时间、清楚的发生地点、清晰的事件过程等"三个要素"的 26 231 起食品安全事件(以下简称事件)。为进一步分析食品安全状况的动态变化,我们又进一步抓取 2006 年 1 月 1 日—2015 年 12 月 31 日共十年间的事件,对十年来食品安全事件的总体特征进行了分析。

(一)2015 年食品安全事件的总体分布

食品安全事件总体分布状况的分析,主要是利用大数据挖掘工具所收集的数据,从食品安全事件发生的时间分布、发生的主要环节、风险因子分布等方面来展开说明。

1. 主要环节分布

食品供应链体系可以分为生产源头、加工与制造、运输与流通、销售与消费等主要环节。采用大数据挖掘工具可计算获得,2015 年在供应链主要环节发生的食品安全事件的数量分布。表 1-1 显示,2015 年发生的食品安全事件主要集中于加工与制造环节,约占总量的 67.19%,其次分别是销售与消费、生产源头、运输与流通环节,事件发生量分别占总量的 20.84%、6.97%、5.00%。

其中,销售与消费环节以餐饮消费的事件最多,占事件总量的 10.75%。在生产源头环节中,发生在养殖环节的食品安全事件数量大于种植环节,说明我国畜牧业产品的生产源头问题值得重视。在运输与流通环节中,运输过程发生的食品安全事件数量大于仓储环节的发生数,主要反映出食品运输过程中冷链技术缺失且物流系统的管理水平有待提升。

与 2014 年相比较,2015 年各环节发生的食品安全事件占比基本平稳,上浮或下降的比例较小,波动最大的为餐饮消费环节,上浮 0.76,其余各环节占比波动均小于 0.5。这说明近年来我国发生的食品安全事件在各环节的分布具有较为稳定的惯性。

表1-1　2015年食品安全事件在主要环节的分布与占比（单位：起、%）

环节	关键词	2015年		2014年	2015年较2014年
		频数（起）	占比（%）	占比（%）	升/降
原料环节	种植	926	2.92	3.09	↓0.17
	养殖	1 283	4.05	3.92	↑0.13
加工环节	生产	10 864	34.28	34.22	↑0.05
	加工	5 632	17.77	18.02	↓0.25
	包装	4 798	15.14	15.57	↓0.43
流通环节	仓储	273	0.86	0.70	↑0.16
	运输	1 313	4.14	4.07	↑0.07
销售	批发	2 183	6.89	7.00	↓0.11
	零售	1 015	3.20	3.42	↓0.22
	餐饮	3 406	10.75	9.98	↑0.76

注：因同一食品安全事件可以发生在多个环节，故频数总和大于食品安全事件发生数量。

2. 风险因子分布

食品安全事件中风险因子主要是指包括微生物种类或数量指标不合格、农兽药残留与重金属超标、物理性异物等具有自然特征的食品安全风险因子，以及违规使用（含非法或超量使用）食品添加剂、非法添加违禁物、生产经营假冒伪劣食品等具有人为特征的食品安全风险因子。在2015年发生的食品安全事件中，由于违规使用食品添加剂、生产或经营假冒伪劣产品、使用过期原料或出售过期产品等人为特征因素造成的食品安全事件占事件总数的51.16%。相对而言，自然特征的食品安全风险因子导致产生的食品安全事件相对较少，占事件总数的48.84%。图1-3显示，在人为特征的食品安全风险因子中违规使用添加剂导致的食品安全事件数量较多，占到事件总数的19.08%，其他依次为造假或欺诈（16.17%）、使用过期原料或出售过期食品（6.62%）、无证无照生产或经营食品（5.15%）、非法添加违禁物（4.15%）等。在自然特征的食品安全风险因子中，农药兽药残留超标产生的食品安全事件最多，占到事件总数的15.68%，其余依次为微生物种类或数量指标不合格（14.15%）、重金属超标（14.14%）、物理性异物（4.86%）等。由此可见，在

2015 年我国发生的食品安全事件,虽然也有技术不足、环境污染等方面的原因,但更多的是由生产经营主体不当行为、不执行或不严格执行已有的食品技术规范与标准体系等违规违法行为等人源性因素造成的。人源性风险占主体的这一基本特征将在未来很长一个历史时期继续存在,难以在短时期内发生根本性改变,由此决定了我国食品安全风险防控的长期性与艰巨性。

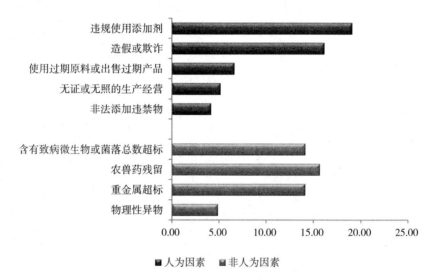

图 1-3 2015 年发生的食品安全事件的风险因子分布与占比(单位:%)

3. 主要食品种类

从食品种类视角,分析在 2015 年主要发生的事件数量所涉及的主要食品(图 1-4)。事件发生的数量排名前五位的食品种类(该类食品安全事件数量,该类食品安全事件数量占所有食品安全事件数量的百分比)分别为肉与肉制品(2 600 起,9.91%)、酒类(2 272 起,8.66%)、水产与水产制品(2 143 起,8.17%)、蔬菜与蔬菜制品(2 035 起,7.76%)、水果与水果制品(1 878 起,7.16%);排名最后五位的食品种类分别为蛋与蛋制品(45 起,0.17%)、可可及焙烤咖啡产品(166 起,0.63%)、罐头(187 起,0.71%)、食糖(193 起,0.74%)、冷冻饮品(199 起,0.76%)。

与 2014 年相比较,2015 年发生的事件中涉及的食品种类增长(或降低)的百分比如图 1-5 所示,其中增长最多的为薯类和膨化食品,增长 54.90%;其次为炒货食品及坚果制品,增长 54.26%;降低最多的为可可及焙炒咖啡产品,下降 35.91%;其次为豆制品,下降 22.61%。

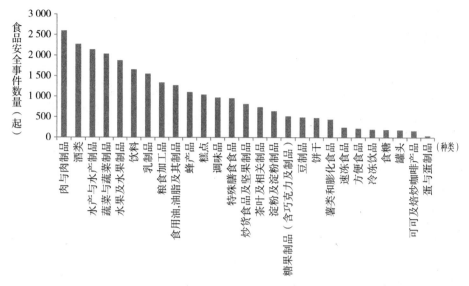

图1-4 2015年发生的食品安全事件所涉及的食品种类(单位:起)

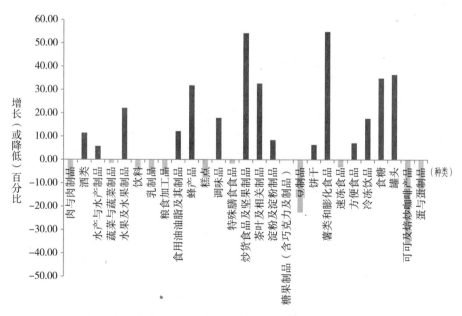

图1-5 2015年食品种类与食品安全事件数量增减百分比(单位:%)

4. 在省区间的总体分布

2015年,我国大陆地区31个省(自治区、直辖市)均不同程度地发生了食品安全事件(图1-6)。图1-6显示,事件发生数量排名前五位的区域分别为北京(3 094起,11.80%)、山东(2 418起,9.22%)、广东(2 155起,8.22%)、上海(1 589 起,6.06%)、浙江(1 126 起,4.29%);排名最后五位的省区分别为西藏(62 起,0.24%)、青海(151 起,0.58%)、宁夏(201 起,0.77%)、新疆(246 起,0.94%)、贵州(395 起,1.51%)①。北京、山东、广东、上海、浙江等经济发达地区发生的食品安全事件数量远远高于经济欠发达的区域,这与2005—2014 年间食品安全事件发生的状况完全一致。主要的原因可能是,发达地区的食品安全信息公开状况相对较好,也为国内主流媒体所关注,媒体报道的食品安全事件更多。

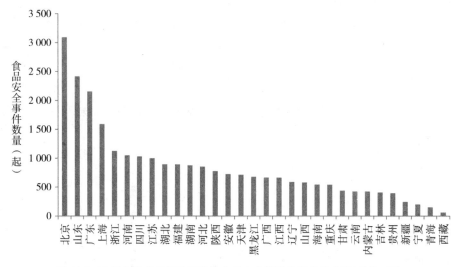

图 1-6　2015 年各省级行政区发生食品安全事件数量的分布图(单位:起)

(二)2006—2015 年间食品安全事件的基本特征

利用大数据挖掘工具所收集的数据,我们基于对 2006—2015 十年间国内主流网络媒体所报道的食品安全事件的分析,可以概括出如下基本特征。

1. 处于高发期且近年来呈小幅增长态势

图 1-7 显示,2006—2015 的十年间发生的食品安全事件数量达到245 862 起,平均全国每天发生约 67.4 起。在 2006—2011 年间食品安全事件发生的数量呈逐年上升趋势且在 2011 年达到峰值(当年发生了 38 513 起)。

---

① 括号中的数据分别为发生在该省区食品安全事件数量占全国食品安全事件总量的比例(下同)。

以 2011 年为拐点,从 2012 年食品安全事件发生量开始下降且趋势较为明显,
2013 年下降至 18 190 起,但 2014 年出现反弹,事件发生数上升到 25 006 起,
2015 年呈现缓慢上升,食品安全事件数量较 2014 年增加 1 125 起。在 2006—
2015 年间食品安全事件发生的数量,除 2010 年、2012 年、2013 年同比下降
外,其余年份均不同程度地增长。其中,同比增长最快的年份为 2007 年,增长
100. 12 %,同比下降最快的年份则是 2013 年,下降 52. 21 %。

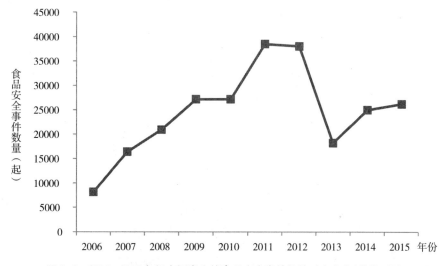

图 1-7　2006—2015 年间中国发生的食品安全事件数的时序分布(单位:起)

2. 五大类大众化食品是事件发生量最多的食品

最具大众化的肉与肉制品、蔬菜与蔬菜制品、酒类、水果与水果制品和饮
料是发生事件量最多的五类食品,事件数量分别为 22 436、20 999、20 262、
18 276 、17 594 起(图 1-8),占总量比例分别为 9.13%、8.54%、8.24%、
7. 43%、7.16%,发生事件量之和占总量的 40. 50%。

3. 主要发生在生产与加工环节

如图 1-9 所示,食品供应链各个主要环节均不同程度地发生了安全事
件,其中 66.91%的事件发生在食品生产与加工环节,其他环节依次是批发与
零售、餐饮与家庭食用、初级农产品生产、仓储与运输,发生事件量分别占总量
的 11. 25%、8.59%、8.24%和 5.01%。

4. 人为因素是事件发生的最主要因素

引发食品安全事件的因素如图 1-10 所示,75. 50%的事件是由人为因素

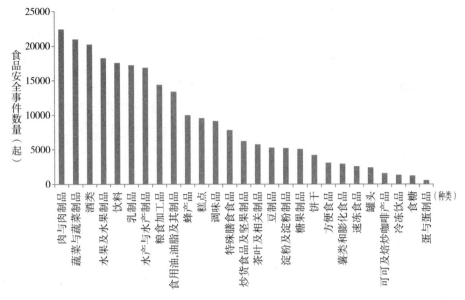

图 1-8　2006—2015 年间中国发生的食品安全事件中食品类别分布(单位:起)

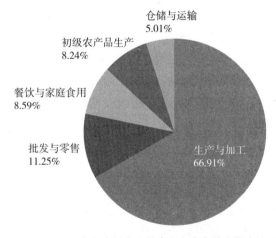

图 1-9　2006—2015 年间中国发生的食品安全事件中供应链环节分布

所导致,其中违规使用添加剂引发的事件最多,占总数的 34.36%,其他依次为造假或欺诈、使用过期原料或出售过期产品、无证或无照的生产经营、非法添加违禁物,分别占总量的 13.53%、11.07%、8.99%、4.38%。在非人为因素所产生的事件中,含有致病微生物或菌落总数超标引发的事件量最多,占总量的 10.44%,其他因素依次为农兽药残留、重金属超标、物理性异物,分别占总量的 8.19%、6.71%、2.33%。

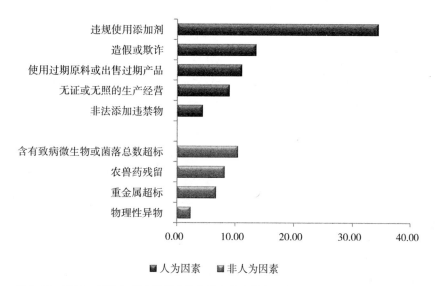

图1-10　2006—2015年间中国发生的食品安全事件中风险因子分布与占比(单位:%)

5.具有明显的区域差异与聚集特点

北京、广东、上海、山东、浙江是事件发生量最多的五省区,累计总量为100 236起,占总量的40.77%;内蒙古、新疆、宁夏、青海、西藏等则是发生数量最少的五省区,累计总量为11 171起,占总量的4.54%。值得关注的是,事件发生量最多的五个省区均是发达或地处东南沿海的省市,而发生量最少的五个省区均分布于西北地区,区域空间分布上呈现明显的差异性。

(三)食品安全事件发生的主要成因

引发食品安全事件的原因虽然非常复杂,但基于我们的分析,主要成因在于如下五个方面。

1.长期以来各种矛盾累积的必然结果

农产品生产新技术、食品加工新工艺在为消费者提供新食品体验的同时,伴随着潜在的新风险、新问题悄然滋生。同时,不法食品生产者对新科技的负面应用行为衍生出一系列隐蔽性较强的食品安全风险。食品安全风险前移,重金属、地膜与畜禽粪便污染严重,农兽药残留超标问题突出,源头污染已成重要的风险之一,多层风险叠加导致食品安全事件高发。

2.生产与加工环节的多发性具有现实基础

多年来,我国食品生产与加工企业的组织形态虽然在转型中发生了积极的变化,但以"小、散、低"为主的格局并没有发生根本性改观。在全国40多万家食品生产加工企业中,90%以上是非规模型企业。每天全国食品市场需求约20亿公斤的不同类型的食品,而技术手段缺乏与道德缺失的小微型生产与加工企业成为重要的生产供应主体,并成为食品安全事件的多发地带。

3. 人为因素占主导与现阶段诚信缺失密切相关

分散化小农户仍然是农产品生产的基本主体,出于改善生活水平的迫切需要,不同程度且普遍存在不规范的农产品生产经营行为。而且由于我国食品工业的基数大、产业链长、触点多,更由于诚信和道德的缺失,且经济处罚与法律制裁不到位,在"破窗效应"的影响下,必然诱发人源性的食品安全事件。

4. 监管体制的滞后是事件多发的制度原因

改革开放以来,我国的食品安全监管体制经历了七次改革,基本上每5年为一个周期,由此形成了目前主要由食品药品监督总局、农业部为主体的相对集中监管模式。虽然监管体制在探索中逐步优化,但并没有从根本上解决政府、市场与社会间,地方政府负总责与治理能力匹配间的关系。

5. 食品安全事件多发与公众食品安全意识不断提高以及互联网日益普及有着直接关系

消费者生活水平不断提高,对食品质量提出了更高要求,从而对食品安全事件更加关注。而公众食品安全基本知识仍普遍缺乏,往往难以做出理性判断和正确认识,可能会导致食品安全事件发酵。此外,互联网迅速普及,新媒体所具有的传播信息量大和传播速度快等特点,使得食品安全事件容易迅速形成网络舆情热点,甚至导致食品安全谣言蔓延。

四、我国食品安全风险的现实状态与未来走势

食品安全问题是现阶段我国面临的重大公共安全问题之一。在全社会的共同努力下,我国食品安全的基本状况是"总体稳定、趋势向好"。但我国食品安全的风险程度处于什么状态?未来的走势如何?这既是迫切需要回答的现实问题,也是评价我国食品安全风险治理能力与成效的关键问题之一。本书主要基于2006—2015年间的国家相关部门发布的统计数据,在传统的层次分析法与应用突变模型方法的基础上,通过引入熵权和三角模糊数,建立熵权

Fuzzy-AHP 法①,较好实现食品安全风险的定性与定量分析,评估我国食品安全风险的现实状态与未来走势。

(一)评价指标体系

1. 指标选择

根据我国《食品安全法》的相关规定,在食品安全供应链上衡量食品安全风险的程度,主要内容包括食品以及食品相关产品中危害人体健康的物质,包括致病性微生物、农药残留、兽药残留、重金属、污染物质以及其他危害人体健康的物质。另外,食品安全风险的产生既涉及技术问题,也涉及管理问题和消费者自身问题;风险的发生既可能是自然因素、经济环境,又可能是人源性因素等等。上述错综复杂的问题,贯穿于整个食品供应链体系,因此,如何构建客观、准确的食品安全风险评价指标体系,对当前的食品安全风险评估起着至关重要的作用。本书构建如图 1-11 所示的食品安全风险评价指标体系体现了生产经营者、政府、消费者三个最基本的主体在整个食品安全体系的作用。从指标数据的构成来说具有如下特点:第一,可得性。数据绝大多数来源于国家相关部门发布的统计数据;第二,权威性。由于这些数据均来自于国家有关食品安全风险监管部门,相对具有权威性;第三,合理性。比如,原来使用食品卫生监测总体合格率、食品化学残留检测合格率、食品微生物合格率、食品生产经营单位经常性卫生监督合格率来衡量流通环节的食品安全风险,虽有一定的价值,但由于食品安全监管体制的改革,上述相关数据已不复存在,而且这些数据即使存在,由于食品质量国家监督抽查合格率所反映的是整个食品供应链主要环节的综合安全程度,因此并不比采用食品质量国家监督抽查合格率更科学。

2. 指标体系的层次结构

为了较为直观地体现目前我国食品安全风险,本书将食品供应链简化为生产加工、流通和消费(餐饮)三个环节,通过分析食品供应链上这三个主要环节的风险来完整地评估全程供应链体系的食品安全风险。具体指标设定如下。

(1)生产加工环节(A_1)风险中的兽药残留(A_{11})只要是指使用兽药后蓄积或存留于畜禽机体或产品中的原型药物或其代谢产物,包括与兽药有关的

---

① 限于篇幅,本书关于运用基于熵权 Fuzzy-AHP 法的具体计算过程从略,感兴趣的读者可以与我们联系。

杂质的残留。蔬菜农药残留(A_{12})主要是指随着农药在农业生产中广泛使用而产生造成食物污染,危害人体健康;水产品不合格(A_{13})主要指使用水产品在生产加工过程中使用劣质或非食用物质作为原料作食品,使用违禁添加物或其他有毒有害物质等以及加工环境不卫生不符合卫生标准,加工程序不当等风险,导致食品中微生物超标、菌落数超标、有异物等风险。考虑到猪肉是我国最大众化的食品,因此将生猪含有瘦肉精(A_{13})列入其中。

(2)流通环节(A_2)风险主要通过食品质量国家监督抽查合格率(A_{21})、饮用水经常性卫生监测合格率(A_{22})、全国消协受理食品投诉件数(A_{23})三方面来反映流通环节的食品安全风险程度。

(3)消费/餐饮环节(A_3)的风险主要是通过食物中毒人数(A_{31})、中毒后死亡人数(A_{32})以及中毒事件数(A_{33})三方面来反映消费/餐饮环节的食品安全风险程度。

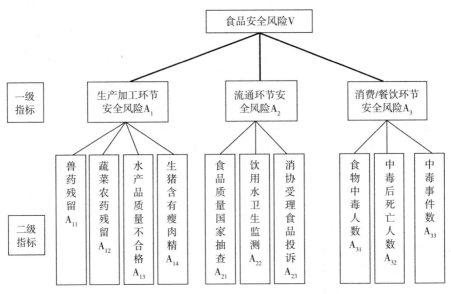

图1-11 食品安全风险评价指标体系

3. 数据来源与处理

本章节数据主要来源于《中国卫生统计年鉴》、《中国统计年鉴》、《中国食品工业年鉴》、《中国食品安全发展报告(2012)》、《中国食品安全发展报告(2013)》、《中国食品安全发展报告(2014)》、《中国食品安全发展报告(2015)》等;饮用水经常性卫生监测合格率采用的是国家卫生与计划生育委员会发布的集中式供水合格率;有关消协组织受理食品投诉件的数据,均来源于全国消费者协会不同年度发布的《全国消费者协会组织受理投诉情况》。具体数据见表1-2。

表1-2　2006—2016年间食品安全风险评估指标值

环节	指标	2006	2007	2008	2009	2010	2011	2012	2013	2014	2015
生产加工环节	兽药残留抽检合格率(%)※	75.0	79.2	81.7	99.5	99.6	99.6	99.7	99.7	99.2	99.4
	蔬菜农残抽检合格率(%)	93.0	95.3	96.3	96.4	96.8	97.4	97.9	96.6	96.3	96.1
	水产品抽检合格率(%)	98.8	99.8	94.7	96.7	96.7	96.8	96.9	94.4	93.6	95.5
	生猪(瘦肉精)抽检合格率(%)※※	98.5	98.4	98.6	99.1	99.3	99.5	99.7	99.7	99.8	99.9
流通环节	食品质量国家监督抽查合格率(%)	80.8	83.1	87.3	91.3	94.6	95.1	95.4	96.5	95.7	96.8
	饮用水经常性卫生监测合格率(%)	87.7	88.6	88.6	87.4	88.1	92.1	92.1	93.4	91.6	91.6
	全国消协受理食品投诉件数(万件)	4.2	3.7	4.6	3.7	3.5	3.9	2.92	4.30	2.65	2.17
消费/餐饮环节	食物中毒人数(人)	18 063	13 280	13 095	11 007	7 383	8 324	6 685	5 559	5 657	5 926
	中毒后死亡人数(人)	196	258	154	181	184	137	146	109	110	121
	中毒事件数(件)	596	506	431	271	220	189	174	152	160	169

注:※是由于无法查阅到2014年、2015年的兽药残留抽检合格率,这里使用畜禽产品的监测合格率;※※是农业部没有发布2015年的生猪(瘦肉精)抽检合格率,此为农业部发布的2015年上半年的合格率。

进一步将表1-2中的数据转化为模糊数值来对应表示不同年份的食品安全危险程度。具体方法是将表1-2按行求极值,将极值除以5,对表1-2中原始数值落在不同区间的数值按照模糊权重数 $\bar{1},\bar{3},5,\bar{7},\bar{9}$ 进行模糊赋值,具体数据见表1-3。然后,再对每年的各项分值进行加权平均,得到2006年至2015年对三个环节的食品安全风险评估的模糊判断值①。

————————

①　限于篇幅,具体计算结果从略,感兴趣的读者可以与我们联系或参阅我们撰写的、北京大学出版社出版的《中国食品安全发展报告(2016)》。

表1-3 各指标模糊化区间及对应模糊值

环节	最小值	模糊值		模糊值		模糊值		模糊值		模糊值	最大值
生产加工环节	75.00	$\bar{9}$	79.94	$\bar{7}$	84.88	$\bar{5}$	89.82	$\bar{3}$	94.76	$\bar{1}$	99.70
	93.00	$\bar{9}$	93.98	$\bar{7}$	94.96	$\bar{5}$	95.94	$\bar{3}$	96.92	$\bar{1}$	97.90
	93.60	$\bar{9}$	94.84	$\bar{7}$	96.08	$\bar{5}$	97.32	$\bar{3}$	98.56	$\bar{1}$	99.80
	98.40	$\bar{9}$	98.70	$\bar{7}$	99.00	$\bar{5}$	99.30	$\bar{3}$	99.60	$\bar{1}$	99.90
流通环节	80.80	$\bar{9}$	84.00	$\bar{7}$	87.20	$\bar{5}$	90.40	$\bar{3}$	93.60	$\bar{1}$	96.80
	87.00	$\bar{9}$	87.93	$\bar{7}$	88.86	$\bar{5}$	89.78	$\bar{3}$	90.71	$\bar{1}$	91.64
	2.17	$\bar{1}$	2.66	$\bar{3}$	3.14	$\bar{5}$	3.638	$\bar{7}$	4.11	$\bar{9}$	4.60
消费/餐饮环节	5 559.00	$\bar{1}$	8 059.80	$\bar{3}$	10 560.60	$\bar{5}$	13 061.40	$\bar{7}$	15 562.20	$\bar{9}$	18 063.00
	109.00	$\bar{1}$	138.80	$\bar{3}$	168.60	$\bar{5}$	198.40	$\bar{7}$	228.20	$\bar{9}$	258.00
	152.00	$\bar{1}$	240.80	$\bar{3}$	329.60	$\bar{5}$	418.40	$\bar{7}$	507.20	$\bar{9}$	596.00

（二）2006—2015年间我国食品安全风险的总体特征

依据熵权值形成了如图1-12所示的2006—2015年间我国食品安全风险度的演化图，并据此形成了如图1-13所示的生产加工、流通、消费（餐饮）三个环节的食品安全风险的相对变化。从图1-12的食品安全风险度的演化图已清楚地表明，虽然分别在2007年、2014年略有反弹，但2006—2015年间我国食品安全风险度一路下行，趋势非常明显，而且在2009年由于高风险状态进入中风险状态，并在2011年进入低风险状态，食品安全风险处于相对安全的区间。

2014年略有反弹的主要原因是，2014年农业部发布的农产品生产加工环节中兽药残留抽检合格率、蔬菜农残抽检合格率与水产品抽检合格率比2013年有较大幅度的下降，特别是2014年的饮用水经常性卫生监测合格率下降幅度较大。由此可见，从2011年开始我国的食品安全风险一直处于相对安全的区间，虽然稍有变化，但并没有逆转我国食品安全保障水平"总体稳定，逐步向好"的基本格局。

（三）主要环节的风险特征与比较分析

图1-13显示的2006—2015年间各环节风险发生的概率值表明，此时间

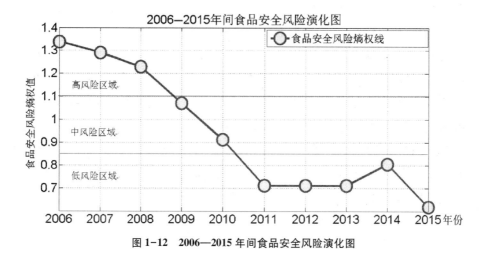

图 1-12　2006—2015 年间食品安全风险演化图

段内我国食品生产加工、流通和消费（餐饮）三个环节食品安全风险变化也呈现出较明显的规律：由于兽药、农残、瘦肉精等指标抽检合格率的明显提高，而食物中毒人数、中毒后死亡人数，以及中毒事件数则都呈现比较明显的下降，必然形成生产加工环节和消费环节的食品风险总体形态持续下降；流通环节总体上虽然也呈现下降趋势，但波动明显，由于 2009 年饮用水抽查的不合格率较高，直接导致流通环节的风险首次超过了生产加工环节风险和消费环节的风险；从 2011 年起消费（餐饮）环节的风险值明显低于前两个环节，主要成因是与生产、流通环节的情形不同，衡量消费（餐饮）环节风险程度的食物中毒人数、中毒后死亡人数中毒事件数在 2006—2015 年间持续下降了 69.22% 以上。

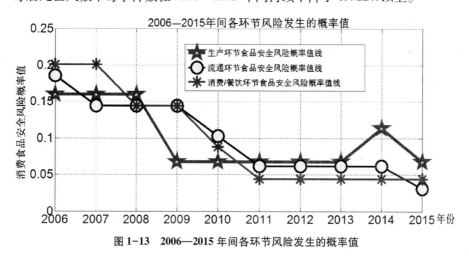

图 1-13　2006—2015 年间各环节风险发生的概率值

综上所述,在 2006—2015 年间食品生产加工、流通与消费三个环节的食品安全风险相比较而言,生产加工环节的风险大于消费环节,消费环节的风险大于流通环节。这与基于大数据挖掘形成的 2006—2015 年间中国发生的食品安全事件高度吻合。此十年间全国发生的食品安全事件数量达到 245 862 起,而且食品供应链各个主要环节均不同程度地发生了安全事件,其中 66.91%的事件发生在食品生产与加工环节,其他环节依次是批发与零售、餐饮与家庭食用、初级农产品生产、仓储与运输,发生事件量分别占总量的 11.25%、8.59%、8.24%和 5.01%。因此,生产加工环节应该成为政府食品安全监管部门的工作重点。

第二章　食品安全社会共治的理论内涵

从发达国家经验来看,社会共治已经成为解决食品安全问题的基本途径。从单一的政府监管走向社会共治,是我国食品安全治理的必然选择。一方面,食品安全社会共治将传统的单向监管理念转变为合作治理理念,将政府与食品企业的关系由非对等的监管者与被监管者转为对等的合作者与互动者。另一方面,社会共治可以克服中国面临的相对有限的行政监管资源和相对无限的监管对象之间的矛盾,充分发挥和利用多元主体的力量,弥补政府监管力量的不足、单一监管的缺陷和市场失效。因此,借鉴国际经验、总结国内实践,把握世界食品安全治理发展演化的共性规律,从中国的实际出发,正确处理政府、市场、企业与社会等方面的关系,构建具有中国特色的"食品安全风险国家治理体系",实施真正意义上的社会共治,才能够从根本上防范食品安全风险。然而,食品安全社会共治在我国是一个全新的概念,国内在此方面的实践刚刚起步,在理论层面上的研究更是空白。近年来,国内学者虽然发表了一定数量的文献,但就基于社会共治的本质内涵来考量,目前在此领域的研究存在明显的缺失,不仅研究的水平与国外具有相当的差距,而且更由于国内实践的不足,难以真正认识社会共治。如何在借鉴西方理论研究成果的基础上,根据中国的国情,全面总结研究食品安全社会共治实践中的"中央自上而下推进,基层自下而上推动,相关地方与部门连接上下促进"的共性经验,提出具有中国特色的食品安全社会共治的理论分析框架,并以此指导实践,在实践中升华理论。这是时代向学者们提出的重大而紧迫的任务。

一、食品安全社会共治的产生背景

从经济学的视角来考量,食品市场的信息不对称是食品安全问题产生的根源,同时也是政府在食品安全治理领域进行行政干预的根本原因①。因此,大多数发达国家的食品安全规制集中在利用强制性标准规范食品的生产方式或安全水平上。但 1996 年爆发的引起全世界恐慌的疯牛病与其他后续发生的一系列恶性食品安全事件,严重打击了公众对政府食品安全治理能力的信心②③。政府亟须寻找新的、更有效的食品安全治理方法以应对公众的期盼和媒体舆论的压力④。因此,从 20 世纪末开始,发达国家的政府开始对食品安全规制的治理结构等进行改革⑤⑥⑦。作为一种更透明、更有效地团结社会力量参与的治理方式,食品安全社会共治(Food Safety Co-goverance,FSC)应运而生并不断发展⑧。

国际上大量的社会实践业已证明,在公共治理领域将部分公共治理功能外包可以有效地避免政府财政预算紧张和治理资源有限的问题⑨。在食品生产技术快速发展、供应链日趋国际化的背景下,企业、行业协会等非政府力量在食品生产技术与管理等方面具有的独一无二的优势⑩,可以成为政府食品

① J.M. Antle, "Effcient Food Safety Regulation in the Food Manufacturing Sector", *American Journal of Agricultural Economics*, Vol.78, 1996, pp.1242–1247.

② M.Cantley, "How Should Public Policy Respond to the Challenges of Modern Biotechnology", *Current Opinion in Biotechnology*, Vol.15, No.3, 2004, pp.258–263.

③ B.Halkier, L.Holm, "Shifting Responsibilities for Food Safety in Europe: an Introduction", *Appetite*, Vol.47, No.2, 2006, pp.127–133.

④ L. Caduff, T. Bernauer, "Managing Risk and Regulation in European Food Safety Governance", *Review of Policy Research*, Vol.23, No.1, 2006, pp.153–168.

⑤ S.Henson, J.Caswell, "Food Safety Regulation: An Overview of Contemporaryissues", *Food Policy*, Vol.24, No.6, 1999, pp.589–603.

⑥ S.Henson, N.Hooker, "Private Sector Management of Food Safety: Public regulation and the Role of Private Controls", *International Food and Agribusiness management Review*, Vol.4, No.1, 2001, pp.7–17.

⑦ J.M.Codron, M.Fares, Rouvière E., "From Public to Private Safety Regulation? The Case of Negotiated Agreements in the French Fresh Produce Import Industry", *International Journal of Agricultural Resources Governance and Ecology*, Vol.6, No.3, 2007, pp.415–427.

⑧ E.Vos, "EU Food Safety Regulation in the Aftermath of the BES Crisis", *Journal of Consumer Policy*, Vol.23, No.3, 2000, pp.227–255.

⑨ C.Scott, "Analysing Regulatory Space: Fragmented Resources and Institutional Design", *Public Law Summer*, Vol.1, 2001, pp.229–352.

⑩ Sinclair, Gunningham, *Discussing the "Assumption that Industry Knows Best how to Abate its Own Environmental Problems"*, Supra Note 17, 2007.

安全治理力量的有效补充,在保障食品安全上发挥重要作用①。与传统的治理方式相比较,社会共治能以更低的成本、更有效的资源配置方式保障食品安全②。食品安全风险的社会共治已是大势所趋。然而,在我国,社会共治还是一个新概念。学术界、政府和社会等对食品安全社会共治的概念界定、基本内涵、内在逻辑等重大理论问题的研究处于起步阶段,尚没有形成统一的认识。这非常不利于正确认识食品安全社会共治的重大意义,并将其应用于治理实践。鉴于此,基于近年来的国外文献,本篇将着重从食品安全社会共治的内涵、运行逻辑、各方主体的边界等若干个视角,全面回顾与梳理食品安全社会共治的相关理论问题的演进脉络,并基于中国现实,初步提出食品安全社会共治的理论分析框架,旨在为学者们深入展开研究提供借鉴。

二、食品安全社会共治的内涵

国际上食品安全社会共治的概念提出以来,理论内涵随着实践的不断发展而日益丰富。

(一)社会治理

20世纪后期,西方福利国家的政府"超级保姆"的角色定位产生职能扩张、机构臃肿、效率低下的积弊,在环境保护、市场垄断、食品安全等问题的治理上力不从心,引起公众的不满。与此同时,非政府组织和公民群体力量等的崛起可以有效弥补政府和市场在社会事务处理上的缺陷。到20世纪末,强调多元的分散主体达成多边互动的合作网络的社会治理理论开始兴起③,形成了内涵丰富且具有弹性的社会治理概念。

社会共治是社会共同治理的简称。而无论对社会共治还是社会治理而

① S.Henson,J.Humphrey,*The Impacts of Private Food Safety Standards on the Food Chain and on Public Standard-Setting Processes*,Rome:Joint FAO/WHO Food Standards Programme,Codex Alimentarius Commission,Alinorm 09/32/9d-Part Ii Fao Headquarters.

② G.MarianM.,A.Fearneb,Caswellc J.A.,et al.,"Co-Regulation as A Possible Model for Food Safety Governance:Opportunities for Public-Private Partnerships",*Food Policy*,Vol.32,No.3,2007,pp.299-314.

③ Commission on Global Governance,*Our Global Neighbourhood:The Report of the Commission on Global Governance*,London:Oxford University Press,1995.

言,治理都是最重要的关键词。目前,基于角度不同,学术界对治理的认识也有所区别。总体来看,学者们对治理概念认识的差异主要是考虑问题角度与背景的不同所致。

1. 基于治理目标

Mueller 把治理定义为关注制度的内在本质和目标,推动社会整合和认同,强调组织的适用性、延续性及服务性职能,包括掌控战略方向、协调社会经济和文化环境、有效利用资源、防止外部性、以服务顾客为宗旨等内容①。该定义突出了治理的目标,对治理的参与主体没有较多的阐述。

2. 基于治理主体

全球治理委员会(Commission on Global Governance,1995)对治理的定义则弥补了 Mueller 的缺陷,强调了治理的主体构成,认为治理是各种公共或私人机构与个人管理其共同事务的诸多方式的总和,是使相互冲突的或不同的利益得以调和并采取联合行动的持续的过程,既包括正式的制度安排也包括非正式的制度安排②。

3. 基于治理模式

Bressersh 进一步细化治理的形式、主体和内容,认为治理包括法治、德治、自治、共治,是政府、社会组织、企事业单位、社区以及个人等,通过平等的合作型伙伴关系,依法对社会事务、社会组织和社会生活进行规范和管理,最终实现公共利益最大化的过程③。

在总结各国学者们治理概念与相关理论研究的基础上,Stoker 阐述了治理的内涵,认为治理的内涵应包含五个主要方面④,分别是:(1)治理意味着一系列来自政府但又不限于政府的社会公共机构和行为者;(2)治理意味着在为社会和经济问题寻求解决方案的过程中存在着界限和责任方面的模糊性;(3)治理明确肯定了在涉及集体行为的各个社会公共机构之间存在着权力依

---

① R.K.Mueller,"Changes in the Wind in Corporate Governance",*Journal of Business Strategy*,Vol.1,No.4,1981,pp.8-14.

② Commission on Global Governance,*Our Global Neighbourhood:The Report of the Commission on Global Governance*,London:Oxford University Press,1995.

③ T.A.Bressersh,*The Choice of Policy Instruments in Policy Networks*,Worcester:Edward Elgar,1998.

④ G.Stoker,"Governance as Theory:Five Propositions",*International Social Science Journal*,Vol.155,No.50,1998,pp.17-28.

赖;(4)治理意味着参与者最终将形成一个自主的网络;(5)治理意味着办好事情的能力并不仅限于政府的权力,不限于政府的发号施令或运用权威。

从学者们的研究来看,治理内涵的界定是一个多角度、多层次的论辩过程。总体来说,治理的主体包括政府、社会组织、企事业单位、社区以及社会个人等;治理的目标包括掌控战略方向、协调社会经济和文化环境、协调不同群体的利益冲突、有效利用资源、防止外部性、服务顾客,并最终实现社会利益的最大化;治理的形式包括法治、德治、自治、共治等。值得注意的是,治理中各主体之间是平等的合作型伙伴关系,这与自上而下的纵向的、垂直的、单向的政府管理活动不同。

(二)社会共治

作为治理众多形式中的一种,社会共治是在社会治理理论的基础上提出的,是对社会治理理论的细化①。目前,学者们主要从如下两个角度来定义社会共治。

1. 治理方式角度

Ayres & Braithwaite 将社会共治定义为政府监管下的社会自治②,Gunningham & Rees 认为社会共治是传统政府监管和社会自治的结合③,Coglianese & Lazer 认为社会共治是以政府监管为基础的社会自治④,而Fairman & Yapp 则认为社会共治是有外界力量(政府)监管的社会自治⑤。可见,尽管表述有所不同,但学者们对社会共治定义趋于一致。归纳起来,就是认为社会共治是将传统的政府监管与无政府监管的社会自治相结合的第三条道路。在此基础上,Sinclair 认为,因政府监管与社会自治的结合程度具有多

---

① T.A.Bressersh,*The Choice of Policy Instruments in Policy Networks*,Worcester:Edward Elgar,1998.

② I. Ayres, J. Braithwaite, *Responsive Regulation, Transcending the Deregulation Debate*, New York:Oxford University Press,1992.

③ N.Gunningham, J. Rees, "Industry Self Regulation, An Institutional Perspective", *Law and Policy*,Vol.19,No.4,1997,pp.363-414.

④ C.Coglianese, D.Lazer, "Management-Based Regulation:Prescribing Private Management to Achieve Public Goals", *Law & Society Review*, Vol.37,2003,pp.691-730.

⑤ R.Fairman,C.Yapp, "Enforced Self-Regulation, Prescription, and Conceptions of Compliance within Small Businesses:The Impact of Enforcement", *Law & Policy*,Vol.27,No.4,2005,pp.491-519.

样性,所以社会共治的形式也必将千差万别①。

2. 治理主体的角度

20 世纪 90 年代初,荷兰政府认为在法律的准备阶段和框架制定阶段,政府与包括公民、社会组织在内的社会力量之间的协调合作对提高立法质量非常重要。因此,在出台的旨在提高立法质量的 Zicht op wetgeving 白皮书中明确提出了辅助性原则②。这是社会共治在政府文件中的早期形式。2000 年,英国政府在 Communications Act 2003 中明确纳入了社会共治的内容,并将其看作社会各方积极参与以确保达成一个有效的、可接受的方案的过程③。这实际上就是把社会共治视作社会治理中政府机构和企业之间合作的一种模式④。在这种合作模式中,治理的责任由政府和企业共同承担⑤。Eijlander 从法律的角度进一步完善了社会共治的定义,认为社会共治是在治理过程中政府和非政府力量之间协调合作来解决特定问题的混合方法。这种协调合作可能产生各种各样的治理结果,如协议、公约,甚至是法律⑥。Rouvière & Caswell 则进一步完善了社会共治的参与主体,认为社会共治就是企业、消费者、选民、非政府组织和其他利益相关者共同制定法律或治理规则的过程⑦。

与此同时,学者们进一步将社会共治的概念扩展到食品安全领域。Fearne & Martinez 将食品安全社会共治定义为在确保食品供应链中所有的相关方(从生产者到消费者)都能从治理效率的提高中获益的前提下,政府和企业一起合作构建有效的食品系统,以保障最优的食品安全并确保消费者免受

① D.Sinclair, "Self-Regulation Versus Command and Control? Beyond False Dichotomies", *Law & Policy*, Vol.19, No.4, 1997, pp.527–559.

② 参见 Kamerstukken Ii, 1990/1991, 22 008, Nos. 1–2.

③ Department for Trade and Industry and Department for Culture, Media and Sport, *A New Future for Telecommunications*, London: The Stationery Office Cm 5010, 2000.

④ I.Bartle, P.Vass, *Self-Regulation and the Regulatory State: A Survey of Policy and Practices*, Research Report, University Of Bath, 2005.

⑤ Organisation for Economic Cooperation and Development (OECD), *Regulatory Policies in OECD Countries from Interventionism to Regulatory Governance*, Report OECD, 2002.

⑥ P.Eijlander, "Possibilities and Constraints in the Use of Self-Regulation and Coregulation in Legislative Policy: Experience in the Netherlands-Lessons to be Learned for the EU", *Electronic Journal of Comparative Law*, Vol.9, No.1, 2005, pp.1–8.

⑦ E.Rouvière, J.A.Caswell, "From Punishment to Prevention: A French Case Study of the Introduction of Co-Regulation in Enforcing Food Safety", *Food Policy*, Vol.37, No.3, 2012, pp.246–25.

食源性疾病等风险的伤害①。Marian 等认为食品安全社会共治是指政府部门和社会力量在食品安全的标准制定、进程实现、标准执行、实时监测四个阶段展开合作,以较低的治理成本提供更安全的食品②。

(三)法案中社会共治的补充条款

1. 补充条款的提出

基于社会共治的丰富实践,虽然学者们或一些国家的政府从多个方面阐述了社会共治的概念与定义,但仍然难以涵盖其全部内涵。为此,欧盟的相关法案在定义社会共治的同时,增加了补充条款作为对社会共治定义的重要补充。2001 年,欧盟的 Better Regulation 将社会共治的概念应用到整个欧盟层面,指出社会共治是政府和社会共同参与的、用来解决特定问题的混合方法,其实施有两个附加条件:(1)在法律框架下确定参与主体的基本权利和义务,并通过后续立法和自治工作来补充相关信息;(2)在参与共治的过程中,要保证社会力量做出的承诺具有约束力③。

2. 补充条款的拓展

2002 年,欧盟的 *Simplifying and Improving the Regulatory Environment* 法案进一步扩展了社会共治的补充条款:(1)社会共治可以作为立法工作的基础框架;(2)社会共治的工作机制必须代表整个社会的利益;(3)社会共治的实施范围必须由法律确定;(4)社会共治框架下的相关利益方(企业、社会工作者、非政府组织、有组织的团体)的行为必须受法律的约束;(5)如果某一领域的社会共治失败,保留恢复传统治理方式的权利;(6)社会共治必须保证透明性原则,各主体之间达成的协定和措施必须向社会公布;(7)参与的主体必须具有代表性,并且组织有序、能承担相应的责任④。

---

① A.Fearne,M.G.Martinez,"Opportunities for the Coregulation of Food Safety:Insights from the United Kingdom",*Choices:The Magazine of Food, Farm and Resource Issues*,Vol.20,No.2,2005,pp. 109-116.

② G.M.Marian,F.Andrew,A.C.Julie,H.Spencer,"Co-Regulation as A Possible Model for Food Safety Governance:Opportunities for Public-Private Partnerships",*Food Policy*,Vol.32,No.3,2007,pp. 299-314.

③ 参见 *White Paper On European Governance*,*Work Area No.2*,*Handling The Process Of Producing And Implementing Community Rules*,*Group 2c*,*May 2001*.

④ 参见 Com(2002)278 Final.

2003 年，欧盟的 *The Interinstitutional Agreement on Better Law-Making* 第 18 条款将社会共治定义为在法律的框架下，社会中的相关利益团体（如企业、社会参与者、非政府组织或团体）与政府共同完成特定目标的机制。该协议的第 17 条款补充认为：（1）社会共治必须在法律的框架下实行；（2）满足透明性原则（尤其是协议的公开）；（3）相关的参与主体要有代表性；（4）必须能为公众的利益带来附加价值；（5）社会共治不能以破坏公民的基本权利或政治选择为前提；（6）保证治理的迅速和灵活，但社会共治不能影响内部市场的竞争和统一[①]。

（四）食品安全社会共治内涵的标识

综合国际学界对社会治理、社会共治、食品安全社会共治的定义与法案中社会共治的补充条款的论述，以及发达国家的具体实践，本书的研究认为，食品安全社会共治是指在平衡政府、企业[②]和社会（社会组织、个人等）等各方主体利益与责任的前提下，各方主体在法律的框架下平等地参与标准制定、进程实现、标准执行、实时监测等阶段的食品安全风险的协调管理，运用政府监管、市场激励、社会监督等手段，以较低的治理成本和公开、透明、灵活的方式来保障最优的食品安全水平，实现社会利益的最大化。国际上对食品安全社会共治的内涵界定可用图 2-1 来直观体现。政府、企业、社会等主要参与主体在食品安全社会共治中的作用等，将在本章后续的研究中作进一步的阐述。

三、食品安全社会共治运行的主要机制

食品安全社会共治还需要有诱惑各参与主体集体行动的利益机制、保证利益机制运行的保障机制，以及相互间协调和合作的信息机制等。因此，确保社会共治制度正常运行的机制主要包括利益机制、市场机制、诚信机制、奖惩

[①]　参见 Oj 2003，C 321/01。

[②]　或市场主体，其中，食品企业是市场中最重要的主体，另外一个市场主体是消费者，但消费者主体又与社会主体中的个人存在交叉。在分析市场主体时，更多学者关注对企业的约束与激励，因此此处采用企业主体。

机制和信息机制①。其中,利益机制决定了各个主体参与社会共治的内在动力以及利益诉求,是激发各主体发挥应有作用的原动力;市场机制、诚信机制和奖惩机制则确保了利益机制的正常运行,帮助各参与主体获得正常收益;而信息机制则克服了主体间信息不对称,促进主体间的协调合作,避免欺诈行为。

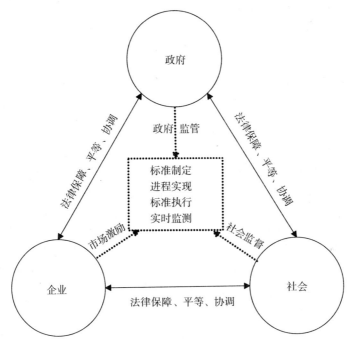

图 2-1　食品安全社会共治内涵框架示意图

1.利益机制

经济人特性决定了各个参与主体必然是在一定的利益追求下参与社会共治的。具体来看,政府的利益追求是弥补市场失灵,实现社会福利最大化;消费者的利益追求是希望可以消费更加安全的食品;行业协会的利益追求是整个行业的有序、平稳发展;第三方组织的利益追求则是提供有偿服务。企业自律的利益追求则是希望提升食品质量、树立良好口碑、实现长远发展。各个参与主体的利益追求能否通过共治制度得到实现直接决定着其参与的意愿和能

---

① 牛亮云:《食品安全风险社会共治:一个理论框架》,《甘肃社会科学》2016 年第 1 期,第 161—164 页。

力。因此,国外学者非常关注社会共治的利益分配①。在食品安全风险社会共治制度建设中,政府不能单纯地强调食品安全,而要切实将各主体的利益追求作为共治体系建设的立足点和出发点。

2. 市场机制、诚信机制和奖惩机制

"看不见的手"的市场机制和"看得见的手"的奖惩机制是决定各个参与主体的利益是否能够实现的重要方式和手段。其中,市场机制反映的是资源分配的效率和社会对市场体制的认可程度,是基础,在最基础的层面上决定着利益分配;诚信机制反映的是道德水平和诚信水平对企业的约束力,是重要补充,部分地弥补市场机制的缺陷;奖惩机制反映的是政府协调各个参与主体间利益的决心和能力,是最终手段,直接对错配的利益加以调整。在社会共治中三者缺一不可。

3. 信息机制

在经济活动和政府管理中,信息不对称是常态。同时,食品生产者和消费者间的信息不对称还是食品安全风险产生的重要原因。换言之,如果消费者拥有充分和完全的食品信息,能够分辨安全食品和不安全食品,那么所谓的食品安全问题自然就不存在了。社会共治中,各个参与主体间的协调和合作也可能会因为信息不对称而失灵,甚至部分参与主体可能会利用信息优势欺诈或造假。此外,信息机制还是保障市场机制和奖惩机制正常运行的前提和基础。因此,在社会共治中,信息机制的作用必须受到高度重视。

四、食品安全社会共治的运行逻辑

上世纪 90 年代以来,公共治理理论发展迅速,并成为社会科学来源的研究热点。与传统社会管理理论相比较,公共治理理论成功地突破了传统的政府和市场两分法的简单思维界限,认为"政府失灵"和"市场失灵"已客观存在,甚至在某些领域同时存在政府和市场双失灵的问题,必须引入第三部门(The Third Sector,又称"第三只手")参与公共事务的治理,且主张政府、市场

---

① M. J. Martinez, A. Fearne, J. Caswell, S. Henson, "Co-regulation as a possible model for food safety governance: opportunities for public-private partnerships", *Food Policy*, Vol. 32, 2007, pp. 299 – 314.

与第三部门应处于平等的地位,并通过形成协调有效的网络,才能更有效地分配社会利益,确保社会福利的最大化。基于公共治理的理论,食品安全具有效用的不可分割性,消费的非竞争性和收益的非排他性,因此,食品安全具有公共物品属性①②,一旦食品发生质量安全事件,将给公众带来身体健康的损害,也对食品产业的健康发展带来重大影响,甚至给社会与政治稳定造成巨大的威胁,故食品安全风险属于社会公共危机③④,因而防范食品安全风险,确保食品安全是政府的责任。但是食品也是普通商品,应该依靠市场的力量,运用市场机制来解决全社会的食品生产与供应。然而,由于食品具有搜寻品(Search Good)、经验品(Experience Good)、信任品(Credence Good)等多种属性,而其中的信任品属性是购买一段时间后甚至永远都不能被消费者发现的,如蔬菜中的农药残留、火锅中的用油等,但生产者对此却往往比较清楚⑤。生产者和消费者之间的食品安全信息的不对称导致"市场失灵"⑥,因此需要政府监管介入以有效解决"市场失灵"。传统的食品安全风险治理的理论与实践主要以"改善政府监管"为基本范式,从食品安全风险治理制度的变迁过程来看,西方发达国家一开始也主要采取以政府监管为主导的模式。然而,随着经济社会的不断发展,西方发达国家逐渐认识到,单一的以政府监管为主导的模式也存在"政府失灵"的现象⑦。由于食品安全问题具有复杂性、多样性、技术性和社会性,单纯依靠政府部门无法完全应对食品安全风险。所以,食品安

① M.Edwards, "Participatory Governance into the Future: Roles of the Government and Community Sectors", *Australian Journal of Public Administration*, Vol.60, No.3, 2001, pp.78-88.

② Mathur Skelcher, *Governance Arrangements And Public Sectorperformance: Reviewing and Reformulating the Research Agenda*, 2004, pp.23-24.

③ H.Christian, J.Klaus, V.Axel, "Better Regulation by New Governance Hybrids? Governance Styles and the Reform of European Chemicals Policy", *Journal of Cleaner Production*, Vol.15, No.18, 2007, pp.1859-1874.

④ W.Krueathep, "Collaborative Network Activities of Thai Subnational Governments: Current Practices and Future Challenges", *International Public Management Review*, Vol.9, No.2, 2008, pp.251-276.

⑤ J.Tirole, *The Theory of Industrial Organization*, The Mit Press, 1988.

⑥ J.M.Antle, "Efficient Food Safety Regulation in the Food Manufacturing Sector", *American Journal of Agricultural Economics*, Vol.78, No.5, 1996, pp.1242-1247.

⑦ A.W.Burton, Ralph L.A., Robert E.B., et al., "Thomas, Disease and Economic Development: The Impact of Parasitic Diseases in St.Luci", *International Journal of Social Economics*, Vol.1, No.1, 1974, pp.111-117.

全风险治理必须引进消费者、非政府组织等社会力量的参与,引导全社会共同治理①②。

作为一种新的监管方式,食品安全社会共治的出现彻底改变了人们对食品风险事后治理方式的认识,弥补了传统政府监管模式的缺陷③。Rouvière & Caswell 结合 May & Burby 的研究成果,构建了如图 1-2 所示的食品安全社会共治实施机制的分析框架(A framework for Analyzing Co-regulation in Enforcement Regimes)④⑤。无论是从治理原理还是从治理策略的角度,食品安全社会共治的方法都更具积极性、主动性和创造性。例如,传统政府直接监管的方式主要是通过随机的检查发现违规的食品企业,然后对其进行严厉的处罚。而食品安全社会共治则是将各种力量聚合起来,通过教育、培训等一系列手段预防食品企业违法,并通过有目的性的检查和市场激励促使企业遵法守法。因此,社会共治使更多的参与主体加入到食品安全治理的过程中,提高了治理方式的灵活性,增加了政策的适用程度,节省了公共成本⑥⑦。

学者们根据国际上尤其是发达国家食品安全社会共治的实践,从理论上凝练了如图 2-2 的食品安全社会共治的实施机制或运行逻辑框架。实践证明,在发达国家食品安全风险的社会共治对食品安全风险治理产生了显著的变化。基于文献可以将这些显著的变化归纳为三个层面。

(一)治理力量实现了新组合且实现了质变式的倍增

与有限的政府治理资源相比,食品安全社会共治能够吸纳企业、社会组织

---

① J.L.Cohen,Arato A.,*Civil Society and Political Theory*,Cambridge,Ma:Mit Press,1992.

② A.Mutshewa,"The Use of Information by Environmental Planners:A Qualitative Study Using Grounded Theory Methodology",*Information Processing and Management:An International Journal*,Vol. 46,No.2,2010,pp.212-232.

③ J.Black,"Decentring Regulation:Understanding the Role of Regulation and Self Regulation in A'Post-Regulatory'World",*Current Legal Problems*,Vol.54,2001,pp.103-147.

④ E.Rouvière,Caswell J.A.,"From Punishment to Prevention:A French Case Study of the Introduction of Co-Regulation in Enforcing Food Safety",*Food Policy*,Vol.37,No.3,2012,pp.246-275.

⑤ P.May,R.Burby,"Making Sense out of Regulatory Enforcement",*Law and Policy*,Vol.20,No.2,1998,pp.157-182.

⑥ I.Ayres,J.Braithwaite,*Responsive Regulation:Transcending the Deregulation Debate*,New York,Ny:Oxford University Press,1992.

⑦ C.Coglianese,D.Lazer,"Management-Based Regulation:Prescribing Private Management to Achieve Public Goals",*Law and Society Review*,Vol.37,No.4,2003,pp.691-730.

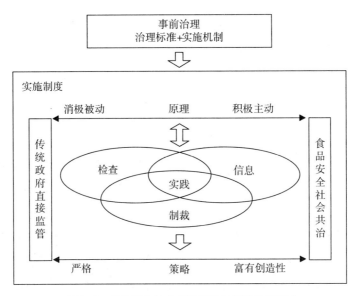

图 2-2　食品安全社会共治实施机制的分析框架

资料来源:Rouvière and Caswell(2012)。

和个人等非政府力量的加入。这极大地扩展了治理的主体,丰富了治理的力量①。社会力量在提供更高质量、更安全食品方面发挥着重要作用,其所采用和实施的治理方法都是对政府治理行为的补充②。食品的行业组织和食品生产厂商通常对食品的质量更了解,而政府能够产生以信誉为基础的激励来监控食品质量,则政府治理和企业、社会治理之间具有很强的的互补性③。因此,社会共治能够结合各治理主体的力量,充分发挥其各自的优势④,其效用比传统的治理方法都要强⑤⑥。如在欧盟食品卫生法案的框架下,政府、企业、社会组织、公

①　G.M.Marian,F.Andrew,A.C.Julie,et al.,"Co-Regulation as A Possible Model for Food Safety Governance:Opportunities for Public-Private Partnerships",*Food Policy*,Vol.32,No.3,2007,pp.299-314.

②　E.Rouvière,J.A.Caswell,"From Punishment to Prevention:A French Case Study of the Introduction of Co-Regulation in Enforcing Food Safety",*Food Policy*,Vol.37,No.3,2012,pp.246-25.

③　J.Nuñez,"A Model of Self Regulation",*Economics Letters*,Vol.74,No.1,2001,pp.91-97.

④　Commission of the European Communities,*European Governance*,*A White Paper*,Com(2001)*428*,http://Eur-Lex.Europa.Eu/Lexuriserv/Site/En/Com/2001/Com2001_0428en01.Pdf,2001-04-28.

⑤　S.Henson,J.Caswell,"Food Safety Regulation:An Overview of Contemporary Issues",*Food Policy*,Vol.24,No.6,1999,pp.589-603

⑥　P.Eijlander,"Constraints in the Use of Self-Regulation and Co-Regulation in Legislative Policy,Experiences in the Netherlands—Lessons to be Learned for the EU",*Electronic Journal of Comparative Law*,Vol.9,No.1,2005,pp.1-8.

民等积极参与食品安全的治理,已经在保障食品安全方面发挥了重要作用①。

(二)法律标准的严谨性与可操作性实现新提高

食品安全社会共治能够提高法律标准的严谨性与可操作性。一方面,对食品质量安全专业知识的了解是制定良法的基础②。企业、行业组织等非政府力量在这方面具有独特优势,将其纳入食品安全法律标准的制定中有助于使制定的法律标准更加严谨③。另一方面,政府也会将企业或行业组织等制定的非政府的标准直接升格为整个国家的法律标准④。由于这些标准是以食品行业专业知识为基础的,因此就能相对完美地适用于食品工业,被认为是最充分和最有效的⑤⑥。而且,因为食品企业自身参与到法律标准的制定中,因而食品企业对新的法律标准有归属感和拥有感,也更容易理解和遵守⑦。也就是说,由食品企业参与制定的法律标准更容易被企业遵守⑧。在欧盟,食品安全法律标准已经实现了政府标准与行业标准、企业标准等标准间的融合⑨⑩。法国于 2006 年 1 月 1 日生效的 Hygiene Package 法案便是这种模式,

---

① Commission of the European Communities, *Report from the Commission to the Council and the European Parliament on the Experience Gained from the Application of the Hygiene Regulations (Ec) No 852/2004, (Ec) No 853/2004 and (Ec) No 854/2004 of the European Parliament and of the Council of 29 April 2004, Sec(2009) 1079*, Brussels, 2009.

② D. Sinclair, "Self-Regulation Versus Command and Control? Beyond False Dichotomies", *Law and Policy*, Vol.19, No.4, 1997, 529-559.

③ Sinclair Gunningham, *Discussing the* "Assumption that Industry Knows Best how to Abate its Own Environmental Problems", Supra Note 17, 2007.

④ A. Fearne, M. G. Martinez, "Opportunities for the Coregulation of Food Safety: Insights from the United Kingdom, Choices: The Magazine of Food", *Farm and Resource Issues*, Vol.20, No.2, 2005, pp.109-116.

⑤ D. Kerwer, "Rules that Many Use: Standards and Global Regulation", *Governance*, Vol.18, No.4, 2005, pp.611-632.

⑥ D. Demortain, "Standardising through Concepts, the Power of Scientific Experts in International Standard-Setting", *Science and Public Policy*, Vol.35, No.6, 2008, pp.391-402.

⑦ R. Baldwin, M. Cave, *Understanding Regulation: Theory, Strategy, and Practice*, Oxford: Oxford University Press, 1999.

⑧ Commission of the European Communities, *European Governance*, (White paper) Com(2001) 428, 2001-07-25.

⑨ C. K. Ansell, D. Vogel, *What's the Beef? The Contested Governance of European Food Safety*, Cambridge, Ma: Mit Press, 2006.

⑩ Marsden, T. R. Lee, A. Flynn, *The New Regulation and Governance of Food, Beyond the Food Crisis*, New York and London: Routledge, 2010.

在保障食品从"农田到餐桌"安全方面具有的良好表现,成为保证产品质量、指导实践的典范①。

(三)治理效率与治理成本实现了新变化

食品安全社会共治能够减轻政府和企业的食品安全治理的负担,提高治理效率,节约治理成本。多主体的加入有助于制定出符合企业或行业实际情况的决策,因而使得治理决策更具可操作性,并减轻了各方的负担②。与此同时,食品安全社会共治能区分高风险企业和低风险企业,使政府能够集中力量有针对性地展开检查。高风险企业由此压力增加,而遵守法律的企业的负担将会减轻③。在英国,政府对参与农场保险体系的农场的平均检测率为2%,而对非体系成员的农场的平均检测率为25%。这可以使参与保险体系的农场每年减少57.1万英镑的成本,同时会使当地的政府机构减少200万英镑的费用④。

可见,与传统的政府监管模式相比,食品安全社会共治的运行更加灵活、高效。在食品安全社会共治的运行逻辑下,食品安全治理的模式实现了从传统型的惩罚导向向现代化的预防导向的转变⑤。

①　N.Brunsson,B.Jacobsson,*A World of Standards*,Oxford:Oxford University Press,2000.

②　M.M.Garcia,P.Verbruggen,A.Fearne,"Risk-Based Approaches to Food Safety Regulation:What Role For Co-Regulation",*Journal of Risk Research*,Vol.16,No.9,2013,pp.1101-1121.

③　P.Hampton,*Reducing Administrative Burdens:Effective Inspection and Enforcement*,London:HM Treasury,2005.

④　Food Standards Agency,*Safe Food and Healthy Eating for All*,*Annual Report 2007/08*,London:The Food Standards Agency,2008.

⑤　E.Rouvière,J.A.Caswell,"From Punishment to Prevention:A French Case Study of the Introduction of Co-Regulation in Enforcing Food Safety",*Food Policy*,Vol.37,No.3,2012,pp.246-25.

第三章　食品安全社会共治体系的理论框架

对食品安全社会共治相关外文文献进行梳理归纳的研究发现，国外现有研究已较为深入地探讨了食品安全社会共治的概念内涵、运行逻辑、主体定位与边界，从理论和实证的角度分析了食品安全社会共治的理论框架。但国外的研究也有诸多的缺失，主要是目前的研究仅仅从治理方式和治理主体两个层面上定义食品安全社会共治，尚难以清楚地阐述食品安全社会共治的丰富内涵；单纯聚焦食品安全社会共治体系中各个主要主体的定位与边界，尚难以科学反映食品安全社会共治框架下各个主要主体之间的内在联系。而且由于政治制度、经济发展阶段、社会治理结构与食品工业发展水平等存在差异，国外现有的理论研究成果与社会共治的实践难以完全适合中国的现实。但食品安全社会共治具有世界性的共同规律，国际上对食品安全社会共治的理论研究和不同实践对构建具有中国特色的食品安全社会共治的理论分析框架具有重要的借鉴价值。

一、理论框架构建所面临的主要问题

中国食品安全社会共治理论分析框架构建所面临的主要问题，可以归纳为以下三个层面。

(一)实践层面上的研究不足

主要表现在：对中国食品安全社会共治所面临的重大现实问题的把握缺乏有力、有深度、全面与系统的洞察。公共社会问题基本特征的研究应该是当代国家实践研究的一个重要领域与基础性主题。然而，学界并未深入研究现阶段我国食品安全风险的本质特征——风险类型与风险危害，引发风险的主要因素、基本矛盾，以及由此产生的社会问题，由此导致展开食品安全社会共治实践基础的缺乏；我国食品安全风险的现实危害与危害程度、未来挑战是什么，对基于危害程度、监管资源、主体职能来展开多层次、多形态、多形式组合治理的现实研究不足，由此导致理论研究成为水中之镜，可看难用；对于众多食品供应链主要生产经营主体（农业生产者、生产加工商、物流配送商、经销商与餐饮商、消费者等）现阶段的行为逻辑没有进行深入刻画，这使得食品安全社会共治理论的研究缺乏微观的实践基础；政府目前对食品安全风险的治理还主要依靠"运动式"的方法，如何与社会力量组合形成新的治理工具，新的治理工具效果如何，未见来自实践总结的文献；中央政府与地方政府之间的关系在理论上是清楚的，而且业已明确地方政府对食品安全负总责，但与负总责相配套的职能、治理工具、治理能力，几乎没有完整的实践研究；食品安全风险治理中对社会组织专业化有特殊的要求，治理的现实中缺少哪些社会组织，如何提升社会组织的治理能力，未见系统的调查研究文献；公民参与食品安全风险治理的路径与效率如何，如何保障公民权利，尤其是实现最广泛的信息共享，也难见对实践系统的归纳与提炼。

（二）理论研究的不足

实践研究的不足直接导致理论研究的苍白，难以发挥对实践强大的理论指导作用。中国食品安全社会共治所面临的重大现实问题迫切需要从理论上回答如下问题：（1）食品安全社会共治中主体的基本功能与相互关系。政府、市场、社会这三个最关键主体在食品安全风险共治中的基本职能、相互关系、运行机制与保障主体间有效协同的法治体系是什么？（2）如何从我国"点多、面广、量大"的食品生产经营主体构成的复杂性出发，着眼于食品安全风险危害程度的分类，基于不同的风险类别，政府、市场与社会实施不同方式的组合治理？（3）治理体系与治理能力相辅相成。现代社会治理理论对食品安全风险治理提出了新要求，治理工具或政策工具的探索与应用是关键环节。政府、市场与社会实施不同方式的组合治理，应该采取哪些适当的治理工具、这些治理工具如何组合、工具的治理效率如何评估？（4）就政府治理的理论研究而言，学者们深入研究了我国食品安全监管体制的改革发展的轨迹，对如何改革政府监管提出了诸多建设性的建议，但学界的研究更侧重于"监管"职能，缺乏从优化视角对政府治理职能整合与体系设计的深入研究，以及从整体性治理（Holistic Governance）的视角对食品安全社会共治理论的系统研究。（5）就市场治理的理论研究而言,国内的研究大多停留在揭示食品安全单纯政府治理困境的阶段,而对于市场治理如何能有效弥补政府治理空白的理论研究尚未充分展开;对于食品安全市场治理手段和工具的理论相对零散,缺乏基于供应链整体视角来系统设计符合我国国情的市场治理机制的理论思考。(6)就社会力量参与治理的理论研究而言,虽然以制度建设保障社会力量的食品安全风险治理职能已成为学界共识,但基于社会力量在食品安全风险治理中基本职能、作用边界与治理效率理论,国内学界并未展开有价值、有深度的社会组织参与治理的理论研究。

(三)研究方法上的不足

研究方法决定理论与实践研究结论的科学性。与国外学界相比较,目前国内学者的研究方法上存在的不足,也亟须改进。具体表现在:由于对历史发展的轨迹把握不深,对中国特殊的国情理解不透,往往将中国食品安全风险治理中的表面现象视作根本性问题。食品供应链体系中主体的经济行动,既不是单纯地由成本与收益的理性计算决定的,也不是简单地由制度自动决定的,而是由基于过去、面向发展的"惯例"在市场选择过程中的遗传和变异决定的。准确的研究视角是,把"非均衡"看作是常态,以历史的眼光关注在竞争中实现变化和进步、重组和创新的市场过程,将竞争视为一种"甄别机制"或"选择机制",强调"路径依赖"、"自然选择"、"适应性学习"等对经济行为的演化作用,拒绝普遍存在于新古典分析中的非现实观念,聚焦于研究变革与技术、社会、组织、经济、制度变迁之间复杂的相互作用。与此同时,现有国内学界对食品安全风险治理的研究单学科的视角多,交叉性研究的思维少,缺少食品科学、社会学、管理学的深度结合,把风险简单视为危害,危害的研究不分层次,理论研究误导了现实监管资源的配置。这是缺乏交叉思维研究而产生的理论成果脱离现实的典型案例。另外,现有研究多为定性分析,停留在通过文献梳理的方式分析食品安全风险治理的理论问题,而少有的定量研究也大多停留在通过传统的回归分析方法等对问卷调查数据进行简单处理等方面。比如,在社会力量参与治理的研究中,多停留在理论探讨阶段,未能运用计量模型等对社会力量的食品安全治理理论进行实证检验,难以为现实社会力量参与治理提供可靠、有力的支撑。

二、理论框架构建的研究视角

由阿什比(Ashby)揭示的"必要的多样性定律"为代表的公共治理学理论的精华是,管理者在寻求解决复杂的社会公共问题的路径时,必须适应所治理对象(系统)的复杂性,把握其最本质的特征。当代国内外学者较为一致的观点是,公共社会问题基本特征的研究应该是当代国家治理理论与实践研究的一个重要领域与基础性主题。因此,考察国内外"社会管理"到"社会治理"演变的历史轨迹,并基于社会学理论尤其是新公共治理理论来研究中国的食品安全社会共治体系,应该达成的一个最基本的共识是,必须首先深入研究食品安全风险这一公共社会问题的本质特征。现实的食品安全风险公共社会问题的本质特征是食品安全社会共治体系构建的基础来源与逻辑起点。任何一个国家或地区的食品安全社会共治体系与治理能力的有效性,首先取决于其与所面临的现实食品安全风险本质特征的契合程度。对于现实的食品安全风险公共社会问题的本质特征的科学性回答,这既是科学研究的起点,也是理论创新的必经之路。若形成与此前不尽相同甚至完全不同的理论,那么这种新理论就具有理论范式的演进或革命。因此,厘清食品安全风险现实问题的本质特征是构建具有中国特色的食品安全风险治理体系的基础。中国食品安全风险本质特征的研究应该包括引发风险的主要因素、风险类型与危害、基本矛盾等内容。由此,基于最新理论研究成果,分析中国现阶段食品安全风险的本质特征等就成为理论分析框架研究的切入点,也就是研究视角。对此,我们进一步从如下五个方面展开分析。

(一)人源性因素与现实中国的食品安全风险

目前引发了广泛的社会关注且达成基本共识的是,中国食品安全风险固然有技术、自然的因素,但人源性因素尤为明显。对 2002—2011 年间我国发生的 1001 件食品安全典型案例的研究表明,68.20% 的食品安全事件缘于供应链上利益相关者的私利或盈利目的,在知情的状况下造成食品质量安全问题。这充分说明了食品生产经营者的"明知故犯"是目前食品安全问题的主要成因。而在发达国家,发生的食品安全事件大多由生物性因素、环境污染及食物链污染所致,大多不是人为因素故意污染。与发达国家发生的食品安全事件相比较,我国的食品安全事件虽然也有技术不足、环境污染等方面的原因,但更多是生产经营主体的不当行为、不执行或不严格执行已有的食品技术规范与标准体系等违规违法的人源性因素所造成,人源性因素是导致食品安全风险的重要源头之一。

(二)自然、环境、技术等因素与现实中国的食品安全风险

虽然目前在我国食品安全事件多数为人源性因素所致,但生物性、化学性、物理性因素等引发的食源性疾病依然是我国极为严重的食品安全问题,消耗的医疗资源与社会资源更是难以估计。以农产品为例。在我国,由于农兽药的不合理使用,重金属污染,工业"三废"和城市垃圾的不合理排放等物理性污染、化学性污染、生物性污染和本地性污染所引发的农产品安全风险的隐患日趋增多。保障食品安全的技术问题也存在突出的问题,比如,我国自然环境污染和化学物质污染食品还很严重,但是食品检测技术水平还不高。据报道,我国 2200 种食品添加剂中还有近 60%无法检测。再如,在我国用于危险性评估的技术支撑体系尚不完善,危害识别技术、危害特征描述技术、暴露评估技术等层次有待进一步提升;食品中诸多污染物暴露水平数据缺乏,用于风险评估的膳食消费数据库和主要食源性危害的数据库还很不完善等等,由此导致食品安全风险治理能力的缺陷。

(三)引发风险的主要因素与风险危害程度

以人源性因素引发的风险危害为典型案例进行分析。研究表明,在我国农产品初级生产、农产品初级加工、食品深加工、食品流通、销售、餐饮和消费等多个环节均出现了不同程度的人源性事件,而且按食品安全事件的危害程度不同【按照我国《国家食品安全事故应急预案》对食品安全事件等级加以划分,一般将食品安全事件划分为特别重大事件(Ⅰ)、重大事件(Ⅱ)、较大事件(Ⅲ)、一般食品安全事件(Ⅳ)】。对 2002—2011 年发生的 1 001 件食品安全典型案例的研究表明,目前食品供应链上发生特别重大食品安全事件(Ⅰ)的频数由大到小依次为食品深加工、农产品生产、食品流通、农产品初级加工、销售与餐饮、消费;发生重大食品安全事件(Ⅱ)的频数由大到小依次为食品深加工、销售与餐饮、食品流通、农产品产出、农产品初加工、消费;发生较大食品安全事件(Ⅲ)的频数由大到小依次为食品深加工、农产品初加工、销售与餐饮、

农产品产出、食品流通、消费;发生一般食品安全事件(Ⅳ)的频数由大到小依次为食品深加工、农产品初加工、销售/餐饮、农产品产出、食品流通、消费。由此可知,在食品供应链不同环节中风险危害程度差异显著,而食品深加工是危害程度最大的环节(见图3-1)。食品深加工环节发生的食品安全事件不仅涉及范围较广,而且所造成的伤害人数较多。食品安全问题最直接的表现方式就是食源性疾病,其危害程度与覆盖面相当广泛。

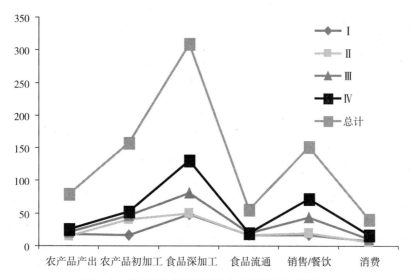

图3-1　食品供应链不同环节安全风险的危害程度

资料来源:吴林海等:《中国食品安全发展报告(2013)》,北京大学出版社2013年版。

(四)生产经营组织方式与风险治理内在要求之间的基本矛盾构成了当前中国食品安全风险本质特征的基本矛盾

我国食品行业产业化、规模化、集约化程度低,小规模的生产主体数量众多、布局分散,尤其是家庭式小作坊更是难以计数(见图3-2),给食品安全监管与治理带来巨大困难。因此,分散化、小规模的食品生产经营方式与风险治理之间的矛盾是引发我国食品安全风险最具根本性的核心问题。由于我国食品工业的基数大、产业链长、触点多,更由于食品生产、经营、销售等主体的不当行为,且由于处罚与法律制裁的不及时、不到位,更容易引发行业潜规则,在"破窗效应"的影响下,食品安全风险在传导中叠加,必然导致我国食品安全风险的显示度高、食品安全事件发生的概率大,并由此决定了我国食品安全风险治理的长期性、艰巨性。

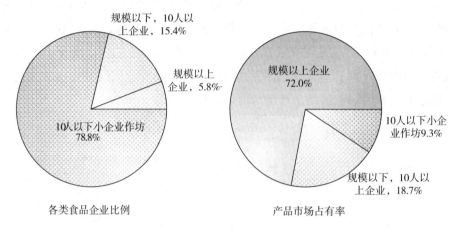

图3-2　现阶段中国食品制造与加工业各类生产主体的比例及其产品市场占有率

（五）现实的中国食品安全风险与公共社会问题

食品安全风险是世界各国普遍面临的共同难题，全世界范围内的消费者普遍面临着不同程度的食品安全风险问题，全球每年因食品和饮用水不卫生导致约有1800万人死亡。即使发达国家也存在较高的食品安全风险。1999年以前美国每年约有9000人死于食品安全事件。但是食品安全风险在我国表现得更为突出，与此相对应的食品安全事件高频率地发生，难以置信，全球瞩目。尽管我国的食品安全水平稳中有升，趋势向好，但一个不可否认的事实是，食品安全风险与由此引发的安全事件已成为我国最大的社会风险之一。现实生活中的人们或已发出了"到底还能吃什么？"的巨大呐喊。对此，十一届全国人大常委会在2011年6月29日召开的第二十一次会议上建议把食品安全与金融安全、粮食安全、能源安全、生态安全等共同纳入"国家安全"体系，这足以说明食品安全风险已在国家层面上成为一个极其严峻、非常严肃的重大问题。

因此，理论分析框架研究设定的逻辑起点是，以我国食品安全风险类型、风险危害与引发风险的主要因素为出发点，以客观现实中的分散化、小规模的生产经营方式与风险治理内在本质要求间的基本矛盾为主要背景，以深入分析政府、社会、市场在共治中失灵的主要表现与制度、技术因素为切入点，基于整体性理论科学构建具有中国特色的食品安全社会共治体系，据以设计相适应的一系列制度安排。可以认为,如此推进理论分析框架的研究在视角上是独特的,具有科学性与可行性。上述关于理论分析框架研究视角的科学性、可行性的阐述可以用图3-3概括表示。

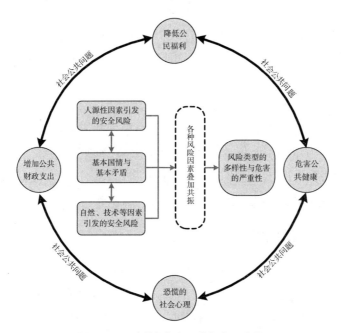

图3-3　理论分析框架研究视角示意图

三、理论框架研究的总体思路

基于当代公共安全问题与治理体系的相关理论,从食品安全风险的规律性出发,在理论框架的研究中应该按照"整体性治理"的总体思路展开食品安全社会共治问题的研究。整体性治理的总体思路重点体现在如下三个方面。

(一)体现在整个理论框架的体系之中

就整体性治理的本质而言,就是以最大程度降低食品安全风险、实现食品安全风险危害回归至与经济社会发展水平相适应的区间为共治目标,政府、市场、社会等治理主体依据各自的基本职能,以协调、整合和信任为主体间共识的运行机制,基于风险类型、风险危害,采用多层次组合的治理工具对治理对象实施整体性治理。

（二）体现在理论框架每个子系统之中

在政府、市场、社会每个子系统研究的层次上也必须贯彻整体性治理的总体思路。比如，长期以来，我国实施的多政府部门的监管体制被称为"碎片化"（Functionally Fragmented）的监管体制，成为行政监管不力、食品安全风险日趋严重的重要因素。2013 年 3 月，国务院再次进行机构改革，实施了由国家食药总局、农业部、卫生和计划生育委员会各司其职的"三位一体"的食品安全监管体制总体框架。在政府治理体系的设计与研究上，继续按照整体性治理的总体思路，系统思考、研究中央政府与地方政府职能分工、同一层次地方政府内部相关部门（食药、农业）间的职能优化，政府治理责任、权限与治理能力等，试图努力设计并最终研究形成具有科学性、可行性，无缝隙且非分离的整体型、服务型、监管型政府食品安全风险治理范式。

（三）体现在关键问题的设计之中

与此同时，在关键性问题的设计与研究中同样应该深刻把握并努力体现整体性治理的总体思路。理论框架的构建涉及众多的重大问题，它们相互交织，构成了一个复杂的体系。但在研究重大问题时，仍然贯彻"整体性治理"的理念。图 3-4 示意了在理论框架构建的研究中所涉及的四个最关键问题的整体性研究理念。

四、构建理论框架的基本内容

食品安全社会共治是公共治理理论在食品安全领域的实践发展。食品安全社会共治应实现由传统社会的"单中心、封闭、等级、控制"的管理之道向现代社会的"多中心、开放、平等、协调"的治理之道转变（图 3-5），本书主要基于这一基本思路，在食品安全社会共治理论框架下，界定共治主体的基本职能，刻画政府、市场（重点是生产者和消费者）与社会三类共治主体的治理行为。

（一）食品安全治理体系的组成主体及其职能定位

食品安全社会共治是多元主体参与的合力型治理，由政府公权力主体、社

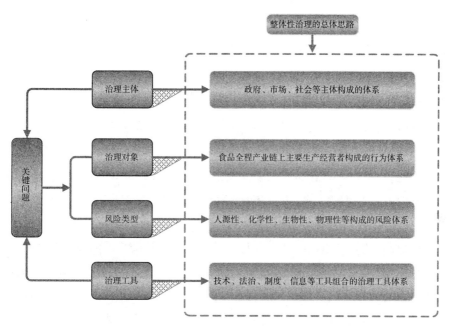

图 3-4 理论框架构建研究过程中若干关键问题的整体性研究示意图

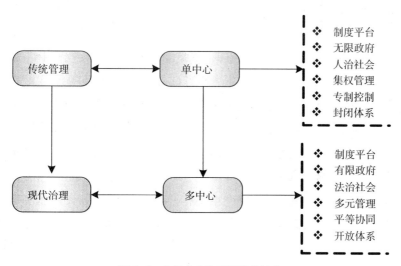

图 3-5 食品安全治理思路的转变

会性主体以及市场主体(主要是生产者和消费者私主体)共同组成①。在我国当前的国情下,对于政府公权力主体而言,由于监管不力,大量的食品安全事件都是由媒体曝光,政府被动地陷入出现问题—引起关注—修改相应的法律法规、加强监管—再出现问题—再引起关注—再修改相应的法律法规、加强监管的应对怪圈之中。而私主体的管理也存在问题:一是食品行业中,主体多为小而分散的个体经营者,在逐利性之下缺少自我管制的意识;二是私主体管理力量有限,无论是管理资金还是管理经验都存在问题;三是即使是大型的食品生产企业,在几次大型食品安全事件发生后,公众对其也降低了信任程度。因此更好地发挥社会性力量,是解决食品安全问题的一次新转机。但是从新的《食品安全法》中建立的四项新制度中可以看出,行业协会建立健全行业规范和奖惩机制、消费者组织的社会监督制度主要依靠社会力量完成,食品安全有奖举报制度、食品安全信息公布制度主要由政府完成,这些制度的实施不能仅仅凭借社会力量完成。因此,在公共治理理论作为理论基础的前提下,食品安全的社会共治是以社会性主体为核心的,与政府公权力主体、企业消费者私权利主体(市场主体)共同形成的非均等性治理。

因此,本书在总论中,共安排了第一章、第二章、第三章、第四章共四章内容。第一章为"我国食品安全风险状况的总体考察",在对食品安全相关概念进行科学界定的基础上,分析了我国主要食品种类的质量安全总体状况,运用大数据挖掘工具研究了我国食品安全事件的总体分布、基本特征与主要成因,构建熵权 Fuzzy-AHP(层次分析)法对我国食品安全风险的现实状态与未来走势进行了全面评估。第二章为"食品安全社会共治的理论内涵",在详细介绍食品安全社会共治的理论与实践背景基础上,研究食品安全社会共治的内涵与运行逻辑。第三章为"食品安全社会共治体系的理论框架",分析了理论分析框架面临的主要问题,研究本书构建理论框架的研究视角和所遵循的总体思路,阐述理论框架也即本书应该涵盖的基本内容,提炼理论框架的基本特色。第四章为"食品安全社会共治中政府、市场与社会的职能定位",着重基于所构建的理论框架,分别界定政府、市场与社会三类主体的职能定位。

----

① 余聪:《社会共治食品安全的理论基础及实践指导》,《中国国情国力》2016 年第 7 期,第 54—56 页。

（二）食品安全社会共治中的政府力量研究

公权力主体是以政府为主导的国家力量,基于国家权力并以强制力作为后盾。在食品安全治理理念的转变中,前期的基本思路是简政放权,主要通过引导各方有序参与到食品安全治理中,发挥消费者、行业协会和新闻媒体等方面的作用,形成食品安全社会共治的格局,实现路径是培育第三方力量并完善具体制度①;中期过程中,公权力主体的定位是平等的社会治理的参与者,这一阶段不再是行政指导或者行政管控,而是逐步限制公权力;后期公权力主体的主要任务是完成公权力的释放和再造②,从发挥主要作用逐步走向平等参与,再到发挥次要作用的共同主体。从传统的政府治理到公共治理理论,再到社会共治理论的发展,相当于政府作为多方治理主体从全面监管到参与监管,再从发挥参与主体的核心作用转向发挥次要作用,政府的主导功能逐步弱化。在我国食品安全应对的路径选择上,公共治理是必须经历的一个阶段,我国要想完全从传统的监管一步跨越至社会主体为治理中心,存在一定难度,无法短期内实现转变。因此政府在这一过渡和转型过程中,更多地承担后盾作用,总体把关并监督,从台前的指挥者转向幕后的服务者。

因此,本书在上篇"食品安全社会共治中的政府力量"中,主要讨论食品安全社会共治中的政府力量,刻画政府治理主体的相关行为,重点安排了第五章、第六章、第七章、第八章、第九章共五章内容。第五章为"我国食品安全监管体制改革进展",重点考察我国食品安全监管体制改革进展。在对建国以来食品安全监管体制的改革历程进行简要回顾的基础上,主要研究 2013 年以来,我国食品安全监管体制改革的进展状况,探讨食品安全监管体制改革中的若干问题,并重点关注当前出现的"多合一"的市场监管局机构设置模式带来的影响,进而提出相应的政策建议。第六章为"我国政府食品安全信息公开状况的考察",将重点评价在 2014 年 6 月至 2015 年 7 月间政府食品安全监管部门主动公开的食品安全信息状况与相关制度,并以 2014 年 7 月上海发生的福喜事件为切入点,对其后各级政府食品安全监管机构针对公众需求和企业

---

① 邓刚宏:《构建食品安全社会共治模式的法治逻辑与路径》,《南京社会科学》2015 年第 2 期,第 97—102 页。

② 刘飞、孙中伟:《食品安全社会共治:何以可能与何以可为》,《江海学刊》2015 年第 3 期,第 227—233、239 页。

生产监管信息公开的状况进行评判,以探讨未来政府食品安全信息公开的努力方向与结合"互联网+"的建设重点。第七章为"构建食品安全风险监测、风险评估与风险交流机制"。第八章为"食品安全检验检测体系与能力建设",食品安全检验检测技术体系是中国特色的食品安全社会共治体系中最基本、最直接的子系统,具有不可替代的关键作用,体系的层次与建设水平内在地直接决定了食品安全风险治理能力。因此本章着重以2013年新一轮食品安全体制改革以来,政府颁布的食品安全检验检测体系与能力建设相关文件为指导,以国家食品药品监督管理总局的有关食品安全检验检测机构调查数据与农业部发布的食用农产品安全检验检测机构的相关情况为基础,并通过案例的分析系统考察中国食品安全检验检测体系与能力建设状况。第九章为"食品安全法律体系建设",我国逐步确立了以《食品安全法》为核心的食品安全法律制度框架,相对完善的食品安全法律体系正在逐步建立。本章在对食品安全法律体系的建设历程进行简要回顾的基础上,分析了2015年新实施的《食品安全法》的基本特征及其实施后产生的影响,介绍了相应配套法律法规建设的新进展,考察了以司法解释和典型案例解读推动食品安全法律法规的贯彻落实的具体举措和司法系统依法惩处食品安全犯罪的新成效,据以提出全面落实《食品安全法》与加强食品安全法治建设的重点。

(三)食品安全社会共治中的市场力量研究

私权利主体主要包括消费者群体和企业(生产者),消费者群体是食品安全的直接参与者和最大的利益相关者,更多是为了保障自身的健康安全,而食品生产者更加追求经济利益。社会共治原则的指导下,二者在不同利益诉求的驱动之下,思想意识转变也走向不同方向。依照传统的行政管理模式,由政府直接施加约束和限制,可以明确奖惩规则,保证交易建立在平等自愿的基础上,保证社会的有序稳定,达到单纯依靠市场机制难以达到的资源最大化。但是政府管制带来的负效应也不可避免,在政府人为制造的资源短缺情况下,极易发生官员的寻租活动,同时也带来了巨大的反腐败成本。市场环境中的食品生产企业,作为经济理性人,追求利益的欲望使得企业竞争中出现恶性竞争和短视性,关注于眼前的利益而忽视了未来的长远发展,甚至会置食品安全于不顾,从事有毒有害、不符合食品安全标准的产品生产和销售。尤其是在我国食品生产经营主体存在着"点多、面广、量大"现状(图3-6),分散化、小规模为主体的食品生产经营方式与风险治理内在要求间的矛盾非常尖锐。由于信息不对称,食品企业违法成本低,政府存在执法成本和执法能力等多方面的约束,因此鼓励消费者参与监督,可以增加潜在违法者的防御成本,提高政府的执法能力①。

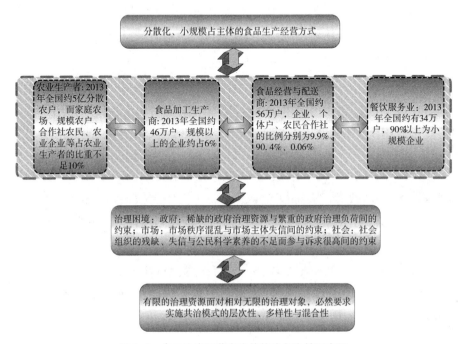

图 3-6　食品生产经营者主体构成复杂性示意图

因此,本书在中篇"食品安全社会共治中的市场力量"中,主要讨论食品安全社会共治中的市场力量,刻画生产者与消费者两类市场主体的治理行为,重点安排了两大部分七章内容。第十章到第十三章主要是研究生产者主体,分别是:第十章为"食品企业安全生产行为:食品添加剂的案例",重点以食品添加剂使用为研究案例,研究食品企业这类生产主体的安全生产行为;第十一章为"种植业农户安全生产行为:病虫害防治外包采纳的案例",重点以病虫害防治这一关系食用农产品安全关键环节为例,研究种植业的农户这类生产主体的安全生产行为;第十二章为"家庭农场安全生产行为:以绿色防控技术采纳为例",仍然以病虫害防治这一关系食用农产品安全关键环节为切入点,

①　应飞虎:《食品安全有奖举报制度研究》,《社会科学》2013 年第 3 期,第 81—87 页。

研究家庭农场这一新兴农业生产经营主体的安全生产行为;第十三章为"生猪养殖户安全生产行为:病死猪处理的案例",基于病死猪问题是我国食品安全高风险领域的实际,以病死猪处理为案例,研究养殖户这类生产主体的安全行为。第十四章到第十六章主要是研究市场主体中的消费者主体,探究消费者主体如何在食品安全治理中发挥市场激励作用,分别是:第十四章为"食品安全治理与消费者行为:可追溯食品的消费者偏好",西方发达国家通过实施食品可追溯体系在防范食品安全风险方面取得了显著成效,因此,本章以可追溯猪肉为切入点,综合运用菜单选择实验与潜类别分析等工具对不同消费群体的偏好作出研究,据以探究如何在食品安全治理中发挥市场机制的作用;第十五章为"食品安全治理与消费者行为:认证食品的消费者偏好",准确估计认证标识的消费者偏好,不仅是供应商优化定价策略和政府做出认证制度安排的基本依据,也是备受学者关注的理论议题,因此,本章系统研究消费者对食品安全认证标识(主要包括无公害标识、绿色标识和有机标识)的支付意愿;第十六章为"食品安全治理与消费者行为:餐饮服务量化分级管理的案例",本章以餐饮服务食品安全监督量化分级管理政策为研究案例,深入研究消费者对餐饮服务量化分级管理的相关行为与评价,提出提高消费者参与、优化量化分级管理制度、促使监管转向共治的政策改革思路。

(四)食品安全社会共治中的社会力量研究

社会性力量是食品安全社会共治中独立于公私主体的第三方监管力量,包括媒体、社会组织以及普通公众等。根据 2015 年中国食品行业舆情分析报告,食品行业报告渠道中 95% 是通过传统媒体,这说明公众知晓食品安全事件的主要途径是通过媒体行业,而不是政府的公布信息。目前要发挥社会性力量的主导作用,前提和基础是社会的发育与成长,培育相关的社会组织更是重中之重。新世纪以来,公民参与已经成为现代公共行政发展的世界性趋势。公民参与食品安全治理的方式可包括调查、讨论以及提出意见与建议等[①]。公民参与食品安全治理,能够起到弥补政府与市场的不足以及制约食品经营

---

① 唐刚:《论食品安全保障的公众参与方式及完善》,《法治与经济》2010 年第 4 期,第 1—2 页。

者等作用①。食品安全有奖举报制度是公民参与食品安全治理的重要途径，具有拓宽信息渠道、提高监管效率、激发公众举报热情、落实监督举报权、节约社会资源、减少违法行为等功能②。

　　因此，本书在下篇"食品安全社会共治中的社会力量"中，主要讨论食品安全社会共治中的社会力量，刻画公民（公众）、社会组织与村民委员会等社会主体的治理行为，安排第十七章、第十八章、第十九章共三章内容，分别关注普通公众、社会组织和村民委员会这三类食品安全治理中的最为基本的社会力量。第十七章为"公众参与食品安全治理意愿与行为研究"，本章主要基于实际调查，从城市、农村受访者监督与举报食品安全问题、消费投诉与权益保护等两个层面上展开研究。第十八章为"社会组织参与食品安全社会共治的能力考察"，主要以中国食品工业协会、中国乳制品工业协会、中国肉类协会、中国保健协会、中国豆类协会等25家中央层面的食品行业的社会组织为案例，通过深度访问和问卷调查的方式，并基于模型的计量研究，重点考察影响食品行业社会组织参与食品安全风险治理能力的主要因素，并提出相应的思考与建议。第十九章为"村民委员会参与食品安全治理行为研究"，本章基于对山东省、江苏省、安徽省和河南省等四个省份1 242个村委会的问卷调查，运用因子分析和聚类分析方法，实证测度了现实情境下村委会参与农村食品安全风险的治理行为。

---

　　①　王辉霞：《公众参与食品安全治理法治探析》，《商业研究》2012年第4期，第170—177页。

　　②　章志远：《食品安全监管中的有奖举报制度研究》，《长春市委党校学报》2012年第5期，第57—62页。

第四章　食品安全社会共治中政府、市场与社会的职能定位

在食品安全社会共治格局中,需要建立政府、市场与社会多主体协同的治理机制,政府、市场(主要包括生产者和消费者)与社会力量在共治格局中,发挥着不同的、不可相互替代的作用。政府制定相关的法规制度以及食品安全标准,明确社会共治运行的基本机制,确定其他主体在社会共治中的职能,对食品企业进行安全检查并奖优罚劣等。而公众、行业协会、第三方组织和媒体等在政府制定的边界内,直接或间接地促进着企业自律。政府依照各个主体的比较优势确定具体的边界。例如,公众的边界是举报、监督、参与决策和表达诉求等;行业协会的边界是制定行业标准,签订自律公约,行业内监管和对企业进行教育培训等;第三方组织的边界是产品质量认证、质量检测、信用评估和风险评估等;媒体的边界是曝光违法行为,舆论引导企业自律和对公众和企业的宣传教育等。食品企业在政府、公众、行业协会、第三方组织和媒体的监督和自我道德约束下诚信经营、杜绝造假、生产控制和防范风险。因此,本章的重点就是在社会共治的理论框架下,进一步厘清政府、市场与社会的职能定位。

一、政府与食品安全社会共治

众所周知,食品安全问题的根本原因是由于信息不对称以及外部性等导致的市场失灵,而政府所进行的食品安全治理正是为了弥补市场制度的缺陷,解决市场失灵所采取的重要手段。然而,政府的公共政策并不是无所不能,在某些时候也可能出现政府失灵,食品安全政府监管也存在政府失灵的问题,所以,研究食品安全治理中政府的行为对提高食品安全治理绩效具有重要作用,同时对解决食品安全问题也至关重要。

（一）政府在食品安全社会共治中的主体地位与职责

在食品安全治理领域，政府是与食品安全有关的公共利益的代表者和判断者，是食品安全治理的领导者、支配者和监督者，是最基本的也是最重要的治理主体，在食品安全治理中应该履行的职责无可替代。

1. 政府的主体地位

政府代表着公共权力，同时也行使公共权力，是人民群众（食品消费者）利益的代表者，人们赋予政府一定的权力就是使政府可以更加有力地保护和促进公共利益。政府不仅要保障食品市场能够有序运转，同时还要采取一定的措施对食品生产者、消费者以及第三方力量的行为进行规范。本书的食品安全治理中的政府指的是狭义上的政府，即行政机关，与立法机关的稳定性、权威性以及司法机关事后救济的局限性相比，食品安全治理中的行政机关组织体系更为严密、行政职能更为强大、分工更为精细，同时行政机关拥有行政权、准立法权以及准司法权，根据食品安全治理的具体要求制定相应的行政法规和规章，并在法定程序范围内进行食品安全治理，还可以通过行政复议等准司法程序解决食品安全治理中产生的问题。食品安全治理中的行政机关不是单独的部门，而是一个分工明确、层次多样的整个政府网络，具体包括中央政府和地方政府、同级政府以及各个不同部门的分工与协作。所以，在食品安全治理中如何发挥政府的主体作用、规范政府的行为和确定政府网络的结构以提高食品安全治理的绩效是需要解决的重要问题。

食品安全治理是从农田到餐桌的食品生产、加工、分配和消费的多环节和多主体的治理，这就使得一直以来食品安全治理是多层级多部门的共同治理。多层级的治理使得中央政府与地方政府职能分配不明，经常出现上有政策下有对策的情况，使得治理效率降低；多部门的治理很可能导致各部门的权责边界不明、治理成本过高、监管盲区出现、规制过度等问题。针对以上问题，目前的政府治理网络结构逐渐向"多中心化"或"去中心化"的网络结构转变，以提高食品安全治理效率，促进食品安全。政府治理网络的"多中心化"结构是基于多中心治理理论而提出的，多中心治理理论是由奥斯特罗姆提出的，其核心思想就是在完全国有化和完全私有化之间存在多种有效运行的可能的治理方式。首先，多中心意味着存在多个食品安全治理主体；其次，多中心治理意味着政府、市场的共同参与以及多种食品安全治理手段的联合运用，既可以保证政府的公共性与集中性的优势,又可以发挥市场高效的特点;最后,多中心治理意味着政府的角色和任务的转变,政府更多扮演的是中介者的角色,制定多中心制度的宏观架构和规范参与者行为的治理,同时运用各种手段为食品安全治理提供依据和便利。多中心结构的绩效可以通过各中心单位之间的冲突以及协作竞争得以体现,多中心的结构通过各个中心单位的协调合作,可以为更加复杂的食品安全治理寻求低成本的解决方案。多中心治理理论中的政府不再是食品安全治理中的唯一主体,通过与其他治理主体的合作可以提高治理效率。政府治理网络的"去中心化"结构是基于整体政府理论提出的,整体政府理论是希克斯等人针对政府追求效率所带来的碎片化问题而提出的,核心是合作具有跨界性,在专业化分工以及组织边界存在的条件下,通过长期有效的制度化协作,使上下级政府、同级政府以及公司部门之间能够建立多种联系并进行协作,使整体效能得以更好地发挥。竺乾威[1]认为整体性治理注重政府内部机构和部门的整体性运作,主张政府管理应该从分散转向集中、从部门转向整体、从碎片转向整合。针对我国目前食品安全治理的现状,陈刚[2]认为我国食品安全规制部门应该在专业化分段规制中进行合作,整合政府组织的功能结构,并且食品安全治理组织之间应该跨界合作。可见,想要解决多部门化所引起的食品安全治理中的碎片化问题,食品安全治理机构应该合理重构,加强部门间的合作,促进部门间的信息沟通。不管是目前的政府治理网络结构,还是未来的"多中心化"结构抑或是"去中心化"结构,政府在食品安全治理中的主体地位都不能动摇,只有在坚定政府治理主体地位的前提下研究政府网络中政府的治理行为,才可以更好地提高食品安全的治理效率,确保食品安全。

2. 政府在食品安全治理中的职责

食品安全直接关系到广大人民群众的身体健康,"民以食为天,食以安为先",保证食品的安全性是非常重要的现实问题,食品安全有赖于食品生产者、消费者以及第三方力量等的共同维护,但是更少不了政府在其中所应承担的责任。

---

① 竺乾威:《从新公共管理到整体性治理》,《中国行政管理》2008年第10期,第52—58页。

② 陈刚、张浒:《食品安全中政府监管职能及其整体性治理——基于整体政府理论视角》,《云南财经大学学报》2012年第5期,第152—160页。

食品安全的公共产品属性、市场在食品安全的供给和保障方面的失灵以及食品安全问题对社会产生的负面影响，都决定政府应该积极承担起保障食品安全的责任。政府在食品安全中应该承担的具体责任如下：

（1）参与立法的责任。食品安全监管部门参与食品安全立法应该是一项具有战略意义的重要职责，从目前情况来看，我国食品安全方面的有关法律还不成熟也不够全面，同时存在的有关法律过于陈旧，不能很好地满足现实的需要。针对错综复杂的食品市场，有关法律没有明确食品安全监管部门应该管什么、管多少、由谁来管等一系列问题。所以食品安全监管部门如何通过合理渠道向有关立法部门传递有效信息，使立法部门可以制定与时俱进、符合现实需要的食品安全有关法律具有重要的意义，也是紧迫任务。同时食品安全监管人员在执行有关法律时能够不断强化对治理客体的认识，可以反复比较现实法规与客体之间的作用效果，可以不断总结经验教训，为完善有关法规提供宝贵信息，促进食品安全法律法规的完善，提高食品安全的治理效率。

（2）公共利益的责任。政府在食品安全治理中的另一个责任就是维护公共利益，公共利益顾名思义就是社会全体或多数人享有的利益，政府关于食品安全公共利益承担的责任主要表现在以下两个方面：第一个方面是促进社会公众身体健康，促进社会公众身体健康是食品安全治理最重要也是最基本的目标，政府作为社会公共权力的掌控者，必须将人民的利益放在第一位，促进人民身体健康和生活幸福，促进食品生产、加工、销售和消费等各个环节的安全。促进食品生产者提供食品安全的充分信息，增强消费者对食品购买的信心，降低社会成本，提高社会资源的使用效率，承担起对公众的责任。第二个方面是促进食品行业有序发展，食品行业的发展好坏不仅对企业的经济效益和社会效益产生影响，还会对整个社会的经济结构和整体发展产生影响，食品行业的自律以及技术革新和进步，对国家规定的标准的严格执行都是食品行业良好发展的前提，政府应该在食品产业链上提供持续的治理，同时还要进行相关的示范教育，就有关事项对食品生产者进行有效指导等，以确保食品行业能够有序发展。

（3）执行规制的责任。政府在食品安全治理中的执行规制的责任是政府能够更好地承担公共利益责任的基本保障，政府履行的执行规制的责任是政府监管机构对与食品安全有关的各种问题进行日常规制和管理，各级食品安全监管机构主动采取的措施，或是根据消费者举报、投诉等，依据现有的法律法规对引起食品安全问题的治理客体施加影响,以保障食品在生产、加工、销售和消费等环节的安全,确保食品安全。政府的这种执行规制体现的是政府食品安全监管机构的日常工作的主要内容,体现政府对维护食品安全的主动性和执行力,主要从食品安全有关的法律法规体系的完善、确定食品安全标准体系以及完善市场准入制度等方面反映政府承担的执行规制责任。

(4)引导责任。政府在食品安全治理中的引导责任包括对食品行业的引导和对消费者的引导两个方面。引导食品行业规范发展是政府监管机构在市场机制条件下的英明做法,这样既可以促进市场效率的提高、降低社会成本,又可以减轻政府的负担、提高治理的效率。政府应该引导食品行业中的成员树立起责任意识,严格按照国家规定的有关食品标准进行生产,通过政府的引导使得食品行业在不断扩大规模的同时,还可以保证食品的安全。政府对消费者的引导可以增强消费者的自我保护意识,树立安全消费的观念,政府应该有计划、有目的地通过广播、电视、网络等渠道向消费者传递食品安全方面的知识,使消费者可以更好地辨别所要消费的食品的安全性,将可能的损害降到最低。可见,政府通过对食品行业和消费者两个方面的引导,可以更好地促进食品安全生产和食品安全消费,保障食品市场正常运行。

(二)政府在食品安全社会共治中的职能定位

传统的食品安全风险治理的理论研究以"改善政府监管"为主流范式,解决办法是强调严惩重典。20世纪90年代,在恶性食品安全事件频发所引致的民众压力下,西方发达国家政府基于"严惩重典"的思路,加强了对食品安全的监管力度,主要措施包括事前的法规制定和事后的直接干预[①]。然而,食品安全风险治理集复杂性、多样性、技术性和社会性交织于一体,千头万绪。在治理实践中,西方发达国家政府逐渐认识到,单纯依靠行政部门应对食品安全风险治理存在很多问题。如,Cragg[②]的研究发现,单纯政府监管在保障消

---

① S.Henson,J.Caswell,"Food Safety Regulation:An Overview of Contemporary Issues",*Food Policy*,Vol.24,No.6,1999,pp.589—603.

② R.D.Cragg,*Food Scares and Food Safety Regulation:Qualitative Research on Current Public Perceptions(Report Prepared For Coi and Food Standards Agency)*,London:Cragg Ross Dawson Qualitative Research,2005.

费者食品安全要求的同时,也可能会破坏市场机制的正常运行;Colin 等①的研究认为,政府监管机构在组织和形式上的碎片化,导致其治理能力被显著耗散和弱化,甚至会发生政府寻租、设租的行为,出现行政腐化。

尽管在传统食品安全风险治理中政府自身也存在诸多问题,甚至由于组织形式上的碎片化产生负面影响,但在新的食品安全社会共治框架中,政府仍然具有不可取代的作用②。实际上,对政府而言,明确其在食品安全社会共治中的职能定位和治理边界至关重要。David 等提出政府的职能是掌舵而不是划桨,是授权而不是服务③。Janet & Robert 则主张政府的职责是服务,而不是掌舵,政府要尽量满足公民个性化的需求,而不是替民做主④。具体到食品安全问题上,Better Regulation Task Force 的研究认为,对于任意给定的食品安全问题,政府的干预水平可以从什么都不做、让市场自己找到解决办法,到直接管制⑤。Garcia 等根据政府在食品安全治理中的介入程度,进一步将政府治理划分为无政府干预、企业自治、社会共治、信息与教育、市场激励机制、政府直接命令和管控等六个阶段⑥,如表4-1 所示。社会共治作为其中的第三阶段,政府在其中的功能与作用是具体而明确的。

表4-1　政府在食品安全治理中的介入程度

阶段	介入程度	具体描述
阶段一	无政府干预	不作为
阶段二	企业自治	自愿的行为规范 农场管理体系 企业的质量管理体系

---

① M.Colin, K.Adam, L.Kelley, et al., "Framing Global Health: The Governance Challenge", *Global Public Health*, Vol.7, No.2, 2012, pp.83~94.

② B.M.Hutter, *The Role of Non State Actors in Regulation*, London: The Centre for Analysis of Risk and Regulation(CARR), London School Of Economics And Political Science, 2006.

③ O.David, G.Ted, *Reinventing Government*, Penguin, 1993.

④ V.D.Janet, B.D.Robert, *The New Public Service: Serving, Not Steering*, M.E.Sharpe, 2002.

⑤ Better Regulation Task Force, *Imaginative Thinking For Better Regulation*, Http://www.brtf. gov.uk/docs/pdf/imaginativeregulation.pdf, 2003.

⑥ Marian G.M., Andrew F., Julie A.C., et al., "Co-Regulation as A Possible Model for Food Safety Governance: Opportunities for Public-Private Partnerships", *Food Policy*, Vol.32, No.3, 2007, pp. 299~314.

续表

阶段	介入程度	具体描述
阶段三	社会共治	依法管理 依靠政府的政策和管理措施治理
阶段四	信息与教育	向社会发布食品安全监管相关信息 对消费者提供信息和指导 对违规企业实名公示
阶段五	市场激励机制	奖励安全生产的企业 为食品安全投资创造市场激励
阶段六	政府直接命令和管控	直接规制 执法与检测 对违规企业进行制裁与惩罚

资料来源：Garcia et al（2007）。

进一步分析，政府在食品安全社会共治中的基本功能是：

（一）构建保障市场与社会秩序的制度环境

在食品安全社会共治的框架下，作为引导者，政府最重要的责任是构建保障市场与社会秩序的制度环境[1]。政府有责任对企业的生产过程进行监管，确保企业按照法律标准生产食品[2]。同时，政府有责任建立有效的惩罚机制，在法律的框架下对违规企业进行处罚，这有利于建立消费者对食品安全治理的信心[3]。然而，如何确定政府监管和惩罚的程度，既可以促使企业自愿实施类似于危害分析和关键控制点（Hazard Analysis and Critical Control Point，HACCP）的质量保证系统，又不损害企业的生产积极性和自主生产行为决策的灵活性，是对政府的一大挑战[4]。

---

[1] A.Hadjigeorgiou，E.S.Soteriades，A.Gikas，"Establishment of A National Food Safety Authority for Cyprus：A Comparative Proposal Based on the European Paradigm"，*Food Control*，Vol.30，No.2，2013，pp.727-736.

[2] E.Rouvière，J.A.Caswell，"From Punishment to Prevention：A French Case Study of the Introduction of Co-Regulation in Enforcing Food Safety"，*Food Policy*，Vol.37，No.3，2012，pp.246-254.

[3] R.D.Cragg，*Food Scares and Food Safety Regulation：Qualitative Research on Current Public Perceptions（Report Prepared For Coi and Food Standards Agency）*，London：Cragg Ross Dawson Qualitative Research，2005.

[4] C.Coglianese，D.Lazer，"Management-Based Regulation：Prescribing Private Management to Achieve Public Goals"，*Law and Society Review*，Vol.37，No.4，2003，pp.691-730.

（二）构建紧密、灵活的治理结构

食品安全治理的效果取决于治理结构的水平,分散的、不灵活的治理结构会严重限制治理各方主体有效应对不断变化的食品安全风险的能力[1][2]。因此,政府需要根据本国的实际情况,运用不同的政策工具组合来构建最优的社会共治结构,实现治理结构的紧密性和灵活性[3][4]。考虑到食品供应链体系中主体间的诚信缺失会严重影响各个主体间的进一步合作[5],信息交流的制度与法规建设应成为治理结构的重要组成部分,通过信息的公开、交流来解决治理结构中的不信任问题[6]。

（三）构建与企业、社会的友好合作的伙伴关系

作为公共治理领域的主要部门,政府应发挥自身优势,不断加强与企业、社会组织、个人等治理主体在食品安全治理领域的友好合作,成为团结企业、社会的重要力量[7]。在食品安全风险治理的过程中,政府应广泛吸收多方力量的参与,在公民、厂商、社会组织与政府之间构建一种相互信任、合作有序的伙伴关系,以便有效抑制治理主体的部门本位主义,减少部门间的扯皮推诿现

---

① L.J.Dyckman, *The Current State of Play：Federal and State Expenditures on Food Safety*, Washington, DC：Resource For The Future, 2005.

② R.A.Merrill, *The Centennial of U.S.Food Safety Law：A Legal and Administrative History*, Washington, Dc：Resource For The Future Press, 2005.

③ B.Dordeck-Jung, M.J.G.O.Vrielink, Hoof J.V., et al., "Contested Hybridization of Regulation：Failure of the Dutch Regulatory System to Protect Minors from Harmful Media", *Regulation & Governance*, Vol.4, No.2, 2010, pp.154-174.

④ F.Saurwein, "Regulatory Choice for Alternative Modes of Regulation：How Context Matters", *Law & Policy*, Vol.33, No.3, 2011, pp.334-366.

⑤ G.M.Marian, Andrew F., Julie A.C., et al., "Co-Regulation as A Possible Model for Food Safety Governance：Opportunities for Public-Private Partnerships", *Food Policy*, Vol.32, No.3, 2007, pp.299-314.

⑥ C.Jia, D.Jukes, "The National Food Safety Control System of China-Systematic Review", *Food Control*, Vol.32, No.1, 2013, pp.236-245.

⑦ P.Eijlander, "Possibilities and Constraints in the Use of Self-Regulation and Co-Regulation in Legislative Policy：Experience in the Netherlands-Lessons to be Learned for the EU", *Electronic Journal of Comparative Law*, Vol.9, No.1, 2005, pp.1-8.

象,提高治理政策的有效性和公平性①。同时,为了更好地与企业、社会展开合作,政府应开诚布公地公开自身信息,增进其他主体对自己的信任,构建和谐有序的社会共治环境②。除此之外,为食品企业及时提供信息和教育培训可以改善政府和企业间的关系③④。

二、生产者与食品安全社会共治

近些年来,食品安全问题频繁发生,与食品安全社会共治中的一个主体——食品生产者具有直接的关系⑤,作为食品的直接生产者,生产食品的安全与否直接影响广大人民群众的身体健康,影响经济的发展,甚至牵涉社会稳定。食品市场本身的缺陷引起的失灵问题必然会促进食品生产者生产不安全食品获取收益的机会主义行为倾向,目前,我国食品安全治理体系尚不完善,食品产业结构也存在不合理的地方,经济发展引起的道德观念缺失以及消费者自身的食品安全意识不强等更加促使食品生产者的机会主义行为发生。

(一)生产者在食品安全治理中的主体地位

食品安全治理中,食品生产者的主体地位不可动摇,生产者是食品的直接生产者(食品安全供给者),同时也可能是造成食品安全问题的直接关系人,在食品安全治理中具有重要的作用。

食品生产者进行安全食品生产或是不安全食品生产的最主要动机就是获得最大化的收益,能够影响到食品生产者收益的因素必然对食品生产者的决策和行为产生影响,理性的食品生产者会根据成本收益的比较来确定自己的

---

① D.Hall,"Food with A Visible Face:Traceability and the Public Promotion of Private Governance in the Japanese Food System",*Geoforum*,Vol.41,No.5,2010,pp.826-835.

② A.P.J.Mol,"Governing China's Food Quality through Transparency:A Review",*Food Control*,Vol.43,2014,pp.49-56.

③ R.Fairman,C.Yapp,"Enforced Self-Regulation,Prescription,and Conceptions of Compliance within Small Businesses:The Impact of Enforcement",*Law & Policy*,Vol.27,No.4,2005,pp.491-519.

④ A.Fearne,M.M.Garcia,M.Bourlakis,*Review of the Economics of Food Safety and Food Standards*,*Document Prepared for the Food Safety Agency*,London:Imperial College London,2004.

⑤ 为重要市场主体的生产者,本节的分析使用较为宽泛的生产者概念,实际上,在我国现实中,食品生产者有众多形式,本书在市场篇中,将分别研究食品企业、种植业农户、生猪养殖户等形式的食品生产者。

生产计划。食品生产者生产安全的食品会使自己在市场上具有更大的竞争力，同时也会获得良好的声誉、优质的品牌等无形资产，并能获得更长远的利益。但是，食品生产者生产安全的食品会提高产品的成本，如新技术的使用、优质原材料的购买、企业人员的培训等，产品的价格也会相应提高，如果此时消费者愿意为安全的食品支付额外的价格，或者是食品生产者额外提高的成本能够通过其他途径，比如政府补贴、优质优价等获得补偿，食品生产者就会愿意生产安全的食品。相反，如果食品生产者生产安全食品付出的额外成本得不到相应的补偿，在利润最大化的驱使下，食品生产者就会采取一定的行动，如降低生产安全食品的标准、购买劣质原材料等降低生产成本，此时最佳的食品产量是边际社会收益与边际私人成本相等的点上的产量，如图4-1所示。

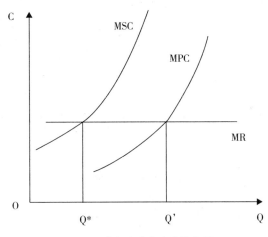

图4-1　食品生产者生产均衡图

其中，MSC为边际社会成本，MPC为食品生产者的边际私人成本，MR为边际社会收益，当食品生产者不因为生产不安全食品付出额外成本时，边际收益与边际私人成本相等即MR＝MPC是最佳生产决策，在食品产量为Q'时，食品生产者实现利润最大化。但是由于食品生产者生产不安全食品在食品市场进行销售，会使社会成本增加，增加的成本包括消费者身体健康受到损害的成本、信誉损失的成本等，这样就导致边际社会成本要高于边际私人成本，在图4-1中表现为MSC曲线在MPC曲线的左上方。因此，食品生产者进行符合社会效用的最佳产量应该为Q＊，此时MR＝MSC，并且Q＊＜Q'。食品生产者进行不符合社会效用的生产会给社会带来更多的额外损失,产生大量负面影响。

产品的经验品的特点使得只有消费者在食用产品后才能判断产品的安全性,这就使得生产者没有动力去主动增加成本以提高产品质量,同时由于信息不对称以及食品生产者的逐利的目的,食品生产者生产不安全食品的机会行为会增强。如果生产者增加成本来提高产品质量,同时提高产品的价格,并且消费者愿意支付这额外的价格,食品安全性是可以保证的,但是,现实中消费者理性行为促使消费者不愿意支付额外的价格,如果生产者提高价格,则可能失去原有的部分消费者群体,食品生产者与消费者之间的这种矛盾依旧存在。如果政府能够提供有效的食品安全治理措施,使得食品生产者的额外成本能够得到合理的补偿,则可以保证消费者消费安全的食品。如果政府的规制无效,则短期内食品生产者会获得高额的收益,长期范围内会由于食品生产者的个体理性转化为集体非理性,不安全食品大量被消费者购买,消费者身体健康受到威胁,市场经济也可能出现混乱现象。所以,食品安全治理中食品生产者这个主体不能忽视,只有保证食品生产者生产安全的食品,消费者才能放心消费,避免不必要的社会问题发生,只有更好地确定食品生产者的生产行为,才能更有针对性地提出促进食品安全的规制措施,才能更好地提高食品安全治理的有效性。

(二)生产者在食品安全治理中的社会责任

近些年来,食品安全事件经常发生,严重危害广大人民群众的身体健康,造成严重的经济损失,影响社会安定。各种食品安全事件,如"瘦肉精"、"毒豆角"、"地沟油"、"三聚氰胺"、"老鼠肉冒充羊肉"等事件无不牵动广大人民群众的心,使消费者对食品安全丧失信心。如何重拾消费者食品安全的信心,社会上一种普遍的声音是要求食品生产者承担起相应的社会责任。

食品生产者的社会责任是食品生产者在创造财富的过程中,满足股东利润最大化的同时,还要顾及到利益相关者的利益,承担起相应的责任,最重要的是其产品要能够保证消费者的身体健康。食品生产者的社会责任具体表现在两个方面,一是食品生产者自身为构建各利益主体之间的和谐氛围承担起责任,二是食品生产者在外部要主动承担起各利益相关者尤其是消费者的社会责任。结合食品生产者的特征,食品生产者社会责任的内容

以及食品安全这个责任底线,可以归纳出食品生产者履行社会责任具有如下特点:

第一,食品的特殊性形成对人民群众身体健康安全的责任。这是从食品的特性来谈食品类企业社会责任的特点,食品生产者社会责任的特殊性是由食品生产者生产的产品的特殊性与食品生产者的商业模式共同作用的结果,食品生产者的产品应该是安全的。食品安全是人们判断食品生产者的重要指标之一,其中安全是指食品生产者生产的产品必须是安全可靠的,对人体的生命健康必须是有利的,而在现实中劣质食品到处可见,不断危害着广大消费者的身体健康,同时人们又必须食用那些合格的产品以满足自身成长与健康的需要,而人们通常是在感觉到身体不适或食源性疾病发生后,才能对食品质量做出有效的安全性判断,食品的这种后验性使得食品生产者要高度重视食品的质量问题。经济可及性是指食品生产者所生产的食品价格可以被广大消费者接受,食品属于人的一种生理需要,这种生理需要处在马斯洛需求层次的最底层,人的最低层次的需要得到满足后,才能促使人们有更高追求,为社会创造财富,促进社会发展,此所谓食品经济性的存在保证了社会的稳定。食品生产者只有在生产中树立全新的经营理念,保证食品质量安全,才能使企业得到可持续发展,才能得到社会的认可。

第二,食品生产过程的特殊性决定了食品生产者社会责任的系统性特点。这是从食品生产过程的角度来谈食品生产者的社会责任,食品生产是一个复杂的过程,从原材料一直到产成品需要经过多个环节——养殖和种植,原材料生产加工,储藏运输等,每个环节又存在各自的特殊性,承担起的社会责任也各有差异。不同于对各环节独立分开来看,而是要以系统的观点,把各个环节看成是系统的一个组成部分,所承担起的社会责任也是动态的,系统的,不能以静态的、孤立的眼光来看。

第三,食品对人作用的长久性决定了食品生产者承担长期的社会责任。这是从消费者的角度来谈食品生产者的社会责任,人们从出生到死亡每天都需要摄取食物,吸收营养以维持自身生命的延续。食品在人们的生长过程中体现出来的作用无处不在,它可以使人身体健康、精力旺盛,同时它也可以使人的生命健康受到危害。在"十三五"期间我国的食品生产者生产的产品朝着方便、快捷化,营养、保健化,多样化,功能化,安全化的方向发展,使其能对人的身体健康产生长期有利的作用,可见食品生产者应承担起长期的社会责任。

（三）生产者在食品安全社会共治中的职能定位

食品生产者是食品生产的主体,其生产行为直接或间接决定着食品的质量安全。食品安全社会共治要求食品生产者承担更多的食品安全责任①。然而,食品生产者的最终目的是获取经济收益,食品生产者和经营者会根据生产和销售过程中的成本与收益来决定是否遵守食品安全法规,其行动的范围包括完全遵守到完全不遵守②。食品生产者还会评估其内部(资源)激励和外部(声誉、处罚)激励的成本与收益,根据预算额度的限制、销售策略和市场结构决定相应的保障措施来达到一定的食品安全水平③。因此,要运用市场机制实现生产者在食品安全社会共治中的主体责任。

1. 加强生产者自律与自我管理

对于生产者而言,较高的食品质量不仅可以保证生产者免受政府的惩罚,还可以形成良好的声誉并获取收益,因此加强生产者自律与自我管理是保证食品质量的重要环节④。生产者的自我管理意味着风险分析与控制。鉴于此,在欧盟和美国的很多食品生产者采纳的 HACCP 管理体系是国际上公认度最高的食品安全治理工具之一⑤。食品质量和销量的激励能促进生产者实施 HACCP 管理体系,但食品生产者规模会限制生产者实施该体系的能力⑥。由于缺少资金和技术,占食品生产者绝大多数的中小企业很难实施类似的管

---

① E.Rouvière,J.A.Caswell,"From Punishment to Prevention:A French Case Study of the Intro-duction of Co-Regulation in Enforcing Food Safety",*Food Policy*,Vol.37,No.3,2012,pp.246-254.

② S.Henson,M.Heasman,"Food Safety Regulation and the Firm:Understanding the Compliance Process",*Food Policy*,Vol.23,No.1,1998,pp.9-23.

③ R.Loader,J.Hobbs,"Strategic Responses to Food Safety Legislation",*Food Policy*,Vol.24,No.6,1999,pp.685-706.

④ A.Fearne,M.G.Martinez,"Opportunities for the Coregulation of Food Safety:Insights from the United Kingdom,Choices:The Magazine of Food",*Farm and Resource Issues*,Vol.20,No.2,2005,pp.109-116.

⑤ S.L.Jones,S.M.Parry,Brien S.J.O.,et al.,"Are Staff Management Practices and Inspection Risk Ratings Associated with Foodborne Disease Outbreaks in the Catering Industry in England and Wales",*Journal of Food Protection*,Vol.71,No.3,2008,pp.550-557.

⑥ P.K.Dimitrios,L.P.Evangelos,D.K.Panagiotis,"Measuring the Effectiveness of the HACCP Food Safety Management System",*Food Control*,Vol.33,No.2,2013,pp.505-513.

理体系,需要根据企业的实际情况来实现自我管理[1][2]。

2. 通过契约机制保障食品质量

西方发达国家的食品生产者往往通过纵向契约激励来实现食品产出和交易的质量安全,食品供应链体系中下游厂商的作用尤为明显。为了更好地控制产品质量,食品供应链体系中农户、加工企业、运输企业和零售企业之间的契约激励将会越来越普遍。当出售产品的特征容易被识别时,契约条款会更多地关注财务激励;而当出售产品的特征很难被识别时,契约条款会更加细化具体的投入和行为要求[3]。下游生产者可以通过提高检测系统的精度来保障购入食品的质量安全,并在出现食品质量问题后通过契约机制获得上游生产者的赔偿。这促使上游生产者采取措施保障生产食品的质量安全[4]。所以,食品供应链体系中的参与者能够通过有效的契约条款控制最终达到消费者手中产品的质量[5]。

3. 向消费者传递安全信息

食品生产者可以通过标识认证、可追溯系统等工具向消费者传递安全信息,解决食品安全信息不对称问题。标识认证方面,除了国际认证标准和政府认证标准,国外的标识认证还有地方、私有组织或者农场层面的认证体系以及零售企业制定的质量安全标准[6]。例如,在遵循反托拉斯法(Anti-trust Act)的前提下,欧洲零售商组织(Euro-Retailer Produce Working Group,EUREP)制定了 EUREP GAP(Good Agricultural Practice)标准,包括综合农场保证、综合水产养殖保证、茶叶、花卉和咖啡的技术规范等[7]。这些技术规范体现在设备标

---

[1] R.Fairman, C.Yapp, "Enforced Self-Regulation, Prescription, and Conceptions of Compliance within Small Businesses:The Impact of Enforcement", *Law and Policy*, Vol.27, No.4, 2005, pp.491–519.

[2] L.M.Fielding, L.Ellis, C.Beveridge, et al., "An Evaluation of HACCP Implementation Status In UK SME's in Food Manufacturing", *International Journal of Environmental Health Research*, Vol.15, No.2, 2005, pp.117–126.

[3] L.Wu, D.Zhu, *Food Safety in China:A Comprehensive Review*, CRC Press, 2014.

[4] S.A.Starbird, Amanor-Boadu V., "Contract Selectivity, Food Safety, and Traceability", *Journal of Agricultural & Food Industrial Organization*, Vol.5, No.1, 2007, pp.1–23.

[5] D.Ajay, R.Handfield, C.Bozarth, *Profiles in Supply Chain Management:An Empirical Examination*, 33rd Annual Meeting of the Decision Sciences Institute, 2002.

[6] J.A.Caswell, E.M.Mojduszka, "Using Information Labeling to Influence the Market for Quality in Food Products", *American Journal of Agricultural Economics*, Vol.78, No.5, 1996, pp.1248–1253.

[7] E.Roth, H.Rosenthal, "Fisheries and Aquaculture Industries Involvement to Control Product Health and Quality Safety to Satisfy Consumer-Driven Objectives on Retail Markets in Europe", *Marine Pollution Bulletin*, Vol.53, No.10, 2006, pp.599–605.

准、生产方式、包装过程、质量管理等诸多方面,有时甚至比相关法律规范更为严格①。可追溯系统方面,生产者实施可追溯系统能够提高食品供应链管理效率,使具有安全信任属性的食品差异化,提高食品质量安全水平,降低因食品安全风险而引发的成本,满足消费市场需求,最终获得净收益②。

三、消费者与食品安全社会共治

"民以食为天,食以安为先"充分反映出广大消费者最基本的需求,食品安全问题发生的过程中,消费者往往处于被动和不利的地位,成为受害的一方。然而,现实中消费者是食品安全治理的直接受益者,他们的行为也可以反过来对食品安全治理产生一定的影响。食品安全治理的目的就是使食品生产者能够生产符合人们需要的安全的食品,消费者可以获得所需要的安全食品,消费者在食品安全治理中同样扮演着重要的角色,以受益方的形式出现,他们的行为会对自身效用、经济发展以及整个社会福利都会产生影响。本节基于网络的视角,研究食品安全治理里消费者网络中的消费者的食品质量安全信息分享行为,使消费者通过这种信息的分享可以获得自己的最大效用,同时可以增加整个社会的福利,使食品安全治理变得更为有效。

(一)消费者在食品安全治理中的主体地位

食品安全治理中的另一个重要的主体就是消费者群体,消费者是食物链的最终端,是食物的直接食用者,食品安全的最终风险都由消费者来承担,然而由于单个消费者的力量弱小,在与食品生产者等主体博弈中往往处于不利地位,成为被动的食品安全风险接受者。尽管如此,消费者在食品安全治理中仍然具有重要的作用,保障消费者食用安全食品是社会主义和谐社会的基本要求,因为如果消费者食用安全食品的权利不能得到保障,造成身体上、精神上、时间以及金钱等多方面的损失,进而会对整个国家的经济发展以及社会稳定产生一定的影响。因此,一定要正确认识消费者在食品安全中的主体地位,

---

① C.Grazia,A.Hammoudi,"Food Safety Management by Private Actors:Rationale and Impact on Supply Chain Stakeholders",*Rivista Di Studi Sulla Sostenibilita*,Vol.2,No.2,2012,pp.111-143.

② L.Wu,H.Wang,D.Zhu,"Analysis of Consumer Demand for Traceable Pork in China Based on a Real Choice Experiment",*China Agricultural Economic Review*,Vol.7,No.2,2015,pp.303-321.

并采取有效措施维护消费者食用安全食品的权利,使消费者在食品安全治理中发挥更有效的作用。

消费者在食品安全治理中的不利地位主要反映在以下几个方面:首先,消费者在判断食品安全方面不具有优势,消费者很难掌握有关食品安全的全部信息,同时由于食品的经验品的特点,使得食品在消费者食用一段时间,甚至很长时间才能确定其安全性,食品的生活必需品的特点使需求价格弹性低,这就决定了消费者被动接受食品的安全性。其次,食品生产者生产不安全食品对消费者身体造成损害存在一定的隐蔽性,由于人体的自身的免疫系统,加上有些有害元素只有在人的身体里积累到一定程度才能对身体造成损害,这种积累是一个漫长的过程,同时还由于科技的限制,使得食品中含有的一些物质的危害程度尚不明确,一些食品生产者利用这些特点生产不安全的食品,这些食品使消费者很难确定食用哪些食品会对其自身造成损害,侵权行为难以得到合理的救济,特别是生产这样的不安全食品能够使生产者获得更高利润,同时很少受到处罚时,消费者的身体健康会受到更大的威胁。最后,消费者法律救济的成本限制了自己权利的维护,一些消费者食用不安全食品未造成重大损害时,可能采取自认倒霉的方式放弃自己权利的维护,这是因为法律诉讼的成本(金钱、时间等)大于消费者可能获得的效用,加之有些消费者法律意识淡薄,这些消费者会放弃法律的救济,这就使得不法食品生产者更加肆意地进行不安全食品生产,形成一种恶性循环,对消费者个人、对整个社会经济发展,甚至对社会稳定都会产生一定的负面作用。

所以,面对目前消费者在食品安全治理中的不利局面,应该有合理的制度安排,形成对食品生产者强有力的约束,使其能够生产更为安全的食品,在食品生产端遏制食品安全风险,同时还要加强食品安全治理中各个主体的通力合作,促进彼此交流与沟通,最终确保食品的安全性。由于消费者在食品安全治理中是最直接的受益者,对经济发展和社会稳定具有重要影响,确保消费者在食品安全治理中的主体地位,对其行为进行研究,才能更好地维护消费者的权益,才可以更好地提高食品安全治理的有效性。

(二)消费者在食品安全治理中的责任

近些年来,食品安全事件频繁发生,引起很多负面影响,广大消费者出现"谈食色变"的情况,为了改善食品安全状况,我国政府采取了一系列措施,包括食品安全信用体系建立、《食品安全法》进一步修订、食品安全行动计划等。采取的一些举措重点是约束食品生产者,认为不安全食品不进入市场流通,就可以使消费者的权益得到最大的保护。对于食品安全问题,食品生产者以及政府固然负有巨大责任,学术界以及第三方力量也应承担大部分责任,但是消费者也同样具有不可推卸的责任。消费者在食品安全治理中应该承担责任的原因在于,尽管消费者是整个食品供应链的最终环节,是食品安全的被动接受者,处于劣势地位,但是消费者在食品市场中同样是不可忽视的力量,消费者的食品质量需求以及消费偏好,都会对食品市场产生重要影响。

食品产业链条长、环节多、范围广,有数据显示国内目前生产各类农产品的农户有 2 亿多个、食品加工企业也有 50 万左右、各式饭店也达到上百万家,需要食品生产、加工、流通以及消费等各个环节的共同努力才可以更为有效地解决食品安全问题。然而,消费者建立起对食品安全问题的科学认识,培养起理性消费的习惯,对食品加工工序以及保存方式等有更为详细的了解,保护自身和家人以及相关人员免受食品安全风险危害,及时向有关部门反映食品安全信息等,无疑会对解决食品安全问题起到重要帮助,使食品安全治理变得更为有效。从食品工业发展历程来看,不管是具有最严格规制措施的发达国家的美国,还是食品安全治理不断完善的发展中国家中国,食品安全问题的零风险均是完全不可能的。按照国际通行的解释,食品安全问题是食品中的有毒有害物质对人体健康产生影响的公共卫生问题,各国对食品安全问题所采取的各种解决办法实质上是一种风险管理,所以消费者应该对食品安全问题有科学和清醒的认识。每个公民都应该有维持社会稳定的责任,当食品安全问题出现时,特别是随着科技的发展,以前被认为是安全的食品可能被检测出含有不安全的物质,消费者面对此类问题应该能够理性对待,有条不紊地针对具体问题采取合理措施进行解决,不应该采取不理性的行为引起社会恐慌。

因此,消费者要想在食品安全治理中更好地承担起自己的责任,就应该清醒认识到食品安全问题的产生是一个长期的过程,食品安全问题的解决也是个循序渐进的过程,在政府采取有效的规制措施、食品生产者进行有良心和有诚信的生产的同时,消费者也应该在食品安全治理中积极承担起自己的责任,食品安全治理才能更有效,食品安全状况才能得到明显改善。

（三）消费者在食品安全治理中的职能定位

消费者对食品安全治理的有效参与能发挥以下重大作用。

1. 弥补政府有关部门监管的不足

在食品安全治理中，政府监管至关重要，但政府有关部门也有其自身的局限性，亦会出现"失灵"，市场解决不好的问题，政府有关部门也不一定就能解决得好。原因在于：其一，作为监管者，缘于动力激励不足、自身能力有限等原因，政府有关部门所获取的信息存在不周全、不准确的问题，由此将极大影响其监管效果。其二，政府（表现为地方政府、相关职能部门）及其工作人员因其"经济人"属性，可能会因经济利益而被监管对象所俘获，诱发权力寻租与腐败。已有的实践证明，在很多食品安全事故中，存在这样的问题：或出于财政收入或部门收入的"公益"考虑，或出于个人利益的"私益"考虑，有些地方政府、相关职能部门与当地食品经营者（更多地表现为食品生产企业）结成"利益同盟"，未能发挥其应有监管职能，对食品经营者的违法行为"睁一只眼，闭一只眼"，即便是食品安全事故发生后，亦首先采取"大事化小，小事化了"的处理方式。其三，政府监管存在成本问题，随着食品工艺的日益复杂以及违法手段的日趋隐蔽，政府监管成本日渐增大①。

在食品安全治理上消费者的有效参与，则可以在一定程度对政府有关部门监管的不足予以弥补。一方面，消费者能为政府监管提供必要信息。由于我国食品经营者众多，而且以分散经营为主要形式，加之政府监管部门人力、财力有限，由此决定了政府有关部门在食品安全信息的掌握上难以保证全面。如上文所述，消费者可通过实际消费获得经验性信息并将其反馈至政府监管部门，从而弥补政府有关部门在这方面的不足。另一方面，消费者可对政府部门及其工作人员的违法行为进行举报，从而起到监督"监管者"的效果，避免"权力寻租"与腐败行为的发生。总之，就目前我国食品安全监管的实际情况而言，完全依靠政府部门通过加强监管而实现食品安全是不现实的；要实现食品安全的有效治理，就必须要充分挖掘消费者在食品安全方面自我保护的内在动力，充分发挥消费者的制衡作用。

①　刘广明、尤晓娜：《论食品安全治理的消费者参与及其机制构建》，《消费经济》2011年第3期，第67—71页。

2. 推动社会监督

在食品安全治理中,社会监督是重要的一环,其作用的有效发挥离不开消费者的支持。第一,消费者是社会监督的主体力量。一般认为,食品安全治理的社会监督主要包括社会公众、新闻媒体和社会团体三股力量;其中,社会公众是社会监督的主体力量。由于食品消费的特殊性,使得社会公众无一例外地具有另一个身份——食品消费者,因此,在食品安全治理中,社会公众监督基本上可等同于消费者监督。第二,消费者是新闻媒体的消息源。作为社会监督的重要主体,在西方,新闻媒体素有"第四权力"(即立法、行政、司法三权之外的第四权力)之称,起着"瞭望哨"、"报警器"的功能。我国现行《食品安全法》对新闻媒体在食品安全治理中的职责,进行了明确规定,其社会监督作用的发挥主要是通过对违法行为"进行舆论监督"而实现,该作用的发挥离不开消费者的大力支持,因为消费者是新闻媒体最重要的信息来源。在实践中,新闻媒体关于食品安全的消息报道(主要表现为对食品安全违规行为的揭露)多来自于消费者的消息提供、问题反映。第三,消费者是消费者组织存在的依据。在社会团体监督中,消费者组织是最重要的监督主体。以消费者协会为例,其社会监督作用的发挥主要体现在以下方面:调查、调解消费者投诉;支持消费起诉;就关系消费者合法权益的问题,向相关行政部门反映、查询,提出建议;宣传消费者的权利,形成舆论压力,改善消费者的地位。由此可见,消费者组织监督职能的发挥始自于消费者的诉求,其工作核心在于保障消费者的利益,离开了消费者的支持,消费者组织不仅难以发挥社会监督作用,而且也就失去了存在的意义。

3. 制约食品经营者

按照博弈论的观点,消费者与食品经营者之间呈现这样一种互动状态:消费者的懦弱、退缩就是对食品经营者"滥用信息优势"提供不安全食品以牟取高额利润的放纵;消费者的积极维权、坚决抗争则是对食品经营者违规行为的有力制约。在食品安全治理问题上,消费者的有效参与能够在一定程度上实现对食品经营者的制约,促使其规范经营、提供安全食品。从消费者制约作用的实现途径来讲,主要包括以下几个:第一,消费者可将食品经营者直接诉至法院,使其承担经济及名誉损失;第二,消费者可向政府监管部门进行举报,使食品经营者面临行政处罚的不利后果;第三,消费者可向新闻媒体及消费者协会等社会团体投诉,使食品经营者面临社会舆论压力。

四、社会力量与食品安全社会共治

社会力量是食品安全社会共治的重要组成部分，是对政府治理、企业自律的有力补充，决定着公共政策的成败①②③。社会力量是指能够参与并作用于社会发展的基本单元。作为相对独立于政府、市场的"第三领域"，社会力量主要由公民（或称之为公众）、社会组织（包括行业协会、消费者协会等等）以及新闻媒体等构成④⑤。政府、市场（生产者与消费者）以及社会力量承担相应的责任共同构成了治理主体责任体系，尽管社会力量承担的责任不像政府那样具有强的约束力，也不像市场主体（生产者和消费者）那样直接，但其承担的责任却不容忽视。社会力量配合其他治理主体承担相应的责任，能够更有效地保障食品安全，维护消费者权益。

（一）食品安全社会共治中的社会组织

食品安全社会共治中的社会组织，是指独立于政府和生产者之外，也独立于生产者和消费者之外的非政府组织，又称第三部门。社会组织主要包括有成员资格要求的社团、俱乐部、医疗保健组织、教育机构、社会服务机构、倡议性团体、基金会、自助团体等⑥。其利用第三方所特有的公正性，能够通过认证和检测手段来确定食品的质量，将公正、有效的信息提供给市场，获得公信力。与政府组织相比，社会组织具有广泛筹集社会公益资源的能力，其非营利

---

① E.Bardach，*The Implementation Game*：*What Happens after A Bill Becomes A Law*，Cambridge，Ma：The Mit，1978.

② J. L. Pressman，A. Wildavsky，*Implementation*：*How Great Expectations in Washington are Dashed in Oakland 3rd Edn*，Los Angeles，Ca：University Of California Press，1984.

③ M.Lipsky，*Street-Level Bureaucracy*：*Dilemmas of the Individual in Public Services*，New York：Russell Sage Foundation，2010.

④ S. Maynard-Moody，M. Musheno，*Cops*，*Teachers*，*Counsellors*：*Stories from the Frontlines of Public Services*，Ann Arbor，Mi：University Of Michigan Press，2003.

⑤ G.Jeannot，"Les Fonctionnaires Travaillent-Ils De Plus En Plus？ Un Double Inventaire Des Recherches Sur L'Activité Des Agents Publics"，*Revue Française De Science Politique*，Vol.58，No.1，2008，pp.123-140

⑥ M.S.Lester，S. W. Sokolowski，*Global Civil Society*：*Dimensions of the Nonprofit Sector*，Johns Hopkins Center For Civil Society Studies，1999.

性为其存在和行使职责获得强大的社会基础。同时,非政府地位使其更易获得社会公众的认同和信任,具备更明显的社会沟通优势。而且,社会组织多是为某一特定目的而成立的,是专业知识、技术、人才以及特殊资源的汇聚。因此,社会组织能够利用其客观、专业、高效、灵活等特点,弥补政府食品安全治理资源的不足,激活政府所遗漏的"治理盲区",提高食品安全治理的效率①。

在食品安全多元治理结构中,政府与社会组织不是支配和控制关系,而是平等的合作伙伴关系。食品安全社会组织主要职责包括制定食品行业标准,评估食品企业信用情况,促进食品经营者自律,引导安全食品消费,负责不安全食品检验检测、提供食品安全风险预警等,发挥认证者功能。作为联系国家—社会与公—私领域的的纽带,社会组织有利于产生高度合作、信任以及互惠性行为,降低治理政策的不确定性,是对"政府失灵"和"市场失灵"的积极反应和有力制衡②。一方面,社会组织可以监督政府行为,通过自身力量迫使政府改正不当行为,起到弥补"政府失灵"的作用③;另一方面,在市场面临契约失灵困境时,不以营利为目的的社会组织可以有效制约生产者的机会主义,从而补救"市场失灵",以满足公众对社会公共物品的需求④。美国、欧盟等西方国家的社会组织常常通过组织化和群体化的示威、抗议、宣传、联合抵制等社会活动进行监管⑤⑥。

(二)食品安全社会共治中的社会公众

公众是食品安全问题的间接受害者,不仅要承受不安全食品的潜在威胁,

---

① 田星亮:《论网络化治理的主体及其相互关系》,《学术界》2011 年第 2 期,第 61—69 页。

② R.D.Putnam, *Making Democracy Work*: *Civic Traditions in Modern Italy*, Princeton: Princeton University Press, 1993.

③ A.P.Bailey, C.Garforth, "An Industry Viewpoint on the Role of Farm Assurance in Delivering Food Safety to the Consumer: The Case of the Dairy Sector of England and Wales", *Food Policy*, Vol. 45, 2014, pp.14-24.

④ J.M.Green, A.K.Draper, E.A.Dowler, "Short Cuts to Safety: Risk and Rules of Thumb in Accounts of Food Choice", *Health*, *Risk and Society*, Vol.5, No.1, 2003, pp.33-52.

⑤ G.F.Davis, D.Mcadam, W.R.Scott, *Social Movements and Organization Theory*, Cambridge: Cambridge University Press, 2005.

⑥ B.G.King, K.G.Bentele, S.A.Soule, "Protest and Policymaking: Explaining Fluctuation in Congressional Attention to Rights Issues", *Social Forces*, Vol.86, No.1, 2007, pp.137-163.

同时也要承担社会信任危机带来的更高交易成本①。个人是其自己行为的最佳法官②，因此，每一个社会公众都是食品安全的最佳监管者。公众在食品安全治理中主要是发挥监督者的作用：一方面监督食品生产者、经营者的行为，并把信息通报给消费者；另一方面监督政府、非政府组织的行为，并利用舆论的作用来施加影响。

具体而言，社会公众可以通过各种各样的途径随时随地地参与食品安全监管，如公众可以通过网络参与食品安全的治理，网络的便捷性可以让公众轻松地监管食品安全③。然而，食品安全科技知识相对不足限制了公众参与食品安全治理的实际水平。提高食品安全系统的透明度和可溯源性能显著增强消费者的监管能力④。以转基因食品为例，对转基因食品安全性的担忧促使公民强烈要求根据科技知识和自身偏好进行食品消费决策，并通过要求政府提供快畅的信息、企业贴示转基因标签等方式保障其知情权，维护自身权益⑤。

（三）食品安全社会共治中的新闻媒体

媒体是直接为信息接受者传递或运载特定符号的物质实体，是信息传递和交流的工具。近些年来，食品安全事件的曝光大多来自媒体，如 2011 年河南瘦肉精事件、2012 年白酒塑化剂事件等，媒体在食品安全治理中的作用越来越重要，特别是随着网络技术的发展，这种作用会逐渐加强。贝特朗⑥总结出媒体应该具备的几种功能：（1）搜集和调查并向大众传播信息；（2）媒体在大众和国家、政府之间建立起信息沟通桥梁；（3）使人们能够了解世界真相；（4）促进文化传播；（5）为社会大众提供娱乐；（6）帮助企业进行营销。2015

---

① 陈彦丽：《食品安全社会共治机制研究》，《学术交流》2014 年第 9 期，第 122—126 页。

② A.P.Richard, *Economic Analysis of Law*, Aspen, 2010.

③ G. G. Corradof, "Food Safety Issues: From Enlightened Elitism towards Deliberative Democracy? An Overview of Efsa's Public Consultation Instrument", *Food Policy*, Vol.37, No.4, 2012, pp.427-438.

④ F.V.Meijboom, F.Brom, "From Trust to Trustworthiness: Why Information is not Enough in the Food Sector", *Journal of Agricultural and Environmental Ethics*, Vol.19, No.5, 2006, pp.427-442.

⑤ Todto, "Consumer Attitudes and the Governance of Food Safety", *Public Understanding of Science*, Vol.18, No.1, 2009, pp.103-114.

⑥ ［法］克劳德.让·贝特朗，宋建新译：《媒体职业道德规范与责任体系》，商务印书馆2006 年版。

年实施的《中国人民共和国食品安全法》第 10 条规定："新闻媒体应当开展食品安全法律、法规以及食品安全标准和知识的公益宣传,并对食品安全违法行为进行舆论监督。有关食品安全的宣传报道应当真实、公正。"①结合以上的新闻媒体的功能和责任,总结出新闻媒体在食品安全治理中应该承担的责任为:新闻媒体应该真实、客观、公正,并且人性化地曝光和传递食品安全信息。新闻媒体在食品安全治理中的责任具体为曝光不安全食品信息,通过政府对食品生产者形成约束,或者是向消费者传递不安全食品信息和直接向食品生产者传递不安全食品信息,通过声誉机制和舆论压力促使食品生产者进行安全生产。

　　新闻媒体在食品安全治理中真实客观地曝光和传递食品安全信息是其承担的最基础的责任,也是社会大众对其最低的要求,采取客观的态度向社会各界传递信息,既不能夸张也不能隐瞒。阿特休尔认为新闻媒体应当试图拨开偏见和结党成派的云雾,以及揭示严峻的现实和理智的帷幕。新闻媒体公正的曝光和传递食品安全信息,要求新闻媒体对食品安全事件要多挖、深挖新闻背后的原因,做到不偏传和不偏信。公正的实质是一种权利与义务的交换,是一种利益与责任的交换。新闻媒体的人性化曝光和传递食品安全信息是以人为本的社会主义核心价值观的一种体现,避免用那些刺激、爆炸性的方式向大众传播信息,使信息具有可接受性,避免为了达到某种目的而引起社会的恐慌,因为人性化可以说是新闻媒体自觉追求的一种内在品质。

---

① 法规应用研究中心:《中华人民共和国食品安全法一本通》,中国法制出版社 2011 年版。

上　篇

食品安全社会共治中
的政府力量

第五章　我国食品安全监管体制改革进展

食品安全监管体制,是指关于食品监管机构的设置、管理权限的划分及其纵向、横向关系的制度。建国以来,经历了从简单到复杂的发展变化过程,尤其是改革开放以来,伴随着市场经济体制的建立与不断完善,我国的食品安全监管体制一直处于变化和调整之中,平均约五年为一个改革周期。2013年3月,第十二届全国人民代表大会第一次会议通过的《国务院机构改革和职能转变方案》①,作出了改革我国食品安全监管体制,组建国家食品药品监督管理总局的重大决定,启动了新一轮的食品安全监管体制改革(以下简称"新一轮改革")。新一轮改革整合了工商、质监、食药监等部门食品安全监管职责,将监管资源向乡镇基层纵向延伸,取得了一定成效。总体来看,新一轮食品药品监督管理体制改革中,中央和省一级比较快,但到市、县一级进展缓慢,并且改革进程中出现了多种模式的探索甚至是反复。因此,本章在对建国以来食品安全监管体制的改革历程进行简要回顾基础上,主要研究2013年以来我国食品安全监管体制改革的进展状况,探讨食品安全监管体制改革中的若干问题,并重点关注当前出现的"多合一"的市场监管局机构设置模式带来的影响,进而提出相应的政策建议。

一、1949—2012年间食品安全监管体制改革的历史演变

建国以来,围绕不同社会发展阶段,我国食品安全监管体制也经历了从简

---

① 《国务院机构改革和职能转变方案》,中央政府门户网站,2013—03—15〔2013—07—02〕,http://www.gov.cn/2013lh/content_2354443.html。

单到复杂的发展变化过程①,可主要分为四个发展阶段②。

(一)食品安全工作起步阶段(20 世纪 50—60 年代)

我国食品安全的管理机制最早是通过学习苏联的公共卫生体制建立起来的。食品安全作为五大卫生之一,即环境卫生、劳动(职业)卫生、食品卫生、学校(儿童)卫生和放射卫生,是各级卫生防疫站的重要工作内容。在当时的计划经济体制下,食品企业公私合营、政企合一,企业经营行政依附度高,行业主管部门对企业直接管理,在食品卫生工作中具有重要作用。企业没有相对独立的商业利益诉求,因此追求商业利益而偷工减料、违规造假的现象也不严重。这一时期,卫生部会同轻工、商业、内贸、化工等行业主管部门共同开展食品卫生管理工作。1953 年政务院第 167 次会议批准建立各级卫生防疫站,各级卫生行政部门在防疫站内设立食品卫生监督机构,负责食品卫生监督管理工作。卫生部会同有关行业主管部门先后发布了粮、油、肉、蛋、酒、乳等大宗消费食品的卫生标准和管理办法。针对不同类型的食物中毒,发布了一些单项规章和标准,比如 1953 年颁布的《清凉饮食物管理暂行办法》是建国后我国第 1 个食品卫生法规,扭转了因冷饮不卫生而引起的食物中毒和肠道疾病爆发的状况。1964 年,国务院转发了卫生部、商业部等 5 部委制定的《食品卫生管理试行条例》,强调加强食品卫生管理是保证食品质量、增进人民身体健康、防止食物中毒和肠道传染病的一项重要措施。该试行条例规定卫生部门负责食品卫生的监督工作和技术指导,各有关食品生产经营主管部门采取思想教育、质量竞赛、群众运动、行政处分等内部管控方式,对企业行为进行约束。这一时期,食品卫生监管从无到有,管理由单品种管理向综合管理过渡,肠道传染病得到了有效控制。

(二)食品卫生监督制度初步建立阶段(20 世纪 70—80 年代)

工业发展对食品的污染受到越来越多的重视。1978 年国务院批准由卫生部牵头,会同其他有关部委组成"全国食品卫生领导小组",组织对农业种

---

① 付文丽等:《创新食品安全监管机制的探讨》,《中国食品学报》2015 年第 5 期,第 261—266 页。

② 李泰然:《食品安全监督管理知识读本》,中国法制出版社 2012 年版。

养殖、食品生产经营和进出口等环节的食品污染开展治理,包括农药、工业三废、霉变、疫病牲畜肉等。在标准方面,卫生部委托当时的中国医学科学院卫生研究所(中国疾病预防控制中心营养食品安全所前身)制定了标准研发五年规划,发布了80多项食品卫生标准,包括调味品、食品添加剂、包装材料、容器卫生标准,食品中汞、黄曲霉毒素B1、六六六和滴滴涕、放射性物质限量标准,理化、微生物检验方法标准等。在法规方面,1979年国务院正式颁发《中华人民共和国食品卫生管理条例》,将食品卫生管理重点从防止肠道传染病扩展到防止一切食源性疾患的新阶段,并对食品卫生标准、食品卫生要求、食品(包括进出口食品)卫生管理等方面做出了较详细的规定。卫生部门和各食品生产经营主管部门延续了试行条例的职责分工,相关内容更加细化。1982年,在总结30多年来食品卫生工作经验基础上,第五届全国人大常委会第25次会议于当年11月19日审议通过了《中华人民共和国食品卫生法(试行)》,这是新中国在食品卫生方面颁布的第一部法律,也是一部内容比较完整、系统的法律。该法对食品、食品添加剂、食品容器、包装材料和食品用工具、设备等方面卫生要求,食品卫生标准和管理办法,食品卫生许可、管理和监督,从业人员健康检查、法律责任等都进行了详细的规定,与现行《食品安全法》相关内容基本一致①。

试行法从法律上确定了当时的食品卫生监管体制,明确规定国家实行食品卫生监督制度。在分工上,各级卫生行政部门领导食品卫生监督工作,县级以上卫生防疫站或者卫生监督检验所作为卫生监督机构负责管辖范围内的食品卫生监督工作;铁道、交通、厂矿卫生防疫站在管辖范围内执行食品卫生监督机构职责,接受地方食品卫生监督机构业务指导;城乡集市贸易的食品卫生管理工作和一般食品卫生检查工作由工商行政管理部门负责,食品卫生监督检验工作由食品卫生监督机构负责,畜、禽兽医卫生检验工作由农牧渔业部门负责;进口食品由国家食品卫生监督检验机构(当时隶属卫生部门)进行卫生监督检验,出口食品由国家进出口商品检验部门进行卫生监督检验;食品生产经营企业的主管部门负责本系统的食品卫生工作,并对执行本法情况进行检查。食品行业主管部门和食品生产经营企业必须建立健全本系统、本单位的

---

① 肖艳辉、刘亮:《我国食品安全监管体制研究:兼评我国〈食品安全法〉》,《太平洋学报》2009年第11期,第6—18页。

食品卫生管理、检验机构或者配备专职或兼职食品卫生管理人员。鉴于当时仍处于计划经济体制,试行法延续了卫生部门会同行业主管部门共同开展食品卫生管理工作的食品卫生管理体制。卫生部门定位于监督执法,行业主管部门定位于管理规范。试行的食品卫生法实施对改善我国食品卫生状况发挥了巨大作用,全社会食品卫生法律意识大大提高,食品卫生知识逐步得到普及,食品卫生监测合格率由 1982 年的 61.5% 上升到 1994 年的 82.3%。

(三)食品卫生和食品质量分别监管阶段(20 世纪 90 年代至 2003 年)

1992 年党的十四大提出建立社会主义市场经济体制,"实行政企分开,落实企业自主权"。1993 年国务院机构改革撤销了轻工业部,成立国家质量技术监督局,统一管理质量认证工作,负责产品质量的监督和全国质量管理的宏观指导。食品企业从国营企业向集体、私营、个体企业转变,食品工业得到前所未有的快速发展,规模以上企业的固定资产由 1980 年的 154 亿元增加到 2000 年的 5103.7 亿元。食品生产经营方式发生了较大变化,企业数量和从业人数大幅增加,一批新型食品特别是保健食品大量涌现,食品卫生与贸易、改革和经济社会发展关系越来越密切,食品行业大量涌现假冒伪劣行为,食品卫生状况与人民群众生活水平日益改善的要求不尽适应①。

为了加强对包括食品在内的产品的质量监管,1993 年 2 月 22 日,第七届全国人民代表大会常务委员会第三十次会议通过《中华人民共和国产品质量法》,明确国家质量技术监督局主管全国食品质量监督管理工作。全国食品质量检验机构承担食品质量检验并出证。1995 年 10 月 30 日,第八届人大常委会第 16 次会议审议通过了《食品卫生法》,授权国务院卫生行政部门主管全国食品卫生监督管理工作。省级卫生行政部门根据需要可以确定具备条件的单位作为食品卫生检验单位,进行食品卫生检验并出具检验报告。同时,规定城乡集市贸易的食品卫生管理工作由工商部门负责,食品卫生监督检验工作由卫生行政部门负责,进口食品及相关产品由口岸进口食品卫生监督检验机构进行卫生监督检验,出口食品由国家进出口商品检验部门进行卫生监督检验。2002 年 4 至 6 月,全国人大常委会组织了《食品卫生法》执法检查,在

---

① 杨嵘均:《论中国食品安全问题的根源及其治理体系的再建构》,《政治学研究》2012 年第 5 期,第 44—57 页。

充分肯定法律实施取得成效的基础上,也指出我国食品卫生监管工作出现了多头管理、执法交叉以及执法不到位的问题,建议进一步理顺监管体制,提出由地方政府对辖区内的食品安全卫生监管负总责,明确卫生部门和相关部门的职责分工。

在这一体制下,我国建成了覆盖全国的食品卫生监督网络,形成了一支20多万人的卫生监督执法队伍,对保障食品安全发挥了积极作用。然而,《食品卫生法》没有规范包括种植、养殖、储存等环节中的食品以及相关的食品添加剂、饲料及饲料添加剂的生产、经营或者使用,出现了法律监管盲区。卫生部统一监管体制无法涵盖食品从农田到餐桌的全过程,导致食品安全事故时有发生①。

(四)实施多部门参与与综合协调相结合阶段(**2004 年至 2013 年**)

从 2003 年起,市场经济条件下,食品企业违法逐利行为越来越突出,与食品卫生相关的标签伪造、食品造假、地下黑作坊、黑工厂不断被媒体曝光。国家为了进一步加大监管力度,将卫生、工商、质检、药品等多部门纳入食品安全监管体系,实行分段监管与综合协调相结合的体制。先后由国家食品药品监督管理局、卫生部、国务院食品安全办承担食品安全综合协调职责。2004 年 9 月,国务院印发《关于进一步加强食品安全工作的决定》(国发〔2004〕23 号),正式将"食品卫生"改为"食品安全",按照一个监管环节由一个部门监管的原则,采取分段监管为主、品种监管为辅的监管体制,国家食品药品监督管理局承担综合协调职责②。2008 年,国务院机构改革将食品安全综合协调和组织查处重大食品安全事故职责由国家食品药品监管局划入卫生部,将餐饮业和食堂等消费环节监管和保健食品监督管理的职责由卫生部划入食品药品监管局,并将该局调整为卫生部管理的国家局,同时规定卫生部负责组织制定食品安全标准,组织开展食品安全风险监测、评估和预警,制定食品安全检验机构资质认定条件和检验规范,统一发布重大食品安全信息。2009 年 2 月,《食品安全法》发布,从法律上明确了分段监管和综合协调相结合的体制。2010 年,

---

①　马小芳:《深化我国食品安全监管体制改革》,《经济研究参考》2014 年第 30 期,第 5—12 页。

②　国务院.国务院关于加强食品安全工作的决定[EB/OL].(2012—06—23)[2016—03—10].http://www.gov.cn/zwgk/2012-07/03/content_2175891.html。

国务院成立食品安全办公室,承办国务院食品安全委员会交办的综合协调任务。可以说,食品安全监管体制的发展变化与我国社会经济发展阶段和生产力水平密切相关,不断适应人民群众对食品安全日益增长的要求,适应食品安全形势的发展变化。

二、新一轮食品安全监管体制改革
进展及其主要成效与问题

针对分段监管体制中存在的多头管理、分工交叉、职责不清等突出问题,经过较长时间较为充分的准备,2013 年 3 月中央决定组建统一的食品药品监管机构,将分散在各部门的食品药品监管职能和机构进行整合,实行集中统一监管。并由农业部门负责农产品质量安全监管,由卫生部门负责食品安全风险监测和评估、食品安全标准制定。

(一)新一轮食品安全监管体制改革概况与进度

我国原有的食品安全监管体制是在计划经济向市场经济的体制转型中形成的,并在计划经济时期指令型管理体制的基础上,逐步经历了经济转轨时期的混合型管理体制和市场经济条件下的监管型体制的演化过程。2009 年第十一届人大常委会第七次会议通过的《食品安全法》,进一步强化了综合协调下的部门分段监管的食品安全监管体制。应该说,原有的监管体制曾经对提高食品安全水平发挥了积极的作用。2013 年新一轮改革后确立的新监管体制对探索与最终解决食品安全多头与分段管理,相互推诿扯皮、权责不清的顽症迈出了新的一步,对形成一体化、广覆盖、专业化、高效率的食品安全监管体系,构建食品安全监管社会共治格局具有积极的作用。

1. 新一轮改革后食品安全监管体制的基本框架

图 5-1 示意了改革之前的食品安全监管体制。2013 年 3 月 15 日,新华社全文公布了由第十二届全国人民代表大会第一次会议批准的《国务院机构改革和职能转变方案》。按照这一方案,改革后新的食品安全监管体制较以前的体制有了根本性的变化,有机整合了各种监管资源,将食品生产、流通与消费等环节进行统一监督管理,由"分段监管为主、品种监管为辅"的监管模式转变为集中监管模式,由此形成农业部和食品药品监督管理总局(简称食

图 5-1　改革之前的我国食品安全监管体制框架

药监总局)集中统一监管,以卫生和计划生育委员会为支撑,相关部门参与,国家食品安全委员会综合协调的体制(图 5-2)。从食品安全监管模式的设置上看,新的监管体制重点由三个部门对食品安全进行监管,国家食品药品监督管理总局对食品的生产、流通以及消费环节实施统一监督管理,农业部主管全国初级食用农产品生产的监管工作,国家卫生和计划生育委员会(简称卫计委)负责食品安全风险评估与国家标准的制定工作①,基本形成了"三位一体"的监管总体框架(图 5-3)。在食品的监管环节上,原来由农业部门管理的农产品种植、养殖环节,质量监督检验检疫部门管理的食品生产、加工环节,工商行政管理部门管理的食品流通环节,食品药品监督管理部门管理的餐饮、消费环节,商务部门管理的畜禽、生猪定点屠宰环节,改革调整为以国家食品药品监督管理总局和农业部两个部门为主的监管模式,力图建立统一权威的食品安全监管体制。新一轮的改革是建国以来第四次食品安全监管体制改革,与建国以来的历次改革相比较,具有大部制改革的基本特点,标志着我国的食品安全监管体制初步进入了集中监管体制的新阶段。

国家食品药品监督管理总局于 2013 年 3 月 22 日正式挂牌成立,并加挂国务院食品安全委员会办公室(简称食安办)的牌子。2013 年 3 月 31 日,国务院办公厅印发了《国家食品药品监督管理总局主要职责内设机构和人员编制规定》,由此标志着我国食品安全监管体制"四合一"架构开始形成。所谓的"四合一"架构就是原来的国务院食品安全办公室、国家工商行政管理总局分管的食品监管部门、国家质量监督检验检疫总局分管的食品监管部门,再加上原来的国家食品药品监督管理局等四个部门组成了一个统一的国家食品药

---

①　封俊丽:《大部制改革背景下我国食品安全监管体制探讨》,《食品工业科技》2013 年第 6 期,第 1—7 页。

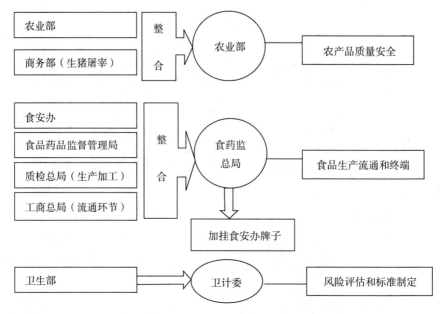

图 5-2　2013 年新一轮改革后的食品安全监管体制

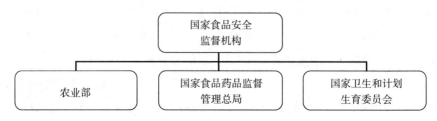

图 5-3　2013 年新一轮改革后"三位一体"的食品安全监管体制框架

品监督管理总局。

2. 新一轮食品安全监管体制改革的意义

其主要表现在以下三个方面：

(1)迈出了全程无缝监管的新步伐。由"职能转变"为核心的大部制变革形成的新的食品安全监管体制,较以前的"众龙治水"、"分段管理"式的监管体制,可以更好地整合各种监管资源,有效解决监管重复和监管盲区并存的尴尬。从理论上能实现我国对食品安全的集中统一监管,对生产、流通、消费环节的食品安全和药品的安全性、有效性实施统一监督管理,实现食品安全监管从"田间到餐桌"完整供应链所有环节的无缝对接。把食品生产、流通环节并入原有的食品药品监管体系中,将有利于权责的清晰和统一管理,避免监管部门"踢皮球"现象。

(2)整合了监管力量。根据《国务院机构改革和职能转变方案》和《国务院关于地方改革完善食品药品监督管理体制的指导意见》,从中央到地方各级政府,皆要"将工商行政管理、质量技术监督部门相应的食品安全监督管理队伍和检验检测机构划转食品药品监督管理部门",省、市、县各级工商部门及其基层派出机构要划转相应的监管执法人员、编制和相关经费,省、市、县各级质监部门要划转相应的监管执法人员、编制和涉及食品安全的检验、检测机构、人员、装备及相关经费,要确保新机构有足够力量和资源有效履行职责。同时,整合县级食品安全检验、检测资源,建立区域性的检验、检测中心。

整合各食品安全监管职能部门的食品安全检测监测能力,有助于解决检测监测信息不统一、标准不一致的问题。通过体制调整,将各部门食品安全检测监测机构划转整合,构建附属于食品安全监管部门的国家食品安全实验室系统。在整合食品安全检测监测能力的基础上,做好顶层设计,引导食品安全检测监测能力建设错位发展、特色发展,避免重复建设,建立标准统一、信息共享的食品安全检测监测信息数据库①。

(3)确立了监管重心下移的体制。改革后的新的食品安全监管体制安排中,鼓励县级食品药品监督管理机构在乡镇或区域设立食品药品监管派出机构,提出要充实基层监管力量,配备必要的技术装备,填补基层监管执法空白,确保食品和药品监管能力在监管资源整合中都得到加强。在农村行政村和城镇社区设立食品药品监管协管员,承担协助执法、隐患排查、信息报告、宣传引导等职责。进一步加强基层农产品质量安全监管机构和队伍建设。推进食品药品监管工作关口前移、重心下移,加快形成食品药品监管横向到边、纵向到底的工作体系②。

在原有的旧监管体制下,政府食品安全监管的行政机构在各大中城市只设立到区、县级。但问题食品却大都源自藏匿于市郊乡镇抑或城乡接合地带的黑工厂、黑窝点、黑作坊。在一些大城市,流通环节的食品安全危害则大多

---

① 焦明江:《我国食品安全监管体制的完善:现状与反思》,《人民论坛》2013年第5期,第46—47页。

② 《国务院确定地方食品药品监督管理机构改革时间表》,新华网,(2013—04—18)[2013—07—05],http://news.xinhuanet.com/politics/2013-04/18/c_115445397.html。

来自于市内数以万计的食品经营店铺。最需要监管的基层,长期处于行政执法日常监管的空白状态,政府食品安全监管机构对食品生产领域长期普遍存在的黑工厂、黑窝点、黑作坊,就始终难以做到露头就严打、查实重罚,更无法做到防患于未然①。同时,由于街道、乡镇一级的食品安全监管力量长期呈现空白,对各自辖区最基层的食品安全监管事务,各地食品安全监管机构只能通过不定期的街面抽检方式应付。只有在出现了比较大的区域性的食品药品安全事件,且往往要该事件经媒体曝光揭露后,食品安全监管机构才会匆忙安排专项检查与整治。遭舆论诟病的"被动监管执法"之所以多年未见明显改观,也与市区两级食品安全监管机构的"力不从心"大有关联。

3. 新一轮食品安全监管体制改革的时序进度

总体来看,新一轮食品药品监督管理体制改革中,中央层次的机构改革迅速到位,在改革的时序上,总体进度极不理想。按照国发〔2013〕18 号文件要求,地方食药监管体制改革应于 2013 年底前完成。但截至 2013 年 12 月 10日,全国大陆 31 个省、自治区、直辖市(以下简称省区)中有 23 个省区出台了省局"三定"方案,25 个省区明确了省级食品药品监管管理局的主要负责人;18 个省区出台了省内食品药品监管体制改革指导意见②。到 2014 年 6 月,全国 31 个省市区中公布省级食品药品监督管理机构"三定"方案的有 29 个,14个省区公布了省级改革实施方案,有 21 个省市区公布了省以下级别的改革实施方案③。到 2014 年底,除省级层面的改革全部结束外,各省区的地市级与县级层面的改革参差不齐,全国尚有 30% 的市、50% 的县未完成改革④。江苏省在此方面具有典型性。2014 年 11 月 7 日,江苏省人民政府办公厅印发《关于调整完善市县工商质监食品药品管理体制加强市场监管意见的通知》,要求分别于 2014 年 11 月、12 月底完成市县两级体制改革,但实际上到 2015 年

---

① 《53.1%消费者称农产品问题严重》,新华网,(2013—06—19)〔2013—07—05〕,http://www.bj.xinhuanet.com/bgt/2013-06/18/c_116188047.html。

② 《食品药品监管体制改革进行时:完善统一权威的监管机构》,《中国医药报》2013 年 12月 18 日。

③ 吴林海、尹世久、王建华等:《中国食品安全发展报告(2014)》,北京大学出版社 2014年版。

④ 贺澜起:《关于在食药监体制改革未完成的市县设置独立食药管机构的建议》,民建中央网站,2014—12—30〔2015—06—06〕,http://www.cndca.org.cn/mjzy/lxzn/czyz/jyxc/938585/index.html。

6月30日为止,江苏省辖的地级市尚没有完成机构改革。根据国家食品药品监督管理总局最新的情况通报,截止到2016年6月,省级层面机构和人员全部到位,但仍有8%的市、县至今没有出台"三定"方案;江苏、西藏、新疆、青海等4个省区市县两级机构和人员至今没有到位。

纵观我国食品安全监管体制改革的历程可以发现,改革的焦点主要集中于行政部门之间如何合理分配食品安全监管职责上,改革的目标是形成集中统一的监管体制。但是,对于如何转变监管职能、如何创新监管方式、如何促进社会机构和公众参与等方面还缺乏顶层设计。尤其在战略层面如何整体优化设计我国食品安全监管体制,这方面的改革才刚刚起步。

(二)新一轮食品安全监管体制改革的主要成效

我国当前农业部和食品药品监管总局集中统一监管体制,有利于理顺部门职责关系,强化和落实监管责任,实现全程无缝监管,形成整体合力,提高行政效能。但也难以避免地仍存在着一些问题[1]。由于机构改革后运行时间比较短,目前尚难以对食品安全监管体制改革的成效做出全面的评估。但总体来看,经过新一轮的改革,食品监管体制有所改善,监管能力有所增强,技术支撑得到强化,基层监管网络初步建立,监管体制改革的成效逐步显现。2015年,国家食品药品监督管理总局国家质量国家监督抽查合格率为96.80%,比改革前的2012年提高了1.3个百分点(参见本书图2-1)。食品生产经营者主体责任意识逐渐增强,食品安全监管制度逐步完善,食品安全保障水平稳步提升。

1.职能整合基本到位,统一的食品安全监管体系初步形成

从全国范围来看,自2013年新一轮改革以来,各地新的食品药品监管体系初步建立,省、市、县三级职能整合与人员划转已基本到位,覆盖省、市、县、乡的四级纵向监管体系基本形成。虽然地方政府食品安全监管机构设置模式存在较大差异,改革进程总体比较缓慢,但均成立了专门机构或队伍承担食品安全监管工作。然而,一个值得关注的现象就是改革出现反复。2014年底,全国有95%的地(市)、80%左右的县(市)独立设置了食品药品监管局。但到

---

① 马小芳:《深化我国食品安全监管体制改革》,《经济研究参考》2014年第30期,第5—12页。

2015 年底,独立设置食品药品监管部门的地(市)减少到 82%、县(市)减少到 42%①。有关分析表明,全面前 500 个食品产业大县的机构设置情况,发现单设食品药品监管管理机构的仅为 48%,而在全国排名前 100 的药品产业大县中,单设食品药品监管管理机构的比例更低②。总体来看,统一的食品安全监管体系已初步形成,但仍不稳定。

2. 食品监管队伍不断壮大,食品监管与风险监测能力得到提高

经过 2013 年新一轮食品安全监管体制改革,全国食品药品监管机构有所增长,尤其是基层监管机构数量增长较快,截至 2015 年 11 月底,全国共有食品药品监管行政事业单位 7 116 个,其中:行政机构 3 389 个,比上年增加 89 个;事业单位 3 727 个,比上年增加 219 个。全国共有乡、镇(街道)食品药品监管机构 21 698 个。食品监管队伍不断壮大,区县级以上食品药品监管行政机构共有编制(含市场监管机构所有编制,不含工勤编制)265 895 名,比上年增长 95.6%。其中,省、副省、地市和区县级(县级含编制在县局的乡镇机构派出人员)分别比上年增长 7.1%、96.9%、33.1% 和 107.7%。各级应急机制和应急预案逐步建立。应急平台初步建立,进一步明确了各部门应急工作职责、突发事件处置程序以及突发事件监测分析、信息报告、指挥决策、调查处置、协调联动、新闻发布等机制。建立了舆情共享机制和重大信息报送机制,建成投诉举报风险监测平台,对突发事件和重大舆情进行专项跟踪监测的能力得到加强,应急管理能力得到强化,应急基础能力得到提升。制定了食品风险监测体系的制度和风险监测计划,建立了国家食品安全风险监测体系,覆盖 31 个省和 288 个地市的食品污染物和有害因素监测网,及覆盖 31 个省、226 个地市、50 个县的食源性致病菌监测网。

3. 食品综合协调能力不断提升,部门协调配合机制初步形成

进一步健全了食品案件线索共享、案件联合查办、联合信息发布等工作机制,地方行政与刑事衔接机制得到建立完善,行政执法与刑事司法衔接协调有所提高,积极推进建立了部门间风险监测通报会商机制,风险监测中涉及农业、质检等部门的问题,信息通报、相关处置工作的配合协作能力有所提升。

---

① 数据来源:毕井泉,《在全国食品药品监管工作座谈会暨仿制药一致性评价工作会议上的讲话》,2016 年 6 月 29 日,http://www.instrument.com.cn/news/20160629/194855.shtml。

② 袁端端:《七专家再议食药改革最后一役》,南方周末,《建言参考》(内部资料)2016 年第 6 期。

2015 年,部门协调配合机制进一步完善。国务院食品安全委员会部署全国食品安全城市和农产品质量安全县创建试点,组织开展对地方政府的评议考核,落实地方政府属地管理和各部门齐抓共管责任。国务院食品安全办、公安部、农业部、工商总局和食品药品监督总局联合印发《关于进一步加强农村食品安全治理工作的意见》,开展"清源"、"净流"、"扫雷"、"利剑"四项行动,净化农村食品安全环境。国家食品药品监督管理总局与农业部联合印发了《关于加强食用农产品质量安全监督管理工作的意见》和《关于进一步加强畜禽屠宰检验检疫和畜禽产品进入市场和生产加工企业后监管工作的意见》,就食用农产品全程监管、产地准出与市场准入衔接、食用农产品全程追溯提出明确要求。国家食品药品监管总局与质检总局签订有关食品安全合作备忘录,加强国内食品、进出口食品、食品相关产品等监管工作的衔接配合,避免监管空白和重复,形成监管合力。国家食品药品监管总局与公安部、最高法、最高检联合出台了《食品药品行政执法与刑事司法衔接工作办法》,研究解决了行政执法与刑事司法衔接工作中存在的案件移送标准不明确、涉案物品检验认定难、案件查办协调配合不到位等主要问题。

4. 食品安全监管制度依法落实,配套法规和标准体系建设取得进展

一是坚持风险管理原则。国务院有关部门研究制定了食品安全风险分级监督管理办法,明确在食品生产经营单位监督检查全覆盖的基础上,实施风险分级管理,加强风险监测和预警交流,不断拓展交流渠道和形式,强化常态和突发风险预警。二是加强日常监督检查。结合《食品生产经营日常监督检查管理办法》的发布,制定了对食品生产者、销售者、餐饮服务提供者、保健食品生产企业的监督检查要点表,明确监督检查项目,规范监督检查行为。三是强化抽样检验。2015 年,食品药品监管总局安排食品抽样 16.8 万批次,各地方安排 41 万余批次,涉及近 200 种、3 000 余个检验项次,抽检合格率为 96.8%。特别是对婴幼儿奶粉生产企业和国家标准规定项目实行全覆盖检验,及时公布检验结果。四是加强全程追溯管理。制定了《关于进一步完善食品药品追溯体系的意见》和《关于加快推进农产品质量安全追溯体系建设的意见》,进一步强化进货查验记录、生产经营记录、出厂检验记录制度的落实。五是加强进口食品监管。2015 年检出不合格进口食品 1.6 万批;对欧美等 35 个国家或地区的 29 种输华食品开展体系审查或回顾性审查;将 204 家进口食品违规企业列入风险预警通告;调查处理 49 批次涉及安全卫生项目的进口食品不合

格信息;依法暂停 4 家不能持续符合注册要求的境外企业注册资格。六是推进食品工业企业诚信体系建设,组织指导 5 000 余家食品工业企业建立并持续运行诚信管理体系,2015 年至今,共有 118 家食品企业通过诚信管理体系评价①。

国务院正在积极推进食品安全法实施条例修订工作,修订草案已上网公开征求意见,目前正在进一步修改完善。食品药品监管总局根据修订后的食品安全法要求,出台了配套部门规章 11 部。与此同时,各省(自治区、直辖市)结合本地区实际,加快推进食品安全地方立法,使食品安全法的规定更加细化,以便于实施。2016 年 1 月,国务院专题研究部署了"十三五"期间食品安全标准体系建设工作。国务院及相关部门密切配合,逐步完善标准制定与执行的有效衔接。一方面,加快既有标准的清理整合,基本解决了长期以来食品标准之间的交叉、重复、矛盾等历史遗留问题;另一方面,加快新标准的制定公布。已制定公布 683 项食品安全国家标准,还有 450 项食品安全国家标准即将公布。制定农药残留限量标准 4 140 项、兽药残留限量标准 1 584 项,清理了 413 项农残检测方法标准②。

(三)新一轮体制改革后中央层面与顶层设计存在的问题

虽然新一轮体制改革取得了显著成效,但仍不可避免地存在若干问题,尤其是基层食品安全监管仍面临着诸多突出矛盾,在某些地区,由于改革进展缓慢甚至出现反复,机构设置模式五花八门,导致矛盾尤为尖锐。本章主要分别从中央层面与地方层面围绕体制改革中存在的问题展开分析。

1. 新体制仍然存在分段监管特征。新体制在建立食品药品监管总局作为监管主体的同时,仍然保留农业部在生产环节对农产品质量安全的监管责任。因此,在涉及食用农产品等领域的监管时,需要明确两者之间的监管边界,在生产环节与流通和消费环节之间不能留下死角和盲区。由于食品安全涵盖从农田到餐桌的全过程,由农业部和食品药品监管总局分段监管,仍然可能会存在以往分段监管的弊端。另外,新体制还保留质检总局负责监管进出口食品

---

① 张德江:《全国人民代表大会常务委员会执法检查组关于检查〈中华人民共和国食品安全法〉实施情况的报告》,《中国人大》2016 年第 3 期,第 9—16 页。

② 张德江:《全国人民代表大会常务委员会执法检查组关于检查〈中华人民共和国食品安全法〉实施情况的报告》,《中国人大》2016 年第 3 期,第 9—16 页。

安全质量与国内市场食品相关产品的生产加工,这种分段管理也有可能会造成新的监管重叠或空白。

2. 食品安全风险监测评估与标准制定工作未达到应有的战略层级。新体制明确由卫生和计划生育委员会负责食品安全风险监测和评估、食品安全标准制定等工作,从而使得风险评估与标准制定职能与食品安全监管部门分开,实现了风险分析与风险管理的分离,避免了过去既是裁判员又是运动员的不合理局面。但由于风险评估与标准制定直接决定着我国食品安全监管的战略方向,需要以独立、客观和中立的原则进行,也需要风险分析部门与风险管理部门之间经常性地协调,因此需要提高风险和标准制定的战略层级,在更高层次开展风险评估和标准制定工作,以避免由于部际协调不畅和部门利益所导致的战略中断等问题。

3. 食品安全委员会功能虚化且未能起到战略引领作用。我国《食品安全法》明确规定,食品安全委员会履行食品安全监管工作协调和指导的责任。但是,在实践中食品安全委员会功能虚化,未能有效发挥食品安全监管顶层设计的作用,而分段监管体制下的部门管理又只能各管一摊,这就在客观上仍然造成了我国食品安全监管"头疼医头,脚疼医脚",缺乏系统性。新体制虽然形成了食品药品监管总局为主体的集中统一监管体制,各地也纷纷建立起食品安全委员会联席会议等制度,但是由于改革后的食品安全委员会办公室设置在食品药品监管总局,无法很好地发挥食品安全委员会的战略引领与协调统筹作用,未来需要发挥食品安全委员会的作用,明确其在食品安全监管中的战略引领职能。

4. 国家层面食品安全控制的科学和技术体系有待完善。食品安全风险治理与监管必须依靠科学技术,食品安全监管体制的有效运行、食品安全风险监测评估与标准的制定等均依赖于食品安全科学技术的推广与进步。与此同时,新的病毒类型、新的化学物质、新技术的负面效应等给我国的食品安全也带来新的风险。所有这些均必须依靠食品安全科技的进步而逐步解决。目前我国的食品安全监管手段还比较落后,科学技术的支撑能力还比较有限,需要在国家层面上就影响食品安全保障的关键性、共性重大科技问题进行科学布局,举全国之力来有限突破。而且在县级或县级以下的食品安全监督相当数量的监管还停留在凭经验判断的基础上,无法适应食品加工生产新技术的快速发展,急需按照监管能力提升的新要求,推广普及食品安全科技与配置相应的技术手段。

5. 监管体制仍有待完善以覆盖某些监管空白领域。新的《食品安全法》沿用分段监管时期,国家工商总局、质检总局制定的关于食品流通、生产管理方面的具体规章,食品药品监督部门执法权限有限,导致食品药品监管出现一些空白领域。表现为:一是按现行的食品安全监管体系,路边流动食品摊点由城管部门负责取缔,但城管部门只管场外交易行为,对售假行为的惩处力度偏小。二是各小学周边的托管机构存在餐饮场所设备设施差、从业人员素质低、食品安全隐患较大等问题,但目前对这一行业如何进行规范管理尚无法律法规予以明确,尚无法律依据对托管机构进行处理。三是我国并未出台关于犬猫类定点屠宰管理和屠宰检疫规程,犬猫类检疫缺乏具体可操作的屠宰检疫规程,使得犬猫类肉品监管在屠宰环节缺失。四是保健食品监督管理法律法规不健全,保健食品法律法规建设相对滞后,监督管理工作缺乏必要的法律支持。

(四)新一轮体制改革后地方层面食品安全监管暴露的主要问题

基层是食品安全监管的关键部位,点多、线长、面广、任务繁重。新一轮改革过程中,基层监管机构逐步建立,监管能力有所提升,但基层监管力量仍十分薄弱,"人少事多"、"缺枪少炮"的矛盾较为突出,"重心下移、力量下沉、保障下倾"仍有待进一步落实。尤其是某些地方推动了"二次改革",启动了工商、质监和食药监合并的"三合一"或更多市场监管部门合并的"多合一"的市场监督管理局模式试点改革,但一些突出性矛盾和深层次问题在"二次改革"中并未得到有效解决,并出现了一系列新的问题和更为尖锐的矛盾①。

(1)改革方向不明确、步伐不一,不利于"统一"监管体系的形成。2013年改革以来,各地实际情况不一,改革五花八门,有独立的食药机构,也有"三合一"、"多合一"的市场监管局。尤其是近两年来,推行"三合一"、"多合一"市场监管综合执法的地方政府越来越多,基层食品药品监管机构飘忽不定、队伍人心波动,监管工作面临重大挑战。特别是作为2013年国务院推动食品药品监管体制改革样本城市的陕西渭南市,五年四改监管体制,并最终于2015年3月在新一轮的改革中,将下辖的县级工商、质监、食药监、盐务等四个部门

---

① 新一轮改革后,食品安全监管技术支撑能力建设的有关内容参见本书第八章。

整合组建市场监督管理局,渭南市"改革样本翻烧饼"的情况在一定程度上使全国食品药品监管系统出现了今后是否会"翻烧饼"的担忧。由于体制改革方向不明确、过渡期比较长,基层监管人员普遍觉得工作压力大、积极性不高、对改革前景悲观、精神状态普遍不佳,大量工作甚至是日常监管工作被搁置。虽然改革尝试具有一定的探索性和前瞻性,但食品安全监管职能在不断调整和统一的过程中,机构的改革和整合做法不一,不利于监管工作的上下衔接以及监管的连续性;频繁的改革,使得监管职能模糊、监管措施不一致、监管工作效率低下、监管协调无法对接,削弱了食品安全监管的统一性和权威性,甚至导致食品安全监管真空的出现。

(2)健全基层管理体系的规定缺乏刚性标准,致使基层监管所建设难以得到保障。食品安全监管责任和分工是"地方各级政府对本地区食品药品安全负总责";改革目标及原则要求"坚持属地管理、权责一致的原则,落实好属地管理责任"。而同时规定县(市、区)食品药品监管局及其监督稽查机构可直接负责辖区内乡镇(街道)的食品药品监管执法工作,也可按乡镇或区域设立乡镇(街道)食品药品监管所,并且要求按照调整划转后的人员编制等情况研究确定派出行政机构。这一过于灵活的规定,导致在县级食品药品监管体制改革过程中,是否设置乡(镇、街道)基层监管所、是按照乡(镇、街道)设置基层监管机构还是分片按区域设置,成为食品药品监督管理部门与编制管理部门的又一个角力点。而在食品药品的实际监管工作中,一方面,县级食品药品监管局根本不可能离开乡(镇、街道)党委政府的支持和配合;另一方面,在农村行政村和城镇社区设立食品药品监管协管员以及进一步加强基层农产品安全监管机构和队伍建设,不断推进食品药品监管工作关口前移、重心下移,加快形成食品药品监管横向到边、纵向到底的工作体系,必须依赖于乡(镇、街道)的重视和支持才能具体落实。

(3)基层监管人员严重不足,履职能力普遍较弱。从全国来看,2013年启动新一轮改革后,县乡基层食药监管人员占食药系统总人数的比重普遍超过80%,但基层"人少"、"事多"的矛盾仍然非常突出。一是人员总量不足。公开数据显示,全国工商系统公务员约为42万人,食药系统的公务员和事业单位人员一共不到9万。各地从工商划转的人员比例基本都在10%上下,而从工商划转过来的职能比例至少在50%。根据我们实地调研的各方反馈与有关学者的观点,从实际工作需求来看,一个食药所一般需要6人才能规范运转。然而,不少地方,无论是实际到位的人数,还是核定的编制数量,都难以满足基本需求。二是人员质量不高。为了保证人员尽快到位,各地划转了不少专业外人员。而食品安全监管专业性较强,涉及到的法律法规、各类标准繁多,日常监管和专业投诉都难以应对。此外,除部分工商划转人员外,其他人员法律意识、法律知识及执法经验都十分匮乏,难以应对基层复杂的执法现状。不仅如此,划转过来的人员中,一部分年龄较大,一部分在原单位就不上班,划转质量不高。此外,几乎全国都存在的一个问题是,由于会使用的人少,很多食品检测设备都成了摆设。

(4)行政监管执法手段仍然较为传统,技术装备亟待改善。食药监部门划归地方后,地方政府投入普遍不足,某些地区连基本的办公条件也难以保障,在食品监管执法装备、执法服装、执法车辆等的配备,办公经费等方面支持投入和保障力度较小,甚至连执法记录仪、快速检验检测设备等基本装备都普遍没有配备,普遍没有达到国家食药总局的指导标准。一线执法人员仍主要靠"眼看、鼻闻、手摸"等落后的传统手段开展执法检查,特别是边远山区的乡镇,由于执法装备的匮乏,更是导致食品安全监管成为"盲区"。近年来,各级财政对食品安全检验检测方面投入较大,国家、省级和部分市级食品药品检验资源配备水平较高,检验能力比较强,但多数市县级的食品药品检验检测能力还相对滞后,而且随着食品安全监管工作力度加大,食品检验检测任务急剧增加。食品监管技术支撑力量的薄弱制约着食品监管的统一性和权威性。

(5)法律法规建设滞后于职能转变,基层监管执法工作亟须规范。机构改革后,基层尤其是乡镇监管执法工作迫切需要规范,主要表现在食品安全监管方面的法律法规、规章规范和标准等滞后于职能转变,使得在监管工作中有无法可依的困惑。一是监管法律法规亟须统一规范。新一轮监管体制改革完成后,新组建的食品药品监管部门除了执行统一的《食品安全法》及其实施条例等法律法规以外,还执行有商务部、质检总局、工商总局、食药总局等部委局制定的部门规章规范和标准等,监管执法人员的主体资格的变化未得到相关法律法规的及时调整跟进,难免与依法执法和依法行政产生矛盾冲突,尤其是实行"多合一"的地方更是矛盾突出,主要表现在基层监管行政处罚和行政许可工作方面,管理相对人的不理解、不支持、不配合,使基层监管执法工作陷入尴尬无奈的局面。二是执法办案程序和文书应统一规范。目前基层食品药品监管所涉及到食品生产经营和药品、医疗器械以及化妆品的监管执法,原国家局制定了《药品监督行政处罚程序规定》和文书规范,但是在食品生产经营和医疗器械以及化妆品监管执法中没有明确行政处罚程序规定和统一的文书规范。三是执法装备和交通工具应统一规范。基层食品药品监管部门不但存在着人手少,监管点多、面广、量大,同时存在办公场地等设施设备不完备和执法交通工具、检验检测设备十分欠缺等问题,如不及时得到解决,势必会严重影响对基层特别是广大农村地区的食品药品安全实施科学、有效、无缝监管,食品药品监管体制改革就是一纸空文,根本达不到其宗旨和目的。四是执法人员业务培训应统一规范。新成立的基层食品药品监管执法人员基本来自于工商和原食品药监部门,熟悉食品流通监管法律法规和业务的人员不熟悉餐饮服务和药品医疗器械监管法律法规和相关业务知识,监管工作中存在偏差,执法人员需要时间学习法律法规和业务知识,但要全面熟悉掌握新法规和新知识不是一蹴而就的事情,这就要求制订学习和培训计划并及时付诸实施,定期和分期分批地培训基层食品药品监管执法人员,并进行考核考试和继续教育等工作,培养出一批食品药品安全监管综合性执法人员,以适应食品药品监管工作新特点、新形势的迫切需要。

三、地方食品安全监管机构模式设置的论争

绝大多数省份在 2013 年的改革后,逐步形成了在省(市、区)、地(市)、县(区)层面均独立设置食品药品监督管理局的中央推荐模式(可称之为"直线型"食药监单列模式),但伴随着在较大区域内进行的"大市场"的改革探索,地方政府食品安全监管机构设置涌现出"多合一"的市场监管局模式(以下简称为统一的市场监管局模式),最常见的是工商、质监和食药监合并的"三合一"模式。特别是 2014 年 6 月,国务院下发《关于促进市场公平竞争维护市场正常秩序的若干意见》(国发〔2014〕20 号),提出要加快县级政府市场监管体制改革,探索综合设置市场监管机构。配合着地方政府职能转变和机构改革,本着加强基层政府市场监管能力的需要,各地开始探索在县级及以下层面将工商、质监、食药等部门采取"二合一"或"三合一"的模式,组建统一的市场监管机构①。到 2014 年底,全国有 95% 的地(市)、80% 左右的县(市)独立设

---

① 也有很大比例的地方政府在地市级层面实行"多合一"的市场监管局模式。

置了食品药品监管局。但到 2015 年底,独立设置食品药品监管部门的地(市)减少到 82%、县(市)减少到 42%,到 2016 年 5 月底独立设置食品药品监管部门的县(市)进一步减少到 40%①。是独立设置食品药品监管局,还是实行"多合一"的统一市场监管局模式,在业界引发了广泛争论。

(一)新一轮改革后地方食品安全监管机构设置的主要模式

按照国发〔2013〕18 号文的要求,在省(市、区)、地(市)、县(区)层面均需独立设置食品药品监督管理局,作为本级政府的组成部门。自 2013 年 4 月起,大多数省份均参照国务院整合食品药品监督管理职能和机构的模式,在省、市、县级政府层面将原食品安全办、原食品药品监管部门、工商行政管理部门、质量技术监督部门的食品安全监管和药品管理职能进行整合,组建食品药品监督管理局,对食品药品实行集中统一监管,同时承担本级政府食品安全委员会的具体工作。这一模式实际上就是《国务院关于地方改革完善食品药品监督管理体制的指导意见》(国发〔2013〕18 号)推荐的基本模式。2013 年改革之初,除浙江等个别省份外,北京、海南、广西等绝大多数省份均采用了"直线型"的食药监单列模式,但 2014 年部分省份启动了"二次改革",有部分省份开始在县级层面或者在市、县两级层面甚至是省、市、县三级层面均进行"三合一"或"多合一"改革探索。因此,除了"直线型"的食药监单列模式外,地方政府食品安全监管机构设置涌现出"纺锤型"的深圳模式、"倒金字塔型"的浙江模式和"圆柱型"的天津模式等。

1. "纺锤型"的深圳模式

早在 2009 年的大部制体制改革中,深圳市就整合工商、质检、物价、知识产权的机构和职能,组建市场监督管理局,后来又加入食品药品监管职能。2014 年 5 月,深圳进一步深化改革,组建市场和质量监督管理委员会,下设深圳市市场监督管理局、食品药品监督管理局与市场稽查局,相应在区一级分别设置市场监管和食品监管分局作为市局的直属机构,在街道设市场监管所作为两个分局的派出机构,是典型的上下统一、中间分开的"纺锤型"结构。

2. "圆柱型"的天津模式

2014 年 7 月,天津实施食药监、质检和工商部门"三合一"改革,成立天津

---

① 数据来源:毕井泉:《在全国食品药品监管工作座谈会暨仿制药一致性评价工作会议上的讲话》,2016 年 6 月 29 日,http://www.instrument.com.cn/news/20160629/194855.shtml。

市市场和质量监督管理委员会,而且从市级层面到区、街道(乡镇)全部进行"三合一"改革,街道(乡镇)设置市场监管所作为区市场监督局的派出机构,原所属食药监、质检和工商的执法机构由天津市市场监管委员会垂直领导,形成了全市行政区域内垂直管理的"圆柱型"监管模式。

3."倒金字塔型"的浙江模式

2013年12月,浙江省实施了食品安全监管机构的改革,省级机构设置基本保持不变,地级市自主进行机构设置(如舟山、宁波等市设立市场监督管理局,而金华、嘉兴等市设立食品药品监督管理局),而在县级层面则整合了原工商、质检、食药监职能,组建市场监督管理局,保留原工商、质检、食药监局牌子。

与浙江模式类似,安徽省也采取了这种基层统一、上面分立的"倒金字塔型"的机构设置模式,在地级层面组建新的食品监管局,县级以下实施工商、质检、食药监部门"三合一"改革,组建市场监督管理局。此外,辽宁、吉林、武汉与上海浦东等地也在探索类似的做法。尤其是2014年之后,越来越多的省份(如安徽、江西、山东等)在全省或者在省内部分地市启动了"二次改革",在县级层面或者在市、县两级层面进行"三合一"或"多合一"改革探索,开始采用"倒金字塔型"的浙江模式。

(二)统一的市场监管局模式的主要利弊

现阶段,食品安全监督体制采用什么模式更好?这确实难以下结论,现有不同的模式各自运行的时间并不长,而且各地的情况千差万别,也难以比较各自的利弊。尽管如此,仍然可以作出理性的判断与比较。

1.统一的市场监管局模式的优势

在基层进行大市场监管实践,具有一定前瞻性,有利于精简执法机构、压缩行政成本,避免多头执法、重复执法,这些都成为市场监管局模式改革的主要理由。主要体现在以下几个方面:

(1)符合大部制改革方向。就县级政府部门而言,日常工作中专业性政策的研究制定较少,更多情况下是相关改革举措或政策规定的贯彻落实,这为组建综合性工作部门提供了有利条件。另外,在县级层面组建统一的市场监管机构,还能在有效缓解机构限额压力的基础上,最大限度地节省行政成本。

(2)有利于强化基层食药监管力量。随着市场经济制度体系的日益完善,工商部门的管理和执法职能相较以前弱化趋势明显,但由于体制调整的惰性,基层沉淀了大量工作力量,工商管理人力资源闲置问题非常突出。在此前提下,推动基层组建大市场监管机构,可以在编制总量控制的前提下,实现人员编制的低成本转移。

(3)有利于基层综合执法改革。党的十八届四中全会提出,要推进综合执法,大幅减少市县两级政府执法队伍种类,重点在食品药品监管、工商质监等领域内推行综合执法。在基层组建市场监管机构,有利于统合工商、质监、食药等涉市场监管领域的执法力量,进而为下一步行政综合执法改革积累有益经验。

2.统一的市场监管局模式改革面临的困境

改革之初,由于没有现成经验可循,加之当前体制的运行惯性,使得市场监管局模式在改革中陷入了双重困境①。主要是:

(1)专业化监管困境。根据马克思的分工理论,社会生产现代化程度越高,分工就越精细,相应对管理的需求就越专业。据统计,按照发达国家行业界定与演变规则,目前我国行业种类大体可以分为机构组织、农林牧渔、医药卫生等 21 大类、770 多小类。另外,随着经济社会的不断发展,近年来市场领域出现了许多新型经济模式,例如物联网、互联网+等,这些新生事物与传统行业相结合,促使了部分市场领域近乎呈裂变式分化和成长。市场的高度分化,使得不同行业之间的专业壁垒更为明显,具体到市场监管领域也是如此。比如,工商领域的电商监管、质监领域的特种设备监管和食品药品监管之间就有着明显的专业鸿沟。面对这种情况,在基层组建的大市场监管机构,能否统配好原先分散在不同部门的人员力量以及相关检验检测和执法资源,进而对基层市场的各相关环节进行有效监管,成为当前基层大市场监管体制构建的一大困境。

(2)安全风险困境。安全风险作为市场监管的重要内容,在此将其单独列出,并不是对上述专业化监管困境的重复强调,而是因为基层市场监管的食药领域极易发生安全事故,并且这类风险一旦产生,其造成的社会影响和舆论、问责压力,会直接对现行政府机构改革产生影响。具体而言,随着社会文

---

① 张金亮:《基层大市场监管体制构建的困境》,《机构与行政》2015 年第 8 期,第 24—26 页。

明化程度的不断提高,其对个体的"人"必然越发关注。那么,在日益民主的自媒体时代,食品、药品作为可以直接对人体健康甚至生命安全产生影响的产品,由其引发的安全事故,自然可以短时间内凝聚起强大的社会关注。然而,这种关注一旦转为集体问责,就会对改革走向产生影响。例如,2008 年由三鹿集团肇始的奶粉污染事件,以及随后引起广泛关注的毒豆芽、地沟油等食品安全事件,直接推动了后来的食药监管体制改革。进而言之,也正是由于上述安全风险的存在,导致了部分地区在推动基层大市场监管体制改革时顾虑较大、态度谨慎,进退之间使改革陷入了又一困境。

3. 统一的市场监管局模式改革面临的评判

"多合一"的统一的市场监管局模式,在基层尤其是县级政府的实践引起了广泛争论,其给食品安全监管可能带来不利影响,备受业界质疑。

(1)在一定程度上误解了统一市场监管的理论内涵。统一的市场监管局模式被简单理解为大部门制。很显然,统一市场监管的目标是促进市场公平竞争、维护市场正常秩序,同时改革又嵌入到简政放权、激发市场和社会活力的大背景中,从而具有政治意义。然而,一些地方简单把体制改革等同于大部门制,片面认为整合的机构和职能越多,就是改革创新的力度越大,一味"贪大求快"。实际上,事前审批部门的多与少主要影响企业办事方便程度,事中事后监管效能的高与低才真正关乎产品质量安全,两者之间没有必然相关性。习近平同志在十八届二中全会第二次全体会议上强调,"大部门制要稳步推进,但也不是所有职能部门都要大,有些部门是专项职能部门,有些部门是综合部门。"各国经验表明,市场监管体系可以统一,但食品药品监管是典型的专项职能。例如美国政府设有监管一般市场秩序的联邦贸易委员会(FTC),同时专门设置食品药品监管局(FDA);英国政府有专门的药品和健康产品监管机构(MHRA);日本的厚生劳动省监管除食用农产品之外的食品安全。如果我们硬给不同属性的部门"拉郎配",那就是误解了统一市场监管的理论内涵。

(2)在很多地方弱化了食品安全监管职能。"三合一"或"多合一"的市场监管局模式,最饱受争议之处,在于其可能使食药监管职能被边缘化,导致食药监职能弱化,给食品药品安全带来更多风险。此次机构改革后,县级市场监管局职责明显增多,在行政问责的压力下,大量监管职责被下放给市场监管所。这种做法看似落实了属地责任,实际上以工商所为班底的乡镇市场监管所根本没有精力也没有能力承担食品生产、药品经营、特种设备等专业领域的监管。尤其是有的地方"三合一"以后，市场监管局人员基数庞大，为了与其他部门平衡，市场监管局的编制被大量压缩，各方面的人员较合并前都有所减少，而且短期内没有机会补员。

（3）在实践层面忽视了食品安全监管的专业性。食品药品具有自身特殊的属性，而市场监管局模式，恰恰降低了监管体系的专业性。食品药品安全监管与一般的市场监管存在根本差异。首先，二者监管客体不同，市场监管的客体是知识产权侵权、垄断、不正当竞争、传销和违法直销、无证无照经营等违法行为，而食品药品是最基本的生活物资，安全与否直接关系到公共安全。其次，二者监管目的不同，市场监管主要致力于规范市场经济秩序，促进经济发展，而食品药品安全监管的根本目标是保障基本民生。再次，二者监管手段不同，市场监管多是依法进行形式审查，对违法违规行为采取行政处罚，而食品安全监管专业性较强，时刻离不开现代科学技术的支撑，风险监测、风险评估、检验检测和安全追溯等技术已成为食品药品安全监管的重要保障。由县、区一级基层政府的市场监管机构负责食品药品安全监管，难以做到全方位、专业化，而且基层是食品药品安全监管的主战场，这就必然造成基层监管力量配备不足、弱化食品监管，导致食品安全系统性风险变大。有些地方，食品安全监管专业队伍数量呈现了"量增质降"、"专业稀释"的状况。食药监管体制改革的理想设计是用管药的方法管食品，但组建市场监管局的结果是用普通产品质量监管的方法来对待食品药品，与改革与政策初衷南辕北辙。采用普通产品监管的方法来对待食品，用工商部门惯用的排查、索证索票等管理方式监管市场，难以承担食品领域的专业监管重任。

（4）多头管理影响了基层食品安全监管效能。基层建立了市场监管部门，上一级仍是食品药品监管、工商、质检等部门，上级多头部署，下级疲于应付，存在不协调等情况。食药监总局综合司于2016年初在县级食药监管局长培训班上做的问卷调查结果显示，"三合一"市场监管局中，从事食品药品监管的人员平均只占32.6%①。有的县局反映，去年一年接到3个上级部门下

---

① 《食药体改 还在河里摸石头？》，人民日报《民生周刊》杂志社官网，2015—07—11 [2016—09—20]，http://www.msweekly.com/news/dujiaxinwen/2016/0711/69595.html。

发的各种文件 1784 件,今年 1—5 月已接收 792 件,工作疲于应付①。由于需要承接来自食药监、工商和质监多个系统的专项任务,严重影响了基层日常监管工作的有效开展。比如,根据我们的实地调研,山东省某县市场监管局在 2014 年承担专项任务 120 多项,而截至 2015 年 4 月份已超过 100 项。同时,监管机构名称标识不统一、执法依据不统一、执法程序不统一、法律文书不统一等问题,也影响了政府监管的效果。

(5)法律难以与统一的市场监管模式相适应。实行"多合一"市场监管体制改革的地区,难以避免地遇到不同程度和类型的执法依据等问题,如执法主体名义、食药监执法权限、执法程序文书及复议诉讼等系列问题。虽然有些地方研究出台了一些地方性法规,但即便如此,三合一市场监管改革后的监管行为,有的是有法可依的,有的是厘顺的,有的也打的是擦边球。基层干部反映,改革后的困难主要体现在执法依据的缺失上。"总体来说是改革步子迈得快,法律配套跟进慢。"一是有执法职责,但没有执法依据。在流通环节食用农产品监管上,安全监管职责已经划转到市场监管部门,但《农产品质量安全法》自 2006 年出台以来一直未做修改,对于普通农贸市场内个体工商户及个人经营不合格食用农产品没有处罚依据,实际监管中执法处在"有责无据"的尴尬境地。建议通过制定地方性法规或者政府规章形式加以解决和明确执法依据。二是有管理职责,但没有具体规范。"三局合一"消除了前店后厂、现场制售、流动摊贩家庭加工点等一批"灰色地带",但由于长期没有落实监管职责,上述领域的许可方式、许可条件、现场勘验都没有标准和规范。建议尽快出台相关管理规范,或者以省政府规章、文件形式,授权各地市根据自身实际情况制定过渡性标准或规范,以满足当前迫切需要。三是原有执法依据目前难以适用。食品分段监管时期,国家工商总局、质检总局相继制定了一批食品流通、生产管理方面的具体规章,一直是基层执法的重要依据。国家食品安全监管体制调整后,国家工商总局、质检总局不再承担食品安全监管职责,其原先制定的规章难以继续适用,而国家食药总局又没有能及时出台替代规章,导致大量违法行为的处理缺乏依据。建议国务院相关部委局办加快规章制定。

(6)"多合一"改革导致过渡期过长而造成持续"阵痛"。改革固然是食

---

① 毕井泉:《在全国食品药品监管工作座谈会暨仿制药一致性评价工作会议上的讲话》,2016 年 6 月 29 日,http://www.instrument.com.cn/news/20160629/194855.shtml。

药监管职能整合与体系优化的必由之路,但过于频繁的改革,尤其是行动迟缓乃至"翻烧饼式"的改革,会导致人心浮动与等靠思想,挫伤监管人员的工作积极性与精神风貌,致使大量工作被搁置甚至陷入混乱。比如,根据我们的实地调研,山东省烟台市实行"三合一"改革试点后,原已计划配备的制服、执法车辆、部分执法装备与办公经费等全部暂停;原有执法文书与执法规范无法使用,亟须重新规范;部分人员存在抵触情绪或改革会再次"翻烧饼"的顾虑等。再比如,2015 年 3 月开始组建的山东省潍坊市寿光市市场监督管理局,核定编制 50 人,局领导班子核定为一正三副,调研组到访时的 2015 年 5 月 28 日,该局仍然分散在原有场所办公,局级领导班子成员有 18 人,占到编制数的36%,而且科室仍未整合,事权仍未划分,核发食品经营许可证等仍然使用寿光市工商局的公章。这些由于改革过渡期太长而造成的"阵痛"估计尚需要一段时间才有可能逐步解决。

四、地方政府食品安全监管体制改革的案例调查

为深入考察我国食品安全监管体制改革的进展与主要成效,本书研究团队先后在全国 10 多个省区进行了调查,并重点在山东、广西与江西展开了较为系统的调查研究。

(一)山东省食品安全监管体制改革的现状考察

1. 体制改革的进展状况

山东省政府于 2013 年 7 月重新组建了山东省食品药品监督管理局,并于当年 10 月发布实施了《关于改革完善市县食品药品工商质监管理体制的意见(鲁政发〔2013〕24 号)》,在山东全省范围内启动了新一轮的食品药品监督管理体制改革。目前,改革任务已经基本完成,省、市、县三级全部建立了食品药品行政监管机构和稽查执法机构,省、市两级组建了统一的检验检测机构,县级已经建成或正在组建相应的检验检测机构。全省 1 826 个乡镇(街道)中已在 1 810 个乡镇建立了 1 822 个食药监管所[1]。行政村、城镇社区食品药品

---

① 除特别说明外,本章以下内容的数据主要来源于调查中由当地政府有关部门提供的有关资料。

协管员队伍初步建立,覆盖省、市、县(区)、乡镇(街道)、村(社区)的纵向到底的监管体系初步形成。

但是,2014 年下半年山东台、潍坊、菏泽、东营四个地市进行了"二次改革",启动了"大市场局"的改革试点,确定整合县(市、区)食药监、工商、质检职责和机构组建市场监管局,即实现"三合一"(个别县食药监与工商"二合一")。目前,烟台、潍坊正在全市范围内对全部下辖县区进行"大市场局"改革,菏泽、东营则选择部分县区进行改革试点。山东省除上述四个地市在部分县级层面实行"三合一"或"二合一"改革,在探索"倒金字塔型"的浙江模式外,其他地区均采用了"直线型"的食药监单列模式。

2. 监管体制改革中存在的主要问题

经过 2013 年的新一轮食品药品监管体制改革,山东全省食品药品监管能力有了较大提升,食品药品监管的统一权威性有了新的加强。然而,必须引起高度重视的是,改革后山东全省基层食品药品监管力量仍十分薄弱,"重心下移、力量下沉、保障下倾"仍有待进一步落实。尤其是"二次改革"推进的"三合一"试点改革,在一些突出性矛盾和深层次问题仍未得到解决的同时,又带来了一系列新的问题和较为尖锐的矛盾。

(1)责权下放与基层监管人员严重不足之间的矛盾相当尖锐。从全国来看,2013 年启动新一轮改革后,县乡基层食药监管人员占食药系统总人数的比重普遍超过 80%(山东约为 84%),但基层"人少"、"事多"的矛盾仍然非常突出。主要原因可能在于:一是在这一轮改革中,从省市等各级都进行了行政放权和职能调整,基层承担了更多基础性的行政许可项目与监管职能;二是基层尤其是乡镇(街道)监管所,编制仍普遍不足且到岗率偏低(全省 1 822 个乡镇监管所共核定编制 9 263 名,到岗 6 472 人)。如,烟台市牟平区实现了"三合一",牟平经济开发区市场监管所,核定编制 10 人,实有在岗人员 5 人,需要负责监管辖区内 1 500 家企业、2 000 多户个体工商户等监督检查,监管人员与企业户数比达到 1∶700。此外,5 名工作人员还承担着工商业户登记、特种设备监管乃至文明城市创建、森林防火等当地政府交办的其他任务。

(2)人员老化严重且业务能力不足与监管对象复杂之间的矛盾日益突出。在基层食药监管部门的组建中,很大比例人员是从原工商等系统划转,这些人员普遍缺乏食药监管的相关专业背景与工作经验,同时产生因工商系统人员长期流动性不足而导致较为严重的年龄老化问题。而从监管对象的变化上看,基层直接承接的诸如"三小一市场"(即小作坊、小摊贩、小餐饮和农贸市场)等监管对象,却在食品安全风险控制领域中监管难度最大,对监管人员综合素养要求更高,由此导致监管要求与监管人员业务能力间形成更为尖锐的矛盾。以山东省某市的经济开发区为例,执法人员50周岁以上81人,占36%,40至50周岁84人,占37.3%,40周岁以下60人,仅占26.7%。具有食品药品及相关专业知识背景的人员9人,仅占4%。在基层监管所,具有食药相关专业背景的人员更是极端匮乏。在烟台市牟平区为专门创建食品安全示范城市而组建的宁海街道监管所,21名执法人员均无食药相关专业背景。在某街道监管所的10名监管人员,年龄在50岁以上的占8人,且均没有相关专业背景或食药监管工作经历。年龄普遍偏大又带来培训难度大、业务能力难以提高等问题,基层食药监管人员业务素质与执法能力普遍堪忧。

(3)检测机构技术能力要求与技术人员匮乏且激励机制僵化之间的矛盾开始凸显。按照"省级检测机构为龙头,市级检测机构为骨干,县级检测机构为基层,第三方检测力量为补充"的规划思路,山东省及地市各级财政加大了对技术支撑能力建设的支持。但在调研中发现,与不断增长的检测设备等硬件投入难以匹配的是,检测机构专业技术人员因素上升为主要矛盾,当前普遍存在年龄结构老化、专业素质低、一线实验人员少、检验任务严重超负荷且激励机制亟须改革等问题。如,某地级市食品药品检验所的71名在编人员中,50岁以上的有27人,占38%;一线实验检测人员仅有23人,占32%。据实验人员反映,由于近年来不断加大食品抽检力度,实验检测任务连续翻番,加班加点成为常态,但按照现有规定,收入参照公务员工资标准且无任何加班费等,与第三方检测机构的薪酬形成很大差距,若长期得不到解决,将影响工作积极性,不利于检测机构技术能力的提升。

(4)保障条件不足与监管手段高要求之间的矛盾逐步显现。地方政府投入严重不足,在食品监管执法装备、执法服装、执法车辆等配备,办公经费等方面支持投入和保障力度较小,不仅远远没有达到国家食药总局的指导标准,甚至连执法记录仪、快速检验检测设备等基本装备都普遍没有配备,一线执法人员仍主要靠"眼看、鼻闻、手摸"等落后手段开展执法检查。同时,基层人员普遍反映,由于执法程序烦琐、文书与处理依据不统一等导致缺乏监管实效,执法效能不高。

(5)专项任务繁多且普遍流于形式与日常监管薄弱之间的矛盾十分明

显。表 5-1 是本书研究团队根据在山东的调研数据统计的基层监管人员工作时间分配情况,行政许可现场核查、专项检查等成为基层监管人员的主要工作,分别占到工作时间的 30% 和 35%,而日常监督检查工作的时间仅占 10%。专项任务已演化为日常工作,基层人员疲于应付各种报表,尤其是一些专项任务缺乏通盘调度,或没有充分考虑基层工作实际,专项整治工作流于形式,成效大打折扣,甚至大大阻碍了基层日常监管工作的有效开展。实行"三合一"改革试点的地区,由于需要承接来自食药监、工商和质监多个系统的专项任务,问题尤为突出。比如,某市的一个区市场监管局在 2014 年承担专项任务 120 多项,而截至 2015 年 4 月已超过 100 项。

表 5-1　山东基层监管人员主要工作内容的时间占比

工作内容	工作时间占比	发现问题主要类型
日常监督检查	10%	综合类问题
行政许可现场核查	30%	无
专项检查(含节假日检查)	35%	索证索票、标签标识
投诉举报查实	10%	证照
监督抽检	15%	添加、微生物等
合计	100%	——

(二)广西壮族自治区食品安全监管体制改革的现状考察

1. 体制改革的进展状况

2013 年 10 月,广西壮族自治区人民政府发布实施了《广西壮族自治区人民政府关于改革完善全区食品药品监督管理体制的实施意见(桂政发〔2013〕48 号)》,在广西全区范围内启动了新一轮的食品药品监督管理体制改革,旨在以转变政府职能为核心,以整合监管职能和机构为重点,减少监管环节,明确部门责任,优化资源配置,对生产、流通、消费环节的食品安全和药品的安全性、有效性实施统一监督管理。通过改革着力解决食品监管职责交叉和监管空白等问题,充实和加强基层监管力量,实现食品药品全程无缝监管,逐步形成一体化、广覆盖、专业化、高效率的食品药品监管体系。在食药监机构设置模式上,广西壮族自治区在全区均采用了"直线型"的食药监单列模式。

截至 2014 年 12 月,随着全区食品药品监管体制改革的推进,健全了从自治区到市、县直至乡镇(街道)的食品安全监管体制,全区所有市、县已全部成立了食品药品监管局和稽查执法机构,并按照"一乡镇(街道)一所"在 1 245 个乡镇(街道)均设立监管所,在乡村社区组建起食品药品协管员队伍。全区系统核定人员编制近 1.1 万名(人员到岗率 68.25%),其中县乡核编 8 817 名(占 81.5%),实现监管力量重心下移,横向到边、纵到底覆盖城乡的监管体系初步建成,成为全国最早完成市县两级改革任务的九个省份之一。

整合组建广西—东盟食品药品安全检验检测中心,设立自治区食品药品安全信息与监控、投诉举报、食品安全检测评价机构,食品药品审批查验中心更名增编,各市县也逐步成立相应的机构,7 个市 36 个县建立了食品药品检验机构。

2. 监管体制改革中存在的主要问题

在调查中也发现,广西食品药品监管体制在改革中仍然存在一些突出的矛盾,并出现了值得关注的新问题,可以归纳为以下四个方面。

(1)思想上存在"翻烧饼"的担忧。广西食品药品监管体制改革起步早,而且严格按照中央有关文件的精神进行改革,通过系统的整合将相关部门承担的食品安全监管方面的职能整合到新组建的食品药品监督管理局之中,并通过坚持不懈地努力,形成了全区上下统一、单列的食品药品监管机构的模式。但一些后续进行改革的省区市陆续通过"三合一"等方式形成的市场监管局模式,客观上对广西食品药品监管系统产生了冲击。特别是作为 2013 年国务院推动食品药品监管体制改革样本城市的陕西渭南市,五年四改监管体制,并最终于 2015 年 3 月在新一轮的改革中,将下辖的县级工商、质监、食药监、盐务等四个部门整合组建市场监督管理局,渭南市"改革样本翻烧饼"的情况在一定程度上使广西食品药品监管系统出现了今后是否会"翻烧饼"的担忧,担心刚刚建立起来的体系在不久的将来"翻烧饼"组建市场监管局,并削弱了食品药品的监管能力。

(2)监管能力与监管任务的矛盾仍然十分突出。改革后全区食品药品监管系统虽然人员编制增加到 1.08 万名,而且基层乡镇街道监管所增加人员编制 5 031 个,除去从事检验检测等提供技术支撑的人员,截止到 2015 年 5 月底全区实有监管执法人员 6 835 人。目前全区的监管对象为 37.97 万家持证的食品药品生产经营单位,其中食品生产经营单位 35.90 万家,药品生产经营单位 1.64 万家,医疗器械生产经营企业 0.41 万家,不考虑食品加工小作坊、保健食品化妆品经营企业、一类医疗器械经营企业的监管数量,按全区乡镇街道监管人员全部编制数 5 031 个计算,平均每个监管人员监管的企业数量为 76 家左右。而且 2014 年食品工业是自治区首个突破 3 000 亿元的产业,当年全区医药工业主营业务销售收入也达到 334.29 亿元,随着"大众创业、万众创新"环境的逐步形成,市场审批制度改革的不断深入,食品药品企业尤其是小规模食品生产经营企业将会出现较大规模的扩充,监管对象也将持续增加,对监管人员与执法技术手段提出了更高的要求。与此同时,广西地处边境地区,边境线较长,是我国面向东盟的桥头堡和中国—东盟博览会长久举办地,与周边邻国的食品贸易较为频繁,边境食品安全监管压力也相对较大。面对繁重的监管任务,广西食品药品监管资源与力量依然有限。

(3)基层监管人员难以在短时期内有效配置到位。改革后全区食品药品监管系统核定人员编制虽然大幅度增加,但截止到 2015 年 5 月底人员到岗率只有 68.25%,整个系统尚缺编 3 285 名。乡镇(街道)虽然从卫生、教育等部门进行调剂,也通过参公招录一批大学生,但实际到岗只有 3 054 人,到岗率 60.70%。新设立的 35 个城区核定人员编制 1 735 名,实际到岗人数为 1 100,到岗率 63.40%。本书研究团队在大新县了解到,该县稽查大队共有 16 个编制,但到岗人员只有 5 个,而 14 个乡镇加华侨经济管理区监管所共有 55 个编制,但实际到岗人员只有 3 个。由于广西一部分地区属于山区或边远地区,基础条件较差,基层食药监管所虽然降低了报考条件,但在一些地方仍然无人报名或人数达不到开考条件,"空编"问题甚为严重。

(4)技术支撑能力尚难以满足有效的监管需求。改革之前,广西食品药品技术支撑能力就相对薄弱。此次改革中,食品药品监管系统并没有从全区的质检部门划转食品检验技术资源,仅从工商部门划转了少量快速检测设备。目前,全区 7 个地级市还没有食品药品的检验检测技术机构,在县里基本上还是空白或正在报批,极少数的检验检测技术机构也刚刚获批。虽然百色市有 10 个县区报批成立了相应的检测技术机构,但目前仍没有形成监管能力,这是由于每个检测机构至少需要 1 500 万元的建设资金(尚不包括土地费用),而百色市尚属于经济欠发达地区,依靠自身力量可能在今后五年内也无法全部建成。由于缺少检测手段,基层现场监管局限于眼看、鼻闻、手摸,发现和解决问题的能力严重滞后。甚至在百色的一些地区,迫不得已用传统的中医诊断方法判断食品安全性。即便是百色市食品药品检验所,也出现了由于技术手段的落后与装备的不足,而面临的检验项目扩项速度跟不上日常监管需要的窘境。与此同时,检验人员数量严重不足,检验任务严重超负荷且激励机制亟须改革等。另外,在基层食品监管执法的装备、服装、车辆等配备和办公经费等方面也不同程度地存在困难,特别是边远山区的乡镇,由于执法装备的匮乏,农村食品安全监管仍非常薄弱。

(三)江西省食品安全监管体制改革的现状考察

1. 体制改革的进展状况

2013 年 7 月 9 日,江西省人民政府发布《关于改革完善食品药品监督管理体制的实施意见》(赣府发〔2013〕18 号),同日,江西省人民政府办公厅下发了《关于印发江西省食品药品监督管理局主要职责内设机构和人员编制规定的通知》(赣府厅发〔2013〕15 号),全面启动了新一轮食品药品监督管理体制的改革。

时至今日,改革历时好几年,经过职能整合、设备与人员划转,逐步建立起统一的食品药品监管机构。从地市级层面来看,食药监管机构设置存在三种模式:第一种是食药、工商、质监"三合一"成立市场监管局,如景德镇、萍乡、新余、鹰潭市;第二种是食药单列、工商、质监"二合一"成立市场监管局,如南昌、上饶、吉安、抚州市;第三种是食药、工商、质监保留原体系,但食品生产、流通监管职能划归食药监管,如赣州、宜春、九江市。从县级层面来看,虽然也主要采用上述三种模式,但并没有与所在的地市级层面直接对应设置相应机构。即使在同一地级市,各县(区)机构设置的模式也并不统一。如南昌市的东湖区、青山湖区、青云谱区、新建县四个县(区)均在改革中将食品药品、工商、质监"三合一"成立了市场监督管理局,没有与南昌市级机构设置保持统一,而其他县区的机构改革仍在酝酿中。在南昌市行政区域内部各区县食品药品监管机构设置也呈现多模式并存的现状。截止到 2015 年 4 月 10 日,江西省食品药品监管体制改革地市级层面上的改革基本结束,正在进行县(区)层面上的改革。总体来看,江西省当前在食药监机构设置模式上,混合存在着"直线型"的食药监单列模式和"倒金字塔型"的浙江模式,且部分地市正处在从"直线型"的食药监单列模式向"倒金字塔型"的浙江模式改革的阶段。

2. 监管体制改革中存在的主要问题

江西省 2013 年开始启动的体制改革对解决食品安全"多头管理"等问题,增强食药监管机构的统一权威性,起到了积极作用。但是本书研究团队在调查中发现,仍存在一些问题值得高度关注。

(1)机构设置多种模式并存,统一权威的食品安全监管机构尚未真正建立。虽然江西省政府(赣府发〔2013〕18 号)文件明确要求,省、设区市、县级政府食品药品监督管理职能和机构的整合与设置原则上参照国务院要求的模式,并结合各地实际,组建新的食品药品监督管理机构。但调查发现,江西省各设区市的机构改革是多样化并存的模式,且上下不对应,造成政令不畅等问题。据了解,全国其他 30 个省、自治区、直辖市(简称省区)也有"三合一"或"二合一"的改革模式,但大多数省区的改革至少在全省范围内保持基本统一。类似于一个省区范围内食品药品监管机构多模式并存的改革,在全国所有省区中确实少见,其不利于形成全省统一、权威的食品安全监管体系,不利于建立有效的食品安全风险治理体系。

(2)基层监管力量仍有待强化,监管的专业性亟须增强。食品药品监管体制无论采用何种模式安排,都必须进一步强化基层监管力量,确保食品药品监管的专业性,保证监管队伍的适当规模与合理结构。这是中央的要求,也是由食品药品监管的特殊性所决定的。从本书研究团队在南昌等地调研的情况来分析,虽然市级层面上食品药品监管的专业人员数量上有所增加,而下辖的各县(区)级市场监管局并未增加食品药品监管专业人员的编制,即使增编也是非常有限,并且在内部机构设置上仍由原班人马履行原职责。由于原来乡镇(街道)食品药品监管系统并没有相应的分支监管机构,改革后承担食品药品监管职能的乡镇(街道)市场监管所,基本保留原工商所的班底,并没有增加食品药品专业监管人员,人员数量基本保持不变。随着监管职能的下放,一些专业要求强的监管职能大量划至基层乡镇(街道)监管机构实施监管。从南昌市、县(区)、乡镇(街道)三个层面来看,机构改革后,食品药品专业监管人员全部保留在市、县两级,乡镇基层监管人员基本没有专业监管经验。南昌是江西经济社会发展水平最高的地区,南昌的情况尚且如此,全省的情况更不容乐观。本书研究团队的初步判断是,与过去相比,改革后江西全省食品药品监管专业队伍数量呈现了"量增质降"、"专业稀释"的现状,基层食品药品监管力量并未得到有效强化,"重心下移、力量下沉、保障下倾"没有得到有效落实。

（3）改革缺乏统筹协调，一些地区虽然进行了改革但仍然处于相对独立的工作状态。江西全省的改革不仅时序进度落后，而且改革的准备工作不充分，在出台改革方案时对存在的困难估计不充分，没有很好地统筹考虑相关问题。南昌市下辖的县（区）的食品药品监管体制改革并未将领导班子、人员编制、办公用房等通盘考虑，形式上进行了改革而实际上并未有效融合的情况具有一定的普遍性。比如，新建县实施"三合一"的改革，于 2015 年 3 月 1 日成立市场监管局，3 月 31 日宣布领导班子，但由于质监、工商人员编制未下放，尚未正式挂牌，仍在原工商、食品药品、质监等各自的办公场所，按照原来的工作模式运行。新组建的市场监督管理局领导班子成员有 14 名，分别来自于原来的工商、食品药品、质监部门的领导成员，改革后没有根据新机构、新职能、新要求调整领导班子，违背了国务院（国发〔2013〕18 号）文件"关于严禁在体制改革过程中超职数配备领导干部"的要求。东湖区、青山湖区、青云谱区等也存在类似情况，形式上进行了改革，而实际上职能并未有效融合，客观上再次延长了改革的过渡期。

（4）履行监管职能的条件比较差，且在改革后一个时期内恐怕也难以有实质性的改善。在调查中发现，改革之前，南昌市的一些县（区）的食品药品监管部门基本的办公条件也难以保障。比如，新建县人口 66 万多，土地 2 300平方公里，各类食品药品生产经营企业达到 1 200 多家，但自 2010 年起到2015 年止，财政安排的办公经费、日常监管工作经费一直是 36 万元，无法满足不断提高的食品药品监管工作的新要求。青山湖区的食品药品监管局与监管所一起办公，自 2010 年以来一直租借在区文化馆内办公，而且工作经费相当困难。东湖区食品药品监管局也没有办公场所，也是通过租借解决，同样日常经费非常困难。其他的保障条件，诸如执法车辆、技术手段更是普遍缺乏，以至于一些县（区）食品药品监管局负责人坦言，在自己的辖区内农村食品药品监管几乎是盲区，处于空白状态。从改革实施的初步情况来判断，已经或正在进行改革的县（区）履行监管职能的条件并未得到有效改造，这一状况在未来一个时期内恐怕也难以有实质性的改善。

（5）改革时间过长，影响了基层监管队伍的人心稳定与精神风貌。国务院（国发〔2013〕18 号）要求"省、市、县三级食品药品监督管理机构的改革，原则上分别于 2013 年上半年、9 月底和年底前完成"。江西省政府（赣府发

〔2013〕18 号）也要求"设区市、县级食品药品监督管理机构的改革"执行中央要求的时间表。但调查发现,截止到 2015 年 3 月,九江市、景德镇市尚未下发机构改革的"三定方案";而在全省 100 个县(市、区)中,只有 43 个县(市、区)出台了"三定方案",还有 57 个县(市、区)的食品药品监管体制改革尚处于等待"三定方案"出台的阶段。虽然在全国范围内有相当一部分省区并未全面按照国务院文件要求的改革时间表,但江西全省改革的时序进度恐怕尤为滞后。本书研究团队在调查中体会到,由于江西食品药品监管体制改革的过渡期比较长,基层监管人员普遍觉得工作压力大、积极性不高、对改革前景悲观、精神状态普遍不佳,大量工作尤其是日常监管工作被搁置甚至陷入混乱状态。

五、进一步深化食品安全监管
体制改革的政策建议

改革食品药品监管体制,整合食品药品监管职能,组建"统一权威"的食品药品监管机构,是党的十八大后率先推进的全国性改革,是党的十八大、十八届二中、三中全会的重大决策部署,中央寄予厚望。基于目前食品安全监管体制改革的进展状况与存在的主要问题,在深化与完善我国食品安全监管体制改革过程中,应该按照习近平总书记关于食品安全"四个最严"的重要指示,以推进食品安全治理体系与治理能力现代化为主线,着力做好如下方面的工作。

(一)做好顶层设计,确保食品安全监管机构的"统一权威性"

在深化食品安全监管体制改革进程中,必须从中央层面做好顶层设计,合理划分事权,落实属地责任,健全食品安全监管机构,强化监管机构的统一权威性。

1. 全面落实食品安全属地责任

督促落实地方政府对食品安全工作的属地管理责任,健全食品安全党政同责机制,建立责任体系,实行一岗双责,齐抓共管,推动各级党委政府切实履行对本行政区域属地的监管工作责任。进一步整合食品监管职责和监管资源,确保食品安全监管职能、机构、队伍、装备、经费落实保障到位。加大督查考评力度,推动各级政府把食品安全纳入本地经济社会发展规划,加大专项经

费补助力度,把食品安全工作经费列入本级政府财政预算,明确食品安全监管经费在各级地方财政预算中的比重,探索建立食品药品安全财政资金绩效审计制度。实行重大食品安全事故"一票否决制"。强化基层食品监督管理责任,乡镇(区域)设立食品监督管理派出机构,实现有人员、有场所、有设备、有经费的"四有"目标。强化县级以上地方政府属地管理责任,推动乡镇一级食品安全监管力量建设。上级政府要对下一级政府的食品安全工作进行评议、考核,县级以上地方人民政府要对本级食品监督管理部门和其他有关部门的食品安全监督管理工作进行评议、考核,建立科学的责任制、责任追究制和考核制度。

2. 健全食品安全监管机构

在国家、省、市、县四级政府设立食品药品监督管理机构,突出基层监管能力建设,在乡镇或区域设立食品药品监管派出机构,在村庄(社区)建立食品安全协管员队伍。各级食品安全监管机构通过分工负责和统一协调相结合,理顺相关职能职权关系,逐步实现"职能清晰、精简高效、主辅分明",构建完善的食品药品监管体系。科学合理划分食品安全监管体系内部以及食品安全监管部门和其他部门之间的事权,既要形成行之有效的内部协作机制,避免推诿扯皮和行政效率低下,也要将各部委各自承担的食品安全监管职能在法律中予以体现,保证各部门之间没有重复管辖权,科学细化多部门协作机制和最终决策权机制,避免现实中虽各有职权但常出现推诿扯皮现象的窘境。在有条件的地区,探索省以下食品安全监管部门垂直管理试点。探索将县(区)食品药品监管机构作为市级食品药品监管局的派出机构,加强基层保障能力。探索建立跨地区食品药品监管机构,严格监督执法。

3. 强化监管机构的统一权威性

我国各地情况千差万别,如何做到食品药品监管机构的统一权威?既要符合中央精神,符合监管规律,符合国际通行做法,符合国家治理体系和治理能力现代化目标,又要符合基层实际情况。在鼓励地方创新监管模式的同时,要做好顶层设计,既要加强指导,也要严肃机构改革"保证上下协调联动,防范系统性安全风险"的纪律要求。地方政府不应教条地理解中央严控政府机关编制的精神,应尊重监管的专业规律,通盘考虑与配置监管机关的编制。凡是自行其是,导致专业性力量配置不足,一旦发生影响恶劣的食品药品安全事件,必须严肃追究审批机构改革方案的地方政府"一把手"的责任。

4.加强食品安全综合协调能力

强化食品安全委员会的统筹领导、综合协调作用,加强统筹规划和考核评价,监督指导食品安全委员会成员单位落实监管责任,推动制度机制建设,健全工作配合和衔接机制,有效发挥综合协调机构的信息枢纽作用。建立健全食品安全综合协调和部门协作机制,建立健全跨部门、跨地区食品安全信息通报、形势会商、联合执法、隐患排查、事故处置等协调联动机制,着力解决监管空白、边界不清的问题,堵塞监管漏洞,提升监管合力。省、市、县、乡(镇、街道)各级政府均成立食品安全委员会。健全科学决策支持系统,各省级食品安全委员会成立专家委员会,作为食品安全决策咨询机构,促进科学民主决策。

(二)加强技术支撑体系建设,提高风险治理能力

食品安全风险防范与监管能力的提升必须依靠技术支撑体系,建设满足监管需求的技术能力,是确保食品安全的根本前提。

1.建设适应监管需求的检验检测体系

建立完善以国家级检验检测机构为龙头,省级检验检测机构为骨干,市、县级检验检测机构为基础,第三方检测力量为补充,科学、公正、权威、高效的食品安全检验检测体系。要打破传统的区域模式,彻底解决各自为战、各管一摊、封闭僵化的模式,在一些技术支撑能力与财政能力比较薄弱的县(区),可以地级市为依托,2—3个县(区)合作建设区域性的技术支撑机构。鼓励食品企业检验检测机构开展面向社会的检验检测服务。同时,在技术支撑体系建设中要积极发挥市场机制的作用,鼓励发展第三方检测服务,既弥补现有技术能力的不足,又能形成竞争局面,提高政府建设的技术支撑机构的活力。建立食品检验检测资源共享机制,逐步实现检验检测数据共享。加强检验技术产品研发和吸收引进,推进仪器设备自主化。建设食品安全监管重点实验室,支持开展创新性研究和技术攻关,解决食品安全领域基础性、前瞻性的重大技术问题。

2.大力提升风险监测和风险评估能力

按照统筹规划、分级建设原则,做好监测能力建设顶层设计,科学布局监测网络,形成食品安全风险常规监测、专项监测和主动监测相结合的立体式风险监测格局。完善食源性疾病监测、报告、信息核实与通报工作机制,将食源

性疾病防治管理纳入基本公共卫生服务项目。整合现有日常检查、检验检测、风险监测、事故报告、违法失信、企业生产经营、投诉举报、消费维权和行业风险等信息,运用大数据分析手段研判、预警企业不正当行为。建设以国家食品安全风险评估中心为核心、地方疾控机构为支撑、社会优势技术资源为补充的风险评估体系。完善风险评估制度和规范,理顺风险评估工作机制,建立食品安全和农产品质量安全风险评估分工协调制度,推动风险评估与食品安全监管有效衔接。实施全国农产品质量安全风险评估能力建设工程,设立基层风险评估实验站和观测点,将"米袋子"、"菜篮子"主要产品全部纳入观测范围,对产地农产品风险隐患实施全天候动态跟踪排查。建立部门间数据信息共享机制,制定共享标准与技术规范,完善风险评估基础数据库,形成国家级风险评估数据资源平台。研发风险评估新技术和评估模型,提高未知风险识别能力。建立食品安全情况综合评估指数,每五年评估一次。

(三)加强基层能力建设,打通"最后一公里"

食品药品监管工作关口前移、重心下移,是当前我国食品药品监管体制改革的关键领域和重要方向。2015年5月29日,习近平总书记在主持中共中央政治局就健全公共安全体系进行的第二十三次集体学习时进一步强调,维护公共安全体系,要坚持重心下移、力量下沉、保障下倾。深化食品药品监管体制改革,必须打通监管执法的"最后一公里",才能真正形成纵向到底的食品药品监管工作体系。

1. 加强基层监管队伍建设

无论采用何种体制安排,都必须进一步强化食药监基层队伍,保证食药监队伍的适当规模与合理结构。建立数量充足、结构合理的各级食品安全行政监管、监督执法和技术支撑队伍,建立与食品安全监管任务相适应的专业化监督检查员队伍。应该考虑建立县(区)乡镇(街道)监管人员配备的刚性标准,明确人员补充计划,优化食药监管队伍的年龄与专业结构,着重充实一线执法力量,形成"小局大所"的合理布局。在县(区)局应保证食药监职能科室与人员配备齐整,食药稽查执法大队人员不低于15—20人;乡镇(街道)监管站应按照监管对象情况制定编制核定标准,每所食药监专职人员不应低于5人。行政村、城镇社区建立的协管员队伍,必须尽快建立完善的考评制度与有效的激励机制。加强专业化教育培训基地和体系建设,建设覆盖全系统的网络教育培训平台。实施食品安全监管队伍素质能力提升工程,严格准入门槛,规范入职培训和在职教育,不断提高监督检查人员素质和专业化水平。

2. 改善基层监管部门执法装备条件

落实有关建设标准,加强设施装备保障,逐步实现各级食品安全监管机构的业务用房、执法车辆、执法装备配备的标准化,满足食品安全日常监管基本需要。组织开展食品快速检测方法评价,规范食品安全监管工作中快速检测方法的应用。根据实际需要,升级更新信息化设备和监管执法装备。推动地方政府在财政预算中落实专项资金,改善食药监部门执法装备条件,在办公条件、执法车辆、检测设备等方面,切实保障基层食药安全的监管能力。尤其是当前应尽快统一执法装备标识,落实能满足基本监管需要的执法交通、取证、快检等执法装备。尽快结合各地实际,落实国家食品药品监督管理总局提出的《全国食品药品监督管理机构执法基本装备配备指导标准》,指导基层政府部门根据轻重缓急分步骤改善当地食药监部门执法装备条件。

3. 严格规范基层监管执法工作

尽快修改和制定统一规范的监管法律法规、规章规范、安全标准,特别是尽快制定山台《基层食品(药品)监管所工作条例》等法律规章,明确基层食品药品监管所的法律地位、权利义务以及主体责任范围,赋予基层食品药品监管人员执法和许可主体资格。同时,国家食品药品监督管理总局在食品、药品、医疗器械、化妆品监管执法中应统一行政处罚程序和文书,避免各自为政,制作烦琐复杂的执法文书和日常监管表册等,让基层食品药品监管执法简化程序、规范文书、科学行政、提高效率。

第六章 我国政府食品安全信息公开状况的考察

食品安全信息透明是食品安全社会共治的基础,而政府在其中更是居于核心位置。因为,政府食品安全信息公开,在食品安全社会共治体系构建中至关重要。从经济学的角度来看,信息不对称是诱发食品安全风险的主要原因。我国公众对食品安全问题的焦虑乃至恐慌,与他们获取、了解的食品安全信息的状况密不可分①。在我国发生的许多食品安全事件中,掌握巨大公共食品安全信息资源的政府没有在第一时间发布信息和进行信息交流,从而导致公众心理恐慌。我国正在构建食品安全风险国家治理体系,在这新的历史阶段,衡量食品安全是否由"监管"迈向"治理"的一个重要标志是,政府能否及时、有效地发布食品安全信息。本章是本书研究团队对食品安全政府公开信息的持续性的研究成果,主要研究我国政府对食品安全信息公开的整体状况、评价、分析及未来展望。基于以往的研究思路,本章将重点评价在 2014 年 6 月至 2015 年 7 月间政府食品安全监管部门主动公开的食品安全信息状况与相关制度,并以 2014 年 7 月上海发生的福喜事件为切入点,对其后各级政府食品安全监管机构针对公众需求和企业生产监管信息公开的状况进行评判,以探讨未来政府食品安全信息公开的努力方向与结合"互联网+"的建设重点。

一、政府食品安全信息公开取得的新进展

与发达国家相比较,分析我国发生的一系列食品安全事件的案例,不难发现,相关政府监管部门在食品安全的信息公开方面不同程度地存在着滞后公

---

① 《我国缺少有公信力的食品安全信息平台》,中国青年报,2015—3—11〔2015—3—25〕,http://zqb.cyol.com/html/2015-03/11/nw.D110000zgqnb_20150311_1-T03.html。

开、公布渠道不畅通、不公开甚至有些政府监管机构有意隐瞒等问题,从而延误对食品安全事件真相的及时报道,引发社会舆情的公众猜测,甚至引发公众食品安全消费的恐慌,造成严重的社会影响。食品安全信息公开尤其是政府信息的公开成为衡量国家食品安全风险治理水平的重要因素。因此,国家层面对此作出了进一步的要求。2015 年 4 月 3 日,国务院办公厅印发《2015 年政府信息公开工作要点》(国办发〔2015〕22 号),进一步强调做好食品重大监管政策信息、产生重大影响的食品典型案件,以及食品安全监督抽检等信息公开工作。2015 年 4 月 24 日颁布的《食品安全法》更是用法律的形式确定了食品安全信息公开的重要地位,要求国家建立统一的食品安全信息平台,实行食品安全信息统一公布制度;明确国家食品安全总体情况、食品安全风险警示信息、重大食品安全事故及其调查处理信息和国务院确定需要统一公布的其他信息由国务院食品监督管理部门统一公布。应该指出的是,近年来,随着食品安全信息公开的社会呼声日益高涨,政府监管部门不断加大食品安全信息的公开力度,并取得了新的进展。

(一)中央政府相关监管机构层面

国家食品药品监督管理总局、农业部、国家卫生和计划生育委员会是我国食品安全的主要监管部门,承担了食品安全信息公开的主要责任。

1. 国家食品药品监督管理总局

2013 年 3 月起,新组建的国家食品药品监督管理总局正式成为我国重大食品安全信息的发布主体。《国家食品药品监督管理总局政府信息公开指南》(以下简称《指南》)中明确指出,其公开的政府信息的范围包括机构职能、政策法规、行政许可、基础数据、公告通告、公众服务、监管统计、专题专栏、动态信息、人事信息、规划财务以及包括法律、法规、规章规定应当公开的其他食品安全监管工作信息,其政府信息公开形式主要通过国家食品药品监督管理总局政府网站(www.cfda.gov.cn)以及新闻发布会、报刊、广播、电视等便于公众知晓的载体和形式予以主动公开。

截至 2015 年 7 月,国家食品药品监督管理总局政府网站的信息公开设置了图片新闻、最新动态、政府信息公开、法规文件、征求意见、公告通告、人事信息、规划财务、食药监统计、数据查询和专题专栏等栏目,无论在信息公开的规范性或接受社会监督信息方面都较之前有很大进步。而针对公众服务方面,总局政府网站上还设置了曝光台、动态信息、公告通报、产品召回、警示信息、食品抽检信息、食品安全风险预警交流、公众查询、在线信访、纪检举报、投诉举报、公众留言等个性化信息服务。其专题专栏不仅涉及食品抽检信息,还包括农村食品市场"四打击四规范"专题整治行动、食品安全风险预警交流等信息公开。

表6-1为2014年6月—2015年7月间,总局政府网站有代表性的主要食品安全信息公开情况,包括机构职能、政策法规、行政许可、基础数据、公告通告、公众服务、监管统计、专题专栏、动态信息、人事信息以及其他信息,信息公开内容较为丰富。

2. 农业部

2014年,农业部信息公开工作取得了一定的成效,全年主动公开按时公开率和依申请公开按时答复率保持100%。其中,农业部网站信息公开专栏共主动公开信息708条,政务版网站群共发布信息18.2万条。而政务版主网站发布信息16.6万条,较去年同期增长13.6%,浏览量累计达21亿次,基本做到应公开尽公开;收到信息公开申请311件,全部按时予以答复;收到信息公开行政复议5件,均未被撤销或责令重新办理;没有因信息公开而被提起行政诉讼。

而在食用农产品质量安全的信息公开方面,农业部共组织开展了4次农产品质量安全例行监测工作,监测结果已经及时向社会公开发布。农业部还修订并颁布了《农产品质量安全突发事件应急预案》,印发了《农业行政处罚案件信息公开办法》,颁布实施了《食品中农药最大残留限量》国家标准(GB2763—2014)等250余项农业标准。并且加大行政审批信息公开力度,如

表6-1 国家食品药品监督管理总局的主要食品安全信息公开情况

信息公开内容	信息名称	发布时间
政策法规	《食品监督管理统计管理办法》(国家食品药品监督管理总局令第10号)	2014—12—19
	《食品安全抽样检验管理办法》(国家食品药品监督管理总局令第11号)	2014—12—31
	《食品召回管理办法》(国家食品药品监督管理总局令第12号)	2015—03—11

续表

信息公开内容	信息名称	发布时间
公告通告	食品药品监管总局关于印发食品行政处罚文书规范的通知	2014—06—03
	食品药品监管总局关于发布食品监管信息系统运行维护管理规范的通知	2014—06—09
	关于加强食品安全标准宣传和实施工作的通知	2014—06—16
	食品药品监管总局关于印发重大食品安全违法案件督办办法的通知	2014—07—10
	国务院食品安全办关于深入开展肉及肉制品检查执法工作的通知	2014—07—15
	关于《食品召回和停止经营监督管理办法（征求意见稿）》公开征求意见的通知	2014—08—06
	食品药品监管总局关于开展儿童食品和校园及其周边食品安全专项整治工作的通知	2014—08—07
	食品药品监管总局办公厅公开征求《婴幼儿配方乳粉生产企业食品安全信用档案管理规定（征求意见稿）》意见	2014—08—08
	食品药品监管总局办公厅关于加强2014年中秋国庆节日期间食品安全监管工作的通知	2014—08—22
	食品药品监管总局办公厅关于食品用香精等标准有关问题的通知	2014—09—17
	食品药品监管总局办公厅关于含何首乌保健食品变更工作有关事宜的通知	2014—09—30
	食品药品监管总局关于加强北京亚太经济合作组织领导人非正式会议等重大活动期间食品安全监管工作的通知	2014—10—17
	食品药品监管总局关于养殖梅花鹿及其产品作为保健食品原料有关规定的通知	2014—10—24
	食品药品监管总局办公厅关于遴选河北省疾病预防控制中心等5家单位为国家食品监督管理总局保健食品注册检验机构的通知	2014—11—17
	食品药品监管总局办公厅关于增设网上发放保健食品技术审评意见通知书的通知	2014—11—24
	食品药品监管总局办公厅关于国家保健食品监督抽检结果的通报	2014—12—31
	食品药品监管总局办公厅关于开展2015年元旦春节期间食品经营领域专项监督抽检工作的通知	2014—12—16
	国家食品药品监督管理总局关于《食品投诉举报管理办法（征求意见稿）》公开征求意见的通知	2014—12—17

续表

信息公开内容	信息名称	发布时间
公告通告	食品药品监管总局办公厅关于开展食品监管总局本级保健食品监督抽检和风险监测承检机构遴选工作的通知	2015—01—20
	食品药品监管总局关于进一步加强白酒小作坊和散装白酒生产经营监督管理的通知	2015—02—06
	食品药品监管总局办公厅关于进一步加强春节期间食品安全监管工作的通知	2015—02—15
专题专栏	国务院食品安全办、食品药品监管总局、工商总局关于开展农村食品市场"四打击四规范"专项整治行动的通知	2014—08—26
	中秋节月饼安全消费提示	2014—09—01
	食品药品监管总局办公厅关于同意江苏省食品检验所变更保健食品注册检验单位名称的通知	2014—09—16
	春节期间食品生产经营风险防范提示	2015—02—06
行政许可	关于《食品行政处罚程序规定》的说明	2014—06—18
	食品药品监管总局办公厅关于同意河北省食品质量监督检验研究院作为醋酸酯淀粉等食品添加剂生产许可检验机构的复函	2014—09—12
	关于转发液态奶产品标签标示有关问题的函	2014—10—21
	关于转发国家卫生计生委食品司关于预包装食品标签标示有关问题回复的函	2014—10—21
	食品药品监管总局办公厅关于麦芽糊精生产许可有关问题的复函	2014—10—24
	食品药品监管总局办公厅关于同意变更食品添加剂生产许可检验机构名称的复函	2014—10—24
	关于征求优化保健食品注册检验和受理工作流程有关规定意见的函	2014—12—17
动态信息	夏季食品安全消费提示	2014—07—26
	食品药品监管总局:提升食品安全治理能力	2015—01—07
	食品药品监管总局食品安全国家标准查询平台开通	2015—03—01
	食品药品监管总局约谈部分火锅连锁企业	2015—03—24

信息公开内容	信息名称	发布时间
监管统计	食品药品监管总局发婴幼儿配方乳粉质量监管情况	2014—06—01
	2014 年第二阶段食品安全监督抽检情况通报发布	2014—12—07
	食品药品监管总局 2014 年政府信息公开工作情况	2014—12—23
	食品药品监管总局公布 2015 年第一期食品安全监督抽检情况	2015—02—16
	食品药品监管总局官网开通"食品抽检信息"专栏	2015—02—11

资料来源:根据网络资料由作者整理形成。

推进行政审批信息化建设,积极扩大网上审批范围,推动农药、兽药、种子、饲料、肥料等农业投入品行政审批数据库建设,开发运行了农业部行政许可综合信息查询平台,进一步丰富核心审批结果数据,方便企业和农民群众。还建立了农业科研项目管理信息公开制度,除涉密及法律法规另有规定外,向社会和单位内部公开农业科研项目的立项信息、研究成果、资金安排情况等。2014年 6 月到 2015 年 7 月期间,农业部主要食用农产品安全信息公开情况见表6-2。可以发现,该时段农业部食用农产品安全信息公开主要集中在公告通知方面,有关安全标准的信息较少且较为分散。

表6-2　农业部主要食用农产品安全信息公开情况

信息公开内容	信息名称	发布时间
安全标准	农业部办公厅关于征求百菌清等 11 种农药以及苯线磷等 24 种禁限用农药最大残留限量标准(征求意见稿)意见的函(农办质函〔2014〕43 号)	2014—06—11
	农业部办公厅关于征求《食品安全国家标准 食品中苯线磷等 24 种农药最大残留限量》(征求意见稿)意见的函(农办质函〔2014〕44 号)	2014—06—11

信息公开内容	信息名称	发布时间
公告通告	农业部关于加强农产品质量安全检验检测体系建设与管理的意见(农质发〔2014〕11 号)	2014—06—11
	农业部办公厅关于做好 2014 年生猪定点屠宰质量安全监管工作的通知(农办医〔2014〕32 号)	2014—06—20
	中华人民共和国农业部公告第 2133 号	2014—07—24
	中华人民共和国农业部公告第 2134 号	2014—07—24
	农业部办公厅关于加快推进畜禽屠宰监管职责调整工作的通知(农办医〔2014〕47 号)	2014—09—25
	农业部关于组织开展生猪屠宰质量安全专项整治活动保障市场肉品质量安全的通知(农医发〔2014〕30 号)	2014—09—30
	农业部 食品药品监管总局关于加强食用农产品质量安全监督管理工作的意见(农质发〔2014〕14 号)	2014—11—18
	农业部办公厅关于征集《农产品质量安全法》修改意见的函(农办质函〔2014〕93 号)	2014—11—28
	农业部关于印发《国家农产品质量安全县创建活动方案》和《国家农产品质量安全县考核办法》的通知(农质发〔2014〕15 号)	2014—11—28
	韩长赋部长在贯彻落实《国务院办公厅关于建立病死畜禽无害化处理机制的意见》电视电话会议上的讲话(农业部情况通报第 42 期)	2014—12—10
	北京、山东、重庆、湖北畜禽屠宰监管工作经验交流	2014—12—17
	强化畜禽屠宰监管 确保人民"舌尖上的安全"——于康震副部长在全国畜禽屠宰监管暨生猪屠宰专项整治工作会议上的讲话	2014—12—17
	积极防控动物疫病风险 严格动物源性食品安全监管	2014—12—23
	农业部关于加快推进农产品质量安全信用体系建设的指导意见(农质发〔2014〕16 号)	2014—12—25
	农业部办公厅关于印发《2015 年兽医工作要点》的通知(农办医〔2015〕1 号)	2015—01—21
	农业部关于做好 2015 年畜禽屠宰行业管理工作的通知(农医发〔2015〕2 号)	2015—02—02
	农业部办公厅关于印发 2015 年农产品质量安全监管工作要点的通知(农办质〔2015〕7 号)	2015—02—15

续表

信息公开内容	信息名称	发布时间
公告通告	农业部办公厅关于进一步加强动物卫生监督执法工作的紧急通知(农办医〔2015〕10号)	2015—03—19
	农业部办公厅关于印发《2015年农作物病虫专业化统防统治与绿色防控融合推进试点方案》的通知(农办农〔2015〕13号)	2015—03—23
	农业部办公厅关于扎实推进主食加工业提升行动的通知(农办加〔2015〕8号)	2015—04—07
	农业部办公厅关于开展农资打假"夏季百日行动"的通知(农医发〔2015〕11号)	2015—05—19
	农业部办公厅关于印发《农业部贯彻落实党中央国务院有关"三农"重点工作实施方案》的通知(农办办〔2015〕22号)	2015—06—03
	农业部办公厅关于征求《农业部关于决定禁止在食品动物中使用洛美沙星等4种原料药的各种盐、脂及其各种制剂的公告(征求意见稿)》意见的函(农办医函〔2015〕37号)	2015—06—11
政策措施	韩长赋部长在贯彻落实《国务院办公厅关于建立病死畜禽无害化处理机制的意见》电视电话会议上的讲话(农业部情况通报第42期)	2014—12—10
	北京、山东、重庆、湖北畜禽屠宰监管工作经验交流	2014—12—17
	强化畜禽屠宰监管 确保人民"舌尖上的安全"——于康震副部长在全国畜禽屠宰监管暨生猪屠宰专项整治工作会议上的讲话	2014—12—17
	积极防控动物疫病风险 严格动物源性食品安全监管	2014—12—23
	2015年国家深化农村改革、发展现代农业、促进农民增收政策措施	2015—04—30
	全国食品安全宣传周农业部主题日活动在北京市房山区举办	2015—06—18
	农业部管理干部学院组织开展新食品安全法专题培训	2015—06—19

资料来源:根据网络资料由作者整理形成。

3.国家卫生和计划生育委员会

2013年新组建的国家卫生和计划生育委员会主要负责食品安全风险评价和食品安全标准制定,在食品安全信息领域的职责相对单一,其内设机构"食品安全标准与检测评价司"专司与食品安全信息公开的相关工作。表6-3为2014年6月至2015年7月间国家卫生和计划生育委员会公开的主要食品安全信息的相关情况,其内容主要涉及食品安全标准和公告通告两个方面。同样,也是基本集中在公告通告方面,而关于食品安全标准的信息公开相对较少。

表6-3 国家卫生和计划生育委员会的主要食品安全信息公开情况

信息公开内容	信息名称	发布时间
食品安全标准	国家卫生计生委发布《食品安全地方标准制定及备案指南》	2014—10—09
	关于公开征集2015年度食品安全国家标准立项建议的公告(2014年第22号)	2015—01—06
	关于发布《食品安全国家标准食品中镉的测定》(GB5009.15—2014)等13项食品安全国家标准的公告(2015年第2号)	2015—02—11
公告通告	卫生计生系统2014年食品安全工作进展及2015年重点工作任务图解	2015—01—29
	卫生部办公厅关于进一步加强卫生监督与食品安全工作的通知	2014—08—30
	国家卫生计生委、教育部联合发文、要求加强学校食源性疾病监测和饮用水卫生管理	2014—10—16
	国家卫生计生委办公厅关于2014年全国食物中毒事件情况的通报(国卫办应急发〔2015〕9号)	2015—02—15
	国家卫生计生委办公厅关于2014年食品安全风险监测督查工作情况的通报(国卫办食品函〔2015〕289号)	2015—04—16
	创建卫生城市 打造健康江苏	2015—04—28
	浙江省积极推进食品安全风险监测工作	2015—04—30
	辽宁省扎实做好食源性疾病监测工作	2015—04—30
	湖南省疾控中心食品安全风险监测工作取得新成效	2015—04—30
	李克强:以"零容忍"的举措惩治食品安全违法犯罪	2015—06—12
	第九届海峡两岸食品安全专家会议在广西召开	2015—06—19
	践行三严三实 共谋建设发展——食品评估中心与中国科学院科技促进局共商科技合作	2015—06—23
	国新办《中国居民营养与慢性病状况报告(2015)》新闻发布会文字实录	2015—06—30

资料来源:根据网络资料由作者整理形成。

（二）省级政府相关监管机构层面

目前大部分省、自治区与直辖市食品安全监督管理机构的政府网站普遍发布了本地区本部门的相关政策法规、政府文件、职能介绍、审批事项、工作动态、人事信息、招商项目、便民服务等信息，总体而言，省市级政府网站的食品安全信息公开比以前有了极大的改进。梳理相关省级政府层面食品监管机构和卫生计生机构有关食品安全信息公开情况可以看出，这些机构的信息公开重点仍主要在制度体系的构建、食品安全标准的设置、食品安全监测能力的提升等方面。

2015年4月24日，第十二届全国人大常委会第十四次会议审议通过《中华人民共和国食品安全法》，并于2015年10月1日起施行，对政府食品安全信息公开的要求越来越高。但就目前来看，中央政府层面的食品安全监管机构对食品安全信息的公开较为深入，并积累了一定的经验。而一些省份从2014年7月开始启动的市县层面的食药监管体制改革，并没有参照国务院的机构改革模式成立食品药品监管机构，反而采用市场局模式，即将工商、质监等市场监管部门合并成一个部门，借此统一市场监管。目前深圳、浙江、天津、辽宁、吉林、上海浦东新区、重庆两江新区、武汉东湖新区等地都相继实施了市场局改革。这一改革成为省市级政府既能控制机构数，又能平衡利益的手段。但值得重视的是，其反而忽视了中央要求加强食品安全监管的初衷，并且已经直接影响到省市各级政府的食品安全信息公开工作。尤其在公众参与方面，以公众比较关心的食品行政处罚案例的信息公开为例，食品安全信息的政府公开力度并不大，公开范围并不广，公开速度并不快。进入"互联网+"时代，公众参与的政府食品安全信息公开，更应该让群众看得到、听得懂、能监督，把过去孤立的、被动型的信息公开制度向上游更及时地向公众公开和向下游更深入地向公众解读延伸，进而盘活整个政府信息资源。当然，也只有通过更细致地评价各级政府食品安全监管机构取得的成绩与不足，有针对性地采取措施逐步实施信息公开，才能真正建立消费者对政府的信任，构建新常态下食品安全社会共治的中国格局。

（三）政府食品安全信息公开的新进展

上述内容主要以中央政府与省级政府相关食品监管机构网站为考察重

点,研究了 2014 年 6 月至 2015 年 7 月间政府食品安全信息主导公开的状况,应该说,政府食品安全信息公开工作取得了新的进展,主要表现在以下七个方面。

1. 相关监管机构各自的信息公开平台基本形成

中央政府与省级政府相关食品监管机构根据各自职能,均建立了相应的食品安全信息公开平台,在其门户网站上设置了专门的食品安全信息公开栏目或食品安全信息公开专网,集中发布相关信息,其信息公开栏目设置了包括公开依据、政府食品安全信息公开目录、政府食品安全信息公开指南、依申请公开和政府食品安全信息公开工作年度报告等在内的全部子栏目。

2. 行政审批信息透明度逐步提高

政府的食品安全监管机构在其门户网站上公开了本部门行政审批事项清单,提供了审批依据、申报条件、审批流程信息等内容。地方政府则普遍在门户网站或者政务服务中心网站公示了行政审批事项清单,一般以行政服务中心网站、专门的行政审批网站或政府网站在线办事栏目等形式,为行政审批食品安全信息公开提供网络平台。这些平台的建设使得政府有关食品安全监管机构的行政审批事项、权限及审批权运行的信息更加透明,方便了公众参与企业生产监督,推动了食品安全社会共治。

3. 行政处罚的食品安全信息公开取得新进展

公开行政处罚的食品安全信息不仅仅是对行政机关依法行政的监督,也有助于督促市场、生产企业等社会主体自觉守法,构建诚信的食品安全消费的市场环境。除不具备食品安全问题行政处罚权限的部门外,政府食品安全监管机构都在门户网站上公开了全部或者部分类别的行政处罚食品安全案件的信息。

4. 食品安全信息公开工作年度报告规范化程度不断提升

按照《政府信息公开条例》规定,上一年的年度报告应于每年 3 月 31 日前对社会发布,接受社会的检验和监督。据对中央政府与省级政府相关食品监管机构网站核查发现,绝大部分监管机构能在规定的时间内发布食品安全信息公开的年度报告,且多数年度报告内容较为翔实,列出了主动公开政府信息、依申请公开政府信息的情况及相关行政复议和行政诉讼的情况。

5. 政府食品安全信息公开申请渠道较为畅通

2014 年 10 月起,本书陆续以研究者的身份,以邮政特快专递、在线申请的方式,向中央政府与省级政府相关的一些食品安全监管机构提出了信息公开申请。按照《政府信息公开条例》规定,结合邮政特快专递签收时间、在线申请发送时间,预留了合理的时间,验证其答复的时间情况。在邮寄申请渠道方面,各级政府食品安全监管机构都在规定时限内做出了回复;在线申请方面,各级政府食品安全监管机构也都在规定时限内做出了回复,大多数部门的依申请公开渠道较为畅通。

6. 能够及时解读食品安全监管的重大政策法规

将近70%的食品安全监管机构的政府门户网站设置了专门的政策法规解读栏目,其中卫生计生委在2014年全年解读政策法规数量超过30部。观察结果显示,不少食品安全监管的行政机关能够及时发布、解读本部门、本区域出台的重大食品安全政策法规。

7. 回应社会关切主动性逐步增强

积极主动地回应社会关切问题,做好政策等的解释说明,消除人民群众的各种疑虑,是新形势下做好信息公开工作、掌握舆论主导权和话语权、维护社会稳定的重要举措。本书的观察显示,政府食品安全监管机构越来越主动地回应社会关切问题,进一步提升了各级政府的公信力,并正在成为新常态,具备了将企业、公众共同纳入食品安全社会共治的基础条件。

二、政府食品安全信息公开状况存在的问题

为更科学、更准确、更合理地评估政府食品安全信息公开存在的问题,2014年7月起,本书的研究开始陆续邀请并征求了部分中央政府机关、地方政府以及相关领域专家的意见,经过多次论证后,构建了相应评价指标体系,分别对中央政府和省级政府、省会城市政府层面上食品安全监管机构的信息公开等展开初步评价,并在2014年12月完成整体评估工作。

(一)评价对象、指标及方法

本次评价的对象为中央政府食品安全监管机构、31个省级政府食品监管机构,以及24个省会城市政府食品监管机构。评价主要坚持以结果为导向,以公众视角为重点,分析各被评价对象的实际公开效果,从外部观察政府相关信息是否依法公开、是否方便公众获取;评价的主要内容分为主动公开、依申请公开、政策解读回应三个方面,并依据专家意见建立评价指标体系。评价的

141

主要方法是,通过观测评价对象门户网站、实际验证等方式,对上述政府食品安全监管机构依法、准确、全面、及时公开政府信息的情况进行测评,总结政府食品安全信息公开工作中取得的成就,并分析其当前存在的问题。

通过对上述监管机构的政府网站等渠道信息公开情况的初步评价,可以发现,政府食品安全信息公开虽然取得了一定进步,但问题仍然很多,仍有相当大的努力空间。

(二)政府食品安全信息公开工作尚需解决的问题:公众参与的视角

本书评估的重要目的之一就是考察公众在政府食品安全信息公开工作中的参与情况。评估结果发现,目前我国政府食品信息公开工作,与公众最大限度获取信息的需求,与打造法治政府、服务型政府的要求,与构建食品安全社会共治格局的总体规划之间,均存在一定差距,需要找准问题,逐步予以解决。

1. 管理机制仍不完善

政府食品安全信息公开工作是一项专业性极强的工作,不但要处理好公开与不公开的关系,还要处理好何时公开、对谁公开、如何公开等问题。因此,必须有专门的内设机构和专门人员负责针对公众需求的政府信息公开工作。但评估发现,由于政府食品监管机构的改革尚未全面完成,政府信息公开机构的建设尚未完全到位,食品安全信息公开的工作并未归口到位。比如,有的政府食品安全监管机构的信息公开由办公厅(室)负责,门户网站则由信息中心管理,热点回应则为舆情监测部门;一些地方政府食品安全监管机构的门户网站与食品安全信息公开管理机构分离,甚至有些地方政府建立的多个微信平台分属不同的部门管理。多头管理、各自为战,非但没有提升公众参与政府食品安全信息公开的程度,往往还会导致信息公开工作的内耗、对公众公开的信息口径不一、前后矛盾,不仅使政府的公信力受到影响,还制约了公众参与各级政府机构的食品安全信息公开工作的有序推进。

2. 一些重要的食品安全信息未能及时发布

"瘦肉精"抽检合格率是衡量我国食用农产品安全风险的重要指标,但农业部并未公开2014年度"瘦肉精"抽检合格率相关数据。农业部发布的农产品质量安全监测数据等信息,不仅缺乏监测地区(城市)分布,监测的主要农产品品种、主要的监测参数,监测的主要不合格的农产品品种等信息,而且缺乏以省、自治区、直辖市为单位,各个年度监测的农产品的抽检合格率,农产品质量安全监测、监督检查能力建设等数据内容。国家卫生和计划生育委员会没有公布化学污染物和有害因素、微生物的监测数据,包括采样单位、检测单位、数据上报单位、完成样本数、监测数据量等,没有公布以省、自治区、直辖市为单位,分城市、农村为单元的化学污染物和有害因素、微生物的监测数据,也没有公布饮用水经常性卫生监测合格率数据。国家食品药品监督管理总局没有公布 2014 年流通环节食品抽检合格率的数据。国家质检总局标准法规中心过去一直定期发布的《国外扣留(召回)我国出口产品情况分析报告》(源自"技术性贸易措施网")。但目前该网站已停止使用且无法找到相应的数据。虽然已新建立了"技术性贸易措施网"(http://www.tbtsps.cn/page/tradez/IndexTrade.action),并有一些相关的数据,但数据不全,至本书截稿都没有完整地发布 2009 年以后各年度的我国出口产品受阻情况分析报告。

3. 食品安全信息公开栏目建设有待完善

评估中发现,一些政府食品安全监管机构食品安全信息公开栏目建设还不够规范。从表 6-4 可以看出,包括长春、武汉、广东、海南、四川、杭州、合肥、济南、郑州、西安和河北等省与相关省会城市政府食品安全监管机构网站的食品信息公开目录仍不齐全。另外,有的政府机构未提供信息公开依据,信息公开目录和依申请公开栏目链接无效;相关的新闻发布制度还未常态化、监管机构全年未召开过发布会;规范性文件放置位置不当,不少政府食品安全监管机构在门户网站上设置了多个专门发布食品安全规范性文件的栏目,但有的规范性文件被放置在"公示公告"栏目中,有的则位于"要闻通告"栏目,放置比较随意,公众难以查找;食品安全行政处罚信息公开力度不大,且相关信息公开主要集中在餐饮环节,而公众比较关心的、有较多食品安全事件发生的企业生产环节的信息公开则相对较少。

表6-4　有关省份与省会城市政府网站政府食品安全信息公开基本情况调查

政府信息公开目录	政府网站
无具体内容,但能够提供各部门网站的链接	长春、武汉
无具体内容,只有公开类别、形式、时限等	广东、海南、四川
只有"机构职能"等常规信息	杭州、合肥、济南、郑州、西安、河北

资料来源:根据相关调研数据由作者整理形成。

4. 面对公众的依法申请公开说明不规范

评估时,本书从公众对食品安全信息需求的角度,先通过政府食品安全监管机构信息公开指南查找申请条件及流程说明的信息,如果指南中没有该信息,则在依法申请公开栏目下的申请说明中查找。通过上述方法,仍然发现有些政府食品安全监管机构的门户网站尚没有公开指南或者申请说明。部分政府食品安全监管机构,尤其是省市级食品安全监管机构存在对公众依法申请公开的规定说明不详或欠缺,且提供的申请方式较为单一,对申请方式的说明与实际并不相符,有的网站甚至还存在公众在线申请渠道不畅通等现象。各级政府的食品安全监管机构对于公众依法申请公开的食品安全信息工作说明名目繁多,且不规范。

5. 针对公众需求的重大政策文件的解读不到位

部分地方政府食品安全监管机构的政策解读栏目转载了大量国家相关部门的政策解读,但对本地政府政策解读信息较为有限,而且对相关政策的解读质量还有待提升。多数政府食品安全监管机构发布的解读内容多来源于当地新闻媒体不同角度的报道,缺乏政府主导下的全面性解读,而且多数解读只是把制定有关法规、规章及规范性文件的说明以及媒体报道照搬到网上,不仅形式呆板,针对公众需求的信息量也十分有限。

6. 回应公众关切的食品安全热点问题的水平仍较低

虽然不少政府食品安全监管机构日益重视对于公众关切的食品安全热点问题的回应,主动性和及时性都有所增强,在一定程度上满足了人民群众的信息需求。但与此同时,一些问题也在逐渐暴露。由于各级政府之间的食品安全信息呈现分散化格局,平台之间各自为政,相互之间并无信息交流与归口管理,直接造成针对公众需求的回应模式化、回应缺乏实质内容等现象。这使得针对公众的回应不仅没有起到正面的效果,反而引发了更多的质疑与不信任,降低了政府的公信力。这也说明,政府机关在回应公众关切的食品安全问题时,最重要的还是应在推动各个政府平台之间食品安全信息归口合并的基础上,找准公众真正的关切点,逐步提升回应水平。

7. 政府发布的食品安全信息信息量与可信度仍未能充分满足公众要求

根据本书作者在山东省的实地调查,就公众对政府发布的食品安全信息的可信度评价而言,在受访的 1 036 名受访者中,43.53% 的受访者比较信任政府食品安全监管部门发布的食品安全信息,其占比最高;其次是不太信任和一般信任分别占比为 20.37% 和 19.11%；再次是 12.26% 的受访者非常信任政府食品安全监管部门发布的食品安全信息；最后，只有 4.73% 的受访者完全不信任政府食品安全监管部门发布的食品安全信息（图 6-1）。虽然大多数公众比较信任政府发布的食品安全信息，完全不信任和不太信任者的比例仍然较高。

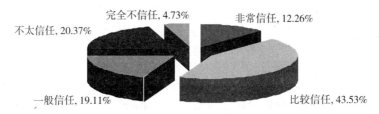

不太信任, 20.37%　　完全不信任, 4.73%　　非常信任, 12.26%

一般信任, 19.11%　　比较信任, 43.53%

图 6-1　公众对政府发布食品安全信息的信任状况

资料来源：根据作者实地调查数据整理而得。

关于公众对政府发布食品安全信息的数量的评价而言，在受访的 1 036 名受访者中，分别有 33.11% 和 30.41% 的受访者认为现在政府及其他部门发布的食品安全信息丰富程度一般和比较丰富，两者占比最高；其次是有 23.07% 的受访者认为现在政府及其他部门发布的食品安全信息比较少；最后，分别有 7.82% 和 5.60% 的受访者认为现在政府及其他部门发布的食品安全信息非常少和非常丰富（图 6-2）。

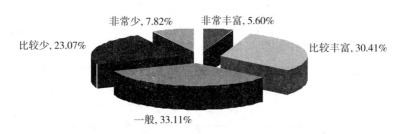

非常少, 7.82%　　非常丰富, 5.60%

比较少, 23.07%　　比较丰富, 30.41%

一般, 33.11%

图 6-2　公众对政府发布食品安全信息数量的评价

资料来源：根据作者实地调查数据整理而得。

三、福喜事件发生后政府食品安全信息公开的考察

本书的评价结果显示，虽然政府食品安全监管机构的食品安全信息公开取得了一些进步，但同时也存在一些迫切需要解决的问题。2014 年 7 月上海

福喜事件的爆发,对如何实现食品供应链的全程透明化,公开政府监管食品企业的信息、回应公众食品安全信息的关切,形成政府、企业、工作良好互信的关系,构建食品安全社会共治格局提出了新的更高的要求。

(一)福喜事件后政府针对企业、公众参与食品安全信息公开考察

在福喜事件爆发后,在 2014 年 8 月至 12 月间本书的研究人员重点观察了 31 个省级与 24 个省会城市政府食品监管机构的政府网站,重点观察与分析在福喜事件发生后相关政府监管机构回应公众关切、监督食品生产企业的政府信息公开情况。采用的主要方式是观察政府食品监管机构回应公众的食品安全信息公开申请,包括申请渠道畅通与申请答复的规范程度等,以及考察监管机构对食品生产企业监管信息的公开状况。表 6-5 和表 6-6 分别是各级政府网站有关食品安全信息公开的规范性、接受社会监督的总体情况,以及政府监管机构满足公众需求个性化食品安全信息供给情况。图 6-3 显示,各地政府食品安全监管机构对公众依法申请食品安全信息公开的回应情况具有明显的差异性,新疆、青海、西藏、云南、河南、湖南和江西等省级政府食品监管机构对公众公开信息的请求并无回应。

表 6-5 研究观察期省级与相关省会城市政府信息公开基本情况

类别	规范性			接受社会监督的信息										
	公开规定	公开目录	申请公开	概况信息	计划规划	法规公文	工作动态	人事信息	资金信息	应急管理	统计信息	专题专栏	政府公报	新闻发布会
省级网站	6	10	3	31	24	31	31	30	28	21	20	31	27	4
市级网站	9	9	5	24	16	24	24	4	25	7	19	22	16	5

资料来源:根据报告相关调研数据整理形成。

表 6-6 显示,2014 年 8 月—2014 年 12 月期间,政府相关食品安全监管机构的信息公开中有关面向社会服务的信息(办事指南)占比达到 76.4%,而面向公众提供网站内信息检索的个性服务达到 89.1%。与此相对应的是,提供文件查询(数据库)个性服务的省级网站有 2 个,省会城市网站有 5 个,占所有调查的 55 个政府食品监管机构网站的 12.7%,该比例也明显低于这些政府网站提供的信息订阅个性服务 27.3%的比例。显然,这些政府网站仍主要集

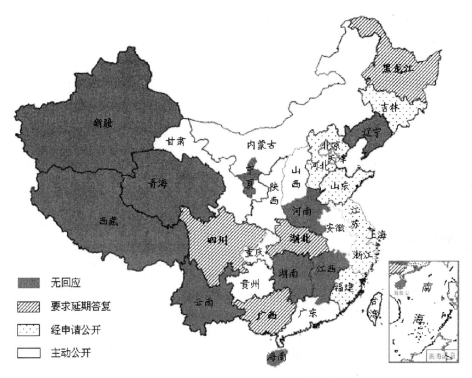

图6-3　省级食品监管机构回应公众依法申请的食品安全信息公开情况

资料来源：根据报告相关调研数据整理形成。

中于网站内简单的信息检索以满足公众日益增长的个性化需求，而针对提供公众信息订阅和文件查询服务等可以更灵活地满足公众需求的服务，显然远不够重视，尤其是提供数据库、文件查询的服务，可以多角度地满足公众个性化需求，却占比最低。这也充分表明，现实情况与食品安全社会共治的总体目标，即最大程度地实现公众参与的食品安全信息共享尚有较大差距。

表6-6　研究观察期内政府网站提供个性服务情况

类　别	面向社会服务的信息（办事指南）		提供信息订阅（RSS）	提供网站内信息检索	提供文件查询（数据库）
	面向个人	面向企业			
省级网站	26	26	12	26	2
省会城市网站	16	16	3	23	5
合计	42	42	15	49	7
占比%	76.4	76.4	27.3	89.1	12.7

资料来源：根据报告相关调研数据整理形成。

就在上海福喜事件发生后不久的 2014 年 8 月 11 日,国家食品药品监督管理总局曾经颁布《食品行政处罚案件信息公开实施细则(试行)》(食药监稽〔2014〕166 号,以下简称《细则》)中明确将"食品行政处罚案件信息公开"纳入县级以上食品药品监管机构"应主动公开"的范畴,主动公开的内容包括"被处罚的自然人姓名、被处罚的企业或其他组织的名称、组织机构代码、法定代表人姓名、违反法律、法规或规章的主要事实"等。但观察显示,可能由于各地推行食品药品监管体制改革,未完成改革的省市无法正常公布食品安全信息,而已完成改革省市的食品药品监管机构的处罚信息的公开职能由于散落在不同的内设部门,没有归口整理与及时发布。而且即使已经完成机构改革的地方食品药品监管所承担的职能包含了生产、流通和餐饮三个环节,但公开的食品行政处罚案件中,基本均为中小企业,其中餐饮环节占据了44.3%,流通环节是 38.7%,而生产环节仅有 17%。可见,各地政府监管机构针对大型食品企业生产环节监管的食品安全信息公开,并没有在福喜事件后有较大改善。

事实上,与公众利益紧密相关的针对食品行政处罚案件的信息公开,也是公众监督政府提供企业生产信息,参与食品安全社会共治的重要信息来源。本次观察也显示,福喜事件发生后各级政府食品安全监管机构应按照 2014 年8 月 11 日国家食品药品监督管理总局颁布的《食品行政处罚案件信息公开实施细则(试行)》,即"县级以上食品监督管理部门,应当指定专门机构负责本部门行政处罚案件信息公开日常工作"展开相关工作。但事实上,即使发生了福喜事件,如图 6-4 显示,各地食品药品监管机构负责行政处罚案件信息公开的机构尚有 9.5%是多部门合作,33.80%没有明确的机构,也就是在所调查的 55 个政府食品药品监管机构中,有 43.3%没有落实国家食品药品监督管理总局所提出的由专门机构"负责本部门行政处罚案件信息公开日常工作"的要求。由此表明,各地政府食品药品监管机构并没有因为福喜事件的发生而高度重视对食品生产企业监管信息的发布。

食品安全信息公开在《食品安全法》及其实施条例等相关法律法规中均有明确规定,也符合《政府信息公开条例》中应予主动公开的信息的范畴。但从上海福喜事件所引发的风波来看,在食品安全社会共治格局的构建中,我国食品安全信息向公众公开的表达与实践之间仍存在较大的背离。在我国,由于供应链食品安全监管特有的"先发展、后治理"的特征,经济新常态的发展

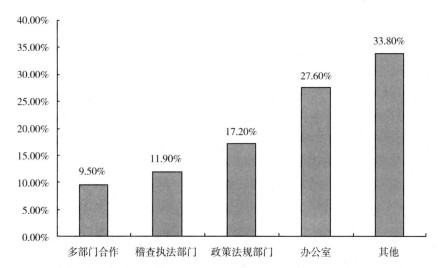

图6-4 各地食品药品监督管理局的食品安全行政处罚案件的信息公开机构
资料来源:根据报告相关调研数据整理形成。

过程将不可避免地伴随着较为严重的环境污染和食品安全问题。此时,通过政府食品安全信息公开,从根本上建立健全的供应链透明体系,推动政府、企业、消费者形成良好互信的关系显得尤为重要。

(二)基于福喜事件的考察:政府食品安全信息公开的努力方向

上述观察结果表明,今后政府食品安全信息公开的努力方向在于:

第一,必须对不同类型的食品企业合理配置监管资源,并及时公开监管信息。上海福喜食品有限公司作为2014年上海"食品安全先进单位",事件发生前三年间政府相关监管机构对其进行了7次检查,但均未发现问题。可见,这类食品企业一直不是政府食品安全监管机构监管与食品安全信息公开的重点。这就引出了一个重要的话题,如何对大型且"信誉良好"的食品企业实施监管与公开食品安全监管信息,即如何基于企业信用和风险分级,合理安排政府监管力度和食品安全信息公开强度。这个话题实际上就是如何有效配置相对有限的监管资源才是最科学的选择。不论是食品生产的"小作坊"式企业,还是大中型食品企业,政府均应合理分配监管资源,适时适度地开展食品生产监管与公开食品安全信息。

第二,必须适时引导公众,合理使用依法申请公开相关信息的手段。福喜事件已经证实,上海福喜食品有限公司实质开展的是"有组织的实施违法生产经营",企业想方设法地逃避监管和检查,这其实已经不是食品监管部门和食品企业之间的工作关系,而是执法者和违法分子之间的较量。此时正常的政府监管手段可能显得无力应对,而公众对我国食品安全和食品供应体系的信心必然受到重挫。如果适时引入类似"吹哨人"制度,提示和引导公众可以通过依法申请公开的手段要求公开企业生产的相关信息,倒逼食品药品监管机构加大行政处罚和信息公开力度,加快形成"自下而上"的食品安全社会共治格局。

最为重要的是,福喜事件后对各级政府食品安全信息公开的观察结果表明,要推动建立健全全程透明的食品供应链体系,形成政府、企业、公众的良性互动,政府培养大数据思维的服务意识是其中的重中之重(图6-5)。只有在"互联网+"的背景下,抓住"大数据思维"中"海量、开放、共享、实时"等主要特征,才能推动政府各级监管机构改变传统思维模式,积极抓取实时信息,整合多部门形成信息资源聚合,及时便捷地通过互联网、手机 APP 等多种方式,依据公众个性化需求,有针对性地开放分类数据资源,充分实现数据的价值。

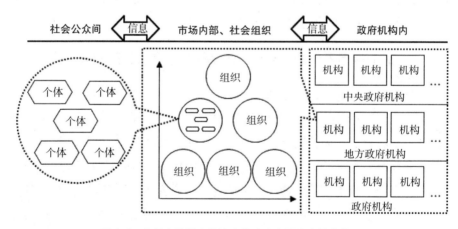

图6-5 食品安全社会共治中的政府食品安全信息公开

四、社会共治背景下"互联网+"与政府食品安全信息公开的建设重点

在我国信息化建设的进程中,由于缺少了国家层面的、全局性的总体设计

与协调,更缺少可执行的标准,数据的采集、信息的处理与组织受限于特定目的和客观条件,往往各自为战。食品安全监管机构改革进度不一,缺乏顶层体系的支持,导致政府机构间相互协调与沟通不充分,这些也是共同造成各类食品安全信息参照不一致、不规范、不协调等缺陷和不足的根本原因。而由于"互联网+"正是把互联网的创新成果与经济社会各领域深度融合,推动技术进步、效率提升和组织变革,提升实体经济创新力和生产力,可以形成更广泛的以互联网为基础设施和创新要素的经济社会发展新形态。最为关键的是,将"互联网+"与食品安全政府信息公开相融合,显然对主动适应我国经济发展新常态,形成食品安全社会共治的新动能具有重要意义。目前的现实路径是,与我国信息化建设的总体规划相互融合,在"互联网+"的背景下,应逐步消除目前政府各级食品安全监管机构由"路径依赖"造成的"路径闭锁",以及由体制分割和信息壁垒为食品安全社会共治格局带来的藩篱和障碍,解决数据相互割裂、信息难以集成利用等问题,真正将企业、公众纳入食品安全社会共治的信息交流路径中,"互联网+"中的政府、企业、公众互动的食品安全信息公开应成为建设重点。

(一)解决生产企业食品安全信息的供给动力不足

本书的调查显示,生产企业的食品安全信息供给明显不足既包括食品安全信息的数量匮乏,也包括安全信息的可信度不够高。生产企业自己提供的食品安全信息可信度不足,而政府机构提供的相关食品安全监测数据则表现为数量匮乏。在这种环境下,公众作为消费者,无法做出食品安全的正确判定。此外,即使作为大型企业,由于企业的隐瞒与缺乏社会责任,很多有关食品安全健康隐患的信息也不会及时公开,只有公众长期食用才会暴露出危害,企业信息供给严重滞后于公众需求,也加大了政府食品安全监管难度。因此,各级政府监管机构应推动信息汇总整合,并及时向社会、向公众公开有关针对企业生产情况的监管数据、法定检验监测数据、违法失信数据、投诉举报数据和企业依法依规应公开的数据。在市场监管和公共服务过程中,同等条件下,对诚实守信的生产企业可以实行优先办理、简化程序等"绿色通道"支持激励政策。在财政资金补助等方面优先选择信用状况较好的市场主体,鼓励和引导企业自愿公示更多生产经营数据、销售物流数据等,构建大数据监管模型,进行关联分析,及时掌握企业主体经营行为、规律与特征,主动发现违法违规现象,提高政府科学决策和风险预判能力,加强对市场主体的事中事后监管。对企业商业轨迹进行整理和分析,全面、客观地评估企业经营状况和信用等级,实现有效监管。最终建立行政执法与司法、金融等信息共享平台,可以最大程度增强食品安全信息供给。

(二)解决政府监管食品生产环节的缺位

正是因为政府对食品生产环节的监督与信息供给不足,造成了公众对于食品安全的追求无法通过消费决策有效表现出来,也不可能产生市场影响力,导致了公众对食品安全信息需求的安全弹性低,价格弹性反而高,进一步影响生产者的行为选择,诱使其降低食品安全生产标准,压低成本,突出食品价格的低廉,隐藏不安全的食品特征最终造成食品供应的劣币驱逐良币的市场趋势。政府食品生产经营许可证等市场准入监管虽然能对企业生产资质做出一种认定,但对食品安全动态监管和生产环节信息供给并不充分,获得证照的经营者不一定会守法经营,而政府在这种情况下的缺位,反映出简单的市场准入式监管面临的普遍困境。因此,首先必须解决的是,积极推进政府内部信息交换共享,打破信息的地区封锁和部门分割,着力推动信息共享和整合。此后,一方面可以考虑建立健全企业信用承诺制度。全面建立生产企业市场准入前的信用承诺制度,要求市场主体以规范格式向社会做出公开承诺,违法失信经营后将自愿接受约束和惩戒。将信用承诺纳入企业信用记录,接受社会监督,并作为事中事后监管的参考。另一方面建立健全企业失信联合惩戒机制。各级政府机构应将企业信用信息和信用报告嵌入食品安全的各领域、各环节,建立跨部门联动响应和失信约束机制,对违法失信主体依法予以限制或禁入。建立各行业"黑名单"制度和市场退出机制。推动将申请人良好的信用状况作为各类行政许可的必备条件。利用市场的力量,最大程度地弥补政府在生产环节食品安全监管和信息公开上的缺位。

(三)推动公众参与的食品安全信息显性化的供给

解决食品安全问题的关键在于公众参与的食品安全信息供给与需求的对接,即提供充足的、专业的、可信的安全信息,满足公众对食品安全信息需求,将公众对食品安全的敏感性转化为实际的消费行为,从而影响并改变生产者的生产行为。一方面鼓励政府各级部门利用网站和微博、微信等新兴媒体,紧密结合公众需求,整合相关信息、企业生产信息,立足为社会公众提供有关食品安全的基础性、公共性的企业信用记录查询服务。另一方面可以通过加强跨部门数据关联比对分析等加工服务,充分挖掘相关数据的价值。充分运用大数据技术,及时向公众发布相关信息,合理引导市场预期和需求,强化公众参与的食品安全信息的显性化供给。

总之,在"互联网+"时代,食品安全社会共治思路应该是基于互联网经济的特点,以安全信息供给为着力点来进行制度设计,在食品安全信息的供给、收集与反馈方面,通过政府、企业、公众的协同合作确保提供充足的、专业的、可信的质量安全信息。可以通过三项基本工作实现:第一,提供专业化的食品检验检测信息,及时向公众公开;第二,提供食品安全信用担保,确保在出现食品质量问题时由担保机构承担相应的责任;第三,提供企业安全生产规范化的信息,企业必须接受外部监督。唯有如此,才能达到社会共治的效果,即生产企业能够根据监测的标准进行规范管理和流程再造,不断提高食品质量安全;消费者能够及时获得食品安全信息;监管部门对经营者、第三方交易平台及社会组织提供的安全信息提出基本要求,保证食品安全信息公开、及时、充分,并定期审查其真实性与有效性,教育消费者与生产者更多地关注食品安全,在市场准入式监管的基础上加强基于公众参与监督的食品生产环节监管和信息工具,共同建设一个供给和需求实现安全、有序、良性互动的食品安全信息市场。

第七章　构建食品安全风险监测、风险评估与风险交流机制

在社会共治主体间的食品安全风险交流，是食品安全社会共治体系构建的重要内容，而风险监测与风险评估为食品安全风险交流提供了必要的支撑。近年来，我国食品安全治理面临着新的挑战：一是食品安全风险沿食品链前移，原料污染成第一大风险，环境污染风险来源的复杂化和源头安全预警监测的高难度，使得源头污染问题在短期内难以有效化解；二是违法添加非食用物质和滥用食品添加剂事件仍然形势严峻，食品造假欺诈加重了食品安全的危机，导致产生食品安全风险的动因更加复杂；三是随着我国食品进口量的大幅上升，进口食品来源愈加复杂化，进口食品安全风险监控难度加大；四是快速发展的网络购物，使得食品安全风险防控面临新问题，需要不断探索适宜的网络风险防范新机制；五是风险交流与公众科普的力度依然薄弱，恢复与提振食品安全消费信心需要有新的手段，公众食品安全消费知识的科普任务艰巨，风险交流机制未能有效建立从而导致消费者与专家（以及政府或企业）之间的"信任危机"加剧。我国由于起步较晚，对食品安全的风险交流仍停留在信息发布、宣传教育的"单向传播"层面，未将利益相关方的认知特点和信息反馈考虑在内。在上述新背景下，近年来，我国食品安全风险监测评估预警工作，在提高风险监测水平、强化风险预警能力等方面进行了新的探索，公众食品风险感知出现一些新的变化，食品安全风险交流面临更多挑战，呈现出一系列新的发展态势，这构成了本章的主要研究内容。

一、食品安全风险监测体系的持续优化

食品安全风险监测是一项系统、持续收集食品安全数据和信息，并进行及时分析和报告的科学活动，目的是掌握总体食品安全状况，追踪主要污染物水

平变化趋势,为风险评估提供数据,为政府食品安全监管提供科学依据。近年来,在不断健全和完善国家食品安全风险监测体系过程中,我国各级风险监测技术机构能力得到很大提升,为食品安全监管提供了有力的科学技术支撑,为保障人民群众的饮食安全发挥了重要作用①。

(一)不断完善的风险监测网络四级架构

国家食品安全风险监测网络自 2010 年初步建成以来,由国家、省级、地市级和县(区)级四层架构形成的立体化监测网络不断优化。自 2010 年监测网络实现首次覆盖全国 31 个省(自治区、直辖市)以来,地市级和县(区)级的监测点覆盖成为网络建构的重要建设内容,地市级监测点覆盖以平均年增长 30%的速度发展,并在 2013 年实现了 100%的全覆盖,基本完成了国家、省级和市级的网络监测点建设。而食品安全风险监测网络建设最艰难的县级监测点覆盖,在逐年增加的年度目标规划指导下,2014 年以 30%的年增长速率,实现了全国 80%县级区域监测点的覆盖。河北、黑龙江、辽宁等部分省、自治区、直辖市已经率先实现了监测点的县级区域全覆盖。

2014 年全国共设置监测点 2489 个,食源性疾病哨点医院 1956 家,监测样品 29.2 万件;接报食源性疾病爆发事件 1 480 起,监测食源性疾病 16 万人次,报告事件数和监测病例数较 2013 年分别增长 47.9%和 103%②。近五年来,已对共三十类近 600 种食品进行了风险监测,获得了多于 547 万个监测数据;食源性疾病分子溯源网络目前分布在 30 家省级技术中心,并正在向地市级疾控中心扩展。截至 2016 年末,建成覆盖全部县级行政区域的食源性疾病监测报告系统,在全国设置主动监测哨点医院 3 883 家,初步掌握了我国食源性疾病分布及流行趋势。

2014 年中国已建成全球规模最大的法定传染病疫情和突发公共卫生事件网络直报系统,100%的县级以上疾病预防控制机构、98%的县级以上医疗

---

① 《国家卫生计生委食品司召开食品安全风险监测工作经验交流会》,国家卫生和计划生育委员会,2014—09—02〔2015—05—10〕),http://www.nhfpc.gov.cn/sps/s5854/201409/c0bd911533ea4927b3baf676ddcfc84d.shtml。

② 《国家卫生和计划生育委员会办公厅关于 2014 年食品安全风险监测督查工作情况的通报(国卫办食品函〔2015〕289 号)》,国家卫生和计划生育委员会,2015—04—16〔2015—05—10〕,http://www.moh.gov.cn/sps/s7892/201504/0b5b49026a9f44d794699d84df81a5cc.shtml。

机构、94%的基层医疗卫生机构实现了法定传染病实时网络直报,平均报告时间由直报前的 5 天缩短为目前的 4 个小时①。2014 年西部地区的风险监测效果显著,例如四川省仁寿县承担了 681 个监测项目,完成监测样品 208 份,监测了 11 类食品 123 份样品②。青海省食品安全风险监测点由 21 个扩大到 35 个,覆盖 76%的县区,食源性疾病监测哨点由 30 家扩大到 60 家,覆盖全部县区③。中部地区的湖北省宜昌市 9 个县市区的风险监测采样点,可以覆盖总人数的 75%以上,并且增加了与本地区食品安全风险密切相关的镍、铬、二氧化硫、荧光增白剂等 10 个项目。宜昌市承担监测任务的化学污染物及其有害因素监测项目共 46 项,样品种类包括谷物及其制品、蔬菜、水果、肉与肉制品、蛋及蛋制品等 12 类,共计监测 7 268 项次④。华东地区的江苏食品污染物和有害因素已覆盖 92%的县级行政区域,共设置食源性疾病哨点医院 107 家,疑似食源性异常病例/异常健康事件监测医院覆盖所有二级以上医院,食源性疾病报告系统基本实现全覆盖⑤。

(二)风险监测体系的纵深发展

主要体现在以下两个方面:

1. 体制和机制建设

随着我国食品安全风险监测工作量的增大和要求的不断深入,近年来食品安全风险监测工作的机构建设不断完善,人员专业素养不断提升,配套设施资金不断增强。截至 2014 年底,22 个省级卫生计生行政部门组建了食品专门处室;12 个省(区、市)在市(地、州)疾控机构加挂了食品安全风险监测市

---

① 《中国疾病预防控制工作进展(2015 年)》,国家卫生和计划生育委员会,2015—04—15 [2015—05—10],http://www. nhfpc. gov. cn/jkj/s7915v/201504/d5f3f871e02e4d6e912def7ced 719353.shtml。

② 《仁寿县疾控圆满完成 2014 年食品风险监测任务》,四川新闻网 . 2015—12—25 [2015—02—10],http://ms.newssc.org/system/20141225/001561571.html。

③ 《食品安全风险监测点实现全覆盖》,青海新闻网,2015—04—05 [2015—04—10], http://www.qhnews.com/ index/system/2015/04/05/011679995.shtml。

④ 《湖北宜昌今年食品安全风险监测点扩增》,三峡日报,2014—12—17[2015—01—10], http://www.cnhubei.com/xwzt/2014/spa q/fxjc/201412/t3126965.shtml。

⑤ 《江苏省:扎实推进食品安全风险监测工作》,人口导报(济南),2014—12—15[2015—04—11],http:// news. 163.com/14/1215/12/ADGMFKM400014Q4P.html。

(地、州)中心的牌子①。江苏南通、浙江衢州、广东广州、广西南宁等地通过编办增加了疾控机构人员编制。

在国家食品安全风险监测能力建设(设备配置)项目实施和配套资金投入支持下,部分市(地、州)疾控机构的监测能力得到了较大提升,例如浙江、广东等省利用哨点医院信息系统(HIS 系统)整合食源性疾病信息采集,以提高监测效率与报告质量。广东江门市疾控中心通过能力建设,成为国家食品安全风险监测广东中心的 8 家合作实验室之一。

2014 年风险监测报告与通报机制更加完善。在国家层面的食品安全风险监测报告制度建设基础上,地方食品安全监管部门对食品安全风险监测结果的交流和通报更加重视,已经初步形成了有效的机制。例如浙江、湖南、广东等省以专报、季报和“白皮书”等形式,将风险监测结果及时报告至省级政府和省食品安全委员会,并且实现食品安全监管相关部门之间的通报;江西建立风险监测结果系列报告流程,从最基础的检测机构直到省级政府,全程规范报告,及时通报。通报和报告制度的建立和完善,为各级政府依据风险监测的科学数据进行风险防控提供了重要的技术支撑。

一些地方政府也将食品安全风险监测纳入政府责任考核内容,例如浙江、云南、甘肃等省份的食品安全风险监测被列入省级政府的责任目标。浙江在《关于加强食品安全基层责任网络建设的意见》中规定,乡镇(街道)、村(社区)等基层责任单位有协助风险监测样品采集和食源性疾病调查等工作的义务。吉林省对食源性疾病监测的奖惩机制进行了探索性实验,山西省开始按照监测指标质控确认程序进行监督和查办。

在食品安全标准与风险监测的体系融合创新实验中,湖北省卫生和计划生育委员会与仙桃市政府共建,并于 2014 年 8 月 26 日签订合作协议,成为湖北省第一个省市共建食品安全标准与风险监测体系的试点,使得试点区域的食品安全标准制定与风险监测工作跨出通常的以职能为主的限制,更有利于这一工作获得政府的政策支持和财政投入②。

---

① 《国家卫生和计划生育委员会办公厅关于 2014 年食品安全风险监测督查工作情况的通报(国卫办食品函〔2015〕289 号)》,国家卫生和计划生育委员会,2015—04—16[2015—05—10],http://www.moh.gov.cn/sps/s7892/201504/0b5b49026a9f44d794699d84df81a5cc.shtml。

② 《全省首个食品安全标准与风险监测体系仙桃开建》,湖北日报,2014—08—27[2015—05—10],http://hbrb.cnhubei.com/html/hbrb/20140827/hbrb2423983.html。

2. 风险监测突出地域特色

在国家食品安全风险监测年度计划的规范、科学和连续性基础上,各地同时结合地域特点加强相关风险监测,在软件和硬件方面不断拓展,取得可喜成效。例如 2014 年珠海市政府把安装校园食品安全监控系统、实现校园食品风险测评、食品消费溯源列入十大民生实事之中,通过北理工珠海学院、容闳国际幼稚园等 14 家中小学校及幼儿园的试点,开展"阳光厨房"进校园活动,试点校园安装视频监控系统、农产品快速检测系统、食堂主要食材原料及食品添加剂开展电子追溯管理等,同时建立校园食谱数据库、风险评估数据库等,建立起校园食品安全实时动态电子化的现代管理模式①。

同时,地方风险监测计划中的监测重点特点鲜明。例如四川省开展餐饮从业人员带菌状况监测;上海市开展在校学生腹泻缺课监测;北京市开展单增李斯特菌专项监测等,可以说,这些做法为建立地方性食源性疾病的溯源管理积累了数据。湖南、广东等省探索对辖区食品安全风险隐患进行分级管理,突出了监管工作重点。云南省将监测结果运用于《鲜米线》地方标准制定,为地方食品安全监管提供了技术依据。

二、食品安全风险评估与预警工作有序稳步开展

在我国食品安全风险监测体系持续优化的基础上,2014 年国家食品安全风险评估项目对食用农产品与食品安全风险展开了有重点、有优先性的评估,并取得了新成效。同时,食品安全风险预警的体系化建设正在稳步推进,国家食品药品监管总局在项目管理中纳入了预警体系建设,探索建设预警技术支撑技术、预警工作规范、技术规范等制度和机制等。

(一)食品安全风险评估的新进展

在过去风险监测的基础上,2014 的国家食品安全风险评估项目继续卓有成效地展开。当年 2 月国家食品安全风险评估专家委员会审议了铅和邻苯二甲酸乙酯类物质的风险评估技术报告,听取了"酒类氨基甲酸乙酯风险评估"

---

① 《走在幸福的路上系列报道之九——打造校园"阳光厨房"加强食品安全风险监测》,珠海电视台,2014—12—27〔2015—04—10〕,http://www.n21.cc/xw/zh/2014 - 12 - 27/content_105131.shtml。

等 9 个优先评估项目的进展汇报,讨论了 2014 年优先评估项目建议、委员会
建设、全国风险评估工作体系的建设等内容①;3 月我国主要植物性食品及食
品原料中铝本底含量调查项目中期工作会②、2013 年优先评估项目《即食食
品中单增李斯特菌定量风险评估》工作研讨会③;4 月中国居民膳食铜营养状
况风险评估、水产品中硼的本底调查工作方案研讨会④、我国零售鸡肉中弯曲
菌风险评估结果研讨会⑤;5 月中国居民膳食脱氧雪腐镰刀菌烯醇(DON)暴
露风险评估项目和中国居民膳食稀土元素暴露风险评估项目的实施方案研讨
会⑥⑦;6 月发布了中国居民膳食铝暴露风险评估报告⑧、公布了白酒产品中
塑化剂风险评估结果。另外,有关食品微生物风险评估指南的相关文件也在
编制之中⑨。截至 2014 年底,国家已经正式发布了五部食品安全风险评估报
告,如表 7-1 所示。

---

① 《国家食品安全风险评估专家委员会第八次全体会议召开》,国家食品安全风险评估中
心,2014—02—25[2015—04—13],http://www.cfsa.net.cn/Article/News.aspx? id = D34CD05E22
C2C7D77C4721CEAF6F6FDF14297AE57CF08FB9。

② 《我国主要植物性食品及食品原料中铝本底含量调查中期工作会议在广州召开》,国家
食品安全风险评估中心,2014—03—27[2015—04—13],http://www.cfsa.net.cn/Article/News.
aspx? id = 86C0A11C145D5C4E03424EE52DAF660AF6B32B254125C9CB。

③ 《单增李斯特菌定量风险评估工作研讨会在京召开》,国家食品安全风险评估中心,
2014—04—01[2015—04—13],http://www.cfsa.net.cn/Article/News.aspx? id = 3AD251AAF436C5
CB882FFB347FB845991FD31F83029502D5。

④ 《中国居民膳食铜营养状况风险评估和水产品中硼的本底调查工作方案研讨会召开》,
国家食品安全风险评估中心,2014—4—23[2015—4—13],http://www.cfsa.net.cn/Article/News.
aspx? id = 8E3140135F4F5D62D44F7EF3968907D6。

⑤ 《我国零售鸡肉中弯曲菌风险评估结果研讨会在京召开》,国家食品安全风险评估中
心,2014—04—30[2015—04—13],http://www.cfsa.net.cn/Article/News.aspx? id = E-
3B67015ADED8690F92AAF58F3621A3D3FA46D760CF34D89。

⑥ 《中国居民膳食脱氧雪腐镰刀菌烯醇暴露风险评估项目方案研讨会在京召开》,国家食
品安全风险评估中心,2014—05—05[2015—04—13],http://www.cfsa.net.cn/Article/News.aspx?
id = 8CDBC0EC63306CCA49C6233F80C16F2B3B6BD1363BB798F9。

⑦ 《中国居民膳食稀土元素暴露风险评估项目实施方案研讨会在京召开》,国家食品安全
风险评估中心,2014—05—21[2015—04—13],http://www.cfsa.net.cn/Article/News.aspx? id =
1CECFCFB38CA0886F0A8BBE130E8C918B18EADB1209FF50B。

⑧ 《评估报告—中国居民膳食铝暴露风险评估》,国家食品安全风险评估中心,2014—
06—23[2015—05—10],http://www.cfsa.net.cn/Article/News.aspx? id = D451A0282DBC8B2F
0793BC071555E677EF79259692C58165。

⑨ 《食品微生物风险评估指南等相关文件研讨会在牡丹江召开》,国家食品安全风险评估
中心,2014—07—18[2015—05—10],http://www.cfsa.net.cn/Article/News.aspx? id = 7B6AB26
A0594A8DE6D3CCE89C6A1AB4D。

表 7-1　已经发布的国家食品安全风险评估报告

发布时间	评估报告	发布者
2014 年 6 月 23 日	中国居民膳食铝暴露风险评估	国家食品安全风险评估专家委员会
2013 年 11 月 12 日	中国居民反式脂肪酸膳食摄入水平及其风险评估	国家食品安全风险评估专家委员会
2012 年 3 月 15 日	中国食盐加碘和居民碘营养状况的风险评估	国家食品安全风险评估专家委员会
2012 年 3 月 15 日	苏丹红的危险性评估报告	国家食品安全风险评估专家委员会
2012 年 3 月 15 日	食品中丙烯酰胺的危险性评估	国家食品安全风险评估专家委员会

资料来源:由作者根据相关资料整理形成。

(二)农产品风险评估的新成效

农产品质量安全风险的评估以"菜篮子"、"米袋子"等大宗农产品为主,主要针对的是例行监测、行业普查工作中发现的隐患大、问题多的品种、危害因子、重点地区和主要环节展开。根据不同侧重点,农产品质量安全风险评估通过专项评估、应急评估、验证评估和跟踪评估四种形式来实现。

2014 年,农产品质量安全风险评估范围覆盖全国 31 个省(自治区、直辖市),评估的危害因子包括农药 300 余项、生物毒素 20 项、抗生素 28 项、重金属和稀土等元素 11 项、持久性有机污染物 24 项、激素 37 项、病原微生物 13 项、塑化剂 21 项、营养质量因子 4 项。共获取样本 53 744 份,获得有效评估数据约 103 万个,提出标准制修订建议 80 余项,形成食品安全风险管控指南和技术规范 30 余项。

(三)食品安全预警工作的新努力

随着食品安全风险监测评估体系的建设,在食品安全监管体制改革和职能转变的新背景下,2014 年国家食品药品监督管理总局官方网站设立了"食品安全风险预警交流"专栏,下设"食品安全风险解析"、"食品安全消费提示"两个子栏目。"食品安全风险解析"子栏目中共发布了 20 条信息,主要是关于新食品标准、食品安全事件相关知识的解读;"食品安全消费提示"子栏目主要针对的是特殊时节食品安全风险警示,2014 年发布了四条消费提示,分别是"预防野生毒蘑菇中毒消费提示"、"端午节粽子安全消费提示"、"夏季食品安全消费提示"和"中秋节月饼安全消费提示"。

风险预警的体系化建设稳步推动。2014 年国家食品药品监管总局在项目管理中纳入了预警体系建设,探索建设预警技术体系及其支撑技术、预警工作规范、技术规范等制度和机制,以扎实有效稳步推进的工作方式启动相关工作。

进出口食品安全的风险预警继续由国家质检总局承担,具体职能在质监总局的进出口食品安全局。10 多年来,进出口食品安全风险预警基本形成了规范化,信息公开程度较高。在此基础上,2014 年依然对进出口食品安全的风险预警分析方法、数据监测等进行了重新评估,审视研讨风险的新变化,科学论证风险防控的新途径,进一步优化现有体系,以提高进出口食品的风险监管水平。在风险预警分类管理中主要有进出口食品安全风险预警通告、进境食品风险预警两大类,其中,进出口食品安全风险预警通告分为进口和出口两类通告,进口食品安全风险预警通告分为进口商、境外生产企业和境外出口商三个小门类,使得通告类型更为细化,便于查询。进境食品风险预警信息则按月发布,并发布郑重声明:进口不合格食品信息仅指所列批次食品,不合格问题是入境口岸检验检疫机构实施检验检疫时发现并已依法做退货、销毁或改作他用处理,且这些不合格批次的食品未在国内市场销售。例如,2014 年 8 月美国冻太平洋鳕,被处罚"改为他用";日本的冰鲜虾夷扇贝检测到无机砷超标,被处以"召回";9 月进口马来西亚果冻因检出苯甲酸超标被处以"退货"等;11 月进口韩国的金枪鱼镉超标;12 月进口印度的花生仁因规格不符合合同而被降级使用,黄曲霉毒素 B1 超标则处以"销毁"等。2014 年 6 月至 12 月国家质监总局的进出口食品安全局共发布了 2 255 批次不合格食品的预警信息,如表 7-2 所示。

表 7-2　2014 年 6—12 月进境不合格食品的预警信息　（单位:批次）

信息发布时间	月份	批次数	处理措施分类				
			退货	销毁	召回	改他用	降级使用
20150130	12	355	72	282	0	0	1
20150108	11	434	51	382	0	1	0

信息发布时间	月份	批次数	处理措施分类				
			退货	销毁	召回	改他用	降级使用
20141127	10	287	85	291	1	1	0
20141105	9	345	163	182	0	0	0
20140929	8	261	124	136	0	1	0
20140910	7	424	158	265	0	1	0
20140808	6	149	65	84	0	0	0
小计		2 255	718	162	1	3	1

资料来源:国家质量监督检验检疫总局进出口食品安全局。

三、"十三五"期间我国食品安全风险监测与评估的发展目标与主要任务

2016年11月9日,国家卫生计生委印发《食品安全标准与监测评估"十三五"规划(2016—2020年)》(以下简称《规划》),全面分析了我国近年来食品安全风险监测评估工作取得的主要成效与面临的形势,提出了"十三五"期间的发展目标和主要任务。

(一)食品安全风险监测与评估的发展目标

《规划》提出,到"十三五"末,食品安全监测评估工作体系和能力建设取得重大进展,制度创新和重点领域改革取得新的突破,国家、省、地市、县并延伸至乡镇和农村的四级工作网络基本完善,人才队伍整体素质明显提升,信息化服务食品安全管理和信息惠民的能力显著提高,为公众健康和饮食安全提供强有力的保障。

1.食品安全风险监测能力明显提升。风险监测覆盖所有县级行政区域并延伸到乡镇农村;省、地市、县级疾病预防控制机构达到相应监测能力建设标准要求。中西部地区,特别是贫困地区监测队伍得到充实,监测能力显著提升。

2.食源性疾病监测报告不断加强。国家食源性疾病报告覆盖县乡村,食源性疾病爆发监测系统覆盖各级疾病预防控制机构,国家食源性疾病分子分型溯源网络逐步延伸到地市级疾病预防控制机构;各级疾病预防控制机构食

品安全事故流行病学调查能力得到提升。

3.食品安全风险评估工作全面推进。形成相对完善的风险评估管理规范和技术指南体系;完成第6次全国总膳食研究,构建覆盖24大类食品的食物消费量和毒理学数据库;完成食品中25种危害因素的风险评估,阶段性开展食品安全限量标准中重点物质的再评估。

(二)食品安全风险监测的主要建设任务

《规划》指出,"十三五"期间,食品风险监测工作的主要任务包括:一是科学布局监测网络。以点带面、规范发展,将监测网络覆盖至全国所有县级行政区域,并向乡镇农村延伸,逐步消除监测的"死角"和"盲点",综合运用统计学原理、地理定位和信息技术,科学设置监测点,结合地域特点和重点污染地区、婴幼儿和学生等重点人群需求,分类监测,强化监测工作的针对性和代表性。二是科学设置监测项目。根据食品安全形势研判和治理需要,每年适当调整或增加可能存在隐患风险的监测项目,提高风险隐患发现能力。省级卫生计生行政部门根据国家风险监测计划和地域特点,制定本省(区、市)风险监测方案。三是强化监测质量管理。建立健全监测工作管理办法和采样、检验、信息报告等技术规范,在各级监测技术机构建立和应用风险监测实验室质量流程管理系统,制定监测工作考核评价指标体系,加强监测工作的督导,强化监测全程质量控制,保障数据的准确可靠。四是做好风险监测数据的科学分析和利用。不断充实完善我国食品安全风险监测相关基础数据,系统绘制重点食品污染谱系图,掌握重点污染地区特异性污染状况。加强风险监测结果分析和通报会商,发挥监测数据在风险预警和健康宣教中的作用。

按照《规划》的任务部署,"十三五"期间,我国将实施"食品安全风险监测能力建设工程",重点任务包括:一是构建覆盖所有县级行政区域并延伸到乡镇、农村的基层食品安全风险监测工作体系,开展县级疾病预防控制机构规范化建设,提升县级疾病预防控制机构食品安全风险监测能力;二是在风险监测技术机构建立应用实验室质量流程管理系统。

(三)食源性疾病监测工作的主要建设任务

"十三五"期间,要"加强食源性疾病监测报告,提高通报及时性"。主要任务包括:一是国家食源性疾病报告覆盖县乡村,加强食源性疾病爆发监测能力和国家食源性疾病分子分型溯源网络建设。建立主要有毒动植物 DNA 条形码、国家食源性致病微生物全基因组序列等数据库。二是地方各级食源性疾病监测溯源实现互联互通,开展食源性疾病信息与食品生产经营活动的关联性分析,建立与各级食品安全监管部门之间的信息共享机制,及时通报食品安全隐患信息。三是县级以上疾病预防控制机构建立食品安全事故流行病学调查和现场卫生处理专业技术队伍,配合有关部门开展食品安全事故的调查处理。四是加强食源性疾病监测相关技术研究。发展基于全基因组测序的食源性致病微生物鉴定、耐药和环境抗性预测技术,食源性病毒高通量检测分型技术。

按照《规划》的任务部署,"十三五"期间,我国将实施"食源性疾病监测报告和食品安全事故流行病学调查能力建设工程",具体任务包括:一是国家食源性疾病报告覆盖县乡村,加强食源性疾病爆发监测能力和国家食源性疾病分子分型溯源网络建设,构建国家食源性致病微生物全基因组序列数据库;二是地方各级食源性疾病监测溯源实现互联互通,全面加强县级以上技术机构的食源性疾病溯源分析、预警与通报能力;三是加强各级疾病预防控制机构食品安全事故流行病学调查和卫生处理能力建设,建立国家级和区域重大食品安全事故病因学实验室应急检测技术平台,加强各级疾病预防控制机构有关现场流行病学调查、现场应急快速检测、实验室检测、卫生处理、流行病学数据采集与分析的基础设施条件和设备建设。

(四)食品安全风险评估工作的主要建设任务

"十三五"期间,要"夯实风险评估工作基础,保障风险评估权威性"。主要任务包括:一是逐步完善评估相关基础数据。开展食物消费量调查、总膳食研究和人群生物样本监测,实施毒理学计划。县级以上卫生计生行政部门按照国家统一部署,组织开展食物消费量调查等风险评估基础性工作。二是着力研发新的评估技术方法。借鉴国际经验,建立基于疾病负担和预期寿命的定量综合评估模型,探索研究生态环境—食品安全—食品营养—人群健康的内在联系和共性指标。结合《国民营养计划》开展健康影响的风险—受益评估等技术研究。三是提高未知风险识别能力。建立未知风险的识别和排查关键技术,开展新型风险隐患评估研究。依托国家食品安全风险评估中心和 32个省级疾病预防控制中心,建设食品安全风险评估与标准研制实验室。四是扎实有序开展评估工作。系统开展食品中 25 种危害因素的风险评估,逐步开展食品安全限量标准中重点物质的再评估,提出标准制定修订、风险控制和食品安全治理咨询建议。

按照《规划》的任务部署,"十三五"期间,我国将实施"食品安全风险评估工作基础平台建设工程",重点任务包括:一是建设食品安全风险评估工作基础平台;二是开展总膳食研究、食物消费量调查,实施毒理学计划,完善国家风险评估相关基础数据;三是开发危害评估、生物监测、膳食暴露所需数据的采集技术和方法研制评估模型;四是依托国家食品安全风险评估中心和 32 个省级疾病预防控制中心,建设食品安全风险评估与标准研制实验室。

四、食品安全风险交流进展与挑战

食品安全风险交流的"社会共治"已然成为实现国家治理体系和治理能力现代化的必然要求①。基于这一指导原则,我国食品安全风险交流进展取得了一些新的进展,但面临一系列新的问题。

(一)技术培训常规化

国家的风险监测水平代表着我国食品安全风险管理能力的高低,随着我国科技文化水平的不断提升,技术从业人员数量也与日俱增。技术人员的专业素养一方面决定了我国风险评估水平,另一方面也是国家宏观调控的重要工具。2014 年由国家食品安全风险评估中心举办的专业技术培训就有九场,例如国家食品安全风险监测农药残留检测技术培训②、食品包装材料中荧光增白剂检测技术培训③、有机物检测技术培训④、2014 年全国食品微生物监测

① 王可山、李秉龙:《食品安全问题及其规制探讨》,《现代经济探讨》2007 年第 4 期,第 44—47 页。

② 《2014 年国家食品安全风险监测农药残留检测技术培训班在杭州举办》,国家食品安全风险评估中心,2014—03—18 [2015—04—12],http://www.cfsa.net.cn/Article/News.aspx? id = 1DDA8A2EC32045615CAA9FBB406A92F3。

③ 《2014 年国家食品安全风险监测荧光增白剂检测技术培训班在福州举办》,国家食品安全风险评估中心,2014—05—20 [2015—04—12],http://www.cfsa.net.cn/Article/News.aspx? id = F7128C4F32DED5B29B60CF9877DC475193C5BF1063B9E083。

④ 《2014 年国家食品安全风险监测有机污染物检测技术培训班在武汉举办》,国家食品安全风险评估中心,2014—06—30 [2015—04—12],http://www.cfsa.net.cn/Article/News.aspx? id = 1129E96C6E0B4C3CA5B5D361DFC84A26959B670D530EB451。

技术培训班等①。与此同时,地方性培训逐渐系统化。为提高风险监测的专业水平,各地区根据本地的风险检测水平和监管特色,也在积极举办不同规模不同主题的培训活动。例如江苏省 2014 年编制印发了食源性致病菌监测工作手册等系列技术文件,编制食品安全风险监测工作标准操作规程,详细规定食品安全风险监测工作环节的工作要求,举办各类技术培训班 13 次,培训基层工作人员 877 人次,有效指导基层工作人员规范开展工作。江苏省疾控中心以及南京等 10 个市级疾控中心建立了食源性致病菌分子分型网络实验室。

(二)开放日活动常态化与规模化

自 2012 年国家风险评估中心举办开放日活动以来,吸引了广大消费者参与,受到了参与者的一致好评。2014 年的开放日活动主题继续秉持着专业知识传授通俗化、最新制度解读简易化的思路,详细解读了国家卫生和计划生育委员会公布的《特殊医学用途配方食品通则》(GB29922—2013)、《特殊医学用途配方食品良好生产规范》(GB29923—2013)、《预包装特殊膳食用食品标签》(GB13432—2013)和《食品中致病菌限量》(GB29921—2013)4 项新食品安全国家标准②。2014 年 4 月的专家在线访谈,与网友进行了互动交流③。2014 年 6 月份针对国家卫生计生委等五部门联合发文调整含铝食品添加剂的使用政策,国家食品安全风险评估中心举办了以"控铝促健康"为主题的开放日,及时帮助消费者和生产者了解最新政策及其变化④。

国家风险交流策略的目标之一是提升公众食品消费信心,提高公众对政府、企业控制风险能力的信任。2005 年欧盟启动消费者对食品供应链中风险

① 《2014 年全国食品微生物监测技术培训班在青海西宁举办》,国家食品安全风险评估中心,2014—08—18[2015—04—12],http://www. cfsa. net. cn/Article/News. aspx?id = 6162DE580B19B17ED181C5FF942689D8712C369486DFD04F。

② 《我中心举办第九期开放日活动》,国家食品安全风险评估中心,2014—02—19[2015—04—12],http://www. cfsa. net. cn/Article/News. aspx?id = 74B330BF2EEB73FDB994AB18FDEDA22E778C4E3425BA9F19。

③ 《我中心专家参加国家卫生计生委在线访谈解答公众关注的食品安全标准相关问题》,国家食品安全风险评估中心,2014—04—01[2015—04—12],http://www. cfsa. net. cn/Article/News.aspx?id=0C08DBB8FC59617EDC188CB7D772759D30A41B3965A38C53。

④ 《我中心"控铝促健康"开放日活动,国家食品安全风险评估中心》,国家食品安全风险评估中心,2014—06—16[2015—04—12]。http://www. cfsa. net. cn/Article/News. aspx?id = 61E3CFC52AB1B1F406323266E8708921D6A4B9322E5F0FFC。

认知的研究计划,研究结果为欧洲食品安全局(EFSA)的风险交流提供依据,并对风险交流效果进行评估,也支持了 2010 年发布的 EFSA 形象报告。

(三)食品安全风险交流面临的挑战

中国的食品安全风险交流工作刚刚起步,尚缺乏公众食品安全风险的感知特征,尤其是新媒体的快速发展,使得食品安全不仅成为网络新媒体重要的传播信息议题,而曝光的食品安全问题极易引发社会公众的高度关注,舆情作用也加剧了人们对食品安全问题的担忧,甚至影响到消费行为,使得风险交流面临新的问题。例如 2008 年发生的三聚氰胺配方奶粉事件,由于媒体的曝光效应,致使消费者几乎丧失了对整个行业的信心,即便政府对违法犯罪行为进行了严厉的打击,而相关事件也已过去了 6 年,但是至今国产奶粉依然面临信心重树过程,甚至在声明国产奶品质并不低于进口奶的明确表态情境下,消费者依然不买账。显然,消费者感受到的风险并未达到减小和消除的预期。在信息不对称的传播模式下,公众如果接受夸大的风险,从而放大了感知到的风险,不仅导致自身消费行为变化,更有可能导致消费信心下降,甚至导致负面情绪激化,出现恐慌性社会问题。因此,如何消除当下老百姓普遍的食品安全消费恐慌心理,就成为我国食品安全风险交流面临的主要挑战。

五、食品安全风险交流与公众风险感知特征

目前食品安全信息传播对公众影响最便捷、最有效的渠道是网络。因此,研究公众对网络食品安全信息的感知特征及其影响,可以为网络舆情引导机制提供数据依据,为有效开展风险交流提供实际参考。

现有的研究认为,食品安全网络舆情主要体现在食品安全信息和网络表达两个方面,参考相关已有定义,食品安全网络信息的内涵可以界定为:社会各个主体依法利用互联网平台,发表和传播职责规定、自己关注或与自身利益紧密相关的食品安全事务的规制、意见、态度、认知、情感、意愿的综合。那么,依据风险和感知的内涵,可以初步界定食品安全网络信息的风险感知,即通过网络传播的食品安全信息,判断食品危害发生的可能性,以及对健康影响的严重性程度。由于风险判断是人的主观感觉,消费者对风险的感受会因人而异,因此,只有在大样本量的情况下,才可以客观反映消费者对问题风险的感知程

度,而网络信息的传播特性,例如信息的真实性、信息发布主体的受信任程度等,都会影响消费者的风险感受。为此,本书在 2014 年 3—5 月间对北京、广州、上海、杭州、太原、石家庄的城区专门进行了公众随机问卷调查,获得 1 083 份有效问卷,研究了食品安全风险交流与公众风险感知特征,重点分析了公众对网络食品安全信息的风险感知①。

(一)公众对网络信息的关注与信任

1. 对网络信息真实性的认可度较高

公众对网络媒体信息真实性的信任情况调查结果如图 7-1 所示。认为网络信息非常真实、比较真实、真实的受访者分别占 7.11%、41.37%、30.66%,共计 79.14%。而认为网络信息不真实和完全不真实的受访者分别占 17.82%和 3.05%。由此可见,受访者对网络信息真实性的认可度较高。

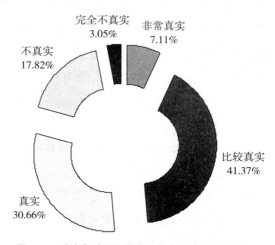

完全不真实
3.05%

非常真实
7.11%

不真实
17.82%

比较真实
41.37%

真实
30.66%

图 7-1 受访者对网络媒体信息真实性的信任情况

2. 网络媒体信息的关注度比较高

本项目调查结果如图 7-2 所示。对媒体曝光食品安全事件非常关注、比较关注、一般关注、不关注、完全不关注的受访者分别占 17.45%、38.23%、27.15%、13.85%、3.32%。可见,总体而言公众对媒体曝光食品安全事件的关注度较高,而且通过对"完全不关注"选项的统计发现,在北京、广州和上海

① 唐晓纯、赵建睿、刘文等:《消费者对网络食品安全信息的风险感知与影响研究》,《中国食品卫生杂志》2015 年第 7 期,第 23—27 页。

这样的大城市,几乎没有受访者完全不关注媒体曝光的食品安全事件,由此可见关注度与城市的经济发展呈正相关性。

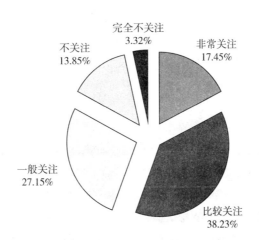

图7-2　消费者对媒体曝光食品安全事件的关注程度

进一步调查公众最新一次关注到网络报道的食品安全事件的时间,结果如图7-3所示。最近关注时间在一个月以内的受访者占比最高,为24.86%。其余调查结果的占比分布较均匀,最近关注网络报道食品安全事件的时间在"一周内"、"三个月"、"半年"、"一年及以上"、"从来没有"的受访者占比分别为14.64%、13.67%、13.81%、13.26%、12.71%。

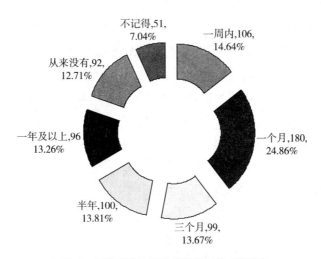

图7-3　受访者关注网络媒体的时间间隔比较

3. 关注网络信息的途径主要是微博和门户网站

从被选择频率的高低顺序看,受访者关注食品安全网络信息的途径依次为,微博(39.61%)、新浪等门户网站(37.86%)、微信(36.38%)、部门官网(35.36%)、政府网站(31.58%)、论坛或BBS(22.07%)、企业网站(14.04%)、博客(11.08%),如图7-4所示。可见,受访者主要通过微博和门户网站关注网络报道的食品安全信息。

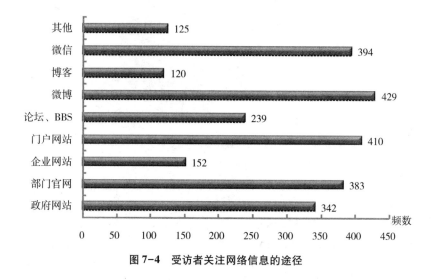

图7-4 受访者关注网络信息的途径

4. 主要运用手机、电脑传播信息

本项目调查结果如图7-5所示。分别有59.28%、55.31%、45.43%、21.98%、17.64%的受访者选择使用手机、电脑、电视、报纸杂志、广播等媒介来传播信息。这一结果反映出受访者对手机、电脑等新型传播媒介的偏好,这与近年来互联网的飞速发展以及手机网民规模的迅速增加有密切的关联。而与之相对应,受访者对报纸杂志和广播等传统的信息传播媒介的偏好则比较低。

5. 对政府网站的信任度最高

随着网络信息传播形式的演变,出现了越来越多的企业和个人信息发布平台,在使得信息传播更加便捷的同时也让公众对网络信息难辨真假。调查数据由5分量表的均值反映信息途径的信任差异,均值越小,信任越高,如图7-6所示。因此,受访者在关注食品安全信息时,对不同信息传播途径的信任情况可分为三个层次,排在第一层次,即受访者信任度较高的依次是新华网等政府网站、卫生部等监管部门官网、新浪网等知名的门户网站;排在第二层次,

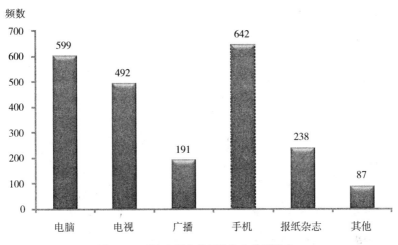

图7-5　受访者愿意使用的信息传播媒介

即受访者信任度适中的依次为食品企业网站、微博、论坛与 BBS、微信;排在第三层次,即受访者信任度最低的是博客。可见,受访者对政府网站、主流网站的信任度明显偏高。

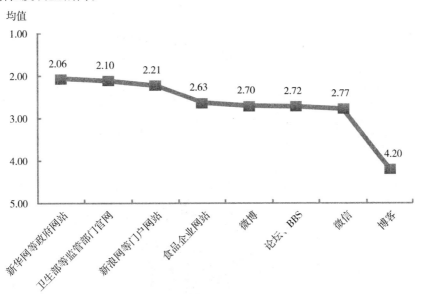

图7-6　受访者对不同信息传播途径信任的均值比较

注:5 分量表,分值越小表示影响越高。

6.最信任政府发布的食品安全信息

发布的食品安全信息的主体越来越多,本次调查列举了政府、生产经营企业、媒体、专家学者等13类主体,调查公众对不同主体的信任度。图7-7的结果表明,政府和消费者保护机构是受访者比较信任的食品安全信息发布主体,其次是媒体和专家学者;而对意见领袖、名人和食品生产经营者发布的食品安全信息的信任程度则比较低。

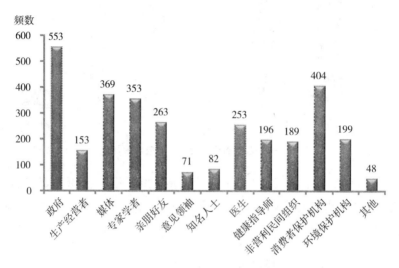

图7-7 受访者对食品安全信息发布主体的信任度比较

7. 网络信息对企业与公众的影响均较大

本项目调查结果如图 7-8 所示。分别有 37.30%、40.26%、15.42%、5.26%、1.75%的受访者认为网络媒体的曝光对食品企业及相关行业的影响

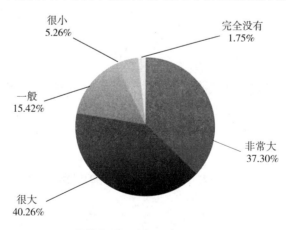

图7-8 网络媒体曝光对食品企业及相关行业的影响

非常大、很大、一般、很小、完全没有。可见大部分受访者认为网络媒体曝光食品安全事件对食品企业及相关行业具有较大的影响。

网络媒体曝光食品安全事件对公众同样具有不可忽视的影响。统计结果表明，当媒体曝光食品安全事件后，受访者的选择依次为，尽快获得更具体准确的相关信息、尽量减少购买被曝光产品的次数和数量、短期不购买被曝光的问题产品、购买替代品、选择信任的其他品牌的此类食品、长期拒绝该品牌食品、选择信任的场所购买此类食品。而受访者对"不受影响"的选择最低。相关排序统计结果见图 7-9。可见大部分受访者有较高的食品安全风险感知，以及规避风险的意识。

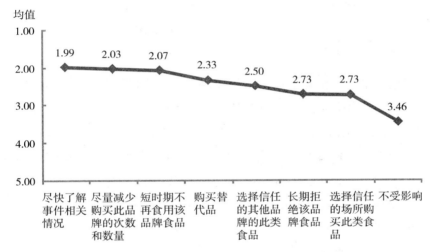

图 7-9　网络媒体曝光食品安全事件对受访者的影响

注：5 分量表，分值越小表示影响越高。

8. 对网络曝光事件的情绪反应途径主要为电话、短信和微信

调查结果如图 7-10 所示。当网络曝光食品安全事件后，受访者主要选择用电话、短信和微信这些最便捷的通信工具来告诉亲朋好友自己的观点，进而成为消费者情绪反应的主要载体。而极少的受访者选择在媒体上公开自己的观点，可见大多数受访者对此持审慎态度。

（二）公众对食品安全风险的感知与影响因素

1. 食品安全风险感知水平

风险通常是以发生的可能性和严重性作为内涵的两个方面，本次调查针对食品安全风险的可能性和严重性，分别设计议题"认为被动消费到不安全食品

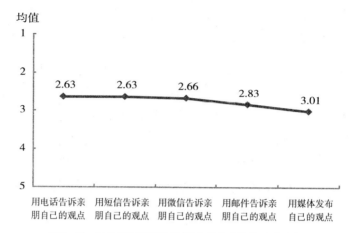

图 7-10　受访者对网络媒体曝光事件的情绪反应途径

注:5 分量表,分值越小表示影响越高。

的可能性",和"因为食用不安全食品而对健康产生影响",进行调查与统计。

统计结果表明,认为自己可能会被动消费到"不安全食品"的受访者高达 76.10%,统计均值为 2.99(标准差 1.190,N = 1081),说明受访者的总体担忧程度处于中等偏上水平①;而对食用不安全食品对健康产生影响的统计发现,99.82%的受访者认为食用不安全食品会影响健康,其中超过 4 成的人表示影响很大,统计均值为 2.25(标准差 0.789,N = 1083),说明对食用不安全食品会影响健康的认可度较高②。

2. 风险感知的影响要素

主要运用结构方程模型分析影响公众食品安全风险感知的主要因素,模型分析中涉及到的变量与赋值如表 7-3 所示。

表 7-3　变量及赋值

变量名称		符号	变量赋值	均值	标准差
内生变量	可能性	Y1	1 = 极大;2 = 很大;3 = 较大;4 = 略大;5 = 很小;6 = 无影响	2.72	1.178
	严重性	Y2	1 = 极大;2 = 很大;3 = 较大;4 = 略大;5 = 很小;6 = 无影响	2.99	1.190

①　统计的均值是 6 分量表,1 分最高,6 分最低,对应风险等级为非常高、较高、中等、较低、非常低、无。

②　统计均值采用 5 分量表,1 分最高,5 分最低,对应等级为非常高、较高、中等、较低、非常低。

变量名称		符号	变量赋值	均值	标准差
外生变量	性别	X1	0＝男；1＝女	0.62	0.49
	年龄	X2	1＝18岁以下；2＝18—29岁；3＝30—39岁；4＝40—49岁；5＝50—59岁；6＝60岁以上	3.85	1.240
	学历	X3	1＝小学及以下；2＝初中；3＝高/中专；4＝大专；5＝本科；6＝硕士及以上	3.97	1.346
	家庭月收入	X5	1＝2千元以下；2＝2—5千元；3＝5—1万元；4＝1—5万元；5＝5—10万元；6＝10万元以上	5.23	2.014
	自我健康评价	X6	1＝非常健康；2＝比较健康；3＝一般；4＝较差；5＝非常差	2.25	0.789
	不合格率担忧程度	X7	1＝非常担心；2＝比较担心；3＝一般；4＝不担心；5＝完全不担心	3.22	1.179
	食品安全状况满意度	X8	1＝非常满意；2＝比较满意；3＝满意；4＝不满意；5＝非常不满意	3.17	1.101
	国内事件报道的影响	X9	1＝影响非常大；2＝影响较大；3＝一般；4＝影响小；5＝完全没影响	2.50	0.954
	国外事件报道的影响	X10	1＝影响非常大；2＝影响较大；3＝一般；4＝影响小；5＝完全没影响	3.05	1.080
	对网络信息真实性的信任	X11	1＝非常信任；2＝比较信任；3＝一般；4＝不信任；5＝完全不信任	2.68	0.941
	对网络信息的关注度	X12	1＝非常关注；2＝比较关注；3＝一般；4＝不关注；5＝完全不关注	2.47	1.032
	对新华网等政府门户网站的信任	X13	1＝非常信任；2＝比较信任；3＝一般；4＝不信任；5＝完全不信任	2.06	0.879
	对卫生部等政府监管部门官网的信任	X14	1＝非常信任；2＝比较信任；3＝一般；4＝不信任；5＝完全不信任	2.10	0.924
	对新浪网、凤凰网等门户网站的信任	X15	1＝非常信任；2＝比较信任；3＝一般；4＝不信任；5＝完全不信任	2.21	0.805
	对食品企业网站的信任	X16	1＝非常信任；2＝比较信任；3＝一般；4＝不信任；5＝完全不信任	2.63	0.984
	对论坛、BBS的信任	X17	1＝非常信任；2＝比较信任；3＝一般；4＝不信任；5＝完全不信任	2.72	0.871
	对微博的信任	X18	1＝非常信任；2＝比较信任；3＝一般；4＝不信任；5＝完全不信任	2.70	0.862

变量名称		符号	变量赋值	均值	标准差
外生变量	对博客的信任	X19	1=非常信任;2=比较信任;3=一般;4=不信任;5=完全不信任	2.82	0.835
	对微信的信任	X20	1=非常信任;2=比较信任;3=一般;4=不信任;5=完全不信任	2.77	0.886
	网络曝光对食品企业影响	X21	1=影响非常大;2=影响较大;3=一般;4=影响小;5=完全没影响	1.94	0.944
	媒体监管会起到推动食品安全治理的作用	X22	1=非常同意;2=比较同意;3=同意;4=不同意;5=完全不同意	2.39	0.934

应用 SPSS19.0 对变量进行信度检验,结果显示,克伦巴赫系数 α (Cronbach's Alpha)和折半信度系数(Guttman Split-Half)分别为 0.731 和 0.529[①],表明样本数据内部一致性较高。因子分析适当性检验结果,KMO 度量系数为 0.799[②],样本分布 Bartlett 球形检验卡方值为 6962.146,P 值为 0,显著性水平小于 0.01,说明数据具有相关性,适合因子分析。

采取主成分分析法提取公因子,根据特征值大于 1 准则和碎石图检验标准,抽取到 5 个公因子,累积可解释总方差的 65.184%。通过最大方差法进行正交旋转,并选择载荷值大于 0.5,归纳出 5 个公因子相应的解释变量,用加粗字体显示,如表 7-4 所示。对因子分析法抽取的公因子分别命名为,自媒体的信任、门户网站的信任、网络信息态度、事件报道影响、媒体监管影响,以这五个维度为潜变量,得到图 7-11 的路径。

表 7-4 旋转后的因子载荷矩阵分析结果

可测变量名称	成分				
	1	2	3	4	5
对博客的信任	.893	.147	.027	.041	.072
对微博的信任	.884	.149	.025	.073	.040
对微信的信任	.863	.069	.075	.020	.071

---

① 克伦巴赫系数 α 小于 0.35 属低信度,需删除,大于 0.7 为高信度;需符合大于 0.5 标准。

② KMO 越接近于 1,越适合做因子分析。

续表

可测变量名称	成分				
	1	2	3	4	5
对论坛、BBS 的信任	.750	.270	-.046	.061	.045
对食药监等政府监管主体官网的信任	.054	.891	-.033	-.011	.083
对新华网等政府门户网站的信任	.092	.867	-.018	.048	.151
对新浪网等门户网站的信任	.361	.712	.099	.050	.018
对食品企业网站的信任	.403	.626	-.108	.094	.047
网络信息关注度	.016	.036	.830	.064	.056
对网络信息真实性的信任	.032	.060	.806	.014	.178
对不合格率的担忧	.011	-.041	.633	.123	.073
食品安全状况满意度	-.001	.170	-.593	.229	.301
国外事件报道影响	.055	-.003	-.079	.890	.001
国内事件报道影响	.110	.128	.208	.825	-.022
媒体监管推动了食品安全治理	.107	.135	.140	-.124	.628
自我健康评价	.014	-.100	-.267	.250	.627
网络曝光对食品企业的影响	.057	.172	.237	-.061	.502

注:利用 Kaiser 标准化的正交旋转,5 次迭代后收敛。

运用 AMOS17.0 分析软件对结构方程的路径图进行拟合,绝对拟合指数的卡方值 80.456,P = 0.730,GFI、RMR 和 RMSEA 值分别为 0.992、0.018 和 0.000,考虑到 AMOS 以卡方统计量进行检验时,P>0.05 即表明模型具有良好的拟合度,但是卡方统计量容易受到样本大小影响,样本量较大时,卡方值会相应增高。所以除卡方统计量外,还需同时参考其他拟合度指标。综合增值拟合度指标、配适指标、精简拟合度指标的假设模型整体拟合结果显示,各个评价指标均达到理想程度,模型整体拟合性较好,建立的模型与实际调查结果拟合,模型有效。表 7-5 为得到的 SEM 变量间回归权重表。

(1)结构模型的影响路径分析。由表 7-5 可见,网络信息态度、事件报道影响对"风险感知"的标准化系数分别为-0.636、0.147,并在 0.001 水平上,网络信息态度具有显著负相关性,事件报道影响具有显著正相关性。自

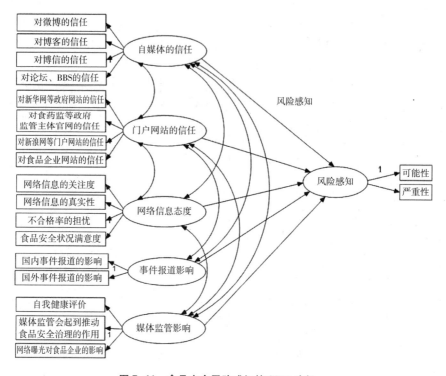

图 7-11 食品安全风险感知的 SEM 路径

媒体的信任、媒体监管影响对"风险感知"的标准化系数为 0.090、-0.223，并在 0.05 水平上，自媒体的信任具有显著正相关性，媒体监管影响具有显著负相关性。门户网站的信任对"风险感知"的正相关性未通过显著性检验。

表 7-5 SEM 模型回归结果

路径			参数估计值	标准误	临界比	标准化路径系数	P 值
结构模型	风险感知	<--- 对自媒体的信任	.087	.044	1.998	.090	*
	风险感知	<--- 对门户网站的信任	.021	.069	.312	.022	.447
	风险感知	<--- 网络信息态度	-.853	.138	-6.205	-.636	***
	风险感知	<--- 媒体监管影响	-.383	.247	-1.549	-.223	*
	风险感知	<--- 事件报道影响	.197	.037	5.263	.147	***

续表

路径			参数估计值	标准误	临界比	标准化路径系数	P 值
对论坛及 BBS 的信任	<---	对自媒体的信任	1.000			.716	
对微信的信任	<---	对自媒体的信任	1.195	.050	24.131	.841	***
对博客的信任	<---	对自媒体的信任	1.203	.044	27.317	.896	***
对微博的信任	<---	对自媒体的信任	1.191	.045	26.583	.862	***
对食品企业网站的信任	<---	对门户网站的信任	1.000			.622	
对新浪网等门户网站的信任	<---	对门户网站的信任	.849	.048	17.654	.644	***
对新华网等政府网站的信任	<---	对门户网站的信任	1.314	.069	19.086	.910	***
对食药监等政府监管主体官网的信任	<---	对门户网站的信任	1.256	.071	17.668	.828	***
食品安全状况满意度	<---	网络信息态度	1.000			.410	
对不合格率的担忧	<---	网络信息态度	−1.283	.122	−10.534	−.490	***
网络信息的真实性	<---	网络信息态度	−1.603	.128	−12.531	−.768	***
网络信息的关注度	<---	网络信息态度	−1.888	.151	−12.506	−.824	***
网络曝光对食品企业的影响	<---	媒体监管影响	1.000			.374	
媒体监管起到推动食品安全治理的作用	<---	媒体监管影响	.967	.156	6.212	.365	***
自我健康评价	<---	媒体监管影响	.063	.095	.664	.028	.506
国外事件报道影响	<---	事件报道影响	1.000			.416	
国内事件报道影响	<---	事件报道影响	1.916	.853	2.418	.877	***

（左侧跨行单元格：测量模型）

注：* 表示 P 值小于 0.05，拟合结果显著；** 表示 P 值小于 0.01，拟合结果显著；*** 表示 P 值小于 0.001，拟合结果显著，临界值相当于 t 检验值，如果此比值的绝对值大于 1.96，则参数估计值达到 0.05 显著性水平，临界比之绝对值大于 2.58，则参数估计值达到 0.01 显著性水平。

（2）测量模型的因子载荷分析。载荷系数反映了可测变量对潜变量的影响程度，模型的拟合结果显示，在 0.001 显著性水平下，共有 11 个可测变量对5 个潜变量具有显著性影响。①对微信的信任、对博客的信任、对微博的信任与"自媒体的信任"的标准化系数分别为 0.841、0.896、0.862，且显著正相关；②对新浪等门户网站的信任、对新华网等政府门户网站的信任、对食药监等政府监管主体官网的信任与"门户网站的信任"标准化系数分别为 0.644、0.910、0.828，且显著正相关；③对不合格率担忧程度、对网络信息真实性的信任、对网络信息的关注度与"网络信息态度"的标准化系数分别为 -0.490、-0.768、-0.824，且为显著负相关；④媒体监管起到了推动食品安全治理的作用与"媒体监管影响"的标准化系数为 0.365，显著正相关；⑤国内事件报道的影响与"事件报道影响"标准化系数为 0.877，显著正相关。

（3）外生潜变量交互作用分析。交互作用估计如表 7-6 所示，其中，显著性水平为 0.001 时，有四条潜变量的交互作用路径，分别为①"自媒体的信任"与"门户网站的信任"②"自媒体的信任"与"媒体监管影响"③"门户网站的信任"与"媒体监管影响"④"网络信息态度"与"媒体监管影响"；在显著性水平为0.01 时，潜变量交互作用路径增加了一条，为⑤"自媒体的信任"与"事件报道影响"；当显著性水平为 0.05 时，另外两条路径也变得显著，分别为⑥"自媒体的信任"与"网络信息态度"和⑦"门户网站的信任"与"事件报道影响"。

表 7-6　外生潜变量交互作用估计结果

	路径		参数估计值	标准误	临界比	标准化路径系数	P 值
自媒体的信任	<-->	门户网站信任	.118	.017	7.121	.316	***
门户网站信任	<-->	网络信息态度	-.012	.009	-1.335	-.013	.182
自媒体的信任	<-->	媒体监管影响	.078	.015	5.290	.365	***
自媒体的信任	<-->	网络信息的度	-.024	.009	-2.701	-.072	*
门户网站的信任	<-->	媒体监管影响	.101	.016	6.125	.499	***
网络信息态度	<-->	媒体监管影响	-.073	.013	-5.619	-.497	***
自媒体的信任	<-->	事件报道影响	.029	.011	2.617	.107	**
门户网站信任	<-->	事件报道影响	.028	.011	2.580	.105	*

注：* 表示 P 值小于 0.05；** 表示 P 值小于 0.01；*** 表示 P 值小于 0.001。临界值相当于 t 检验值，如果此比值的绝对值大于 1.96，则参数估计值达到 0.05 显著性水平，临界比之绝对值大于 2.58，则参数估计值达到 0.01 显著性水平。

另外"门户网站的信任"与"网络信息态度"的交互作用未能通过显著性检验。原因可能是态度包括真实性和关注度,网络信息的真实性与多种因素有关,虽然与信息途径的信任有关联,但更多地受信息发布主体的影响;关注度更多的与食品安全风险的特性有关,对曝光的重大食品安全事件,网民关注度会很高,因而关注度与信息途径信任之间的关联性就不显著。

(4)个体特征对风险感知的影响。进一步将个体特征与被解释变量 $Y_1 =$ 被动消费到不安全食品的可能性、$Y_2 =$ 食用到不安全食品对自己的健康危害有多大进行回归分析,结果如表 7-7 所示。

表 7-7　个人禀赋对风险感知的影响

解释变量	回归结果	被解释变量	
		Y1	Y2
性别	Beta/R^2	0.04/0	0.010/0
年龄	Beta/R^2	-0.11^{**}/0.053	-0.013/0
学历	Beta/R^2	-0.179^{***}/0.034	-0.025/0
职业	Beta/R^2	-0.013/0	-0.035/0
家庭月收入	Beta/R^2	-0.099^{**}/0.045	-0.105^{**}/0.009

由回归结果可知,个体特征中,学历、年龄显著影响"被动消费不安全食品的可能性",且学历在99%水平上显著,年龄在95%水平上显著,均为负向。说明学历越高、年龄越大的受访者感知消费到不安全食品的风险可能性越小。受访者受教育程度越高,则食品安全风险的基本认知和理解知识的能力越强,对风险的判断越有信心,因此风险感知程度会降低。年龄越大,经历和经验也会给自信加分,因此,认为被动消费到不安全食品的风险感知也会降低。

家庭月收入对食用到不安全食品的可能性和影响健康的严重性,均在95%水平上显著,且为负方向。说明家庭月收入越高的消费者,认为消费食品时具有更大的选择空间,更有能力追求高品质食品,因此认为被动食用到不安全食品及其对健康影响的可能性均较小。此外,职业和性别这两个个体特征变量对受访者的食品安全风险感知没有显著影响。

由上述风险感知影响因素的路径分析可知,提高和维护网络信息的真实性和关注度,加强媒体监管力度,使信息公开透明常态化,更有利于公众准确感知风险。由于自媒体对事件报道的影响,在食品安全社会共治中,媒体推动公众关注食品安全的作用明显,但是负面信息的激惹,以及媒体人科学素养的制约,反而可能放大公众对食品安全风险的感知。尤其是新媒体时代,食品安全风险交流面临新的机遇和挑战,因此,既要鼓励媒体积极参与治理,曝光事件,推动监管水平不断提高,也要创建新媒体时代相应的法治环境,使媒体依法参与,并正向引导舆情。

六、向社会共治转型:未来食品安全风险评估与风险交流的建设重点

食品安全风险交流是我国食品安全监管工作中的短板。虽然我国依据2009 年颁布的《食品安全法》成立了风险评估中心,并在 2013 年 3 月国务院机构改革中明确了风险评估中心在风险交流中的主体地位,2015 年新修订的《食品安全法》中尽管也有多个条款涉及了风险交流的内容,但涉及面较窄,仅包含风险信息发布主体、渠道的规范、风险知识的科普宣教等内容。且由于长期以来对公众参与渠道、信息发布方式采取了严格控制,食品安全风险交流依然没能摆脱"单向传播"的局面①。随着新的《食品安全法》的实施,在法制与体制建设的新形势下,国家食品安全风险监测评估预警体系建设将更加完善,更有成效地发挥保障食品安全的作用。但是,由于提升基层风险监测点的质量不是短期内能够完成的,风险评估的常规项目和应急项目量多、难度大,而风险预警的建设几乎还处在初始阶段,风险预警能力远远落后于国家对食品安全风险治理的需求。未来我国食品安全风险监测评估预警体系的建设必须以向社会共治转型为核心,重点抓住以下六个重点。

(一)明确社会共治格局中食品安全风险交流主体的定位

在食品安全风险交流中,风险评估机构、风险交流机构、风险管理机关、公众、媒体等各利益相关方应各司其职,才能提高风险交流的效率。目前,很多发达国家都是由风险评估机构来主导风险交流工作。这一模式的特点在于可

---

① 王怡、宋宗宇:《社会共治视角下食品安全风险交流机制研究》,《华南农业大学学报(社会科学版)》2015 年第 4 期,第 123—129 页。

借助风险评估机构的独立性,使其在风险交流中能够准确、有效地传递风险评估的相关信息,并能统一决定食品安全方针和风险管理措施的实施。但我国作为风险交流主导地位的食品安全风险评估中心属于理事会决策监督管理模式的公共卫生事业单位,在风险交流中缺乏独立性,容易出现内部权力分配不当、利益冲突无法协调等问题。使得行政机关进行风险交流的价值目标出现选择错位,专家的风险知识存在理性不足、独立性不强,而公众的价值诉求又得不到积极回应①。可考虑借鉴日本的做法,组建独立的风险交流机构,强化其专业性。如日本食品安全委员会的七名委员都是从食品安全专家中挑选出来的,除经内阁总理大臣许可外,专职委员在任期间不得从事取得报酬的其他职务②。如此,方能确保委员履行职责时是根据自身的专业素养而不是为了党派或某个特定企业的利益,从而确保其中立性和可靠性。此外,还应与公众、媒体保持良好的互动,发挥媒体的引领作用。

(二)提高风险监测点的质量

食品安全风险评估的项目实施,目的是为风险预警提供科学研究,面对环境污染严重的现状,应在食品、农产品、环境的大部委交叉职能下,对风险前移、人为风险、网络风险等新的风险各有侧重、共同谋划,建立风险评估项目,更有针对性地开展中国人群的风险评估项目,加快国家层面的风险评估项目成果的产出,提高项目成效。以提升食品安全风险监测点质量为重点,建立连续科学可靠的大数据库是食品安全风险监测评估预警体系的重要任务。当前我国的食品安全风险监测点已经基本实现全覆盖,但是不同地区经济发展的差异性,导致基层监测点的质量不一,尤其是县级监测点,技术能力在人、财、物三方面都有欠缺,随着网络食品风险的凸显,风险监测的难度也在加大,因此,提升食品安全风险监测点的能力和水平,是一项长期的建设任务。而进出口食品安全风险监测在10多年体系化、规范化建设的基础上,已经初步形成了现代信息技术的数据库。随着农产品的风险监测的启动,三大风险监测数据的数据共享建设应该提到议事日程,早谋划、大统一,才能减少重复投入、数

---

① 戚建刚:《风险规制过程合法性之证成——以公众和专家的风险知识运用为视角》,《法商研究》2009年第5期,第49—59页。
② 王怡、宋宗宇:《日本食品安全委员会的运行机制及其对我国的启示》,《现代日本经济》2011年第5期,第57—63页。

据打假问题,为实现国家食品质量安全风险防控的信息化提供大数据支持。

(三)搭建食品安全风险交流多样化信息沟通平台

近几年来,我国开展了多种形式的风险交流活动。一方面主要以卫生部例行新闻发布会、公开征求意见、投诉举报电话、官网和微博等方式实现食品安全风险的认知宣传。另一方面以风险交流专家参与电视节目的方式对政府出台的食品安全问题的新政策、新举措进行科学解读,并就热点问题举办主题开放日活动。新修订的《食品安全法》第118条也规定"国家建立统一食品安全的信息平台",明确了信息发布主体及渠道。但仍缺乏针对不同受众的信息沟通平台和渠道。可吸取日本的经验,在现有基础上,建立特定事件的专家评审会、媒体说明会和与消费者的意见交换会等信息沟通平台。强化中央与地方、专家与消费者等不同层面的风险交流,以满足日常、紧急情况下不同类型受众对于风险信息的需求。建立国家食品安全风险交流计划,纳入大样本量的国家和地区的消费者风险感知数据库,并开展我国公民食品安全风险感知特征的研究,在5—10年内建成中国公民食品安全风险感知特征图谱。可以由政府委托有资质的第三方机构进行年度跟踪或一定间隔期的研究评估,以逐渐了解和基本掌握我国主要城市、城乡之间消费者的风险感知差异及其变化,为制定和实施有效的风险交流策略提供科学依据。

(四)建立食品安全风险交流公众参与机制

如今,让公众参与食品安全风险交流的对话,通过形成"共识"促进"共治"是各国食品安全风险交流发展的新趋势。"风险对话"有两方面的要求:一是公众参与的合法性和参与过程的透明性。二是公众参与的能力培养。风险素养的培育应依据群体特点,针对食品安全风险的性质、评价方法、应对措施等方面进行指导、教育,引导其形成合理的风险感知,获得进行风险决策所需的知识与技能。针对公众参与,我国在新修订的《食品安全法》第23条规定:"县级以上人民政府食品药品监督管理部门和其他有关部门、食品安全风险评估专家委员会及其技术机构,应当按照科学、客观、及时、公开的原则,组织食品生产经营者、食品检验机构、认证机构、食品行业协会、消费者协会以及新闻媒体等,就食品安全风险评估信息和食品安全监督管理信息进行交流沟通。"但实践中,食品检验机构、评估机构对信息公开发布是受限的,这难以彻底贯彻风险交流中的"双向沟通"。针对公众的风险素养培育,第 9 条规定"食品行业协会应推动行业诚信建设,宣传、普及食品安全知识"。第 10 条规定"各级人民政府应当加强食品安全的宣传教育,普及食品安全知识,倡导健康的饮食方式,增强消费者食品安全意识和自我保护能力","新闻媒体应当开展食品安全标准和知识的公益宣传"。虽明确了政府、行业协会和媒体在风险素养培育中的地位,并要求"有关食品安全的宣传报道,应当真实和公正",但科普宣教的方式针对性、执行力不强。未来可借鉴日本的经验,通过法律保障公众参与食品安全风险交流的权利。加快公众参与制度的建设,丰富信息公开的内容,拓宽公众参与的渠道,完善公众参与食品安全风险交流的管理机制。

(五)形成更多元化的预警举措

食品安全风险预警要在现有季节性食物消费安全提醒的基础上,有更多元化的预警举措。首先是政府监管职能部门的预警职责要制度化,人、财、物匹配要实质兑现,要创新风险预防和控制的监管手段,例如建立企业不安全食品召回信息通告制度,主动进行公示,接受公众对政府监管能力的监督;主动对违法企业黑名单进行媒体曝光,建立相应的处罚,直至终身行业禁入;食品行业协会对潜规则应该零容忍,推动食品行业协会在食品安全治理中的内在动力和积极作用。适应新常态,加强食品安全风险检查、评估预警能力的建设,为保障食品安全护航。

(六)推进食品安全风险交流的国际合作

随着全球食品贸易的高速发展,许多发达国家和地区在食品安全风险交流机制能力建设上无论是机构设置还是技术支持均已步入常规化进程。学习和借鉴发达国家和地区的经验,共同探讨食品安全风险交流的策略成为提升我国食品安全风险交流水平的国际化路径。虽然我国已于 2012 年加入了国际食品风险交流中心合作网络,国家食品安全风险评估中心也聘请了国际食品安全风险交流专家担任顾问[1];通过加强国际化交流,及时掌握、发布国外食品安全法律法规和标准动态,但仍然存在专业风险交流人员缺乏、与国际同

---

[1]　毛群安:《食品安全风险交流概论》,人民卫生出版社 2014 年版。

行间针对食品安全紧急事件的早期交流不够充分等问题。日本食品安全委员会通过与其他国家的食品卫生安全中心和国际组织等签订合作协议、派遣专家交流学习、召开国际研讨会等方式,致力于提高国内食品安全风险交流的水平,进而影响未来国际间关于食品安全评估的决策。我国应注重对专业风险交流人员的培养,加强与国际组织和同行的交流、合作,共同确定应对紧急事件的方法,促进风险评估和风险管理方法间的一致性。

第八章　食品安全检验检测体系与能力建设

食品安全检验检测技术体系是行政监管有力的技术支撑①,是政府、社会组织依法监管与企业自律检验检测的重要技术保障。尤其需要指出的是,食品安全检验检测技术体系是中国特色的食品安全风险治理体系中最基本、最直接的子系统,具有不可替代的关键作用,体系的层次与建设水平内在地直接决定了食品安全风险治理能力。本章以 2013 年新一轮食品安全体制改革以来,政府颁布的食品安全检验检测体系与能力建设相关文件为指导,以国家食品药品监督管理总局的有关食品安全检验检测机构调查数据与农业部发布的食用农产品安全检验检测机构的相关情况为基础,并通过案例分析系统考察中国食品安全检验检测体系与能力建设状况。

一、新一轮改革后食品安全检验检测体系
与能力建设的规范性要求

2013 年 3 月中央启动了新一轮食品药品监管体制改革,要求在整合监管职能和机构的同时,有效有序地整合技术资源。此后,国家食品药品监督管理总局等相关国家部委根据监管需求出台了多个文件,初步对全国范围内的食品安全检验检测体系与能力建设作出了全面安排。

(一)2013 年新一轮改革时对食品药品监管技术资源整合的要求

2013 年 4 月 10 日国务院发布《关于地方改革完善食品药品监督管理体制的指导意见》(国发〔2013〕18 号),在明确推进地方食品药品监督管理体制改革要求的特色,也对整合食品药品监管技术资源作出了明确的要求。国务

---

① 本章所指的食品药品包括食品、保健食品、药品、化妆品、医疗器械,文中不再一一指出。

院国发〔2013〕18 号文明确指出,参照《国务院机构改革和职能转变方案》关于"将工商行政管理、质量技术监督部门相应的食品安全监督管理队伍和检验检测机构划转食品药品监督管理部门"的要求,省、市、县各级工商部门及其基层派出机构要划转相应的监管执法人员、编制和相关经费,省、市、县各级质监部门要划转相应的监管执法人员、编制和涉及食品安全的检验检测机构、人员、装备及相关经费,具体数量由地方政府确定,确保新机构有足够力量和资源有效履行职责。同时,整合县级食品安全检验检测资源,建立区域性的检验检测中心。

(二)食品药品监督管理机构执法基本装备配备的要求

为进一步指导和加强全系统执法装备建设,适应食品药品监管体制改革和职能调整,保证食品药品监管基本需要,2014 年 8 月 21 日,国家食品药品监管总局发出《关于印发全国食品药品监督管理机构执法基本装备配备指导标准的通知》(食药监财〔2014〕204 号),其具体内容是:

1. 装备配备的主要原则

食药监财〔2014〕204 号文件提出了如下要求,一是满足基本监管需要。按照满足食品(生产、流通、消费环节)、药品日常监管以及应急处置基本需要的原则确定装备配备种类和数量;二是分级分类配置。按省、地(市)、县、乡镇(街道)四级机构分别进行配置,计划单列市和副省级省会城市可参照省级进行配备。根据装备用途,分为基本装备、取证工具、快速检测和应急处置等4 类装备,并根据装备特点和使用频率,按每个机构、每个小组或每个人为单位进行配置;三是注重向基层倾斜。考虑乡镇(街道)设立派出机构的实际情况,要求突出乡镇(街道)机构的执法装备,重点配备执法交通、取证、快检等装备,提高基层一线执法和应急处置能力;四是突出共享使用。对食品、药品监督执法能够共享的装备以及日常执法和应急处置能够共享的装备不分别列出,以提高装备使用效率。如执法车辆、照相机、摄像机等。

2. 装备配备的主要内容

装备分为基本装备、取证工具、快速检测和应急处置等 4 类装备,共77 种。

(1)基本装备类。主要用于开展监管执法、应急处置工作的基本工具,包括执法专用车辆、药品快速检验车、食品快速检测车等执法交通工具,计算机、打印机、复印机等业务工作所需设备,以及对讲机、食品药品稽查移动执法工具、执法箱包等便携式装备等。

(2)取证工具类。主要用于执法取证工作,包括抽样工具包、便携式冷藏箱、现场执法音像记录仪、暗访取证设备、电视(广播)广告自动监测及回放系统等。

(3)快速检测类。主要用于食品、药品快速检测和筛查,包括超声波清洗机、样品粉碎机、微型离心机、便携式水浴锅等前处置设备,药品快速检验箱、食品安全快速检验箱、农药残留快速检测仪、肉类水分快速测定仪、余氯测量仪、吊白块检测仪等快检筛查设备,以及现场快速检测盒、试剂、试纸等试剂耗材类装备。

(4)部分特殊应急类。除日常执法与应急工作共用装备外,对部分特殊应急装备进行了单列,如个人携行装备等。

3.基本装备配备的具体要求

主要是,一是标准所列装备是满足监管需要的基本和通用装备。各地食品药品监管机构应当根据轻重缓急集中招标采购执法装备,优先配备基层和一线执法机构,提升监管能力。二是鼓励充分利用信息化手段搭建共享平台,获取执法、快检等数据,统一开发使用具有集成功能的执法装备和快检产品,创新监管方式,提高监管效率。三是考虑科技进步和产品发展,鼓励使用具备本标准所列相应功能的新技术、新产品,切实满足监管工作需要。四是各地食品药品监管机构要按照总局《关于统一规范食品药品监管系统标识工作的通知》(食药监〔2014〕78号)要求,统一执法装备标识。同时,要加强装备管理,规范使用,达到报废年限的装备要及时进行更新。

(三)食品药品检验检测体系建设规范

为进一步加强食品药品检验检测体系建设,更好地发挥检验检测技术支撑的重要作用,国家食品药品监管总局于2015年1月23日印发了《关于加强食品药品检验检测体系建设的指导意见》(食药监科〔2015〕11号,以下简称《指导意见》)。主要内容如下:

1.体系建设的基本原则

(1)统筹规划,合理布局。根据食品药品监管工作需要,对食品药品检验检测体系架构进行总体规划,统筹不同类别、不同层级、不同区域的检验检测资源布局,突出建设重点,强化薄弱环节,促进食品药品检验检测资源共享,提高检验检测整体能力。

(2)因地制宜,分级负责。鼓励地方特别是基层积极结合本地区产业布局情况,根据食品药品检验检测专业技术特点,因地制宜制定检验检测体系发展规划,合理确定各级政府及相关部门建设任务,各负其责,分级分步组织实施,有序推进,确保食品药品监管工作有足够的检验检测能力支撑。

(3)规范建设,科学评价。科学制定食品药品检验检测能力建设标准,促进检验检测体系和能力建设的规范化,全面提升检验检测能力。健全检验检测机构监督管理和考核评价机制,推进检验检测机构的科学评价、合理使用和有效监督,规范检验检测行为,确保检验检测结果的准确性和公信力。

2.体系建设的总体目标

到2020年,建立完善以国家级检验检测机构为龙头,省级检验检测机构为骨干,市、县级检验检测机构为基础,科学、公正、权威、高效的食品药品检验检测体系,充分发挥第三方检验检测机构的作用,使检验检测能力基本满足食品药品监管和产业发展需要。

3.体系的层级架构和功能定位

(1)层级架构。根据食品药品监管工作需要,食品(含保健食品,下同)检验检测体系重点支持建设国家、省、市、县四级检验检测机构;药品化妆品(以下统称药品)检验检测体系重点支持建设国家、省、市三级检验检测机构;医疗器械检验检测体系重点支持建设国家、省两级检验检测机构。鼓励各省(区、市)根据监管需要、产业发展、区域平衡、能力基础等实际情况,在符合食品药品检验检测体系建设基本原则的前提下,重点建设一批市、县级食品检验检测机构和一批市级药品检验检测机构,着力加强省级医疗器械检验检测机构建设。在部分药品、医疗器械产业聚集区和流通集散地,层级架构可根据监管需要适当向下延伸。整合县级食品安全检验检测资源,建立区域性的检验检测中心。鼓励各地因地制宜,采用多种形式推进横向、纵向食品药品检验检测资源整合,创新检验检测管理体制和机制,推动形成一批专业优势突出、资源共享共用、跨区域跨层级的食品、药品、医疗器械检验检测中心。

(2)功能定位。食品药品检验检测体系的功能定位重点强化其服务食品药品监管的核心职能,突出其公益性属性,充分发挥其技术支撑保障作用。

A.国家级检验检测机构。能够全面提供食品药品监管技术支撑服务,具有较强的技术引领和指导能力,具备较强的基础性研究、技术创新、仲裁检验和复检能力;能够开展食品、药品、医疗器械检验检测新技术、新方法、新标准研究;能够在相关领域开展国际交流与合作,在参与国际标准制修订中发挥积极作用,具有较强的国内外公信力和影响力。能够完成相应的国家食品药品法定检验、监督检验、执法检验、生物制品批签发等任务;能够在食品药品质量安全重大突发事件应对和应急检验中发挥核心技术支撑作用;能够指导全国食品药品相关领域检验检测工作,指导有条件的省级检验检测机构开展生物制品批签发工作。能够为政府部门发布食品药品质量公告提供可靠的技术支持。

B.省级检验检测机构。具备较高的食品药品检验检测能力,优势领域能够达到国内领先、接轨国际水平;具备一定的科研能力,能够开展相关领域的交流与合作,开展基础性、关键性检验检测技术以及快速和补充检验检测方法研究,参与标准的制修订工作;具备突发事件预警反应能力。能够完成相应的法定检验、监督检验、执法检验、应急检验等任务,指导行政区域内食品、药品、医疗器械相关领域检验检测工作。能够为政府部门发布食品药品质量公告提供可靠的技术支持。

C.市级检验检测机构。具备食品、药品常规检验检测能力,满足批量、快速检验检测和区域监管的技术保障需求。能够完成相应的食品、药品监督执法常规性检验检测任务。能够为政府部门日常监管和执法提供可靠的技术支持。

D.县级检验检测机构。具备对常见食品微生物、重金属、理化指标的实验室检验能力及定性快速检测能力。主要承担对检验检测时限要求较高的技术指标、不适宜长途运输品种以及区域特色食品的检验检测任务。鼓励有条件的省(区、市)探索市、县级检验检测机构在以检验检测为核心职能的基础上,扩展风险监测、评估、预警等技术职能,推动建成多职能的综合性技术支撑机构。

4.体系建设的重点任务

(1)落实改革任务,保证检验检测体系的系统性。按照国发〔2013〕18号文件要求,划转各级工商、质监部门涉及食品安全的检验检测机构、人员、装备及相关经费,落实改革任务,确保食品药品监管部门有足够力量和资源有效履行职责。充分考虑食品药品不同于一般市场监管的专业性和技术性,积极推进各级食品药品检验检测机构建设,不断完善食品药品检验检测体系,保证资源配置科学合理,保持食品药品检验检测体系的系统性。

(2)强化硬件保障,加大检验检测机构建设投入力度。以国家食品药品安全相关规划为引领,加强政策扶持、加大资金投入、加快建设步伐。完善食品药品检验检测机构相关建设标准,加强与各级发展改革、财政、国土资源等部门的协调,积极推动食品药品检验检测能力建设项目的立项和实施,提高食品药品检验检测机构的基础设施和仪器装备配备水平,推动检验仪器设备自主化,推进检验检测机构基础设施建设、技术装备配置、信息化建设和检验信息共享,为全面提高检验检测能力提供有力的硬件保障。按照国家生物产业发展规划的任务要求,积极推进食品药品检验检测实验室生物安全体系建设。

(3)加强人才队伍建设,提高检验检测业务水平。加强统筹规划,以提升能力为目标,建立科学的人才培养机制,提升食品药品检验检测人才队伍素质,优化人才队伍结构,完善人才成长和发展机制,提升检验检测机构专业人才比例,加强实验室管理专业人才和检验检测技术领军人才的培养;加大检验检测人才队伍的培训力度,积极开展检验检测业务的交流与合作,打造一支素质好、业务精、专业强、水平高的检验检测队伍。

(4)完善制度体系,建立检验检测机构监督和评价机制。研究制定检验检测机构、重点实验室、生物安全实验室等监督管理制度和相关工作规范,组织制订修订检验检测机构资质认定条件和检验规范。研究建立检验检测机构能力评价机制,制定食品药品检验检测机构能力建设标准,明确各能力级别检验检测机构的基本要求,引导检验检测机构合理建设和规范发展,推进食品药品检验检测能力持续提升。逐步建立科学完善的制度体系,提升检验检测体系建设的系统性、协调性,推动管理工作的科学化、规范化。

(5)提升检验检测科研能力,建设食品药品监管部门重点实验室。落实创新驱动发展战略,强化检验检测技术储备和科技支撑能力。从提升检验检测能力和科学监管水平出发,采取开放、共建、共享的方式,充分利用系统内外科技资源,在"十三五"期间开展食品药品监管部门重点实验室的布局建设,建设一批具有国际一流、国内领先水平的重点实验室。根据食品药品监管现状和发展需求,在食品药品检验检测技术、风险评估、监测和预警、应急检验等重点领域,开展基础性、关键性、公益性技术研发和成果应用,打造科研和检测技术领军人才培养平台,提升食品药品安全技术保障水平。

（6）推动检验检测信息共享,促进检验结果综合利用。加强食品药品检验检测信息化建设,推动检验数据和检验报告的电子化,逐步建立功能完善、标准统一、信息共享、互联互通的食品药品检验检测信息平台。加强检验检测数据的采集、整理、挖掘和趋势分析,逐步实现检验检测信息资源整合和数据共享,促进检验结果的综合利用,为食品药品安全风险分析和监督管理提供数据支撑。

5. 体系建设的保障机制

（1）明确机构,落实责任。国家食品药品监督管理总局科技标准管理部门要牵头组织,加强对地方的指导和协调,督促各地开展食品药品检验检测体系建设工作。各地要明确检验检测体系建设和管理牵头部门,负责完善工作机制,制定工作方案,指导和推进本行政区域食品药品检验检测体系建设工作。

（2）统筹协调,形成合力。各地要结合本地区监管和产业发展实际,加强统筹规划,积极协调争取经费支持和政策支持,推动检验检测资源科学合理配置。通过部门会商、联席会议等多种形式,积极推动建立食品药品检验检测体系建设协作机制,形成检验检测体系建设合力。

（3）加强考核,促进发展。各地要积极开展调研,结合本地实际,研究建立科学合理的检验检测机构建设和考评工作机制,完善相关工作制度,推动检验检测体系的建设和管理工作有效开展,促进食品药品检验检测机构快速发展和检验检测水平不断提升。

（四）食品药品检验机构管理的要求

针对食品药品检验检测体系存在的能力不足、食品药品检验机构亟待加强管理等问题,食品药品监管总局办公厅于2016年2月23日印发了《食品药品监管总局办公厅关于进一步加强食品药品检验机构管理的通知》(食药监办科〔2016〕16号),明确了食品药品检验机构的相关管理问题。

1. 机构的管理工作

要求各级食品药品监督管理部门建立健全食品药品检验机构运行管理和质量管理的工作机制,督促检验机构积极申请计量认证和资质认定并鼓励参加实验室间比对和能力验证,通过日常监督、考核评价等多种形式加强检验机构管理,推进对检验机构的科学评价、合理使用和有效监督,推动检验机构的检验检测能力和质量管理水平的持续提升,使其不断满足监管工作需要。

2. 机构的制度建设

食品药品检验机构应当加强管理制度建设,创新管理方式,提高工作效率;应当完善质量管理体系,规范检验行为,优化检验流程,推动检验工作的科学化、规范化,不断提高检验工作的管理水平。

3. 机构的保障工作

食品药品检验机构应当加强实验室建设,不断改善检验检测的硬件条件。新成立或新组建的检验机构,应当加快环境设施建设、仪器设备购置和人员到位,积极通过各种方式创造条件,尽快开展检验工作。食品药品检验机构要优先保障食品药品安全抽样检验工作以及为突发事件应急处置和案件查办等提供技术支撑。食品复检机构应当积极接受复检申请,并按照相关规范和要求开展食品复检工作。

4. 机构的能力建设

食品药品检验机构应当积极申请计量认证和资质认定,尽快取得相应检验资质,并积极申请扩项增能,提高检验项目参数的覆盖率,同时应当注重检验能力的保持。食品药品检验机构应当积极参加实验室间比对和能力验证,找出差距、不断改进,切实提高自身的检验检测能力和水平。与此同时,文件还对检验检测机构的科研能力建设提出了要求,指出"食品药品检验机构应当在食品药品检验检测技术、检验方法研究及检验标准制(修)订、风险分析和预警、应急处置等方面积极开展创新性研究和科技攻关,尤其是在食品药品潜在质量风险方面要大力开展检验方法研究,为科学监管提供有力的技术支撑"。

5. 机构的人才培养

食品药品检验机构应当建立科学的人才培养机制,制定培训计划,加大检验人员培训和技术交流力度,完善人才激励机制,大力培养实验室管理专业人才和检验检测技术领军人才,不断提高人才队伍的专业素养和检验水平。

6. 风险管理

食品药品检验机构在检验工作中发现可能引发系统性风险、区域性风险或突发事件的重大质量安全问题时,应当及时、主动地向行政区域内食品药品监督管理部门报告。

7. 第三方检验服务机构管理

对于接受委托承担检验任务的第三方检验机构,各级食品药品监督管理部门应当严格按照有关要求和规定程序选择承检机构,并加大监督检查力度,确保检验过程规范、检验结果可靠。

二、政府食品药品检验检测机构体系与能力建设总体状况

政府直属的食品药品检验检测机构是我国食品药品检验检测机构的主体。此类机构的体系与能力建设的水平根本地决定了我国食品药品检验检测机构体系与能力的层次。本章主要基于国家食药总局的科技标准司组织的全国食品药品监督管理系统内检验检测机构调查的数据展开分析。国家食药总局科技标准司组织调查了系统内所有食品药品检验检测机构,这些机构均属于政府所有。调查的主要内容包括基本情况、资质能力、检验任务、实验室间比对和能力验证、硬件和财务、人员、科研能力、信息化存在问题等内容。截至2015 年10 月底,全国31 个省、自治区、直辖市向国家食药总局科技标准司上报了调查数据。

(一)总体情况

2015 年,全国食品药品监督管理系统内的食品药品(含食品、保健食品、药品、化妆品,医疗器械,下同)检验检测机构共计1 054 家。其中2013 年5 月国家食药总局成立之后建设完成的检验机构共计379 家,占所有检验检测机构总数的35.96%。

1. 机构的行政层级

按行政层级来看,食品药品监督管理总局直属检验机构1 家,省级与副省级行政层级的检验机构共88 家,其中副省级行政层级的检验机构17 家,分别占所有检验检测机构总数的6.74%、1.61%;地市级行政层级的检验机构361 家,县级行政层级的检验机构604 家分别,分别占所有检验检测机构总数的34.25%、57.31%。

2. 机构的单位性质

公益一类事业单位(全额拨款事业单位)965 家,占总数的91.56%;公益

二类事业单位(差额拨款事业单位)89家,占总数的8.44%。

3.机构的地区分布

按地区来看,东部地区共计368家,中部地区共计390家,而西部地区共计296家,分别占有检验检测机构总数的34.91%、37.00%、28.08%。按省份来看,除中国食品药品检定研究院(以下简称中检院)外,各省(自治区、直辖市)的各行政层级的食品药品检验检测机构数量如表8-1所示。

表8-1　各省(自治区、直辖市)的各行政层级的食品药品检验检测机构数量

单位:个

序号	省份	省级	副省级	地市级	县级	共计
1	北京	4	0	11	5	20
2	黑龙江	1	1	10	10	22
3	吉林	3	1	9	1	14
4	辽宁	3	3	21	36	63
5	天津	3	0	11	9	23
6	内蒙古	1	0	13	10	24
7	新疆	1	0	14	1	16
8	宁夏	2	0	1	0	3
9	青海	2	0	8	1	11
10	甘肃	3	0	21	77	101
11	陕西	2	1	13	42	58
12	西藏	1	0	0	0	1
13	四川	1	1	20	12	34
14	重庆	2	0	4	0	6
15	贵州	2	0	5	1	8
16	云南	2	0	14	42	58
17	山西	3	0	10	37	50
18	河北	3	0	9	22	34
19	山东	2	2	14	11	29
20	河南	2	0	18	101	121
21	安徽	1	0	18	60	79
22	江苏	3	0	12	28	43
23	上海	3	0	6	1	10

序号	省份	省级	副省级	地市级	县级	共计
24	湖北	3	2	16	14	35
25	湖南	4	0	15	10	29
26	江西	3	0	12	1	16
27	浙江	2	2	8	32	44
28	福建	1	1	8	0	10
29	广西	2	0	13	33	48
30	海南	3	0	4	0	7
31	广东	3	3	23	7	36
共计		71	17	361	604	1053

4.机构的职能分类

按检验职能来看,承担相应检验职能的检验机构数量分别为,食品921家、药品501家、化妆品215家、医疗器械75家(其中有38家已取得医疗器械检验机构资质),分别占检验检测机构总数的87.38%、47.53%、20.40%、7.12%。当然,其中也有部分检验机构同时承担多类产品的检验职能。需要指出的是,食品检测不同于药品检验,药品检验标准中多数规定是常量要求,而食品检测多以参数规定限量,结果不好判断,前处理复杂。因此,食品检验检测机构对人员、技术、装备等方面均有更为专业化的要求。表8-2为2015年全国各省级行政层级的检验机构分布情况,这些检验机构分别承担着不同产品的检验职能。

表8-2　2015年全国省级行政层级检验机构名录

序号	省份	检验机构名称	检验产品类别
1	北京	北京市食品安全监控和风险评估中心	食品
2		北京市药品检验所	保健食品、药品、生物制品、化妆品、医疗器械、药品包装材料、药用辅料、洁净区(室)
3		北京市药品包装材料检验所	药品、药品包装材料、食品接触材料
4		北京市医疗器械检验所	医疗器械、洁净区(室)

续表

序号	省份	检验机构名称	检验产品类别
5	黑龙江	黑龙江省食品药品检验检测所	食品、保健食品、药品、化妆品、医疗器械、药品包装材料、药用辅料、洁净区（室）
6	吉林	吉林省食品检验所	食品、保健食品、化妆品、食品接触材料
7		吉林省药品检验所	食品、保健食品、药品、生物制品、化妆品、药品包装材料、药用辅料
8		吉林省医疗器械检验所	医疗器械、洁净区（室）
9	辽宁	辽宁省食品检验检测院	食品
10		辽宁省药品检验检测院	食品、保健食品、药品、化妆品、洁净区（室）
11		辽宁省医疗器械检验检测院	医疗器械、药品包装材料、洁净区（室）
12	天津	天津市产品质量监督检测技术研究院	食品、化妆品、食品接触材料
13		天津市药品检验所	食品、保健食品、药品、化妆品、医疗器械、药品包装材料、药用辅料、洁净区（室）
14		天津市医疗器械质量监督检验中心	医疗器械
15	内蒙古	内蒙古自治区食品药品检验所	食品、保健食品、药品、化妆品、医疗器械、药品包装材料、洁净区（室）
16	新疆	新疆维吾尔自治区食品药品检验所	食品、保健食品、药品、化妆品、医疗器械、药品包装材料、药用辅料、洁净区（室）
17	宁夏	宁夏回族自治区食品检测中心	食品
18		宁夏回族自治区药品检验所	食品、保健食品、药品、医疗器械
19	青海	青海省食品质量检验中心	食品
20		青海省食品药品检验所	食品、保健食品、药品、生物制品、化妆品、医疗器械、药用辅料、洁净区（室）
21	甘肃	甘肃省食品检验研究院	食品、保健食品
22		甘肃省药品检验研究院	食品、保健食品、药品、生物制品、化妆品、药品包装材料、洁净区（室）
23		甘肃省医疗器械检验检测所	医疗器械、洁净区（室）

续表

序号	省份	检验机构名称	检验产品类别
24	陕西	陕西省食品药品检验所	食品、保健食品、药品、化妆品、药品包装材料、药用辅料、洁净区(室)
25		陕西省医疗器械检测中心	医疗器械、洁净区(室)
26	西藏	西藏自治区食品药品检验所	食品、保健食品、药品、化妆品、医疗器械、药用辅料、洁净区(室)
27	四川	四川省食品药品检验检测院	食品、保健食品、药品、生物制品、化妆品、医疗器械、药品包装材料、洁净区(室)
28	重庆	重庆市食品药品检验检测研究院	食品、保健食品、药品、化妆品、药品包装材料、食品接触材料、药用辅料、洁净区(室)
29		重庆医疗器械质量检验中心	医疗器械、洁净区(室)
30	贵州	贵州省食品药品检验所	食品、保健食品、药品、化妆品、药品包装材料
31		贵州省医疗器械检测中心	医疗器械、药品包装材料、洁净区(室)
32	云南	云南省食品药品检验所	食品、保健食品、药品、生物制品、化妆品、洁净区(室)
33		云南省医疗器械检验所	化妆品、医疗器械、药品包装材料、食品接触材料、洁净区(室)
34	山西	山西省食品质量安全监督检验研究院	食品
35		山西省食品药品检验所	食品、保健食品、药品、生物制品、化妆品、医疗器械、药品包装材料、药用辅料、洁净区(室)
36		山西省医疗器械检测中心	医疗器械、洁净区(室)
37	河北	河北省食品检验研究院	食品、化妆品、食品接触材料、洁净区(室)
38		河北省药品检验研究院	食品、保健食品、药品、化妆品、洁净区(室)
39		河北省医疗器械与药品包装材料检验研究院	医疗器械
40	山东	山东省食品药品检验研究院	食品、保健食品、药品、化妆品、洁净区(室)
41		山东省医疗器械产品质量检验中心	医疗器械、药品包装材料、洁净区(室)
42	河南	河南省食品药品检验所	食品、保健食品、药品、化妆品、药品包装材料、药用辅料、洁净区(室)
43		河南省医疗器械检验所	医疗器械、洁净区(室)

续表

序号	省份	检验机构名称	检验产品类别
44	安徽	安徽省食品药品检验研究院	食品、保健食品、药品、生物制品、化妆品、医疗器械、药品包装材料、食品接触材料、药用辅料、洁净区（室）
45	江苏	国家有机食品质量监督检验中心（江苏）	食品
46		江苏省食品药品监督检验研究院	食品、保健食品、药品、化妆品、药用辅料、洁净区（室）
47		江苏省医疗器械检验所	医疗器械、药品包装材料、洁净区（室）
48	上海	上海市食品药品检验所	食品、保健食品、药品、生物制品、化妆品
49		上海市食品药品包装材料测试所	医疗器械、药品包装材料、食品接触材料、药用辅料、洁净区（室）
50		上海市医疗器械检测所	医疗器械
51	湖北	湖北省食品质量安全监督检验研究院	食品、保健食品、药品、化妆品、食品接触材料
52		湖北省食品药品监督检验研究院	食品、保健食品、药品、生物制品、化妆品、医疗器械、药品包装材料、食品接触材料、药用辅料、洁净区（室）
53		湖北省医疗器械质量监督检验中心	医疗器械、洁净区（室）
54	湖南	湖南省食品质量监督检验研究院	食品、保健食品、食品接触材料
55		湖南省食品药品检验研究院	食品、保健食品、药品、化妆品、医疗器械、药品包装材料、洁净区（室）
56		湖南药用辅料检验检测中心	药用辅料
57		湖南省医疗器械与药用包装材料（容器）检测所	医疗器械、药品包装材料、洁净区（室）
58	江西	江西省食品检验检测研究院	食品
59		江西省药品检验检测研究院	食品、保健食品、药品、化妆品、医疗器械、药品包装材料、药用辅料、洁净区（室）
60		江西省医疗器械检测中心	食品、医疗器械、洁净区（室）

续表

序号	省份	检验机构名称	检验产品类别
61	浙江	浙江省食品药品检验研究院	食品、保健食品、药品、化妆品、药品包装材料、药用辅料、洁净区(室)
62		浙江省医疗器械检验院	医疗器械
63	福建	福建省食品药品质量检验研究院	保健食品、药品、化妆品、医疗器械、药品包装材料、药用辅料、洁净区(室)
64	广西	广西—东盟食品药品安全验检测中心	食品、保健食品、药品、化妆品、医疗器械、药品包装材料、洁净区(室)
65		广西壮族自治区食品药品检验所	食品、保健食品、药品、生物制品、化妆品、医疗器械、药品包装材料、食品接触材料、药用辅料、洁净区(室)
66	海南	海南省食品检验检测中心	食品、保健食品、食品接触材料
67		海南省药品检验所	食品、保健食品、药品、化妆品、药用辅料、洁净区(室)
68		海南省药物研究所	食品、保健食品、药品、化妆品、医疗器械、药用辅料、洁净区(室)
69	广东	广东省食品检验所	食品
70		广东省食品药品检验所	食品、保健食品、药品、生物制品、化妆品、药用辅料、洁净区(室)
71		广东省医疗器械质量监督检验所	医疗器械、药品包装材料、洁净区(室)

(二)资质能力

全国食品药品监督管理系统内检验机构可开展"四品一械"检验的项目参数合计 652 569 项,其中获资质认定的食品类检验项目参数合计 464 665 项,获计量认证的药品类检验项目参数合计 154 852 项,占项目参数总数的 33. 33%;获资质认定的医疗器械类检验项目参数合计 12 340 项,占项目参数总数的 2. 66%。

而在全国食品药品监督管理系统内 1 054 家检验机构中,目前尚未取得任何资质且未开展检验工作的检验机构共计 314 家,占总数的 29. 8%。其中成立时间 2 年以上(即 2014 年 1 月 1 日之前成立)的检验机构共计 185 家,均为地市级和县级行政层级的检验机构,其中地市级行政层级的检验机构为 18

家(见表8-3)。

表8-3 2015年全国地市级行政层级的检验机构分布及成立时间

序号	单位名称	所在省份	成立时间
1	白银市食品检验检测中心	甘肃	2013.9.4
2	定西市食品检验检测中心	甘肃	2013.9.28
3	甘南藏族自治州食品检验检测中心	甘肃	2013.9.27
4	甘南藏族自治州药品检验检测中心	甘肃	2013.9.27
5	金昌市食品检验检测中心	甘肃	2013.8.22
6	临夏州食品检验检测中心	甘肃	2013.8.27
7	平凉市食品检验检测中心	甘肃	2013.9.1
8	武威市食品检验检测中心	甘肃	2013.8.24
9	崇左市食品药品检验所	广西	2013.12.13
10	贵港市食品药品检验所	广西	2013.8.12
11	来宾市食品药品检验检测中心	广西	2013.10.30
12	辽宁省营口市药品检验所	辽宁	1966.1.1
13	果洛藏族自治州药品检验所	青海	1986.1.1
14	玉树州食品药品检验所	青海	2003.6.10
15	榆林市食品检验检测中心	陕西	2013.6.4
16	延安市食品质量安全检验检测中心	陕西	2013.12.20
17	克州食品药品检验所	新疆	2011.6.6
18	大理州食品检验检测院	云南	2013.7.22

表8-3中,大部分地市级行政层级的检验机构为新成立且尚未取得资质,但是也有部分检验机构已经成立很长时间,却因为种种原因没有取得资质和开展检验工作。总体来看,2015年我国食品药品检测机构建设的保障和执行力度亟待加强。

(三)检验任务

2013年、2014年和2015年1—8月份,全国食品药品监督管理系统内检验机构已签发报告的检品数量总和分别为142.0万批、165.8万批和

114.4万批。而按照"四品一械"(分别为食品、保健食品、药品、化妆品和医疗器械)分别统计检品量如图8-1所示。分析机构承担的检验任务,有如下三个特点:

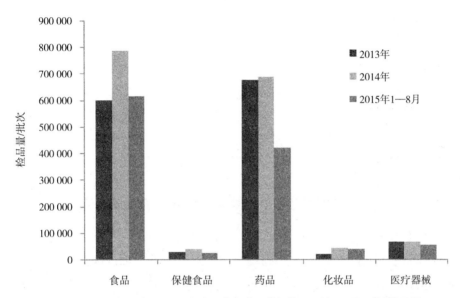

图8-1　2013—2015年1—8月间全国食品药品监督管理系统"四品一械"检品量

1. 食品检品量占检品量的一半以上

2013—2015年1—8月间,全国食品药品监督管理系统内承担的"四品一械"检品数量总体上均呈逐年上升的趋势,其中食品检品量尤其增长迅速。2014年,食品检品量占"四品一械"检品总量的近50%,在数量上比2013年增加了32%,而2015年1—8月的食品检品量已经超过2013年全年的食品检品量。与此同时,2013年和2014年全国技术岗位人员的人均检品量分别为63.2批和73.8批,总体呈上升趋势,其中食品和药品检验人员的人均检品量分别如图8-2所示。可以看出,食品检验量增长较多。

2. 省级和副省级行政层级的检验机构检品量占检品量的一半

按照行政层级分析,省级和副省级行政层级的检验机构虽然只有88家(机构数量占全国总数的8.3%,人员数量占全国总数的32.4%),但是承担了全国50%左右的检验任务,是检验检测体系的骨干力量,而地市级和县级行政层级的检验机构承担了50%左右的检验任务,是检验检测体系的基础力量。

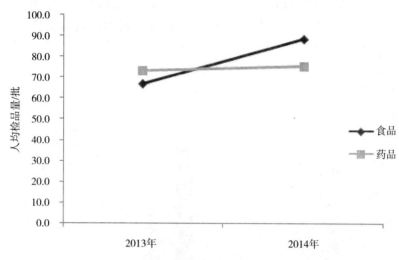

图8-2　2013—2014年间全国食品药品检验人员的人均检品量

3. 东部地区检验机构检品量占检品量的60%

按照东、中、西部地区分别统计检品量发现,虽然东部地区检验机构数量占全国总数的34.9%、人员数量占全国总数的50.6%,却承担了全国检验任务的60%左右,东部地区在我国食品药品监督管理系统的检验任务相对较多①。

（四）参加实验室间比对和能力验证情况

实验室间比对和能力验证是指按照预先规定的条件,组织多家实验室对相同或类似的测试样品进行检测,然后对检测结果进行评价,以此确定实验室能力并分析反馈存在的问题,是评价和提高检验机构能力的重要手段,也是管理检验机构的一种方式。2012—2014年间,全国食品药品监督管理系统内检验机构每年参加的实验室间比对和能力验证项次统计见表8-4。可以发现,全国食品药品监督管理系统内检验机构积极参加实验室间比对和能力验证,项次逐年上升,满意率总体上也在升高,在一定程度上说明食品药品监督管理

---

①　东部地区是指辽宁、北京、天津、河北、山东、江苏、上海、浙江、福建、广东、广西、海南12个省/直辖市/自治区,中部地区是指山西、内蒙古、吉林、黑龙江、安徽、江西、河南、湖北、湖南9个省/自治区,西部地区是指陕西、甘肃、青海、宁夏、新疆、四川、重庆、云南、贵州、西藏10个省/直辖市/自治区。

系统内检验机构的检验检测能力在不断提高。

表8-4 2012—2014 年间全国食药监管系统内检验机构实验室间比对和能力验证

	2012 年	2013 年	2014 年	总计
项次	1268	2453	2804	6525
满意度	91.6%	92.9%	91.9%	92.2%

注:实验室间比对和能力验证的结果包括满意率、可疑、离群(即不满意)三种,其中满意率是指满意结果的数量占所有结果总数的百分比。

2014 年,全国食品药品监督管理系统内检验机构参加项次排名前 15 位的组织方见图 8-3。可以看出,2014 年食品药品监督管理系统内检验机构参加中检院组织的实验室间比对和能力验证共计 812 项次,数量最多。此外,系统内检验机构还积极参加国际上的能力验证,例如参加英国食品与环境研究院组织的 FAPAS(食品分析水平测试计划)合计 30 项次,系统内的部分检验机构在能力验证方面已经具有国际视野。

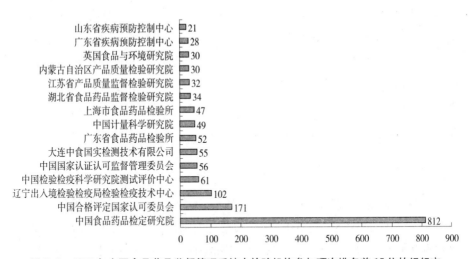

图8-3 2014 年全国食品药品监督管理系统内检验机构参加项次排名前 15 位的组织方

而将 2012 年、2013 年和 2014 年进行对比发现,全国食品药品监督管理系统内检验机构参加中检院组织的实验室间比对和能力验证分别共计 34 项次、516 项次和 812 项次,逐年大幅上升。在能力验证方面,中检院在 2013、2014 和 2015 年组织的能力验证项目分别为 9、13 和 27 个能力验证项目,发展速度很快。虽然目前中检院每年提供的能力验证项目只有几十个,但是全国食品药品监督管理系统内检验机构均踊跃参加,表明我国目前有关"四品一械"的能力验证工作专业性已逐步增强。

(五)硬件条件和财务状况

全国食品药品监督管理系统内检验机构共有房屋面积258.07万 m^2,实验室面积共计169.55万 m^2,在职员工人均实验室面积为52.8m^2,办公区面积共计59.13万 m^2,资产总额216.76亿元,其中仪器设备总值为113.66亿元,共计18.95万台(套)。2014年全国食品药品监督管理系统内检验机构的财务收入总额为95.0亿元,政府财政补助和主管部门拨款共计占财务收入总额的72%,是检验机构最重要的财务来源。

(六)人员状况

全国食品药品监督管理系统内检验机构的人员编制共计29 638人,编制到位率为82.3%;在职员工共计32 107人,其中编内与编外人员分别为24 394人、7 713人,分别占在职员工的76.0%、24.0%。这说明,一方面部分检验机构的编制人员尚未完全到位,尤其是新成立或新组建的县级检验机构;另一方面,一些检验机构大量聘用编外人员,而编外人员流动性强,给检验队伍的稳定性造成一定影响。相对而言,检验队伍年龄梯队较为合理,有充足的中青年力量;技术岗位人员占76%,符合检验机构的技术特征;高级职称约占20%、硕士和博士共约占20%,表明其已具有一支高素质的人才队伍。

(七)科研能力

食品药品监督管理系统内检验机构近三年内共计主持科研课题(项目)630项,主持标准制(修)订3800项。目前拥有博士后工作站共计16个,省部级重点实验室共计12个。历年来共计获得国内专利299项、国际专利2项,发表国内论文14 161篇、国外论文436篇,出版论著(译著)239部;历年来共计获国家级科技奖15项,获省部级科技奖202项,获地方级科技奖486项。数据表明,全国食品药品监督管理系统内检验机构具有一定的科研能力,但是整体水平不高,而且其中的12个省部级重点实验室均为其他部门的重点实验室,食品药品监管部门尚无本部门的重点实验室,不利于对食品药品监管领域技术难点问题的科技攻关和创新研究。在检验任务愈加繁重的情况下,科研工作被挤压,科研和创新能力不足。

(八)检验产品类别和项目参数数据库

调查显示,食品药品监督管理系统内检验机构已经初步建立了"检验产品类别和项目参数数据库",借助检索界面可以搜索各检验机构能够检验的产品类别及项目参数,同时也可搜索能够检验某产品类别及项目参数的检验机构,并将这些检验机构在地图中自动标出。该数据库能够直观、便捷地对检验机构的检验能力进行检索,有利于对食品药品监督管理系统内检验能力进行多层次、多维度的分析、研究,便于国家食药总局对系统内检验机构资质能力的管理。可以通过继续探索完善数据上报和数据共享机制,逐步实现对系统内检验机构检验产品类别和项目参数数据的实时更新。

三、政府食品检验检测体系与能力 建设中存在的主要问题

2016年6月30日提请全国人大常委会审议的食品安全法执法检查报告曾经指出,我国食品药品监督管理系统内的食品检验检测能力仍然不足,建议地方充分整合省、市、县各级政府部门食品检验检测资源,特别是要加强市、县基层检验检测能力建设,实现资源共享,防止重复建设。国家食药总局科技标准司组织的这次调查发现,相关的问题主要是以下三个方面。

(一)资源浪费与分布不均衡

1. 重复建设

从全国食品检验检测机构的分布来看,如图8-4显示,很多地方尤其是东部地区的食品检验检测机构不同程度地存在着重复建设的问题。而同一区域内各级各类食品检验检测机构与实验室并存,资金重复投入,部分高校与科研机构检测任务不饱满。不同的食品检验检测机构虽然负责不同环节的食品检验检测工作,食品种类也较多,但由于食品自身属性基本相同,目前不同机构所投入的设备重复度高,如液相色谱、气相色谱、原子吸收、气质联用仪等大型仪器设备都有重复投入现象,至少2个以上机构均配备。检验项目也有大量雷同,检验资源存在闲置浪费现象。

图8-4 2015年我国食品药品检验检测机构分布示意图

注:此图大致示意了2015年我国1 054家检验机构在全国的位置分布,每一个点代表一个检验机构
 (有些检验机构由于位置接近,分布上可能会有重叠)。点的大小表示该检验机构2014年"四品一
 械"的全年检品数量,点越大,检品数量越多。

2. 检验任务量的布局不均衡

进一步对全国东、中、西部地区分别进行统计分析可以发现(图8-5),我国东部地区检验机构的人均检品量明显高于全国平均值,其中2014年超出全国平均值11.9批,而中部地区和西部地区检验机构的人均检品量均低于全国平均值水平,2014年中部地区和西部地区分别比全国平均值低11.4%和31.7%。该结果也表明就检验任务量的空间分布来看,全国食品药品监督管理系统内检验任务量的布局显然并不均衡。

3. 不同层级机构能力建设不均衡

对食品药品监督管理系统内各行政层级检验机构的调查发现(图8-6),"仪器设备不足"、"人员编制不足"、"实验室面积不足"、"人员培训不足"以及"人员激励机制不足"是不同行政层级检验机构反映最多的五个问题,均有超过60%的检验机构反映。另外,"难以吸引和留住人才"、"向当地政府争取

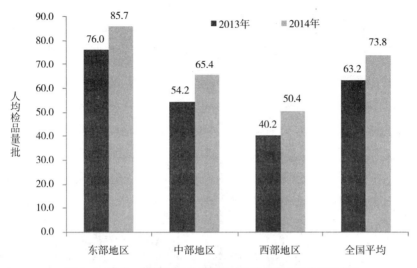

图 8-5　2013—2014 年间我国各地域检验机构人均检品量对比

支持困难"也有一半以上的检验机构反映。显然,检验机构不仅是区域布局存在资源浪费,而且不同行政层级的检验机构也存在能力建设的不均衡。

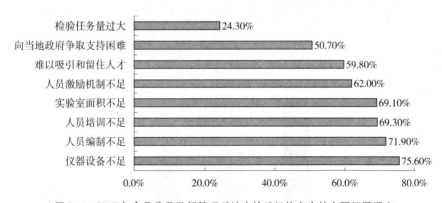

图 8-6　2015 年食品药品监督管理系统内检验机构存在的主要问题调查

通过对 2013—2014 年间不同行政层级检验机构的技术岗位人员人均检品量统计分析发现(图 8-7),省级和副省级行政层级检验机构的检验任务最重,人均检品量远超过全国平均水平;而地市级和县级行政层级检验机构的人均检品量相对较少,一定程度说明检验任务量在全国不同行政层级分布并不均衡已有一段时间。而虽然 2015 年的调查显示,只有 24.3% 的检验机构反映"检验任务量过大",但进一步对不同行政层级的检验机构进行统计分析可以发现(图 8-8),在省级行政层级检验机构中有 47.9% 的机构反映"检验任务量过大",副省级和地市级行政层级的检验机构也有超过三分之一的检验机构反映此问题,而县级行政层级的检验机构则较少反映此问题,中检院甚至都没有反映该问题。

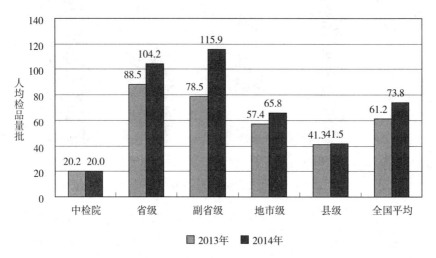

图 8-7 2013—2014 年各行政层级的检验机构技术岗位人员人均检品量对比

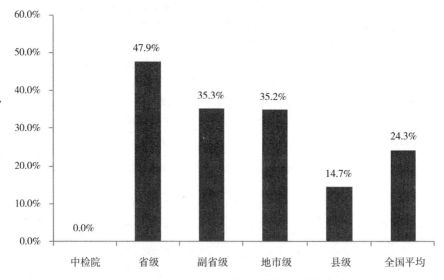

图 8-8 2015 年各行政层级的检验机构反映"检验任务量过大"的比例

显然,县级食品检验检测机构虽然投入力度不断增强,但能力建设仍无法满足当地食品安全管理需要。主要原因是,由于县级检验机构食品检验项目不全,不具备承担抽检任务的能力,只能外送到市级、副省级、省级检验检测机构,检测结果反馈滞后。同时,县级各食品检验检测机构由于工作量小、仪器设备利用率低,其设备维护成本反而更高,一些限期使用标准试剂损耗费用也较高。县级食品检验检测机构的能力不强、效率不高的问题普遍存在。

(二)部分机构资质认定尚未完成与县级机构能力不强

2013 年 3 月实施了新一轮食品药品监管机制改革,目前各地虽然已经陆续完成了机构改革和整合,但由于实验室建设、人员上岗以及计量认证和资质认定等工作尚需一段时间,在全国食品药品监管系统内承担食品检验职能的921 家检验机构,已有 460 家取得了食品检验机构资质,其中承担食品检验的检验机构共计 222 家,但只有 175 家取得了食品检验机构资质。

与此同时,县级食品检验检测机构人才短缺、发展乏力问题较为突出。食品检验工作技术难度较大,对检验人员专业素质、实践经验要求高,人才培养周期长。而随着食品检验需求的增强,县级食品检验检测人才数量少、专业不平衡、稳定性不高的问题凸显。由于食品药品监督管理系统内食品检验检测机构的编外人员约占 24.0%,加上部分新成立或新组建的县级检验机构的编制人员尚未完全到位,而且一些县级检验机构本身就大量聘用编外人员,编外人员的流动性强,给县级食品检验检测队伍的稳定性造成一定影响,后续发展乏力。

(三)机构的信息化程度与共享水平不高

信息化程度的建设是推动信息共享,实现食品安全社会共治的重要渠道。图 8-9 显示,全国食品药品监督管理系统内检验机构的信息化程度不高,与检验数据联通和共享的目标有较大距离。因此,大力提高信息化建设水平,实现食品药品检验检测工作的信息化、高效率以及检验数据的共享和充分挖掘利用成为影响能力建设的主要问题。

(四)食品检验检测机构存在的问题:山东、广西的案例

2015 年 4—5 月间,研究团队对山东与广西的食品检验检测机构进行了现场考察,发现了相关问题。

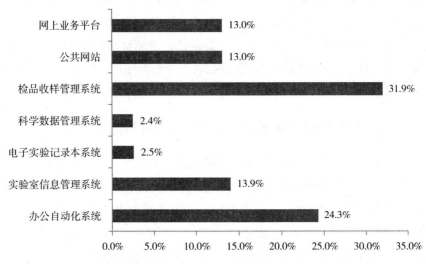

图 8-9　2015 年全国食品药品监督管理系统内检验机构信息化水平示意图

1. 山东省

按照"省级检测机构为龙头,市级检测机构为骨干,县级检测机构为基层,第三方检测力量为补充"规划思路,山东省及地市各级财政加大了对技术支撑能力建设的支持。但在调研中发现,与不断增长的检测设备等硬件投入难以匹配的是,检测机构专业技术人员因素上升为主要矛盾,当前普遍存在年龄结构老化、专业素质低、一线实验人员少、检验任务严重超负荷且激励机制亟须改革等问题。如,某地级市食品药品检验所的 71 名在编人员中,50 岁以上的有 27 人,占 38%;一线实验检测人员仅有 23 人,占 32%。据实验人员反映,由于近年来不断加大食品抽检力度,实验检测任务连续翻番,加班加点成为常态,但按照现有规定,收入参照公务员工资标准且无任何加班费等,与第三方检测机构的薪酬形成很大差距,若长期得不到解决,难免将影响工作积极性,不利于检测机构技术能力的提升。调查发现,食品检测机构技术能力要求与技术人员匮乏且激励机制僵化之间的矛盾在山东省比较突出。

相关资料进一步显示,山东省基层食品安全监管机构的执法装备、办公场所和检验场所普遍匮乏,加之部分市在县级机构改革尚未完成时又进行新一轮整合,极易使监管出现断档脱节,引发安全风险。此外,根据《国家食品安全监管体系"十二五"规划》要求,到 2015 年底山东省食品检测总批次应达到每年 152.8 万批次以上,其中监督抽检和风险监测 33.8 万批次,而目前全省所有食品安全检验检测能力约为 13 万批次每年,尚不足《规划》要求的一半。全社会整体检验检测力量不足,致使 2014 年全省食品抽检监测任务无法如期完成。目前,大多数发达国家都有两种并行的机构提供检验检测服务——公益性和经营性。政府通过建立政府检测机构或购买第三方机构的政府服务,以满足公益性的检测服务;而经营性机构则尽可能与国际接轨,寻求市场化。因此,山东省发展第三方食品检验检测机构已刻不容缓。发展第三方食品检验检测机构既可以节约政府投资,更可以杜绝政府主导的食品检验检测机构先天的不足,更可以引入竞争机制,倒逼政府主导的食品检验检测机构的改革。

2.广西壮族自治区

2013 年 3 月的改革之前,广西食品药品技术支撑能力就相对薄弱。新一轮改革中,食品药品监管系统并没有从全区的质检部门划转食品检验技术资源,仅从工商部门划转了少量快速检测设备。目前,全区 7 个地级市还没有食品药品的检验检测技术机构,在县里基本上还是空白或正在报批,极少数的检验检测技术机构也刚刚获批。虽然百色市有 10 个县区报批成立了相应的检测技术机构,但目前仍没有形成监管能力,这是由于每个检测机构至少需要 1500 万元的建设资金(尚不包括土地费用),而百色市尚属于经济欠发达地区,依靠自身力量可能在今后五年内也无法全部建成。由于缺少检测手段,基层现场监管局限于眼看、鼻闻、手摸,发现和解决问题的能力严重滞后。甚至在百色的一些地区,迫不得已用传统的中医诊断方法判断食品安全性。即便是百色市食品药品检验所,也出现了由于技术手段的落后与装备的不足,而面临的检验项目扩项速度跟不上日常监管需要之窘境。与此同时,检验人员数量严重不足,检验任务严重超负荷且激励机制亟须改革等问题也存在。另外,在基层食品监管执法的装备、服装、车辆等的配备和办公经费等方面也不同程度地存在困难,特别是边远山区的乡镇,由于执法装备的匮乏,农村食品安全监管仍非常薄弱。

四、政府食用农产品质量检测体系建设概况

党的十八大以后,中央政府与地方各级政府进一步优化了食用农产品监管机构与加强质量检测体系建设。

（一）食用农产品监管机构建设

目前,我国食用农产品质量安全监管的重点和难点在基层。在中央不断强化农产品质量安全属地责任的背景下,2014 年基层食用农产品监管机构建设被纳入国办督查的重点内容①。内蒙古、山西、山东等 20 多个省(区、市)政府明确提出加快建立地、县、乡镇监管机构,湖北、浙江、陕西等 6 个省则将监管机构建设作为各级政府绩效考核的重要指标。截至 2014 年底,我国所有省级农业厅局、86%的地市、71%的县市和 97%的乡镇已建立农产品质量安全监管机构,落实监管服务人员 11.7 万人。

到 2016 年 6 月,全国所有省级农口厅局、88%的地市、75%的县、97%的乡镇建立了监管机构,落实专兼职监管人员 11.7 万人。在执法机构方面,已有 30 个省、271 个地市和 2322 个县开展了农业综合执法工作,在岗综合执法人员 2.8 万人,县级覆盖率达到 99%,从源头上提高了农产品质量安全监管和服务能力。

（二）食用农产品质量检测体系建设

与此同时,农业部与地方政府进一步加强技术能力建设。"十一五"以来,农业部组织实施了《全国农产品质量安全检验检测体系建设规划(2006—2010 年)》和《全国农产品质量安全检验检测体系建设规划(2011—2015 年)》,截至 2014 年,已投资 114.2 亿元,其中中央投资 81 亿元,共建设各级农业质检机构 2553 个。国家通过稳定的财政投入和更加广泛的教育培训促进其快速健康发展(表 8-5)。到 2014 年已累计投资建设各级农产品质检项目 2548 个,已竣工验收的地县质检机构中有 50%通过了计量认证,近三分之一通过了机构考核,基层质检机构正从建设阶段逐渐过渡到考核管理和发挥作用阶段②。同时加强改革创新,积极开展检验检测认证机构整合工作,进一步

---

① 农业部:《陈晓华副部长在全国农产品质量安全监管工作会议上的讲话》,农业部网站,2014—04—08〔2015—01—25〕,http://www.moa.gov.cn/govpublic/ncpzlaq/201404/t20140408_3841945.html。

② 农业部:《农产品质量安全持续向好》,农业部网站,2014—12—17〔2015—02—25〕,http://www.moa.gov.cn/zwllm/zwdt/201412/t20141217_4299189.html。

激发活力,促进其做大做强①。

表 8-5　2012—2014 年间全国基层农产品质量检测体系建设情况

基层检测体系 建设情况	2012 年	2013 年	2014 年
财政经费支持（亿元）	15	12	17
新增检测机构（个）	494	388	398
检测人员（万人）	2.3	2.7	— *
培训（农业部组织）	7 期检测人员培训班	9 期基层监管及检测人员培训班,培训 1140 余人次	20 余期监管、检测、应急人员培训班,培训 1.2 万人
例行检测范围	5 大类 102 个品种,覆盖城市 150 个	5 大类 103 个品种,监测城市 153 个	5 大类 117 个品种,监测城市 151 个
检测标准	87 项参数。农药残留标准参照 GB2763—2005	87 项参数。农药残留标准参照 GB2763—2012	94 项参数。农药残留标准参照 GB2763—2014
其他		制定发布"农产品质量安全检测员"国家标准,创建"农产品质量安全检测员"国家职业资格证书制度	修订《农产品质量安全应急预案》

资料来源:农业部; * 这里的"-"表示数据缺失。

到 2016 年 6 月,全国共有部、省、市、县四级农业质检机构 3332 个（部级 264 个、省级 198 个、地市级 534 个、县级 2405 个）,有检测人员 3.5 万人、实验室面积 207 万平方米、仪器设备 20.3 万台（套）,每年承担政府委托检测样品量 1260 万个,基本形成了布局合理、层次完整、职责明确、运行顺畅的农产品质量安全监管体系,在农产品质量安全监管实践中发挥着重要作用。

（三）能力建设实现了新提升

2001 年,农业部首次在北京、天津、上海、深圳四个试点城市开展蔬菜药

---

① 农业部:《关于加强农产品质量安全检验检测体系建设与管理的意见（农质发〔2014〕11 号）》,农业部网站,2015—06—11〔2015—02—25〕, http://www.moa.gov.cn/govpublic/ncpzlaq/201406/t20140611_3935664.html。

残、畜产品瘦肉精残留例行检测,2002 年、2004 年农业部逐渐将监测工作扩展至农药、兽药残留以及水产品等方面。历经十余年,我国农产品质量安全监测工作不断完善。2015 年全年,农业部按季度组织开展了 4 次农产品质量安全例行监测,共监测全国 31 个省(区、市)152 个大中城市 5 大类产品 117 个品种 94 项指标,抽检样品 43 998 个。

尽管农产品质量安全监管体系建设步伐不断加快,但监管能力弱的问题还很突出,特别是在县乡基层,缺条件、缺手段的问题比较普遍,与工作任务相比还有很大差距。为了提升基层农产品质量安全监管执法能力,未来的重点是,要健全农产品质量安全监管体系。抓住有利时机,补齐地县两级农产品质量安全监管机构,充实人员队伍,为乡镇监管站补充一批专业人才,确保"有机构履职、有人员负责、有能力干事";要努力推进农业综合执法,将农产品质量安全作为基层农业综合执法的重中之重,加强岗位练兵,建设一支高素质的农业综合执法队伍;要强化条件建设,积极争取基建、财政资金支持,强化各级农产品质量安全监管执法设施装备,完善检测体系,整体提升基层监管能力。

五、食品检验检测体系的重要缺失: 市场化严重不足

国家食品药品监督管理总局发布的《关于加强食品药品检验检测体系建设的指导意见》(食药监科〔2015〕11 号)充分考虑了食品药品检验检测的专业性和技术性,按照优化配置资源、提升能力水平、保持检验检测体系的系统性的指导思想,确定了"到 2020 年建立完善以国家级检验检测机构为龙头,省级检验检测机构为骨干,市、县级检验检测机构为基础,科学、公正、权威、高效的食品药品检验检测体系,充分发挥第三方检验检测机构的作用,使检验检测能力基本满足食品药品监管和产业发展需要"的总体目标。但是,总体而言,食品检验检测体系的建设存在重要缺失,主要是市场化严重不足,第三方食品药品检验检测机构在我国发展非常不理想,难以形成适度的市场竞争。因此,建设具有中国特色的食品安全风险治理体系,必须基于政府主导、市场配置资源的原则,充分培育、发展与规范第三方食品检验检测机构,培育多元市场,形成不同规模、不同来源、不同国别、不同层次、不同所

有制构成的食品检验检测体系。

（一）食用农产品与食品检验检测的现实市场与未来市场需求

食用农产品与食品检验检测客观要求地域与食品行业的覆盖面更广,监测点更全,监测参数更多,这必将催生新的市场需求。比如,未来食品污染物和有害因素监测将覆盖全部县级行政区域等等。因此,一方面,政府主导的检验检测机构将承担更为繁重的任务;另一方面,需要大力发展第三方机构,以解决"政府失灵"等一系列问题。这是未来建设与改革食品检验检测体系的主要方向。

1. 2008—2015 年中国食品安全检测行业市场规模

不同的机构对未来食用农产品与食品检验检测现实市场或未来的市场需求进行了研究或预测。比如,中国产业信息网发布的《2014—2018 年中国食品安全检测仪器市场分析及投资策略咨询报告》指出:2013 年食品行业检测总额已达 260 亿元,多方因素的影响下,食品农产品检测规范化、标准化的情况下,食品农产品检测行业有望保持 25% 的增长速度,到 2015 年,行业总额有望达到 406 亿元规模(图 8-10)。

图 8-10　2008—2015 年间中国食品安全检测行业市场规模

2. 2015—2020 年中国食品安全检测行业市场规模预测

Markets and Markets 发布了报告 *Impact Analysis*：*China Food Safety Testing*

Market Regulations①。报告指出,预计到 2020 年,中国食品安全检测市场规模将达到 791.5 亿美元,2015 年—2020 年间,该市场的复合年增长率为 9.9%。主要原因是,(1)由于病原体的传染性会引起食品污染、引发疾病,所以在 2014 年开始的病原体检测主导了中国食品安全检测市场。食品污染对消费者的健康将产生重大影响,并且中国的食品安全问题越来越严重,使得食品病原体测试越来越被需要。因此,在今后几年内食品安全检测市场具有显著的增长潜力。(2)肉类和家禽检测对于中国食品安全检测市场非常重要。由于贸易和国内需求,预计在未来几年内肉类和家禽的需求将以显著的速度增长。肉类和家禽产品经常暴露出各种弊端,如掺假。因此,预计在 2015—2020 年间中国肉类和家禽产品的安全测试将以显著速度增长。(3)食源性疾病的高发病率、积极的结构性变化,以及随着食品贸易的全球化、中国与世界其他地区之间的进出口活动不断加强,由此直接导致未来中国食品安全检测市场将出现显著的增长。该报告的研究指出,由于中国食品行业的全产业链的监管,从监管方到企业方很多设备还没有运转起来,现在的年市场规模不足 50 亿元。这其中,实验室仪器设备及耗材约 25 亿元,快检仪器及耗材约 10 亿元,第三方检测量约 15 亿元,将来较快速度的增长是必然的。

(二)第三方检验检测机构的建设状况

繁重的食用农产品与食品检验检测任务,巨大的检验检测市场需求,一方面政府主导的食用农产品与食品检验检测监管分布不平衡且能力有待提升,另一方面现阶段第三方检验检测机构发育发展存在诸多的问题。

我国独立的第三方检验检测市场是在政府逐步放松规制的基础上发展起来的,经历了由国家检验检测机构负责所有商品检验,到开始对民间资本开放商品检验检测市场,再到界定行政执法性质的强制性检验检测工作与民事行为检验检测业务、民营检测机构快速发展、外资独资检测机构进入中国的发展阶段。国内现阶段检测的现状是内销产品由国家检测机构负责,如质检局、疾病预防中心等,出口产品主要由外国检测机构负责,因此国内第三方检测机构可谓是在夹缝中求生存。根据国家质检总局发布的数据,目前,中国国有检验

---

① 《2020 年中国食品安全检测市场规模将达到 8 亿美元》,仪器网,2016—03—22[2016—06—03],http://mt.sohu.com/20160322/n441535065.shtml。

检测机构数占检测机构总数的近 80%，民营检验检测机构数量约占 19.5%，外资检验检测机构数量仅占 0.5%，占比悬殊。而在食品检验检测市场，政府主导的机构占比可能超过 90%，只有一些特大城市与大城市有极少量的非政府主导的检验检测机构。虽然政策性文件已表明了国家的态度，即支持社会力量加入食品检验服务行业，给予其发展的政策空间。但相关数据显示，目前社会中介类的机构实力普遍弱小，符合条件接受委托的机构数目寥寥。如果不具备资质的话，所出具的检验检测报告就不具备法律效力，接受政府监管部门的委托就不具备资格。个别实力比较雄厚的大公司对接受政府购买服务还有所顾虑。因为对于企业来说，首先要考虑投资风险，进行检测的仪器设备往往要占用大量资金，这部分资金能否都发挥作用还是未知数。因此，国家层面应该加快健全第三方检测监管的法律法规，并就如何扶持社会力量办检测机构出台操作层面上的细则，建立和健全第三方检测机构管理机制，杜绝和防范检测过程中存在的弄虚作假行为，以及检测市场秩序混乱的问题，以促进第三方食品检验检测机构的发育发展。这是完善具有中国特色的检验检测体系的重要现实路径。

第九章　食品安全法律体系建设

　　2009 年,我国确立了以《食品安全法》为核心的食品安全法律制度框架,并持续推进相关食品安全法律法规制度的修改、完善与新的立法等建设工作。在随后的六年间,以《食品安全法》为基础,逐步构建起具有中国特色的较为完整的食品安全法律体系,食品安全领域无法可依的状态基本不复存在。尤其是2015 年颁布实施了新修订的《食品安全法》,明确了"预防为主、风险管理、全程控制、社会共治"的基本原则,中央层面和地方层面的法规和规章的立法工作也继续推进,各部门和各地方制定了大量的规范性文件,相对完善的食品安全法律体系正在逐步建立。本章在对食品安全法律体系的建设历程进行简要回顾的基础上,分析 2015 年新实施的《食品安全法》的基本特征及其实施后产生的影响,介绍相应配套法律法规建设的新进展,考察以司法解释和典型案例解读推动食品安全法律法规的贯彻落实的具体举措和司法系统依法惩处食品安全犯罪的新成效,据以提出全面落实《食品安全法》与加强食品安全法治建设的重点。

一、中国食品安全法律体系的建设历程

　　改革开放以前,基于当时的国情,我国相关部门先后制定、颁布和实施了相应的食品卫生标准、食品卫生检验方法等规章制度与管理办法,同时逐步建立了与当时环境基本适应的食品卫生监督管理的专门机构和专业队伍。改革开放以后,随着经济体制改革的不断深入,我国的食品产业迅速发展。1987我国食品工业产值达到 1134 亿元,是 1978 年的四倍,总量在国民经济的产业体系中位居第三位①。进入新世纪以来,伴随着农业和食品加工业、食品国际

---

　　① 杨理科、徐广涛:《我国食品工业发展迅速,今年产值跃居工业部门第三位》,《人民日报》1988 年 11 月 29 日。

贸易的发展变化,尤其是执政理念的巨大转变,我国的食品安全法律体系逐渐地建立并不断完善。以 2009 年 6 月 1 日《中华人民共和国食品安全法》(以下简称《食品安全法(2009 版)》)正式实施为标志,我国已初步建立了较为完整且能较好发挥效用的食品安全法律体系。2013 年 10 月,全国人大常委会展开了《食品安全法》的修订工作,新修订的《中华人民共和国食品安全法》(以下简称"新的《食品安全法》")于 2015 年 4 月 24 日由第十二届全国人民代表大会常务委员会第十四次会议修订通过,于 2015 年 10 月 1 日起正式实施。

(一)《食品安全法(2009 版)》实施以前的基本概况

1.《食品卫生法(试行)》的制定与实施

建国初期,食品安全的概念主要局限于数量安全,解决温饱是当时食品安全的最大目标。由于在 20 世纪五六十年代食品安全事件大部分是发生在食品消费环节中的中毒事故,因此在某种意义上食品质量安全就等同于食品卫生。1965 年当时的国家卫生部、商业部、第一轻工业部、中央工商行政管理局、全国供销合作总社联合制定实施的《食品卫生管理试行条例》,就成为建国以来我国第一部中央层面上综合性的食品卫生管理法规[①],其在内容上体现出计划经济时代我国政府食品安全管控的体制特色[②]。在 1965 年颁布实施的《食品卫生管理试行条例》的基础上,根据当时的客观要求,卫生部于 1979 年进一步修改并正式颁发了《中华人民共和国食品卫生管理条例》。1978—1992 年间国家的经济体制开始实施重大改革,大量个体经济和私营经济进入餐饮行业和食品加工行业,食品生产经营渠道日益多元化和复杂化,食品污染的因素和机会随之增多,出现了食物中毒事故数量不断上升的态势,有些问题甚至严重威胁人民健康和生命安全。例如,广东省广州市 1979 年发生

[①]　在此之前,我国中央和各级地方政府也曾经就某一具体的食品品种卫生管理发布过相关的条例规定和标准,1953 年 3 月卫生部《关于统一调味粉含麸酸钠标准的通知》《清凉饮食物管理暂行办法》等,1954 年卫生部《关于食品中使用糖精剂量的规定》,1957 年天津市卫生部门检验发现酱油中砷含量高,提出了酱油中含砷量的标准为每公斤不超过 1 毫克,卫生部转发全国执行。1958 年轻工业部、卫生部、第二商业部颁发了乳与乳制品部颁标准及检验方法,由 1958 年 8 月 1 日起实施。

[②]　《天津市人民委员会关于转发国务院批转的"食品卫生管理试行条例"的通知》,天津政报,1965(17),第 2—7 页。

食物中毒事故46起,中毒人数为302人,而1982年发生的食物中毒事故则上升至52起,中毒人数飙升至1 097人①。实践中发现的主要问题是,急性食物中毒不断发生,经食品传染的消化道疾病发病情况较多,农药、工业三废、霉变食品中毒素等有害物质对食品的污染情况在有的地区比较严重,食品生产中有些食品达不到标准,有的食品卫生严重违法事件得不到应有的法律制裁等。全社会改善食品卫生环境的需求日益迫切,对健全食品卫生法制建设提出了新的要求②。

基于上述原因,1981年4月国务院就开始着手起草《食品卫生法》,并在广泛征求意见的基础上进行10多次的反复修改,最终全国人大常委会于1982年11月19日通过了《中华人民共和国食品卫生法(试行)》,并于1983年7月1日起开始试行。这部法律虽然是带有过渡性质的试行法律,体现出浓厚的妥协和折中性质,但相对于之前的食品安全管控体制而言,在内容上还是取得了一定的突破③。该法的基本内容包括以下七个方面:(1)提出了食品的卫生要求,列出了禁止生产经营的不卫生食品的种类;(2)食品添加剂生产经营实行国家管制;(3)提出了食品容器、包装材料和食品用工具、设备的卫生要求和生产经营的国家管制方法;(4)实行食品卫生标准制度;(5)食品生产经营企业的主管部门和食品生产经营企业对食品安全承担管理义务和责任;(6)初步确立了以食品卫生监督机构为核心的包括工商行政机关和农牧渔业主管部门在内的分段监管体制;(7)明确了法律责任,尤其是增设了相应的刑事责任的规定。

2.《食品卫生法》的制定与实施

虽然从20世纪80年代末开始,我国已在机械工业、商业、石油工业等产业领域逐步推行政企分开改革,但是食品工业领域中的政企分开改革则是在1992年提出建立社会主义市场经济体制目标之后。1993年3月召开的全国八届人大一次会议通过的《国务院机构改革方案》决定撤销轻工业部。从食

① 丁佩珠:《广州市1976—1985年食物中毒情况分析》,《华南预防医学》1988年第4期,第79—80页。

② 参见时任卫生部副部长王伟所做的《关于〈中华人民共和国食品卫生法〉(草案)的说明》。

③ 刘鹏:《中国食品安全监管——基于体制变迁与绩效评估的实证研究》,《公共管理学报》2010年第4期,第63—77页。

品安全监管的角度来分析,这次国务院机构改革的意义重大。存在了44年之久的轻工业部终于退出历史舞台,包括肉制品、酒类、水产品、植物油、粮食、乳制品等诸多食品饮料制造行业的企业在体制上正式与轻工业主管部门分离,代之以指导性的轻工总会,后又改为国家经贸委下辖的国家轻工业局,直至2001年再次被撤销。不管是轻工总会,还是国家经贸委下辖的轻工业局,食品工业领域的政企合一模式已经基本被打破。从1983年7月1日起开始实施《中华人民共和国食品卫生法(试行)》到1993年3月的国务院机构改革,10年来中国食品工业实现了迅猛的发展,食品工业企业单位数由51 734个增加到75 362个,从业职工人数由213.2万人增加到484.6万人,一些新型食品、保健食品、开发利用新资源生产的食品大批涌现,使得旧有的试行版《食品卫生法》难以适应新的形势①。基于这样的历史背景,在当时的国务院法制局和卫生部的大力推动下,1995年10月八届全国人大常委会第十六次会议正式通过修订后的《中华人民共和国食品卫生法》,并由试行法调整为正式法律,将原有试行法中事业单位执法改为行政执法。为维护《食品卫生法》的稳定性、连续性,在当时的修改过程中坚持了凡试行法中经实践证明行之有效的条款或者可改可不改的条款均保留不动的原则,主要重点修改以下五个方面的内容:(1)改变了原来由卫生防疫站或者食品卫生监督检验所非行政部门直接行使行政权的方式,将食品卫生监督权授予各级卫生行政管理部门;(2)对尚无国家标准或者宣传特殊功能的进口食品的管理,要求进口单位必须提供输出国的相关资料;(3)加强食品生产经营企业责任和对街头食品、各类食品市场的管理;(4)给卫生行政部门在食品卫生执法活动中授予具体的行政强制措施的权力,如封存产品、扣留生产经营工具、查封生产经营场所等;(5)完善了对违法行为法律责任的规定,加大处罚力度,增强可操作性。

　　《食品卫生法》(包括试行法)的制定实施,对于解决改革开放后食品工业大发展产生的新情况、新问题发挥了巨大的作用,对当时的食品卫生监管产生了积极的效应。全国食品中毒事故爆发数从1991年的1861件下降至1997年的522件,中毒人数由1990年的47 367人剧减至1997年的13 567人,死

---

　　①　刘鹏:《中国食品安全监管——基于体制变迁与绩效评估的实证研究》,《公共管理学报》2010年第4期,第63—77页。

亡人数也由 338 人降至 132 人①。此后，部分地方的人大常委会和政府进行
了执行性立法②，充实和丰富食品卫生的法规体系。全国人大常委会对食品
卫生工作也分别于 1997 年和 2002 年组织了两次《食品卫生法》的执法大
检查。

3. 食品安全分段监管法律体系的确立

1998 年国务院的政府机构改革调整了国家质量技术监督局、卫生部、粮
食局、工商总局、农业部等食品安全相关监管部门的职责。这种调整为后来的
分段监管体制奠定了基础，也标志着《食品卫生法》所确定的以卫生部门为主
导的监管体制逐步发生了一定程度的变化，卫生部门的主导地位有所削弱。
为了重新强化对以上诸多监管部门的协调，同时也受美国 FDA 食品药品监管
一体化模式的影响，在 2003 年的国务院机构改革中，国务院进一步决定将原
有的国家药品监督管理局调整为国家食品药品监督管理局，并将食品安全的
综合监督、组织协调和依法组织查处重大事故的职能赋予该机构。2003—
2004 年间安徽阜阳劣质奶粉事件的爆发成为催生食品安全分段监管体制的
诱发因素。国务院于 2004 年 9 月颁布了《国务院关于进一步加强食品安全工
作的决定》(国发〔2004〕23 号)，在已有的食品安全监管体制上首次明确了
"按照一个监管环节、一个部门监管的原则，采取分段监管为主、品种监管为
辅的方式"。

《食品卫生法》主要规范生产、加工、运输、流通和消费环节的食品卫生安
全活动，并没有规范种植业、养殖业以及捕捞、采集、猎捕等初级农产品生产环
节的监管，同时也没有规范诸如食品安全风险分析与评估、食品召回制度、食
品添加剂等方面的监管，以及界定食品广告监管等一些市场经济条件下科技、

---

① 刘鹏:《中国食品安全监管——基于体制变迁与绩效评估的实证研究》,《公共管理学
报》2010 年第 4 期,第 63—77 页。
② 地方性法规主要有:《江西省违反〈食品卫生法〉罚款细则》;《云南省关于〈中华人民共
和国制品卫生法〉(试行)》;《河南省洛阳市〈食品卫生法(试行)〉实施细则》;《北京市实施〈中
华人民共和国食品卫生法〉办法》;《甘肃省实施〈中华人民共和国食品卫生法(试行)〉的若干规
定》;《四川省〈中华人民共和国食品卫生法〉实施办法》;《浙江省〈中华人民共和国食品卫生法〉
实施办法》;《湖北省〈中华人民共和国食品卫生法〉实施办法》;《辽宁省〈中华人民共和国食品
卫生法〉实施办法》;《西藏自治区〈中华人民共和国食品卫生法〉实施办法》。上述部分地方性
法规还进行了修改。地方性规章共有三部:《成都市〈中华人民共和国食品卫生法〉实施办
法》;《青岛市〈中华人民共和国食品卫生法〉实施办法》;《青海省人民政府实施〈中华人民共和
国食品卫生法(试行)〉的暂行办法》等。

法制含量较高的现代监管方式。从本质上看,《食品卫生法》更多地体现了市场经济发展初期的我国食品产业发展特征。

随着 10 多年来食品产业的飞速发展,食品安全监管体制已相形见绌。多部门分段监管体制的确立使得《食品卫生法》的一些内容规定显得有些相对滞后,需要通过《产品质量法》、《农产品质量安全法》等其他法律加以补充。《产品质量法》发轫于《工业产品质量责任条例》,主要调整产品的生产、储运、销售及对产品质量监督管理活动中发生的法律关系,重点解决产品质量宏观调控和产品质量责任两个范畴的问题。凡属于这个领域的食品、食品添加剂和食品包装等商品均属于该法的调整范围。《产品质量法》的主要内容包括产品质量责任主体、生产许可证制度,企业质量体系认证和产品质量认证制度,产品质量监督检查制度,规定了生产者、储运者、经销者的产品质量义务,对建立质量体系、产品基本要求、交接验收等作了原则规定,明确了产品质量民事纠纷的解决途径和相关的法律责任。《产品质量法》1993 年颁布实行后,于 2000 年经过一次修改。目前青海、湖北、安徽和山东四省进行了地方的执行性立法。

第十届全国人民代表大会常务委员会第二十一次会议于 2006 年 4 月 29 日通过、2006 年 11 月 1 日起施行的《农产品质量安全法》,被认为是我国第一部关系广大人民群众身体健康和生命安全的食品安全法律。《农产品质量安全法》将"农产品"界定为来源于农业的初级产品,包括植物、动物、微生物及其产品,同时还建立了农产品质量安全标准体系。该法在内容上还包括加强农产品产地管理、规范农产品生产过程、规范农产品的包装和标识、完善农产品质量安全监督检查制度等。在立法时,考虑到《农产品质量安全法》与《产品质量法》、《食品卫生法》的相互衔接问题,且当时《食品安全法》已经在起草过程中,有部分全国人大代表对制定《农产品质量安全法》的必要性提出过质疑①。《农产品质量安全法》于 2006 年颁布实行后,宁夏、新疆和湖北分别发布了各自的《〈农产品质量安全法〉实施办法》的地方性法规,而四川省则相应制定了《四川省〈中华人民共和国农产品质量安全法〉实施办法》的地方规章。

---

① 参见十届全国人大常委会第十八次会议分组审议《农产品质量安全法(草案)》的意见(2005 年 10 月 22 日)。

2004 年出台的《国务院关于进一步加强食品安全工作的决定》是明确建立食品安全分段监管模式的重要文件,明确农业部门负责初级农产品生产环节的监管;质检部门负责食品生产加工环节的监管,将现由卫生部门承担的食品生产加工环节的卫生监管职责划归质检部门;工商部门负责食品流通环节的监管;卫生部门负责餐饮业和食堂等消费环节的监管;食品药品监管部门负责对食品安全的综合监督、组织协调和依法组织查处重大事故。除此之外,生猪及牛、羊等禽畜的屠宰由商品流通行政主管部门管理。根据这个文件确立的职能分工体制,相应的法律配合相应的监管机关对特定的阶段和环节进行监管,这是我国在食品安全立法方面的基本构思。如果食品监管法律体系是一张拼图,那么《农产品质量安全法》就是最后一块拼板。2006 年《农产品质量安全法》的颁布实施,标志着我国食品安全分段监管模式完整的法律体系已正式确立。

(二)《食品安全法(2009 版)》的实施

随着中国食品产业的全面迅猛发展,食品产业的外延已经延伸到农业、农产品加工业、食品工业、食品经营业以及餐饮行业等整个产业链体系,食用农产品种植和饲养、深加工、流通以及现代餐饮业也出现了一系列新的变化,主要局限于餐饮消费环节的传统食品卫生概念已无法适应食品产业外延的扩展变化,远远不能满足社会公众对于食品安全的质量要求。而强调食品种养殖、生产加工、流通销售和餐饮消费四大环节综合安全的食品安全(Food Safety)概念更加符合社会和公众对于食品安全消费的标准和需求[1]。同时在《食品卫生法》实施的阶段,立法者主要关注的是食源性疾病、食物中毒、小摊贩、小作坊等问题,而无证摊贩、个体户、私营企业主则是主要监管对象。但 2008 年"三鹿"奶粉事件的出现,促使立法者转变了对食品安全问题法律调控的整体看法。"三鹿"奶粉事件暴露出我国食品安全分段监管的弊端,也反映出在食品安全标准、食品安全信息公布以及食品风险监测、评估等方面缺乏统一、协调的制度。加之在加入 WTO 后我国已经逐步融入世界贸易体系,WTO 中的SPS、TBT 等协议也促使我国必须在食品安全的法制领域与国际社会衔接。

---

[1] 刘鹏:《中国食品安全监管——基于体制变迁与绩效评估的实证研究》,《公共管理学报》2010 年第 4 期,第 63—77 页。

这些因素的合力导致立法者的思路从修改《食品卫生法》转变为制定《食品安全法》。

从《食品卫生法》转变为《食品安全法》并不是简单的概念问题,而是立法理念的变化。世界卫生组织发表的《加强国家级食品安全性计划指南》将食品安全解释为"对食品按其原定用途进行制作和食用时不会使消费者受害的一种担保",而将食品卫生界定为"为确保食品安全性和适合性在食物链的所有阶段必须采取的一切条件和措施",食品安全与食品卫生是两个不同的概念。总之,制定《食品安全法》取代《食品卫生法》的目的就是要对"从农田到餐桌"的全过程的食品安全相关问题进行全面规定,在一个更为科学的体系之下,用食品质量安全标准来统筹食品相关标准,避免食品卫生标准、食品质量标准、食品营养标准之间的交叉与重复。正是基于上述认识的转变,国务院法制办在起草《食品卫生法(修订草案)》的过程中将名称变为《食品安全法(草案)》①。

立法理念的变化直接影响着法律的内容。2009 年 2 月 28 日,《食品安全法(2009 版)》在十一届全国人大常委会第七次会议上以 158 票赞成、3 票反对、1 票弃权的最终结果高票获得通过。《食品安全法(2009 版)》在内容上比《食品卫生法》更为广泛,涉及了八大制度(表 9-1),其主要亮点就在于:(1)成立国务院食品安全委员会,统筹协调和指导食品安全监管工作;(2)健全了相应的安全、事故报告与处置以及各方责任制度;(3)监管的重点是有害物质、食品添加剂的生产和使用;(4)监管范围扩大至保健食品,而不只是限于普通食品;(5)监管过程上溯到源头,初级农产品的质量安全管理由农产品质量安全法规定,而有关食用农产品的质量安全标准及公布则遵守《食品安全法》的规定;(6)对食品广告宣传实施特别限制,不允许夸大食品功能;(7)带有惩罚性质的赔偿与罚款、民事与刑事相结合的处罚制度等。

---

① 曹康泰 2007 年 12 月 26 日在第十届全国人大常委会第三十一次会议上所做的《关于〈中华人民共和国食品安全法(草案)〉的说明》。

表 9-1 《食品安全法(2009 版)》涉及的八大制度及其主要内容

序号	制度框架	立法前的体制及弊端	立法后格局
1	监管	分段监管。农业、质检、工商、卫生、食品药品监管等部门分管生产流通环节。各管一段,协调性差	一是进一步明确分段监管的各部门具体职责。卫生部门承担食品安全综合协调职责;质检、工商、食品药品监管部门分别对食品生产与流通、餐饮服务实施监管;农业部门主要依据农产品质量安全法的规定进行监管,但制定有关食用农产品的质量安全标准、公布食用农产品安全有关信息则依照食品安全法的有关规定;二是在分段监管基础上,国务院设立食品安全委员会,作为高层次的议事协调机构,协调、指导食品安全监管工作;三是进一步加强地方政府及其有关部门的监管职责。
2	风险评估监测	无	国务院卫生部门负责组织食品安全风险评估工作,成立由医学、农业、食品、营养等方面的专家组成的食品安全风险评估专家委员会,进行食品安全风险评估。卫生部门汇总信息和分析,实行风险警示和发布制度。
3	安全标准	不统一、不完整	统一制定食品安全国家标准。除此之外,不得制定其他的食品强制性标准。
4	经营者责任制	不完整	从四个方面确保食品生产经营者成为食品安全的第一责任人:食品生产经营许可、索票索证制度、食品安全管理制度以及不安全食品召回与停止经营等。
5	添加剂安全	不规范使用/滥用食品添加剂;允许使用的有 22 类 1812 种	食品添加剂应当经过风险评估证明安全可靠,且技术上是确有必要,方可列入允许使用的范围;食品生产者应当按照食品安全标准关于食品添加剂的品种、使用范围和用量的规定使用添加剂,不得在食品生产中使用食品添加剂以外的化学物质或者其他危害人体健康的物质。
6	保健食品监管	缺乏监管,保健食品市场"乱象"	国家对声称具有特定保健功能的食品应实行严格监管。有关监督管理部门应当依法履职,承担责任;声称具有特定保健功能的食品不得对人体产生急性、亚急性或者慢性危害,其标签、说明书不得涉及疾病预防、治疗功能,内容必须真实,应当载明适宜人群、不适宜人群、功效成分或者标志性成分及其含量等;产品功能和成分必须与标签、说明书一致。

续表

序号	制度框架	立法前的体制及弊端	立法后格局
7	事故	报告制度有漏洞	一是报告制度。日常监管部门向卫生部门立即通报制度;卫生部门、县级政府逐级上报;任何单位或者个人不得对食品安全事故隐瞒、谎报、缓报,不得毁灭有关证据;二是事故处置。卫生部门接到食品安全事故的报告后,应当立即会同有关监管部门进行调查处理,并采取措施,防止和减轻事故危害。发生重大食品安全事故的,县级以上人民政府应当立即成立食品安全事故处置指挥机构,启动应急预案,及时进行处置;三是责任追究。发生重大食品安全事故,设区的市级以上人民政府卫生行政部门应当立即会同有关部门进行事故责任调查,督促有关部门履行职责,向本级政府提出事故调查处理报告。
8	惩罚性	力度不够	对严重违法行为进行相关的刑事、行政和民事责任;在民事责任方面,突破目前我国民事损害赔偿的理念,确立了惩罚性赔偿制度——生产不符合食品安全标准的食品,或者销售明知是不符合食品安全标准的食品,消费者除要求赔偿损失外,还可以向生产者或者销售者要求支付价款 10 倍的赔偿金;"民事赔偿优先"——违反本法规定,应当承担民事赔偿责任和缴纳罚款、罚金,其财产不足以同时支付时,先承担民事赔偿责任

资料来源:根据《食品安全法(2009 版)》的相关内容整理形成。

(三)《食品安全法》的修订

2013 年,全国人大常委会展开了《食品安全法》的修订工作,经过 2014 年卓有成效地工作,取得了重要进展,新的《食品安全法》于 2015 年 4 月 24 日由第十二届全国人民代表大会常务委员会第十四次会议修订通过,自 2015 年 10 月 1 日起施行。《食品安全法》的修改,主要是以法律形式巩固我国食品安全监管体制的改革成果、完善监管的制度机制,解决当前食品安全领域存在的突出问题,以法治方式维护食品安全,为最严格的食品安全监管提供了体制制度保障。

1. 修订背景及过程

《食品安全法(2009 版)》对规范食品生产经营活动、保障食品安全发挥了重要作用,食品安全整体水平得到提升,食品安全形势总体稳中向好。与此同时,我国食品企业违法生产经营现象依然存在,食品安全事件时有发生,监管体制、手段和制度等尚不能完全适应食品安全需要,法律责任偏轻、重典治乱威慑作用没有得到充分发挥,食品安全形势依然严峻。党的十八大以来,党中央、国务院进一步改革完善我国食品安全监管体制,着力建立最严格的食品安全监管制度,积极推进食品安全社会共治格局。为了以法律形式固定监管体制改革成果、完善监管制度机制,解决当前食品安全领域存在的突出问题,以法治方式维护食品安全,为最严格的食品安全监管提供体制制度保障,修改《食品安全法(2009版)》被立法部门提上日程①。新的《食品安全法》历经全国人大常委会第九次会议、第十二次会议两次审议,三易其稿后终获通过。从2013年10月—2015年4月历时1年半的时间,《食品安全法》修正案主要的修改历程经历了四个阶段:

(1)国家食品药品监管总局提出初步修订案并向社会公开征求意见。2013年5月,国务院将《食品安全法》修订列入2013年立法计划②,并确定由国家食品药品监管总局牵头修订。经过广泛调研和论证,2013年10月10日,国家食品药品监管总局向国务院报送了《食品安全法(修订草案送审稿)》。该送审稿从落实监管体制改革和政府职能转变成果、强化企业主体责任落实、强化地方政府责任落实、创新监管机制方式、完善食品安全社会共治、严惩重处违法违规行为六个方面对现行法律作了修改、补充,增加了食品网络交易监管制度、食品安全责任强制保险制度、禁止婴幼儿配方食品委托贴牌生产等规定和责任约谈、突击性检查等监管方式。在行政许可设置方面,国家食品药品监管总局经过专项论证,在送审稿中增加规定了食品安全管理人员职业资格和保健食品产品注册两项许可制度。为了进一步增强立法的公开性和透明度,提高立法质量,国务院法制办于同年10月29日将该送审稿全文公布,公开征求社会各界意见。

(2)国务院常务会议讨论通过修订草案并递交全国人大常委会审议。

---

① 本章节的内容主要来源于:《打响"舌尖安全"保卫战—新修订〈食品安全法〉深度解读》,中国食品网,2015—06—03[2015—06—16],http://www.cfqn.com.cn/jryw/5192.html。

② 在食品安全方面,2013年列入国务院立法计划的还包括对《乳品质量安全监督管理条例》的修订,该项立法工作由农业部起草,属于"力争年内完成的项目"。但关于该条例的修改起草工作没有太多的信息,具体进展情况不明。

2013 年 10 月 30 日公布的十二届全国人大常委会立法规划中,《食品安全法》的修改被列为"条件比较成熟、任期内拟提请审议的法律草案"之一①。2014 年 5 月 14 日,国务院常务会议讨论通过《食品安全法(修订草案)》,并重点从如下四个方面进行了完善:一是对生产、销售、餐饮服务等各环节实施最严格的全过程管理,强化生产经营者主体责任,完善追溯制度。二是建立最严格的监管处罚制度。对违法行为加大处罚力度,构成犯罪的,依法严肃追究刑事责任。加重对地方政府负责人和监管人员的问责。三是健全风险监测、评估和食品安全标准等制度,增设责任约谈、风险分级管理等要求。四是建立有奖举报和责任保险制度,发挥消费者、行业协会、媒体等的监督作用,形成社会共治格局。同年 6 月 23 日,《食品安全法(修订草案)》被提交至全国人大常委会第九次会议一审。

(3) 全国人大常委会二审修订草案。2014 年 12 月 22 日,十二届全国人大常委会第十二次会议对《食品安全法(修订草案)》进行二审。二审修订时出现了七个方面的变化:一是增加了非食品生产经营者从事食品贮存、运输和装卸的规定;二是明确将食用农产品市场流通写入食品安全法;三是增加生产经营转基因食品依法进行标识的规定和罚则;四是对食品中农药的使用做了规定;五是明确保健食品原料用量要求;六是增加媒体编造、散布虚假食品安全信息的法律责任;七是加重了对在食品中添加药品等违法行为的处罚力度。

(4) 全国人大常委会表决通过新法。2014 年 12 月 30 日至 2015 年 1 月 19 日,《食品安全法(修订草案)》第二次公开征求意见。2015 年 4 月,十二届全国人大常委会第十四次会议对《食品安全法(修订草案)》审议后表决通过。相比二审稿,《食品安全法(修订草案)》最后一次审议只是在较受争议的几个核心问题上作了修改,如对剧毒、高毒农药作出的进一步限制是,不得用于"蔬菜、瓜果、茶叶和中草药材"。同时增加规定:销售食用农产品的批发市场应当配备检验设备和人员,或者委托食品检验机构,对进场销售的食用农产品抽样检验;特殊医学用配方食品应当经国务院食品药品监督管理部门注册等。2015 年 4 月 24 日,十二届全国人大常委会第十四次会议以 160 票赞成、1 票反对、3 票弃权,表决通过了新修订的《食品安全法》,自 2015 年 10 月 1 日起

---

① 《十二届全国人大常委会立法规划》,新华网,2013—10—30〔2014—06—16〕,http://news.xinhuanet.com/politics/2013—10/30/c_117939129.html。

正式施行。

2. 新的《食品安全法》的主要变化

新的《食品安全法》按照习近平总书记"四个最严(最严谨的标准,最严格的监管,最严格的处罚和最严肃的问责)"的要求,切实化解食品安全治理的难题,来确保人民群众的饮食安全。新的《食品安全法》共154条,比原法增加了50条,对70%的条文进行了实质性修改。新的《食品安全法》总结国内经验,借鉴国际有益做法,增设了食品安全基本原则,巩固深化了食品安全监管职责,改革创新了食品安全监督管理制度,强化了食品安全源头治理,严格食品生产经营者主体责任、地方政府属地管理责任以及部门监管职责,完善了社会共治,体现了"宽严相济"的法治理念,集中反映了人民群众的愿望和诉求,充分体现了党中央、国务院关于食品安全工作的一系列决策部署①。国家食药监总局法制司司长徐景和指出,"修订后的《食品安全法》最大的变化能用两个字来概括:一是'新',二是'严'"②。经两次审议、三易其稿,新增一些重要的理念、制度、机制和方式。以监管制度为例,增加了食品安全风险自查制度、食品安全责任保险制度、食品安全全程追溯制度、食品安全有奖举报制度等20多项。这些变化,主要集中体现在以下四个方面。

(1)八个方面的制度设计确保最严监管。这八个方面的制度是:一是完善统一权威的食品安全监管机构。终结了"九龙治水"的食品安全分段监管模式,从法律上明确由食品药品监管部门统一监管。二是建立最严格的全过程的监管制度。新法对食品生产、流通、餐饮服务和食用农产品销售等环节,食品添加剂、食品相关产品的监管以及网络食品交易等新兴业态等进行了细化和完善。三是更加突出预防为主、风险防范。新法进一步完善了食品安全风险监测、风险评估制度,增设了责任约谈、风险分级管理等重点制度。四是建立最严格的标准。新法明确了食品药品监管部门参与食品安全标准制定工作,加强了标准制定与标准执行的衔接。五是对特殊食品实行严格监管。新法明确特殊医学用途配方食品、婴幼儿配方乳粉的产品配方实行注册制度。六是加强对农药的管理。新法明确规定,鼓励使用高效低毒低残留的农药,特

① 任端平等:《新食品安全法的十大亮点(一)》,《食品与发酵工业》2015年第7期,第1—6页。

② 《国家食药监总局法制司司长徐景和做客新华网》,新华网,2015—07—03〔2016—10—6〕,http://news.xinhuanet.com/food/2015-07/03/c_127982277.htm。

别强调剧毒、高毒农药不得用于瓜果、蔬菜、茶叶、中草药材等国家规定的农作物。七是加强风险评估管理。新法明确规定通过食品安全风险监测或者接到举报发现食品、食品添加剂、食品相关产品可能存在安全隐患等情形，必须进行食品安全风险评估。八是建立最严格的法律责任制度。新法从民事和刑事等方面强化了对食品安全违法行为的惩处力度。

（2）六个方面的罚则设置确保"重典治乱"。这六个方面的罚则包括：一是强化刑事责任追究。新法对违法行为的查处上作了一个很大改革，即首先要求执法部门对违法行为进行一个判断，如果构成犯罪，就直接由公安部门进行侦查，追究刑事责任；如果不构成刑事犯罪，才是由行政执法部门进行行政处罚。此外还规定，行为人因食品安全犯罪被判处有期徒刑以上刑罚，则终身不得从事食品生产经营的管理工作。二是增设了行政拘留。新法对用非食品原料生产食品、经营病死畜禽、违法使用剧毒高毒农药等严重行为增设拘留行政处罚。三是大幅提高了罚款额度。比如，对生产经营添加药品的食品，生产经营营养成分不符合国家标准的婴幼儿配方乳粉等性质恶劣的违法行为，现行食品安全法规定最高可以处罚货值金额 10 倍的罚款，新法规定最高可以处罚货值金额 30 倍的罚款。四是对重复违法行为加大处罚。新法规定，行为人在一年内累计 3 次因违法受到罚款、警告等行政处罚的，给予责令停产停业直至吊销许可证的处罚。五是非法提供场所增设罚则。为了加强源头监管、全程监管，新法对明知从事无证生产经营或者从事非法添加非食用物质等违法行为，仍然为其提供生产经营场所的行为，规定最高处以 10 万元罚款。六是强化民事责任追究。新法增设首负责任制，要求接到消费者赔偿请求的生产经营者应当先行赔付，不得推诿；同时消费者在法定情形下可以要求 10 倍价款或者 3 倍损失的惩罚性赔偿金。此外，新法还强化了民事连带责任，规定对网络交易第三方平台提供者未能履行法定义务、食品检验机构出具虚假检验报告、认证机构出具虚假的论证结论，使消费者合法权益受到损害的，应与相关生产经营者承担连带责任。

（3）四个方面的规定确保食品安全社会共治。这四个方面的规定主要是：一是行业协会要当好引导者。新法明确，食品行业协会应当加强行业自律，按照章程建立健全行业规范和奖惩机制，提供食品安全信息、技术等服务，引导和督促食品生产经营者依法生产经营。二是消费者协会要当好监督者。新法明确，消费者协会和其他消费者组织对违反食品安全法规定、损害消费者合法权益的行为,依法进行社会监督。三是举报者有奖并受保护。新法规定,对查证属实的举报应当给予举报人奖励,对举报人的相关信息,政府和监管部门要予以保密。同时,参照国外的"吹哨人"制度和公益告发制度,明确规定企业不得通过解除或者变更劳动合同等方式对举报人进行打击报复,对内部举报人给予特别保护。四是新闻媒体要当好公益宣传员。新法明确,新闻媒体应当开展食品安全法律、法规以及食品安全标准和知识的公益宣传,并对食品安全违法行为进行舆论监督。同时,规定对在食品安全工作中做出突出贡献的单位和个人给予表彰、奖励。

(4)三项义务强化互联网食品交易监管。明确的三项义务是:一是明确网络食品第三方交易平台的一般性义务,即要对入网经营者实名登记,要明确其食品安全管理责任。二是明确网络食品第三方交易平台的管理义务,即要对依法取得许可证才能经营的食品经营者许可证进行审查,特别是发现入网食品经营者有违法行为的,应当及时制止,并立即报告食品药品监管部门。对发现严重违法行为的,应当立即停止提供网络交易平台的服务。三是规定消费者权益保护的义务,包括消费者通过网络食品交易第三方平台,购买食品其合法权益受到损害的,可以向入网的食品经营者或者食品生产者要求赔偿,如果网络食品第三方交易平台的提供者对入网的食品经营者真实姓名、名称、地址和有效方式不能提供的,要由网络食品交易平台提供赔偿,网络食品交易第三方平台提供赔偿后,有权向入网食品经营者或者生产者进行追偿,网络食品第三方交易平台提供者如果做出了更有利于消费者承诺的,应当履行承诺。

需要指出的是,自新的《食品安全法》颁布以来,中央层面和地方层面的法规和规章的立法工作也继续推进,各部门和各地方制定了大量的规范性文件。从国家层面来看,国家相关部门加紧完善相关配套办法①,地方政府则重

---

① 截至2016年9月,已出台了12部配套规章和近20项重要配套规范性文件。依照新法全程监管理念,强化事前注册管理,出台食品生产许可管理办法、经营许可管理办法和食品生产许可、经营许可审查通则。针对新法关于特殊食品准入管理的新规定,出台了《保健食品注册与备案管理办法》、《特殊医学用途配方食品注册管理办法》、《婴幼儿配方乳粉产品配方注册管理办法》等规章。创新事中事后监管方式,出台了《食品安全抽样检验办法》、《食品生产经营日常监督检查管理办法》、《食用农产品市场销售质量安全监督管理办法》、《食品召回管理办法》、《网络食品安全违法行为查处办法》等规章。

点围绕"三小"（小作坊、小餐饮、小摊贩）监管等出台了若干地方性法规与文件①。

二、新的《食品安全法》的基本特征
及其实施后产生的影响

新的《食品安全法》在总则中规定了食品安全工作要实行预防为主、风险管理、全程控制、社会共治的基本原则，要建立科学、严格的监管制度。该规定内容吸收了国际食品安全治理的新价值、新元素，不仅是《食品安全法》修订时遵循的理念，也是今后我国食品安全监管工作必须遵循的理念。在预防为主方面，就是要强化食品生产经营过程和政府监管中的风险预防要求。为此，将食品召回对象由原来的"食品生产者发现其生产的食品不符合食品安全标准，应当立即停止生产，召回已经上市销售的食品"修改为"食品生产者发现其生产的食品不符合食品安全标准或者有证据证明可能危害人体健康的，应当立即停止生产，召回已经上市销售的食品"。在风险管理方面，提出了食品药品监管部门根据食品安全风险监测、风险评估结果和食品安全状况等，确定监管重点、方式和频次，实施风险分级管理。在全程控制方面，提出了国家要建立食品全程追溯制度。食品生产经营者要建立食品安全追溯体系，保证食品可追溯。在社会共治方面，强化了行业协会、消费者协会、新闻媒体、群众投诉举报等方面的规定。

（一）新的《食品安全法》的基本特征

秉承预防为主、风险管理、全程控制、社会共治的基本原则，我们经过研究后认为，与《食品安全法（2009 版）》相比，新的《食品安全法》具有如下八个方面的基本特征。

1. 突出预防为主

"着力加强源头治理，强化过程监管，切实保障'从农田到餐桌'食品安

---

① 截至 2016 年 9 月，已有内蒙、陕西、广东、河北、江苏、湖北、青海等 7 个省份出台了食品"三小"的地方法规。但是，还有 24 个省份尚未按照新的《食品安全法》的要求，出台食品"三小"的地方性法规。资料来源：《24 省份未出台食品"三小"地方性法规》，人民网，2016—09—27〔2016—10—6〕，http://news.0898.net/n2/2016/0927/c231187-29065143.html。

全。"这是 2015 年 3 月国务院办公厅印发的《2015 年食品安全重点工作安排》的主要内容之一。而新的《食品安全法》中,也确定"全程控制"作为食品安全工作的基本原则之一。国家食品药品监管总局副局长滕佳材在解读新的《食品安全法》时表示:"在全程控制方面,新的《食品安全法》提出了国家要建立食品全程追溯制度。食品生产经营者要建立食品安全追溯体系,保证食品可追溯。"可以说,食品安全可追溯体系是助力保障食品全产业链安全的有效工具。"随着贸易的全球化,生产者与消费者的日益分离,消费者越来越看不到生产者。"北京食品科学研究院院长、中国肉类食品综合研究中心主任王守伟表示,生产链和供应链的复杂使得消费者对获取安全产品的信心下降,对食品质量安全进行有效追踪溯源成为迫切需要解决的全球性问题[1]。食品安全全程可追溯制度并不是我国首提,欧盟、美国、日本等国家及地区已制定相关的法律,以法规的形式将追溯系统纳入食品的物流体系中,这说明各个国家都充分认识到可追溯体系在食品安全管理中的作用和价值。新的《食品安全法》第四十二条明确规定了"国家建立食品安全全程可追溯制度",体现了国家对于食品安全工作实行预防为主、风险管理、全程控制的理念。突出预防为主,推进实施食品安全全程可追溯体系是面对我国目前严峻的食品安全形势,国家试图从源头治理食品安全风险的一大举措。

2. 全面落实企业责任

全面落实企业责任,是新的《食品安全法》在"严"上面的有力体现。企业在食品安全生产、销售的过程中扮演着极其重要的角色。以法律的形式强化企业主体责任的落实,明确食品生产经营企业的主要负责人对本企业的食品安全工作全面负责,给食品生产经营企业设定一系列的义务,使得企业主体树立起责任意识,引导企业法人牢固树立"质量是基础、安全是底线"的理念,健全质量管理体系,提升质量管理水平。要探索建立企业责任首负、质量安全受权人、食品安全责任保险、惩罚性赔偿等制度,倒逼企业落实主体责任。新的《食品安全法》在以下三个方面强化了食品生产经营者的主体责任:(1)要求健全落实企业食品安全管理制度。提出食品生产经营企业应当建立食品安全管理制度,配备专职或者兼职的食品安全管理人员,并加强对其培训和考核。

---

[1] 中国医药报:《食品安全全程控制关键在于建立可追溯体系》,新华网,2015—05—15 [2016—06—29],http://news.xinhuanet.com/info/2015-05/15/c_134240560.htm。

要求企业主要负责人对本企业的食品安全工作全面负责,认真落实食品安全管理制度。(2)强化生产经营过程的风险控制。提出要在食品生产经营过程中加强风险控制,要求食品生产企业建立并实施原辅料、关键环节、检验检测、运输等风险控制体系。(3)增设食品安全自查和报告制度。提出食品生产经营者要定期检查评价食品安全状况;条件发生变化,不再符合食品安全要求的,食品生产经营者应当采取整改措施;有发生食品安全事故潜在风险的,应当立即停止生产经营,并向食品药品监管部门报告。

3. 强化食品安全社会共治

食品安全是一个系统工程,与全社会所有的主体息息相关,《食品安全法》的修订,将社会共治作为一项基本原则确定了下来。在具体条文中以下几个方面都体现了社会共治的原则:(1)明确食品行业协会应当依照章程建立健全行业规范和奖惩机制,提供食品安全信息技术等服务,引导和督促食品生产经营者依法生产经营。食品行业协会是食品行业专业的协会,在社会共治方面应该发挥重要的作用。(2)消费者协会和其他消费者组织对违反食品安全法规定,侵害消费者合法权益的行为,总则中明确规定要依法 进行社会监督。食品安全共治方面消费者组织要发挥重要的作用。(3)增加规定食品安全有奖举报制度,明确对查证属实的举报应当给予举报人奖励,对举报人的相关信息,政府和监管部门要予以保密,保护举报人的合法权益,对举报所在企业食品安全违法行为的内部举报人要给予特别保护。内部举报人的保护在食品安全社会共治方面发挥着重要作用,一些国家,比如美国就有"吹哨人"制度,在日本也有公益告发制度,因为很多违法行为内部人是最容易发现的,为了保护内部人对食品安全违法行为举报的积极性,特别规定,明确企业不得通过解除或者变更劳动合同等方式对举报人进行打击报复,对内部举报人进行特别的保护。(4)规范食品安全信息发布,强调监管部门应当准确、及时、客观地公布食品安全信息,鼓励新闻媒体对食品安全违法行为进行舆论监督,同时规定对有关食品安全的宣传报道应当公正真实。[①] 新的《食品安全法》在继续强化新闻媒体进行监督的同时,提出有关食品安全的宣传报道应当真实、公正,并规定媒体编造、散布虚假食品安全信息的,由有关主管部门依法给予

---

① 《十二届全国人大常委会第十四次会议新闻发布会》,新华网,2016—03—04［2016—06—25］,http://www.xinhuanet.com/politics/2016lh/zhibo/20160304a/。

处罚,并对直接负责的主管人员和直接负责人员给予处分。

4.保健食品管理制度的健全

由于保健食品法律法规不完善,保健食品市场混乱问题较为突出。针对保健食品领域非法生产、非法经营、非法添加和非法宣传等众多乱象,新的《食品安全法》也针对性地进行了立法完善,监管制度从模糊到清晰,监管措施由单一措施到多措并举,取得了重大突破和进展。特殊医学用途配方食品是适用于患有特定疾病人群的特殊食品,《食品安全法(2009版)》对这类食品均未作规定。新的《食品安全法》将特殊医学用途配方食品参照药品管理的要求予以对待,规定该类食品应当经国家食品药品监督管理总局注册。注册时,应当提交产品配方、生产工艺、标签、说明书以及表明产品安全性、营养充足性和特殊医学用途临床效果的材料。另外,特殊医学用途配方食品广告也参照药品广告的有关管理规定予以处理。此外,对于保健食品,特殊医学用途配方食品、婴幼儿配方食品和其他专供特定人群的主辅食品等特殊食品,新的《食品安全法》规定这些特殊食品的生产企业应当按照良好生产规范的要求建立与所生产食品相适应的生产质量管理体系,定期对该体系的运行情况进行自查,保证其有效运行,并向所在地县级人民政府食品药品监督管理部门提交自查报告。新的《食品安全法》明确了对保健食品实行注册与备案分类管理的方式,改变了过去单一的产品注册制度;明确了保健食品原料目录、功能目录的管理制度,通过制定保健食品原料目录,明确原料用量和对应的功效,对使用符合保健食品原料目录规定原料的产品实行备案管理;明确了保健食品企业应落实主体责任,生产必须符合良好生产规范实行定期报告等制度;明确了保健食品广告发布必须经过省级食品药品监管部门的审查批准;明确了保健食品违法行为的处罚依据。这些条款,特别是对于保健食品的标签、广告,新的《食品安全法》和新《广告法》都有规定,应该说规定比较具体、明确,处罚的措施也比较严厉。与此同时,为了规范保健食品市场,国家食品药品监督管理总局于2015年发布了《保健食品注册与备案管理办法(征求意见稿)》、《保健食品保健功能目录原料目录管理办法(征求意见稿)》以及《保健食品标识管理办法(征求意见稿)》等。

5.婴幼儿配方生产监督制度的完善

自2008年发生"三聚氰胺事件"以后,婴幼儿配方奶粉质量安全的问题一直是公众关注的焦点问题之一。实际上,从"三聚氰胺事件"发生以后,政府监管部门就始终高度重视奶粉行业的监管,国务院有关部门先后出台了多项措施整顿乳制品行业,制定新的奶粉企业准入细则。而在新的《食品安全法》的修订过程中,一方面对婴幼儿配方食品实行严格管理,增设投料、半成品及成品检验等关键事项的控制要求,婴幼儿配方食品的配方方案和出厂逐批检验等义务;另一方面明确规定不得以委托、贴牌、分装方式生产婴幼儿配方乳粉①。早在2013年12月,国家食品药品监管总局就接连出台《关于禁止以委托、贴牌、分装等方式生产婴幼儿配方乳粉的公告》、《婴幼儿配方乳粉生产企业监督检查规定》、《关于开展在药店试点销售婴幼儿配方乳粉工作的通知》和《关于进一步加强婴幼儿配方乳粉销售监督管理工作的通知》等规定,明确婴幼儿配方乳粉经营者应当严格落实质量安全责任追究制度,建立先行赔偿和追偿制度,按照"谁销售谁负责"的原则对消费者进行赔偿。新的《食品安全法》进一步明确规定,生产婴幼儿配方食品使用的生鲜乳、辅料等食品原料、食品添加剂等,应当符合法律、行政法规的规定和食品安全国家标准,保证婴幼儿生长发育所需的营养成分。婴幼儿配方食品生产企业应当将食品原料、食品添加剂、产品配方及标签等事项向省、自治区、直辖市人民政府食品药品监督管理部门备案。新修订的食品安全法规定,婴幼儿配方食品生产企业应当实施从原料进厂到成品出厂的全过程质量控制,对出厂的婴幼儿配方食品实施逐批检验,保证食品安全。新的《食品安全法》特别规定:不得以分装方式生产婴幼儿配方乳粉,同一企业不得用同一配方生产不同品牌的婴幼儿配方乳粉。相较于成人,食品安全问题对婴幼儿身体机能损伤更大,而孩子的健康关系到每个家庭的幸福,更关乎民族的未来。从母婴食品安全入手,建立起从生产到流通的全流程追溯机制已势在必行。

6. 网购食品纳入监管

近年来,我国网络食品零售、网络外卖订餐、跨境食品电商等互联网食品新业态发展迅速,伪劣食品、"黑作坊"等食品安全问题不断显现。对此,监管部门反应迅速,积极探索网络食品监管法治化。新的《食品安全法》对互联网食品交易作了比较明确的规定,明确了三项义务:一是一般性义务。要求网络食品第三方交易平台要对入网食品经营者实名登记,明确其食品安全管理责

① 张全军等:《论中国食品安全新形势及〈食品安全法〉的修订》,《农产品加工月刊》2015年第3期,第61—63页。

任。二是管理义务。要求网络食品第三方交易平台要对依法取得许可证才能经营的食品经营者许可证进行审查;发现入网食品经营者有违法行为的,应当及时制止,并且要立即报告食品药品监管部门;对发现严重违法行为的应当立即停止提供网络交易平台的服务。三是消费者权益保护义务。包括消费者通过网络食品交易第三方平台购买食品,其合法权益受到损害的,可以向入网的食品经营者或者食品生产者要求赔偿;网络食品第三方交易平台提供者不能提供入网食品经营者真实姓名、名称、地址和有效联系方式的,要由网络食品交易平台提供者赔偿;网络食品交易第三方平台提供者赔偿后,有权向入网食品经营者或者生产者进行追偿;网络食品第三方交易平台提供者如果做出更有利于消费者承诺的,应当履行承诺。与此同时,2015 年 8 月,国家食药总局公布《网络食品经营监督管理办法(征求意见稿)》;同年 10 月,国家质检总局公布《网购保税模式跨境电子商务进口食品安全监督管理细则(征求意见稿)》。两部建议稿的亮点包括:网络食品经营应取得许可或备案;存在安全隐患食品要召回;网络食品交易第三方平台有一定的管理义务;进口食品应该附有合法形式的中文标签等。

7. 转基因食品的安全监管

2015 年,先后有三起状告农业部涉及转基因信息公开的行政诉讼案件被北京市第三中级人民法院受理。围绕转基因食品纷争不断,一直没有达成各方认可的意见,三起案件是希冀借助司法的力量澄清真相。2015 年初,中共中央、国务院印发的《关于加大改革创新力度加快农业现代化建设的若干意见》(中央一号文件),首次提出要加强农业转基因生物科学普及。显然,要对转基因食品问题达成共识仍需要一个艰辛的过程。全国政协于 2015 年 10 月 8 日在京召开第 39 次双周协商座谈会,专门就"转基因农产品的机遇与风险"进行座谈。新的《食品安全法》最终明确:"生产经营转基因食品应当按照规定显著标示"。为深入贯彻 2015 年中央一号文件精神,切实履行《农业转基因生物安全管理条例》赋予的职责,持续加强农业转基因生物研究、试验、生产、加工的安全监管,切实做好农业转基因生物技术研究、安全管理和科学普及工作,农业部办公厅印发了《农业部 2015 年农业转基因生物安全监管工作方案》,以水稻和玉米为重点,瞄准重点单位、重点环节和重点区域,深挖扩散源头、严查农产品市场、强化执法监管、加强科普宣传、杜绝非法种植,防止未经安全评价的转基因生物及其产品流入市场。强化责任落实、把握工作重点、严格执法查处,把防止转基因作物非法扩散作为一项重要任务抓实抓细,增强工作的主动性和有效性。

8.食用农产品的源头治理

新的《食品安全法》将食用农产品的市场销售纳入法律的调整范围,并明确规定禁止将剧毒、高毒农药用于蔬菜、瓜果、茶叶和中草药材等国家规定的农作物。县级以上食品药品监管部门在食品安全监管工作中可以采用国家规定的快速检测方法对食品进行抽查检测。对抽查检测结果表明可能不符合食品安全标准的食品,应当依法进行检验。抽查检验结果确定有关食品不符合食品安全标准的,可以作为行政处罚的依据。抽样检验是通过对末端产品依照法规标准进行检验,防止不合格产品危害消费者健康的有效手段。新的《食品安全法》实施后,将在研究加强与农业部门的产地准出和市场准入管理有效衔接机制的基础上,不断提高食用农产品的抽检覆盖率,要求食用农产品批发市场进行自检,切实履行食品安全主体责任,同时,食品药品监管部门以消费量大、社会广泛关注的蔬菜、生鲜肉、水产品等食用农产品为重点品种,以农药兽药残留为重点监测项目,在食用农产品批发市场、集贸市场、商场超市、餐饮服务单位等环节和场所进行抽样检验发现不符合食品安全标准的,将严格依法依规进行查处,并及时向社会公布抽检结果。

(二)新的《食品安全法》实施后产生的影响

新的《食品安全法》作为一部保证食品质量、保障公众饮食安全的法典,必将对食品监管、食品行业发展以及消费者的饮食安全带来直接影响。

1.对食品监管产生的重要影响

新的《食品安全法》从监管角度出发,创新完善了诸多监管制度,为行业监管部门开展食品安全监管增添了新的"武器"。主要体现在:一是规定监管部门应根据食品安全风险监测、评估结果等确定监管重点、方式和频次,实施风险分级管理。该规定有利于监管部门合理配置监管资源,有针对性地加强对食品企业的动态监管和风险预警分析,落实食品企业质量安全主体责任。二是明确对有证据证明食品存在安全隐患但食品安全标准未作相应规定的,相关部门可规定食品中有害物质的临时限量值和临时检验方法。作为应急状态下的一项行政控制措施,这一制度的设计有利于监管部门在食品监管中对食品中有害物质含量的检测判定。三是规定食品药品监管部门可以对未及时采取措施消除隐患的食品生产经营者的主要负责人进行责任约谈;政府可以对未及时发现系统性风险、未及时消除监管区域内的食品安全隐患的监管部门主要负责人和下级人民政府主要负责人进行责任约谈。这一制度的设立,有利于监管部门进一步强化食品药品安全管理的责任意识,推动食品药品安全监管职责落实到位,有效防范食品药品安全事故的发生。四是明确食品药品监管部门应当建立食品生产经营者食品安全信用档案,依法向社会公布并实时更新。这一制度的建立不仅有利于引导食品生产经营者在生产经营活动中重质量、重服务、重信誉、重自律,进而形成确保食品安全的长效机制,而且对监管部门提升监督检查效率、增强执法威慑力具有重要意义。五是规定食品药品监管、质量监督等部门发现涉嫌食品安全犯罪的,应当按照有关规定及时将案件移送公安机关。这一规定明确了食品安全行政执法案件的移送程序和各相关部门的职责,这对畅通行政执法与刑事司法衔接、多部门联合打击食品安全违法犯罪具有重要作用。

2. 对食品行业发展的积极影响

新的《食品安全法》实施将对食品行业的发展产生重要影响。主要体现在:一是明确食品生产经营者对食品安全承担主体责任,对其生产经营食品的安全负责。这一原则性规定确立了食品生产经营者是其产品质量第一责任人的理念,对提高整个食品行业质量安全意识具有积极意义。二是规定食品生产经营者应当依法建立食品安全追溯体系,保证食品可追溯。国家鼓励食品生产经营企业采用信息化手段采集、留存生产经营信息,建立食品安全追溯体系。食品安全追溯体系的建立,便于有效追溯食品源头,分清各生产环节的责任,对提高我国整个食品安全可信度和食品企业竞争力具有重要作用。同时,通过追溯体系的健全,有利于追踪溯源地查处各类食品违法行为,对净化整个食品行业环境、促进食品产业发展意义重大。三是对保健食品管理新增多项规定。例如,改变过去单一的产品注册制度,对保健食品实行注册与备案双规制;明确保健食品原料目录、功能目录的管理制度,对使用符合保健食品原料目录规定原料的产品实行备案管理;明确保健食品企业应落实主体责任,生产必须符合良好规范并实行定期报告制度;规定保健食品广告发布必须经过省级食品药品监管部门的审查批准等。新法增加的这些规定,将使整个保健食品行业得到进一步肃清整顿,加速行业的健康成长。正如汤臣倍健公共事务部总监陈特军所言,此次食品安全法修订将对整个保健品行业的发展起到正向激励作用,既解放了行业龙头企业的生产力与创新力,也给行业注入新鲜活力,而且规范的监督也有助于重树消费者对保健品行业的信心,促进整个行业的发展成熟。四是对婴幼儿配方乳粉管理增设新规定。例如,明确要求婴幼儿配方食品生产企业实施从原料进厂到成品出厂的全过程质量控制;婴幼儿配方乳粉的产品配方应当经国务院食品药品监督管理部门注册;不得以分装方式生产婴幼儿配方乳粉。新法明确"加强全程质量监控",可以最大限度保证婴幼儿配方食品质量安全,这对规范奶粉市场秩序、重振民众对国产奶粉的消费信心具有积极的推动作用。特别是"产品配方实施注册管理",不仅有助于政府部门通过许可手段将配方总量有限制地控制起来,促使企业更专注地将配方产品质量做好,而且对提高奶粉品牌的市场进入门槛、推动婴幼儿奶粉配方升级具有积极作用。而"禁止分装方式生产",意在鼓励国内的生产企业集中力量提升研发能力和生产的技术水平,进一步保障婴幼儿配方乳粉的质量安全。

3. 对消费者饮食安全的保障作用

新的《食品安全法》的实施也将对保障消费者饮食安全产生积极的影响。主要休现在:一是保健食品标签不得涉及防病治疗功能。近年来,保健食品在我国销售日益火爆,但市场中鱼龙混杂的现象仍十分严重。根据国家食品药品监管总局对 2012 年全年和 2013 年 1—3 月期间,118 个省级电视频道、171 个地市级电视频道和 101 份报刊的监测数据显示,保健食品广告 90% 以上属于虚假违法广告,其中宣称具有治疗作用的虚假违法广告占 39%。新法要求保健食品标签不得涉及防病治疗功能,并声明"本品不能代替药物"。这些规定有助于消费者识别保健品虚假宣传,警惕消费陷阱。二是生产经营转基因食品应按规定标示。近年来,农业转基因生物产品越来越多地进入到人们的生活中,关于转基因食品安全性的争议也愈演愈烈。尤其是在转基因食品标识方面,要么标识很小,消费者很难注意到;要么有些商家乱标识,以"非转基因"作为炒作噱头。新法规定了生产经营转基因食品应当按照规定显著标示,并设置了相应的法律责任。这一规定完善了我国转基因食品标识制度,充分保障了消费者对转基因食品的知情权。三是剧毒、高毒农药禁用于蔬菜瓜果。利用剧毒农药、化肥、膨大剂等对蔬菜瓜果进行病虫害防治、催肥,是消费者最担忧的食品安全问题之一。2015 年 4 月初,就有山东省即墨市、胶州市的消费者食用了产自海南的西瓜后,出现呕吐、头晕等症状,后经抽检,发现 9

批次含有国家明令禁止销售和使用的高毒农药"涕灭威"。新法明确规定,剧毒、高毒农药不得用于蔬菜、瓜果、茶叶和中草药材。这有利于进一步确保消费者的饮食安全,消除消费者对有"毒"蔬菜瓜果的担忧,提升消费者对普通食品的消费信心。

三、《食品安全法》配套法律法规建设的新进展

2009 年,我国确立了以《食品安全法》为核心的食品安全法律制度框架。在随后的六年间,各部门和各地方持续推进相关食品安全法律法规制度的修改、完善与新的立法等建设工作,并先后以《食品安全法(2009 版)》和新的《食品安全法》为基础,努力构建具有中国特色的较为完整的食品安全法律体系。本书主要介绍近三年来以《食品安全法(2009 版)》和新的《食品安全法》为基础,国务院、国家相关部委以及地方颁布的主要规章、规范性文件以及地方性法规。

(一)国务院发布的有关食品安全的主要规章与规范性文件

2012 年 6 月 23 日国务院下发了《关于加强食品安全工作的决定》(国发〔2012〕20 号)(以下简称《决定》)。《决定》提出了治理整顿我国食品安全问题的时间表,即用三年左右的时间,使我国食品安全治理整顿工作取得明显成效,违法犯罪行为得到有效遏制,突出问题得到有效解决;用五年左右的时间,使我国食品安全监管体制机制、食品安全法律法规和标准体系、检验检测和风险监测等技术支撑体系更加科学完善,生产经营者的食品安全管理水平和诚信意识普遍增强,社会各方广泛参与的食品安全工作格局基本形成,食品安全总体水平得到较大幅度提高。在《决定》出台以后,自 2012 年以来,国务院多次发布重要规章和规范性文件,2012—2015 年国务院发布的有关食品安全的规范性文件目录见表 9-2。

表 9-2　2012—2015 年国务院发布的有关食品安全的规范性文件

序号	制定机关	文件名称	文号	制定时间
1	国务院	国务院关于加强食品安全工作的决定	国发〔2012〕20 号	2012 年 6 月 23 日

序号	制定机关	文件名称	文号	制定时间
2	国务院	国务院《关于地方改革完善食品药品监督管理体制的指导意见》	国发〔2013〕18 号	2013 年 4 月 10 日
3	国务院办公厅	国务院办公厅关于印发 2013 年食品安全重点工作安排的通知	国办发〔2013〕25 号	2013 年 4 月 7 日
4	国务院办公厅转发	国务院办公厅转发食品药品监管总局、工业和信息化部、公安部、农业部、商务部、卫生计生委、海关总署、工商总局、质检总局等部门《关于进一步加强婴幼儿配方乳粉质量安全工作意见的通知》	国办发〔2013〕57 号	2013 年 6 月 16 日
5	国务院食品安全委员会办公室	国务院食品安全办《关于进一步加强农村儿童食品市场监管工作的通知》	食安办〔2013〕16 号	2013 年 9 月 16 日
6	国务院食品安全委员会办公室	国务院食品安全委员会办公室《关于加强 2013 年中秋、国庆节日期间食品安全监管工作的通知》	食安办发电〔2013〕4 号	2013 年 8 月 30 日
7	国务院办公厅	国务院办公厅关于进一步加强食品药品监管体系建设有关事项的通知	国办发电〔2014〕17 号	2014 年 9 月 28 日
8	国务院办公厅	国务院办公厅关于印发 2014 年食品安全重点工作安排的通知	国办发〔2014〕20 号	2014 年 4 月 29 日
9	国务院办公厅	2015 年食品安全重点工作安排的通知	国办发〔2015〕10 号	2015 年 3 月 2 日
10	国务院食品安全委员会办公室	国务院食品安全委员会办公室等五部门关于进一步加强农村食品安全治理工作的意见	食安办发电〔2015〕18 号	2015 年 10 月 27 日
11	国务院办公厅	关于印发粮食安全省长责任制考核办法的通知	国办发〔2015〕80 号	2015 年 11 月 3 日
12	国务院办公厅	关于加快推进重要产品追溯体系建设的意见	国办发〔2015〕95 号	2015 年 12 月 30 日

（二）国家相关部委发布的有关食品安全的重要规章

2012 年以来,国家食品药品监管总局、国家卫生和计划生育委员会、国家质量监督检验检疫总局、农业部等国家相关部委共发布规章 14 部(见表 9-3)。总体数量并不多,这从一个侧面反映了 2012 年以前食品安全方面的配套立法、具体制度已经基本建立,在整个食品安全的监管链条体系中基本上做到了有法可依、有章可循。需要指出的是,近年来在农产品生产环节中暴露出来的食品安全问题并不少见,但农产品质量安全事项并不属于《食品安全法》调控的领域,而主要属于《农产品质量法》为基础的法律规范体系的调整范畴。为更好地衔接食用农产品与食品的监管,国家食药总局于 2015 年 12 月 8 日审议通过了《食用农产品市场销售质量安全监督管理办法》(国家食品药品监督管理总局令第 20 号),并于 2016 年 1 月 5 日发布,自 2016 年 3 月 1 日起开始施行①。

表 9-3 2012—2015 年国家相关部委发布的有关食品安全的部委规章

序号	制定机关	文件名称	文号	制定时间
1	农业部	饲料和饲料添加剂生产许可管理办法	农业部令 2012 年第 3 号	2012 年 5 月 2 日
2	农业部	新饲料和新饲料添加剂管理办法	农业部令 2012 年第 4 号	2012 年 5 月 2 日
3	农业部	饲料添加剂和添加剂预混合饲料产品批准文号管理办法	农业部令 2012 年第 5 号	2012 年 5 月 2 日
4	农业部	绿色食品标志管理办法	农业部令 2012 年第 6 号	2012 年 7 月 30 日
5	农业部	农产品质量安全监测管理办法	农业部令 2012 年第 7 号	2012 年 8 月 14 日
6	国家质量监督检验检疫总局	进口食品境外生产企业注册管理规定	国家质量监督检验检疫总局令第 145 号	2012 年 3 月 30 日

---

① 需要说明的是,2016 年以来,国家有关部委出台了多部规章和规范性文件,如国家食药总局针对新的《食品安全法》关于特殊食品准入管理的新规定,出台了《保健食品注册与备案管理办法》《特殊医学用途配方食品注册管理办法》《婴幼儿配方乳粉产品配方注册管理办法》等规章。但本书数据的统计时间均截止到 2015 年 12 月,所以在此处没有列出 2016 年以来发布的规章。下文关于规范性文件的汇总统计也是如此。

序号	制定机关	文件名称	文号	制定时间
7	国家质量监督检验检疫总局	《进出口乳品检验检疫监督管理办法》	国家质量监督检验检疫总局令第152号	2013年1月24日
8	国家卫生和计划生育委员会	《新食品原料安全性审查管理办法》	国家卫生和计划生育委员会令第1号	2013年5月31日
9	国家食品药品监督管理总局	食品药品行政处罚程序规定	国家食品药品监督管理总局令第3号	2014年4月28日
10	国家食品药品监督管理总局	食品药品监督管理统计管理办法	国家食品药品监督管理总局令第10号	2014年12月19日
11	国家食品药品监督管理总局	食品召回管理办法	国家食品药品监督管理总局令第12号	2015年3月11日
12	国家食品药品监督管理总局	食品生产许可管理办法	国家食品药品监督管理总局令第16号	2015年8月31日
13	国家食品药品监督管理总局	食品经营许可管理办法	国家食品药品监督管理总局令第17号	2015年8月31日
14	国家卫生和计划生育委员会	关于发布食品安全国家标准食品添加剂六偏磷酸钠（GB 1886.4—2015）等47项食品安全国家标准的公告	国家卫生和计划生育委员会令第9号	2015年12月30日

（三）国家相关部委发布的有关食品安全的主要规范性文件

近年来，为更好地贯彻落实《食品安全法》等相关法律以及关于食品安全的重要规章，国家食药总局、农业部、国家质量监督检验检疫总局以及国家卫生和计划生育委员会（或组建前的卫生部）等国家相关部委，围绕食品的生产、加工、流通、销售以及进出口等全程供应链环节的监管，制定了大量规范性文件。为便于读者了解，本书列出2012—2015年国家相关部委发布的有关食品安全的部委规范性文件目录，见表9-4。

表9-4　2012—2015年国家相关部委发布的有关食品安全的部委规范性文件

序号	制定机关	文件名称	文号	制定时间
1	国家质量监督检验检疫总局	进出口预包装食品标签检验监督管理规定	国家质量监督检验检疫总局2012年第27号公告	2012年2月27日
2	国家质量监督检验检疫总局	进口食品进出口商备案管理规定	国家质量监督检验检疫总局2012年第55号公告	2012年4月5日
3	国家质量监督检验检疫总局	食品进口记录和销售记录管理规定	国家质量监督检验检疫总局2012年第55号公告	2012年4月5日
4	国家质量监督检验检疫总局	出口食品原料种植场备案管理规定	国家质量监督检验检疫总局2012年第56号公告	2012年4月5日
5	卫生部	卫生部关于加强饮用水卫生监督检测工作的指导意见	卫监督发〔2012〕3号	2012年1月10日
6	卫生部	食品安全国家标准"十二五"规划	8部委联合制定,卫监督发〔2012〕40号	2012年6月11日
7	卫生部	食品安全国家标准跟踪评价规范(试行)	卫监督发〔2012〕81号	2012年12月19日
8	国家食品药品监督管理总局、财政部	《食品药品违法行为举报奖励办法》	国食药监办〔2013〕13号	2013年1月8日
9	国家食品药品监督管理总局	《关于进一步加强食品药品监管信息化建设的指导意见》	国食药监办〔2013〕32号	2013年2月8日
10	全国工业产品生产许可证审查中心	《食品生产许可证审查员及审查员教师管理办法》	许可中心〔2013〕49号	2013年3月25日
11	国家食品药品监督管理总局办公厅、教育部办公厅	《关于加强学校食堂食品安全监管预防群体性食物中毒的通知》	食药监办〔2013〕23号	2013年5月24日
12	国家食品药品监督管理总局	《关于切实强化夏季流通消费环节食品安全监管预防食物中毒的通知》	食药监办食监二〔2013〕155号	2013年6月9日

续表

序号	制定机关	文件名称	文号	制定时间
13	国家食品药品监督管理总局办公厅	《关于切实强化夏季流通消费环节食品安全监管预防食物中毒的通知》	食药监办食监二〔2013〕155号	2013年6月9日
14	国家食品药品监督管理总局	《关于进一步加强婴幼儿配方乳粉生产监管工作的通知》	食药监食监一〔2013〕121号	2013年8月2日
15	国家食品药品监督管理总局	《关于加强食品药品安全科技工作的通知》	食药监科〔2013〕139号	2013年9月9日
16	国家食品药品监督管理总局	《关于做好改革过渡期间食品安全许可证发放工作的通知》	食药监食监二〔2013〕207号	2013年10月9日
17	国家食品药品监督管理总局、国家卫生和计划生育委员会、国家工商行政管理总局	《关于进一步规范母乳代用品宣传和销售行为的通知》	食药监食监一〔2013〕214号	2013年10月17日
18	国家食品药品监督管理总局、国家质量监督检验检疫总局	《关于加强对进口可可壳使用管理的通知》	食药监食监一〔2013〕203号	2013年10月23日
19	国家食品药品监督管理总局	《婴幼儿配方乳粉生产许可审查细则(2013版)》	—	2013年12月16日
20	国家食品药品监督管理总局办公厅	食品安全监督抽检和风险监测实施细则(2014年版)	食药监办食监三〔2014〕71号	2014年3月31日
21	国家食品药品监督管理总局	食品安全抽样检验管理办法	国家食品药品监督管理总局令第11号	2014年12月31日

序号	制定机关	文件名称	文号	制定时间
22	农业部绿色食品管理办公室、中国绿色食品发展中心	农业部绿色食品管理办公室、中国绿色食品发展中心关于印发《绿色食品标志许可审查工作规范》和《绿色食品现场检查工作规范》的通知	农绿认〔2014〕24号	2014 年 12 月 26 日
23	中国绿色食品发展中心	中国绿色食品发展中心关于印发《绿色食品标志使用证书管理办法》和《绿色食品颁证程序》的通知(2014修订)	2014.12.10 发布	2014 年 12 月 10 日
24	国家卫生计生委	国家卫生计生委关于建立卫生计生系统食品安全首席专家制度的指导意见	国卫食品发〔2014〕84号	2014 年 11 月 14 日
25	农业部、食品药品监管总局	农业部、食品药品监管总局关于加强食用农产品质量安全监督管理工作的意见	农质发〔2014〕14号	2014 年 10 月 31 日
26	中国绿色食品发展中心	中国绿色食品发展中心关于印发《关于绿色食品产品标准执行问题的有关规定》的通知(2014修订)	中绿科〔2014〕153号	2014 年 10 月 10 日
27	中国绿色食品发展中心	中国绿色食品发展中心关于严格执行《绿色食品产地环境质量》和《绿色食品产地环境调查、监测与评价规范》的通知	中绿科〔2014〕135号	2014 年 8 月 21 日
28	国家食品药品监督管理总局	国家食品药品监督管理总局关于印发食品药品行政处罚案件信息公开实施细则(试行)的通知	食药监稽〔2014〕166号	2014 年 8 月 11 日
29	中国绿色食品发展中心	中国绿色食品发展中心关于印发《绿色食品检查员注册管理办法》的通知(2014修订)	农绿认〔2014〕12号	2014 年 7 月 11 日
30	国家食品药品监督管理总局、财政部	国家食品药品监督管理总局、财政部关于印发《食品药品监督管理人员制式服装及标志供应办法》和《食品药品监督管理人员制式服装及标志式样标准》的通知	食药监财〔2014〕15号	2014 年 2 月 12 日
31	国家食品药品监督管理总局	国家食品药品监督管理总局关于印发重大食品药品安全违法案件查督督办办法的通知	食药监稽〔2014〕96号	2014 年 7 月 10 日

续表

序号	制定机关	文件名称	文号	制定时间
32	农业部绿色食品管理办公室、中国绿色食品发展中心	农业部绿色食品管理办公室、中国绿色食品发展中心关于下发《全国绿色食品原料标准化生产基地监督管理办法》的通知（2014修订）	农绿科〔2014〕12号	2014年6月17日
33	农业部绿色食品管理办公室、中国绿色食品发展中心	农业部绿色食品管理办公室、中国绿色食品发展中心关于印发《绿色食品标志许可审查程序》的通知（2014修订）	农绿认〔2014〕9号	2014年5月28日
34	国家质量监督检验检疫总局	国家质量监督检验检疫总局关于印发《国家级出口食品农产品质量安全示范区考核实施办法》的通知	国质检食〔2014〕216号	2014年4月15日
35	国家食品药品监管总局办公厅	国家食品药品监管总局办公厅关于印发食品安全监督抽检和风险监测工作规范（试行）的通知	食药监办食监三〔2014〕55号	2014年3月31日
36	国家质量监督检验检疫总局	国家质量监督检验检疫总局公告2014年第43号——关于发布《进口食品不良记录管理实施细则》的公告	国家质量监督检验检疫总局公告2014年第43号	2014年2月26日
37	国家食品药品监督管理总局	关于进一步加强白酒小作坊和散装白酒生产经营监督管理的通知	食药监电〔2015〕1号	2015年1月23日
38	国家食品药品监督管理总局	关于加强现制现售生鲜乳饮品监管的通知	食药监食监二〔2015〕36号	2015年4月7日
39	国家食品药品监督管理总局	关于进一步加强火锅原料、底料和调味料监督管理的通知	食药监办食监二〔2015〕58号	2015年4月13日
40	国家食品药品监督管理总局	关于开展含铝食品添加剂使用标准执行情况专项检查的通知	食药监办食监二〔2015〕87号	2015年7月1日
41	国务院食品安全委员会办公室	国务院食品安全委员会办公室等四部门关于加强食品安全法宣传普及工作的通知	食安办〔2015〕9号	2015年7月1日

序号	制定机关	文件名称	文号	制定时间
42	国家食品药品监督管理总局	关于遴选中国疾病预防控制中心营养与健康所等7家单位为国家食品药品监督管理总局保健食品注册检验机构的通知	食药监办食监三函〔2015〕379号	2015年7月6日
43	国家食品药品监督管理局	关于白酒生产企业建立质量安全追溯体系的指导意见	食药监食监一〔2015〕194号	2015年9月9日
44	国家食品药品监督管理总局	关于进一步加强中秋国庆"两节"期间食品安全监管工作的紧急通知	食药监办电〔2015〕14号	2015年9月23日
45	国家食品药品监督管理总局	关于贯彻落实《食品召回管理办法》的实施意见	食药监法〔2015〕227号	2015年9月30日
46	国家食品药品监督管理总局	关于贯彻实施《食品生产许可管理办法》的通知	食药监食监一〔2015〕225号	2015年9月30日
47	国家食品药品监督管理总局	关于印发食品经营许可审查通则(试行)的通知	食药监食监二〔2015〕228号	2015年9月30日
48	国务院食品安全委员会办公室	国务院食品安全委员会办公室等五部门关于进一步加强农村食品安全治理工作的意见	食安办〔2015〕18号	2015年10月27日
49	国家食品药品监督管理总局	关于切实做好对违法生产销售银杏叶提取物及制剂行为查处工作的通知	食药监稽〔2015〕251号	2015年11月5日
50	国务院食品安全委员会办公室	关于印发新修订《中华人民共和国食品安全法》宣传素材的通知	食安办函〔2015〕43号	2015年11月26日
51	国家食品药品监督管理总局	婴幼儿配方乳粉生产企业食品安全追溯信息记录规范的通知	食药监食监一〔2015〕281号	2015年12月31日

注:上表中的"—",表示数据缺失。

需要指出的是,为落实国家政策法规和有关文件精神,地方各级各部门根据本地实际,制定了若干地方性法规,尤其是新的《食品安全法》颁布实施以来,各省份围绕食品"三小"(小作坊、小餐饮、小摊贩)监管,正在纷纷制定或已经出台食品"三小"的地方法规,如内蒙古自治区在2015年5月22日召开的第十二届人民代表大会常务委员会第十六次会议通过了《内蒙古自治区食品生产加工小作坊和食品摊贩管理条例》,为做好贯彻落实工作,内蒙古自治区食品药品监督管理局随后制定了《内蒙古自治区食品生产加工小作坊登记及监督管理办法(试行)》。但由于地方政府颁布的地方法规与规范性文件比较多,限于篇幅,本书不再详细介绍地方法规的详细情况。

四、以司法解释和典型案例解读推动食品安全法律法规的贯彻落实

为更好贯彻落实食品安全法律,最高人民法院、最高人民检察院先后联合发布《关于办理危害食品安全形势案件适用法律若干问题的解释》(以下称《解释》)和《最高人民法院、最高人民检察院关于办理利用信息网络实施诽谤等刑事案件适用法律若干问题的解释》等司法解释,进一步体现了食品安全立法的"严"和"厉"。同时,最高人民法院、公安部、监察部以及各级食品药品监督管理部门通过典型案例解释法律,努力推动法律规定的全面贯彻落实。

(一)发布司法解释与坚持重典治乱

1.两高《关于办理危害食品安全形势案件适用法律若干问题的解释》

2013年5月3日,最高人民法院、最高人民检察院联合发布《关于办理危害食品安全形势案件适用法律若干问题的解释》(以下称《解释》),对当下危害食品安全犯罪展示了强大的威慑力。《解释》对危害食品安全犯罪领域较为突出的新情况、新问题进行了梳理分类,并根据刑法规定分别提出了法律适用意见,较为系统地解决了危害食品安全犯罪行为的定罪问题,基本实现了对当前危害食品安全犯罪行为的全面覆盖。集中体现在以下三个方面:

第一,对象全覆盖。《解释》区分不同对象,分别明确了具体的定罪处理意见。一是刑法第一百四十三条、第一百四十四条规定的生产、销售不符合安全标准的食品罪和生产、销售有毒、有害食品罪这两个危害食品安全犯罪基本罪名的对象不仅包括加工食品,还包括食品原料、食用农产品、保健食品等,以后者为犯罪对象的同样应适用刑法第一百四十三条、第一百四十四条的规定定罪处罚;二是食品添加剂和用于食品的包装材料、容器、洗涤剂、消毒剂或者用于食品生产经营的工具、设备包括餐具等食品相关产品不属于食品,以这类

产品为犯罪对象的,应适用刑法第一百四十条的规定以生产、销售伪劣产品罪定罪处罚。

第二,链条全覆盖。鉴于危害食品安全犯罪链条长、环节多等特点,为有效打击源头犯罪和其他食品相关产品犯罪,《解释》作了以下两方面的规定:一是针对现实生活中大量存在流通、贮存环节的滥用添加和非法添加行为,将刑法规定的"生产、销售"细化为"加工、销售、运输、贮存"等环节,明确加工、种(养)殖、销售、运输、贮存以及餐饮服务等环节中的添加行为均属生产、销售食品行为;二是明确非法生产、销售国家禁止食品使用物质的行为,包括非法生产、销售禁止用作食品添加的原料、农药、兽药、饲料等物质,在饲料等生产、销售过程中添加禁用物质,以及直接向他人提供禁止在饲料、动物饮用水中添加的有毒有害物质等,均属于违反国家规定的非法经营行为,应依法以非法经营罪定罪处罚。

第三,犯罪全覆盖。为依法惩治危害食品安全犯罪,发挥刑事打击合力作用,《解释》对各种危害食品犯罪行为的定罪意见以及罪与罪之间的关系作出了规定,主要有:一是针对食品违法添加中的突出问题,明确食品滥用添加行为将区分是否足以造成严重食物中毒事故或者其他严重食源性疾病分别以生产、销售不符合安全标准的食品罪和生产、销售伪劣产品罪定罪处罚;食品非法添加行为一律以生产、销售有毒、有害食品罪处理。二是针对实践中存在的使用有毒、有害的非食品原料加工食品的行为,如利用"地沟油"加工所谓的食用油等,明确此类"反向添加"行为同样属于刑法规定的在"生产、销售的食品中掺入有毒、有害的非食品原料"。三是为堵截病死、毒死、死因不明以及未经检验检疫的猪肉流入市场的通道,明确私设生猪屠宰厂(场)、非法从事生猪屠宰经营活动应以非法经营罪定罪处罚。四是为依法惩治危害食品安全犯罪的各种帮助行为,扫除滋生危害食品安全犯罪的环境条件,对危害食品安全犯罪的共犯以及食品虚假广告犯罪作出了明确规定。五是鉴于食品安全犯罪与一些部门监管不力、一些监管人员玩忽职守、包庇纵容有着较大关系,对食品监管渎职行为的定罪处罚意见予以了明确。

为有力震慑危害食品安全犯罪,充分发挥刑事司法的特殊预防和一般预防功能,《解释》通篇贯彻了依法从严从重惩治危害食品安全犯罪的精神。集中体现在以下五个方面:第一,细化量刑标准。为防止重罪轻处,依法从严惩处严重犯罪,《解释》花了较大篇幅对生产、销售不符合安全标准的食品罪和生产、销售有毒、有害食品罪的法定加重情节一一予以了明确。第二,明确罪名适用原则。明确危害食品安全犯罪一般应以生产、销售不符合安全标准的食品罪和生产、销售有毒、有害食品罪定罪处罚,只有在同时构成其他处罚较重的犯罪,或者不构成这两个基本罪名但构成其他犯罪的情况下,才适用刑法有关其他犯罪的规定定罪处罚。明确食品监管渎职行为应以食品监管渎职罪定罪处罚,不得适用法定刑较轻的滥用职权罪或者玩忽职守罪处理;同时构成食品监管渎职罪和商检徇私舞弊罪、动植物检疫徇私舞弊罪、徇私舞弊不移交刑事案件罪、放纵制售伪劣商品犯罪行为罪等其他渎职犯罪的,依照处罚较重的规定定罪处罚;不构成食品监管渎职罪,但构成商检徇私舞弊罪等其他渎职犯罪的,应当依照相关犯罪定罪处罚。第三,提高罚金判罚标准。《解释》根据《刑法修正案(八)》的立法精神,对危害食品安全犯罪规定了远高于其他生产、销售伪劣商品犯罪的罚金标准,明确危害食品安全犯罪一般应当在生产、销售金额的二倍以上判处罚金,且上不封顶。第四,严格掌握缓、免刑适用。《解释》强调,对于危害食品安全犯罪分子应当依法严格适用缓刑、免予刑事处罚;对于符合刑法规定条件确有必要适用缓刑的,应当同时宣告禁止令,禁止其在缓刑考验期限内从事食品生产、销售及相关活动。第五,严惩单位犯罪。《解释》明确,对于单位实施的危害食品安全犯罪,依照个人犯罪的定罪量刑标准处罚。

《解释》根据危害食品安全刑事案件的特点和修改后刑事诉讼法的规定,对危害食品安全犯罪中的一些事实要件或者从实体上或者从程序上进行了技术处理,极大程度地增强了司法可操作性。集中体现在以下四个方面:第一,转换生产、销售不符合安全标准的食品罪的入罪门槛的认定思路。《解释》基于现有证据条件,采取列举的方式将实践中具有高度危险的一些典型情形予以类型化,明确只要具有所列情形之一,比如"含有严重超出标准限量的致病性微生物、农药残留、兽药残留、重金属、污染物质以及其他危害人体健康的物质的",即可直接认定为"足以造成严重食物中毒事故或者其他严重食源性疾病",从而有效实现了证据事实与待证事实之间的对接。第二,将有毒、有害非食品原料的认定法定化。《解释》明确,凡是国家明令禁止在食品中添加、使用的物质可直接认定为"有毒、有害"物质,而无须另做鉴定。第三,确立人身危害后果的多元认定标准。《解释》结合危害食品安全犯罪案件的特点,从伤害、残疾程度以及器官组织损伤导致的功能障碍等多方面规定了人身危害后果的认定标准。第四,明确相关事实的认定程序。《解释》规定,"足以造成严重食物中毒事故或者其他严重食源性疾病"、"有毒、有害非食品原料"难以确定的,司法机关可以根据检验报告并结合专家意见等相关材料进行认定。

2.《最高人民法院、最高人民检察院关于办理利用信息网络实施诽谤等刑事案件适用法律若干问题的解释》

2013年9月公布施行的《最高人民法院、最高人民检察院关于办理利用信息网络实施诽谤等刑事案件适用法律若干问题的解释》是惩治网络谣言的一剂猛药。该《解释》第五条规定:"编造虚假信息,或者明知是编造的虚假信息,在信息网络上散布,或者组织、指使人员在信息网络上散布,起哄闹事,造成公共秩序严重混乱的,依照刑法第二百九十三条第一款第(四)项的规定,以寻衅滋事罪定罪处罚。"根据这个规定,在网络上散布不真实信息可以按照寻衅滋事罪定罪。根据该《解释》的规定,结合犯罪行为的目的、手段等客观方面情况,散布不真实言论还可以构成诽谤、敲诈勒索、非法经营等罪名。同时,该《解释》第八条规定:"明知他人利用信息网络实施诽谤、寻衅滋事、敲诈勒索、非法经营等犯罪,为其提供资金、场所、技术支持等帮助的,以共同犯罪论处。"这规定了网络服务商等主体的刑事责任。该《解释》的施行,明确了对在网络上散布不真实信息的行为进行定罪量刑的标准和尺度,为惩治、预防网络谣言提供了法律依据。

两高的司法解释施行后,司法机关迅速查处了一些案件。薛蛮子、秦火火等网络名人相继因为利用网络散布谣言而被捕。近日,秦志晖(网名"秦火火")被北京市朝阳区法院以诽谤罪和寻衅滋事罪判刑三年。这对于利用网络散布谣言的犯罪行为将会发挥良好的预防作用。在改善、净化食品安全舆论环境方面,该《解释》将发挥关键性的作用。

(二)最高人民法院公布的典型案例

近年来,最高人民法院以公布典型案例的方式,对实践中出现的销售超过保质期的奶粉、生产病死猪肉、添加柠檬黄、罂粟壳、甲醛等违法物质、在饲料生产中添加瘦肉精、过量使用食品添加剂、监管人员未按规定检测等犯罪行为如何定罪量刑作出了指导。2012年3月,最高人民法院公布了四起危害食品安全犯罪典型案件,2012年7月31日,最高人民法院发布了《危害食品、药品安全犯罪典型案例》,其中六起是食品安全犯罪案件。以上十起危害食品安全典型案例,涉及到以危险方法危害公共安全罪,生产、销售有毒、有害食品罪,生产、销售不符合卫生标准的食品罪,生产、销售伪劣产品罪定罪,非法经营罪,玩忽职守罪等。2013年5月4日,最高人民法院召开新闻发布会,向社会公布了王长兵等生产、销售有毒食品,生产、销售伪劣产品案(生产、销售"假白酒"案件),陈金顺等生产、销售伪劣产品,非法经营、生产、销售不符合安全标准的食品案(非法经营"病死猪"肉案件),范光非法经营案(非法销售"瘦肉精"案件),李瑞霞生产、销售伪劣产品案(生产、销售伪劣食品添加剂案件),袁一、程江萍销售有毒、有害食品,销售伪劣产品案(销售"地沟油"案件)等五起危害食品安全犯罪典型案例。2014年1月9日,为维护消费者合法权益,净化食品药品安全环境,最高人民法院召开新闻发布会,向社会公布了五起食品药品纠纷的典型案例①。其目的在于统一各级法院的裁判制度,提醒消费者合理维权,同时也是向不良商家发出必须诚实经营的警示和警告。这批典型案例中有两起是涉及食品消费者获得惩罚性赔偿的案例,有一起是涉及食品消费损害赔偿主体的案例。2014年3月,最高人民法院公布了十起维护消费者权益典型案例②,其中一起亦涉及食品安全法惩罚性赔偿条款的适用问题。本书从中选取四起最具代表性案例进行详细介绍。

1.孙银山买卖合同纠纷案

该案的基本案情是:2012年5月1日,原告孙银山在被告欧尚超市有限公司江宁店(以下简称欧尚超市)购买"玉兔牌"香肠15包,其中价值558.6元的14包香肠已过保质期(原告明知)。孙银山到收银台结账后,又径直到服务台进行索赔。因协商未果,孙银山诉至南京市江宁区人民法院,要求欧尚超市支付售价十倍的赔偿金5586元。法院认为,消费者权益保护法第2条规定:"消费者为生活消费需要购买、使用商品或者接受服务,其权益受本法保护;本法未作规定的,受其他有关法律、法规保护。"本案中,孙银山实施了购买商品的行为,欧尚超市未提供证据证明其购买商品是用于生产销售,并且原告孙银山因购买到过期食品而要求索赔,属于行使法定权利。因此欧尚超市认为孙银山不是消费者的抗辩理由不能成立。

① 《最高人民法院公布五起食品药品纠纷典型案例》,中国法院网,2014—01—09[2015—06—16],http://www.chinacourt.org/article/detail/2014/01/id/1174682.shtml。
② 《最高人民法院公布10起维护消费者权益典型案例》,中国法院网,2014—03—13[2015—06—16],http://www.chinacourt.org/article/detail/2014/03/id/1229740.shtml。

食品销售者负有保证食品安全的法定义务,应当对不符合安全标准的食品及时清理下架。但欧尚超市仍然销售超过保质期的香肠,系不履行法定义务的行为,应当被认定为销售明知是不符合食品安全标准的食品。在此情况下,消费者可以同时主张赔偿损失和价款十倍的赔偿金,也可以只主张价款10倍的赔偿金。孙银山要求欧尚超市支付售价10倍的赔偿金,属于当事人自行处分权利的行为,应予支持。根据食品安全法第96条的规定,判决被告欧尚超市支付原告孙银山赔偿金5586元。现该判决已发生法律效力。该典型案例的意义在于,消费者明知是过期食品而购买,请求经营者向其支付价款十倍赔偿,法院应予支持。

2. 华燕人身权益纠纷案

该案的基本案情是:2009年5月6日,原告华燕两次到被告北京天超仓储超市有限责任公司第二十六分公司(以下简称二十六分公司)处购买山楂片,分别付款10元和6.55元(为取证),在食用时山楂片中的山楂核将其槽牙崩裂。当日,华燕到医院就诊,将受损的槽牙拔除。为此,华燕共支付拔牙及治疗费421.87元,镶牙费4810元,交通费6.4元,复印费15.8元。后华燕找二十六分公司协商处理此事时,遭到对方拒绝。华燕后拨打12315进行电话投诉,经北京市朝阳区消费者协会团结湖分会(以下简称团结湖消协)组织调解,未达成一致意见。遂向北京市朝阳区人民法院起诉,要求被告赔偿拔牙及治疗费421.87元,镶牙费4810元,交通费6.4元,复印费15.8元,购物价款17元及初次购物价款10倍赔偿费共计117元,精神损害抚慰金8000元。团结湖消协向法院出具说明,证明华燕所购山楂片从包装完整的情况下即可看出存在瑕疵。案件审理中,北京天超仓储超市有限责任公司(以下简称天超公司)提供了联销合同及山楂片生产者的相关证照及山楂片的检验报告等,证明其销售的山楂片符合产品质量要求。经法院调查,华燕在本案事实发生前,曾因同一颗牙齿的问题到医院就诊,经治疗该牙齿壁变薄,容易遭受外力伤害。

北京市第二中级人民法院二审认为,根据国家对蜜饯产品的安全卫生标准,软质山楂片内应是无杂质的。天超公司销售的山楂片中含有硬度很高的山楂核,不符合国家规定的相关食品安全卫生标准,应认定存在食品质量瑕疵,不合格食品的销售者对其销售的不合格食品所带来的损害后果,应承担全部责任。华燕自身牙齿牙壁较薄,但对于本案损害的发生并无过错,侵权人的责任并不因而减轻。从团结湖消协出具的情况说明来看,该山楂片所存在的瑕疵是在外包装完整的情况下即可发现的,因此,产品销售商是在应当知道该食品存在安全问题的情况下销售该产品,应向消费者支付价款十倍的赔偿金。鉴于华燕因此遭受的精神损害并不严重,对其要求赔偿精神损失的主张,依法不予支持。据此,该院依照食品安全法第 96 条的规定,判决天超公司向华燕赔偿医疗费 5 231.87 元、交通费 6.4 元、退货价款及支付价款十倍赔偿 116.55 元。该典型案例的意义在于,消费者因食用不合格食品造成人身损害,请求销售者依法支付医疗费和购物价款十倍赔偿金,人民法院予以支持。

3.皮旻旻产品责任纠纷案

该案的基本案情是:2012 年 5 月 5 日,皮旻旻在重庆远东百货有限公司(以下简称远东公司)购买了由重庆市武陵山珍王食品开发有限公司(以下简称山珍公司)生产的"武陵山珍家宴煲"10 盒,每盒单价 448 元,共计支付价款 4 480 元。每盒"武陵山珍家宴煲"里面有若干独立的预包装食品,分别为松茸、美味牛肝、黄牛肝、香菇片、老人头、茶树菇、青杠菌、球盖菌、东方魔汤料包等。每盒"武陵山珍家宴煲"产品的外包装上标注了储存方法、配方、食用方法、净含量、产品执行标准、生产许可证、生产日期、保质期以及生产厂家的地址、电话等内容,但东方魔汤料包上没有标示原始配料。山珍公司原以 Q/LW7—2007 标准作为企业的生产标准,该标准过期后由于种种原因未能及时对标准进行延续,且该企业仍继续在包装上标注 Q/LW7—2007 作为企业的产品生产标准,该企业于 2012 年 9 月向重庆市石柱土家族自治县质量技术监督局提交了企业标准过期的情况说明,于 2012 年 10 月向重庆市卫生局备案后发布了当前使用产品标准 Q/LW0005S—2012。皮旻旻认为其所购食品不合格,遂向重庆市江北区人民法院起诉,请求判令远东公司退还货款 4 480 元,判令山珍公司承担 5 倍赔偿责任共计 22 400 元。

一审法院判决:远东公司于判决生效之日起 10 日内退还皮旻旻货款 4480 元;驳回皮旻旻的其他诉讼请求。二审法院认为,食品生产经营者应当依照我国食品安全法及相关法律法规之规定从事生产经营活动,对社会和公众负责,保证食品安全,接受社会监督,并依法承担法律责任。本案双方当事人的讼争焦点为,涉案食品是否存在食品安全等问题,以及本案的法律适用和法律责任问题。其一,涉案食品是否存在食品安全及其他问题:(1)山珍公司生产的"武陵山珍家宴煲"食品,未按卫生部门的通知要求进行食品安全企业标准备案,在其制定的 Q/LW7-2007 企业标准过期后继续执行该标准,违反食品强制性标准的有关规定;(2)该食品中"东方魔汤料包"属预包装食品,该食品预包装的标签上没有标明成分或者配料表以及产品标准代号,不符合《食品安全法》关于预包装食品标签标明事项的有关规定;(3)包装上的文字"家中养生我最好"是商品包装中国家标准要求必须标注事项以外的文字,符合广告特征,应适用《广告法》之规定,该文字属于国家明令禁止的绝对化用语,不合法。其二,本案的法律适用及法律责任。《食品安全法》是《侵权责任法》的特别法,本案涉及食品安全问题的处理,应当适用《食品安全法》及相关法律法规之规定。根据上述查明的该食品存在食品安全标准、包装、广告方面的问题,该食品的生产经营者应当依照有关食品安全等法律法规之规定承担相应的法律责任。《重庆市食品安全管理办法》属于重庆市地方行政规章,在不与法律法规冲突的情况下可参照适用。皮旻旻要求参照该办法第 67 条之规定,退换食品,并支付价款 5 倍赔偿金符合《食品安全法》第 96 条之规定精神,应予支持。遂判决:(一)维持一审判决第一项;(二)撤销一审判决第二项;(三)山珍公司支付上诉人皮旻旻赔偿金 22 400 元。该典型案例的意义在于,食品存在质量问题造成消费者损害,消费者可同时起诉生产者和销售者。

4.孟健诉产品责任纠纷案

该案的基本案情是:2012 年 7 月 27 日、28 日,孟健分别在广州健民医药连锁有限公司(以下简称健民公司)购得海南养生堂药业有限公司(以下简称海南养生堂公司)监制、杭州养生堂保健品有限责任公司(以下简称杭州养生堂公司)生产的"养生堂胶原蛋白粉"共 7 盒合计 1 736 元,生产日期分别为2011 年 9 月 28 日、2011 年 11 月 5 日。产品外包装均显示产品标准号:Q/YST0011S,配料包括"食品添加剂(D-甘露糖醇、柠檬酸)"。各方当事人均确认涉案产品为普通食品,成分含有食品添加剂 D-甘露糖醇,属于超范围滥用食品添加剂,不符合食品安全国家标准。孟健因向食品经营者索赔未果,遂向广东省广州市越秀区人民法院起诉,请求海南养生堂公司、杭州养生堂公司、健民公司退还货款 1 736 元,十倍赔偿货款 17 360 元。

一审法院判决杭州养生堂公司退还孟健所付价款 1 736 元,海南养生堂公司对上述款项承担连带责任。孟健不服该判决,向广州市中级人民法院提起上诉。二审法院经审理认为,第一,本案当事人的争议焦点在于涉案产品中添加 D-甘露糖醇是否符合食品安全标准的规定。涉案产品属于固体饮料,并非属于糖果,而 D-甘露糖醇允许使用的范围是限定于糖果,因此根据食品添加剂的使用规定,养生堂公司在涉案产品中添加 D-甘露糖醇不符合食品安全标准的规定。杭州养生堂公司提供的证据不能支持其主张。第二,关于本案是否可适用《食品安全法》第 96 条关于十倍赔偿的规定。本案中,由于涉案产品添加 D-甘露糖醇的行为不符合食品安全标准,因此,消费者可以依照该条规定,向生产者或销售者要求支付价款十倍的赔偿金。孟健在二审中明确只要求海南养生堂公司和杭州养生堂公司承担责任,海南养生堂公司和杭州养生堂公司应向孟健支付涉案产品价款十倍赔偿金。二审法院判决杭州养生堂公司向孟健支付赔偿金 17 360 元,海南养生堂公司对此承担连带责任。该典型案例的意义在于,违规使用添加剂的保健食品属于不安全食品,消费者有权请求价款十倍赔偿。

需要指出的是,各级地方人民法院也常常通过召开新闻发布会、公布典型案例等方式,向社会公布打击危害食品安全犯罪的成果,营造了良好舆论氛围,充分发挥了刑事司法特殊预防与一般预防的功能。如,2013 年 10 月 9 日,江苏省高级人民法院从近年来全省法院审结的危害食品安全犯罪案件中选取了 10 个典型案例进行发布。

(三)公安部多次通报食品犯罪典型案例

近年来,各地公安机关积极会同有关部门主动排查、重拳出击,集中侦破食品安全犯罪案件,并向社会公布典型案例,有力震慑了违法犯罪分子。先后于 2011 年、2013 年、2015 年集中公布典型案例。

2011 年 3 月 22 日,公安部公布了青海东垣乳品厂制售有毒有害食品案等 2010 年十大食品安全犯罪典型案例。2013 年 2 月 3 日,公安部公布了辽宁升泰肉制品加工厂特大制售有毒有害羊肉卷案等十起打击食品安全犯罪典型案例①,体现了各级公安机关高效贯彻落实公安部"打击食品犯罪保卫餐桌安

①　《公安部公布十起打击食品安全犯罪典型案例》,中国警察网,2013—02—03〔2014—06—16〕,http://news.cpd.com.cn/n18151/c15653100/content.html。这十起典型案件分别为:辽宁升泰肉制品加工厂特大制售有毒有害羊肉卷案;辽宁大连徐某某等制售伪劣羊肉卷案;北京阳光一佰生物技术开发有限公司特大制售有害保健品案;浙江温州李某等特大制售假洋酒案;河北石家庄底某某等制售注水牛肉案;内蒙古呼和浩特包某某制售假劣食品案;湖北襄阳公安机关捣毁 2 个制售假劣饮料"黑工厂";广西南宁孙某某等制售假劣白酒案;宁夏银川公安机关打掉 2 个制售"毒豆芽"黑作坊;山东潍坊文某某等制售病死猪案。

全"专项行动的成果。从案情来看,这十起案件均具有涉案金额特别巨大、影响范围广泛、情节特别恶劣、团伙犯罪的特征。就犯罪的领域而言,主要集中在假劣肉制品、有害保健品、假劣酒类、假劣饮料和毒豆芽上。2013年5月2日,公安部公布各地十起打击肉制品犯罪典型案例①。这些案件大多也是团伙作案,涉案金额特别巨大,假劣肉制品销售范围特别广泛,社会危害性特别巨大,其中还包含了一起制售有毒有害食品致人死亡的典型案例。这十起肉制品犯罪典型案例,展示了公安机关在开展私屠滥宰和"注水肉"等违法违规行为专项整治方面的战果。

2016年2月4日,公安部公布了2015年打击食药犯罪十大典型案例。其中,食品安全犯罪5起。这5起案例是:(1)浙江海宁杨某等制售有毒有害蔬菜案。2015年5月,浙江省海宁市公安机关破获一起使用违禁农药制售有毒有害蔬菜案,抓获犯罪嫌疑人9名,捣毁制售有毒有害蔬菜窝点4个,查扣有毒有害蔬菜10余吨、违禁农药80余瓶,案值达50余万元。经查,2012年以来,犯罪嫌疑人杨某、张某等人明知国家禁止在蔬菜果树上使用甲拌磷等农药,为节省生产成本和劳作工时,在其承包的1 000多亩农地上对种植的葱、萝卜、包心菜等蔬菜大量喷洒甲拌磷等农药,并将涉案的3 000余吨有毒蔬菜销往各地市场。(2)重庆垫江熊某等制售"地沟油"案。2015年5月,重庆市公安局打假总队会同垫江县公安局破获一起特大制售"地沟油"案,捣毁制售窝点7个,抓获涉案人员43名,查获生产线4条,查扣成品、半成品"地沟油"及加工废弃物原料80吨,案值8 000余万元。经查,2011年以来,犯罪嫌疑人熊某等人以1 400—3 000元/吨的价格从重庆、四川、湖北等地收购含淋巴、腺体等的生猪屠宰废弃物,熬制毛油,再以4 000—5 000元/吨的价格销售至垫江县闽杰猪油精炼加工厂,该厂经降酸、脱色、脱臭后提炼出成品食用猪油,按6 000元/吨的价格销往贵州、云南、四川、河南、湖南、重庆等地。(3)山西晋城张某等制售病死猪肉案。2015年1月,山西省晋城公安机关破获一起制

① 《公安部公布各地十起打击肉制品犯罪典型案例》,公安部,2013—05—02[2014—06—16],http://www.gov.cn/gzdt/2013-05/02/content_2394736.html。这十起案例分别为:辽宁本溪时某等销售未经检验检疫走私冻牛肉案;内蒙古包头腾达食品有限公司制售假劣牛肉案;江苏无锡卫某等制售假羊肉案;贵州贵阳袁某制售"毒鸡爪"案;江苏镇江卢某等制售劣质猪头肉制品案;陕西凤翔郝某等制售有毒有害食品致人死亡案;安徽宿州管某等制售病死猪肉案;福建漳州林某等制售病死猪肉案;四川自贡陈某等制售注水猪肉案;辽宁沈阳张某等制售病死鸡肉案。

售病死猪肉案,抓获犯罪嫌疑人 257 名,打掉犯罪团伙 3 个,捣毁宰杀病死猪窝点 8 个,查封病死猪肉 3 700 公斤,案值 400 余万元。经查,2012 年以来,以犯罪嫌疑人张某、韩某、赵某为首的 3 个犯罪团伙相互勾结,以收购淘汰母猪为掩护,通过猪贩子、"牙行"等中介,从晋城当地及周边养殖户处大量低价收购病死猪,经宰杀后销往晋城各县区 100 余家饭店食堂。(4)陕西渭南崔某等制售"毒面粉"系列案。2015 年 8 月,陕西省渭南市公安机关破获系列制售有毒有害面粉案,抓获犯罪嫌疑人 42 名,现场查获过氧化苯甲酰 2 200 余公斤,查扣含过氧化苯甲酰面粉 34 万余公斤,案值 700 余万元。经查,渭南市多个面粉生产商为提高小麦出粉率,从河南焦作崔某处购买过氧化苯甲酰,添加于面粉中,销往山东、河北、河南、陕西、山西等省。根据国家有关规定,过氧化苯甲酰系禁止在面粉制品中添加的非食用物质。(5)上海虹口制售"宁老大"牌假牛肉案。2015 年 5 月,上海市公安局虹口分局会同山西公安机关侦破一起制售伪劣牛肉案,抓获犯罪嫌疑人 21 名,打掉宁老大公司位于山西万荣县的制假工厂,查获疑似掺假牛肉制品及过期牛肉干、猪肉脯等 10 余吨,案值 1 000 余万元。经查,2014 年以来,上海宁老大食品有限公司通过改换包装、重新标注生产日期的方式,对过期牛肉干、猪肉脯等食品翻新,或在牛肉原料中掺假后加工成品销售,销往多家大型连锁超市。

(四)监察部通报危害食品安全责任追究典型案例

2014 年 1 月 8 日,监察部就五起危害食品安全责任追究典型案例发出通报①,强调食品安全是基本民生问题,保障食品安全是各级政府的重大责任,要求各级监察机关加强监督检查,督促地方政府和相关部门认真履行食品安全监管职责,用最严谨的标准、最严格的监管、最严厉的处罚、最严肃的问责,确保广大人民群众"舌尖上的安全"。这五起典型案例是:(1)安徽萧县大量制售病死猪肉失职渎职案。该县不法商贩收购病死猪肉销往安徽、河南等地加工成熟食后,批发销售到安徽、江苏等地零售点和菜市场。至案发时共加工病死猪肉 5 万余斤,非法获利 8 万余元。萧县和青龙镇政府及农业、商务、工商、质监等部门存在监管不严、失职失察问题。安徽省监察厅责成萧县政府、

---

① 《监察部通报 5 起危害食品安全责任追究典型案例》,人民网—中国共产党新闻网,2014—01—08[2014—06—16],http://fanfu.people.cn/n/2014/0108/c64371-24062082.html。

青龙镇政府分别向宿州市政府、萧县政府作出深刻书面检查,萧县原副县长等17人受到党纪政纪处分。(2)山东潍坊市峡山区生姜种植违规使用剧毒农药失职渎职案。峡山区管委会、王家庄街道和当地农业部门存在监管不力、检查不严问题。峡山区管委会副主任等9人受到党纪政纪处分。(3)山东阳信县制售假羊肉失职渎职案。该县不法商贩利用羊尾油、鸭脯肉等,制成假羊肉销售。县政府和监管部门存在日常监管缺失、执法检查不到位问题。阳信县副县长等4人受到党纪政纪处分,3人被移送司法机关处理。(4)江苏东海县康润食品配料有限公司非法制售"地沟油"失职渎职案。该公司从不法商人处大量收购火炼毛油(俗称"地沟油")并制成食用油品种,销售至安徽等地上百家食用油、食品加工企业及个体粮油店,案值达6 129万余元。东海县政府和工商、质监等部门存在监管不力、检查不严问题。东海县副县长等5人受到政纪处分,5人被移送司法机关处理。(5)山西孝义市金晖小学学生集体腹泻事件失职渎职案。该学校食堂长期无证经营,且存在通风不畅、管理不严、卫生安全措施缺失等问题,致使发生46名学生集体腹泻事件。孝义市教育、食品药品监管部门和梧桐镇政府存在监督管理不严、督促整改不力问题。孝义市教育局局长、食品药品监管局局长等11人受到政纪处分。

通报要求,各级监察机关要督促地方政府和相关部门认真吸取教训,切实增强责任意识,把维护食品安全放在更加突出的位置、作为重要系统工程来抓。一是认真履行作为食品安全监管第一责任主体的职责;二是切实加强日常监管,强化源头防控,严查风险隐患,加大整治力度,严惩重处食品安全犯罪和违法乱纪行为;三是各级监察机关要强化执纪监督,建立更为严格的责任追究制度,加大对食品安全监管失职问题的查处力度,对责任人员实行最严格的责任追究。对履行食品安全监管领导、协调职责不得力,本行政区域出现重大食品安全问题的,要严肃追究地方政府有关人员的领导责任;对履行食品安全监管职责不严格、日常监督检查不到位的,要严肃追究有关职能部门和责任人员的监管责任;对滥用职权、徇私舞弊甚至搞权钱交易、充当不法企业"保护伞"等涉嫌犯罪的,要及时移送司法机关依法追究法律责任。

需要指出的是,各级行政机关也采用公布典型案例、召开新闻发布会等方式公布惩治危害食品安全违法行为的战果,表达政府对食品安全监管常抓不懈的决心和能力。如,2013年12月3日,厦门市食品药品监督管理局发布了

2013 年查处的十大典型案例①；2013 年 12 月 19 日，温州市食安办联合各相关职能部门及各县（市、区）食安办，公布了 2013 年温州市食品安全十大典型案件②；2014 年 1 月 27 日，乌海市食品安全委员会和乌海市药品安全工作领导小组通报六起食品药品安全方面典型案例③；2014 年 3 月 13 日，株洲市工商局消委会、食品科联合发布流通领域"食品安全违法十大典型案例"等④。

五、司法系统依法惩处食品安全犯罪的新成效

近年来，食品安全监管相关部门依法加大了对食品安全犯罪行政处罚力度，而对隐瞒食品安全隐患、故意逃避监管等违法犯罪行为，则依法从重处罚。在严惩食品安全犯罪的过程中，各相关执法部门努力强化行政执法和刑事司法间的衔接，进一步完善涉嫌犯罪案件的移送程序，实现执法、司法信息互联互通，坚决防止有案不移、有案难移、以罚代刑，确保对食品安全犯罪行为的责任追究到位。尤其是 2015 年，以新的《食品安全法》的颁布与实施为契机，各级行政机关与司法机关通力合作，通过各种有效途径严厉打击危害食品安全的违法犯罪行为，对保护百姓舌尖上的安全等发挥了重要作用。

（一）法院与检察院系统严惩食品安全的犯罪

1. 法院系统

近年来，全国法院系统依法严惩危害人民群众生命健康犯罪。2010 年至2012 年，全国法院共审结生产、销售不符合安全（卫生）标准的食品刑事案件和生产、销售有毒、有害食品刑事案件 1 533 件，生效判决人数 2 088 人。其中，审结生产、销售不符合安全（卫生）标准的食品案件分别为 39 件、55 件、220 件，生效判决人数分别为 52 人、101 人、446 人；审结生产、销售有毒、有害

① 陈泥：《我市公布 2013 年十大食品药品典型案例》，《厦门日报》2013 年 12 月 3 日。

② 《2013 年温州食品安全十大典型案件》，温州网，2013—12—20［2014—06—16］，http://news.66wz.com/system/2013/12/20/103931681.shtml。

③ 乌海市食品安全委员会：《2013 年度食品安全典型案例通报》，《乌海日报》2014 年 1 月29 日。

④ 《2013 年食品安全违法十大典型案例曝光》，株洲网，2014—03—14［2014—06—16］，http://www.zhuzhouwang.com/2014/0314/269706.shtml。

食品案件分别为 80 件、278 件、861 件；生效判决人数分别为 110 人、320 人、1 059 人①。2013 年，全国法院受理危害食品安全犯罪案件 2 366 件，审结 2082 件，生效判决人数 2 647 人，分别比 2012 年上升 91.58%、88.42%、75.07%②。2014 年，全国执法和司法机关继续保持对食品药品安全犯罪严打的高压态势。新收涉食品药品犯罪案件 1.2 万件，比上年上升 117.6%；其中，生产、销售假药罪 4 417 件，上升 51.9%。生产、销售有毒、有害食品罪 4 694 件，上升 157.2%；生产、销售不符合安全标准的食品罪案件 2 396 件，上升 342.8%，表明近年来全国食品药品安全和监督体制改革工作和部分专项打击行动（如"严厉打击药品违法生产、严厉打击药品违法经营、加强药品生产经营规范建设和加强药品监管机制建设的'两打两建'"等）取得初步成效，最高人民法院近年来发布的有关审理食品药品犯罪案件的司法解释和典型案例发挥着越来越重要的作用③。

2015 年，法院系统坚决贯彻《刑法修正案（八）》从严惩处危害食品药品安全犯罪的立法精神，以实施新修订的食品安全法为契机，依法严厉打击危害食品安全违法犯罪行为。重点工作是：（1）制定司法解释，加大对危害食品药品安全犯罪打击力度。（2）通过积极协调构建食品安全行政执法与刑事司法衔接机制，明确食品安全犯罪侦查机构，充实人员力量。2015 年全年各级法院共审结相关案件 1.1 万件。

2. 检察机关

全国检察机关从严打击危害食品药品安全犯罪，开展专项立案监督。与食品药品监管总局、公安部等共同制定食品药品行政执法与刑事司法衔接工作办法，健全线索通报、案件移送、信息共享等机制。2008—2012 年五年间，各级人民检察院严惩危害人民群众生命健康的犯罪，起诉制售假药劣药、有毒有害食品犯罪嫌疑人 11 251 人，立案侦查问题奶粉、瘦肉精、地沟油、毒胶囊

① 吴林海、王建华、朱淀等：《中国食品安全发展报告（2013）》，北京大学出版社 2013 年版。

② 赵刚、费文彬：《守护"舌尖上的安全"》，《人民法院报》2014 年 3 月 8 日；《2014 年最高人民法院工作报告（全文实录）》，人民网，2014—03—10［2014—06—16］，http://lianghui.people.com.cn/2014npc/n/2014/0310/c382480-24592263-5.html。

③ 《依法惩治刑事犯罪 守护国家法治生态》，汉丰网，2015—05—07［2015—06—16］，http://www.kaixian.tv/gd/2015/0507/691405.html。

等事件背后涉嫌渎职犯罪的国家机关工作人员 465 人①。2014 年，最高人民检察院牵头制定办理危害药品安全刑事案件的司法解释，开展危害食品药品安全犯罪专项立案监督。坚持依法从严原则，起诉制售有毒有害食品、假药劣药等犯罪 16 428 人，同比上升 55.9%；在食品药品生产流通和监管执法等领域查办职务犯罪 2 286 人。在上海、北京探索设立跨行政区划人民检察院，将重大食品药品安全刑事案件纳入重点办理跨地区重大案件之中，保证国家食品安全法律的正确统一实施②。

2015 年，督促食品药品监管部门移送涉嫌犯罪案件 1 646 件，监督公安机关立案 877 件。起诉福喜公司生产销售伪劣产品案、王少宝等 44 人销售假药案等危害食品药品安全犯罪 13 240 人。最高人民检察院对 81 件制售假药劣药、有毒有害食品重大案件挂牌督办。与此同时，自 2015 年 7 月起，以食品药品安全等领域为重点，检察机关在 13 个省区市开展提起公益诉讼试点，并稳步推进跨行政区划检察院改革试点。北京市人民检察院第四分院、上海市人民检察院第三分院积极探索跨行政区划管辖范围和办案机制，办理了一批职务犯罪、诉讼监督等跨地区案件和食品药品安全、知识产权、海事等特殊类型案件。

(二)公安部门严惩食品安全犯罪的努力

1. 依法严惩食品安全犯罪

按照刑事责任优先的精神，紧紧围绕群众反映强烈的食品安全突出问题，全国公安系统持续组织开展"打四黑除四害"、"打击食品犯罪保卫餐桌安全"等系列专项行动。近年来，全国公安机关年均破获食品安全犯罪案件近 2 万起。2013 年，全国公安机关破获食品犯罪案件 3.4 万起、抓获嫌疑人 4.8 万名，捣毁黑工厂、黑作坊、黑窝点 1.8 万个，侦破药品犯罪案件 9 000 余起③。2014 年，公安系统在深入推进"打四黑除四害"工作的基础上，全面开展"打击

---

① 《曹建明作最高人民检察院工作报告（实录）》，中国网，（2013—03—10）[2013—04—23]，http://www.china.com.cn/news/2013lianghui/2013-03/10/content_28191919_2.html。

② 《2015 年最高人民检察院工作报告》，人民网，2015—03—12[2015—06—16]，http://lianghui.people.com.cn/ 2015npc/n/2015/0312/c394473-26681959.html。

③ 《"食药警察"将上岗》，网易新闻，2016—09—28[2014—04—28]，http://news.163.com/14/0408/03/9P9DD84600014AED.html。

食品药品环境犯罪深化年"活动,破获一系列食品药品重特大案件。全国公安机关共侦破食品药品案件 2.1 万起,抓获犯罪嫌疑人近 3 万名。其中侦破一批食品安全重大犯罪案件,如,山东省滕州市警方破获了涉及山东、河南、湖北、河北等 7 省份的特大制售"毒腐竹"案件,查扣有毒有害食品添加物 105 吨、毒腐竹 3.3 万余斤,涉案金额 5 000 余万元。一批大案要案的相继侦破,有力打击了食品药品犯罪分子的嚣张气焰,回应了百姓关切①。新修订的食品安全法实施以来,又侦破食品安全犯罪案件 1.5 万起,抓获犯罪嫌疑人 2.6 万余名,并且公安部先后挂牌督办重大案件 270 余起。

2. 不断加强"食药警察"队伍建设

2011 年 7 月,北京成立"公安局经侦总队食品药品案件侦查支队",这是全国第一个在省级层面设立的"食药警察"。2014 年 3 月,上海市公安局食品药品犯罪侦查总队宣告成立,这是在 2013 年 15 个省级食品药品犯罪专业侦查机构的基础上诞生的又一个省级打击食品药品犯罪的专门机构。2014 年,包括上海、山西在内,各地纷纷推进食药打假专业侦查力量建设,打击食品药品犯罪专门机构如雨后春笋涌现。到 2014 年底为止,全国省级公安机关专业食品药品犯罪侦查机构已达到 17 个。专门的食药犯罪侦查办案人员,被百姓形象地称为"食药警察"。这一新警种的设立使公安机关更加专业有效地打击食品药品制假售假行为。以上海为例,成立不到 7 个月,就破获 190 余起案件,抓获 200 余名犯罪嫌疑人②。

3. 源头治理与专项治理相结合

按照《食品安全法》关于风险管理、全程控制的要求,各级公安机关在依法严厉打击违法犯罪活动的同时,进一步延伸打击防范触角,坚持关口前移、源头防范,结合加强日常基础管理,强化对黑作坊、黑工厂、黑窝点、黑市场等情况的摸排,尽全力消除防范管理的盲区死角,并积极推动相关部门出台了病死畜禽无害化处理意见、完善餐厨废弃油脂监督管理、动物屠宰加工废弃物源头管控等一系列政策措施和法规性文件,在防范地沟油、病死猪、走私冻肉犯罪等方面初步构建起风险管理、全程控制的长效机制。与此同时,集中出击,

① 《公安机关高扬法治利剑严厉打击食药犯罪综述》,四川长安网,2015—01—08[2015—06—16],http://www.sichuanpeace.org.cn/system/20150108/000107903.html。

② 《我国食药安全步入深入治理新常态》,中国警察网,2015—01—07[2015—06—16],http://www.cpd.com.cn/ n10216060/n10216144/c27298384/content.html。

破大案、打团伙、捣窝点、断链条,成功侦破了一大批跨区域、系列性大要案件;注重紧盯线索、深化打击,既盯住老问题,始终保持对地沟油、瘦肉精、病死肉等传统领域犯罪的高压态势,坚决防止反弹;又着眼新动向,尤其是对网上食品犯罪等新情况新问题加强分析研判,及时侦破了一批利用互联网针对中老年等特殊群体的食品、保健品犯罪案件。

4. 强化部门协作与着眼能力建设

新的《食品安全法》对加强行政执法与刑事司法衔接作出了专门规定,首次明确规定了行政执法与公安机关刑事执法案件双向移送,行政执法部门为公安机关提供检验结论、认定意见、涉案物品无害化处理等协助的法律义务。2015 年 12 月,公安部、食药监管总局牵头,会同最高人民检察院、最高人民法院等部门联合出台了《食品药品行政执法与刑事司法衔接工作办法》,着力破解各类执法难题。各地据此进一步细化了有关规定,形成了打击整治食品安全犯罪的合力。与此同时,为切实提高公安机关打击食品犯罪的能力和水平,公安部多次举办全国性的专题培训班,重点围绕《食品安全法》及配套相关法律知识、专业技术、侦查技能,对全国公安机关办案骨干人员开展集中培训,并先后在全国推广了江苏无锡、山东泰安等地快速检测发现犯罪线索的工作经验,提高各地公安机关主动发现和深度打击食品犯罪的能力。

六、全面落实《食品安全法》与加强食品安全法治建设的重点

新的《食品安全法》颁布实施以来,各级各部门将新法作为开展监管工作的根本大法和基本遵循,寓宣传贯彻实施于日常监管工作之中,以法律保障监管工作的科学权威,不断健全法规制度体系,规范监管执法行为,强化企业法律意识,全面提升食品安全水平,食品安全形势总体平稳向好。但不能否认,全面贯彻落实新的《食品安全法》,建成科学完备的食品药品安全法律制度体系,深入普及法治精神、法治理念与法治思维,仍需要很长的时间和巨大的努力。

(一)全面执行新的《食品安全法》仍将面临巨大的困难

2015 年 4 月 24 日,十二届全国人大常委会第十四次会议表决通过了新

修订的《食品安全法》。相比 2009 年颁布的我国第一部《食品安全法》,新的《食品安全法》在总结近年来我国食品安全风险治理经验的基础上,确实有诸多的进步,尤其以法律形式固定了监管体制改革成果,针对当前食品安全领域存在的突出问题,建立了最严厉的惩处制度。因此,新的《食品安全法》被称为"史上最严"的食品安全法,赢得了老百姓的点赞。

虽然新的《食品安全法》有诸多的亮点,而且目前的舆论一片赞歌,但仍然不得不说,新的《食品安全法》在未来的实施中将面临诸多的难点,甚至面临巨大的困难,并不能够有效、全面地解决食用农产品与食品安全问题。可以就此进行简单的分析。

这次食品安全法的修改,是为了以法律形式固定监管体制改革成果、完善监管制度机制。也就是说,"史上最严"的食品安全法执行效果取决于食品安全监管体制改革的成效。事实上,2013 年我国的食品安全监管体制改革并不成功,到目前为止,不仅仅是改革的进度缓慢,而且质量不高,与中央的顶层设计的预期要求相去甚远。2015 年 4 月 7—10 日,本研究团队在江西省南昌市就食品安全监管体制进行了调查,调查发现,该市的 B 县的原工商、质检、食药经过"三合一"的改革于今年 3 月 31 日挂牌成立了"市场和质量监管局",领导班子成员多达 14 人,而新机构编制总人数为 37 人,仅设置食品监管科一个部门在从事食品安全监管工作,而仅县城就有 1 000 多家餐饮企业需要监管。B 县现有人口 66 万,面积 2 300 平方公里,可使用的工作经费 20 万元,食品抽查检验经费 20 万元,基本没有检验检测手段,靠 10 多个监管人员能否较好地履行食品监管任务? 大家非常清楚这个答案。类似的情况在全国不在少数。目前全国相当多的地区实施的食品监管体制的改革,主要特征是以工商局为班底,整合质检、食药监机构,将工商部门惯用的排查、索证索票等管理方式广泛用于基层市场监管,难以承担食品领域的专业监管职能。在目前的食品监管体制下,执行新的《食品安全法》基础并不巩固。由于没有"严"的基础,"史上最严"实际上"严"不起。

分散化、小规模的食品生产经营方式与食品安全风险治理内在要求间的矛盾是我国食品安全风险治理面临的基本矛盾。客观事实一再表明,与发达国家发生的食品安全事件相比较,我国的食品安全事件虽然也有技术不足、环境污染等方面的原因,但更多是生产经营主体的不当行为、不执行或不严格执行已有的食品技术规范与标准体系等违规违法的人源性因素所造成,"明知故犯"的人源性因素是导致食品安全风险重要源头之一。而小作坊、食品摊贩是"明知故犯"的重要主体。对于食品生产加工小作坊和食品摊贩的监管,中华人民共和国食品安全法,2009年2月28日第十一届全国人民代表大会常务委员会第七次会议通过《食品安全法》明确规定:"由省、自治区、直辖市人民代表大会常务委员会依照本法制定"。但到2013年底,四年多的时间里全国仅有河南、吉林、山西、湖南、宁夏等少数省区的省级地方人大完成了食品生产加工小作坊和食品摊贩管理办法或条例。按照新出台的《中华人民共和国立法法》的规定,法律规定明确要求国家机关对专门事项做出配套具体规定的,有关国家机关应在法律实施一年内做出规定。新的《食品安全法》在2015年10月1日实施,按照新出台的《立法法》的规定,在2016年10月1日之前,各省、自治区、直辖市都要制定地方性法规,出台对小加工作坊和小摊贩具体的管理办法。即使各省、自治区、直辖市均按要求完成了立法,但在实践中仍然面临执法难的问题。相当数量的小商小贩,若不依法处置,会留下食品安全隐患,而依法取缔,又会引发生产经营人员的失业等一系列社会问题。

再比如,新的《食品安全法》强调对农药的使用实行严格的监管,并对违法使用剧毒、高毒农药的,增加了由公安机关予以拘留这样一个严厉的处罚手段。事实上,就食用农产品的农药管理,剧毒、高毒农药的监管是一个方面,而且由于生产源头的严格控制,剧毒、高毒农药流入农户手中的可能性正在逐步减少,而在实践中如何解决农药滥用则是更重要的一个方面。1993—2012年间我国农药施用量年均增长率为4.31%,2012年农药施用量的绝对值是1993年的2.14倍,19年间农药施用量增加近百万吨。按照4.31%的年均增长率,2015年我国农药施用量将超过200万吨。与此同时,根据《2013中国国土资源公报》的数据,2012年全国共有20.27亿亩耕地,扣除需退耕还林、还草和休养生息与受不同程度污染不宜耕种的约1.99亿亩外,全国实际用于农作物种植的耕地约为18.08亿亩,据此计算,2012年我国每公顷耕地平均农药施用量为14.98公斤。而在我国一些发达的省份,单位面积的农药平均施用量更高,比如广东农药施用量更是高达每公顷40.27公斤,是发达国家对应限值的5.75倍。在我国,农药残留使农药由过去的农产品"保量增产的工具"转变为现阶段影响农产品与食品安全的"罪魁祸首"之一。农药残留成为影响中国食用农产品安全的主要隐患之一。但是新的《食品安全法》并未对普通化学农药的施用提出任何要求,实施新的《食品安全法》并不能够有效解决食用农产品农药残留超标的问题。

当然,新的《食品安全法》无疑是基于现阶段我国实际出台的保障食品安全的根本法律。我们认为,全面执行新的《食品安全法》仍将面临巨大的困难,这仅仅是学者的担忧或看法。但愿这个担忧是多余的,看法是片面的。良法贵在执行,贵在实践,贵在实事求是地操作。全社会期待,新的《食品安全法》将是中国现实发展阶段中一部真正保障食品安全的好法律。

(二)加强法治建设、完善法律体系的重点

为全面加强食品安全法治建设,积极推进食品监管部门依法行政,如期实现食品监管系统法治建设目标,应在未来五年重点完成如下五个方面的工作。

1. 加强食品法律制度体系建设顶层设计,加快配套法律法规规章的立法进度

科学制定立法规划和年度立法计划,强化立法计划执行的刚性约束。尽快修订出台《中华人民共和国食品安全法实施条例》,尽快制(修)订出台食品安全事故调查处理、食品标识管理、学校食堂食品安全监督管理等规章制度。加快完善惩治食品安全犯罪的司法解释,尽快完成对《关于办理危害食品安全刑事案件适用法律若干问题的解释》修订工作,加大对食品犯罪的打击力度。积极推动地方食品监管立法,鼓励和支持地方食品药品监管部门参与制(修)订有关食品安全监管的地方性法规和规章,加快完成食品生产加工小作坊、食品摊贩和小餐饮等地方食品安全立法任务。及时总结地方立法经验,推动地方加快食品监管立法,创新食品监管方式方法。到2020年,食品安全法律法规和配套规章制(修)订任务基本完成。

2. 加强食品安全规范性文件合法性审查,加快规范性文件清理

建立健全食品规范性文件制定程序,落实规范性文件由食品药品监管部门法制机构进行合法性审查的要求。地方各级食品药品监管部门制定的规范性文件应当按规定报政府法制部门备案,并抄送上级食品药品监管部门。加强备案审查能力建设,加大备案审查力度,将所有的规范性文件纳入审查范围。规范性文件不得设定行政许可、行政处罚、行政强制等事项,不得减损公民、法人和其他组织合法权益或者增加其义务。根据食品药品安全形势发展的需要,以及相关法律法规制(修)订情况,及时清理有关规范性文件。实行食品规范性文件目录和文本动态化管理,要根据规章、规范性文件立改废情况

及时对目录和文本作出调整并向社会公布。

3.提高食品药品监管立法公众参与度,深入开展食品药品法治宣传教育

积极拓展社会各方有序参与食品安全立法的途径和方式。建立专家论证咨询制度,重要法律制度制(修)订或者重大利益调整,广泛征求专家学者、社会团体、法律顾问的意见和建议。完善向社会公开征求意见机制,健全公众意见采纳情况反馈机制。除依法需要保密的外,法律法规规章草案要通过政务网站、报纸等媒体向社会公开征求意见。广泛宣传食品药品监管法律法规。各级各部门要大力宣传《中华人民共和国食品安全法》等法律法规,充分认识到《食品安全法》等法律法规是保障人民群众饮食安全的重要法律,是食品监管部门执法的基本依据,是食品企业及其从业人员的基本行为准则。通过深入系统学习宣传教育,深刻把握食品安全各项法律制度精神实质和法律条文内涵,用好法律武器,切实保障公众饮食安全。

4.完善食品监管立法工作机制,实现严格、规范、公正、文明执法

进一步健全食品监管立法程序,完善立项、起草、论证、协调、审议等机制,推进食品监管立法工作的科学化、精细化,进一步增强立法工作的及时性、系统性、针对性和有效性;积极开展食品安全立法前评估,建立健全重大立法项目论证和公开征求意见制度,探索委托第三方起草规章草案;组织开展食品安全立法后评价,研究分析法律法规规章实施中存在的突出问题,及时做好修订相关工作;坚持立改废释并举,完成修改、废止与食品药品产业发展和供给侧结构性改革要求不相适应的规章,保障立法与改革决策相统一、相衔接,做到改革于法有据、改革依法推进。完善食品监管执法程序。细化食品行政执法程序,规范食品行政处罚、行政强制、行政检查、行政收费等行为。落实执法全过程记录制度,完善执法调查取证规则,做到执法全过程有据可查。按照食品行政处罚程序规定,严格规范行政处罚的管辖、立案、调查取证、处罚决定、送达、执行等程序。落实食品生产经营日常监督检查管理制度,严格规范监督检查事项和监督检查具体要求,强化监督检查的标准化和规范化。建立健全行政裁量基准制度,细化、量化行政裁量的范围、种类、幅度。健全行政执法与刑事司法衔接机制,加强信息发布沟通协调,实现行政处罚和刑事司法无缝对接。完善重大执法法制审核制度,对监管工作提供法律支持,未经法制审核或者审核未通过的,不得作出决定。

5. 加强对执法人员的法治教育培训，全面提高执法人员法治思维和依法行政能力

树立重视法治素养和法治能力的用人导向。完善领导干部选拔任用制度机制，优先提拔使用法治素养好、依法办事能力强的干部。探索建立各级领导干部述职述廉述法三位一体的考核制度，重点考评单位及个人学法尊法守法用法、重大事项依法决策和严格依法行政等方面的情况。加强对执法人员的法治教育培训。执法人员特别是领导干部要系统学习中国特色社会主义法治理论，学好宪法以及食品药品监管法律法规。健全执法人员岗位培训制度，定期组织开展行政执法人员通用法律知识、食品药品监管专业法律知识、新法律法规等专题培训。完善执法人员法治能力考查测试制度。加强对领导干部任职前法律知识考查和依法行政能力测试，将考查和测试结果作为领导干部任职的重要参考，促进监管执法人员严格履行法治建设职责。利用国家食品药品监管干部网络培训学院培训平台等多种形式，加强执法人员法治能力考查测试。

中　篇

食品安全社会共治中
的市场力量

第十章　食品企业安全生产行为：
食品添加剂的案例

　　本书中篇系统研究食品安全社会共治中的市场力量，着重分析市场的两类最为基本的主体：生产者和消费者。在对食品生产者行为的研究中，着重关注食品企业、种植业农户与养殖业农户三类最具代表性的主体，而对消费者行为的研究，着重研究消费者对安全认证食品和可追溯食品两类最具代表性的安全食品的偏好。本章所研究的食品企业安全生产行为，以食品添加剂为研究案例。如此选择的原因在于，近年来中国发生的食品安全事件的突出特点是，绝大多数食品安全事件是由企业生产经营过程中人为违法违规行为所致。尤其是人为滥用食品添加剂甚至非法添加使用化学添加物引发的食品安全事件持续不断[①]，而且违规使用食品添加剂已经成为中国食品出口美国、日本和韩国被通报因素第一位[②]。近几年，在中国发生的由人为滥用食品添加剂甚至非法添加使用化学添加物引发的食品安全事件，已成为现阶段中国食品安全事件的最主要的源头。因此，本书在分析食品安全社会共治背景下的食品企业生产者行为时，着重以食品添加剂的使用为例。

一、食品添加剂问题研究的理论与现实背景

（一）食品生产中的添加剂问题

　　食品添加剂是保障和实现大规模的食品安全生产与全球食品供应的基础原材料。目前国际上使用的食品添加剂种类已达 25 000 种。但大量的研究

---

　　① 欧阳海燕：《近七成受访者对食品没有安全感　2010—2011 消费者食品安全信心报告》，《小康》2011 年第 1 期，第 42—45 页。

　　② 邹志飞：《食品添加剂检测指南》，中国标准出版社 2010 年，第 52 页。

证实,食用超过限量的人工合成的食品添加剂就可能导致人体胃肠系统、呼吸系统、皮肤以及神经病学等不良反应。正由于如此,FAO/WHO 食品添加剂联合专家委员会(The Joint FAO/WHO Expert Committee on Food Additives,JEC-FA)自 1956 年起每年组织评估和更新食品添加剂的安全性并制定标准,同时食品添加剂的安全性也成为国际食品法典委员会(Codex Alimentarius Commission,CAC)关注的焦点。

为最大程度地遏制食品企业人为违法违规使用添加剂与打击非法添加使用化学添加物,近年来中国政府的管理部门发布了一系列的法规。2011 年卫生部先后发布了《食品安全国家标准食品添加剂使用标准》(GB2760—2011),公布了食品中可能违法添加的非食用物质和易滥用的食品添加剂名单(第1—5批)。国务院办公厅发布了《关于严厉打击食品非法添加行为切实加强食品添加剂监管的通知》。但在中国人为滥用食品添加剂甚至非法添加使用化学添加物愈演愈烈,达到了令人发指的程度。虽然由于监控数据的不足,目前并不能完全证实过量食用食品添加剂与人们胃肠系统、呼吸系统与神经病学疾病间的因果关系,但由于企业人为滥用食品添加剂甚至非法添加使用化学添加物所产生的一系列负面效应已成为严重威胁中国社会稳定的社会问题。因此,研究与识别影响企业食品添加剂使用行为的关键因素,据此寻求解决的方案是中国食品安全管理所提出的难以回避的重大现实问题。

(二)文献综述与本书的研究角度

目前国际上已有的针对企业使用食品添加剂行为的研究,主要是基于添加剂的检测技术;添加剂使用的监管体系以及消费者对食品添加剂的关注度[①],试图达到优化控制食品添加剂使用的目的。而中国国内的研究则更多的是对企业食品添加剂行为进行统计性描述,远未涉及识别影响企业食品添加剂使用行为关键因素的研究。应该肯定的是,国际上学术界现有的研究对深入研究中国问题具有借鉴意义,但影响中国食品生产加工企业添加剂使用行为的并不主要是食品添加剂检测技术与标准问题,而主要是政府监管的方法和企业本身的问题等。

---

① S.M.Shim, et al., "Consumers' knowledge and safety perceptions of food additives: Evaluation on the effectiveness of transmitting information on preservatives", *Food Control*, Vol. 22, 2011, pp. 1054-1060.

基于上述分析,本书的研究首先实证调查中国河南省郑州市食品加工企业添加剂使用行为,分析并归结可能影响企业食品添加剂使用行为的各种因素,在此基础上基于现有的影响食品生产企业安全生产行为因素的研究文献,将生产企业、消费者、政府纳入一个分析系统,运用模糊集理论(Fuzzy set theory)的专家群组的决策实验分析方法(Decision Making Trial and Evaluation Laboratory,DEMATEL),试图系统地探求影响企业食品添加剂使用行为的因素、因素间的相互关系,并识别关键因素,以期为中国更有针对性地实施强化企业食品添加剂使用行为管理规范提供科学的依据。

二、食品企业安全生产行为的描述分析

(一)案例调查

郑州市是中国中西部地区重要的中心城市,食品工业是传统的优势产业,2010年郑州市食品工业销售额达到450亿元,在中国中西部诸城市中名列第一位,并且产品门类全,涵盖了农副产品加工业、食品制造业、饮料制造业和烟草制造业等四大行业。但郑州市相对也是中国食品安全事故的多发地区。2010年北京工商局公布的不合格使用食品添加剂的企业中约有21%的企业来自河南,且其中约有72.4%的企业来自于郑州市。因此,以郑州市食品加工企业为案例研究影响食品加工企业添加剂使用行为的主要因素就具有代表性。

郑州市案例的调查是通过问卷的方式展开的。问卷是基于现有研究文献而设计,并在郑州市选择了3家食品企业进行了预备性试验,通过与企业管理、技术、生产、销售等相关人员面对面的沟通,修正并最终确定调查问卷。问卷包含企业特征(包含管理者情况、生产规模和产品类别)、企业生产行为(包含原料采购、添加剂使用情况和检测水平等)、影响企业食品添加剂使用行为因素三个部分,共17个调查问题。

注册资本在500万元人民币及以上的企业是中国政府国民经济统计的基本单位。本研究的调查对象设定为满足上述注册资本要求的食品生产企业,调查具体由郑州市政府食品工业办公室组织,江南大学江苏省食品安全研究基地的专业人员协同配合。郑州市政府食品工业办公室依据郑州市2010年

食品工业企业销售收入的排序,按照一定的规律随机选择 96 家样本企业,最终收回有效问卷 88 份。问卷统计结果运用 Excel 2003.和 SPSS 18.0 软件,计算得出问卷中各选项的频率以及所占的百分比。整个调查在 2011 年 7—8 月期间进行。

(二)案例调查的描述性分析

1. 企业特征与食品添加剂使用行为

调查结果显示,被调查的 88 家企业中 300 人以下的样本企业占样本总量的比例达到 59.1%,而食品年销售额在 3 000 万元以下、3 000 万元—1 亿元的样本企业比例则分别为 35.2%、53.4%。从从业人数和食品销售额来分析,中小型食品生产加工企业是被调查企业的主体,这与郑州市食品工业企业的总体结构相吻合。被调查的食品生产企业的行业类型依次是粮食和粮食制品(44.3%)、饮料类(17.0%)、乳及乳制品(8.0%)、其他类(23.9%)。而且被调查的小型企业和中型企业中分别有 15.4% 和 9.1% 的企业由于食品添加剂使用不当曾发生过不同程度的食品安全事件,这与企业规模是影响食品安全生产行为重要因素的文献报道结论相符[1][2]。

2. 企业管理者特征与食品添加剂使用行为

本研究所指的管理者是指企业总经理。数据分析显示,75% 的企业总经理年龄在 40—59 岁,并且 82.9% 的企业总经理具有大专及以上学历。总经理年龄在 60 岁及以上、受教育年限在 12 年以下的企业发生由食品添加剂使用不当而导致食品安全事件的比例相对较高。案例的调查结论与 Young 等[3] 和李友志[4] 的研究得出的有关管理者的学历和年龄影响其食品安全生产行为的认识水平非常吻合。因此,管理者的年龄和学历是影响企业食品添加剂使用行为的重要因素。

---

① Z.Hassan, R.Green, D.Herath, "An empirical analysis of the adoption of food safety and quality practices in the Canadian food processing industry", *Essays in Honor of Stanley R.Johnson*, 2006.

② R.Stringer, et al., "Producers, processors, and procurement decisions: The case of vegetable supply chains in China", *World Development*, Vol.37, 2009, pp.1773-1780.

③ I.Young, et al., "Knowledge and attitudes towards food safety among Canadian dairy producers", *Preventive Veterinary Medicine*, Vol.94, 2010, pp.65-76.

④ 李友志:《272 家餐饮店食品添加剂使用情况调查》,《上海预防医学杂志》2009 年第 10 期,第 476—477 页。

3. 企业生产行为与添加剂使用的动机

在被调查的 88 家样本企业中有 65.9% 的企业没有与农产品生产农户签订并直接购买原材料，15.5% 的企业未与上游农户签约供应合同而直接购买原材料的企业曾出现过食品添加剂不当使用的情况。Golan 等[1]和 Thompson 等[2]认为食品供应链的层次影响食品安全质量，而史海根[3]的研究指出没有实施供应链一体化体系将可能直接导致企业食品添加剂的滥用。因此，供应链一体化水平与企业食品添加剂使用行为具有相关性。34.1% 的受调查的企业在采购食品添加剂时并未将食品添加剂的质量作为采购的首要标准。关于使用的食品添加剂类型，调查发现企业主要使用香料、甜味剂、防腐剂和着色剂四类食品添加剂，分别占使用概率的 56.8%、50.0%、40.9%、28.4%，而这四类食品添加剂正是中国食品企业最常用也是最容易出现违规使用的食品添加剂。调查结果表明，使用食品添加剂的目的主要是满足消费者的口感、强化食品营养、延长食品保质期、美化食品的外观和降低食品成本，迎合消费者的需求与偏好成为企业使用食品添加剂的主要动机。这与张岩和刘学铭的有关中国消费者在购买食品时越来越多地关注食品的色、香、味，尤其在儿童食品消费市场，不规范地使用食品添加剂的现象更为严重的研究结论基本吻合[4]。因此，可以认为消费者的需求与偏好影响企业添加剂的使用行为。

在 88 家被调查的企业中，有 11.3% 的企业并没有对食品中添加剂成分进行检测，主要原因是企业检验检测能力不足。检验检测手段与能力的缺乏对其食品安全管理行为产生影响。并且 12.5% 的受调查企业曾因为超标、违规使用食品添加剂而不同程度地出现过食品质量问题，71.6% 的受调查的企业承认目前不规范地使用食品添加剂已成为食品安全的最大隐患之一。

---

[1]　E.Golan, et al., *Traceability in the U.S food supply: Economic theory and industry studies*, United States Department of Agriculture, 2004.

[2]　M.Thompson, G.Sylvia, Morrissey M.T., "Seafood traceability in the United States: Current trends, system design, and potential applications", *Comprehensive Reviews in Food Science and Food Safety*, Vol.4, 2005, pp.1—7.

[3]　史海根:《嘉兴市部分农村食品企业食品添加剂使用情况调查分析》，《中国预防医学杂志》2006 年第 6 期，第 548—550 页。

[4]　张岩、刘学铭:《食品添加剂的发展状况及对策分析》，《中国食物与营养》2006 年第 6 期，第 29—31 页。

三、决策实验分析法与模糊集理论的基本原理

(一)影响企业添加剂使用行为的因素设置

郑州市食品加工企业的调查结果显示,影响企业添加剂使用行为可能的主要因素有:管理者的年龄与学历、企业规模、企业供应链一体化水平、消费者的需求与偏好和检验检测的能力。

然而影响企业添加剂使用行为的因素众多,从企业的角度展开案例研究探求影响食品添加剂使用行为的主要因素是有价值的,但难以彻底解决样本企业的利益诉求对实证结果的影响。实际上,消费者和政府也是影响企业食品添加剂使用行为的重要主体。现有的研究表明,政府的监管环境可以激励企业选择相对适宜的食品质量保证体系;企业食品安全生产行为并不是有意识的,而是在政府强制性制度安排、市场压力和社会责任与法律等交互作用下产生的[1]。已有调查表明,政府的强制性管制有力地提升了企业防范食品安全风险的水平。而当相关法律缺失时,生产者更注重眼前利益,而忽视长远的食品安全。Micovic[2] 则认为消费者不能及时识别可能的食品安全风险是食品安全面临的重大挑战。消费者公众意识的崛起和法律保证体系的健全能在一定程度上减少有害物质在食品供应链中的传播[3]。因此,单纯从企业自身角度分析食品添加剂使用行为的影响因素,结论难免具有局限性,应该将企业与消费者和政府纳入一个整体,唯有如此,才有可能深入、系统和全面地研究影响企业食品添加剂使用行为的因素间的相互关系与识别关键因素等。故本书在对郑州市食品加工企业案例调查的基础之上,借鉴国内外现有的相关文献,归纳了可能影响企业添加剂使用行为的 11 个因素。这些因素分别是:管理者的年龄 C_1、管理者学历 C_2、管理者的社会责任意识 C_3、企业预期经济收

---

[1]　Y.Khatri,R.Collins,"Impact and status of HACCP in the Australian meat industry",*British Food Journal*,Vol.109,2007,pp.343-354.

[2]　E.Micovic,"Consumer protection and food safety",*Revija za Kriminalistiko in Kriminologijo*,Vol.62,2011,pp.3-11.

[3]　刘小峰、陈国华、盛昭瀚:《不同供需关系下的食品安全与政府监管策略分析》,《中国管理科学》2010 年第 2 期,第 143—150 页。

益 C_4、企业销售规模 C_5、供应链一体化水平 C_6、检验检测能力 C_7、政府的监管力度 C_8、食品质量安全标准 C_9、消费者需求与偏好 C_{10}、消费者的健康意识与识别能力 C_{11}。

(二)研究方法

1.决策实验分析法

为了量化影响企业添加剂使用行为因素间的相互关系,本书引入决策实验分析法(Decision Making Trial and Evaluation Laboratory, DEMATEL)。DEMATEL 是一个有效收集群组观点、分析系统因素间相互关系并形成因素间因果关系可视化图的科学方法。在多准则决策(Multiple Criteria Decision Making, MCDM)领域中的 DEMATEL 最重要的特点是其能够量化因素间的相互关系。已被应用于研究航空安全问题、可持续发展管理体系及公共危害应急管理等。本书为了避免调查过程中样本企业的利益诉求影响调查的结果,研究在江南大学食品学院邀请了 8 位熟悉食品添加剂研发、生产、使用规范的技术和管理专家共同组成专家群体,采用德尔菲实验法对专家组进行两轮问卷咨询,最终获得专家群组评定的影响企业食品添加剂使用行为的 11 个因素之间的直接影响矩阵。

为了便于计算,本书对决策实验法的应用做出必要的定义如下:

定义 1.将因素间的相互关系设定为几个分数级别,由专家群组决策得到因素间的最初直接影响矩阵为 $A = a_{ij}$,A 是一个非负矩阵,a_{ij} 代表因素 i 对因素 j 的直接影响,当 $i = j$ 时,对角线元素 $a_{ij} = 0$。

定义 2.直接影响矩阵 A 转换为标准化影响矩阵 D。标准化影响矩阵 $D = [d_{ij}]$ 可以通过方程(10-1)来获得。

$$D = \frac{1}{\max\limits_{1 \leqslant i \leqslant n} \sum\limits_{j=1}^{n} a_{ij}} A \qquad (10-1)$$

定义 3.利用方程(10-2)获得总关系矩阵 $T = [t_{ij}]_{n \times n}, i, j = 1, \cdots n$,$t_{ij}$ 表示因素 i 对因素 j 的直接及间接影响程度。

$$T = D (I - D)^{-1} \qquad (10-2)$$

定义 4.计算 T 矩阵的各行和各列之和分别可用公式(10-3)、公式(10-4)来计算。r_i 表明 i 因素给予系统中其他所有因素的直接和间接的影响程度的总和,称之为影响度(D);同理c_j表示j因素在受到系统中其他所有因素给予的直接和间接的影响程度之和,一般称之为被影响度(R)。当$i=j$时,r_i+c_i代表被i因素影响和被影响的所有效果,称其为中心度$(D+R)$。r_i-c_i代表i因素影响其他因素与其他因素影响i的效果之差,称为原因度$(D-R)$。当$r_i-c_i>0$时,i因素称为原因因素(Effect factor);当$r_i-c_i<0$时,i因素称为结果因素(Cause factor)。

$$r_i = \sum_{j=1}^{n} t_{ij} \tag{10-3}$$

$$c_j = \sum_{i=1}^{n} t_{ij} \tag{10-4}$$

2. 模糊集理论

然而在复杂系统中受访者对复杂因素的评估往往基于经验给出语言评估,而难以给出判断的精确值。因此本书引入模糊集理论并利用三角模糊数来反映专家群体的主观判断。研究参照 Opricovic & Tzeng[1] 模糊数转化成准确数值的方法,最终用准确的数值反映专家群体对系统中各个影响因素间关系的主观判断,同时也便于 DEMATEL 方法的矩阵计算。按照 CFCS 方法,基于专家群体评价中三角模糊数的最大值和最小值,对专家群体中各专家的三角模糊数标准化后进行量化,最终结果来自专家群体的平均值。假设$z_{ij}^k = (l_{ij}, m_{ij}, r_{ij})$,其中$1 \leqslant k \leqslant K$,表示第$k$个专家评定的$i$因素对$j$因素的影响值,依照 CFCS 方法进行三角模糊数的去模糊化处理的路径为:

步骤一:模糊数标准化处理。首先由专家群体的各位专家按照表 10-1 设定的专家群体使用的语言变量对系统中各因素间的影响程度进行打分[2],获得调查数据。其次将每位专家的三角模糊数按照公式(10-5)、公式(10-6)和公式(10-7)进行去模糊计算。

$$xl_{ij}^k = (l_{ij}^k - \min_{1 \leqslant k \leqslant K} l_{ij}^k)/\Delta_{\min}^{\max} \tag{10-5}$$

$$xm_{ij}^k = (m_{ij}^k - \min_{1 \leqslant k \leqslant K} l_{ij}^k)/\Delta_{\min}^{\max} \tag{10-6}$$

$$xr_{ij}^k = (r_{ij}^k - \min_{1 \leqslant k \leqslant K} l_{ij}^k)/\Delta_{\min}^{\max} \tag{10-7}$$

---

[1] S.Opricovic, G.H.Tzeng, "Compromise solution by MCDM methods: A comparative analysis of VIKOR and TOPSIS", *European Journal of Operational Research*, Vol.156, 2004, pp.445-455.

[2] M.J.J.Wang, T.C.Chang, "Tool steel materials selection under fuzzy environment", *Fuzzy Sets and Systems*, Vol.72, 1995, pp.263-270.

其中 $\Delta_{\min}^{\max} = \max\limits_{1 \leqslant k \leqslant K} r_{ij}^k - \min\limits_{1 \leqslant k \leqslant K} l_{ij}^k$

步骤二：计算左右标准值。将上面标准化后的模糊数按照公式（10-8）、公式（10-9）转化成为 xls_{ij}^k 和 xrs_{ij}^k。

$$xls_{ij}^k = xm_{ij}^k/(1 + xm_{ij}^k - xl_{ij}^k) \qquad (10-8)$$

$$xrs_{ij}^k = xr_{ij}^k/(1 + xr_{ij}^k - xm_{ij}^k) \qquad (10-9)$$

步骤三：计算总的标准化值。

$$x_{ij}^k = [xls_{ij}^k(1 - xls_{ij}^k) + xrs_{ij}^k xrs_{ij}^k]/(1 - xls_{ij}^k + xrs_{ij}^k) \qquad (10-10)$$

步骤四：获得第 k 个专家反映的 i 因素对 j 因素量化的影响值。

$$a_{ij}^k = \min\limits_{1 \leqslant k \leqslant K} l_{ij}^k + x_{ij}^k \Delta_{\min}^{\max} \qquad (10-11)$$

步骤五：计算专家群体中 K 个专家评估 i 因素对 j 因素量化的影响值。利用公式（10-12）求出专家群体反映的 i 因素对 j 因素量化的影响值，完成整个模糊数据的量化过程。

$$a_{ij} = \frac{1}{K} \sum_{k=1}^{K} a_{ij}^k \qquad (10-12)$$

表 10-1　语言变量与模糊数的转换关系

语言变量（linguistic variable）	相对应的三元模糊数（TFN）
No 没有影响（No Influence）	（0,0.1,0.3）
VL 影响很小（Very Low Influence）	（0.1,0.3,0.5）
L 影响不大（Low Influence）	（0.3,0.5,0.7）
H 影响较大（High Influence）	（0.5,0.7,0.9）
VH 影响很大（Very High Influence）	（0.7,0.9,1.0）

注：表格中语言变量设计及其相对应的三元模糊数参见 Wang,& Chang（1995）。

四、企业添加剂使用行为的实证分析结果与讨论

（一）影响企业添加剂使用行为因素间的相互关系

表 10-2 反映了专家群组的初始影响矩阵。表 10-3 的计算结果清晰地显示，C_1、C_2、C_8 和 C_{10} 属于原因因素。政府的监管力度（C_8）具有最大的影响度，但被影响度在 11 个因素中仅位居第七，表明政府的监管力度能强烈地

影响其他因素,但自身却很难受其他因素的影响,表现出强烈的主动性。显示类似地,消费者的需求与偏好(C_{10})也是主动性较强的因素之一。尽管管理者的年龄(C_1)、学历(C_2)表现出主动性,但影响度和被影响度水平在11个因素中居于较低水平,说明这两个因素与其他因素关系比较疏远。

C_3、C_4、C_5、C_6、C_7、C_9和C_{11}属于结果因素。企业预期经济收益(C_4)具有最大的被影响度和第二位的影响度,表明C_4与其他10个因素最为紧密的因素;检验检测能力(C_7)的被影响度位居第二,影响度位居第九,在本质上体现出强烈的被动性。企业销售规模(C_5)、供应链一体化水平(C_6)的影响度和被影响度分别居于第五位和第四位、第四位和第三位,表明这两个因素与其他因素的关系也较为紧密。而管理者的社会责任意识(C_3)具有第五位的被影响度,体现出一定的被动性;影响度和被影响度均较低的食品安全质量标准(C_9)以及消费者的健康意识与识别能力(C_{11})显然与其他因素关系相对较为疏远。

(二)影响企业添加剂使用行为的关键因素的识别

第一,政府监管力度(C_8)在11个因素中具有最大的影响度(10.3253),是影响其他10个因素最大的因素,这与郑州案例调查中的53.4%的企业认为食品添加剂监管体制的惩罚力度不足导致了企业滥用食品添加剂的结论相符。因此可以确认是关键因素。第二,企业预期经济收益(C_4)具有最高的中心度(22.38903),在系统中发挥的作用最大,其影响度和被影响度分别为9.9845555和12.40448,在11个因素中分别位居第二和第一,与系统中的其他因素的关系密切,显然是关键因素之一。第三,企业销售规模(C_5)原因度略小于0,但其中心度值为20.05284,在11个因素中位居第四;其影响度与被影响度也分别居于11个因素的第5位和第4位,显然在系统中具有重要的影响力,可以认为是关键因素。同样可以认为供应链一体化水平(C_6)也是关键因素。第四,消费者的需求与偏好(C_{10})的影响度为9.845456,在11个影响因素中位居第三,而被影响度仅列居第九,说明其对其他10个因素的影响程度较高,而被影响度并不高,这就不难理解郑州食品生产企业认为使用添加剂最主要的动机是增加食品的口感(73.9%),以迎合消费者的喜好,可以认为是关键因素之一。管理者的年龄(C_1)、学历(C_2)和消费者的健康意识与识别能力(C_{11})的其中心度分别位居11个影响因素中第11、第10和第9,且影响度与被影响度的值都较低,显然不是关键因素。检验检测能力(C_7)和管理者的社会责任意识(C_3)这2个因素的共同特点是具有强烈的被动性,在系统中极易受到其他因素的影响。C_7的中心度虽然居于第二,但它的被影响度为11.88694,是第二大易受其他因素影响的因素,且它的影响度仅为8.922251;而食品安全质量标准(C_9)原因度为-0.32821,中心度较小。因此,可以认为C_3、C_7、C_9均不是关键因素。

表10-2　企业食品添加剂使用行为影响因素的直接影响矩阵A

	C_1	C_2	C_3	C_4	C_5	C_6	C_7	C_8	C_9	C_{10}	C_{11}
C_1	0.0000	0.4044	0.5467	0.4532	0.4000	0.3059	0.3519	0.2618	0.2178	0.2618	0.1693
C_2	0.4517	0.0000	0.6941	0.7667	0.6000	0.5000	0.6450	0.3076	0.3076	0.2618	0.2618
C_3	0.1217	0.3519	0.0000	0.6000	0.4044	0.5550	0.7667	0.4161	0.4061	0.3977	0.4989
C_4	0.1217	0.3977	0.5550	0.0000	0.6411	0.7478	0.6481	0.5667	0.5667	0.4989	0.4989
C_5	0.1217	0.3076	0.5550	0.8307	0.0000	0.7667	0.6941	0.3977	0.3977	0.4989	0.4517
C_6	0.1217	0.3977	0.6000	0.7667	0.7667	0.0000	0.6450	0.5667	0.5667	0.3519	0.3519
C_7	0.1217	0.2107	0.4517	0.6450	0.6450	0.6000	0.0000	0.5461	0.5461	0.3977	0.4517
C_8	0.1217	0.2107	0.7667	0.5667	0.5000	0.5550	0.7478	0.0000	0.8307	0.5550	0.6021
C_9	0.1217	0.2107	0.4517	0.5667	0.3977	0.5550	0.7478	0.6941	0.0000	0.6000	0.6450
C_{10}	0.1217	0.1217	0.4517	0.7667	0.7667	0.4517	0.5550	0.5550	0.6000	0.0000	0.7478
C_{11}	0.1217	0.1217	0.5956	0.7667	0.4044	0.3519	0.4989	0.5476	0.6000	0.7892	0.0000

表10-3　企业食品添加剂使用行为影响因素的 D、R、D+R、D-R 的求解值

	D	R	D+R	D-R
C_1	6.447314	2.800412	9.247726	3.646902
C_2	8.966416	5.253402	14.21982	3.713015
C_3	8.674006	10.36988	19.04388	-1.69587
C_4	9.984555	12.40448	22.38903	-2.41992
C_5	9.600962	10.45188	20.05284	-0.85092

续表

	D	R	D+R	D-R
C_6	9. 798074	10. 48057	20. 27864	−0. 68249
C_7	8. 922251	11. 88694	20. 80919	−2. 96469
C_8	10. 3253	9. 548267	19. 87356	0. 77703
C_9	9. 569484	9. 897691	19. 46717	−0. 32821
C_{10}	9. 845456	9. 020979	18. 86643	0. 824477
C_{11}	9. 246144	9. 265474	18. 51162	−0. 01933

五、政府加强食品添加剂管理的政策选择

本研究对郑州市食品企业案例调查显示,有 12.5% 的企业曾因为超标、违规使用食品添加剂而导致了食品质量问题,尤其是 71.6% 的企业承认不规范地使用食品添加剂已成为食品安全的最大隐患之一。这与现阶段不规范地使用食品添加剂是中国食品安全事故最主要的源头的判断基本吻合,可见在中国强化企业食品添加剂的使用管理已刻不容缓。进一步地,我们研究发现:(1)在中国影响企业食品添加剂使用行为的 11 个因素交织在一起,相互作用,共同影响企业的行为,构成了一个非常复杂的系统。(2)不同的因素的影响程度、影响方式与影响机理各有不同,管理者的年龄与学历、政府监管和消费者的需求与偏好等四个因素为原因因素,在系统中主动影响其他因素;管理者的社会责任意识、企业预期经济收益、企业销售规模、供应链一体化水平、检验检测能力、食品质量安全标准和消费者的健康意识与识别能力等七个因素属于结果因素,在系统中更多地是受其他因素影响的因素。(3)在所有 11 个影响因素中,政府的监管力度、企业预期经济收益、消费者需求与偏好、企业销售规模和供应链一体化水平等是影响企业食品添加剂使用行为五个最关键的因素。

基于上述发现,我们认为:(1)食品生产企业管理者的社会责任意识并不能够自发产生,必须依靠政府监管等强有力作用的共同推动;(2)政府的监管力度是最关键因素,强化政府主导、完善政府监管机制就成为规范食品添加剂

使用行为的当务之急;(3)追求预期经济收益是企业食品添加剂使用行为不规范的主要动力,在现阶段政府的监管首先要加大对滥用食品添加剂行为的经济惩罚力度,提高食品企业违规违法使用添加剂的成本;(4)消费者的需求与偏好具有重要作用,正确并科学地引导消费者对食品添加剂的认知,能够改善企业的食品添加剂使用行为;(5)政府的监管重点应该是中小型食品企业,且应该与市场机制相结合,引导食品生产企业提升供应链一体化水平。

第十一章　种植业农户安全生产行为:病虫害防治外包采纳的案例

本章继续研究食品社会共治中的食品生产者行为,重点关注种植业农户的安全生产行为,并选择对食用农产品安全影响最为重要的病虫害问题为例展开研究。同时,考虑到蔬菜不仅在我国居民的食物消费中占据重要地位,而且与其他农作物相比,蔬菜生产具有管理困难、技术水平低、易受自然灾害影响等多方面问题,本章以蔬菜的病虫害防治服务外包为具体研究案例。

一、研究背景与简要文献回顾

伴随着我国经济发展与工业化进程,人口、资源、环境与生物多样性锐减等生态问题日益加剧,也给食品安全带来严重威胁。我国国民素质与生活水平的提高,使得消费者环保意识不断提升,也对食品安全提出了更高的要求[1][2]。如何保障农产品有效供给和质量安全、提升农业可持续发展能力,是我国农业必须应对的一个重大挑战。促进农户将病虫害防治等关键生产环节"外包",既能有效提升农产品质量安全水平,又能提高生产要素的利用效率,在实现生产环节专业化的基础上促进农业现代化,探索创新农业生产经营体制的新路径。尽管农户的生产环节外包行为已较为普遍,但病虫害防治外包仍较为少见[3]。其原因可能在于与其他生产环节外包相比,病虫害防治外包的投资周期长、风险性大、未来收益的不确定性较高。如何抑制病虫害防治外

---

[1]　尹世久:《信息不对称、认证有效性与消费者偏好:以有机食品为例》,中国社会科学出版社2013年版。

[2]　尹世久、徐迎军、陈雨生:《食品质量信息标签如何影响消费者偏好:基于山东省843个样本的选择实验》,《中国农村观察》2015年第1期,第39—49页。

[3]　廖西元、申红芳、王志刚:《中国特色农业规模经营"三步走"战略——从"生产环节流转"到"经营权流转"再到"承包权流转"》,《农业经济问题》2011年第12期,第15—22页。

包风险并减少收益的不确定性就成为本研究关注的问题。要回答这一问题需在充分考虑异质性农户现实需求、兼顾好农村社会各阶层利益的基础上,对病虫害防治外包绩效及其决定因素进行考察。

农户与外包商之间建立良好的治理机制是取得外包成功的关键之一①。治理机制主要有两种:正式治理(主要是合约治理)与关系治理。农户与外包商作为不同的利益主体,双方的利益诉求存在很大不同。由于我国农业生产和经营的不确定性程度很高,一旦有任何的变化,正式合约就无法履行。正式治理机制并不能有效解决农户与外包商之间的合作协调问题,而在乡村社会中,人际关系对农户的经济行为会产生更为直接的影响②。因此,关系契约在病虫害防治外包中有较强的适应性。

关系契约的治理依赖于关系性规则,而关系性规则的作用和环境密切相关。由于社会环境、经济发展阶段甚至参与者个体因素不同,起主要作用的关系性规则也不尽相同③。为此,针对各种典型情境找到该情境下能对外包绩效产生积极影响的关键关系规范,可能是一个更具有实践指导意义的研究方向。然而,在国内外相关文献中,对病虫害防治外包这种关系契约合作形式下的治理机制及其影响因素的系统理论分析和实证检验几乎没有。

此外,农村改革以来我国农户发生了显著分化,但现有国内外农业外包文献依然将研究对象确定为一个整体,没有区分具有不同特征的群体之间的差异;蔬菜不仅在我国居民的食物消费中占据重要地位,而且与其他农作物相比,蔬菜生产具有管理困难、技术水平低、易受自然灾害影响等多方面问题④,应成为病虫害防治外包推广的重点农作物。但我国国内农业外包研究大多以水稻为例,以蔬菜为例的研究还鲜有涉及。

鉴于此,本章基于山东省 520 个菜农的调研数据,从关系契约视角,试图

---

① T.D.Clark,R.W.Zmud,G.E.Mccray, "The Outsourcing of Information Services:Transforming the Nature of Business in the Information Industry",*Journal of Information Technology*,Vol.10,No.4,1995,pp.221—237.

② 张闯、林曦:《农产品交易关系治理机制:基于角色理论的整合分析框架》,《学习与实践》2012 年第 12 期,第 38—46 页。

③ 孙元欣、于茂荐:《关系契约理论研究综述》,《学术交流》2010 年第 8 期,第 117—123 页。

④ 韩长赋:《在全国农业厅局长座谈会上的讲话》,《中华人民共和国农业部公报》2011 年第 7 期。

就关系性规则对异质型菜农病虫害防治外包绩效的影响进行实证检验。在此基础上,以生计资产为调节变量,采用多群组结构方程模型,分群组揭示菜农病虫害防治外包绩效的内在机制与差异。

二、农户采纳病虫害防治外包的
研究假设与变量设置

(一)研究假设

本研究基于 Goles 对关系性规则经典文献的研究[①],把信任、信息交流和合作灵活性作为关系性规则的组成内容。

1. 信任(TR):信任是关系契约建立和赖以维系的基础,是指即使在机会主义存在的情况下,仍期待对方会积极工作,履行自己的职责,表现公正[②]。信任能帮助菜农降低信息搜寻成本,推动外包商遵守并履行双方达成的协议,有助于减少旨在消除机会主义的监督等方面的投入,从而降低交易成本[③]。

由此提出假设 H1:信任对菜农病虫害防治外包绩效具有正向影响。

2. 信息交流(EX):信息交流是指菜农与外包商之间分享有意义的、正式或非正式的、及时的信息过程。交流能够促进菜农与外包商之间多方位、全面的信息共享,较好地解决菜农与外包商之间不对称引发的非合作行为[④],有效地降低双方行为的不确定性,进而促进双方间的信任和合作伙伴关系的建立[⑤]。

由此提出假设 H2:交流对菜农病虫害防治外包绩效具有正向影响。

3. 合作灵活性(FL):合作灵活性是指双方随着合作环境的变迁,不断重

---

① T. Goles, *The Impact of the Client-vendor Relationship on Outsourcing Success*, *Unpublished Dissertation*, Houston: University of Houston, 2001.

② Wu S.Y., "Adapting Contract Theory to Fit Contract Farming", *American Journal of Agricultural Economics*, Vol.96, No.5, 2014, pp.1241–1256.

③ Chang K.H., D.F. Gotcher, "Safeguarding Investments and Creation of Transaction Value in Asymmetric International Subcontracting Relationships: The Role of Relationship Learning and Relational Capital", *Journal of World Business*, Vol.42, No.4, 2007, pp.477–488.

④ 刘德军、杨慧、尹朝华:《农户与龙头企业的非合作行为影响因素研究——基于江西省农户的调查数据》,《统计与信息论坛》2014 年第 12 期,第 63—69 页。

⑤ 石岿然、王冀宁、许景:《供应链买方信任的前因及信任对合约修改弹性的影响》,《系统工程理论与实践》2014 年第 6 期,第 1431—1442 页。

新调整合作要求和任务以在新的环境中进一步有效合作。在组织间合作关系中,众多学者发现灵活性是提高合作绩效的一个重要因素。如廖成林等把灵活性当作企业间合作关系中的一个维度,发现具有这种特性的企业间合作关系对敏捷供应链和企业绩效都有显著影响①。

由此提出假设 H3:灵活性对菜农病虫害防治外包绩效具有正向影响。

(二)变量设置

本章涉及的四个变量测量均采用 Likert 七点式量表。为确保具有良好的内容效度,各变量的测量项均根据相关文献研究,并结合专家意见,经过预测试后确定。信任、信息交流、合作灵活性分别是在 Bakucs 等②、Fink 等③、Gençtürk 等④文献的基础上编制。信任使用菜农更换外包商频度(RO)、菜农对外包商遵守承诺(KP)和履行义务(FO)的认可度三个测量项来测量;交流使用菜农与外包商之间是否信息共享(IS)、及时交流(EC)和共享知识(SK)三个测量项来测量;灵活性使用菜农对外包商的请求是否灵活响应(FR)和双方能否互相理解(MU)两个测量项来测量。

利润最大化、劳动节约和风险规避是农户行为决策的目标⑤,而菜农病虫害防治外包的意愿也取决于上述目标。因此,外包绩效量表的测量项为:一是利润最大化,菜农将病虫害防治外包,不仅能够减轻病虫害损失,而且能提升农产品质量安全水平,进而增加市场竞争力,促进菜农增产增收;二是劳动节约,外包使农户更加专注自己擅长的生产环节,避免重复性劳动;三是规避风险,菜农将病虫害防治外包,会降低菜农生产过程中的作业风险。

---

①　廖成林、仇明全:《敏捷供应链背景下企业合作关系对企业绩效的影响》,《南开管理评论》2007 年第 1 期,第 106—110 页。

②　L.Z.Bakucs,I.Ferto,G.G.Szabó,"Contractual Relationships in the Hungarian Milk Sector", *British Food Journal*,Vol.115,No.2,2013,pp.252–261.

③　R.C.Fink,W.L.James,K.J.Hatten,"An Exploratory Study of Factors Associated with Relational Exchange Choices of Small-,medium-and large-sized Customers",*Journal of Targeting, Measurement and Analysis for Marketing*,Vol.17,No.1,2009,pp.39–53.

④　E.F.Gençtürk,P.S.Aulakh,"Norms-and Control-based Governance of International Manufacturer-distributor Relational Exchanges",*Journal of International Marketing*,Vol.15,No.1,2007,pp.92–126.

⑤　马志雄、丁士军:《基于农户理论的农户类型划分方法及其应用》,《中国农村经济》2013 年第 4 期,第 28—38 页。

三、以山东寿光为案例的调查基本情况

（一）样本选取

山东省寿光市是国务院命名的"中国蔬菜之乡"，拥有全国最大的蔬菜生产和批发市场。本研究选择寿光市作为调研区域来分析菜农病虫害防治外包问题，可望具有较好的代表性。考虑到样本选取的科学性，在寿光市 9 个乡镇各选取 1 个村，每村按东南西北中 5 个方位各调研菜农 12 户。在正式调查前，于 2014 年 10 月在古城乡桑宫村进行了预调研，通过对问卷进行信度与效度分析，调整问卷题项。为了最大限度减少被访者文化程度差异带来的理解偏差，本次调查采用调查员入户或者在田间地头与农户一对一直接访谈的方式，于 2014 年 11 月 17 日至 11 月 30 日展开正式调查，共发放问卷 540 份，回收有效问卷 520 份。

（二）受访者基本特征

受访者的基本特征见表 11-1，男性受访者占 60.0%；年龄在 45 岁以下的受访者占 39.0%，45 岁以上的占 61.0%，表明菜农整体趋于老龄化；从受访者的受教育程度看，初中及以下居多，达到 62.9%，说明菜农受教育程度普遍较低；从受访者非农收入占比来看，81.2%的菜农非农收入占比在 50%以下，菜农兼业化水平较低。

表 11-1　受访者基本特征

分类指标		样本数	比率(%)	分类指标		样本数	比率(%)
性别	男	312	60.0	年龄	18—44 岁	203	39.0
	女	208	40.0		45—59 岁	305	58.7
受教育程度	小学及以下	83	16.0		60 岁及以上	12	2.3
	初中	244	46.9	非农收入占比	0%	77	14.8
	中专或高中	166	31.9		0—50%以下	345	66.4
	大学及以上	27	5.2		50%—100%以下	98	18.8

四、菜农生计资产产值测算与类型划分

英国国际发展署开发的可持续生计框架为农户生计发展趋势的识别及农户类型的划分提供了全新的视角[1]。按照该框架的划分，农户的生计资产分为五大类：自然资产、物质资产、人力资产、金融资产和社会资产。

（一）生计资产指标体系构建

本章参考 Babigumira 等[2]已有研究成果，分别设置若干指标衡量上述五种类型资产：(1)自然资产，选取菜农人均拥有耕地面积和人均实际蔬菜种植面积作为衡量指标；(2)物质资产，设定菜农所拥有的住房质量和家庭固定资产情况两个指标，后者包括生产性工具和耐用消费品；(3)人力资产，菜农人力资产的数量与质量决定能否合理运用其他资产，选取菜农家庭整体劳动能力、受教育程度及家庭成员拥有的职业技能三个指标进行测算；(4)金融资产，根据农户自身的现金收入、能否从银行或信用社获得贷款、能否从亲戚朋友邻居处借款三个指标测算；(5)社会资产，包括个人参与的社会组织和获得的社会网络支持，选取参与社会活动和社区组织的数量、村内交往的农户户数、是否有亲戚在城市定居作为具体衡量指标。

（二）测算过程

本书运用熵值法对生计资产权重赋值。该方法通过计算指标的信息熵，根据指标的相对变化程度对系统整体的影响来决定指标的权重，具有较强的客观性。算法过程如下：

第 1 步：选取指标和样本。选取代表菜农的 n 个样本，m 个指标，则 x_{ij} 为菜农的第 i 个样本的第 j 个指标的数值，$i = 1, 2, \ldots, n, j = 1, 2, \ldots, m$。

第 2 步：数据标准化处理。由于各项指标的计量单位并不统一，因此在用它们计算综合指标前，先要对它们进行标准化处理，具体方法如式（11-1）

---

[1]　王利平、王成、李晓庆：《基于生计资产量化的农户分化研究——以重庆市沙坪坝区白林村 471 户农户为例》，《地理研究》2012 年第 5 期，第 945—954 页。

[2]　R.Babigumira, A.Angelsen, M.Buis, et al., "Forest Clearing in Rural Livelihoods: Household-Level Global-Comparative Evidence", *World Development*, Vol.64, No.1, 2014, pp.67-79.

所示:

$$x_{ij}' = \frac{x_{ij} - \bar{x}_j}{s_j} \tag{11-1}$$

其中,$\bar{x}_j$ 为第 j 项指标的平均值;s_j 为第 j 项指标的标准差。

第 3 步:依据式(11-2)计算第 j 项指标下第 i 个样本占该指标的比重:

$$p_{ij} = \frac{x_{ij}'}{\sum_{i=1}^{n} x_{ij}'} \tag{11-2}$$

第 4 步:分别依据式(11-3)和式(11-4)计算第 j 项指标的熵值 e_j 和信息效用值 d_j:

$$e_j = -k \sum_{i=1}^{n} p_{ij} \ln(p_{ij}) \tag{11-3}$$

其中,$k > 0$,$k = 1/\ln(n)$,$e_j \geq 0$。

$$d_j = 1 - e_j (j = 1,2,\ldots,m) \tag{11-4}$$

第 5 步:依据式(11-5)计算评价指标权重:

$$w_j = \frac{d_j}{\sum_{j=1}^{m} d_j} \quad (1 \leq j \leq m) \tag{11-5}$$

第 6 步:依据式(11-6)测算菜农所积累的各分项资产产值 C_i:

$$c_i = \sum_{j=1}^{m} x_{ij}' w_j, i = 1,2,\ldots,n \tag{11-6}$$

(三)菜农生计资产结构特征

基于调研数据,测算出受访农户的生计资产产值见表 11-2。菜农拥有的自然资产产值的离散系数较小,94.8% 的农户自然资产产值在 0.30 以下,可能的原因在于:与种植其他农作物相比,种植蔬菜存在着土地、资本和技术等资源禀赋限制以及害虫和杂草管理等方面的预期困难,菜农规模化经营趋势不明显。菜农物质资产产值的离散系数也较小,90.0% 的菜农其物质资产产值集中于 0.30 以下,这表明调查区域的菜农所拥有的基础设施、生产、生活工具无明显差异;人力资产产值处于 0—0.24、0.25—0.35、0.36—1 的农户比例分别为 30.96%、35.77%、33.27%,金融资产产值、社会资产产值大多集中分布在 0.20 左右。菜农间人力资产产值的离散系数较大,差异表现最为明显。

故将菜农拥有的人力资产产值作为划分的主要标准,划分为三种类型:人力资产匮乏型(OP_{DE})、人力资产普通型(OP_{OR})和人力资产充裕型(OP_{AB})。

表11-2　农户生计资产产值表

农户编号＼生计资产	1	2	3	…	518	519	520	均值	标准差	离散系数
自然资产	0.10	0.10	0.10	…	0.12	0.12	0.09	0.13	0.05	0.38
物质资产	0.15	0.18	0.13	…	0.06	0.21	0.20	0.17	0.06	0.35
人力资产	0.41	0.34	0.22	…	0.21	0.58	0.28	0.32	0.25	0.78
金融资产	0.21	0.27	0.20	…	0.24	0.22	0.20	0.22	0.06	0.27
社会资产	0.21	0.21	0.21	…	0.21	0.21	0.23	0.27	0.08	0.30

五、农户病虫害防治外包决策机理实证分析结果

实证结果与分析由三部分构成:首先分析测量模型,进行信度与效度检验;其次分析结构模型,检验模型假设;最后进行多群组分析,探讨三种菜农类型间影响因素差异。

(一)信度与效度检验

信度通过组合信度(简称CR)来检验。如表11-3所示,所有变量的CR值均大于0.7,说明具有良好的信度。

效度检验包括聚合效度和区分效度。利用观测变量的因子载荷和平均提取方差(简称AVE)两个指标来检验聚合效度。所有变量的因子载荷和AVE值分别均大于阀值0.7、0.5,且均通过显著性检验,说明具有较高的聚合效度。

表11-3　样本变量测量

变量	测量项	载荷	T值	CR	AVE
信任（TR）	更换外包商频度（RO）	0.712	13.55	0.731	0.519
	遵守承诺（KP）	0.793	19.53		
	履行义务（FO）	0.721	14.12		

变量	测量项	载荷	T 值	CR	AVE
交流 (EX)	信息共享(IS)	0.805	22.13	0.735	0.536
	及时交流(EC)	0.772	18.25		
	共享知识(SK)	0.711	13.32		
灵活性 (FL)	灵活响应(FR)	0.730	14.32	0.728	0.585
	互相理解(MU)	0.817	22.33		

通过比较 AVE 平方根与对应构念间相关系数绝对值进行区分效度检验。表11-4 显示,构念的 AVE 平方根均大于其所在列相关系数的绝对值,说明构念之间具有较高的区分效度。

表 11-4　变量的区分效度

	信任(TR)	交流(EX)	灵活性(FL)
信任(TR)	0.72	——	——
交流(EX)	0.54	0.73	——
灵活性(FL)	0.43	0.47	0.76

(二)模型假设检验

采用 smart-PLS 提供的 Bootstrapping 算法对结构模型的路径系数进行显著性检验。R2 值、路径系数及显著性检验的结果见图 11-1。拟合结果显示,各内生潜变量被解释得比较充分(R2 有效值的界定,较弱:0.25;较高:0.50;极高:0.75),结构模型具有较好的解释力。

假设检验结果与讨论如下:

第一,在病虫害外包绩效的影响因素中,信任(TR)的标准化系数最高,与外包绩效在1%的水平上显著正相关,假设1得到证实。由此可知,对外包商信任程度越高,越可降低外包交易过程中的信息搜寻成本、谈判成本和执行成本,并能够有效减轻病虫害损失,提升农产品质量安全水平,从而实现利润最大化。同时,越信任外包商的农户,越相信外包商的病虫害防治专业技术水平,对于无论采用物理防治、生物防治还是传统防治都更多地由外包商决定,

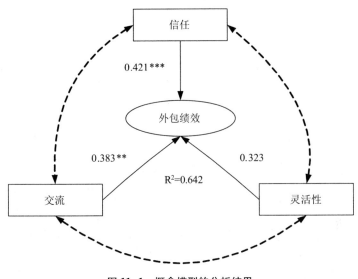

图 11-1　概念模型的分析结果

注：** P<0.05，*** P<0.01。

从而实现劳动节约和风险规避。这与 Chang 等关于信任可提高绩效的研究结论基本一致①。

第二，信息交流（EX）与病虫害防治外包绩效标准化路径系数为 0.383，在 5% 的水平上产生显著正向影响，假设 2 得到证实。即菜农能够与外包商及时交流并做到信息、知识共享，可在一定程度上克服信息不对称、减少机会主义行为，外包绩效就会相应提高。这与石岢然等关于交流与绩效之间关系的研究结论吻合②。

第三，对病虫害防治外包绩效数据的分析结果表明，合作灵活性（FL）的标准化路径系数为 0.323，显著性检验未通过，假设 3 不支持。这一研究结论可能与菜农受教育程度偏低且老龄化趋势明显的自身特征存在内在联系。菜农自身特征决定了其不可能随合作环境变化来重新调整合作要求及任务，从而也不可能解决相关问题、形成更好的合作关系。由于研究对象的不同，这与

① K.H.Chang, D.F.Gotcher, "Safeguarding Investments and Creation of Transaction Value in Asymmetric International Subcontracting Relationships: The Role of Relationship Learning and Relational Capital", *Journal of World Business*, Vol.42, No.4, 2007, pp.477-488.

② 石岢然、王冀宁、许景：《供应链买方信任的前因及信任对合约修改弹性的影响》，《系统工程理论与实践》2014 年第 6 期，第 1431—1442 页。

廖成林等①关于灵活性能够提高企业合作绩效的研究结论相悖。

(三)分群组分析

本研究以生计资产中的人力资产产值为调节变量。多群组模型的 R2 值均高于 0.5,说明多群组分析模型具有较好的解释力。从图 11-2 可以看出,分组样本与全部样本(图 11-1)的分析结果有相似部分,如信息交流对菜农病虫害防治外包绩效的影响在 0.05 的水平上基本都显著。其差异部分如下:

第一,信任对菜农病虫害防治外包绩效的影响方面。人力资产匮乏型(OPDE)和普通型(OPOR)都通过了检验,而人力资产充裕型(OPAB)未通过检验。原因可能在于,与其他两种菜农类型相比,OPAB 型菜农更加相信自己的病虫害防治水平,使用药物类型、剂量、用药时间和防控技术都由自己决定,且监督外包商的时间和次数要高于其他类型的菜农。

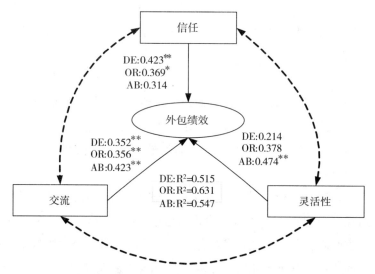

图 11-2 人力资产匮乏型(DE)、普通型(OR)和充裕型(AB)模型的分析结果

注:* P<0.1,** P<0.05。

第二,信息交流对菜农病虫害防治外包绩效的影响方面。信息交流对人

---

① 廖成林、仇明全:《敏捷供应链背景下企业合作关系对企业绩效的影响》,《南开管理评论》2007 年第 1 期,第 106—110 页。

力资产充裕型(OPAB)影响的显著程度要高于对人力资产匮乏型(OPDE)和普通型(OPOR)影响的显著程度,可能的解释是,人力资产产值高的菜农受教育程度、职业技能较高,其社会资产和金融资产产值也相应较高,故 OPAB 型菜农更有能力与外包商取得对话权。

第三,灵活性对病虫害防治外包绩效的影响方面。灵活性对人力资产充裕型(OPAB)产生显著正向影响而对普通型(OPOR)、匮乏型(OPDE)并没有产生显著影响,原因可能在于,与 OPAB 型菜农相比,OPOR、OPDE 型菜农对于发生变化的外包环境以及外包商所提的要求很难做出合理的判断,往往会采取中止外包行为。

六、促进农户病虫害防治外包采纳的政策建议

本章基于山东省寿光市 9 个样本村 520 个菜农的调研数据,首先运用熵值法对菜农生计资产权重赋值,并测算出各分项生计资产产值,发现菜农的人力资产配置结构差异最大,说明人力资产在菜农决策中起到基础性的作用,故依据人力资产划分菜农类型;进而在对菜农病虫害外包绩效模型进行假说检验的基础上,以人力资产为调节变量进行了多群组分析。假说检验结果表明,信任和信息交流均是影响菜农病虫害防治外包绩效的关键因素,而灵活性未通过显著性检验。多群组分析结果表明,菜农类型不同,信任、交流及灵活性对其外包绩效影响的显著性和程度也有所不同。

基于上述结论,提出如下政策建议:

第一,提高人力资产。加强基础教育是提高菜农人力资产的有效途径,各级政府应加大农村教育经费和师资投入,在确保"两免一补"专项资金专款专用的基础上,逐步扩大补贴和全免范围。同时,健康是菜农人力资产能否提高的必要前提,应积极推动农村合作医疗保险,并拓宽报销范围、提高报销比例。

第二,增信任,促交流。政府应对当地的所有外包商进行评估,把声誉好且技术水平高的外包商的联系方式编成手册,并免费分发给菜农,以提高菜农对外包商的信任水平;应设置由外包商专门负责的实验田,让菜农切实感受外包商的专业化水平;应定期召开由菜农和外包商共同参加的交流大会,促进双方的深层次交流。

第三,充分考虑到异质性农户的现实需求。譬如,对于人力资产匮乏的菜

农,政府要强化菜农与外包商间的"桥梁"作用,以降低外包过程中的不确定性因素;而对于人力资产充裕的菜农,政府的工作重点应为如何提高菜农对外包商的信任水平。

第十二章 家庭农场安全生产行为：
以绿色防控技术采纳为例

本章继续研究食品社会共治中的食品生产者行为，重点关注种植业家庭农场的安全生产行为，仍然选择对食用农产品安全影响最为重要的病虫害问题为例展开研究。基于黄淮海平原676户家庭农场的实地调研数据，采用双变量Probit模型和线性回归模型相结合的方法，同时考虑了解与非了解、意愿与非意愿的样本选择问题，探究家庭农场绿色防控技术采纳决策的影响因素。

一、研究背景与简要文献回顾

我国作为世界上主要的农产品生产和消费国，农产品质量安全不仅关乎国内消费者的健康，而且在某种程度上影响世界的农产品质量安全水平。我国农产品质量安全问题的产生，很大程度上源于对化学农药的过度依赖[1]。近年来，为实现病虫害综合防治和农药减量控害，中国政府大力推进农作物病虫害绿色防控。绿色防控是国外病虫害综合防治（Integrated Pest Management，IPM）概念的本土化，是根据"预防为主、综合防治"的植保方针和"绿色植保"理念，以减少化学农药用量为目的，以确保农业生产、农产品质量和农业生态环境安全为目标，优先采用生态调控、生物防治、物理防治和科学用药等资源节约型、环境友好型技术措施，而形成的一个技术性概念。总体上，绿色防控在我国仍以试验示范、点片实施为主，大面积推广应用仍面临诸多困难[2]。

作为农产品生产经营的微观决策主体，农户需求是绿色防控技术得以顺

---

① 王常伟、顾海英：《市场 VS 政府，什么力量影响了我国菜农农药用量的选择》，《管理世界》2013年第11期，第50—66页。

② 王建强、王强、赵中华：《加快推进农作物病虫害绿色防控工作的对策建议》，《中国植保导刊》2015年第58期，第70—74页。

利推广应用的基础。因此,国内外学者大多围绕着农户绿色防控技术采纳意愿或采纳程度的影响因素,进行了一系列研究。在采纳意愿方面,赵连阁和蔡书凯[①]指出,由于担忧产量损失、信息获取困难和经济激励机制缺失等,有些农户并不愿意采纳 IPM。Shojaei 等[②]认为,认知水平是影响伊朗农户 IPM 采纳意愿的重要因素。Hussian 等[③]的研究表明,劳动力数量显著影响印度棉农的 IPM 采纳意愿,而 Murage 等[④]的研究表明,受教育程度是影响非洲农户采纳 IPM 的关键因素。储成兵和李平[⑤]证实,户主年龄、文化程度、环保意识、风险偏好类型、农业信息的获取、与其他村民的交流频率、培训、贷款的可获性等均不同程度影响农户的 IPM 采纳意愿。刘洋等[⑥]认为,性别为男、受教育程度越高、绿色防控技术越易用、绿色防控技术感知有用性越大、受到邻居的影响越强烈和对生态环境关注程度越高的农户,其绿色防控技术采纳意愿越强烈。

在采纳程度方面,蔡书凯[⑦]指出,经济结构和耕地特征分别是影响我国农户绿色防控技术采纳程度的重要经济动因和效率动因,户主特征异质性则导致了农户对绿色防控技术理解、响应和决策能力的差异。伊朗小麦种植农户IPM 的认知水平对其采纳程度的解释达 60%[⑧],而技术推广力度是影响泰国

① 赵连阁、蔡书凯:《晚稻种植农户技术采纳的农药成本节约和粮食增产效果分析》,《中国农村经济》2013 年第 5 期,第 78—87 页。

② S.H.Shojaei,S.J.F.Hosseini,M.Mirdamadi,H.R.Zamanizadeh,"Investigating barriers to adoption of integrated pest management technologies in Iran",*Annals of Biological Research*,Vol.14,No.1,2013,pp.39-42.

③ M.Hussian,S.Zia,A.Saboor,"The adoption of integrated pest management(IPM)technologies by cotton growers in the Punjab",*Soil Environment*,Vol.30,No.1,2011,pp.74-77.

④ A.W.Murage,C.A.O.Midega,J.O.Pittchar,J.A.Pickett,Z.R.Khan,"Determinants of adoption of climate-smart push-pull technology for enhanced food security through integrated pest management in eastern Africa",*Food Security*,Vol.7,No.3,2015,pp.709-724.

⑤ 储成兵、李平:《农户病虫害综合防治技术采纳意愿实证分析:以安徽省 402 个农户的调查数据为例》,《财贸研究》2014 年第 3 期,第 57—65 页。

⑥ 刘洋、熊学萍、刘海清、刘恩平:《农户绿色防控技术采纳意愿及其影响因素研究——基于湖南省长沙市 348 个农户的调查数据》,《中国农业大学学报》2015 年第 4 期,第 263—271 页。

⑦ 蔡书凯:《经济结构、耕地特征与病虫害绿色防控技术采纳的实证研究——基于安徽省 740 个水稻种植户的调查数据》,《中国农业大学学报》2013 年第 4 期,第 208—215 页。

⑧ A.Samiee,A.Rezvanfar,E.Faham ,"Factors influencing the adoption of integrated pest management(IPM)by wheat growers in Varamin County Tran",*African Journal of Agricultural Research*,Vol.4,No.5,2009,pp.491-497.

菜农 IPM 采纳程度的重要因素①。Sharma 和 Peshin② 发现,技术培训会提升印度菜农 IPM 的采纳程度。Allahyari 等③认为,农户 IPM 的采纳程度受收入水平、经验、知识等因素的影响。Korir 等④证实,受教育程度越高的农户,对 IPM 技术评价越好,其采纳程度也就越高。扶持政策不到位,会在一定程度上降低农户 IPM 的采纳程度⑤。

显然,现有研究大多将采纳意愿或采纳程度作为两个独立的问题进行分析,但采纳意愿和采纳程度既有先后顺序又相互依赖。针对这一问题,储成兵⑥将农户采纳 IPM 分为采纳意愿和采纳程度两个阶段,发现户主文化程度、环保意识、技术培训、非农收入占比、贷款的可获性等正向影响农户采纳意愿,而户主性别、文化程度等正向影响农户采纳程度。Borkhani 等⑦研究表明,是否参与当地农业协会、受意见领袖影响程度和参与技术推广活动程度影响伊朗水稻种植户 IPM 的采纳意愿,而参与技术推广活动程度影响其采纳程度。但以上研究均忽略了农户产生采纳意愿和可被观测到采纳程度之前的信息获取阶段。任何采纳决策都是建立在信息获取的基础上,信息获取是农户采纳

①　S.Timprasert,A.Datta,S.L.Ranamukhaarachchi,"Factors determining adoption of integrated pest management by vegetable growers in Nakhon Ratchasima province Thailand",*Crop Protection*,Vol. 62,2014,pp.32-39.

②　R.Sharma,R.Peshin,"Impact of integrated pest management of vegetables on pesticide use in subtropical Jammu,India",*Crop Protection*,Vol.84,2016,pp.105-112.

③　M.S.Allahyari,C.A.Damalas,M.Ebadattalab,"Determinants of integrated pest management adoption for olive fruit fly(Bactrocera oleae)in Roudbar,Iran",*Crop Protection*,Vol.84,2016,pp. 113-120.

④　J.K.Korir,H.D.Affognon,C.N.Ritho,W.S.Kingori,P.Irungu,S.A.Mohamed,S.Ekesi, "Grower adoption of an integrated pest management package for management of mango-infesting fruit Flies(Diptera;Tephritidae)in Embu,Kenya",*International Journal of Tropical Insect Science*,Vol.35, No.2,2015,pp.80-89.

⑤　H.J.C.Jayasooriya,M.M.M.Aheeyar,"Adoption and factors affecting on adoption of integrated pest management among vegetable farmers in Sri Lanka",*Procedia Food Science*,Vol.6,2016,pp. 208-212.

⑥　储成兵:《农户病虫害综合防治技术的采纳决策和采纳密度研究——基于 Double-Hurdle 模型的实证分析》,《农业技术经济》2015 年第 9 期,第 117—127 页。

⑦　F.R.Borkhani,A.Rezvanfar,H.S.Fami,M.Pouratashi,"Social Factors Influencing Adoption of Integrated Pest Management(IPM)Technologies by Paddy Farmers",*International Journal of Agricultural Management and Development*,Vol.3,No.3,2013,pp.211-218.

IPM 的前提①②。只有充分了解绿色防控技术,才会产生采纳意愿和采纳程度。如果人为地将未了解绿色防控技术的农户排除在外,仅对了解的农户样本进行回归则为非随机样本,这种数据筛选会导致样本选择性偏差问题。

此外,在市场经济和农业现代化的政策体系冲击下,我国家庭农业经营组织日益分化为以兼业化、分散化为特征的传统农户和以专业化、集约化、组织化、社会化为特征的家庭农场,两者在较长时期内并存,且对于农产品生产都不可偏废。与传统农户相比,家庭农场是一个以盈利为根本目的的经济组织,采取"面向消费者、面向市场、面向未来"的经营策略,强调规模化经营和企业化管理。可见,为制定有效的绿色防控技术推广的支持政策,应充分考虑传统农户和家庭农场的现实需求差异。但现有国内研究并未考虑家庭农业经营组织的分化,这将导致其分析结果缺乏针对性和可操作性。

2016 年中央一号文件中,强调家庭农场应在科技成果应用方面发挥引领功能。有条件的家庭农场建设试验示范基地,担任农业科技示范户,能对传统农户起到积极的示范引领作用③。因此,本研究以黄淮海平原的 676 户家庭农场为例,采用双变量 Probit 模型和线性回归模型相结合的估计方法,同时考虑了解与非了解、意愿与非意愿的样本选择问题,构建家庭农场绿色防控技术采纳的三阶段模型,以探讨家庭农场绿色防控技术采纳行为的影响因素。由此得出的结论及政策启示,对于完善我国绿色防控技术推广政策体系、推进"农药使用量零增长行动"将具有重要的参考价值。

二、家庭农场绿色防控技术
采纳三阶段模型的构建

接受一项新事物的前提是学习和了解。实际上,当获取的信息达到临界值时,家庭农场便会充分了解到绿色防控技术。在此基础上,家庭农场进入是

① A. Saha, H. A. Love, R. Schwart, " Adoption of emerging technologies under output uncertainty", *American Journal of Agricultural Economics*, Vol.76, No.4, 1994, pp.836—846.

② O.Ortiz, "Evolution of agricultural extension and information dissemination in Peru: An historical perspective focusing on potato-related pest control", *Agriculture and Human Values*, Vol.23, No.4, 2006, pp.477—489.

③ 朱启臻、胡鹏辉、许汉泽:《论家庭农场:优势、条件与规模》,《农业经济问题》2014 年第 7 期,第 11—17 页。

否意愿采纳绿色防控技术阶段。通常,只有有益于家庭农场降低成本和提升经济效益的技术才会被采纳,家庭农场对于绿色防控技术的主观评价对其采纳意愿起到至关重要的作用。另外,只有具有采纳意愿的家庭农场才能被观测到绿色防控技术采纳程度。这意味着家庭农场绿色防控技术采纳决策包含信息获取、采纳意愿和采纳程度三个阶段。具体分析如下:

第一阶段为信息获取。家庭农场最优信息水平是潜在效用最大化的结果,其函数关系为:

$$i^* = i(d) \tag{12-1}$$

其中,i^* 为最优信息水平,d 为信息获取的影响因素。

用 i^0 表示信息获取水平的临界值,当家庭农场获取的信息水平跨越 i^0 时,则:

$$P_j{}^* = i^*(d) - i^0 > 0 \tag{12-2}$$

为了便于估计,构建 Probit 方程,式(12-2)可以表示为:

$$P_j{}^* = Z_j\gamma_1 + \varepsilon_j \tag{12-3}$$

其中,Z_j 为家庭农场获取信息水平的影响因素;γ_1 为估计系数;$\varepsilon_j{-}N(0,1)$ 为随机扰动项。由于 $i^*(d)$、i^0 和 $P_j{}^*$ 是无法观测到的潜变量,而"家庭农场是否了解绿色防控技术"的答案可以观测到,故定义示性函数:

$$P_j = \begin{cases} 1 & 当 P_j{}^* > 0 \text{ 时} \\ 0 & 当 P_j{}^* \leq 0 \text{ 时} \end{cases}$$

当家庭农场了解绿色防控技术时,$P_j = 1$;否则,$P_j = 0$。

第二阶段为采纳意愿决策。在获取了足够的信息量,充分了解绿色防控技术后,家庭农场会根据主观评价做出采纳意愿决策,即自我选择过程,写成 Probit 估计式为:

$$S_j{}^* = B_j\gamma_2 + \eta_j \tag{12-4}$$

其中,B_j 为家庭农场主观评价的影响因素,γ_2 为估计系数;$\eta_j{-}N(0,1)$ 为随机扰动项。$S_j{}^*$ 为潜变量,无法直接观测,而"家庭农场是否有意愿采纳绿色防控技术"的答案可以观测到,故定义示性函数:

$$S_j = \begin{cases} 1 & 当 S_j{}^* > 0 \text{ 时} \\ 0 & 当 S_j{}^* \leq 0 \text{ 时} \end{cases}$$

$S_j = 1$ 代表着家庭农场意愿采纳绿色防控技术;$S_j = 0$ 则表示家庭农场采

纳意愿为否。

第三阶段为采纳程度决策。对于具有绿色防控技术采纳意愿的家庭农场而言,自身和外界因素的差异导致其绿色防控技术采纳程度不尽相同。因此,建立家庭农场绿色防控技术采纳程度函数:

$$Y_j = X_j\beta + \mu_j \tag{12-5}$$

其中,X_j 表示家庭农场绿色防控技术采纳程度的影响因素;β 为估计系数;$\mu_j \text{—} N(0,\sigma^2)$ 为随机扰动项。Y_j 为采纳程度,不同于式(12-3)和式(12-4)中的被解释变量,Y_j 是可被观测的连续变量。但绿色防控技术采纳程度决策并非随机选择,只有充分了解该技术,具有采纳意愿后,才能观测到家庭农场绿色防控技术的采纳程度 Y_j,因而会产生样本截断效果。换言之,家庭农场绿色防控技术采纳程度同时涉及"了解与非了解"和"意愿与非意愿"的两阶段样本选择问题。

局限于以上两阶段样本截断效果,式(12-5)中的误差项不再符合古典假设,即 $E(\mu_j \mid P_j = 1, S_j = 1) \neq 0$。鉴于此,直接以实际采纳绿色防控技术的家庭农场样本进行最小二乘估计,将造成参数的样本选择性偏误。因此,为同时处理家庭农场绿色防控技术"了解与非了解"和"意愿与非意愿"两个次序的样本选择问题,本研究借鉴 Heckman[1] 样本选择模型的两阶段方法,首先估计式(12-3)和式(12-4),并得到样本选择偏差修正项;进而将家庭农场信息获取和采纳意愿阶段的两个修正项作为解释变量加入到绿色防控技术采纳程度方程中,采用 OLS 对采纳程度方程进行估计。

上述分析已经表明,家庭农场对绿色防控技术产生采纳意愿的前提是信息获取,两个阶段既有先后顺序又密切相关,即误差项相关系数 $\rho_{\varepsilon\eta_j} \neq 0$。因此,需要建立双变量 Probit 模型。对双变量 Probit 模型进行最大似然估计,得到样本选择修正项如下:

$$\hat{\lambda}_{j,P} = \varphi(\hat{Z_j\gamma_1})\Phi\left[\frac{\hat{B_j\gamma_2} - \rho\hat{Z_j\gamma_1}}{(1-\rho^2)^{1/2}}\right] \times F(\hat{Z_j\gamma_1}, \hat{B_j\gamma_2}, \rho)^{-1} \tag{12-6}$$

$$\hat{\lambda}_{j,S} = \varphi(\hat{B_j\gamma_2})\Phi\left[\frac{\hat{Z_j\gamma_1} - \rho\hat{B_j\gamma_2}}{(1-\rho^2)^{1/2}}\right] \times F(\hat{Z_j\gamma_1}, \hat{B_j\gamma_2}, \rho)^{-1} \tag{12-7}$$

---

① J.J.Heckman,"Sample selection bias as a specification error",*Econometrica*,Vol.47,No.1,1979,pp.153-161.

其中,F 为双变量标准正态分布函数。

将以上两个样本选择修正项加入到式(12-5)中,采纳程度方程可以表示为:

$$Y_j(X_j,\ P_j = 1,\ S_j = 1) = X_j\beta + \sigma_{11}\rho_{\varepsilon 1}\hat{\lambda}_{j,P} + \sigma_{11}\rho_{\eta 1}\hat{\lambda}_{j,S} + \mu_j \qquad (12-8)$$

三、变量设置与调查基本情况

(一)变量设置

1. 被解释变量

被解释变量设置为如下三个层次:

(1)家庭农场对绿色防控技术的了解。总体样本中,家庭农场对于绿色防控技术存在"了解与不了解"两种情形。此时,构建家庭农场是否了解绿色防控技术的虚拟变量 P_j,$P_j = 1$,表示家庭农场了解绿色防控技术;$P_j = 0$,表示不了解。

(2)家庭农场绿色防控技术采纳意愿。由于受到自身特征和外部环境等因素的影响,家庭农场绿色防控技术采纳意愿产生差异。此时,构建其采纳意愿的虚拟变量 S_j,$S_j = 1$,代表家庭农场具有绿色防控技术采纳意愿;$S_j = 0$,则代表其不具有采纳意愿。

(3)家庭农场绿色防控技术采纳程度。家庭农场通过采纳生态调控、生物防治、物理防治和科学用药等绿色防控技术,可降低农药使用风险,提升农产品质量安全水平,保障农业生产安全和生态环境安全。家庭农场绿色防控技术采纳程度越高,意味着亩均化学农药用量越少。因此,家庭农场绿色防控技术采纳程度可用"与采纳前相比,亩均化学农药用量减少率"来反映。

2. 解释变量

农户行为理论、计划行为理论和技术接受模型通常被作为探究技术采纳影响因素的理论基础[①]。具体而言,技术采纳障碍在于供给和需求两个方面,

---

① J.A.R.Borges,L.W.Tauer,A.O.Lansink,"Using the theory of planned behavior to identify key beliefs underlying Brazilian cattle farmers' intention to use improved natural grassland:A MIMIC modeling approach",*Land Use Policy*,Vol.55,2016,pp.193-203.

技术特征、农场主特征和资源禀赋特征均显著影响采纳决策①。另外,外部环境对于技术采纳的影响也不容忽视。因此,本研究主要从家庭农场主特征、资源禀赋特征、绿色防控技术特征和主观规范四个维度,理论遴选家庭农场绿色防控技术采纳决策的可能影响因素。

(1)家庭农场主特征。农户行为理论表明,个体特征对农户新技术采纳行为产生影响②。具体而言:第一,年轻人思维活跃,善于接触新鲜事物,信息获取能力强于年长者③。第二,农户决策具有明显的性别个体差异④。一般而言,男性农场主往往比女性有更多的信息获取机会和渠道,且在实际中的技术采纳程度更高⑤。第三,农场主的受教育程度越高,其信息获取水平越高⑥,采纳环境友好型技术的意愿越强烈⑦,IPM 采纳程度也越高⑧。第四,风险厌恶情绪是阻碍农业技术推广的重要因素⑨,家庭农场主的风险偏好类型可能对绿色防控技术信息获取、采纳意愿和采纳程度均产生影响。因此,本研究选取年龄、性别、受教育程度和风险偏好类型作为衡量家庭农场主特征的具体指标。

① T. B. Long, V. Blok, I. Coninx, "Barriers to the adoption and diffusion of technological innovations for climate-smart agriculture in Europe: Evidence from the Netherlands, France, Switzerland and Italy", *Journal of Cleaner Production*, Vol.112, No.1, 2016, pp.9-21.

② M. Kassie, B. Shiferaw, G. Muricho, "Agricultural technology, crop income, and poverty alleviation in Uganda", *World Development*, Vol.39, No, 10, 2011, pp.1784-1795.

③ S. Rahman, "Farm-level pesticide use in Bangladesh determinants and awareness", *Agriculture, Ecosystems and Environment*, Vol.95, No.1, 2003, pp.241-252.

④ M. Grigsby, E.O.Español, D.J.Brien, "The influence of farm size on gendered involvement in crop cultivation and decision-making responsibility of Moldovan farmers", *Eastern European Countryside*, Vol.18, No.1, 2012, pp.27-48.

⑤ B.A.Awotide, A. A. Karimov, A. Diagne, "Agricultural technology adoption, commercialization and smallholder rice farmers'welfare in rural Nigeria", *Agricultural and Food Economics*, Vol.4, No.1, 2016, pp.1-24.

⑥ M.H.Kabir, R.Rainis, "Integrated pest management farming in Bangladesh: present scenario and future prospect", *Journal of Agricultural Technology*, Vol.9, No.3, 2013, pp.515-527.

⑦ 姚文:《家庭资源禀赋、创业能力与环境友好型技术采用意愿——基于家庭农场视角》,《经济经纬》2016 年第 1 期,第 36—41 页。

⑧ J.M.Yorobe, R.M.Rejesus, M.D.Hammig, "Insecticide use impacts of integrated pest management(IPM)farmer field schools: Evidence from onion farmers in the Philippines", *Agricultural Economics*, Vol.104, No.7, 2011, pp.580-587.

⑨ D.Karlan, R.Osei, I.Osei-Akoto, C.Udry, "Agricultural decisions after relaxing credit and risk constraints", *The Quarterly Journal of Economics*, Vol.129, No.2, 2014, pp.597-652.

（2）资源禀赋特征。劳动力数量越多的家庭农场,越愿意采纳绿色防控技术①。经营耕地面积作为衡量资源禀赋特征的重要指标,面积大小可能影响家庭农场的新技术采纳行为②。此外,资金状况在一定程度上影响家庭农场的新技术采纳程度③。可见,家庭农场资源禀赋特征可通过劳动力数量、经营耕地面积和资金状况来反映。

（3）绿色防控技术特征。依据技术接受模型,绿色防控技术特征分为感知易用性和感知有用性。感知易用性指家庭农场对采纳绿色防控技术所感知到的难易程度,感知有用性指家庭农场对采纳绿色防控技术所产生的绩效改善的认可程度,这两方面因素在现代技术采纳决策中往往具有显著正向影响④⑤。

（4）主观规范。主观规范指个体在决策某具体行为时所感受到的外界压力,反映重要的人或团体对个体决策的影响力。Taylor 和 Todd 认为,主观规范通常由两个部分组成:个体(乡邻)和社会(农技部门、媒体)对行为主体的作用⑥。Ng 对美国农业的分析表明,与乡邻交流频繁的家庭农场,不但获取信息能力强,而且更愿意从事新型农业实践⑦。农技部门承担着农业知识和

---

① A.U.Ofuoku, E.O.Egho, E.C.Enujeke, "Integrated pest management (IPM) adoption among farmers in central agro-ecological zone of Delta State, Nigeria", *African Journal of Agricultural Research*, Vol.3, No.12, 2008, pp.852-856.

② L.P.Jensen, K.Picozzi, O.C.M.Almeida, M.J.Costa, L.Spyckerelle, W.Erskine, "Social relationships impact adoption of agricultural technologies:the case of food crop varieties in Timor-Leste", *Food Security*, Vol.6, 2014, pp.397-409.

③ K.W.Paxton, A.K.Mishra, S.Chintawar, R.K.Roberts, J.A.Larson, B.C.English, D.M.Lambert, M.C.Marra, S.L.Larkin, J.M.Reeves, S.W.Martin, "Intensity of precision agriculture technology adoption by cotton producers", *Agricultural and Resource Economics Review*, Vol.40, No.1, 2012, pp.133-144.

④ N.Park, M.Rhoads, J.Hou, K.M.Lee, "Understanding the acceptance of teleconferencing systems among employees:An extension of the technology acceptance model", *Computers in Human Behavior*, Vol.39, 2014, pp.118-127.

⑤ G.L.Wallace, D.S.Sheetz, "The adoption of software measures:A technology acceptance model (TAM) perspective", *Information and Management*, Vol.51, No.2, 2014, pp.249-259.

⑥ S.Taylor, P.A.Todd, "Understanding information technology usage:A test of competing models", *Information Systems Research*, Vol.6, No.2, 1995, pp.144-176.

⑦ L.T.Ng, J.W.Eheart, X.Cai, J.B.Braden, "An agent-based model of farmer decision-making and water quality impacts at the watershed scale under markets for carbon allowances and a second-generation biofuel crop", *Water Resources Research*, Vol.47, 2011, pp.113-120.

先进技术扩散的职责,在农村地区具有较强的影响力①。农技部门推广力度不仅影响家庭农场绿色防控技术信息获取水平,也在一定程度上影响其采纳意愿和采纳程度。媒体覆盖面广、公信力佳,既是家庭农场获取信息的重要途径,也是其行为决策的标杆导向②。显然,主观规范的具体衡量指标为与乡邻交流频率、农技部门推广力度和媒体宣传力度。

(二)变量分组

为了保证方程的可识别性,要求某个方程至少有一个解释变量不被包含在其他方程的解释变量中,即 $Z_j \neq B_j \neq X_j$③。具体而言,B_j 中至少有一个变量不影响 Z_j,反之亦然,并且该识别变量不能包含在 X_j 中。三阶段方程中各变量具体设置如下:

1. 绿色防控技术信息获取方程

基于上述理论分析,本研究将农场主的年龄、性别、受教育程度和风险偏好类型、与乡邻交流频率、农技部门推广力度和媒体宣传力度七个解释变量纳入信息获取水平方程。鉴于劳动力数量、资金状况、经营耕地面积、技术感知易用性和有用性与信息获取并无直接关联,不纳入到本方程的估计中。

当信息获取水平超过临界值时,无论农场主的年龄大小,只要有益于家庭农场降低成本和提升经济效益,就会产生采纳意愿。另外,Allahyari 等④的研究表明,家庭农场主年龄和绿色防控技术采纳决策之间的关系在统计学上并不显著。因此,农场主年龄可作为绿色防控技术信息获取方程的识别变量。

2. 绿色防控技术采纳意愿方程

家庭农场绿色防控技术采纳意愿是家庭农场主特征、资源禀赋特征、技术

---

① 吴雪莲、张俊飚、何可:《农户高效农药喷雾技术采纳意愿——影响因素及其差异性分析》,《中国农业大学学报》2016 年第 4 期,第 137—148 页。

② S.Timprasert, A.Datta, S.L.Ranamukhaarachchi, "Factors determining adoption of integrated pest management by vegetable growers in Nakhon Ratchasima province Thailand", *Crop Protection*, Vol. 62, 2014, pp.32−39.

③ B.Melly, "Public-private sector wage differentials in Germany: Evidence from quantile regression", *Empirical Economics*, Vol.30, No.2, 2005, pp.505−520.

④ M.S.Allahyari, C.A.Damalas, M.Ebadattalab, "Determinants of integrated pest management adoption for olive fruit fly (Bactrocera oleae) in Roudbar, Iran ", *Crop Protection*, Vol. 84, 2016, pp. 113−120.

特征和主观规范共同作用的结果。纳入采纳意愿方程的解释变量具体如下：农场主的受教育程度和风险偏好类型、劳动力数量、经营耕地面积、技术感知易用性和有用性、与乡邻交流频率、农技部门推广力度和媒体宣传力度。本研究未将家庭农场主性别和资金状况纳入到采纳意愿方程，原因在于：当充分了解绿色防控技术时，不论农场主性别和资金状况如何，只要有益于家庭农场提升经济效益，就会产生采纳意愿。

在我国传统的农村劳动格局中，劳动力通常只负责农业活动中的生产环节，劳动力数量的多寡不会对家庭农场绿色防控技术采纳程度产生影响[①]。农场主不仅是绿色防控技术信息的获取者，也是绿色防控技术采纳程度的决策者。显然，劳动力数量可作为采纳意愿方程的识别变量。

3. 绿色防控技术采纳程度方程

在信息获取方程和采纳意愿方程中，分别设置了家庭农场主年龄和劳动力数量作为识别变量。因此，这两个变量不能纳入到采纳程度方程中。采纳程度方程中的解释变量包括：农场主的性别、受教育程度和风险偏好类型、资金状况、经营耕地面积、技术感知易用性和有用性、与乡邻交流频率、农技部门推广力度和媒体宣传力度。

（三）变量测量

本研究基于农户行为理论、计划行为理论、技术接受模型与相关文献，从家庭农场主特征、资源禀赋特征、绿色防控技术特征和主观规范四个维度出发，理论遴选了家庭农场绿色防控技术采纳的 12 个可能影响因素和 3 个采纳阶段的具体衡量指标（表 12-1）。其中，家庭农场主年龄以"18—34 岁 =1，35—45 岁 =2，46—59 岁 =3，60 岁及以上 =4"的方法取值；农场主性别为男 =1，女 =0；农场主受教育程度基于"小学及以下 =1，初中 =2，中专或高中 =3，大专及以上 =4"来测量；农场主风险偏好类型通过"厌恶型 =1，中立型 =2，偏好型 =3"来取值；劳动力数量以实际数值来测量。经营耕地面积通过"50—100 亩以下 =1，100—300 亩以下 =2，300—500 亩以下 =3，500 亩及以上 =4"来取值；信息获取阶段和采纳意愿阶段的被解释变量采用"了解 =1，不了解 =0；意愿 =

① H.J.C.Jayasooriya, M.M.M.Aheeyar,"Adoption and factors affecting on adoption of integrated pest management among vegetable farmers in Sri Lanka", *Procedia Food Science*, Vol.6, 2016, pp. 208-212.

1,不意愿=0"的方法取值;采纳程度由"与采纳前相比,亩均化学农药用量减少率"这一指标衡量,通过"10%以下=1,10%—20%以下=2,20%—30%以下=3,30%以上=4"来测量;其他变量皆采用李克特7级量表进行测量。

表 12-1 变量测量与设置依据

一级指标	二级指标	取值	文献来源
家庭农场主特征	农场主年龄	18—34 岁 = 1,35—45 岁 = 2,46—59 岁 = 3,60 岁及以上 = 4	Rahman,2003
	农场主性别	男 = 1,女 = 0	Grigsby 等,2012 Awotide 等,2016
	农场主受教育程度	小学及以下 = 1,初中 = 2,中专或高中 = 3,大专及以上 = 4	Kabir 和 Rainis,2013 姚文,2016 Yorobe 等,2011
	农场主风险偏好类型	厌恶型 = 1,中立型 = 2,偏好型 = 3	Karlan 等,2014
家庭特征	劳动力数量	不包括季节性雇工	Knowler 等,2007
	资金状况	非常匮乏 = 1,非常充裕 = 7	Paxton,2012
	经营耕地面积	50—100 亩以下 = 1,100—300 亩以下 = 2,300—500 亩以下 = 3,500 亩及以上 = 4	Jensen 等,2014
绿色防控技术特征	技术感知易用性	非常难 = 1,非常容易 = 7	Park 等,2014 Wallace 等,2014
	技术感知有用性	根本没用 = 1,非常有用 = 7	
主观规范	与乡邻交流频率	非常少 = 1,非常多 = 7	Ng,2011
	农技部门推广力度	非常低 = 1,非常高 = 7	吴雪莲等,2016
	媒体宣传力度	非常低 = 1,非常高 = 7	Timprasert 等,2014
信息获取阶段	是否了解绿色防控技术	了解 = 1,不了解 = 0	——
采纳意愿阶段	是否意愿采纳绿色防控技术	意愿 = 1,不意愿 = 0	——
采纳程度阶段	与采纳前相比,亩均化学农药用量减少率	10% 以下 = 1,10%—20% 以下 = 2,20%—30% 以下 = 3,30% 及以上 = 4	——

(四)数据来源

1. 样本选取

本研究的数据来源于 2016 年 1—2 月课题组在黄淮海平原进行的问卷调

查。黄淮海平原是我国重要的农产品生产基地,其主要省份包括河北、河南、山东、安徽和江苏,各省在工商部门注册的家庭农场均逾万户,且均有病虫害绿色防控示范区。因此,选取以上5省作为调研区域,对研究家庭农场绿色防控技术采纳具有一定的代表性。

调研共分为两个阶段:第一阶段为预调研阶段。于2015年12月,在山东省随机选取部分家庭农场,进行入户问卷调查。依据预调研数据,对问卷展开信度和效度分析,并调整了问题项。第二阶段为2016年1—2月的正式调研阶段。基于分层抽样方法,首先,在每省各选取5个地级市作为调查地点。选取原则是各市市中心相对距离在100公里以上。其次,每个地级市各选取3个县(市、区),并在每个样本县(市、区)随机选取10户家庭农场进行入户问卷调查。问卷由经过培训的高年级本科生和研究生采取与家庭农场主面对面访谈的方式填写。共发放问卷750份,剔除漏答关键信息的问卷,最终获得有效问卷676份,问卷有效率为90.1%。

2. 样本基本特征

在676户受访家庭农场中,从年龄分布来看,年龄在36—45岁的比例高达76.3%,18—34岁的占16.1%,其余均分布在46—59岁,这意味着受访家庭农场主绝大多数为中青年。从性别来看,男性农场主占绝大部分,仅有24.5%的农场主为女性。从受教育程度来看,初中文化的家庭农场主所占比例最高,达48.5%,中专或高中、小学及以下和大专及以上的家庭农场主比例依次为25.9%、15.4%和10.2%,这与我国中等受教育程度为主的劳动力结构相一致。从经营耕地面积来看,占比最高的为100—300亩的家庭农场,达41.7%,其次为300—500亩,占比为27.1%,而500亩以上和50—100亩以下的家庭农场比例分别为18%和13.2%,这在一定程度上体现了家庭农场适度规模经营的特征。从劳动力数量来看,大部分家庭农场劳动力为10人以下,超过10人的家庭农场仅有19.1%。其中,劳动力为5—10人的家庭农场比例为48.4%,1—4人的比例为32.5%,这与2013年中国农业部首次对家庭农场的统计结果基本吻合①。就年龄、性别、受教育程度、经营耕地面积和劳动力数量五个指标来看,此次调查的样本具有一定的代表性。

---

① 2013年中国农业部的统计结果显示,家庭农场平均劳动力数量为6.01人,其中家庭成员4.33人,长期雇工1.68人。

此外,在676份有效问卷中,有540户家庭农场了解绿色防控技术,有437户家庭农场对绿色防控技术具有采纳意愿,最终真正采纳绿色防控技术的为329户。相比采纳前,亩均化学农药用量减少率在10—20%以下的家庭农场占56.2%,在20—30%以下的占21.6%,30%及以上的占12.1%,10%以下的占10.1%。

四、影响家庭农场绿色防控技术采纳行为的主要因素

将解释变量分别加入到家庭农场绿色防控技术采纳的三阶段方程中,利用Limdep9.0软件,对三个独立方程进行回归分析,探究家庭农场绿色防控技术信息获取、采纳意愿以及采纳程度差异的影响因素。在进行双变量Probit模型分析之后,得到两个样本选择偏差修正项 $\hat{\lambda}_{j,P}$ 和 $\hat{\lambda}_{j,s}$,且均通过了1%显著性水平检验(表12-2)。进而,将两个修正项加入到采纳程度方程中,采用OLS法进行估计。模型的似然比检验在1%的水平上显著,说明该模型具有很好的解释力。此外,三个方程的Chi-square检验均通过,证明该模型成立,能较好地反映现实情况。

表12-2　家庭农场绿色防控技术采纳三阶段模型估计结果

自变量	第一阶段:信息获取	第二阶段:采纳意愿	第三阶段:采纳程度
常数	0.3266***(3.108)	0.4423**(2.516)	0.2951***(3.999)
农场主年龄	-0.0872(-0.857)	—	—
农场主性别	-0.2276***(-4.602)	—	-0.3172**(-2.293)
农场主受教育程度	0.4340***(3.638)	0.1776*(1.840)	0.1656***(6.201)
农场主风险偏好类型	0.3656***(3.732)	0.2042*(1.819)	-0.1864***(-5.051)
劳动力数量	—	-0.3643***(-19.636)	—
资金状况	—	—	0.1830***(19.439)
经营耕地面积	—	0.2672(0.566)	0.0625(1.187)
技术感知易用性	—	0.4950***(3.212)	0.2516***(7.091)
技术感知有用性	—	0.1586**(2.161)	-0.1705(-0.554)
与乡邻交流频率	0.1892***(3.785)	0.1599(0.582)	-0.2859***(-6.302)

续表

自变量	第一阶段:信息获取	第二阶段:采纳意愿	第三阶段:采纳程度
农技部门推广力度	0.1746 ** (2.413)	0.1024 *** (3.706)	0.1005 ** (2.398)
媒体宣传力度	0.2656 ** (2.208)	0.0492 (0.733)	0.2032 *** (5.432)
$\hat{\lambda}_{j,P}$	—	—	5.649 *** (4.03)
$\hat{\lambda}_{j,s}$	—	—	−64.85 *** (−7.56)
$Rho(1,2)$	0.7513 ***	—	—
观测样本	676	540	437
正确预测的比例	79.88%	80.93%	75.29%
χ^2	16.83 (d.f.=7)	32.64 (d.f.=12)	70.62 (d.f.=16)
Log likelihood function		−486.203	—

注:括号内数字为 t 统计量渐近值。*、**、*** 分别表示 t 统计量通过了 10%、5%、1% 显著性水平的检验。

三个方程的实证分析结果如下:

(一)信息获取方程的实证分析结果

将部分解释变量纳入信息获取方程,以探究家庭农场绿色防控技术信息获取的影响因素。估计结果如表 2 所示,受教育程度对家庭农场绿色防控技术信息获取产生显著的正向影响,且影响程度最高。其原因在于,在信息传递过程中,家庭农场主的受教育程度越高,其信息获取的机会和渠道越多,且理解能力也越高,从而越能获取更多有用信息。这与 Gershon 和 Sara 的研究结果相一致[1]。

家庭农场主风险偏好类型有厌恶型、中立型和偏好型三种,风险偏好型农场主更热衷于新技术信息的收集,他们倾向于主动获取相关信息以备开展风险投资行为[2],而其他两种类型的农场主往往是被动获取信息。因此,越偏好风险的农场主,越容易充分了解绿色防控技术。

主观规范的乡邻交流频率、农技部门推广力度和媒体宣传力度均有助于

[1] F.Gershon, S.Sara, "The role of opinion leaders in the diffusion of new knowledge: The case of integrated pest management", *World Development*, Vol.7, 2006, pp.1287–1300.

[2] Y.Gong, K.Baylis, R.Kozak, G.Bull, "Farmers' risk preferences and pesticide use decisions: Evidence from field experiments in China", *Agricultural Economics*, Vol.47, No.4, 2016, pp.411–421.

家庭农场获取绿色防控技术信息。一方面,媒体的宣传和农技部门的推广是家庭农场最有价值的信息获取渠道①。另一方面,家庭农场在获取新技术信息的过程中,其社会关系网络发挥了举足轻重的作用,乡邻交流显著促进其获取信息水平②。

性别对家庭农场绿色防控技术信息获取产生负向显著影响。其可能的原因在于:在我国,自古以来被认为天经地义的"男主外,女主内"的传统家庭观念正在逐渐被打破,越来越多的女性参与到农业生产经营活动中,并发挥其自身优势,在信息获取方面比男性农场主更细心、获取渠道更多样。

农场主年龄对绿色防控技术信息获取的影响并不显著,这与 Rahman 的研究结果相悖③。可能的原因在于调研数据问题。本次调研样本中,农场主年龄在 35—45 岁的占 76.3%,绝大多数为年富力强者,年龄差异程度并不明显④。这有待今后更多实例证据的补充。

(二)采纳意愿方程的实证分析结果

对采纳意愿方程进行估计的结果显示:技术感知易用性、农场主风险偏好类型、农场主受教育程度、技术感知有用性和农技部门推广力度对家庭农场绿色防控技术采纳意愿产生正向的显著影响,且影响程度依次递减。具体原因如下:第一,Sorebo 和 Eikebrokk⑤证实,当家庭农场认为某项新技术的应用难度属于"较为易用"时,其采纳意愿会提升。第二,风险偏好型的家庭农场主具有先动性特征,在充分了解绿色防控技术的基础上,往往愿意采纳该技术以期降低化学农药成本和增加产量。第三,对家庭农场进行培训是促使其采纳

---

① M.B. Villamil, M. Alexander, A. H. Silvis, M. E. Gray, "Producer perceptions and information needs Regarding their adoption of bioenergy crops", *Renewable and Sustainable Energy Reviews*, Vol.16, No.6, 2012, pp.3604–3612.

② A.Maertens, C.B.Barrett, "Measuring social network's effects on agricultural technology adoption", *American Journal of Agricultural Economics*, Vol.95, No.2, 2013, pp.353–359.

③ S. Rahman, "Farm-level pesticide use in Bangladesh determinants and awareness", *Agriculture, Ecosystems and Environment*, Vol.95, No.1, 2003, pp.241–252.

④ 赵佳、姜长云:《家庭农场的资源配置、运行绩效分析与政策建议——基于与普通农户比较》,《农村经济》2015年第3期,第18—21页。

⑤ Ø.Sørebø, T.R.Eikebrokk, "Explaining IS Continuance in environments Where usage is mandatory", *Computers in Human Behavior*, Vol.24, No.5, 2008, pp.2357–2371.

IPM 的最有效方法①,受教育程度越高的家庭农场主,对于培训知识的理解能力越强,采纳绿色防控技术的意愿越强烈。第四,绿色防控技术感知有用性越强,家庭农场认为其对经营绩效改善的作用越大,也就越愿意采纳绿色防控技术②。第五,农技部门的推广活动有利于农场主认识绿色防控技术的潜在效用,从而促使农场主产生采纳意愿③。

　　绿色防控具有显著的技术密集型特征④。劳动力数量越少的家庭农场,越愿意采纳绿色防控技术,以减少人力成本。因此,劳动力数量对家庭农场绿色防控技术采纳意愿产生显著负向影响。此外,与乡邻交流频率、媒体宣传力度和经营耕地面积均对家庭农场绿色防控采纳意愿的影响不显著。其可能的原因具体如下:(1)绿色防控技术采纳意愿是基于家庭农场内部主观评价而做出的决策,与乡邻交流的关联度不强。(2)与刘洋等⑤的研究结果相吻合,源于媒体信息的虚拟性特点,家庭农场采纳意愿决策更容易受到农技部门推广的影响而非媒体宣传。(3)Cockburn⑥ 对南非家庭农场的调查表明,耕地规模和 IPM 的采纳意愿呈正相关关系。但这一结论随样本不同而表现出差异性。对我国家庭农场而言,其经营耕地面积均达到各地地方政府规定的规模标准并相对稳定。

---

① U.Supriya,D.Ram,"Comparative profile of adoption of integrated pest management(IPM)on cabbage and cauliflower growers", *Research Journal of Agricultural Sciences*, Vol.4, No.5, 2013, pp. 640-643.

② M.H.Kabir,R.Rainis,"Adoption and intensity of integrated pest management(IPM)vegetable farming in Bangladesh:An approach to sustainable agricultural development", *Environment,Development and Sustainability*,Vol.17,No.6,2015,pp.1413-1429.

③ S.Rasouliazar,S.Fealy,"Affective factors in the wheat farmer's adoption of farming methods of soil management in West Azerbaijan Province,Iran", *International Journal of Agricultural Management and Development*,Vol.3,No.2,2013,pp.73-82.

④ S.Sanglestsawai,R.M.Rejesus,J.M.Yorobe Jr,"Economic impacts of integrated pest management(IPM)farmer field schools(FFS):Evidence from onion farmers in the Philippines", *Agricultural Economics*,Vol.46,No.2,2015,pp.149-162.

⑤ 刘洋、熊学萍、刘海清、刘恩平:《农户绿色防控技术采纳意愿及其影响因素研究——基于湖南省长沙市 348 个农户的调查数据》,《中国农业大学学报》2015 年第 4 期,第 263—271 页。

⑥ J.Cockburn,H.Coetzee,J.V.Berg,D.Conlon,"Large-scale sugarcane farmers' knowledge and perceptions of Eldana saccharina Walker(Lepidoptera:Pyralidae),push-pull and integrated pest management", *Crop Protection*,Vol.56,2014,pp.1-9.

(三)采纳程度方程的实证结果

家庭农场绿色防控技术采纳程度方程的估计结果表明:(1)技术感知易用性是家庭农场依据先前信息和已有经验做出的主观判断,家庭农场认为绿色防控技术易用性越高,其采纳程度越高。这与 Kabir 和 Rainis[1] 的研究结果相吻合。(2)在我国农村地区,农民闲暇时间乐于观看新闻和农业节目,媒体所报道的绿色防控实施案例和典型经验会激发农场主提升绿色防控技术采纳程度。因此,媒体宣传力度对家庭农场绿色防控技术采纳程度具有显著正向影响。(3)资金短缺压力是绿色防控技术难以推广的重要原因[2],资金状况对绿色防控技术采纳程度具有显著正向影响。(4)受教育程度对绿色防控采纳程度同样产生积极影响,这与家庭农场主的食品安全和生态保护意识密不可分。受教育程度越高的家庭农场主,其食品安全和生态保护意识越强[3]。受到主观意识和外部因素的共同驱使,必然会强化家庭农场绿色防控采纳程度。(5)农技部门的推广活动主要包含技术介绍、技术示范、技术投资与收益讲解等方面,由专业的农技人员来实施[4]。农技部门的推广活动不仅使家庭农场学会技术操作方法,也会增强家庭农场收益提升的信心,无疑将对家庭农场绿色防控技术采纳程度产生积极影响。(6)与风险中立型和偏好型家庭农场主相比,风险厌恶型家庭农场主的绿色防控技术采纳程度更高。原因可能在于,在传统病虫害防治方法下,农药用量过少达不到治虫效果,用量过多又会导致浪费甚至起副作用,用量不好掌握,农场主会认为农药施用风险较大。而绿色防控技术以物理防治、生物防治与科学用药相结合,大大降低了农药施用风险。(7)与乡邻交流频率对家庭农场绿色防控技术采纳程度产生显著的负向

① M.H.Kabir,R.Rainis,"Adoption and intensity of integrated pest management(IPM)vegetable farming in Bangladesh:An approach to sustainable agricultural development",*Environment,Development and Sustainability*,Vol.17,No.6,2015,pp.1413-1429.

② M.M.Rezaei,D.Hayati,Z.Rafiee,"Analysis of administrative barriers to pistachio integrated pest management:A case study in Rafsanjan city",*International Journal of Modern Management & Foresight*,Vol.1,No.1,2014,pp.35-43.

③ M.Wollni,B.Brammer,"Productive efficiency of specialty and conventional coffee farmers in Costa Rica:Accounting for technological heterogeneity and self-selection",*Food Policy*,Vol.37,2012,pp.67-76.

④ R.Peshin,"Farmers' adoptability of integrated pest management of cotton revealed by a new methodology",*Agronomy for Sustainable Development*,Vol.33,No.3,2013,pp.563-572.

影响。其可能的原因是，中国传统的乡邻交流活动大多表现为茶余饭后的闲谈，食品安全意识不强、环保意识不佳的乡邻会带来消极建议，进而影响家庭农场绿色防控技术采纳程度。（8）农场主性别通过了5%显著性水平的检验，且系数为负，说明女性农场主绿色防控技术的采纳程度要高于男性。这与Er-baugh等[①]对乌干达的研究结论基本一致。与男性相比，女性家庭农场主更加关注农产品质量安全问题，对于农药潜在危害的关注度要高于男性。（9）技术感知有用性对绿色防控技术采纳程度的影响并不显著。众所周知，绿色防控技术具有一定的复杂性，对于受教育程度普遍不高的家庭农场主而言，政府组织的集中培训讲解是认知技术有用性的必由之路。但中国推广病虫害绿色防控技术的时间不长，培训效果暂不明显。（10）与Thapa和Rattanasuteerakul[②]的研究结果一致，经营耕地面积对家庭农场绿色防控技术采纳程度的影响也不显著。这同样是由于样本问题所导致的。

五、促进家庭农场绿色防控技术采纳的政策建议

本研究基于黄淮海平原676户家庭农场的实地调研数据，采用双变量Probit模型和线性回归模型相结合的方法，在修正样本选择偏误的基础上，探究了家庭农场对于绿色防控技术信息获取、采纳意愿和采纳程度的影响因素。主要分析结果表明：（1）在信息获取阶段，农场主的受教育程度、风险偏好类型和性别、与乡邻交流频率、农技部门推广力度、媒体宣传力度对家庭农场绿色防控技术信息获取具有显著影响。（2）在采纳意愿阶段，技术感知易用性、农场主风险偏好类型、农场主受教育程度、技术感知有用性和农技部门推广力度对家庭农场绿色防控技术采纳意愿产生的正向影响程度依次递减，劳动力数量对采纳意愿具有负向显著影响。（3）在采纳程度阶段，技术感知易用性、资金状况、媒体宣传力度、农场主受教育程度和农技部门推广力度对采纳程度具有显著积极影响，农场主性别、农场主风险偏好类型、与乡邻交流频率对采

①　J.M.Erbaugh,J.Donnermeyer,M.Amujal,S.Kyamanywa,"The role of women in pest management decision making in Eastern Uganda",*Journal of Agricultural and Extension Education*,Vol.10,No.3,2003,pp.71-81.

②　G.B.Thapa,K.Rattanasuteerakul,"Adoption and extent of organic vegetable farming in Maha Sarakham province,Thailand",*Applied Geography*,Vol.31,No.1,2011,pp.201-209.

纳程度产生显著负向影响。

基于上述主要结论,提出如下促进家庭农场绿色防控技术采纳的政策建议:(1)增强示范效应。选择家庭农场较聚集的区域进行绿色防控技术示范讲解,通过现场观摩和实践等活动,使家庭农场切实感知该技术的易用性。(2)改善融资环境。一方面,将"绿色农业发展基金"专项贷款落到实处,为采纳绿色防控技术的家庭农场优先发放。另一方面,鼓励民间资本参与设立农业担保公司和农业发展基金,为家庭农场提供金融支持和担保支持。(3)注重宣传引导。以农产品质量安全为主题,通过报纸宣传、印发绿色防控技术宣传册、电视播放公益性广告和利用微信、互联网等方式,将新媒体与传统媒体结合,拓展绿色防控技术的宣传渠道、丰富宣传内容。(4)加大培训力度。不仅要创办田间学校,基于成人的学习特点对家庭农场进行技术培训,还要开展生态讲座,提高其生态保护和食品安全意识,提升其对应用绿色防控技术的紧迫性和必要性的认知。(5)强化推广力度。首先,要加强推广人员配置,杜绝农技推广部门"空岗"现象。其次,合理改善推广人员的待遇,缓解人才流失的同时调动其工作积极性。再次,适当增加推广经费,强化绿色防控技术推广队伍的责任意识。

第十三章　生猪养殖户安全生产行为：病死猪处理的案例

本章继续分析食品生产者行为，并着重以病死猪处理为案例展开分析。其原因主要在于：生猪生产是我国农业的重要组成部分，猪肉是城乡居民的重要食品。发展生猪生产，对保障市场供应、增加农民收入具有重要意义，但近年来，我国病死猪乱扔乱抛甚至流入市场的事件屡有发生，已成为食品安全领域亟须治理的重大现实问题。病死猪处理行为，已成为生猪养殖户安全生产行动中的关键风险控制点，也是政府监管的重点环节所在。

一、养殖户病死猪处理行为的调查

为深入了解养殖户病死猪处理行为，本书课题组于 2014 年在全国 10 个省（区）的 59 个县市中随机抽取 92 个样本村进行了实地调查（具体调查区域见表 13-1），通过调查所在村是否有将病死猪乱扔现象、乡镇政府对病死猪无害化处理的要求与补贴、农户是否私自屠宰病死猪等问题来了解农村有关病死猪的处理行为。

（一）调查基本情况

本次抽样调查遵循的基本原则是科学、效率、便利。整体方案的设计严格按照概率抽样方法，要求样本在条件可能的情况下基本能够涵盖全国典型省区，确保样本具有代表性；在此基础上要求抽样方案的设计强调在相同样本量的条件下尽可能提高调查的精确度，确保目标量估计的抽样误差尽可能小。同时，设计方案注重可行性与可操作性，不仅要便于抽样调查的具体组织实施，也要便于后期的数据处理与分析。

考虑到不同农村地区存在的差异性，本次调查主要采取了分层抽样的方法,以期获得理想、客观、真实的调查结果。分层抽样是先将总体中的所有单位按照某种特征或标志(如性别、年龄、职业或地域等)划分成若干类型或层次,然后再在各个类型或层次中采用简单随机抽样的办法抽取一个子样本。具体抽样方法为,在已确定的 10 个省(区)的 59 个县市中随机抽取近 100 个样本村(见表 13-1)。

为了确保调查质量,在实施调查之前对调查人员进行了专门培训,要求其在实际调查过程中严格采用设定的调查方案,并采取一对一调查的方式,在现场针对相关问题进行半结构式访谈,协助被调查的农村居民(以下简称受访者)完成问卷的填写,以提高数据的质量。由于篇幅的限制,调查的有关细节不具体叙述。

表 13-1 2014 年典型地区农村养殖户病死猪处理行为调查的地区分布

省份	地级市	县、区、县级市	镇、乡、街道办	村、居委会
江苏省	盐城市、淮安市、南京市、南通市、宿迁市、常州市、镇江市、扬州市、连云港市、苏州市	阜宁县、涟水县、六合县、海安县、如皋县、海门市、沭阳县、宿城区、溧阳市、武进区、句容市、邗江区、海州区、宝应县、丰县、射阳县、盱眙县、常熟市、相城区	陈良镇、益林镇、麻垛乡、瓜埠镇、雅周镇、曲塘镇、袁桥镇、三星镇、七雄镇、洋河镇、天目湖镇、夏溪镇、天王镇、李典镇、宁海乡、新坝镇	成俊村、涂桥村、三烈村、李良村、马家荡居委会、春华村、王码村、六合县街道办、扬子十四村、东夏村、钱庄村、曲塘村、野马村、八角井村、益民村、夹摊村、道口村、西关村、戈罗村、毛尖村委山南村、巷上村、蔡巷村、新坝长生村、杨场村、孙庄村
四川省	内江市、绵阳市、巴中市、达州	微远县、北川姜族自治县、平昌县、大竹县	观音滩镇、严陵镇、山王镇、坝底乡、土兴镇、二郎乡	龟形村、一碗水村、白沙村、罗家村、尖家沟、叶家坝
重庆市		酉阳县、涪陵区、云阳县	钟多镇、两汇乡、开平乡、宝坪镇、龙角镇	十字村、游江村、开平村、枣树村、石峡子、张家村
山东省	临沂市、莱芜市、淄博市	沂南县、莱城区、钢城区、周村区、莱域区、博山区	蒲汪镇、大王庄镇、颜庄镇、周村乡、北博山镇	龙角村、大沟村、屈左联村、孤山村、下崮村、前张街村、东上崮村、龙尾村、复宁街村、周村、北博山村
河北省	沧州市、承德市、保定市、邯郸市、	泊头市、隆化县、高阳县、永年县、	泊镇、王武镇、韩麻营镇、庞口镇、南沿村镇、广府镇	马庄村、苏屯村、曹司务营村、安家庄、田堡村、南桥村

续表

省份	地级市	县、区、县级市	镇、乡、街道办	村、居委会
浙江省	湖州市、杭州市、宁波市、温州市、金华市	安吉县、萧山区、慈溪市、苍南县、永康市、东阳市	梅溪镇、北干街道、观城卫镇、巴曹社区、花街镇、江北街道、吴宁镇、歌山镇、	石子涧村、城北村、卫南村、城南村、秦堰村、马堰村、东埠头村、师东村、浃底村、倪宅村、西范村、花溪村、亭塘村、石潭村、李宅村
安徽省	六安市、安庆市、阜阳市	金寨县、桐城市、临泉县、裕安区	燕子河镇、青草镇、关庙镇、韩摆渡镇	文家店村、夏星村、朝阳村、里仁村、王大庄村、韩摆渡村
河南省	邓州市、焦作市、鹤壁市、新乡市	邓州县、武陟县、温县、浚县、卫辉市	孟楼镇、大虹桥乡、嘉应观乡、小河镇、后河镇	玉皇村、后阳城村、南贾村、北村、朱原村、街南村、后河村
湖北省	襄阳市、黄冈市、咸宁市	保康县、嘉鱼县、英山县、咸安区	寺坪镇、牌洲湾镇、方家咀乡、埠桥镇	城上村、庄屋村、段家坳村、小泉村
吉林省	通化市、长春市、四平市	梅河口县、二道江区、农安县、双辽市	李炉乡、铁厂镇、杨树林乡、新立乡	李炉沟村、一心村、西白令村、刘家村、新立村、新胜村

(二)病死猪无公害处理行为

病死猪肉主要存在三大危害,包括生物性危害、药物残留危害、有毒有害物质危害。病死猪体内可能潜伏多种病原微生物,特别是人畜共患病原,一旦乱扔乱抛或流入市场将危及生态环境与人体健康。为此,农业部发布《农业部关于进一步加强病死动物无害化处理监管工作的通知》(农医发〔2012〕12号)和《建立病死猪无害化处理长效机制试点方案》(农医发〔2013〕31号)等相关规章政策,要求养殖户采用无害化方式(深埋、焚烧、高温高压化制、生物技术等等)处理病死猪。2014年的调查结果显示,对于所在村病死猪的处理方式,分别有23.17%、10.62%、39.33%的受访者选择"大多丢弃"、"大多食用,很少扔弃"、"不清楚"(图13-1)。仅26.88%的受访者选择对病死猪进行无公害处理。可见,政府部门急需对农民加大宣传教育,建立生猪养殖户病死猪无害化处理的激励机制,督促其采取正确的方式处理病死猪。

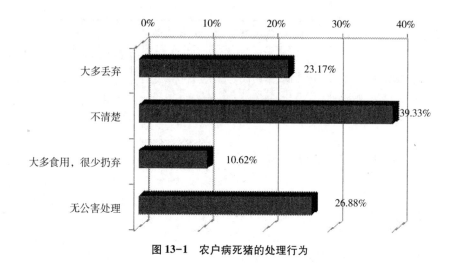

图 13-1　农户病死猪的处理行为

（三）病死猪无害化处理政策的落实状况

调查结果显示,在回答"所在乡镇、村是否要求农户对病死猪进行无害化处理"这一问题上,分别有 47.64% 和 26.71 的受访者选择"说不清"和"没有",只有 25.65% 的受访者表示所在村要求进行无公害处理。由此可见,国家发布的要求病死猪无害化处理政策在基层的落实尚亟须加强。进一步调查"政府是否对农户病死猪无害化处理行为进行补贴"时,分别有 25.05%、22.9% 和 52.05% 的受访者表示"政府有补贴"、"政府没有补贴"和"说不清"。按照相关规定,养殖户病死猪无害化处理,政府应该发放补贴。而本次调查则说明在基层农村病死猪无害化补贴政策未能严格落实到位,大多数农户未能享受到该项补贴。

（四）私自屠宰病死猪的状况

调查结果表明,当受访者被问及"过去是否有发现农户私自屠宰病死猪现象"时,分别有 41.26%、20.16% 和 38.58% 的受访者选择有、没有和不清楚。说明农村私自屠宰病死猪的行为确实存在,亟须监管部门加强约束与管理,坚决杜绝病死猪流入市场。

（五）基层政府对生猪屠宰场规范性管理的状况

调查结果显示,当回答"所在村或周围村是否有生猪屠宰场"问题时,分别有 38.76%、36.57%和 24.67%的受访者表示"有生猪屠宰场"、"没有生猪屠宰场"和"说不清"。回答"生猪屠宰场是否经政府批准"问题时,分别有 34.97%、10.11%、54.92%的受访者表示"是政府批准的"、"不是政府批准的"、"不清楚"。当前应进一步规范病死畜禽无害化处理工作,加强专业无害化处理厂建设,逐步建立起乡(镇、街道)、村暂存,县级集中收集处理的处置体系。

二、养殖户病死猪处理行为选择模拟: 基于仿真实验的方法

病死猪是生猪养殖过程中的一个主要的废物流。必须基于环境保护、公共卫生安全,并充分估计可能潜在的微生物威胁科学处置病死动物尸体[1][2],任何处理方法均不应该导致病死猪的疾病传播与产生环境污染[3][4]。为了科学处置病死猪,我国农业部颁布了一系列的规定,要求生猪养殖户对病死猪采取无害化的处理技术。生猪养殖户病死猪处理行为属于农户行为选择的范畴。大量的研究表明,农户的选择行为不仅受基本特征[5]的影响[6][7][8],客观

① R.Freedman, R.Fleming, *Water Quality Impacts of Burying Livestock Mortalities*, Livestock Mortality Recycling Project Steering Committee, Ridgetown, Ontario, Canada, 2003.

② A.C.B.Berge, T.D.Glanville, P.D.Millner, et al., "Methods and Microbial Risks Associated with Composting of Animal Carcasses in the United States", *Journal of the American Veterinary Medical Association*, Vol.234, No.1, 2009, pp.47-56.

③ R.Jones, L.Kelly, N.French, et al., "Quantitative Estimates of the Risk of New Outbreaks of Foot-and-Mouth Disease as a Result of Burning Pyres", *The Veterinary Record*, Vol.154, No.6, 2004, pp.161-165.

④ K.Stanford, B.Sexton, "On-Farm Carcass Disposal Options for Dairies", *Adv. Dairy Technol*, Vol.18, 2006, pp.295-302.

⑤ 基于现有的研究文献,以及作者基于调查对此问题的理解,在此所指的生猪养殖户基本特征主要是指生猪养殖户的个体特征、家庭特征、生产经营特征以及认知特征等。

⑥ M.Genius, C.J.Pantzios, V.Tzouvelekas, "Information Acquisition and Adoption of Organic Farming Practices", *Journal of Agricultural & Resource Economics*, Vol.31, No.1, 2006, pp.93-113.

⑦ S.Hynes, E.Garvey, "Modelling Farmers' Participation in an Agri-Environmental Scheme Using Panel Data: An Application to the Rural Environment Protection Scheme In Ireland", *Journal of Agricultural Economics*, Vol.60, No.3, 2009, pp.546-562.

⑧ D.Läpple, "Adoption and Abandonment of Organic Farming: An Empirical Investigation of the Irish Drystock Sector", *Journal of Agricultural Economics*, Vol.61, No.3, 2010, pp.697-714.

上也受社会经济、制度环境等外部因素的影响①②。因此,在考虑生猪养殖户基本特征在其病死猪处理行为选择过程中发挥基本作用的同时,将外部环境因素对养殖户病死猪处理行为选择的影响纳入研究框架,并据此探讨政府监管生猪养殖户病死猪处理行为的现实路径。这是促进生猪产业健康发展,确保猪肉市场安全与保护生态环境难以回避的重大现实问题。这就是研究的主要意义所在。

(一)数据来源与变量设置

1. 样本选择

基于研究需要及可操作性,主要采用问卷调查的形式收集生猪养殖户的基本信息和病死猪处理行为等相关数据。本章的研究以江苏省阜宁县为案例展开调查。调查问卷主要基于现有的文献来设计,并采用封闭式题型设置具体问题。之所以以阜宁县为案例,主要是阜宁是全国闻名的生猪养殖大县,连续15年卫冕江苏省"生猪第一县",素有"全国苗猪之乡"之称。2011年、2012年该县生猪出栏量分别为157.66万头、166.16万头,生猪养殖是当地农户家庭经济收入的重要来源。

对江苏省阜宁县的调查于2014年1—3月陆续进行。调查之前对该县下辖的罗桥镇、三灶镇的龙窝村、双联村、新联村、王集村等四个村的不同规模的生猪养殖户展开了预调查,通过预调查发现问题并修改后最终确定调查问卷。调查面向阜宁县辖区内所有的13个乡镇,在每个乡镇选择一个农户收入中等水平的村,在每个村由当地村民委员会随机安排一个村民小组。在13个乡镇共调查13个村民小组(每个村民小组的村民家庭数量不等,以40—60户为主),共调查了690户生猪养殖户,获得有效样本有效调查654户,样本有效比例为94.78%。在有效调查的654养殖户中,生猪的养殖规模在1—1 000头不等。在实际调查中,考虑到面对面的调查方式能有效地避免受访者对所调

---

① M.J.Mariano, R. A. Villano, E. Fleming, "Factors Influencing Farmers' Adoption of Modern Rice Technologies and Good Management Practices in the Philippines", *Agricultural Systems*, Vol.110, 2012, pp.41-53.

② M.K.Hendrickson, H.S.James, "The Ethics of Constrained Choice: How the Industrialization of Agriculture Impacts Farming and Farmer Behavior", *Journal of Agricultural and Environmental Ethics*, Vol.18, No.3, 2005, pp.269-291.

查问题可能存在的认识上的偏误且问卷反馈率较高①②,本调查安排经过训练的调查员对生猪养殖户进行面对面的访谈式调查。

2. 统计分析

从有效样本来分析,受访的生猪养殖户(简称受访者)具有如下的基本统计特征:男性的比例高于女性,占样本总量的 59.2%;年龄以 45—64 岁为主;受访者多为小学及以下的文化水平;家庭成员结构以 5 人及以上之家为主,占比为 51.4%;66.1%的受访者表示养猪收入占家庭总收入的比重为 30%及以下。

表 13-2 显示,在受访的 654 位养殖户中,生猪养殖年限在 10 年以上的占比为 67.0%,且 73.9%的受访者的养殖规模低于 50 头;占样本总量的 58.3%和 62.8%的受访者表示对政府政策与相关法律法规、生猪疫情与防疫非常不了解,显示出较低的认知水平。

表 13-2　影响养殖户的基本特征描述

统计特征	分类指标	样本数(人)	有效比例(%)	病死猪负面行为处理比例(%)
养殖年限	1 年以下	0	0.0	0.0
	1—3 年	87	13.3	13.8
	4—6 年	42	6.4	14.3
	7—10 年	87	13.3	20.7
	10 年以上	447	67.0	28.1
养殖规模	50 头以下	483	73.9	30.4
	50—100 头	102	15.6	11.8
	101—500 头	54	8.3	0.0
	501—1000 头	15	2.3	0.0
	1000 头以上	0	0.0	0.0

---

① S.Boccaletti, M.Nardella, "Consumer Willingness to Pay for Pesticide-Free Fresh Fruit and Vegetables in Italy", *The International Food and Agribusiness Management Review*, Vol.3, No.3, 2000, pp.297-310.

② 吴林海、徐玲玲、王晓莉:《影响消费者对可追溯食品额外价格支付意愿与支付水平的主要因素——基于 Logistic、Interval Censored 的回归分析》,《中国农村经济》2010 年第 4 期,第 77—86 页。

统计特征	分类指标	样本数(人)	有效比例(%)	病死猪负面行为处理比例(%)
政府政策与相关法规认知程度	非常不了解	381	58.3	35.4
	不了解	135	20.6	11.1
	一般	33	5.0	9.1
	比较了解	96	14.7	6.3
	非常了解	9	1.4	0.0
生猪疫情及防疫认知	非常不了解	411	62.8	34.3
	不了解	51	7.8	23.5
	一般	147	22.5	4.1
	比较了解	30	4.6	0.0
	非常了解	15	2.3	0.0

表 13-3 反映的是受访者的病死猪处理行为。在养殖过程中遭遇病死猪时,24.3%的受访者并没有采用无害化的方式处理,成本原因是养殖户不采用无害化方式处理病死猪的主要原因。这一调查结果佐证了生猪养殖户是经济理性行为人,与现有文献报道相似①②。

表 13-3　生猪养殖户病死猪处理行为描述

统计特征	分类指标	样本数(人)	有效比例(%)
是否无害化处理病死猪	是	495	75.7
	否	159	24.3
不进行无害化处理的原因	怕麻烦	33	20.8
	考虑成本	99	58.5
	无相关设施	30	18.9
	其他	3	1.9

---

① J. A. Rosenheim, "Costs of Lygus Herbivory on Cotton Associated with Farmer Decision-Making: An Ecoinformatics Approach", *Journal of Economic Entomology*, Vol. 106, No. 3, 2013, pp. 1286-1293.

② 徐勇:《农民理性的扩张:"中国奇迹"的创造主体分析——对既有理论的挑战及新的分析进路的提出》,《中国社会科学》2010 年第 1 期,第 103—118 页。

3. 变量设置

影响生猪养殖户病死猪处理行为的因素众多,除调查的因素外,病死猪的体重、无害化处理设施的健全性与便捷性、无害化处理补贴的发放效率以及负面处理病死猪的便利性等因素均在不同程度上影响养殖户对预期收益的评估,导致生猪养殖户对相同的病死猪处理行为的预期收益产生很大的偏差。但对阜宁地区养殖户的调查发现,当地绝大多数生猪养殖户几乎没有无害化处理设备,病死猪采用深埋的方式处理,且深埋地点大多为养殖户自家的田地;养殖户无害化处理补贴均通过防疫站发放,且受访者表示补贴发放相对及时。当地的养殖模式为养殖户出售病死猪提供了机会。为了简化研究问题,本章的研究仅基于孙绍荣等归纳的影响人们对行为选择预期收益评价的因素主要为路径状态造成的成本差异与认知偏差,最终选取了养殖年限、养殖规模、政府政策与相关法律法规认知与生猪疫情及防疫认知四个因素[1]。事实上,对阜宁县的调查结果也证实这四个因素不同程度地影响养殖户病死猪的处理行为。

表13-2显示,养殖年限越大,养殖户负面处理病死猪行为的比例越大。这一结果与张跃华、邬小撑[2]和虞祎等[3]的研究结论相类似;养殖规模越大,养殖户负面处理病死猪行为的比例越小,这与Kafle[4]和Ithika等[5]关于养殖规模是影响农户行为选择因素的研究结论相吻合;政府政策与相关法律法规的认知和生猪疫情与防疫的认知影响养殖户病死猪处理行为的选择,表现为认知程度越大,养殖户采用负面处理病死猪的可能性越小。这一调查结果与

①　孙绍荣、焦玥、刘春霞:《行为概率的数学模型》,《系统工程理论与实践》2007年第11期,第79—86页。

②　张跃华、邬小撑:《食品安全及其管制与养猪户微观行为——基于养猪户出售病死猪及疫情报告的问卷调查》,《中国农村经济》2012年第7期,第72—83页。

③　虞祎、张晖、胡浩:《排污补贴视角下的养殖户环保投资影响因素研究——基于沪、苏、浙生猪养殖户的调查分析》,《中国人口资源与环境》2012第2期,第159—163页。

④　B. Kafle, "Diffusion of Uncertified Organic Vegetable Farming Among Small Farmers in Chitwan District, Nepal: A Case of Phoolbari Village", *International Journal of Agriculture: Research and Review*, Vol.1, No.4, 2011, pp.157-163.

⑤　C.S. Ithika, S.P. Singh, G. Gautam, "Adoption of Scientific Poultry Farming Practices by the Broiler Farmers in Haryana, India", *Iranian Journal of Applied Animal Science*, Vol.3, No.2, 2013, pp.417-422.

周力等①、张桂新等②、Vignola 等③和 Launio 等④关于农户认知水平与其行为选择之间具有相关性的研究结论一致。事实上,除生猪养殖户对政府政策的认知外,实际的政策环境也对将养殖户的行为选择产生重要影响。已有研究已表明,政府的补贴因素、政府监管力度及处罚力度均显著影响生产者的行为选择⑤。

(二)生猪养殖户行为选择的理论模型的构建

1. 基本假设

养殖户处理病死猪的方式众多,但研究影响因素在生猪养殖户病死猪处理行为选择过程中作用的发挥是重点,故为简化起见,在此将生猪养殖户病死猪的诸多处理行为简单划分为无害化处理行为(正面行为)与负面行为两大类⑥,并作出如下的基本假设。

(1)假设生猪养殖户对病死猪的无害化处理行为 (a_1) 和负面处理行为 (a_2) 不存在选择时间的先后问题,生猪养殖户对病死猪处理方式在同一时空点上能且仅能选择一种行为。

(2)假设生猪养殖户遵循"成本-收益"的逻辑处理病死猪。

(3)根据机会成本的概念,假设生猪养殖户处理病死猪的负面行为主要指非法出售病死猪。

(4)假设生猪养殖户的负面行为不具备隐藏性。

---

① 周力、薛荦绮:《基于纵向协作关系的农户清洁生产行为研究——以生猪养殖为例》,《南京农业大学学报(社会科学版)》2014 年第 3 期,第 29—36 页。

② 张桂新、张淑霞:《动物疫情风险下养殖户防控行为影响因素分析》,《农村经济》2013 年第 2 期,第 105—108 页。

③ R. Vignola, T. Koellner, R. W. Scholz, et al., "Decision-Making by Farmers Regarding Ecosystem Services: Factors Affecting Soil Conservation Efforts in Costa Rica", *Land Use Policy*, Vol.27, No.4, 2010, pp.1132-1142.

④ C.C.Launio, C.A.Asis, R.G.Manalili, et al., "What Factors Influence Choice of Waste Management Practice? Evidence from Rice Straw Management in the Philippines", *Waste Management & Research*, Vol.32, No.2, 2014, pp.140-148.

⑤ G.Danso, P.Drechsel, S.Fialor, et al., "Estimating the Demand for Municipal Waste Compost Via Farmers' Willingness-To-Pay in Ghana", *Waste Management*, Vol.26, No.12, 2006, pp.1400-1409.

⑥ 本章所指的负面行为是指生猪养殖户向江、河、湖泊乱扔乱抛病死猪,以及将病死猪出售给中间商或自己直接加工后进入市场的行为。

2. 养殖户行为选择的原理

病死猪处理行为的预期收益由生猪养殖户基于自身的判断而获得。虽然研究假定生猪养殖户是理性行为人,但并不是所有的生猪养殖户均能清晰地权衡期望收益与其行为之间的关系①。因此,对病死猪相同处理行为的期望收益,不同养殖户的估算结果会不同,因而影响其行为选择。与此同时,生猪养殖户的行为选择不仅受内部经济压力的影响②,而且道德和社会因素也影响其行为决策③④。在外部环境中,政府监管力度是影响养殖户行为的关键因素之一⑤。文中采用对生猪养殖户的抽查比率来反映政府的监管力度。无害化处理与负面处理两类行为的预期收益公式分别为:

$$u(a_1) = I_1 + P - C_w \tag{13-1}$$

$$u(a_2) = (1 - b)I_2 + b * (I_2 - C_g - C_s) \tag{13-2}$$

在式(13-1)、式(13-2)中,$u(a_1)$、$u(a_2)$分别为生猪养殖户对病死猪无害化处理行为、出售病死猪的负面行为的收益;I_1、I_2分别为无害化处理病死猪后所获得的正常收益、出售病死猪所得到的收益与节约的处理成本;P为生猪养殖户做出无害化行为时受到社会的赞扬与自己道德、良心的精神收益;C_w、C_g、C_s分别为生猪养殖户无害化处理病死猪的成本、病死猪负面处理行为被发现后的处罚与付出的社会成本(名誉的损失、社会舆论的压力以及良心的谴责),b为政府抽查的比例。

3. 变量属性描述

养殖年限实际反映的是生猪养殖户的从业经验⑥,养殖户的养殖年限越长,则从业经验越丰富,从而对相同病死猪处理行为的成本和收益的判断越精

---

① M.Mendola,"Farm Household Production Theories:A Review of'Institutional'and'Behavioral'Responses",*Asian Development Review*,Vol.24,No.1,2007,pp.49.

② H.S.James,M.K.Hendrickson,"Perceived Economic Pressures and Farmer Ethics",*Agricultural Economics*,Vol.38,No.3,2008,349-361.

③ D.Rigby,T.Young,M.Burton,"The Development of and Prospects for Organic Farming in the UK,*Food Policy*,Vol.26,No.6,2001,pp.599-613.

④ F.Carlsson,P.K.Nam,M.Linde-Rahr,et al,"Are Vietnamese Farmers Concerned with Their Relative Position in Society?",*The Journal of Development Studies*,Vol.43,No.7,2007,pp.1177-1188.

⑤ Wu L.,Zhang Q.,Shan L.,et al.,"Identifying Critical Factors Influencing the Use of Additives by Food Enterprises in China",*Food Control*,Vol.31,No.2,2013,pp.425-432.

⑥ Y. S. Tey, M. Brindal, " Factors Influencing the Adoption of Precision Agricultural Technologies:A Review for Policy Implications",*Precision Agriculture*,Vol.13,No.6,2012,pp.713-730.

准;生猪养殖户病死猪处理行为存在规模边际效应,故小规模养殖户选择无害化行为处理病死猪的成本高于大规模的养殖户[1];生猪养殖户对相关法律法规与政策、对生猪疫情与防疫普遍缺乏认知时,会导致其认为选择的负面行为完全符合自身利益[2]。可见,养殖年限、养殖规模、政府政策与相关法律法规认知、生猪疫情与防疫认知均影响养殖户对病死猪处理行为的预期收益判断。因此,在行为概率模型中引入变量 β_{i1}、β_{i2}、β_{i3}、β_{i4} 分别表示生猪养殖户的养殖年限、养殖规模、生猪养殖户对政府政策与相关法律法规的认知程度以及对生猪疫情与防疫的认知程度。

4. 行为概率模型的构建

关于行为期望收益和行为概率之间关系,学者们进行了先驱性的研究[3][4][5]。因此,根据基本假设及变量的设置,构建如下的生猪养殖户病死猪处理行为的概率模型。

$$
\begin{cases}
p_i(a_+) = \dfrac{e^{|\beta_{i0}+(\beta_{i1}+\beta_{i2}+\beta_{i3}+\beta_{i4})u_i(a_1)-(\beta_{i5}+\beta_{i6}+\beta_{i7}+\beta_{i8})u_i(a_2)|}}{1+e^{|\beta_{i0}+(\beta_{i1}+\beta_{i2}+\beta_{i3}+\beta_{i4})u_i(a_1)-(\beta_{i5}+\beta_{i6}+\beta_{i7}+\beta_{i8})u_i(a_2)|}} \\
p_i(a_-) = 1 - p_i(a_+)
\end{cases}
\tag{13-3}
$$

在式(13-3)的行为概率模型中,β_{ij} 是回归系数,$i \in [1,2,L,N]$,其中 N 为样本总量,由于影响生猪养殖户对相同病死猪处理行为期望回报评估的因素个数等于4,故 $j \in [1,2,L,8]$;$\beta_{i0} \in (-\infty, +\infty)$ 且 $\beta_{i1}, L\beta_{ij}L\beta_{i8}$ 均大于0,故在行为概率模型中 $u_i(a_2)$ 前面的符号为负,表示 $p_i(a_1)$ 随着 $u_i(a_2)$ 的增加而降低。这是因为资源是稀缺的,生猪养殖户选择任何一种病死猪处理行为均存在机会成本。

① J.H.L.Goodwin,R.Shiptsova,"Changes in Market Equilibria Resulting from Food Safety Regulation in the Meat and Poultry Industries",*The International Food and Agribusiness Management Review*,Vol.5,No.1,2002,pp.61-74.

② H.S.James,*The Ethical Challenges Farming:A Report on Conversations with Missouri Corn and Soybean Producers*,2004.

③ U.Konerding,"Theory and Methods for Analyzing Relations Between Behavioral Intentions,Behavioral Expectations,and Behavioral Probabilities",*Methods of Psychological Research Online*,Vol.6,No.1,2001,pp.21-66.

④ 单红梅、熊新正、胡恩华等:《科研人员个体特征对其诚信行为的影响》,《科学学与科学技术管理》2014年第2期,第169—179页。

⑤ 孙绍荣、焦玥、刘春霞:《行为概率的数学模型》,《系统工程理论与实践》2007年第11期,第79—86页。

β_{i0} 的意义在于当生猪养殖户对两种行为期望收益的估算均为零时,即当 $u_i(a_1) = u_i(a_2) = 0$ 时,生猪养殖户选择某种行为的概率。此时养殖户的行为选择没有任何利益的驱动,是完全自发产生的。

(三)研究方法

采用计算仿真实验的方法,检验养殖户的基本特征与病死猪处理行为选择之间是否为表 13-3 所示的关系。通过改变养殖年限(β_{i1})、养殖规模(β_{i2})、政府政策与相关法律法规认知(β_{i3})、生猪疫情与防疫认知(β_{i4})等参数的不同取值,来模拟养殖户在不同条件下对病死猪处理行为的选择。实验参数与相关规则如下:

(1)假定生猪养殖户分布在一个 20 * 20 的正方形区域内,且区域内已事先存在一些环境参数(表 13-4)。

表 13-4　计算仿真的实验参数

模型参数	参数值
模拟界面范围	20 * 20
生猪养殖户的样本总量	100
无害化处理的生猪养殖户	1
负面行为处理的生猪养殖户	-1
没有生猪养殖户	0

(2)计算仿真实验开始前,生猪养殖户的位置随机分布在界面之中。

(3)生猪养殖户的"视力"值。已有研究显示,农户的行为决策受制于周围群体的影响[1][2]。因此,在计算仿真中需要考虑与环境的交互作用。"视力"是生猪养殖户获取周围资源信息的能力。仿真开始时设定所有生猪养殖户的"视力"值均为2,即表示每个养殖户均拥有获取前后左右 2×4 个方格内的"邻居"状态的能力。根据其"视力"范围内"邻居"的状态而不断调整自身

---

[1]　N.Mzoughi,"Farmers Adoption of Integrated Crop Protection and Organic Farming:Do Moral and Social Concerns Matter",*Ecological Economics*,Vol.70,No.8,2011,pp.1536-1545.

[2]　马彦丽、施轶坤:《农户加入农民专业合作社的意愿、行为及其转化》,《农业技术经济》2012 年第 6 期,第 101—108 页。

的行为选择。如果养殖户本身选择负面处理病死猪行为,当"视力"范围内参数值的和 ≤ 0 时,则保持自身原来的行为选择(如果自身本来选择的是无害化处理行为,则相应改变选择);当其"视力"范围内参数值的和 > 0 时,则改变自身行为(如果自身本来选择的是无害化处理行为,则保持自身原来的选择)。

(4)生猪养殖户的期望收益。由公式(1)、公式(2)可计算生猪养殖户在某一时刻其行为的期望收益。我国农业部规定病死猪无害化处理后可获得政府补贴,基于阜宁访谈的结果,I_1 的值取为 0.8—1.8 的任意值(单位百元);现阶段生猪无害化处理(深埋)所需的实际成本约为 120 元[①],由于养殖规模对处理成本有直接影响,故 C_w 取值为 1.2/β_{i2}(单位百元)。前文所述,病死猪的体重影响出售病死猪的收益,参考我国目前市场上病死猪的收购价格,养殖户出售病死猪的收益在 300—500 元[②],加上无须深埋节约的成本,所以 I_2 是在 4.2—6.2 区间均匀分布(单位百元);P 为生猪养殖户做出无害化处理行为时受到社会的赞扬与自己道德、良心的精神收益,为了计算方便,P 取值为 $\alpha \times I_1$;养殖规模大的生猪养殖户更加注重声誉,因此,α 的取值与 β_{i2} 有关。为了确保 α 取值为整,令 $\alpha = \beta_{i2}$;我国《动物防疫法》规定,选择负面行为处理病死猪的养殖户将予以 3 000 元以下的处罚,为便于计算 C_g 的初始值取 25(单位百元);C_s 为社会成本与 P 相对,即 $P = C_s$;根据调查,政府对生猪养猪户抽查的力度大约为一年 2 次,即 b 的初始值取 0.2。

(5)生猪养殖户的基本特征。参考表 13-2 的 5 分制量表,假定 β_{i1},β_{i2},β_{i3},β_{i4} 的取值区间为 [1,5],"1"代表"养殖年限为 1 年以下","5"代表"养殖年限为 10 年以上";同理养殖规模的大小、政府政策与相关法律法规认知程度和生猪疫情与防疫认知程度也用 1—5 的整数来表示。由于无害化处理和负面行为处理是相互独立的行为,故 β_{i5},β_{i6},β_{i7},β_{i8} 与 β_{i1},β_{i2},β_{i3},β_{i4} 之间存在如下的关系:

$$\begin{cases} \beta_{i1} + \beta_{i5} = 5 \\ \beta_{i2} + \beta_{i6} = 5 \\ \beta_{i3} + \beta_{i7} = 5 \\ \beta_{i4} + \beta_{i8} = 5 \end{cases} \tag{13-4}$$

① 王长彬:《病死动物无害化处理》,《中国畜牧兽医文摘》2013 年第 3 期。
② 李海峰:《猪场病死猪处理之我见》,《畜禽业》2013 年第 9 期,第 74—75 页。

（6）β_{i0},β_{i1},β_{i2},β_{i3},β_{i4} 的初始值。根据 β_{i0} 的意义与生猪养殖户正直善良的本性[①],并考虑公式（13-4）, β_{i0} 的取值为 10, β_{i1},β_{i2},β_{i3},β_{i4} 则按照表 13-1 中占受访者比重较大的基本特征取作初始值,即 β_{i1},β_{i2},β_{i3},β_{i4} 分别取 5,1,1 和 1。

依据表 13-4 的实验参数运行规则,通过计算公式（1）、公式（2）和公式（3）编写计算仿真程序的基础上,代入参数初始值。运行程序,检验仿真程序及各参数值设置的合理性后,开始仿真实验。在仿真结果图中,黑色线条表示养殖户选择出售病死猪的比例,灰色线条表示无害化行为发生的比例。

当 β_{i0},β_{i1},β_{i2},β_{i3},β_{i4} 分别取 10,5,1,1,1 时,模拟结果显示,选择出售病死猪的比例约为 30%,这一结果略高于表 13-2 中的 24.3%,与表 13-1 中的 28.1%、30.4%、35.4%、34.3%均接近,表明仿真的结果是可信的。仿真结果与调查结果之间的差异主要是因为 β_{i1},β_{i2},β_{i3},β_{i4} 的模拟取值与被调查的生猪养殖户的真实基本特征存在一定差异,还有一部分的原因是生猪养殖户利益诉求所造成的。

（四）仿真结果分析

1. 养殖年限对养殖户病死猪处理行为的影响

由于样本中没有养殖年限低于 1 年的养殖户,所以在仿真中排除了当 $\beta_{i1}=1$ 时的情景,即模拟 β_{i1} 分别取 2、3、4 和 5 时,生猪养殖户病死猪处理的行为选择,并将模拟结果与表 13-2 中对应的数据进行比较。对比图 13-2 中的（a）（b）（c）和（d）发现,生猪养殖户选择出售病死猪的比例分别约为 15%、18%、25%、33%,此模拟结果与表 16-1 中的 13.8%、14.3%、20.7%、28.1%较为接近,趋势也较为吻合。表明养殖年限对养殖户选择无害化处理病死猪具有正向影响,即养殖年限越长的养殖户越倾向于选择出售病死猪。这一结果与张跃华和邬小撑[②]研究得出的结论相似。

2. 无害化处理政府补贴政策对养殖户病死猪处理行为选择的影响

我国农业部为鼓励养殖户无害化处理而制定了相关补贴政策,规定养殖

---

① C.B.Struthers,J.L.Bokemeier,"Myths and Realities of Raising Children and Creating Family Life in a Rural County", *Journal of Family Issues*, Vol.21,No.1,2000,pp.17-46.

② 张跃华、邬小撑:《食品安全及其管制与养殖户微观行为——基于养猪户出售病死猪及疫情报告的问卷调查》,《中国农村经济》2012 年第 7 期,第 72—83 页。

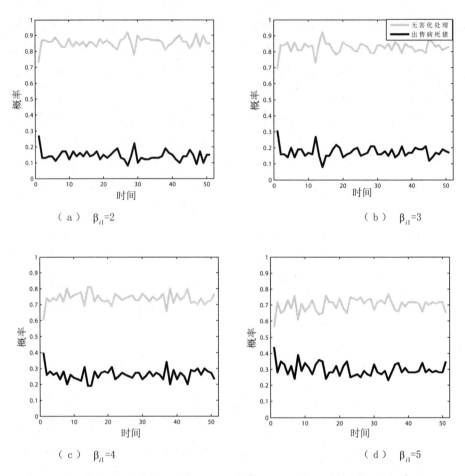

图 13-2 养殖户在不同养殖年限条件下其病死猪处理行为的变化过程

规模在 50 头以上者无害化处理病死猪后即可获得当地政府 80 元的补贴。但模拟结果显示,政府未发放补贴固然是影响养殖户采取负面行为的原因,但并非是关键因素,因为有无补贴对养殖户无害化处理病死猪的行为选择影响不显著。基于此,对养殖户选择负面行为处理病死猪的研究不能从单个因素来分析,需要综合全面地考虑。由此可见,在 2013 年"黄浦江死猪"事件爆发时,媒体与相关研究学者将深层原因归结为政府未发放无害化处理补贴,并非完全准确。

3. 养殖规模对养殖户病死猪处理行为的影响

与养殖年限类似,样本中没有养殖规模大于 1 000 头的养殖户,故排除 $\beta_{i2}=5$ 的情景。β_{i2} 分别取值为 1、2、3 和 4 时,选择出售病死猪的比例分别约为35%、15%、0%、0%,此结果与表13-2中的30.4%、11.8%、0.0%、0.0%大致相当。2(a)和2(b)显示了当β_{i2}从1提高到2时,养殖户对病死猪处理行为选择的变化情况。对比2(a)与2(b)发现,养殖规模从低于50头发展到小规模(50—100头),养殖户选择无害化处理病死猪行为的人数显著增加。图13-3(a)、图13-3(b)和图13-3(c)比较显示,养殖规模对养殖户选择无害化处理行为具有正向关系。这一结论与张雅燕[1]研究得出的结论一致。但对比图13-3中(c)和图13-3(d)发现如下的规律,提高养殖规模并非总能增加选择无害化病死猪处理行为的养殖户数量,当养殖规模发展至一定的程度(β_{i2}≥3)时,养殖户均将选择无害化的行为方式处理病死猪;如果再继续扩大养殖规模($\beta_{i2}=4$),养殖户选择无害化处理行为的概率不再发生变化,即养殖规模对养殖户选择无害化处理病死猪行为不仅具有正向影响关系,而且具有临界线性相关性。此结果出现的原因是养殖规模达到一定程度后,养殖户均注重声誉与名声且负面行为易被发现,故其病死猪处理行为选择趋于无害化。此外,也有一部分的原因是,在行为概率模型中,养殖户病死猪处理行为选择并不仅受养殖规模这单个因素的影响。显然,本章研究得出的养殖规模对养殖户病死猪处理行为影响的研究结论较张雅燕等相关文献的更合理。

4. 政府政策与相关法律法规认知对养殖户病死猪处理行为的影响

由于β_{i3}取值3、4时,曲线图对比很不明显,且表13-2中养殖户对政府政策与相关法律法规有一般了解($\beta_{i3}=3$)和比较了解($\beta_{i3}=4$)时,病死猪负面行为处理比例之间差异仅为2.8%,故排除β_{i3}等于4时的情况,模拟β_{i3}分别为1、2、3和5时,养殖户病死猪处理行为选择。比较图13-4(a)、图13-4(b)、图13-4(c)和图13-4(d)发现,政府政策与相关法律法规的认知对养殖户选择无害化处理病死猪呈正向关系,即养殖户对政府政策与相关法律法规认知程度越大,其越倾向于采用无害化的方式处理病死猪。这与王瑜、应瑞瑶和黄琴等对相关内容研究得出的结论较为相似[2][3],也吻合实际调查结果。

①　张雅燕:《养猪户病死猪无害化处理行为影响因素实证研究——基于江西养猪大县的调查》,《生态经济(学术版)》2013年第2期,第183—186页。

②　王瑜、应瑞瑶:《养猪户的药物添加剂使用行为及其影响因素分析——基于垂直协作方式的比较研究》,《南京农业大学学报(社会科学版)》2008年第2期,第48—54页。

③　黄琴、徐剑敏:《"黄浦江上游水域漂浮死猪事件"引发的思考》,《中国动物检疫》2013年第7期,第13—14页。

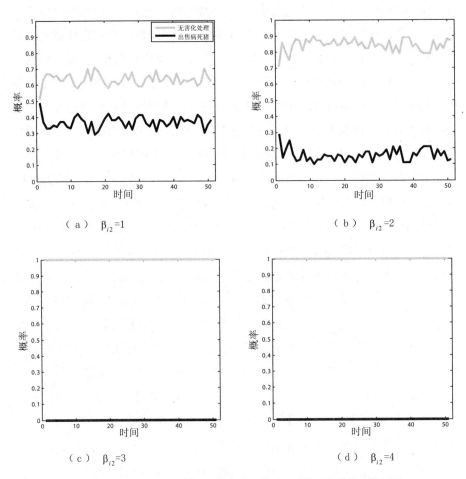

图 13-3 养殖户在不同养殖规模条件下其病死猪处理行为的变化过程

图 13-4(a)显示了当养殖户对政府政策与相关法律法规非常不了解（β_{i3} =1）时，选择出售病死猪养殖户的比例约为38%，这与表 13-2 中的35.4%较为接近；图 13-4(b)显示了当 β_{i3} 为 2 时，即养殖户对政府政策与相关法律法规不了解时，选择出售病死猪养殖户的比例约为 25%，这个结果远大于表 13-2 中 11.1%的统计性数据，但接近养殖户对生猪疫情与防疫一般了解时的 23.5%；当养殖户一般了解法律法规（β_{i3} =3）时，选择出售病死猪养殖户的比例约为 12%，与表 13-2 中的 9.1%又较为接近。故出现 β_{i3} =2 时的结果偏差很可能是：当 β_{i3} =2 时，各个参数值较真实的生猪养殖户的基本特征存在较大的误差，但此仿真的结果也是比较符合实际的。

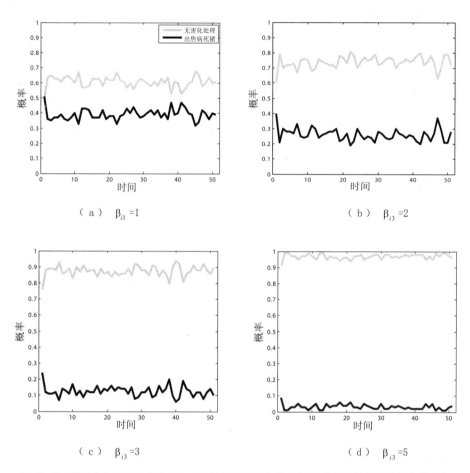

图 13-4　养殖户在不同政府政策与相关法律法规认知条件下其病死猪处理行为的变化过程

5. 生猪疫情与防疫认知对养殖户病死猪处理行为的影响

图 13-5 显示了随着养殖户对生猪疫情及防疫认知程度的提高,其病死猪处理行为选择的变化情况,比较图 13-5(a)、图 13-5(b) 和图 13-5(c) 发现,生猪疫情与防疫认知对养殖户选择无害化处理病死猪是呈正向关系,这一结果与闫振宇等①对相关研究主题得出的结论较为一致。对比图 13-5(c) 和图 13-5(d) 发现,生猪疫情与防疫认知提高并不能总是增加养殖户无害化处理的比例,当养殖户对生猪疫情与防疫比较了解($\beta_{i4}=4$)时,养殖户均将选择

----

① 闫振宇、陶建平、徐家鹏:《养殖农户报告动物疫情行为意愿及影响因素分析——以湖北地区养殖农户为例》,《中国农业大学学报》2012 年第 3 期,第 185—191 页。

无害化处理病死猪,这可能是当养殖户对生猪疫情的危害及防疫重要性有较高认知时,将不再顾忌眼前的利益,选择与自身长远利益相符的行为。且再进一步提高认知,行为选择也不发生改变,即生猪疫情与防疫认知对养殖户病死猪处理行为具有临界线性关系。

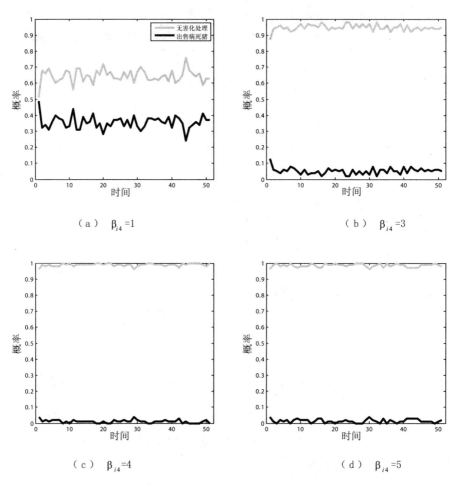

图 13-5　养殖户在不同生猪疫情及防疫认知条件下其病死猪处理行为的变化过程

6. 政府监管力度和处罚力度对养殖户病死猪处理行为选择的影响

基于基本假设和调查数据,成本和收益影响养殖户病死猪处理行为选择。由于政府监管力度 (b) 和处罚力度 (C_g) 的变化均影响养殖户负面病死猪处理行为的期望收益,故模拟监管力度 (b) 和处罚力度 (C_g) 不同情况下,生猪养殖户病死猪处理行为选择的变化。图 13-6 (a) 和图 13-6 (b) 显示了在处罚力度相同的条件下,政府监管力度 b 从 0.2 增强至 0.25 时,选择出售病死猪的养殖户数量显著减少,这与 Wu 等[①]研究得出的政府监管力度影响生产者的负面行为的结论较为吻合。比较图 13-6(a)和图 13-6(c)发现,在政府监管力度相同的条件下,处罚力度(C_g)从 25 增加至 30,选择出售病死猪的养殖户数量明显减少,比较图 13-6(b)和图 13-6(c)的结果显示,处罚力度与监管力度对养殖户病死猪处理行为具有相同的作用。这一结果与现实情况相符,政府对养殖户监管力度越大,则养殖户负面行为被发现的概率越大,付出成本的概率也越大;处罚力度越大,则养殖户负面行为付出的成本越大。因此,在此情景下,生猪养殖户的行为越趋向于采用无害化的处理方式处理病死猪。

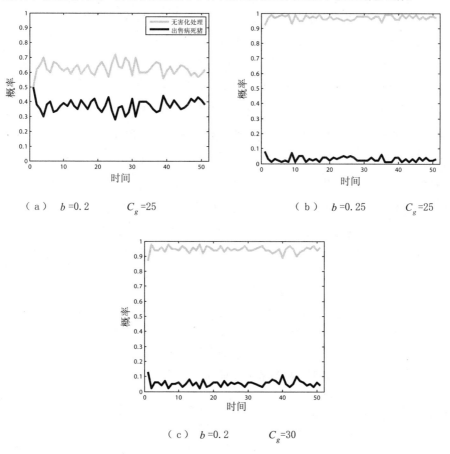

（a）　b =0.2　　C_g =25　　　　　　（b）　b =0.25　　C_g =25

（c）　b =0.2　　C_g =30

图 13-6　不同监管力度与处罚力度对养殖户行为选择的变化

① L.Wu,Q.Zhang,L.Shan,et al.,"Identifying Critical Factors Influencing the Use of Additives by Food Enterprises in China", *Food Control*,Vol.31,No.2,2013,pp.425-432.

三、新世纪以来我国病死猪总量估算与典型案例

2013 年 3 月初发生的"黄浦江死猪事件",引发了上海市民对水质安全的广泛恐慌和国际人士对中国食品安全的犀利嘲讽[①]。2014 年 12 月底新闻媒体又爆出江西省高安市病死猪肉销往广东、湖南、重庆、河南、安徽、江苏、山东等七省市的特别重大事件。江西省高安市病死猪肉年销售量高达 2000 多万元,且部分病死猪体内含有被世界卫生组织列为 A 类烈性传染病的"5 号病"(口蹄疫),更令人惊讶的是,高安市病死猪流入市场的规模由小达到如此的规模竟潜伏了长达 20 多年而未被发现。2015 年 6 月 15 日媒体又爆出日均 7 千斤病死猪肉在广州、佛山、肇庆一带销售的惊人报道。就法治层面而言,为保障猪肉质量安全,我国已颁布与实施了多项法律法规,如《中华人民共和国动物防疫法》和《中华人民共和国农产品质量安全法》就明确规定,有害于人体健康的猪肉产品将不得流入市场。《中华人民共和国动物检疫管理办法》规定,出售或者运输的动物、动物产品经所在地县级动物卫生监督机构的官方兽医检疫合格,并取得《动物检疫合格证明》后方可离开产地。与此同时,《生猪屠宰管理条例》也规定,未经定点,任何单位和个人不得从事生猪屠宰活动(农村地区个人自宰自食除外)。然而,令人费解的是,随着法律法规的陆续出台与实施,在我国病死猪流入市场等事件却屡禁不止,甚至一些地区的猪肉市场处于严重的无序状态。表 13-5 是中国近年来爆发的与病死猪乱扔乱抛或流入猪肉市场的相关典型案例。

表 13-5 近年来爆发或发现的病死猪不当处理行为的案例

发生时间	地点	原因
2009 年 7 月	四川省绵竹市孝德镇高兴村	屠宰经营 600 余公斤病死猪肉及相关制品
2010 年 6 月	广西贵港市平南县浔江河段(珠江上游)	死猪漂浮事件
2010 年 1—10 月	浙江钱塘江中游河段富春江流域	富春江流域累计打捞病死猪 2000 余头

---

① 吴林海、王淑娴、徐玲玲:《可追溯食品市场消费需求研究——以可追溯猪肉为例》,《公共管理学报》2013 年第 3 期。

续表

发生时间	地点	原因
2010 年 11 月	云南昆明	9625 公斤利用病死猪和未经检验检疫的猪肉加工的半成品且将部分病死猪肉出售给昆明理工大学的食堂
2012 年 5 月	山东省临汾市莒南县筵宾镇大文家山后村	小河以及草丛中,漂浮着被丢弃的 30 多头病死猪
2012 年 8 月	福建省龙岩市上杭县古田镇	病死猪肉加工 14000 多公斤的猪肥肉、猪瘦肉、猪排骨等
2013 年 3 月	上海黄浦江	截至 2013 年 3 月 20 日上海相关水域内打捞起漂浮死猪累计已达 10395 头
2013 年 9 月	广东深圳平湖海吉星农贸批发市场	销售广东茂名"黑工厂"加工的病死猪肉
2013 年 11 月	长江宜昌段流域	8 个月出现 3 次"猪漂流"现象
2013 年 12 月	江西瑞金市	低价收购病死猪肉制作香肠
2014 年 1 月	江西南昌青山湖区罗家镇枫下村	现场查获 2 吨病死猪肉
2014 年 1 月	广西南宁良凤江高岭村	江面上漂有十几个装有死猪的麻包袋
2014 年 1 月	湖南长沙县	2 万吨病死猪被货运客车运入市场

资料来源:作者基于新闻媒体报道的整理。

在正常状态下,我国生猪养殖每年因各类疾病而导致的死亡率在 8%—12%[①],且生猪的正常死亡率也因不同的养殖方式而具有差异性,规模化养殖的成年生猪的死亡率约为 3%,未成年生猪的正常死亡率在 5%—7%,而散户养殖的生猪正常死亡率则可能高达 10%[②]。国家统计局的数据显示(图 13-7),2012 年我国肉猪的出栏量为 69 789.50 万头[③],以成年生猪最低的正常死亡率 3%计算,2012 年我国的生猪正常死亡量已高达 2 158.44 万头,2000—2012 年间全国病死猪总量累计不低于 24 870.75 万头,这是一个保守估算的数字但确实也是非常惊人的数据。然而,相关调查显示,包括生猪在内的畜禽病死后尸体被埋的比例不足 20%,按照规范进行无害化处理的比例则更小[④]。也就是说,至少 80%的病死猪被乱扔乱抛或被屠宰加工后流入了猪

[①]　王兴平:《病死动物尸体处理的技术与政策探讨》,《甘肃畜牧兽医》2011 年第 6 期。

[②]　邬兰娅、齐振宏、张董敏等:《养猪业环境外部性内部化的治理对策研究——以死猪漂浮事件为例》,《农业现代化研究》2013 年 6 期。

[③]　中华人民共和国国家统计局,http://www.stats.gov.cn/tjsj/ndsj/2014/indexch.html。

[④]　薛瑞芳:《病死畜禽无害化处理的公共卫生学意义》,《畜禽业》2012 年第 11 期,第 54—57 页。

肉市场。虽然病死猪是生猪养殖过程中的必然产物,但是由于病死猪体内含有危害微生物,且病死猪在生前大多经过抗生素治疗,体内含有高浓度的抗生素或其代谢物,以及其他可能的细菌毒素、霉菌毒素等,如处理不当,尤其是病死猪流入市场被食用极易对公众健康产生潜在威胁。

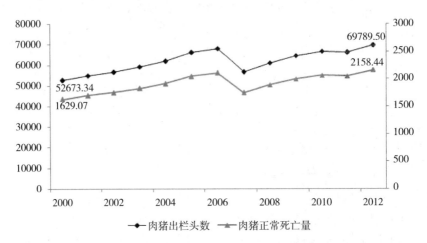

图 13-7 2000—2012 年间我国肉猪出栏量和死亡量(单位:万头)

资料来源:肉猪出栏头数源于国家统计数据库(http://219.235.129.58/reportYearQuery.do? id=1400&r=0.43901071841247474.),而图中肉猪正常死亡量则是作者按照以成年生猪最低的正常死亡率 3% 计算获得。

　　中国是世界上最大的猪肉消费国,2012 年中国人均猪肉消费量为38.7kg,占全球猪肉消费总量的 50.2%[1]。猪肉在中国既是最普通的食品,也是城乡居民在牛肉、羊肉、禽类与水产品等动物类制品中最偏好的肉类食品,猪肉的质量安全对中国本土的食品安全具有重要的意义。因此,最大程度地遏制病死猪流入市场就成为防范中国食品安全风险最基本的问题之一。为此,学者们进行了先驱性的研究。朱昌俊的研究认为,病死猪流入市场事件的发生显然不是偶然性的监管失范与少数不法商贩的无良,而是折射出中国监管部门失灵的问题[2]。Ortega 等的研究指出,类似于病死猪流入市场等中国食品安全事件本质上是由于松散的监管方式与执法不严而导致。总之,最大

---

　　① 吴林海、王建华、朱淀等:《中国食品安全发展报告(2013)》,北京大学出版社 2013年版。

　　② 朱昌俊:《执法不严是病死猪产业链的"病灶"》,《中国食品安全报》2015 年 1 月 8 日第A2 版。

程度地遏制病死猪流入市场,政府负有极其重要的责任①。本书的研究主要是基于新闻媒体的报道,甄选了在2009—2014年间发生的101起病死猪流入市场的主要事件,并在分析基本特点的基础上,基于破窗理论,构建了病死猪流入市场的运行逻辑分析框架,据此评析了其中的九个典型案例,由此提出了治理病死猪流入市场的若干思考。

四、病死猪流入市场的事件来源与基本特点

(一)事件来源

改革开放以来,由于极其复杂的原因导致病死猪流入市场的食品安全事件的具体数量难以一一查证。但一个客观事实是,近年来病死猪流入市场的食品安全事件屡禁不止,并在信息不断公开的背景下,相关媒体报道逐渐增多。考虑到数据的可得性,借鉴刘畅等②、易成非和姜福洋③、粟勤等④研究视角,为准确、全面地收集病死猪流入市场的食品安全事件,本书主要基于"掷出窗外"食品安全数据库(http://www.zccw.info/index)和食品伙伴网(http://www.foodmate.net/),专门收集了2009年以来媒体报道的病死猪流入市场的主要事件。需要指出的是,"掷出窗外"是一个专门收集各种主要媒体报道的食品安全事件的数据库,且所有的报道均有明确的来源,包括事发地、食品名、来源、日期、网址链接等关键词;食品伙伴网是以关注食品安全为宗旨的网上信息交互平台,发布的食品安全的信息均来源于新华网、新浪网、人民网等主流门户网站,具有权威性和可靠性。虽然其他各种相关媒体也有病死猪流入市场的报道,但为确保真实性与可靠性,本书仅对"掷出窗外"食品安全数据库和食品伙伴网的相关报道加以整理分析,其他渠道的新闻报道一概没

① D.L.Ortega,Wang H.H.,O.Widmar,et al.,"Chinese Producer Behavior:Aquaculture Farmers in Southern China",*China Economic Review*,Vol.28,No.3,2014,pp.17-24.

② 刘畅、张浩、安玉发:《中国食品质量安全薄弱环节、本质原因及关键控制点研究——基于1460个食品质量安全事件的实证分析》,《农业经济问题》2011年第1期,第24—31页。

③ 易成非、姜福洋:《潜规则与明规则在中国场景下的共生——基于非法拆迁的经验研究》,《公共管理学报》2014年第4期,第18—28页。

④ 粟勤、刘晓娜、尹朝亮:《基于媒体报道的中国银行业消费者权益受损事件研究》,《国际金融研究》2014年第2期,第60—69页。

有考虑,故就完整性而言,本书在此方面所收集整理的事件难免有遗漏。

基于《中华人民共和国动物防疫法》、《生猪屠宰管理条例》和《中华人民共和国食品安全法》是规范病死猪处理的主要法律法规,分别自2008年1月1日、2008年8月1日和2009年6月1日实施,且考虑到2008年及以前各类媒体很少报道病死猪流入市场的事件,故本书也仅基于"掷出窗外"食品安全数据库与食品伙伴网的资料,收集、汇总与分析2009—2014年间发生的病死猪流入市场的事件,在剔除重复报道的事件且经过最终反复筛选与仔细甄别后获得101个事件。

(二)基本特点

考察2009—2014年间发生的101个病死猪流入市场的事件,可以归纳出如下的五个基本特点。

1. 曝光数量逐年上升

2009—2014年间我国病死猪流入市场事件的媒体曝光数量如图13-8所示。图13-8显示,2009—2010年两年间病死猪流入市场事件的曝光数累计仅6起,而2011年、2012年、2013年分别为10起、25起、27起,2014年则更是达到33起的历史新高,病死猪流入市场事件的媒体曝光数量逐年上升。

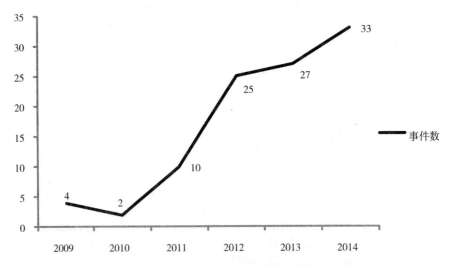

图13-8 2009—2014年间病死猪流入市场事件的媒体曝光数

资料来源:作者根据媒体报道而整理形成。

2. 曝光地区以生猪主产区与经济发达地区为主

图 13-9 显示,广东、福建、湖南、山东、江苏、浙江等是 2009—2014 年间病死猪流入市场事件媒体曝光数最多的六个省份,分别发生 23 起、13 起、9 起、9 起、8 起和 7 起,占媒体全部曝光数的 68.32%,显示了较高的集中度。进一步分析,广东、湖南、山东也是我国生猪的主产区,2013 年生猪出栏量分别达到 3744.8 万头、5902.3 万头和 4797.7 万头①,而福建、江苏和浙江则是我国经济较为发达的三个省份,2014 年城镇人均可支配收入分别为 30722 元、34346 元和 40393 元,在全国大陆 31 省区市中排名前七位②。

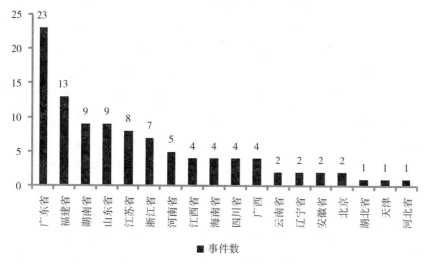

图 13-9 2009—2014 年间病死猪流入市场事件的地域分布

资料来源:作者根据媒体报道而整理形成。

3. 犯罪参与主体呈多元化

在 101 起曝光事件中,有 86 起是私屠乱宰或黑作坊加工病死猪肉案,占曝光事件数的 85.15%。在这 86 起事件中有两个及以上犯罪主体(包括养殖户、猪贩子、屠宰商、加工商、运销商等)或者团伙犯罪的事件高达 71 起。2012年 3 月在福建省发生的制销病死猪肉的事件中,共有福州、泉州、莆田、厦门、

① 《中国统计年鉴——2014》,http://www.stats.gov.cn/tjsj/ndsj/2014/indexch.html。
② 《2014 年全国大陆 31 省区市城镇居民人均可支配收入对比表》,中研网,2015—03—06 [2015—06—06],http://www.chinairn.com/news/20150306/104133860.shtml。

龙岩、南平、漳州七个地市的 6 个不同的团伙参与,涉案人数 51 人[①],犯罪团伙在病死猪收购、屠宰、贩卖、加工、销售等各个环节中分工明确,是本书所分析的 101 个事件中涉及的犯罪团伙数量和犯罪主体数量最多的事件。

4. 跨区域犯罪可能成为常态

与此同时,在 101 起病死猪流入市场的事件中,有 68 起事件为多主体协同参与跨区域犯罪,占媒体全部曝光数的 67.33%。前述的发生于 2012 年 3 月的福建省制销病死猪肉事件就是一个典型的案例。图 13-10 的数据显示,病死猪流入市场的跨地界、跨省区事件在 2009 年没有发生一起,而在 2014 年则达到了 13 起。且图 13-10 的走势还显示,跨地界、跨省区的多主体协同作案犯罪而导致病死猪流入市场的犯罪事件,正在代替过去主要由病死猪发生地一地简单作案的做法,并将有可能逐步成为病死猪流入市场事件的常态。

5. 监管部门失职渎职导致发生的事件占较大比重

在 101 起病死猪流入市场的事件中,监管部门不仅失职渎职导致病死猪流入市场的事件时有发生,且在养殖环节、屠宰环节、加工环节及销售环节均有表现。更为可怕的是,政府公职人员参与其中成为犯罪的重要主体。统计数据显示,在曝光的 101 起病死猪流入市场的事件中由政府公职人员参与的有 11 起,占全部事件的 10.89%。最为典型的是发生在 2014 年 12 月的江西高安病死猪肉流入七省市的事件中,政府监管部门在各个环节上均有失职渎职的行为,病死猪屠宰场七证齐全且有来源真实的检验检疫票据,猪贩子、生猪保险查勘员、猪肉市场管理员相互勾结,甚至不惜行贿收买公安部门[②]。

五、病死猪流入市场的运行逻辑:基于破窗理论

2009 年及以后,病死猪流入市场的事件为何屡禁不止且愈演愈烈? 基于破窗理论,本书在此试图构建病死猪流入市场的运行逻辑的分析框架,努力为案例分析提供理论支撑。

追根溯源,破窗理论(Broken Windows Theory)的思想最早是在 1967 年由

---

① 《福建病死猪肉案细节 死猪肉流向全省做成腊肠》,泉州网,2012—03—27[2015—06—06],http://www.qzwb.com/gb/content/2012-03/27/content_3940575.html。

② 《江西高安病死猪流入 7 省市 部分携带口蹄疫病毒》,《京华时报》,2014—12—28 [2015—06—06],http://epaper.jinghua.cn/html/2014-12/28/content_158150.html。

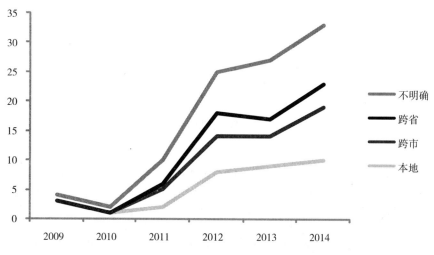

图 13-10　2009—2014 年间病死猪流入市场事件的犯罪区域

资料来源:作者根据媒体报道而整理形成。

美国学者彼得曼(Biderman)在研究犯罪心理学时提出。Biderman 认为,行为不检、扰乱公共秩序的行为与重大犯罪一样,都会在心理上给一般大众造成被害恐惧①。1969 年美国心理学家詹巴斗(Philip Zimbardo)进行了著名的"偷车试验",由此证明非正常行为与特定的诱导性环境之间具有关联性②。1982 年美国学者威尔逊(James Q. Wilson)和凯林(George L. Kelling)在《"破窗"——警察与邻里安全》一文中首次提出了破窗理论。破窗理论认为,在社区中出现的扰乱公共秩序、轻微犯罪等现象就像被打破而未被修理的窗户,容易给人造成社区治安无人关心的印象,如果不加干预而任其发展,可能会导致日益严重的犯罪③。破窗理论的核心思想是,第一,无序与犯罪之间存在相关性,无序的环境会导致该环境中的人们对犯罪产生恐惧感,进而致使该区域的社会控制力削弱,最终导致严重违法犯罪的产生;第二,大量的、集中的和被忽视的无序更容易引发犯罪,一个或少量无序的社会现象并不会轻易引起犯罪,

---

① 同春芬、刘韦钰:《破窗理论研究述评》,《知识经济》2012 年第 23 期,第 18—19 页。

② P. G. Zimbardo, "The Human Choice: Individuation, Reason, and Order Versus Deindividuation, Impulse, and Chaos", *Nebraska Symposium On Motivation*, University Of Nebraska Press, 1969.

③ J. Q. Wilson, G. L. Kelling, "Broken Windows: The Police and Neighborhood Safety", *Atlantic Monthly*, Vol.249, No.3, 1982, pp.29-38.

但如果无序状态达到一定规模或无序活动十分频繁时,犯罪等社会现象就会出现;执法机关通过实施规则性干预措施可以有效预防和减少区域中的无序①。

基于破窗理论可以发现,病死猪流入市场的犯罪行为与破窗行为具有以下三个共同特征:

1. 根据破窗理论,在某种不良因素的诱导下,人们会采取不良或犯罪行为,由此打碎"第一块玻璃",破坏正常秩序。病死猪是生猪养殖过程中不可避免的产物,但生猪养殖户的理性相对有限,提高养殖的收益水平,成为养殖户尤其是落后与欠发达农村地区养殖户的最高目标。出于生猪养殖成本与收益的考虑,如果有外在的且能够获得预期利益的诱惑(因素),养殖户不可能采取无害化处理病死猪的行为,且在病死猪肉具有市场需求的外部环境的诱惑下,选择具有更高收益的行为方式就成为养殖户的主要选项之一,即将病死猪非法出售甚至自行加工病死猪,并由此打碎猪肉市场的"第一块玻璃"。

2. 破窗理论指出,在"第一块玻璃"打碎后,"警察"若不及时采取修复措施,就可能会导致无序状态的逐步蔓延。破窗理论中所阐述的"警察"并非是简单意义上的警务人员,而是指政府执法人员。"警察"这一角色在破窗理论中具有重要的地位,遏制破窗效应要求"警察"及时修补。就本书的研究而言,"警察"是指农村中监管生猪养殖的执法人员。为确保猪肉安全与市场秩序,我国乡镇政府均设立了畜牧检疫、商务、质检、工商、卫生、食品监督等部门,共同负责从养殖、屠宰、加工、流通、销售、消费等猪肉供应链体系相关环节的监管,在生猪养殖户打破"第一块玻璃"时,要求各个监管部门各司其职采取最严厉的措施,及时修复,以防范猪肉市场失序状态的蔓延。

3. 破窗理论认为,大量的无序状态对犯罪行为具有强烈的"暗示性"。在生猪养殖户打破"第一块玻璃"后,"警察"如果没有及时采取措施修复,将致使生猪养殖户非法出售甚至自行加工病死猪等行为迅速扩散与放大,众多的养殖户将采取不同的方式模仿,导致病死猪不断地被屠宰、加工并流入市场,持续增加猪肉市场的无序状态与安全风险,使得猪肉市场的无序状态达到一

---

① 李本森:《破窗理论与美国的犯罪控制》,《中国社会科学》2010 年第 5 期,第 154—164 页。

定的规模。基于破窗理论,结合 2009—2014 年间病死猪流入市场基本特点的分析,可以归纳出如图 13-11 所示的病死猪流入市场的运行逻辑。

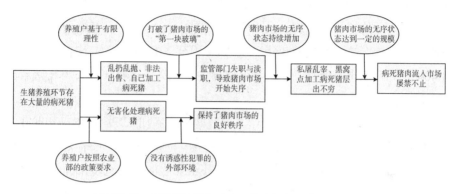

图 13-11 破窗理论视角下病死猪流入市场的运行逻辑

六、病死猪流入市场的典型案例分析

基于破窗理论的病死猪流入市场运行逻辑,从 2009—2014 年间发生的 101 个事件中选择 9 个案例展开如下的分析。

(一)养殖户病死猪的负面处理行为打破了"第一块玻璃"

负面处理行为是指生猪养殖户(养殖场的饲养员等)在生猪死亡后,未按规定进行无害化处理,而是将病死猪非法出售给商贩或者由自己私自加工后流入市场①。

案例 1:养殖户非法销售病死猪并由不法加工商销往批发市场和食堂②。王某是山东省烟台市福山区的一名生猪养殖户,从 2011 年起从事生猪养殖业,出于经济利益的考虑,王某将养殖过程中出现的病死猪非法销售给郑某,从 2011 年至 2014 年间,王某共卖了七八头病死猪给郑某,最终这些病死猪被郑某加工,并向烟台市芝罘区的批发市场和一些工地食堂销售。

① 生猪养殖户病死猪处理的负面行为多种多样,比如乱扔、乱抛,本书仅指经屠宰加工后流入市场的行为。
② 苑菲菲:《批发病死猪销往市场和食堂 烟台 4 人被提起公诉》,《齐鲁晚报》,2014—12—16[2015—06—06],http://www.qlwb.com.cn/2014/1216/274837.shtml。

案例2：养殖户直接销售病死猪给猪贩子并经加工流入市场①。古力晨是山东省寿光市一家牧业公司的老板，主要从事生猪的繁育与自养。随着经营规模的不断扩大，养殖的生猪几乎每天都有死亡，如何降低成本并有效地处理病死猪成为古某的一块心病。由于贪利，古某委托牧业公司下属的养殖场场长沈某具体负责销售处理病死猪。从2009年至2013年间，古、沈合伙先后卖出400余头病死猪给猪贩子李某和屠宰商王某。最终这400余头病死猪被加工成猪肉掺进好肉中售卖。

案例3：养殖户将病死猪出售给上门收购的屠宰加工户②。在广东省佛山市高明区杨和镇杨梅一带，有很多生猪养殖场。一名业内人士称，屠宰加工户们一般直接到高明区等地，以每头几十元甚至几元的价格直接向生猪养殖场或散户处收购病死猪。生猪养殖户考虑到病死猪没有价值且出售后还能获益，一般很乐意出售病死猪，最终导致应该无害化处理的病死猪被宰杀，其中被宰杀后一部分病死猪肉销售给卤肉店、烧烤店、食堂等终端。

病死猪是生猪养殖环节不可避免的产物，但必须进行无害化处理。以上三个案例均描述了由于生猪养殖户采用负面行为处理病死猪，打破猪肉市场的"第一块玻璃"，破坏了猪肉市场的正常秩序。就生猪养殖户而言，病死猪死亡对其经济收益造成了直接的损失。虽然在2011年7月，农业部和财政部办公厅出台了病死猪无害化处理补助政策，对年出栏量50头以上生猪规模养殖场无害化处理的病死猪给予每头80元的无害化处理补助经费，但根据作者对江苏省的调查，实际生猪养殖户能够获得的补贴不足80元，不足以支付病死猪无害化的处理成本。而且现行政策对年出栏规模低于50头的生猪养殖户处理病死猪不给予补贴。故在此现实情景下，养殖户基于有限理性，将病死猪非法出售给猪贩子甚至自己加工再向市场出售将成为本能的选择。与此同时，在生猪养殖户打破"第一块玻璃"时并没有受到监管部门的处罚，"入睡"的"警察"没有及时修复猪肉的养殖、屠宰加工与消费市场秩序。

---

① 《黑心商贩往好肉里面掺病死猪肉3个月卖1.5万斤》，中国新闻网，2014—04—23 ［2014—06—06］，http://www.chinanews.com/fz/2013/04-23/4756188.shtml。

② 《业内人士爆料:6成死猪送往卤肉店烧烤店》，凤凰网，2012—05—24［2015—06—06］，http://gz.ifeng.com/zaobanche/detail_2012_05/24/206891_0.shtml。

(二)监管部门的失职渎职导致不法商贩有恃无恐

从目前现实情况来分析,在养殖、屠宰、加工、流通、销售、消费等完整的猪肉供应链体系中所涉及的政府监管部门包括畜牧检疫、商务、质检、工商、卫生、食品监督、城管等多个部门,而且还包括保险理赔、畜牧兽医等负责病死猪无害化处理的相关监管单位。

案例1:江西高安病死猪流入市场长达二十多年竟未被发现①。2014年12月媒体曝光,作为一名收购病死猪贩子的陈某,在江西省高安市与保险查勘员合伙收购病死猪长达10年之久,并将到处收购的病死猪销往丰城市梅林镇的一家证照齐全的屠宰场,该屠宰场把病死猪加工成70多种有检疫合格证明的产品,销往广东、湖南、重庆、河南、安徽、江苏、山东等七个省份。而且由于屠宰病死猪,屠宰场周围的环境污染严重,周围居民不断举报投诉,但因为这家屠宰场行贿了公安部门,多年来居然安然无恙。此外,陈某还将收购的病死猪出售给高安市城郊的一个黑窝点,由该黑窝点将病死猪宰杀后在高安市农贸市场销售,并长达二十多年。

案例2:兽医站工作人员失职渎职导致病死猪肉在"放心肉"店出售②。2012年3月,山东省日照市莒县库山乡的一名生猪养殖户,把一头患有蓝耳病的生猪送到库山乡兽医站后,兽医站工作人员并未对这头病猪进行检疫,而是让养殖户直接把这头病猪送往当地的生猪定点屠宰场进行加工。屠宰场的工作人员得知这头病猪是兽医站介绍的,便直接将病猪拖进屠宰间进行屠宰,最终这头病死猪与其他健康的生猪头掺杂在一起,在镇上的一家放心肉店售卖。

案例3:官商勾结孕育日产病死猪肉8000斤的屠宰场③。2008年6月,广东茂名钟某在光明新区光明街道木墩村经营病死猪屠宰生意,从2008年6月至2012年4月间,其屠宰病死猪的营业额达百万余元,日产约8000斤病死猪肉,且这些病死猪肉大部分都流向了菜市场、小饭馆、工厂饭堂等,还有一些制

①　《江西高安病死猪流入7省市 部分携带口蹄疫病毒》,《京华时报》,2014—12—28 [2015—06—06],http://epaper.jinghua.cn/html/2014-12/28/content_158150.html。

②　《山东病死猪未经检疫流向餐桌 在"放心肉"店售卖》,中国广播网,2012—03—28 [2015—06—06],http://china.cnr.cn/xwwgf/201203/t20120328_509343800.shtml。

③　《深圳黑屠宰窝点私宰病死猪 用甲醛保鲜盈利百万》,《南方日报》,2012—08—07 [2015—06—06],http://epaper.southcn.com/nfdaily/html/2012-08/07/content_7111328.html。

成腊肉在深圳周边地区等销售。在四年的经营中,钟某的私宰点多次被人举报,却次次"化险为夷",并越做越大。案发后查实,光明新区光明执法队的执法人员潘某、张某、卜某等人经常向钟某通风报信。在 2010 年 11 月至 2011 年 11 月间,潘某共收受钟某 9000 元的"关照费"、张某也收受了"好处费"。2011 年 11 月后,卜某接替张某的工作后每月也收受了 2000 元的"好处费"。

实际上,上述三个案例具有内在的共同特征,主要是政府监管部门对病死猪的监管存在着严重的失职渎职行为。为了保障猪肉安全,政府设立了多个部门对猪肉供应链体系实施监管,要求无害化处理病死猪,坚决杜绝病死猪流入市场,但以上三个案例均体现了病死猪肉逃离了多个监管部门设立的关卡而出现在百姓的餐桌上。进一步分析,这三个案例又展现了不同的特点。案例 1 展示了病死猪流入市场的整个黑色利益链条。保险查勘员与病死猪贩子勾结,致使病死猪被收购;猪贩子与屠宰场勾结,致使病死猪被屠宰、加工;屠宰场与卫生检验检疫人员勾结,致使屠宰的病死猪肉产品有检疫合格证明,同时也与公安执法人员勾结,逃避查处,在利益的作用下,致使病死猪肉进入菜市场,流向百姓的餐桌。而案例 2 突出反映的是在屠宰环节中相关监管人员的渎职行为。《生猪屠宰管理条例》第十条明确规定,生猪定点屠宰厂(场)屠宰的生猪,应当依法经动物卫生监督机构检疫合格,并附有检疫证明,但在案例 2 中的畜牧检验人员并没有对病死猪进行检疫,定点屠宰场在没有检验证明的情况下就将病死猪屠宰了。案例 3 则展现了执法人员的渎职行为。目前,我国私屠乱宰、黑作坊加工病死猪的情况层出不穷,身为执法人员应该打击病死猪肉加工的黑窝点,取缔私屠乱宰场,而不应该贪图小利,协助无良商贩逃避查处。

(三)病死猪肉的市场需求与监管不力形成共振加剧了市场的无序状态

在生猪养殖户选择负面行为处理病死猪,打破猪肉市场的正常秩序时,如果监管部门存在失职渎职行为,则将直接导致非法出售与私屠乱宰病死猪、黑窝点销售病死猪肉等行为的蔓延,加剧猪肉市场的无序状态。

案例 1:吉林省长春市发生的病死猪犯罪网络案①。2009 年 10 月媒体曝

---

① 《暗访死猪私宰运销:死猪肉做羊肉卷》,《环球时报》,2009—11—30[2015—06—06],http://society.huanqiu.com/roll/2009-11/645987.html。

光,在吉林省长春市农安县有一个集购买、运输、分销等为一体的病死猪犯罪网络,每天向长春及周边地区的一些农贸批发市场输送500多公斤的病死猪肉,且当地的一些定点生猪屠宰场也参与其中。在该地区一头病死猪卖给私宰场的价格是50元到200元不等,屠宰加工后,病死猪肉的市场价格则上涨10倍多。由于这些病死猪肉的售价依然低于正常猪肉价格而被消费者青睐。

案例2:浙江省温岭市发生的特大制售病死猪肉案①。2012年8月2日警方破获浙江温岭的一起特大制售病死猪肉案,抓获65名犯罪嫌疑人,捣毁窝点42个。警方查实,以张某等人为首的犯罪团伙长期从温岭太平、泽国、温峤、坞根、石桥头等各地的生猪养殖场收购病死猪,然后运至牧东村一垃圾场附近的窝点进行非法屠宰、加工,再销售给温岭牧屿、泽国、横峰、大溪、台州路桥区等地的菜市场、饭馆、厂矿企业等买家,其中有一半以上买家将病死猪肉再加工制成香肠、腊肉等销售,获取高额利润。(《新华网》,2012年8月2日)

案例3:广东省肇庆市发生的特大贩卖病死猪团伙案②。2014年12月17日,广东省肇庆市高要警方破获一起特大贩卖病死猪案,打掉5个犯罪团伙,抓获犯罪嫌疑人34人,查扣病死猪肉24.5吨。警方查实,黄某和马某等人经常从当地的一些生猪养殖场收购病死猪,病死猪的售价一般在每斤0.5元左右,收购后再以每斤1.7元至2.0元的价格卖给老主顾郭某和黄某等人,郭某等买进病死猪并经初步处理、冷冻后,以每斤4.2元至4.5元的价格卖给钟某等人,钟某团伙将病死猪肉深加工后运到东莞、佛山、江门、中山、广州、番禺等地,以每斤17元左右的价格卖给当地商户或腊味厂。(《新华网》,2014年12月17日)

以上三个案例进一步显示了,由于犯罪主体出于利益的考量,更由于执法监管不力,分工合作的病死猪肉制销团伙犯罪网络愈演愈烈,涉案团伙数量与主体数量在不断攀升,猪肉市场的无序状态在一些地区不断扩大,病死猪流入市场甚至达到了相当规模。同时以上三个案例还显示,病死猪流入市场事件屡禁不止的一个重要原因就在于病死猪肉有一定的市场需求,可能的原因是,第一,病死猪源源不断,且生猪养殖户均愿意出售病死猪;第二,监管部门存在

---

① 《浙江温岭涉46人特大产销病死猪肉案一审宣判》,中国台州网,2013—03—13[2015—06—06],http://www.taizhou.com.cn/news/2013-03/13/content_1005784.html。

② 《广东肇庆打掉贩卖病死猪团伙 查扣病死猪25.4吨》,新华网,2014—12—18[2015—06—06],http://www.sc.xinhuanet.com/content/2014-12/18/c_1113682817.html。

监管的疲软,未及时从源头上切断病死猪流入市场,使得猪肉市场具有无序的外部环境;第三,由于信息的不对称,更由于真假难分,且消费者受收入水平的影响,可能会选择购买价格较低的病死猪肉或者病死猪肉制品,使得病死猪肉有一定的市场需求。在猪肉市场无序的外部环境下,犯罪主体参与病死猪肉制销的利益链的分工与合作就理所当然了。

七、病死猪流入市场问题的政府治理措施

本书的研究内容比较多,但实际上归纳起来主要是研究了两个问题。一是以江苏省阜宁县 654 个生猪养殖户为案例,基于仿真实验的方法,模拟了生猪养殖户病死猪处理行为选择过程。本书的调查发现,养殖年限、养殖规模、政府政策与相关法律法规认知、生猪疫情与防疫认知等生猪养殖户四个基本特征,均以不同的方式影响其病死猪处理行为的选择。基于此,本书将生猪养殖户的基本特征因素纳入行为概率模型中,运用计算仿真实验的方法,模拟生猪养殖户病死猪处理行为选择的变化过程,检验了调查中发现的影响病死猪处理行为的生猪养殖户基本特征因素在其行为选择过程中作用发挥的程度。研究发现,计算仿真实验的结果与实证调查结果基本一致,养殖年限对生猪养殖户选择负面行为处理病死猪具有正向影响。养殖规模与养殖户病死猪处理行为选择之间并非简单的线性关系,当生猪养殖户的养殖规模在 1—500 头的区间内,养殖规模越大,生猪养殖户选择负面行为处理病死猪的概率就越小;当养殖规模大于 500 头时,养殖规模对养殖户病死猪处理行为的影响有限,甚至不再影响且其处理行为均选择无害化处理。养殖户选择病死猪无害化处理行为的概率随着其对政府政策与相关法律法规认知程度的提高而增加。生猪疫情及防疫认知对养殖户选择无害化处理行为不仅具有正向影响,且存在临界点,临界点为养殖户对生猪疫情与防疫认知比较了解,养殖户在此点后均选择无害化的处理方式。政府病死猪无害化处理的补贴政策、政府监管力度和处罚力度对养殖户处理行为选择均有影响,但政府的监管与处罚力度更奏效。

第二个问题是,本书基于媒体的报道,利用数据挖掘工具,依据可靠性、真实性的原则,汇总、甄别并最终获得了 2009—2014 年间病死猪流入市场的 101 个事件,发现在客观现实中病死猪流入市场的事件逐年上升,生猪主产区与经济发达区是病死猪流入市场集中度较高的地区,参与犯罪的主体呈多元

化,跨区域犯罪将愈演愈烈且可能成为常态;养殖户对经济利益的追求与猪肉市场无序的外部环境,监管部门失职渎职、病死猪无害化政策的缺失是导致病死猪流入市场事件的重要原因。据此,本书的研究认为,要杜绝病死猪流入市场必须实施经济、法律与行政手段相结合的治理措施,具体是:

(一)必须完善政策

进一步规范病死畜禽无害化处理工作,建立乡(镇、街道)、村暂存,县级集中收集处理的处置体系,加强专业无害化处理厂建设,落实病死畜禽无害化处理补贴政策。追求收益是生猪养殖户选择负面行为处理病死猪最直接、最主要的原因。要全面梳理并逐一落实生猪养殖中有关病死猪无害化处理的补贴政策,取消一切不合理的收费,奖优罚劣,保障无害化处理病死猪的养殖户的正常收益,修改对年出栏规模低于50头的生猪养殖户处理病死猪不给予补贴的现行政策。参照能繁母猪保险办法,建立无害化处理与保险联动的机制,建议生猪养殖密集的地区开展生猪保险试点,保险保费可由政府和养殖场(户)共同承担,通过提供病死猪无害化处理的补偿标准,化解养殖户风险,提高病死猪无害化处理率。

(二)必须严格执法

由于养殖户追求利益最大化是病死猪流入市场的关键动因,基层政府依据相关的法律法规持续强化对养殖户病死猪处理行为的监管力度,特别是要提高经济处罚力度,提高养殖户违法违规处理病死猪行为的成本,从源头上遏制养殖户的负面处理行为。与此同时,更要严厉打击出售病死猪与病死猪收购、宰杀、加工、运输、销售的犯罪活动。

(三)必须努力落实地方政府负总责的要求

地方政府应该从实际出发,推广猪肉可追溯体系建设,尤其是要从正在推进的食品监管体制中,有机整合畜牧兽医与检疫、商务、工商、卫生、食品监督、城管、保险等多个部门的资源,实实在在地加强基层监管力量,努力确保执法的重心下移,努力杜绝基层"疲于应付",监管"有量无质",并以"零容忍"的态度彻底解决执法人员不作为、乱作为的行为。

（四）必须形成社会共治的格局

由于养殖户病死猪负面处理行为十分隐蔽,且病死猪屠宰加工点往往设立在较为偏远的地区,可逐步推广实施村委会自治监管与养殖户自律参与病死猪处理行为监管的治理方式,并加大奖励举报的力度,通过大众的力量构建天罗地网,形成强大的举报力量,通过严厉依法处置犯罪案件,从根本上遏制病死猪流入市场。

上述四个方面的对策,说起来较为容易,但实际操作非常困难。事实上,可以总结的思考是,要杜绝病死猪流入市场内在地取决于生猪养殖户对政府政策与相关法律法规与生猪疫情及防疫的认知,以及环境保护意识的水平。而提高生猪养殖户的认知与意识将是一个长期的过程。与此同时,还取决于政府病死猪无害化处理的补贴政策、监管力度和处罚力度,努力解决政府政策与生猪养殖户间最后"一公里"现象。然而,杜绝病死猪流入市场在农村基层政府的工作全局中难以放在重要的议事日程,而且在目前的国情下,农村基层政府的执行力也是一个问题,更严重的问题是,农村基层政府有限的监管力量相对于无限的监管对象,实施监管的难度相当地大。这就是食品安全事件为什么屡禁不止的真正原因。

第十四章　食品安全治理与消费者行为：可追溯食品的消费者偏好

　　食品可追溯体系是通过在供应链上形成可靠且连续的安全信息流，从而确保食品具备可追溯性，以便监控食品生产过程与流向且通过追溯来识别问题源头和实施召回的有机系统①②。自20世纪90年代中后期开始，欧盟、美国、日本等国家通过实施食品可追溯体系在防范食品安全风险方面取得了显著成效③。我国自2000年起探索性地建设食品可追溯体系，但目前尚未见实质性的起色④⑤。究其原因在于，与普通食品相比较，生产具有安全信息属性的可追溯食品会显著增加成本⑥，增加的成本高低取决于所包含安全信息的完整程度，即取决于安全信息属性的层次高低，并最终体现在可追溯食品的市场价格上。虽然可追溯体系有助于消费者识别食品安全风险⑦，但由于受到价格属性的影响，消费者对具有不同层次安全信息属性可追溯食品的偏好并

　　① A.Regattieri, M.Gamberi, R.Manzini, "Traceability of Food Products: General Framework and Experimental Evidence", *Journal of Food Engineering*, Vol.2, 2007, pp.347-356.

　　② W.Van Rijswijk, L.J.Frewer, D.Menozzi, G.Faioli, "Consumer Perceptions of Traceability: A Cross-national Comparison of the Associated Benefits", *Food Quality and Preference*, Vol.19, 2008, pp.452-464.

　　③ A.Regattieri, M.Gamberi, R.Manzini, "Traceability of Food Products: General Framework and Experimental Evidence", *Journal of Food Engineering*, Vol.2, 2007, pp.347-356.

　　④ 吴林海、徐玲玲、王晓莉：《影响消费者对可追溯食品额外价格支付意愿与支付水平的主要因素——基于Logistic、Interval Censored的回归分析》，《中国农村经济》2010年第4期，第77—86页。

　　⑤ 祝胜林、吴同山、林伟东、张守全：《猪肉安全追溯的终端管理系统研究与应用》，《广东农业科学》2009年第12期，第202—203页。

　　⑥ A.Bechini, et al., "Patterns and Technologies for Enabling Supply Chain Traceability through Collaborative E-business", *Information and Software Technology*, Vol.50, 2008, pp.342-359.

　　⑦ E.H.Golan, B.Krissoff, F.Kuchler, K.P.Nelson, L.Calvin, *Traceability in the U.S.Food Supply: Economic Theory and Industry Studies*, US Department of Agriculture, Economic Research Service, 2004.

不相同,不同消费群体对安全信息属性的需求存在着差异,并不是所有的消费群体均偏好安全信息完整的可追溯食品[1]。本章将以可追溯猪肉为切入点,综合运用菜单选择实验与潜类别分析等工具对不同消费群体的偏好做出研究,据以探究如何在食品安全治理中发挥市场机制的作用。

一、国内外研究简要回顾与评论

理论界对普通商品的属性与属性层次内涵的认识已取得共识。某一商品不同属性(Characters)的定位(Positions)与属性相应层次的认识是消费者评价该商品的具体标准[2]。虽然不同的可追溯食品所包含的安全信息并不相同,但就其本质而言,可追溯食品的安全信息所应包含的基本安全属性应具有内在的一致性。欧盟委员会在EC178/2002条例中对此专门指出,完整的可追溯食品应涵盖原产地、生产、加工、流通、销售与消费等主要环节与质量担保等安全信息属性[3]。然而,学术界对具体的可追溯食品,比如动物制品应包含的基本安全信息属性在理解上却争议很大。Sparling等认为动物原产地信息包含从养殖、加工到最后销售的整个供应链过程的所有信息[4],而Hobbs则认为原产地信息仅指动物养殖环节的相关信息[5]。马从国等从我国的实际出发,认为生猪的饲料来源信息、屠宰场信息、贮藏信息应包含于可追溯猪肉制品的安全信息属性体系之中[6],而张可等则认为可追溯猪肉制品的安全信息应包含

---

① A.M.Angulo,J.M.Gil, "Risk Perception and Consumer Willingness to Pay for Certified Beef in Spain", *Food Quality and Preference*, Vol.18,2007,pp.1106-1117.

② 黄璋如:《消费者对蔬菜安全偏好之联合分析》,《农业经济半年刊》1999年第66期,第21—74页。

③ C.Regulation, "No 178/2002 of the European Parliament and of the Council of 28 January 2002:Laying Down the General Principles and Requirements of Food Law,Establishing the European Food Safety Authority and Laying Down Procedures in Matters of Food Safety", *Off J Eur Communities*, Vol.,2002,pp.1-24.

④ D.Sparling,S.Henson,S.Dessureault,D.Herath, "Costs and Benefits of Traceability in the Canadian Dairy-processing Sector", *Journal of Food Distribution Research Distribution Research*, Vol.1, 2006,pp.154-160.

⑤ J.E.Hobbs, *Identification and Analysis of the Current and Potential Benefits of a National Livestock Traceability System in Canada*, Agriculture and Agri-Food Canada,2007.

⑥ 马从国、赵德安、刘叶飞、倪军、张玉峰:《猪肉工厂化生产的全程监控与可溯源系统研制》,《农业工程学报》2008年第9期,第121—125页。

生猪的养殖场、屠宰场与猪肉制品的生产、加工、贮藏、运输等各阶段信息①。

上述文献是基于食品安全角度对安全信息属性做出的规范定义,与消费者偏好并不完全一致。目前,国内外学者研究此类消费偏好的常用方法是假想价值评估法(Contingent Valuation Method,CVM)与联合分析法(Conjoint Analysis,CA)。相对而言,CVM 操作较为简便灵活且成本较低②,目前已广泛地应用于消费者对具有不同属性组合的可追溯食品消费偏好的研究中③④。然而,就研究消费者对不同可追溯食品消费偏好而言,CVM 具有自身难以克服的缺陷,主要表现在设计程式不能为消费者提供不同可追溯食品所具有的不同属性组合的具体细节,从而使消费者难以在比较中选择符合自己消费偏好的可追溯食品⑤,并由此产生偏误⑥。作为封闭投票式(Referendum Closedend)CVM 的拓展⑦,联合分析法设计程式弥补了 CVM 的缺陷,而且由于在联合分析法设计中引入价格属性(通常会被消费者赋予较高权重,使其模拟结果与显示性偏好方法(Revealed Preference)相比并无显著差异⑧。因此,联合分析法被认为是研究消费者对不同可追溯食品消费偏好的最好工具之一⑨。

---

①　张可、柴毅、翁道磊、翟茹玲:《猪肉生产加工信息追溯系统的分析和设计》,《农业工程学报》2010 年第 4 期,第 332—339 页。

②　S.Boccaletti, M.Nardella, "Consumer Willingness to Pay for Pesticide-free Fresh Fruit and Vegetables in Italy", *International Food and Agri-Business Management Review*, Vol.3, 2000, pp. 297-310.

③　J.E.Hobbs, *Identification and Analysis of the Current and Potential Benefits of a National Livestock Traceability System in Canada*, Agriculture and Agri-Food Canada, 2007.

④　A.M.Angulo, J M.Gil, "Risk Perception and Consumer Willingness to Pay for Certified Beef in Spain", *Food Quality and Preference*, Vol.18, 2007, pp.1106-1117.

⑤　T.H.Stevens, R.Belkner, D.Dennis, D.Kittredge, C.Willis, "Comparison of contingent valuation and conjoint analysis in ecosystem management", *Ecological Economics*, Vol.32, 2000, pp.63-74.

⑥　P.C.Boxall, W.L.Adamowicz, J.Swait, M.Williams, J.A.Louviere, "Comparison of Stated Preference Methods for Environmental Valuation", *Ecological Economics*, Vol.18, 1996, pp.243-253.

⑦　C.E.C.Gan, E.J.A.Luzar, "Conjoint Analysis of Waterfowl Hunting in Louisiana", *Journal of Agricultural and Applied Economics*, Vol.25, 1993, pp.36-45.

⑧　F.Carlsson, P.Martinsson, "Do Hypothetical and Actual Marginal Willingness to Pay Differ in Choice Experiments? Application to the Valuation of the Environment", *Journal of Environmental Economics and Management*, Vol.41, 2001, pp.179-192.

⑨　M.Furnols, C.Realini, F.Montossi, M.Campo, M.Oliver, G.Nute, L.Guerrero, "Consumer's Purchasing Intention for Lamb Meat Affected by Country of Origin, Feeding System and Meat Price: a Conjoint Study in Spain, France and United Kingdom", *Food quality and preference*, Vol. 22, 2011, pp. 443-451.

依据设计程式可将联合分析法分为等级基础联合分析（Ratings-Based Conjoint，RBC）与选择基础联合分析（Choice-Based Conjoint，CBC）两种。Schnettler 等以及 Furnols 等利用等级基础联合分析研究了消费者对可追溯肉类制品的偏好，发现品种、原产地信息、动物福利以及饲料信息是消费者最关注的安全信息属性[1][2]。Mennecke 等以及 Abidoye 等则利用选择基础联合分析研究了美国消费者对牛肉制品安全信息属性的偏好，几乎一致地发现原产地信息受到更多消费者关注[3][4]。

然而，经过进一步分析我们可以看到，联合分析法的研究框架虽然是研究消费者偏好的主流工具，但可能存在设定偏误。在利用联合分析法进行的相关研究中，虽然可以通过正交分析法或因子分析法设置问卷以便缩小消费者选择集，提高消费者选择效率，但是 Luce 提出的不相关独立选择为联合分析法的重要假设前提[5]，由不相关独立选择假设所导致的偏误是无法避免的[6]。并且，目前的研究大多假设消费者是一个整体，而相对忽略了消费者偏好个体以及群体差异。另外，目前的研究大多以国外消费者为研究客体，由于消费文化是消费偏好的决定性影响因素，因此相关研究结论在中国不具普适性。为减小不相关独立选择假设所导致的偏误，并弥补相关文献对消费者偏好群体差异研究的缺失，以及研究者对发展中国家消费者偏好的忽视，本章以中国消

① B.Schnettler，R.Vidal，R.Silva，et al，"Consumer Willingness to Pay for Beef Meat in a Developing Country：The Effect of Information Regarding Country of Origin，Price and Animal Handling Prior to Slaughter"，*Food Quality and Preference*，Vol.20，2009，pp.156–165.

② M.Font i Furnols，J.González，M.Gispert，et al.，"Sensory Characterization of Meat from Pigs Vaccinated Against Gonadotropin Releasing Factor Compared to Meat from Surgically Castrated，Entire Male and Female Pigs"，*Meat Science*，Vol.83，2009，pp.438–442.

③ B.E.Mennecke，A.M.Townsend，D.J.Hayes，et al.，"A Study of the Factors that Influence Consumer Attitudes Toward Beef Products Using the Conjoint Market Analysis Tool"，*Journal of Animal Science*，Vol.85，2007，pp.2639–2659.

④ B.Abidoye，H.Bulut，J.D.Lawrence，B.Mennecke，"U.S.Consumers' Valuation of Quality Attributes in Beef Products"，*Journal of Agricultural and Applied Economics*，Vol.43，2011，pp.1–12.

⑤ D.S.Luce，"A study of commercial hog production in western New York"，*Cornell Univ*，Vol.74，1959.

⑥ W.S.DeSarbo，V.Ramaswamy，S.H.Cohen，"Market Segmentation with Choice-based Conjoint Analysis"，*Marketing Letters*，Vol.6，1995，pp.137–147.

费者为研究对象,综合利用菜单选择实验方法①与 LCA,对消费群体偏好的差异做出分析。

二、消费者群体偏好的理论分析框架

与传统的消费者效用(Utility)理论假设不同,Lancaster 认为,不同的商品可能具有相同的属性,但商品不同属性的有机结合使其有别于其他商品,效用源自商品所具有的属性与属性组合②。根据 Lancaster 效用理论,可追溯食品应该是安全信息属性与普通食品一般属性的有机结合。等级基础联合分析与选择基础联合分析的程式是由实验者在不同层次安全信息属性与一般属性各种可能组合中基于最大差异化原则给出可追溯食品的有限选择集,消费者只在选择集中选择最优属性组合,而一旦这一组合置于其他选择集中,消费者不一定会选择相同的组合,由此可能产生偏误。菜单选择法是由消费者在给出的可追溯食品属性菜单中挑选出最优属性组合(下文将有进一步详细解释),可以弥补等级基础联合分析与选择基础联合分析的选择集有限的缺陷。

基于菜单选择法的程式,假设市场上有 N 个消费者;J 个可追溯食品的安全信息属性;M 个可供消费者选择的安全信息属性组合;Y_{ij} 表示第 i 个消费者对第 j 个安全信息属性的选择结果,$Y_{ij}=0$ 表示第 i 个消费者未选择第 j 个安全信息属性,$Y_{ij}=1$ 表示第 i 个消费者选择了第 j 个安全信息属性。$Y_i=(Y_{i1}, Y_{i2}, \cdots, Y_{ij})$ 为第 i 个消费者的安全信息属性组合选择向量。进一步假设消费者 i 选择第 m 个属性组合的效用(U_{im})包括两个部分③：第一项是确定部分 V_{im},由安全信息属性组合的效用构成;第二项是随机项 ε_{im},即：

$$U_{im} = V_{im} + \varepsilon_{im} \tag{14-1}$$

消费者选择第 m 个安全信息组合是基于 $U_{im} > U_{in}$, $\forall m \neq n$,从而消费者选择第 m 个安全信息属性组合的概率为：

---

① J. Liechty, V. Ramaswamy, S. H. Cohen, "Choice Menus for Mass Customization: An Experimental Approach for Analyzing Customer Demand with An Application to a Web-based Information Service", *Journal of Marketing research*, Vol.38, 2001, pp.183-196.

② K.J.Lancaster, "A New Approach to Consumer Theory", *The Journal of Political Economy*, Vol.74, 1966, pp.132-157.

③ M.Ben-Akiva, S.Gershenfeld, "Multi-featured Products and Services: Analysing Pricing and Bundling Strategies", *Journal of Forecasting*, Vol.17, 1998, pp.175-196.

$$P_{im} = prob(V_{im} + \varepsilon_{im} > V_{in} + \varepsilon_{in}; \forall m \neq n) \tag{14-2}$$
$$= prob(\varepsilon_{in} < \varepsilon_{im} + V_{im} - V_{in}; \forall m \neq n)$$

如果 ε_{im} 服从类型 1 的极值分布,并把消费者选择的所有属性组合作全排序,则式(14-2)可转化成无序 Logistic 模型(Mutinomial Logistic)[①]。至此,相关模型有两个选择:一是不考虑消费者偏好的个体或者群体差异,只考察全体消费者对每一个安全信息属性的偏好参数;二是承认消费者的个体差异,基于消费者连续性假设采用多层贝叶斯推断(Hierarchical Bayes,HB)估算出每一个消费者对安全信息属性的偏好参数[②],但 Ortega 等认为相关偏好参数并无实质意义,因此本书选择把概率作为参数的简化方案[③]。

与多层贝叶斯推断一致,本书也认可消费者对具有不同安全信息属性的食品偏好存在差异,不同之处在于本书更倾向于消费者偏好的非连续性假设,即消费者偏好存在群体性差异,LCA 方法更合适展开研究。进一步假设消费者选择可追溯食品安全信息属性组合在不同的类别 t 水平条件下是相互独立的,则式(14-2)可表示为 Y_{ij} 联合条件概率密度,即:

$$P_{im} = \sum_{t=1}^{T} P(X_i = t) \prod_{j=1}^{J} P(Y_{ij} \mid X_i = t) \tag{14-3}$$

其中,P_{im} 表示第 i 个消费者选择某一可追溯食品信息组合的概率,$P(Y_{ij} \mid X_i = t)$ 为第 i 个消费者属于第 t 类消费群体条件下选择第 j 个可追溯食品信息的概率,$P(X_i = t)$ 为消费者 i 属于第 t 个潜类别的概率,由贝叶斯公式可得相应的分类概率为:

$$\hat{P}_{imt} = \frac{P(X_i = t) \times \prod_{j=1}^{J} P(Y_{ij} \mid X_i = t)}{\sum_{t=1}^{T} P(X_i = t) \prod_{j=1}^{J} P(Y_{ij} \mid X_i = t)} \tag{14-4}$$

三、食品案例的选择依据与具体方法

基于食品品种繁多难以一一列举,本章以肉类制品为重点研究对象。原

---

① K.E.Train, *Discrete choice methods with simulation*, Cambridge University Press, 2009.

② E.T.Bradlow, V.R.Rao, "A Hierarchical Bayes Model for Assortment Choice", *Journal of Marketing Research*, Vol.37, 2000, pp.259-268.

③ D.L.Ortega, Wang H.H., Wu L., et al., "Modeling Heterogeneity in Consumer Preferences for Select Food Safety Attributes in China", *Food Policy*, Vol.36, 2011, pp.318-324.

因在于,肉类制品一直是全球消费量最大的食品。2008年全球肉类制品的销售额超过3500亿美元,居世界食品消费额的首位①。但肉类制品也是安全事故频发的主要食品之一,震惊世界的疯牛病和"二噁英"污染均是肉类制品。中国是猪肉生产和消费大国。2012年中国猪肉产量为5355万吨,占世界猪肉产量的45%左右;人均猪肉消费量为38.7kg,占全球猪肉消费总量的50.2%左右。猪肉对中国食品安全具有重要战略意义,不仅关乎国内消费者的健康安全,而且影响世界猪肉市场的安全水平。但是猪肉恰恰是中国发生质量安全事件最多的食品之一,2013年3月发生在中国上海的"黄浦江死猪事件"危及面更广,大量的病死猪被丢弃至黄浦江中,在国际上被戏称为"免费的排骨汤"。猪肉发生的一系列事件折射出中国猪肉生产、供应与消费整个供应链体系中隐藏着巨大的风险,建设与完善适合于中国国情的猪肉可追溯体系迫在眉睫。正因如此,本书的研究主要以可追溯猪肉为案例,展开消费者对不同层次安全信息属性与属性组合的可追溯猪肉制品的消费偏好研究。

我国目前猪肉制品的安全风险主要发生在生猪养殖、屠宰加工、流通销售等环节上。生猪养殖环节的风险突出地表现为环境的恶化导致疫情的频发与疫病防控水平偏低、饲料中违规使用兽药与相关激素添加剂等,私屠乱宰、制售病死猪肉和注水肉等则是在屠宰加工环节上的主要风险隐患,而在流通销售环节中也存在着温度控制不当、环境不洁、包装材料使用不当而导致微生物滋生腐败等。结合我国实际可追溯试点城市的经验,基于全程可追溯的基本特征,可追溯猪肉制品至少是以下一种或多种安全信息属性的组合:生猪养殖场信息(Y_1)、食用的饲料信息(Y_2)、屠宰信息(Y_3)、猪肉加工信息(Y_4)、猪肉制品防腐剂使用信息(Y_5)以及贮存信息(Y_6)。这六种信息完整地反映了从生猪养殖、屠宰、加工与运输的全程产业链上可追溯猪肉制品的所有信息属性,其中Y_1与Y_2反映了生猪肉的健康问题②,Y_3、Y_4、Y_5和Y_6反映了猪肉生产

---

① FAO(Food and Agriculture Organization).Top Production-2008[DB/OL].http://faostat.fao.org/site/339/default.aspx,2008.

② J.E.Hobbs,"Identification and Analysis of the Current and Potential Benefits of a National Livestock Traceability System in Canada",*Agriculture and Agri-Food Canada*,2007.

过程中的卫生问题①。可以认为,最高水平的可追溯猪肉制品至少应完整地包含上述六种安全信息。

四、以河北唐山为例的调研方案设计与实施

(一)调查地区

样本数据是基于唐山市消费者所进行的实验调查。河北唐山市是我国华北地区具有重要影响的城市,不仅是经济较为发达的城市,也是典型的消费性城市,更处在重要的社会转型期,且市民收入水平持续攀升,对可追溯食品具有较强的需求。以唐山消费者为案例,可以大体刻画华北地区消费者对包含不同安全信息可追溯猪肉制品的消费意愿。

(二)问卷设计

依据菜单选择实验方法,需要对可追溯猪肉制品不同安全信息属性设置不同的层次,本章对安全信息属性设置了有和无两个层次。对于安全信息属性的价格,采纳估价方式,实地走访了生猪饲养、屠宰、加工厂商与销售单位,请 20 位熟悉可追溯体系的专业人员对包含不同安全信息属性的可追溯猪肉制品的生产成本进行估算,生产包含六种安全信息属性的可追溯猪肉制品增加的成本平均约为 3.99 元/斤,增加一个安全信息属性的成本取平均值 0.67元/斤。基于上述考虑,本章设计了如图 14-1 所示的菜单选择实验问卷。

需要指出的是,按本研究设置的属性与层次,可追溯猪肉制品的不同安全信息属性共有 64 种可能组合。图 14-1 显示,等级基础联合分析与选择基础联合分析由实验者给定可能组合,由于难以把 64 种可能的组合对接受调查的消费者进行一一测试,所以必须基于最大差异化原则进行筛选以缩小消费者的选择组合,而菜单选择实验方法是由消费者根据价格选择安全信息属性,这相当于消费者从 64 种可能的组合中做出的唯一选择,因此可以有效地克服等级基础联合分析与选择基础联合分析等方法由于不相关独立选择假设所导致的偏误。

① 马从国、赵德安、刘叶飞、倪军、张玉峰:《猪肉工厂化生产的全程监控与可溯源系统研制》,《农业工程学报》2008 年第 9 期,第 121—125 页。

序号：____

除基本的摊位信息外，你还需要下列哪些信息？

	单价	选择
生猪养殖场信息	0.67元/斤	____
食用的饲料信息	0.67元/斤	____
屠宰信息	0.67元/斤	____
猪肉加工信息	0.67元/斤	____
猪肉制品防腐剂使用信息	0.67元/斤	____
贮存信息	0.67元/斤	____
合计：	____	
上述安全信息都不需要		____

图 14-1　消费者安全信息属性菜单选择示例

（三）调查方法

为确保问卷的可行性，作者首先在唐山市区进行了小规模的预调查。考虑到可追溯猪肉制品的销售终端主要是超市，因此选择在超市购买猪肉的消费者作为调查对象。在预调查的基础上修正和最终确定了正式的调查问卷。为减少消费者文化层次的影响或理解上的偏差，确保实验问卷取得真实有效信息，调查由经过训练的调查员在超市随机选择消费者，并通过一对一的直接访谈方式当场进行。在消费者选择后，调查员根据消费者的选择当场计算出总价，然后询问消费者是否修改原有选择，直到消费者不再改变为止。调查在 2012 年 4 月进行，共调查 1250 位消费者，回收有效问卷 1200 份。

五、可追溯食品消费者偏好的模型估计结果

（一）模型的拟合和选择

构建联合概率极大似然估计函数，进行模型的配适性检验，结果见表 14-1。

表 14-1　潜类别分析配适检验

模型潜类别数	Log-likehood	G^2	P	AIC	BIC	df
1	-4406.37	314.03	0.000	3072.29	2899.23	57
2	-4312.60	306.43	0.000	3010.29	2872.86	50
3	-4264.21	300.10	0.086	2961.03	2859.22	43
4	-4232.58	295.42	0.106	2878.26	2912.09	36
5	-4194.58	291.68	0.414	2904.72	2944.18	29

表 14-1 中 G^2 为极大似然概率值所导出的模型适配估计值[1]，该值决定了模型的优劣好坏[2]。从表 14-1 可以看出 G^2 检验没有拒绝原假设（$P > 0.05$），表示可建立潜在类别分析。Lin 指出，当样本数达到数千人以上时，应该以 BIC 指标为准[3]。本研究的样本数为 1200，则主要采用 BIC 指标且结合考虑 AIC 指标。当潜类别数为 3 时，BIC 为最小值，AIC 较小且模型较为简洁（$df = 43$），反映了当潜类别数为 3 时，模型最适配于观察资料；再增加到 4 个潜类别数后，模型拟合优度未见明显改善（$\Delta G^2 = 46.77$，$\Delta df = 7$，$P > 0.05$）。故选择包含 3 个潜类别作为分析的理想模型。

（二）模型参数估计

根据式（14-3）构建潜类别极大似然估计函数，分别计算出消费者选择六种可追溯属性的条件概率 P_{im}、标准差（括号中）以及潜类别概率，结果见表 14-2。

由表 14-2 可以发现，在不对消费者进行分类的情形下，依照总体选择概率，消费者对可追溯猪肉制品六种安全信息属性的偏好排序为：Y_2、Y_3、Y_4、Y_5、Y_1、Y_6，且没有一个属性被选择的概率超过 50%。而在进行分类的情形下，类别 1 的消费者选择 Y_1、Y_2、Y_4 的条件概率分别为 0.8689、0.9999、0.5717，选择

---

[1]　$G^2 = 2 \sum_{S=1}^{64} f_{im} In \dfrac{f_{im}}{\hat{f}_{im}}$，$f_{im}$ 为观察次数 $\hat{f}_{im}$ 为期望观察次数。

[2]　邱皓政：《潜在类别模型的原理与技术》，教育科学出版社 2008 年版。

[3]　Lin T.H.，"Dayton C M.Model Selection Information Criteria for Non-nested Latent Class Models"，*Journal of Educational and Behavioral Statistics*，Vol.22，1997，pp.249-264.

的概率均超过了50%;类别2的消费者选择条件概率超过50%的有Y_1、Y_4,分别为0.8425、0.9999;类别3的消费者只有Y_4超过了50%。基于多数原则并按照选择属性的多寡,本章将类别1、类别2、类别3分别定义为"高级"、"中级"和"低级"可追溯猪肉制品消费群。进一步分析,还可以发现:

第一,随机选择一个消费者,属于"高级"、"中级"和"低级"消费者群体的概率分别是32.36%、22.76%以及44.89%,说明任意一个消费者属于低级可追溯食品消费群可能性最高,其次是高级可追溯消费者群体。这也表明中国消费者以低级消费群体为主,同时存在着可追溯猪肉制品消费两极分化的现象。

表 14-2　潜类别概率参数估计
潜类别　Latent classes

可追溯信息属性	总体选择概率	类别1 高级可追溯 食品消费群	类别2 中级可追溯 食品消费群	类别3 低级可追溯 食品消费群
Y_1	0.2092	0.8689	0.8425	0.4916
	(0.0117)	(0.0194)	(0.0220)	(0.0209)
Y_2	0.4567	0.9999	0.0000	0.2964
	(0.0144)	(0.0565)	(0.0000)	(0.0299)
Y_3	0.4192	0.0965	0.4762	0.0000
	(0.0142)	(0.0218)	(0.0302)	(0.0242)
Y_4	0.4125	0.5717	0.9999	0.6229
	(0.0142)	(0.0357)	(0.0007)	(0.001)
Y_5	0.3050	0.1652	0.3150	0.4007
	(0.0133)	(0.0789)	(0.0001)	(0.0722)
Y_6	0.1975	0.2106	0.1905	0.1916
	(0.0115)	(0.0225)	(0.0238)	(0.0181)
潜类别概率	—	0.3236 (0.0197)	0.2276 (0.0121)	0.4489 (0.0203)

第二,猪肉加工环节的安全信息是所有消费群体主要关注的安全信息属性。由于健康饲养的生猪并不意味着安全的猪肉制品,安全性还取决于生产的卫生条件和屠宰加工过程对病菌的控制等。可能近年来猪肉加工环节安全

事故较多,导致所有消费群体密切关注这一安全信息属性。这与董银果等、Clemens 以及 Verbeke 的有关消费者对生肉加工环节安全信息非常关注的研究结论相吻合①②③。

第三,除猪肉加工安全信息属性外,生猪养殖场安全信息属性受到高级与中级消费者群体共同关注。Hobbs 以及 Loureiro 的研究均表明,生肉的原产地信息是消费者比较关注的肉类可追溯信息④⑤。生猪养殖场安全信息显然包含原产地信息,因此从这一意义上本研究的结论与 Hobbs 以及 Loureiro 的结论一致,但是在给定额外价格支付条件下,生猪养殖场安全信息不是低级消费群体主要关注属性,可能的原因在于生猪养殖场安全信息更多体现为猪肉制品的内在品质,而非安全风险的关键点。这说明了低级消费群体对于猪肉制品内在健康品质的重视程度并不高,相对于生猪养殖场此类关乎猪肉健康品质的信息属性,低级消费群体明显更关注猪肉加工商此类涉及猪肉卫生安全的信息属性。

第四,只有高级消费者群体多数关注生猪饲料安全信息属性。时沁峰的研究表明,生猪饲料里的有害物质会直接影响猪肉的安全性,通过饲料污染导致猪肉不安全的可能性最大,导致消费者对于生猪饲料供应安全信息属性也有较高的支付意愿⑥。本研究的结论不同之处在于,高级消费者群体才是关注生猪饲料安全信息属性的主要群体。Roosen 的研究结果表明,欧洲消费者

---

① 董银果、徐恩波:《中德猪肉安全控制系统比较研究》,《农业经济问题》2005 年第 2 期,第 53—57 页。

② R.L.Clemens,"Meat Traceability and Consumer Assurance in Japan",*Midwest Agribusiness Trade Research and Information Center*,*Iowa State University*,2003.

③ W.Verbeke,R.W.Ward,"Importance of EU Label Requirements:An Application of Ordered Probit Models to Belgium Beef Labels",*American Agricultural Economics Association Annual Meetings*,July,Montreal,Canada. 2003,1.

④ S.Boccaletti, M.Nardella, "Consumer Willingness to Pay for Pesticide-free Fresh Fruit and Vegetables in Italy", *International Food and Agri-Business Management Review*, Vol. 3, 2000, pp. 297-310.

⑤ M.L.Loureiro,S.Hine,"Preferences and Willingness to Pay for GM Labeling Policies",*Food Policy*,Vol.29,2004,pp.467-483.

⑥ 时沁峰:《浅谈影响我国猪肉安全的问题及生产安全猪肉的措施》,《畜禽业》2009 年第 5 期,第 27—29 页。

比较关心生肉的原产地信息和饲料信息①。这与本研究得出的高级消费者群体同时关注饲养场安全属性信息以及生猪饲料的安全信息相一致,说明我国的高级消费者群体对于可追溯肉类的消费观念意识与欧洲消费者的比较相近。

第五,生猪屠宰场、是否使用防腐剂、贮存猪肉的冷库三个安全信息无论是总体上,还是各消费者群体均不是主要被关注的属性。这与马从国提出的可追溯信息应该包含该三种信息②的结论不同,说明消费者对这三个环节的食品安全风险容忍度较高。同时,也与 Dickinson 提出的消费者同时关注猪肉是否使用防腐剂的增强食品安全信息③的结论不同,说明国内消费者对于猪肉防腐剂的危害了解并不多,也同时说明国外研究者的研究并不能完全适用于中国国情。

六、促进我国可追溯食品市场发展的政策建议

本章利用菜单选择法考察了河北唐山市 1200 个消费者对可追溯猪肉安全信息属性的偏好,通过 LCA 研究表明:消费者偏好存在着群体性差异。依据消费者群体的不同偏好,消费者在本书中被分成"低级"、"中级"和"高级"三类群体,其中低级消费者群体潜类别概率最高,其次是高级消费者群体;不同层次的消费群体对安全信息属性的需求并不一致,高级消费者群体多数关注生猪养殖、生猪饲料以及猪肉加工安全信息属性,中级消费群体多数关注生猪养殖与猪肉加工安全信息属性,而低级消费者群体只关注猪肉加工安全信息属性。由此可见,建立不同层次(包含不同完全信息属性)的肉制品可追溯体系符合中国的客观现实,而其中提供生猪饲养、猪肉加工两类安全信息是建立可追溯体系的必备前提。因此,食品生产者应该生产不同层次的可追溯食品以满足不同层次的消费者的需求。这既是食品工业结构转型的内在需要,

① J.Roosen,J.L.Lusk,J.A.Fox,"Consumer Demand for and Attitudes Toward Alternative Beef Labeling Strategies in France,Germany,and the UK",*Agribusiness*,Vol.19,2003,pp.77-90.

② J.E.Hobbs,*Identification and Analysis of the Current and Potential Benefits of a National Livestock Traceability System in Canada*,Agriculture and Agri-Food Canada,2007.

③ D.L.Dickinson, D.V.Bailey, "Experimental Evidence on Willingness to Pay for Red Meat Traceability in the",*Journal of Agricultural and Applied Economics*,Vol.37,2005,pp.537-548.

更是确保食品安全的客观需要。同时考虑到增加安全信息属性将导致猪肉价格上升,基于目前消费者个体收入难以在短时期内大幅度提高的现实,应从政府、企业、消费者在食品可追溯体系中的基本特征与功能定位出发,探索形成合理的额外生产成本分担机制。政府是食品安全的监管主体,为提升中国猪肉的质量安全水平,在可追溯体系建设初期,一个最现实的选择是通过财税政策补贴食品生产者,以降低可追溯食品的生产成本。此外,加强对食品可追溯体系及其功能的宣传普及,比如消费者如何查看和理解可追溯标签的信息,如何投诉与维权等,以提高消费者对食品可追溯体系的认知水平,合理引导消费者逐步提高对可追溯食品的需求。

第十五章　食品安全治理与消费者行为：
认证食品的消费者偏好

食品安全是一个全球性难题,发展中国家更是饱受其困扰,正处于社会转型时期的中国,食品安全问题尤为严峻①。信息不对称导致的市场失灵是食品安全问题的重要成因,供应商可能会利用其与消费者之间的信息不对称而做出欺骗等机会主义行为②。相对于供应商,消费者对独立的第三方认证机构往往更加信任③。因此,由第三方机构提供的认证服务,可较好地减轻信息不对称④。在食品上加贴认证标识,由此成为供应商向消费者证明食品品质的重要手段⑤。从 20 世纪末期以来,中国逐步构建起以无公害认证、绿色认证和有机认证为主体的食品安全认证体系。认证食品市场在得到长足发展的同时,也涌现出诸如 2011 年"重庆沃尔玛绿色猪肉门"、2013 年"贵州茅台酒假有机风波"等供应商投机事件,降低了认证的公信力,打击了公众的消费信心。认证食品市场能否持续发展,归根到底取决于认证标识能否得到消费者认可⑥。准确估计认证标识的消费者偏好,不仅是供应商优化定价策略和政

① 吴林海、尹世久、王建华等:《中国食品安全发展报告(2014)》,北京大学出版社 2014年版。

② M.Darby,E.Karni,"Free Competition and the Optimal Amount of Fraud",*Journal of Law and Economics*,Vol.16,No.1,1973,pp.67-88.

③ F.Albersmeier,H.Schulze,A.Spiller,"System Dynamics in Food Quality Certifications:Development of an Audit Integrity System",*International Journal of Food System Dynamics*,Vol.1,No.1,2010,pp.69-81.

④ E.Golan,F.Kuchler,L.Mitchell,"Economics of Food Labeling",*Journal of Consumer Policy*,Vol.24,No.2,2001,pp.117-184.

⑤ M.Janssen,U.Hamm,"Product Labeling in the Market for Organic Food:Consumer Preferences and Willingness-to-pay for Different Organic Certification Logos",*Food Quality and Preference*,Vol.25,No.1,2012,pp.9-22.

⑥ 尹世久:《信息不对称、认证有效性与消费者偏好:以有机食品为例》,中国社会科学出版社 2013 年版。

府做出认证制度安排的基本依据,也是备受学者关注的理论议题①。在公众食品安全风险感知居高不下与环境意识不断提升的现实背景下,系统研究消费者对食品安全认证标识(主要包括无公害标识、绿色标识和有机标识)的支付意愿,可能尤具现实意义和政策应用价值。

一、消费者偏好数据收集方法及研究进展

消费者偏好决定效用并进而影响其支付行为②。在经济学理论中,研究消费者"偏好—支付行为"的模型化方法是,假设消费者偏好满足理性公理,分析偏好对其支付行为的影响,或把消费者个体支付行为作为出发点,通过与其支付行为直接相关的假定来推导其偏好③。只要消费者偏好满足显示性偏好的一般公理(Generalized Axiom of Revealed Preference),就可依据消费者的支付行为导出其理性偏好④。因此,研究消费者"偏好—支付行为"的模型化的上述两种方法实际上是等价的⑤。实证经济学更倾向于基于消费者支付行为导出其偏好的研究方法,即研究显示性偏好(Revealed Preference)。当实证研究中难以获得关于消费者支付行为的真实数据时,直接向消费者询问其支付意愿(例如条件价值法),或通过询问间接推断消费者支付意愿(例如联合分析法和选择实验法),即研究陈述性偏好(Stated Preference),就成为通常采用的替代方法。显示性偏好法和陈述性偏好法由此成为收集消费者偏好数据的两类方法(见图15—1)。

在使用假想性数据研究消费者陈述性偏好的各种方法中,选择实验法可以用来测量消费者对产品具体属性的支付意愿,相比于条件价值法和联合分析法等,选择实验更接近于真实的购买环境⑥,且其基本原理符合随机效用理

① Gao Z., T.C.Schroeder, "Effects of Label Information on Consumer Willingness-to-pay for Food Attributes", *American Journal of Agricultural Economics*, Vol.91, No.3, 2009, pp.795−809.

② G.A.Jehle, P.J.Reny, *Advanced Microeconomic Theory*, Reading: Addison-Wesley, 2001.

③ A.Mas-Colell, M.D.Whinston, J.Green, *Microeconomic Theory*, New York: McGraw-Hill, 1995.

④ S.N.Afriat, "The Construction of Utility Functions from Expenditure Data", *International Economic Review*, Vol.8, No.1, 1967, pp.67−77.

⑤ 朱淀、蔡杰、王红纱:《消费者食品安全信息需求与支付意愿研究——基于可追溯猪肉不同层次安全信息的 BDM 机制研究》,《公共管理学报》2013 年第 10 期,第 129—136 页。

⑥ J.J.Louviere, D.A.Hensher, J.D.Swait, *Stated Choice Methods: Analysis and Applications*, Cambridge University Press, 2000.

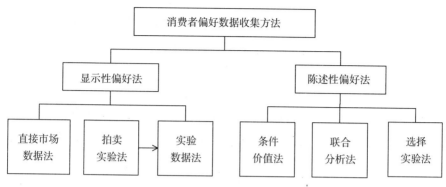

图 15-1　消费者偏好数据收集方法分类

论,具有成熟的微观理论基础,因而成为消费者偏好研究的前沿工具[1]。但是,在选择实验中,被调查者的选择环境完全是假想性的,消费者可能会回避或夸大表述自己的真实偏好[2]。

由于显示性偏好法需要使用事后的行为数据来估计消费者支付意愿,对于许多新上市或者未上市的产品常常难以获得实际购买数据,这客观制约了直接市场数据法等显示性偏好法在研究中的应用。拍卖实验法采用真实的实验标的物(真实商品或者模拟商品)与金钱,可以模拟真实的市场环境,在理论上消费者对实验标的物的出价与真实的支付意愿一致[3]。因此,拍卖实验法比直接市场数据法更具现实可行性,常常被运用于消费者显示性偏好的预测性研究[4][5][6]。但是,拍卖实验往往存在实验成本高、招募参与调查者难度

---

[1]　C. Breidert, M. Hahsler, T. Reutterer, "A Review of Methods for Measuring Willingness to Pay", *Innovative Marketing*, Vol.2, No.4, 2006, pp.8-32.

[2]　J. Lusk, T. Feldkamp, T. Schroeder, "Experimental Auctions Procedure: Impact on Valuation of Quality Differentiated Goods", *American Journal of Agricultural Economics*, Vol.86, No.1, 2004, pp.389-405.

[3]　朱淀、蔡杰、王红纱:《消费者食品安全信息需求与支付意愿研究——基于可追溯猪肉不同层次安全信息的 BDM 机制研究》,《公共管理学报》2013 年第 10 期,第 129—136 页。

[4]　D. L. Dickinson, D. V. Bailey, "Meat Traceability: Are US Consumers Willing to Pay for It?", *Journal of Agricultural and Resource Economics*, Vol.27, No.2, 2002, pp.348-364.

[5]　J. J. Murphy, P. G. Allen, T. H. Stevens, et al., "A Meta-analysis of Hypothetical Bias in Stated Preference Valuation", *Environmental and Resource Economics*, Vol.30, No.3, 2005, pp.313-325.

[6]　B. K. Jack, B. Leimona, P. J. Ferraro, "A Revealed Preference Approach to Estimating Supply Curves for Ecosystem Services: Use of Auctions to Set Payments for Soil Erosion Control in Indonesia", *Conservation Biology*, Vol.23, No.2, 2008, pp.359-367.

大等不足,并且无法精确测量消费者对产品具体属性的支付意愿。

从现有文献来看,既有很多学者采用拍卖实验法等显示性偏好法研究消费者偏好①②,也有一些学者尤其是欧美学者开始借助选择实验来研究消费者对产品具体属性的支付意愿③④,并且已经有学者例如 Chang 等⑤、Elbakidze & Nayga⑥ 通过比较消费者的真实支付行为与假想性选择来比较不同方法的优劣。但是,有机融合选择实验和拍卖实验,测定消费者对产品某一具体属性支付意愿的文献尚不多见,以此方法测定消费者对食品安全认证标识支付意愿的研究尚未见报道。

基于上述分析,本书拟以番茄为例,在选择实验的基础上,选取 BDM(Becker-DeGroot-Marschak)机制实施拍卖实验,进而运用随机参数 Logit 模型分析消费者对不同食品安全认证标识的支付意愿。具体而言,本书研究拟从以下几个方面做一些创新性探索:①采用拍卖实验模拟真实的市场环境,采用选择实验测量消费者对产品具体属性(即认证标识)的支付意愿,从而有效融合选择实验与拍卖实验的优点而弥补其各自的不足,对消费者偏好研究方法的发展做出有益探索;②基于认证食品有别于常规食品的安全、生态的关键属性,分析消费者食品安全风险感知与环境意识对其认证食品支付意愿的影响,使研究得以紧密结合食品市场的现实社会背景;③研究消费者对不同认证标

---

① J.Lusk,T.Feldkamp,T.Schroeder,"Experimental Auctions Procedure:Impact on Valuation of Quality Differentiated Goods",*American Journal of Agricultural Economics*,Vol.86,No.1,2004,pp.389-405.

② F.Akaichi,M.N.J.Rodolfo,J.M.Gil,"Assessing Consumers'Willingness to Pay for Different Units of Organic Milk:Evidence from Multiunit Auctions",*Canadian Journal of Agricultural Economics*,Vol.60,No.4,2012,pp.469-494.

③ M.Janssen,U.Hamm,"Product Labeling in the Market for Organic Food:Consumer Preferences and Willingness-to-pay for Different Organic Certification Logos",*Food Quality and Preference*,Vol.25,No.1,2012,pp.9-22.

④ E.J.V.Loo,V.Caputo,R.M.Nayga,et al.,"Consumers'Willingness to Pay for Organic Chicken Breast:Evidence from Choice Experiment",*Food Quality and Preference*,Vol.22,No.7,2011,pp.603-613.

⑤ J.Chang,J.Lusk,F.Norwood,"How Closely Do Hypothetical Surveys and Laboratory Experiments Predict Field Behavior?",*American Journal of Agricultural Economics*,Vol.91,No.1,2009,pp.518-534.

⑥ L.Elbakidze,J.R.M.Nayga,"The Effects of Information on Willingness to Pay for Animal Welfare in Dairy Production:Application of Nonhypothetical Valuation Mechanisms",*Journal of Dairy Science*,Vol.95,No.3,2012,pp.1099-1107.

识的支付意愿，尤其是对中、外(欧)有机标识的消费者偏好展开对比分析，旨在为供应商认证服务选择和政府认证制度改革提供更为可靠的参考依据。

二、安全认证食品消费者偏好的理论分析框架

基于 Lancaster[1] 的随机效用理论，消费者从产品消费中获取的效用并非来自产品本身，而是来自产品的具体属性。具有不同属性的同类产品，给消费者带来的效用会存在差异。对产品属性的判断或把握会直接影响消费者的购买决策。根据消费者掌握产品属性的难易程度，可将产品属性分成三类：一是搜集属性，即这类属性可以在购买之前被充分掌握或直接观察，因而会直接影响消费者的购买决策；二是体验属性，即消费者通过消费体验才能掌握其信息，它往往影响消费者的重复购买决策[2]；三是信用属性，即消费者即使在消费行为发生之后也无法确定地对产品质量做出判断，其购买决策主要建立在信任的基础之上[3]。

安全认证食品与常规食品相比所具有的安全、健康与生态等属性，消费者在购买时乃至消费后也无法准确鉴别，显然属于信任属性。在产品上加贴含有特定信息的认证标识，可有效降低消费者购买信任型产品(即具有信任属性的产品)的风险。因此，认证标识成为影响消费者购买安全认证食品决策的关键属性。

番茄是居民经常食用的蔬菜品种，2012 年全国产量超过 5000 万吨，约占世界总产量的 30%[4]。因此，本书选择番茄为实验标的物，并依据 Lancaster[5] 的随机效用理论，把番茄视为食品安全认证标签与价格属性的集合。消费者将在预算约束条件下选择属性组合以最大化其效用。

---

①　K.J.Lancaster, "A New Approach to Consumer Theory", *The Journal of Political Economy*, Vol.74, No.2, 1966, pp.132-157.

②　P.Nelson, "Information and Consumer Behavior", *Journal of Political Economy*, Vol.78, No.2, 1970, pp.311-329.

③　M.Darby, E.Karni, "Free Competition and the Optimal Amount of Fraud", *Journal of Law and Economics*, Vol.16, No.1, 1973, pp.67-88.

④　数据来源：http://faostat.fao.org/DesktopDefault.aspx? PageID = 339&lang = en&country = 351。

⑤　K.J.Lancaster, "A New Approach to Consumer Theory", *The Journal of Political Economy*, Vol.74, No.2, 1966, pp.132-157.

依据 Luce[1] 的不相关独立选择（independence from irrelevant alternatives，IIA）假设，将可供消费者选择的 J 个番茄轮廓定义为选择集 C ，令 U_{nit} 为消费者 n 在 t 情形下从选择集 C 中选择第 i 个轮廓所获得的效用。对研究者来说，只有关于消费者效用的部分信息是可观测的[2]，所以，总效用是随机的，可分成两个部分：确定性部分 V_{nit} 和随机部分 ε_{nit} ，即：

$$U_{nit} = V_{nit} + \varepsilon_{nit} \tag{15-1}$$

消费者 n 若从番茄轮廓 i 中获得的效用大于从其他番茄轮廓 j（ $j \in C$ ，且 $j \neq i$ ）中获得的效用，则会选择番茄轮廓 i 。在 t 情形下消费者 n 选择番茄轮廓 i 的概率可表示如下：

$$P_{nit} = \mathrm{Prob}(V_{nit} + \varepsilon_{nit}) > V_{njt} + \varepsilon_{njt} \tag{15-2}$$

式（15-2）中，任意 $j \in C$ ，且 $j \neq i$ 。若假设误差项服从独立同分布的类型 I 极值分布，则可得多项 Logit 模型（multinomial Logit model）如下[3]：

$$P_{nit} = \frac{e^{V_{nit}}}{\sum\nolimits_{j} e^{V_{njt}}} \tag{15-3}$$

假设消费者在 T 个时刻做出选择，其选择方案序列为 $I = \{i_1, \ldots, i_T\}$ ，则消费者选择该序列的概率为：

$$L_{iT} = \prod_{t=1}^{T} \left[\frac{e^{V_{ni_t t}}}{\sum_{t=1}^{T} e^{V_{ni_t t}}} \right] \tag{15-4}$$

多项 Logit 模型假设消费者具有相同的偏好，而此假设往往不符合现实情况。若假设消费者的偏好具有异质性，且假设效用的确定性部分 V_{nit} 具有如下线性形式：

$$V_{nit} = \beta' X_{nit} \tag{15-5}$$

式（15-5）中，向量 β 中的每一个分量都是随机系数，每一个系数具有其均值和方差，表征个体消费者偏好。系数分布的具体形式可由研究者根据实

---

① R.D. Luce, "On the Possible Psychophysical Laws", *Psychological Review*, Vol. 66, No. 2, 1959, pp. 81-95.

② D.L. Ortega, Wang H.H., Wu L., et al., "Modeling Heterogeneity in Consumer Preferences for Select Food Safety Attributes in China", *Food Policy*, Vol. 36, No. 2, 2011, pp. 318-324.

③ M.L. Loureiro, W.J. Umberger, "A Choice Experiment Model for Beef: What U.S. Consumer Responses Tell Us about Relative Preferences for Food Safety, Country-of-Origin Labeling and Traceability", *Food Policy*, Vol. 32, No. 4, 2007, pp. 496-514.

际问题合理设定,假设概率密度为 $f(\beta)$ 。番茄轮廓 i 的可观测特征表示为向量 X_{nit} 。假设消费者在 T 个时刻做出选择,其选择方案序列为 $I = \{i_1, \ldots, i_T\}$,则消费者选择该序列的概率为①：

$$EL_{iT} = \int L_{iT}f(\beta)\,d\beta = \int \prod_{t=1}^{T} \left[\frac{e^{\beta'X_{ni_tt}}}{\sum_{t=1}^{T} e^{\beta'X_{ni_tt}}} \right] f(\beta)\,d\beta \tag{15-6}$$

式（15-6）称为随机参数 Logit 模型（random parameters Logit model, RPL）。RPL 模型关于消费者偏好异质性的假设更符合实际,并且可以克服多项 Logit 模型必须满足 IIA 假设的缺陷。因此,本书研究引入 RPL 模型来分析消费者对食品安全认证标识的支付意愿,进而建立如下 RPL 模型（此处省略表征情形的下标 t）：

$$U_{ni} = \beta_p P_{ni} + \beta_0 Optout + (\bar{\gamma} + \eta_n)'X_{ni} + \beta'Z_{ni} + \varepsilon_{ni} \tag{15-7}$$

式（15-7）中, U_{ni} 为消费者 n 选择第 i 个番茄轮廓的效用; β_p 为价格系数, P_{ni} 为消费者 n 选择的第 i 个番茄轮廓中的番茄价格; $Optout$ 为退出变量,表征消费者是否选择了"不选择"选项, β_0 为"不选择"变量的系数; X_{ni} 为第 i 个番茄轮廓中所包含的具体认证标识属性层次向量, γ 为 X_{ni} 的系数的总体均值向量, η_n 为消费者 n 关于 X_{ni} 的个体系数向量与总体均值向量 γ 之间差异的向量,即标准差向量; Z_{ni} 为各种交叉项变量, β 为交叉项变量的系数向量; ε_{ni} 为随机误差项。

三、实验设计与调查基本情况

（一）实验标的物与被调查者基本特征描述

本书研究实验地点选择在山东省。山东省东部沿海地区与中西部内陆地区存在较大的发展差异,可近似视为中国东部地区与西部地区经济发展不均衡状态的缩影。笔者分别在山东省东部、中部和西部地区各选择 3 个城市（东部地区的青岛、威海、日照;中部地区的淄博、泰安、莱芜;西部地区的德

---

① K.E. Train, *Discrete Choice Methods with Simulation*, second edition, Cambridge University Press, 2009.

州、聊城、菏泽)实施调查。调查分为两个阶段实施。

第一阶段采取典型抽样法在每个城市选择被调查者进行小组访谈,目的在于了解消费者基本情况、蔬菜购买习惯等。2014 年 1—3 月,在上述城市先后组织了 9 次小组讨论(每个城市 1 次)。每次小组讨论的参加人数为 8—10 人(共 81 人)。所有被调查者均为经常购买蔬菜的家庭成员,且年龄在 18 岁到 65 岁之间。

第二阶段于 2014 年 6—8 月,在上述城市各选择超市及农贸市场 2—3 处(超市或农贸市场均至少 1 处),现场招募消费者进行实验及相应的问卷调查。小组访谈与经验研究表明,超市和农贸市场是居民购买蔬菜的主要场所[①]。实验由经过训练的调查员通过面对面直接访谈的方式进行,并且每次均选择进入视线的第三个消费者参加实验,以提高被调查者选取的随机性[②]。笔者首先于 2014 年 6 月在山东省日照市选取约 100 位消费者展开预调查,对实验方案和调查问卷进行调整与完善。之后由调查员于 2014 年 7—8 月在上述 9 个城市展开正式调查,共有 902 位消费者(每个城市约 100 位)参加了调查,有 821 位被调查者完成了全部问卷,问卷有效回收率为 91.02%。被调查者中女性有 441 位(占 53.71%),男性有 380 位(占 46.29%),这与居民家庭中食品购买者多为女性的实际情况相符。被调查者基本特征见表 15-1。

表 15-1 被调查者基本特征

变量	分类指标	样本数	比重(%)	变量	分类指标	样本数	比重(%)
年龄	18—34 岁	227	27.65	学历	大学及以上	268	32.64
	35—49 岁	305	37.15		中学或中专	403	49.09
	50—65 岁	289	35.20		小学及以下	150	18.27
性别	男	380	46.29	家庭年收入	<5 万元	278	33.86
	女	441	53.71		5 万—10 万元	331	40.32
					>10 万元	212	25.82

---

① 张磊、王娜、赵爽:《中小城市居民消费行为与鲜活农产品零售终端布局研究—以山东省烟台市蔬菜零售终端为例》,《农业经济问题》2013 年第 6 期,第 74—81 页。

② Wu L.H., Xu L.L., Zhu D., et al., "Factors Affecting Consumer Willingness to Pay for Certified Traceable Food in Jiangsu Province of China", *Canadian Journal of Agricultural Economics*, Vol.60, No.3, 2012, pp.317-333.

(二)选择实验中番茄的产品属性与层次设置

本书将食品安全认证标识属性设置为五个层次:无标识(*NOLOGO*)、无公害标识(*HFREE*)、绿色标识(*GREEN*)、中国有机标识(*CNORG*)和欧盟有机标识(*EUORG*)。引入 *EUORG* 的原因在于,小组访谈结果及经验研究表明①,*EUORG* 是中国消费者最熟知且在国内市场上最为常见的境外有机标识。

为避免层次数量效应,即属性层次设置过少不能较好地反映被调查者选择的多样性,而设置过多则会增加被调查者回答问卷的负担,导致选择实验问卷难以完成②,并依据所调查地区番茄的实际市场价格,本书研究把价格属性设置为高(9 元/0.5 公斤)、常规(6 元/0.5 公斤)和低(3 元/0.5 公斤)三个层次。具体属性及相应层次的设置见表 15-2。

表 15-2　番茄的产品属性与属性层次设置

属性	属性层次
认证标识	无公害标识(*HFREE*),绿色标识(*GREEN*),中国有机标识(*CNORG*),欧盟有机标识(*EUORG*),无标识(*NOLOGO*)
价格	3 元/0.5 公斤,6 元/0.5 公斤,9 元/0.5 公斤

基于表 15-2 所示的属性与属性层次设定,可组合成 5×3=15 个番茄产品轮廓。但是,让被调查者在 $(5×3)^2$ 个任务中进行比较选择是不现实的。因此,本书引入部分因子设计(fractional factorial design),利用 SAS 软件设计产生 3 个版本,每个版本有 15 个任务,每个任务均包括 2 个番茄产品轮廓与 1 个不选择项(*Optout*),用来估计某一产品属性各层次的主效应和不同属性层次之间的双向交叉效应(任务样例如图 15-2 所示)。

---

① 尹世久:《信息不对称、认证有效性与消费者偏好:以有机食品为例》,中国社会科学出版社 2013 年版。

② E.J.V.Loo,V.Caputo,R.M.Nayga,et al.,"Consumers' Willingness to Pay for Organic Chicken Breast:Evidence from Choice Experiment",*Food Quality and Preference*,Vol. 22, No. 7, 2011, pp. 603-613.

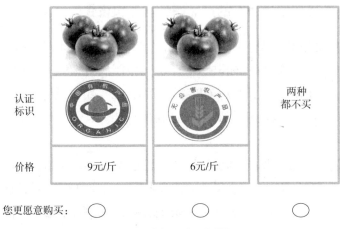

认证
标识

两种
都不买

价格　　　　9元/斤　　　　　6元/斤

您更愿意购买：

图15-2　选择实验任务样例

（三）拍卖实验设计与实施程序

1. 拍卖机制选择。在本书研究中,被调查者需要对15个选择实验任务进行选择,相当于进行15轮重复拍卖。当进行重复拍卖时,低估值的竞买人因为无获胜的可能,容易对拍卖失去兴趣而产生竞价的非真诚性(no-sincerity),以至于无法准确揭示竞买人对拍卖标的物的估值[1]。因此,维克瑞(Vickrey)、BDM与随机n价拍卖等激励相容的演化拍卖机制成为被广泛运用的方法[2]。在上述拍卖机制中,BDM机制实际是被调查者与随机发生器之间竞价,每一个被调查者均有获胜的可能,从而能够避免竞价的非真诚性,且它不需要竞买人群体参与,适合做个体实验,可以克服在群体拍卖时竞买人之间产生信息关联的缺陷。同时,被调查者仅需选择特定拍卖回合进行支付,可以最大限度地降低实验成本[3]。因此,本书研究选择BDM机制实施拍卖实验。

2. 拍卖实验程序。在实验开始前,由调查员向参与调查的消费者赠送

① R.Franciosi, R. M. Isaac, D. E. Pingry, " An Experimental Investigation of the Hahn-Noll Revenue Neutral Auction for Emissions Licenses", *Journal of Environmental Economics and Management*, Vol.24, No.1, 1993, pp.1–24.

② F.Akaichi, M.N.J.Rodolfo, J.M.Gil, "Assessing Consumers' Willingness to Pay for Different Units of Organic Milk:Evidence from Multiunit Auctions", *Canadian Journal of Agricultural Economics*, Vol.60, No.4, 2012, pp.469–494.

③ G.M.Becker, M.H.DeGroot, J.Marschak, "Measuring Utility by a Single-response Sequential Method", *Behavioral Science*, Vol.3, No.9, 1964, pp.226–232.

0.5 公斤常规番茄作为参与奖励。调查员向被调查者展示所竞拍的 5 种番茄（分别加贴无公害标识、绿色标识、中国有机标识、欧盟有机标识和未加贴任何认证标识），并向被调查者说明，这些番茄均为同一厂商提供的真实产品，并且在色泽、外观、重量等方面没有差别。调查员在向被调查者展示实验标的物之后，详细介绍具体实验程序，并进行一轮实验模拟，以确保被调查者理解实验程序。

拍卖实验的具体程序是：①按照选择实验设计的 15 个任务，由被调查者自由做出购买决策（即相当于进行 15 轮拍卖）。②由被调查者采用随机抽签的方式从 15 轮拍卖中选取一轮作为最后的结算轮数。③在被调查者监督下，采用计算机抽签系统随机抽取该轮的电脑出价。如果被调查者该轮出价（即所选择番茄的价格）高于电脑出价，则被调查者获胜。④进行支付结算。如果被调查者在结算轮数获胜，则将已有的常规番茄交换结算轮数所对应的番茄，并支付结算轮数所对应的电脑出价与常规番茄的差价；反之，则无须支付而只保留所赠送的常规番茄即可（如果被调查者在结算轮数的选择为"两种都不买"，视为被调查者出价 0 元）。

（四）结构化问卷调查

在实验之后进行的结构化问卷调查中，由调查员进一步收集被调查者个体特征、食品安全风险感知与环境意识等方面相关数据。其主要目的在于，充分考虑公众食品安全风险感知居高不下和环境意识不断提升的现实背景下①，消费者对食品安全认证标识的支付意愿可能会发生何种变化。经验研究表明，消费者食品安全风险感知对其认证食品偏好可能产生复杂的影响：一方面，那些食品安全意识更强的消费者可能更倾向于购买认证食品以替代常规食品；另一方面，过高的风险感知也会影响消费者对认证食品的信任，从而降低其支付意愿②。在安全认证食品的生产中往往限制使用或禁用化学投入品，从而对环境产生积极影响。因此，环境意识往往是消费者购买认证食品的

---

① 王俊秀、杨宜音：《中国社会心态研究报告（2013）》，社会科学文献出版社 2013 年版。

② V.Falguera，N.Aliguer，M.Falguera，"An Integrated Approach to Current Trends in Food Consumption：Moving toward Functional and Organic Products"，*Food Control*，Vol. 26，No. 2，2012，pp. 274-281.

重要原因①。本书借鉴 Ortega et al.②的做法,对被调查者的食品安全风险感知分值(Food Safety Risk Perception Scores, FSRP)和环境意识分值(Environmental Awareness Scores, EA)皆通过自我感知判断的方式,采用7级语义差别量表设计问项进行调查。

四、消费者对认证食品支付意愿的估计结果与讨论

(一)变量赋值与简要描述

本书中认证标识属性变量采用效应编码赋值,价格属性变量按实验设计的三个层次赋值。主效应变量与协变量的具体赋值情况如表15-3和表15-4所示。

表 15-3　主效应变量赋值

主效应变量	变量赋值
无公害标识 ($HFREE$)	$HFREE = 1, GREEN = 0, CNORG = 0, EUORG = 0$
绿色标识 ($GREEN$)	$HFREE = 0, GREEN = 1, CNORG = 0, EUORG = 0$
中国有机标识 ($CNORG$)	$HFREE = 0, GREEN = 0, CNORG = 1, EUORG = 0$
欧盟有机标识 ($EUORG$)	$HFREE = 0, GREEN = 0, CNORG = 0, EUORG = 1$
无标识 ($NOLOGO$)	$HFREE = -1, GREEN = -1, CNORG = -1, EUORG = -1$
价格 ($PRICE$)(单位:元/0.5 公斤)	$PRICE = 3, PRICE = 6, PRICE = 9$

---

① Chen J., A.Lobo, "Organic Food Products in China: Determinants of Consumers' Purchase Intentions", *The International Review of Retail, Distribution and Consumer Research*, Vol.22, No.3, 2012, pp.293-314.

② D.L.Ortega, Wang H.H., Wu L., et al., "Modeling Heterogeneity in Consumer Preferences for Select Food Safety Attributes in China", *Food Policy*, Vol.36, No.2, 2011, pp.318-324.

表 15-4　协变量赋值

协变量	变量赋值	均值	标准差
风险感知（*FSRP*）	7 级量表，1 表示感知食品安全风险极低，7 表示感知食品安全风险极高	5.352	1.077
环境意识（*EA*）	7 级量表，1 表示环境意识极低，7 表示环境意识极高	5.140	0.873

表 15-4 所示的消费者食品安全风险感知调查结果显示，被调查者食品安全风险感知得分均值为 5.352，标准差为 1.077，超过一半的被调查者的食品安全风险感知分值在 5.0 分以上。表 15-4 所示的消费者环境意识调查结果表明，被调查者环境意识得分均值为 5.14，标准差为 0.873，超过一半的被调查者的环境意识分值在 5.0 以上。

（二）模型估计结果

假设所有消费者的"不选择"（*Optout*）变量和价格变量的系数是相同的，其他属性的系数是随机的并呈正态分布。价格系数固定的假设有如下建模优势：①由于对所有消费者来说价格系数是相同的，其支付意愿的分布与相关联的属性系数的分布相一致。若假设价格系数是随机的（比如呈正态分布），此时支付意愿的分布需要利用模拟的方法近似估计，极为复杂而不可行。②价格系数分布的选定存在困难，在需求理论的框架下，价格系数应该取负值，若假设价格系数呈正态分布，则其系数的负性无法得到保证①。应用 NLOGIT 5.0 软件对随机参数 Logit 模型的估计结果见表 15-5。

表 15-5　RPL 模型估计结果

变量	估计系数	标准误	t 值	95%置信区间
价格（*PRICE*）	-0.073***	0.013	-5.46	[-0.099,-0.047]
不选择（*Optout*）	-1.213***	0.120	-10.12	[-1.448,-0.978]
欧盟有机标识（*EUORG*）	0.362***	0.067	5.42	[0.231,0.492]
中国有机标识（*CNORG*）	0.308***	0.071	4.34	[0.169,0.448]

---

① D. Revelt, K. E. Train, *Customer-specific Taste Parameters and Mixed Logit*［EB/OL］. (1999-11-23).http://eml.berkeley.edu/wp/train0999.pdf,2015-12-11.

续表

变量	估计系数	标准误	t 值	95%置信区间
绿色标识（GREEN）	0.251***	0.062	4.06	[0.130, 0.373]
无公害标识（HFREE）	0.127**	0.059	2.15	[0.011, 0.243]
交叉效应				
风险感知×中国有机标识（FSRP × CNORG）	−0.072***	0.022	−3.27	[−0.115, −0.029]
风险感知×欧盟有机标识（FSRP × EUORG）	0.223***	0.063	3.55	[0.100, 0.347]
风险感知×绿色标识（FSRP × GREEN）	−0.025	0.029	−0.85	[−0.084, −0.033]
风险感知×无公害标识（FSRP × HFREE）	−0.120***	0.032	−3.76	[−0.182, −0.057]
环境意识×中国有机标识（EA × CNORG）	0.006	0.023	0.26	[−0.040, 0.052]
环境意识×欧盟有机标识（EA × EUORG）	0.155**	0.062	2.51	[0.034, 0.276]
环境意识×绿色标识（EA × GREEN）	0.007	0.021	0.33	[−0.035, 0.049]
环境意识×无公害标识（EA × HFREE）	−1.163***	0.130	−8.96	[−1.418, −0.909]
Cholesky 矩阵的对角值				
欧盟有机标识（EUORG）	0.413***	0.050	8.33	[0.316, 0.510]
中国有机标识（CNORG）	0.456***	0.053	8.68	[0.353, 0.559]
绿色标识（GREEN）	0.281***	0.070	4.00	[0.143, 0.419]
无公害标识（HFREE）	0.773***	0.075	10.27	[0.625, 0.920]
Log Likelihood	−2053.219	—	—	—
AIC	4146.4	—	—	—
McFadden R²	0.274	—	—	—

注：*、**、*** 分别表示在 10%、5%、1%的水平上显著。

由表 15-5 中 Cholesky 矩阵的对角值部分可知，主效应"欧盟有机标识"、"中国有机标识"、"绿色标识"以及"无公害标识"的标准差均显著异于零，即关于主效应服从正态分布的异质性的假设是合理的。RPL 模型回归结果表明，相较于无标识，欧盟有机标识的系数最大（0.362），其次为中国有机标识（0.308），再次为绿色标识（0.251）和无公害标识（0.127），各种食品安全认证标识均提升了番茄对于消费者的效用。这说明，食品安全认证标识对减缓食品市场信息不对称、提高消费者支付意愿具有积极作用。

基于表 15-5 中的估计结果以及认证标识属性各层次主效应的序数效用特征（即不同认证标识给消费带来的效用可以排序，但无法给出效用的准确数值），进一步应用式（15-8）计算消费者对认证标识属性各层次的支付意愿（参见 Lim et al.[①]）：

$$WPS_k = -\frac{2\beta_k}{\beta_p} \tag{15-8}$$

式（15-8）中，WPS_k 是消费者对第 k 个属性层次的支付意愿，β_k 是第 k 个属性层次的估计参数，β_p 是估计的价格系数。在分析中，由于使用了效应编码，计算支付意愿时要将属性层次系数与价格系数的比值乘以 2 后再取相反数[②]。本书运用 Krinsky and Robb[③] 提出的参数自展技术（parametric bootstrapping technique，PBT）对支付意愿的置信区间进行估算。即首先假设所有属性层次的系数都服从正态分布，由于价格系数假设为固定的，则支付意愿呈正态分布；然后利用 RPL 模型估计出的消费者关于欧盟有机标识、中国有机标识、绿色标识与无公害标识的支付意愿的均值与标准差构建每个支付意愿分布的具体表达式；再从该正态分布中进行大量重复抽取，从而构建支付意愿的置信区间。运用该方法所得结果与运用 Delta 方法先估计消费者对不同认证标识的支付意愿的标准差再获取置信区间的结果相类似，但其优势在于放松了关于支付意愿呈对称分布的假设[④]。RPL 模型中消费者对认证标识属性各层次支付意愿的估计平均值和 95% 置信区间详见表 15-6。

从表 15-6 可以看出，与无标识相比，消费者愿意为欧盟有机标识多支付11.918 元/0.5 公斤，且其支付意愿远高于对中国有机标识的支付意愿（8.438

①　K.H.Lim，Hu W.Y.，L.J.Maynard，et al.，"Consumers' Preference and Willingness to Pay for Country-of-origin-labeled Beef Steak and Food Safety Enhancements"，*Canadian Journal of Agricultural Economics*，Vol.61，No.1，2013，pp.93-118.

②　A.R.Hole，"A Comparison of Approaches to Estimating Confidence Intervals for Willingness to Pay Measures"，*Health Economics*，Vol.16，No.8，2007，pp.827-840.

③　I.Krinsky，A.L.Robb，"On Approximating the Statistical Properties of Elasticities"，*The Review of Economics and Statistics*，Vol.68，No.4，1986，pp.715-719.

④　A.R.Hole，"A Comparison of Approaches to Estimating Confidence Intervals for Willingness to Pay Measures"，*Health Economics*，Vol.16，No.8，2007，pp.827-840.

元/0.5公斤）。消费者对中、欧有机标识支付意愿之差较大的原因可能在于，在中国食品行业尤其是食品认证领域屡屡曝出的丑闻，降低了消费者对国内认证标识的信心。

表15-6　基于RPL模型估计的消费者对不同认证标识的支付意愿

认证标识	均值	标准误	95%置信区间
欧盟有机标识（EUORG）	11.918 ***	0.390	[11.273,12.802]
中国有机标识（CNORG）	8.438 ***	0.570	[7.441,9.676]
绿色标识（GREEN）	3.877 ***	0.469	[3.077,4.916]
无公害标识（HFREE）	3.479 ***	0.341	[2.931,4.268]

注：*、**、***分别表示在10%、5%、1%的水平上显著。

值得注意的是，消费者对中国有机标识的支付意愿虽低于对欧盟有机标识的支付意愿，但仍远高于对绿色标识的支付意愿（3.877元/0.5公斤）和对无公害标识的支付意愿（3.479元/0.5公斤），而消费者对绿色标识与无公害标识的支付意愿相差不大（仅为0.398元/0.5公斤）。其原因可能主要在于两点：一是消费者对有机食品生产中禁止使用化学投入品等技术标准的理解较为清晰，而对绿色食品和无公害食品生产中限制使用化学品等方面存在的差别难以把握；二是绿色认证和无公害认证起步较早，虽然消费者更为熟知，但认可度不高，厂商投机与认证造假等事件严重影响了消费者对这两类产品的支付意愿；而有机食品的国内市场才开始起步，它作为一种价格较为昂贵的新兴高端食品，消费者对其尚持有较高期望[①]。

（三）消费者食品安全风险感知与支付意愿

本书按照消费者食品安全风险感知分值的大小对被调查者进行分组，然后利用参数自展技术计算不同风险感知组消费者对食品安全认证标识的支付意愿，结果见表15-7。

---

① 尹世久：《信息不对称、认证有效性与消费者偏好：以有机食品为例》，中国社会科学出版社2013年版。

表 15-7 消费者食品安全风险感知与对不同认证标识的支付意愿

消费者类型	认证标识	均值	标准误	95%置信区间
低风险感知组 ($FSRP = 1,2,3$)	欧盟有机标识（$EUORG$）	10.473***	0.612	[9.394,11.792]
	中国有机标识（$CNORG$）	7.394***	0.568	[6.401,8.627]
	绿色标识（$GREEN$）	3.563***	0.310	[3.075,4.291]
	无公害标识（$HFREE$）	3.082**	0.318	[2.579,3.825]
中等风险感知组 ($FSRP = 4,5$)	欧盟有机标识（$EUORG$）	11.082***	0.238	[10.736,11.668]
	中国有机标识（$CNORG$）	8.338***	0.439	[7.598,9.318]
	绿色标识（$GREEN$）	4.107***	0.285	[3.668,4.786]
	无公害标识（$HFREE$）	3.650***	0.367	[3.051,4.489]
高风险感知组 ($FSRP = 6,7$)	欧盟有机标识（$EUORG$）	12.287***	0.582	[11.266,13.548]
	中国有机标识（$CNORG$）	8.879**	0.351	[8.311,9.687]
	绿色标识（$GREEN$）	3.921***	0.196	[3.657,4.425]
	无公害标识（$HFREE$）	3.516***	0.468	[2.719,4.553]

注：*、**、*** 分别表示在10%、5%、1%的水平上显著。

表 15-7 中的数据表明，食品安全风险感知越高的消费者，对认证标识的支付意愿也会越高。这与 Ma and Zhang[1] 关于消费者质量风险感知会影响其对质量信息属性的支付意愿的研究结论基本吻合。但是，也应注意到，随着消费者食品安全风险感知程度的提高，其支付意愿变化情况存在较大差异。具体表现为：①随着消费者食品安全风险感知程度的提高，消费者对欧盟有机标识的支付意愿呈现较大幅度的增长，且从中等风险感知组到高风险感知组的增长幅度远大于从低风险感知组到中等风险感知组的增长幅度；②对于中国有机标识、绿色标识和无公害标识而言，从低风险感知组到中等风险感知组，消费者支付意愿皆有较大提高；但从中等风险感知组到高风险感知组，消费者对中国有机标识的支付意愿增长幅度较小，对绿色标识和无公害标识的支付意愿甚至出现微弱下降。上述情况产生的原因可能主要在于如下两点：一是

---

[1] Ma Y.，Zhang L.，"Analysis of Transmission Model of Consumers' Risk Perception of Food Safety Based on Case Analysis"，*Research Journal of Applied Sciences*，*Engineering and Technology*，Vol. 5，No.9，2013，pp.2686–2691.

那些食品安全风险感知程度很高的消费者,对食品安全的信心已降至极低水平,影响了其对国内认证标识的信任,尤其是他们对绿色标识和无公害标识可能持怀疑态度;二是食品安全风险感知程度高的消费者对食品安全有着更高的要求,绿色标识和无公害标识所代表的安全水平已经不能满足他们的要求。

(四)消费者环境意识与支付意愿

本书按照消费者环境意识自评得分的大小对被调查者进行分组,然后利用参数自展技术计算不同环境意识组消费者对食品安全认证标识的支付意愿,结果见表15-8。

表15-8　消费者环境意识与对不同认证标识的支付意愿

消费者类型	认证标识	均值	标准误	95%置信区间
低环境意识组 ($EA = 1,2,3$)	欧盟有机标识($EUORG$)	11.562***	0.103	[11.480,11.884]
	中国有机标识($CNORG$)	7.876***	0.341	[7.328,8.664]
	绿色标识($GREEN$)	3.025***	0.382	[2.396,3.894]
	无公害标识($HFREE$)	2.716***	0.298	[2.252,3.420]
中等环境意识组 ($EA = 4,5$)	欧盟有机标识($EUORG$)	11.817***	0.482	[10.992,12.882]
	中国有机标识($CNORG$)	8.358***	0.353	[7.986,9.370]
	绿色标识($GREEN$)	3.241***	0.305	[2.763,3.959]
	无公害标识($HFREE$)	2.950***	0.591	[1.912,4.228]
高环境意识组 ($EA = 6,7$)	欧盟有机标识($EUORG$)	12.228***	0.271	[11.817,12.879]
	中国有机标识($CNORG$)	9.094***	0.206	[8.810,9.618]
	绿色标识($GREEN$)	4.223***	0.416	[3.528,5.158]
	无公害标识($HFREE$)	3.816***	0.386	[3.179,4.693]

注:*、**、***分别表示在10%、5%、1%的水平上显著。

表15-8中的数据显示,不同环境意识组消费者对食品安全认证标识的支付意愿差别不大,尤其是低环境意识组和中等环境意识组消费者的支付意愿非常接近。对于欧盟有机标识和中国有机标识,高环境意识组消费者的支付意愿略高于其他组;而对于绿色标识和无公害标识,高环境意识组消费者的支付意愿明显高于其他两组。其原因可能在于:①消费者的生态补偿支付意

愿可能普遍不足,消费者更多是出于食品安全等考虑而非对环境保护的追求而购买认证食品;②消费者可能普遍认为,无公害食品和绿色食品的环境收益已经较高,而对环境要求更为严格的有机食品,可能并不符合国情;③采用自我感知判断的方式测定消费者环境意识,可能难以准确反映消费者对待环境问题的真实态度。通过道德劝说与社会舆论引导等手段提升公众的环境意识固然重要,但如何切实提高消费者的生态补偿支付意愿,可能尤为迫切。

五、促进我国安全认证食品市场发展的政策建议

本书以番茄为例,融合选择实验和 BDM 机制拍卖实验,获取山东省青岛等城市 821 位消费者的数据,运用随机参数 Logit 模型研究了消费者对食品安全认证标识的支付意愿,并分析了消费者食品安全风险感知与环境意识对其支付意愿的影响,主要得出如下结论及相应的政策含义:

第一,消费者对有机标识具有较高的支付意愿,且对欧盟有机标识的支付意愿远高于对中国有机标识的支付意愿,对绿色标识与无公害标识的支付意愿则低得多,且两者间相差不大。消费者对不同认证标识的支付意愿存在差距,说明当前食品安全认证制度的层次设置以及有机认证主体多元化安排有利于满足市场的多样化需求,但仍有改革的余地:一是对于中国国内有机食品认证来说,应进一步严格管理,推动认证国际合作,以提升认证的公信力;二是随着消费者对食品安全性要求的日益提高,可以考虑整合无公害认证与绿色认证,适当减少认证层次,以更好地满足市场需求。目前食品安全认证层次设置过多,也容易给消费者造成不同程度的混淆。

第二,消费者食品安全风险感知程度普遍较高,食品安全风险感知程度的增高普遍提高了消费者对食品安全认证标识的支付意愿,但支付意愿的提升幅度存在较大差异,消费者对欧盟有机标识支付意愿的增长幅度远高于对国内认证标识支付意愿的增长幅度。因此,应该注意公众食品安全风险感知如果上升到过高水平,可能给食品安全认证尤其是绿色认证和无公害认证带来不利影响。政府食品安全监管及有关部门在引导公众理性认识食品安全风险的同时,应着力于规范市场秩序,培育"优质优价"的市场环境,激励认证机构与认证食品供应商在公众消费信心重建中发挥核心作用。

第三,虽然消费者的环境意识普遍较高,但环境意识变化对消费者偏好的

影响并不明显。因此,在注意提升居民环境意识的同时,更应采取切实措施提高消费者的生态补偿支付意愿,促使市场机制在具有生态和社会收益特征的认证食品生产外部性补偿中发挥基础性作用。

第十六章　食品安全治理与消费者行为：餐饮服务量化分级管理的案例

餐饮服务食品安全事关公众安康、经济发展和社会和谐。2012 年,国家食品药品监督管理总局出台了《关于实施餐饮服务食品安全监督量化分级管理工作的指导意见》。随后,全国 31 个省(区、市)先后结合当地实际制定了量化分级管理工作实施方案。为评估餐饮服务食品安全监督量化分级管理政策(以下简称"量化分级管理")的实施效果,我们基于山东省 17 个地市 1036 个消费者的实地调查,研究了消费者对餐饮服务量化分级管理的相关行为与评价,提出提高公众参与、优化量化分级管理制度、促使监管转向共治的政策改革思路。

一、餐饮服务食品安全量化分级管理的职能定位

实施餐饮服务量化分级管理的目的在于加强餐饮服务监管,提升餐饮服务食品安全水平,其具体职能定位主要是:

1. 创新科学高效的治理政策工具。监管部门把量化分级管理的成果作为日常监管、专项整治和企业信用评价依据,对于量化分级管理和信用等级评定好的单位,减少监督检查频次。对于等级靠后、食品安全制度落实不到位的餐饮企业,加大监督检查力度,从而可以提高监管工作效率,有助于缓解当前食品安全监管资源相对有限与监管对象相对无限之间的尖锐矛盾。

2. 增强企业的自律性和责任感。通过量化分级管理,促进餐饮单位的卫生设施、布局流程及工程设计的明显改善,从而保证食品质量,降低食物中毒风险。"等级公示"的举措在一定程度上可以激励 A 级(或优秀等级)单位继续保持自我监督的自律性和责任感,同时促进 B 级(或良好等级)单位与 C 级(或一般等级)单位通过添加设施、完善制度、改扩建加工场所等积极整改行为。

3. 探索公众广泛参与的社会共治路径。将群众满意度纳入餐饮服务量化分级管理考评指标,使考核标准既能保证食品安全,又"接地气"有生命力。

一些地方要求餐饮服务单位设置二维码标识,消费者在就餐过程中就可以通过扫二维码进入该餐饮单位电子监管档案,根据就餐体会做出评价。

二、消费者对量化分级管理及其"笑脸" 标志的相关行为与评价

2012 年 5 月 3 日,山东在全省范围内启动餐饮服务单位食品安全监督量化分级管理和等级公示工作,分阶段推进餐饮服务食品安全监督量化分级和等级公示工作。实施四年来,公众认可度与参与度不断提升,但仍存在较大的改进空间。

1. 公众认知状况仍不尽人意。虽然各级食药监部门大力加强宣传推广,组织开展"寻找笑脸就餐"等形式多样的宣传活动,鼓励公众参与,但公众认知状况仍不容乐观。我们的调查数据显示,在 1 036 个受访者中,表示完全没听说过或者不太了解量化分级管理的受访者比重达到 47.59%(分别为 10.91%、36.68%),而表示非常了解和比较了解的受访者比重仅为 37.64%(分别为 8.20%、29.44%),两者相差接近 10 个百分点。进一步地,见过"笑脸"标志的受访者比例为 56.47%,而能够准确识别笑脸标志的受访者比例仅 43.35%。

2. 引导公众消费的政策初衷远未实现。实行量化分级管理,可以引导消费者主动寻找餐饮服务食品安全等级较高的餐饮服务单位就餐,从而有助于在食品安全治理中发挥市场机制作用。我们的调查显示,表示每次就餐都会关注"笑脸"标志的受访者仅为 5.69%,表示经常关注的为 26.45%(两者之和为 32.14%),而表示偶尔关注的受访者占比为 10.23%,表示没有关注过的比重高达 23.59%(两者之和为 33.82%)。总体来看,关注"笑脸"标志的受访者比例甚至低于不关注的受访者比例,说明量化分级管理制度引导居民消费的作用没有充分发挥,政策效果远未达到初衷。

3. 公众信任亟须进一步提升。量化分级管理能否起到引导公众消费的作用,关键在于"笑脸"标志能否取得公众信任。调查数据表明,非常信任和比较信任"笑脸"标志的受访者比例为 38.22%(分别为 8.01%、30.21%),完全不信任和不太信任的受访者占到 31.66%(分别为 5.21%、26.45%),此外还有 30.12%的受访者持中立立场。表示信任的受访者比例仅仅略高于表示不信任的受访者,公众信任有待进一步提升。

4. 政府部门与消费者协会最受信赖。量化分级管理工作,主要由政府食

品安全监管部门来负责组织实施。从经济学角度讲,量化分级的等级公示,是缓解市场信息不对称的认证行为。在认证服务领域,认证服务的提供方既可能是政府,更可能是行业协会等第三方机构。因此,我们进一步调查了公众对不同机构实施量化分级管理的信任状况。调查表明,有44.11%的受访者表示更信任当前由政府监管部门组织实施的量化分级公示,有33.01%的受访者更倾向于信任消费者协会,有9.17%的受访者愿意相信食品行业协会等社会组织,有13.71%的受访者表示对上述机构都不信任。

5. 量化分级的监督作用受到公众普遍认可。对于量化分级管理是否有助于督促餐饮服务单位提高食品安全水平,公众普遍较为认可。高达51.06%的受访者认为(认为比较重要和非常重要的比例分别为32.53%、18.53%),仅有28.19%的受访者认为作用不大或者完全没有用,另外有20.75%的受访者持中间立场。公众对量化分级管理的监督作用普遍认可,也表明当前我国实行餐饮服务量化分级管理制度是符合公众需要和社会实际的。

三、消费者依据"笑脸"标志进行就餐选择行为的实证分析

本章将消费者对餐饮服务食品安全等级"笑脸"标志的认知行为设置为知晓层面(是否听说过"笑脸"标志)、信任层面(是否信任"笑脸"标志)与使用层面(就餐时是否关注"笑脸"标志),引入多变量 Probit(Multivariate Probit,MVP)模型,克服二元 Logit 等传统回归模型无法解释多个因变量的缺陷,检视消费者对"笑脸"标志认知的影响因素的显著性变化,判断在消费者认知程度提高过程中起主要作用的因素,探寻促使消费者参与到餐饮服务业食品安全监管之中的有效手段。

(一)研究假设与变量设置

1. 研究假设。从消费者认知理论角度分析,消费者认知不仅受到消费者个人特征、家庭特征的影响,也受到行为习惯和对政府监管满意度的影响[1]。

---

[1] 刘增金,乔娟:《消费者对认证食品的认知水平及影响因素分析——基于大连市的实地调研》,《消费经济》2011 年第 4 期。

在实际应用分析中,学者们多利用消费者决策过程(Consumer Decision Process,CDP)模型(图16-1)来具体阐述消费者决策行为[1][2]。CDP模型对我们理解消费者认知行为及其影响因素也有非常重要的意义[3],本书将以CDP模型为理论依据,探寻消费者对"笑脸"标志认知行为的影响因素。

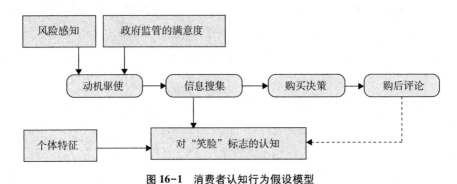

图16-1　消费者认知行为假设模型

(1)个体特征。个体特征一般包括性别、年龄、婚姻状况、受教育程度、收入水平、未成年子女状况等基本特征,这些特征的差异会造成消费者对产品安全性担心程度不同,由此形成不同的认知行为[4][5][6][7]。

(2)食品安全的风险感知。食品安全风险感知是指消费者对食品安全不确定性或不好方面的认知,它只关注消费者主观认识到的风险而不是真实客

①　李双双、陈毅文、李江予:《消费者网上购物决策模型分析》,《心理科学进展》2006年第2期,第294—299页。

②　徐飞、朱小军:《消费者决策过程模型与经济学需求曲线的理论证明》,《上海管理科学》2003年第5期,第12—14页。

③　刘增金、乔娟、李秉龙:《消费者对可追溯牛肉的认知及其影响因素分析——基于结构方程模型》,《技术经济》2013年第3期。

④　Gao X.M.,R.Anderson,Lee J.Y.,"A Structural Latent Variable Approach to Modeling Consumer Perception:a Case Study of Orange Juice",*Agribusiness*,Vol.4,1993,pp.61~74.

⑤　J.C.Buzby,R.C.Ready,J.R.Skees,"Contingent Valuation in Food Policy Analysis:A Case Study of A Pesticide-Residue Risk Reduction",*Journal of Agriculture and Applied Economics*,Vol.27,1995,pp.613~625.

⑥　J.A.Caswell,E.M.Modjuzska,"Using Informational Labeling to Influence the Market for Quality in Food Products",*American Journal of Agricultural Economics*,Vol.78,1996,pp.1248~1253.

⑦　马骥、秦富:《消费者对安全农产品的认知能力及其影响因素——基于北京市城镇消费者有机农产品消费行为的实证分析》,《中国农村经济》2009年第5期。

观的风险①。本书以"消费者对食品安全的总体状况的感知"和"外出就餐是否遇到过食品安全事件"来衡量消费者的风险感知。

（3）政府监管的满意度。政府对食品安全的监管一直备受公众关注,也是影响消费者认知行为的重要因素②。消费者对政府监管的满意度直接影响消费者对政府出台的分级量化管理制度下等级制度规定的"笑脸"标志的认知行为。

（4）信息搜集。刘增金等③研究发现,信息搜集显著影响消费者对可追溯牛肉的认知水平。周应恒等通过对南京市超市消费者的调查,发现消费者食品安全认知与他们所掌握信息的程度有关④。因此,本书用"消费者对食品安全问题的关注度"和"消费者掌握的食品安全知识程度"来反映消费者的信息搜集行为。

2. 变量设置。为反映消费者"笑脸"标志认知行为上的差别,本书将知晓、信任和使用三个层面设置为被解释变量,在数据处理时,分别将听过"笑脸"标志、信任"笑脸"标志以及外出就餐时关注"笑脸"标志的样本变量赋值为1;否则,赋值为0。变量具体定义与描述见表16-1。

表16-1　变量定义与赋值

变量	变量名称	定义	均值	标准差
被解释变量				
消费者 认知(Y)	知晓(Y1)	虚拟变量,知晓"笑脸"标志=1, 否=0	1.62	0.486
	信任(Y2)	虚拟变量,信任"笑脸"标志=1, 否=0	1.62	0.485
	使用(Y3)	虚拟变量,使用"笑脸"标志=1, 否=0	1.68	0.467

---

① R.A.Bauer, *Consumer behaviorasrisk taking:dynamic marketing for achanging world*, proceedings of the 43rd Conference of the American Marketing Association,1964.

② 于丽艳、王殿华、徐娜:《影响消费者对食品安全风险认知的因素分析》,《调研世界》2013年第9期,第14—18页。

③ 刘增金、乔娟、李秉龙:《消费者对可追溯牛肉的认知及其影响因素分析——基于结构方程模型》,《技术经济》2013年第3期。

④ 周应恒、霍丽、彭晓佳:《食品安全:消费者态度、购买意愿及信息的影响》,《中国农村经济》2004年第11期,第53—59页。

变量	变量名称	定义	均值	标准差
解释变量				
个体特征（C）	性别（GE）	虚拟变量,男=1,女=0	0.46	0.499
	年龄（AG）	虚拟变量,40岁及以下=1,否=0	0.62	0.487
	学历（EDU）	虚拟变量,大学及以上=1,否=0	0.46	0.499
	家庭年收入（INC）	虚拟变量,10万及以上=1,否=0	0.22	0.414
	婚姻状况（MA）	虚拟变量,未婚=1,否=0	0.27	0.442
	是否有18岁以下小孩（KID）	虚拟变量,是=1,否=0	0.39	0.489
风险感知（R）	食品安全总体状况（FS）	虚拟变量,安全=1,否=0	0.40	0.490
	是否遇到过食品安全事件（FSA）	虚拟变量,是=1,否=0	0.56	0.496
满意度（S）	政府监管满意度（SAT）	虚拟变量,满意=1,否=0	0.47	0.499
信息搜集（I）	食品安全关注度（FSP）	虚拟变量,关注=1,否=0	0.81	0.396
	食品安全知识（FSK）	虚拟变量,丰富=1否=0	0.37	0.484

（二）模型选择

模型选择。消费者认知行为影响因素被分为以下四类:(1)个体特征(C);(2)风险感知(R);(3)政府监管满意度(S);(4)信息搜集(I)。函数形式可以表示为:

$$Y_i = f(C_i, R_i, S_i, I_i) + \varepsilon_i \tag{16-1}$$

本书将消费者的认知行为分为知晓、信任和使用三个层面,使用 MVP 模型对不同层次的认知行为进行分析,进而判断在消费者认知程度提高的过程中哪些因素起主要作用,克服了简单二项 Logit 和多项 Logit(Multinomial Logit, MNL)等回归模型均无法解释多个因变量的难题。MVP 模型基本形式为

$$\mathrm{Prob}(Y_I = 1) = F(\varepsilon_i \geqslant -X_i\beta) = 1 - F(-X_i\beta) \tag{16-2}$$

如果 ε_i 满足正态分布,即满足 MVP 模型的假设,则

$$\mathrm{Prob}(Y_I = 1) = 1 - \Phi(-X_i\beta) = \Phi(X_i\beta) \tag{16-3}$$

（三）MVP 模型估计结果

基于前文变量设置,相应的对数似然函数为

$$\ln(L(\theta)) = \ln(\prod_{i=1}^{1036}\varphi(Y_i|\beta,\Sigma)) = \sum_{i=1}^{1036}\ln\{\varphi(Y_i|\theta)\} \qquad (16-4)$$

其中,$\theta = (\beta,\Sigma)$ 为参数空间。本书使用 Stata(SE11.0)作为 MVP 模型分析的软件工具,在抽样 100 次后,最终模型拟合结果如表 16-2 所示。

表 16-2　MVP 模型拟合结果

	变量	系数	标准误	Z 统计量		变量	系数	标准误	Z 统计量
Y1	GE	0.1514*	0.0839	1.80	Y2	GE	0.1293	0.0849	1.52
	AG	0.0789	0.1024	0.77		AG	0.1179	0.1034	1.14
	EDU	0.1847**	0.0889	2.08		EDU	0.1426	0.0897	1.59
	INC	0.0038	0.1012	0.04		INC	−0.0823	0.1022	−0.81
	MA	−0.0558	0.1161	−0.48		MA	0.1906	0.1162	1.64
	KID	0.2305**	0.0937	2.46		KID	0.2110*	0.0946	2.23
	FS	0.3983***	0.0971	4.10		FS	0.4171***	0.0971	4.29
	FSA	−0.1326	0.0838	−1.58		FSA	0.0563	0.0850	0.66
	SAT	0.4696***	0.0965	4.87		SAT	0.3667***	0.0967	3.79
	FSP	0.4307***	0.1104	3.90		FSP	0.2639**	0.1091	2.42
	FSK	0.1121*	0.0886	1.26		FSK	0.5137***	0.0884	5.81
	常数项	−1.1940***	0.1485	−8.04		常数项	−1.3404***	0.1514	−8.85
Y3	GE	0.1773**	0.0866	2.05	Y3	FS	0.2427**	0.0993	2.44
	AG	0.2562**	0.1058	2.42		FSA	0.0661	0.0868	0.76
	EDU	0.1890**	0.0909	2.08		SAT	0.4036***	0.0992	4.07
	INC	0.1832*	0.1026	1.79		FSP	0.1804	0.1117	1.61
	MA	0.1565	0.1180	1.33		FSK	0.5711***	0.0899	6.35
	KID	0.2576**	0.0972	2.65		常数项	−1.5912***	0.1580	−10.07
—	σ_{12}	07868***	0.0052	151.31	—	σ_{23}	0.8655***	0.0117	73.97
	σ_{13}	0.8978***	0.0110	81.62	—	—	—	—	—

注:* 表示在 10%水平上显著;** 表示在 5%水平上显著;*** 表示在 1%水平上显著。

表 16-2 的模型拟合结果显示, -2LL 为 1639.4809, Prob > chi2 = 0.0000, 因此总体回归拟合良好。$\sigma_{12} = 07868$, $\sigma_{13} = 0.8978$, $\sigma_{23} = 0.8655$, 表明知晓、信任和使用三个层面的认知程度之间高度相关, 选择 MVP 模型是合理的。模型结果显示:

(1)性别的影响在知晓与使用层面显著, 而在信任层面不显著。男性受访者对知晓、使用层面的认知程度显著高于女性。可能是因为男性受访者接受新事物的能力较强、信息搜寻和知识面宽泛、在外就餐机会多, 相对于女性而言, 对"笑脸"标志有更多接触机会, 因此认知程度也相应更高。

(2)年龄的影响在知晓与信任层面不显著, 而在使用层面显著。年龄在 40 岁以下的受访者使用层面的认知显著高于年龄在 40 岁以上的受访者。主要是因为年轻人是外出就餐的主体, 所以对"笑脸"标志的关注度可能会高于老年人。年轻人在信息搜寻的渠道上比老年人丰富, 可是年轻人的时间却非常宝贵;而老年人在食品选购时有足够的时间与耐心, 所以无法确定知晓与信任程度是否与年龄有关。

(3)学历对知晓与使用层面的影响显著, 而在信任层面不显著。学历水平越高, 对"笑脸"标志的知晓与使用层面的认知水平越高。学历越高的人往往掌握的知识水平越高, 搜集信息的渠道越宽、能力越强, 对食品安全的要求也相应越高, 所以知晓和使用层面的认知程度也越高。

(4)收入的影响在知晓与信任层面不显著, 而在使用层面显著。高收入阶层的受访者对食品安全的要求一般比较高, 在外出就餐时往往更倾向于高端餐厅, 同时会更加注重餐厅的安全等级, "笑脸"标志作为现代评论餐厅食品安全等级的标志之一必然会备受高收入阶层消费者关注。

(5)未成年子女状况对各层面认知水平均有显著性影响。一直以来, 儿童的食品安全和健康都是整个社会关注的热点。未成年小孩的安全意识和抵抗力水平均低于成年人, 所以有孩子的家庭对食品安全的要求和关注度都普遍较高, 必然地对"笑脸"标志的认知行为也相对较高。

(6)食品安全知识、食品安全的总体状况和政府监管满意度对各层面的认知水平皆有显著性影响。"笑脸"标志是政府出台应对食品安全市场信息不对称的一种监管政策, 所以食品安全的总体状况越好、食品安全知识越多, 对政府监管满意度越高, 进而愈加信任"笑脸"标志, 外出就餐时更愿意去关注"笑脸"标志。

(7)食品安全问题的关注度的影响在知晓与信任层面显著,而在使用层面不显著。对食品安全问题的关注程度越高,搜寻到的信息越丰富,从而对"笑脸"标志的认知程度越高;此外对知晓层面的影响要大于信任层面,这可能是因为对食品安全的关注程度越高,知晓的食品安全事件便越多,越对我国的食品安全失去信心,相应地减弱了对政府监管的信任水平。

四、构建消费者广泛参与共治 体系的政策改革思路

在餐饮服务量化分级管理中的公众广泛参与,既是在食品安全治理体系中引入社会机制,也有助于发挥市场机制的作用,对构建具有中国特色的食品安全风险社会共治体系具有积极意义。就如何引导公众参与、优化量化分级管理制度,我们提出如下有望促使监管转向共治的政策改革思路。

1. 建立"政府搭台,企业唱戏"的宣传推广体系。量化分级管理实施以来,各地纷纷组织开展"寻找笑脸就餐"等多种形式的宣传活动,旨在引导消费者主动寻找餐饮服务食品安全等级较高的餐饮服务单位就餐,形成全社会共同关注饮食安全的良好氛围。但从实践来看,宣传活动大多由政府监管部门单方面推行,而餐饮服务单位的积极性有待激发,行业协会等各类社会组织也普遍未能发挥积极作用,大大影响了宣传效果。因此,应该激发餐饮服务单位宣传推广量化分级公示的积极性,发挥市场机制作用,真正做到"政府搭台,企业唱戏"。

2. 建立面向公众开放的透明评价体系。取得公众的普遍信任是保证量化分级管理政策效果的关键,也是公众广泛参与的基本前提。因此,当前政策改革的思路是要建立面向公众开放的评价体系。一是要增强量化分级管理工作的透明度,公开评审标准与流程,使得公众了解、认可评价标准;二是要进一步完善评分标准,尤其是借鉴美团网、大众点评网等的商业经验,甚至直接与大众点评、美团网等合作,使公众可以直接对餐饮服务单位进行评价。

3. 建立政府与社会组织多方参与的协同评价体系。进一步完善餐饮服务量化分级管理制度,完善监督评价机制,重点是逐步建立起政府主导、消费者协会等社会组织多方协同参与的评价体系,从由政府监管部门"大权独揽"的单一监管,转向多方参与的社会共治,使评审结果更合理、更科学、更具有说

服力。

4.建立实现"智慧监管"的高效评价体系。总结各地运用大数据和互联网络实现"智慧监管"的经验,在餐饮服务量化分级管理中,运用现代科技手段,进一步完善评价体系,以增强评价的科学性与客观性。如淮安市食药局构建"互联网+透明安全餐饮共治平台",根据群众点评结果,自动核算成分数,计入量化等级评定结果,实现了普通公众"查询点评便捷化"。

总之,要通过量化分级管理制度的有效推行提高政府监管部门行政效能,强化企业自律意识,引导消费者树立"看脸吃饭"、"按级就餐"的消费理念,明确政府、企业、消费者三者间的"责任分担",实现餐饮服务领域的食品安全社会共治。

下　篇

食品安全社会共治中
的社会力量

第十七章　公众参与食品安全治理意愿与行为研究

公众是参与食品安全治理社会力量的重要组成部分,公民参与社会治理改变了政府管制以单方强制命令为特色的传统行政模式。公民有效参与食品安全治理,能够起到弥补政府有关部门以及市场监管的不足、推动社会监督以及制约食品经营者等重要作用。公众参与食品安全治理,是基于社会主义制度优势和市场机制基础作用,构建多管齐下、内外并举,综合施策、标本兼治,企业自律、政府监管、社会协同、公众参与、法治保障的食品安全社会共治格局的重要社会基础。近年来,绝大多数省、自治区、直辖市发布文件,设立专项资金,搭建平台,鼓励公众参与食品安全治理,监督与举报食品安全问题特别是违法事件等。为研究现阶段公众参与食品安全治理的积极性状况,本章将在系统分析公众参与食品安全治理法理依据和社会作用的基础上,基于调查数据与分析全国消费者协会、食药监管系统投诉系统有关食品消费的投诉举报情况,系统总结我国食品安全风险治理中的公众参与情况,为完善公众参与食品安全风险治理的现实路径提供参考。

一、公众参与食品安全风险治理的法理依据和现实作用

公众参与食品安全风险治理是指通过意见表达、阐述利益诉求、举报、提起诉讼等方式,公众直接或间接参与食品安全的决策和监管的全过程的制度安排。中国如何将公众引入到食品安全风险治理的全过程,构筑基于中国国情的公众参与食品安全风险公共治理的新模式,是构建食品安全风险社会共治中必须解决的重大现实课题。

（一）公众参与风险治理的法理依据

政府用强制性的管制保守地逼迫企业妥协和服从,容易在花费巨额的执行和管理资源后却达不到最优结果①。20 世纪 90 年代后,基于传统的市场失灵模型而建立的命令和控制型的政策干预的合理性越来越受到质疑②。发达国家非常重视在食品安全风险治理中加强政府部门和生产企业的共同治理。食品安全监管的法律框架也开始由命令控制型向诱导企业自我规范转变③。食品生产者被给予更多的管理和保障食品安全的责任④。监管责任由公共部门向私人部门的转移创造出了一个集合控制措施和激励机制以实现公私合作的治理模式⑤。这种新的治理模式被称为"co-regulation",本质核心是"政府监管+食品生产经营者自律"。"co-regulation"旨在通过政府的强制性要求和市场的经济激励的结合促使企业自觉进行质量安全生产。

我国食品安全风险治理也经历了从政府的单一强制性监管向政府监管和企业自律相结合的转变。在命令控制型监管中,政府是企业进行食品安全风险控制和管理的宏观引导者和监督者;企业是实施政府食品安全风险管理的微观主体和直接执行者⑥。政府和企业间的关系通常被看作是监管与被监管者的对立关系。2009 年 2 月 28 日通过的《中华人民共和国食品安全法》首次突出了"企业是食品安全第一责任人",明确提出生产者要对公众和社会负

---

① M.G.Martinez, A.Fearne, A.J.Caswell, et al., "Co-regulation as a possible model for food safety governance:opportunities for public-private partnerships", *Food Policy*, Vol.32, No.3, 2007, pp. 299-314.

② S.Henson, "Contemporary food policy issues and the food supply chain", *European Review of Agricultural Economics*, Vol.22, No.3, 1995, pp.271-281.

③ J.M.Codron, M.Fares, E.Rouvière, et al., "From public to private safety regulation? the case of negotiated agreements in the french fresh produce import industry", *International Journal of Agricultural Resources Governance and Ecology*, Vol.6, No.5, 2007, pp.415-427.

④ M.Garcia, N.Poole, "The development of private fresh produce safety standards:implications for developing mediterranean exporting countries", *Food Policy*, Vol.29, No.3, 2004, pp.229-255.

⑤ F.Andrew, M.Martinez, "Opportunities for the co-regulation of food safety:insights from the u-nited kingdom", *The Magazine of Food, Farm and Resource Issues*, Vol.20, No.2, 2005, pp.109-116.

⑥ 任燕、安玉发、多喜亮等:《政府在食品安全监管中的职能转变与策略选择——基于北京市场的案例调研》,《公共管理学报》2011 年第 1 期,第 16—25 页。

责。这从侧面表明单纯依靠政府监管的威权监管模式的失灵①,也预示着以政府为主导的食品安全风险控制体系开始向以企业为主导的食品安全保证体系转变。

国内外的现实都表明,食品安全风险治理是建立在"政府监管+食品生产经营者自律"的基本框架上的。这个基本框架体现的是政府—市场共同治理的思想。但是,随着公众的参与,食品安全风险治理的基本框架开始由"政府监管+食品生产经营者自律"的政府—市场共同治理向"政府监管+食品生产经营者自律+公众参与"的政府—市场—社会共同治理转变。在政府—市场—社会的治理框架中,三个治理主体的地位和关系并不是平等的。其中,通过法律政策制定和制度安排,政府决定着市场和社会的参与方式、目的等。就此意义上看,公众参与食品安全风险治理是政府引导的结果。

(二)公众参与风险治理的迫切性和必然性

党的十八届三中全会通过的《中共中央关于全面深化改革若干重大问题的决定》明确提出要"推进国家治理体系和治理能力现代化",并单列一章强调创新社会治理体制。从社会管理向社会治理的转变,要求在法治的框架下,探索公众参与社会治理的新机制和新方法。在食品安全风险治理上,历史实践和经验表明,单纯依靠政府的一元监管模式根本无法解决食品安全问题。因此,创新社会治理模式,发挥公众的力量,以合作治理食品安全风险是必然之举。

在法治社会建设进程中,公民作为建设主体具有知情权、参与权、表达权和监督权,这是具有宪法依据的。我国现行宪法第二条第三款规定:"人民依照法律规定,通过各种途径和形式,管理国家事务,管理经济和文化事业,管理社会事务。"可见,宪法赋予公民对"两事务、两事业"进行管理的宪法权利,再结合其他的宪法和法律规范,显然可以将此概括为公民的知情权、参与权、表达权和监督权,而这也是公众参与食品安全治理的权利来源和基本类型。

而一些法律文件和政府文件对于公众参与行政管理和社会管理工作,包括食品安全治理工作的权利,也作出了明确规定。例如,2012 年颁布的《国务

---

① 齐萌:《从威权管制到合作治理:我国食品安全监管模式之转型》,《河北法学》2013 年第3 期,第50—56 页。

院关于加强食品安全工作的决定》曾指出:动员全社会广泛参与食品安全工作,大力推行食品安全有奖举报,畅通投诉举报渠道,充分调动人民群众参与食品安全治理的积极性、主动性,组织动员社会各方力量参与食品安全工作,形成强大的社会合力,还应充分发挥新闻媒体、消费者协会、食品相关行业协会、农民专业合作经济组织的作用,引导和约束食品生产经营者诚信经营。2012年国家食品药品监督管理总局发布的《加强和创新餐饮服务食品安全社会监督指导意见》也曾提出:动员基层群众性自治组织参与餐饮服务食品安全社会监督,鼓励社会团体和社会各界人士依法参与餐饮服务食品安全社会监督,支持新闻媒体参与餐饮服务食品安全社会监督,为社会各界参与餐饮服务食品安全社会监督提供有力的保障。上述法律文件和政府文件的有关规定,也表明了国家和有关机构对于公众参与食品安全监管的一贯重视和政民合作治理食品安全的一贯决心,为全面实施《食品安全法》(2015版)、推动食品安全风险社会共治、广泛发动公众参与提供了基础性条件。

而更为重要的是,在"互联网+"的新形势下,科学技术的迅速发展、自媒体时代的不断推进也为公众参与食品安全治理提供了更有力的支持和保障,表现在:其一,通过互联网可使食品安全信息更具透明性,知情权更有保障;其二,通过互联网可建立起一种比较完备的交互式网络信息处理和传播机制;其三,通过互联网可增加公民参与食品安全治理的热情、方式和成效,提高行政管理和社会管理的民主性。

(三)公众参与风险治理的社会作用

实际上,政府降低政治风险的意愿不但影响着监管体制,也在很大程度上决定政府是否会将公众纳入到食品安全风险治理中,以及公众参与的角色与定位。简言之,政府引导公众参与食品安全风险治理的目的是为了降低政府所面临的政治风险,以及由此导致的社会风险。如果降低政治风险的意愿不强,政府就没有动力和意愿将公众纳入到食品安全风险治理中。原因是,单是依靠自身的力量,政府就可以使政治风险降到可承受的范围内,没有必要再依靠公众的力量。相反,如果降低政治风险的意愿强烈,单是依靠政府自身的力量无法将政治风险降到可承受范围内,公众的参与可以有效地缓解政府所面临的政治风险和社会风险。总之,公众参与食品安全风险治理发挥了较大的社会作用,主要表现在:第一,公众参与可以弥补政府管理失灵的缺陷。据不完全统计,我国的食品生产企业中,10人以下的小作坊食品生产企业约占80%[①],数量如此庞大的小型食品生产企业,使得食品安全行政监管部门常感到有心无力。但是,公众作为食品的直接消费者,也是食品安全的受益者,更可成为食品安全治理的参与者,因而公众对于食品安全治理常会表现出特殊的积极性。在公众的积极参与下,政府对于食品安全违规事件的处理会更有行政效率和社会基础,并由此扩大政府监管的范围并提高监管的成效。第二,公众作为社会主体的一部分,参与到食品安全治理中,有利于实现政府职能转变。政府职能由全能型政府向有限政府转变,增强行政管理的民主性和管理主体的多样性,由此提升社会自治水平,这也是建设法治政府的关键之一。第三,作为食品安全的直接受益者和相关者,公众的积极参与所大量提供的食品安全信息和参与行为,还可减少食品安全监管的行政成本,与此同时,公众参与食品安全风险治理可以积累经验和智慧,推动相关法律法规的出台和完善,有助于加强食品安全法治建设。

二、公众参与食品安全治理意愿的调查分析

鉴于我国城乡经济与社会发展存在一定差距的现实,我们调查了福建等10个省份的29个地区的4 358个城乡居民样本(其中城市居民受访样本2 163个,农村区域受访样本2 195个),基于上述调查数据,对比分析了城乡居民参与食品安全治理方式与便利性,进而着重以城市居民为研究对象,研究了公众参与食品安全治理的意愿,并分析了公众利用第三方监督举报食品安全问题的意愿。

(一)调查基本情况

1. 调查设计与组织实施

由于我国城乡居民食品安全认知、防范意识等存在较大差异,对其所在地区食品安全的满意度不尽相同,甚至具有很大的差异性。同时也受条件的限制难以对全国层面上展开大范围的调查。因此,调查主要采用抽样方法,选取全国部分省区的城乡居民作为调查对象,通过统计性描述与比较分析的方法

---

① 吴林海等:《中国食品安全发展报告(2015)》,北京大学出版社2015年版。

研究所调查地区的城乡居民对当前食品安全状况的评价与食品安全满意度的总体情况,以期最大程度地反映全国的总体状况。

(1)调查方法。调查采取随机抽样的方法,选取全国部分省区调查样本进行实地问卷调查。依据之前调查样本的抽样设计,调查遵循科学、效率、便利的基本原则,整体方案的设计严格按照随机抽样方法,选择的样本在条件可能的情况下基本涵盖全国典型省区,以确保样本具有代表性。抽样方案的设计在基本相同样本量的条件下将尽可能提高调查的精确度,最大程度减少目标量估计的抽样误差。同时,设计方案同样注重可行性与可操作性,调查的问卷经科学设计后连续使用,并建立数据库,便于后期的数据处理与分析。本调查的抽样方法主要采取分层设计和随机抽样的方法,先将总体中的所有单位按照某种特征或标志(如性别、年龄、职业或地域等)划分成若干类型或层次,然后再在各个类型或层次中采用简单随机抽样的办法抽取子样本。

(2)调查区域与调查组织。调查在福建、贵州、河南、湖北、吉林、江苏、江西、山东、四川、陕西等 10 个省、自治区的 29 个地区(包括城市与农村区域)展开,具体地点见表 17-1。

表 17-1　2016 年调查区域与地点分布简况

省级	城市(包括县级城市)	区/县	农村行政村(或乡镇)
江西	赣州、新余	章贡区、赣县、渝水区	潭口镇、王母渡镇、下村镇、城南办
吉林	吉林、长春、四平	舒兰市、桦甸、宽城、伊通县	平安镇、明华街道、兴隆山镇、伊通镇
河南	驻马店、洛阳、南阳	平舆县、上蔡县、洛龙区、南召县	郭楼镇、杨集镇、通济街、云阳镇
江苏	连云港、南通	灌云县、新浦区、如皋县、如东县	灌云镇、杨集镇、如城镇、掘港镇
福建	泉州、漳州、福州、南平	泉港区、龙文区、福清市、延平区	东庄镇、金升镇、步文镇、龙田镇、水东街道
四川	南充、达州、绵阳	西充县、宣汉县、南部县、高新区	晋城镇、东乡镇、老鸦镇、普明街道

续表

省级	城市（包括县级城市）	区/县	农村行政村（或乡镇）
湖北	荆州、黄冈、天门（省辖县级市）、宜昌	公安县、武穴、天门（省辖县级市）、西陵区	狮子口镇、石佛寺镇、竟陵街道、杨林街道、学院街道、云集街道
山东	青岛、淄博	黄岛区、胶州市、桓台县、博山区	琅琊路、福州路、马桥镇、博山镇
内蒙古	乌海、通辽、巴彦淖尔、呼和浩特	海南区、科左后旗、乌拉特中旗、玉泉区	公乌素镇、金宝屯镇、海流图镇、石羊桥东路街道
湖南	衡阳、常德市	蒸湘区、石鼓区、汉寿县	蒸湘街道、红湘街道、五一街道、山铺镇、毛家滩

为了确保调查质量,在实施调查之前对调查人员进行了专门培训,要求其在实际调查过程中严格采用设定的调查方案,并采取一对一的调查方式,在现场针对相关问题进行半开放式访谈,协助受访者完成问卷,以提高数据的质量。调查由本书研究团队组织在校本科生进行。

（3）样本基本特征。调查共采集了 4 358 个样本（以下简称总体样本）,其中城市居民受访样本 2 163 个（以下简称城市样本）,占总体样本的49.63%,农村区域受访样本 2 195 个（以下简称农村样本）,占总体样本的50.37%。调查样本的统计性分析分别见表17-2。

表 17-2　2016 年调查受访者基本特征的统计性描述　　单位:个、%

特征描述	具体特征	频数			有效比例		
		总体样本	农村样本	城市样本	总体样本	农村样本	城市样本
总体样本		4 358	2 195	2 163	100.00	50.37	49.63
性别	男	2 237	1 152	1 085	51.33	52.48	50.16
	女	2 121	1 043	1 078	48.67	47.52	49.84
年龄	18—25	1 263	488	775	28.98	22.23	35.83
	26—45	2 114	1 148	966	48.51	52.30	44.66
	46—60	847	468	379	19.44	21.32	17.52
	61 岁及以上	134	91	43	3.07	4.15	1.99

续表

特征描述	具体特征	频数			有效比例		
婚姻状况	未婚	1 460	604	856	33.50	27.52	39.57
	已婚	2 898	1 591	1 307	66.50	72.48	60.43
家庭人口数	1 人	37	17	20	0.85	0.77	0.92
	2 人	207	98	109	4.75	4.46	5.04
	3 人	1 765	818	947	40.50	37.27	43.78
	4 人	1 252	661	591	28.73	30.11	27.32
	5 人及以上	1 097	601	496	25.17	27.39	22.94
受教育程度	初中或初中以下	1 097	818	279	25.17	37.27	12.90
	高中,包括中等职业	1 165	674	491	26.73	30.71	22.70
	大专	667	268	399	15.31	12.21	18.45
	本科	1 247	369	878	28.61	16.81	40.59
	研究生及以上	182	66	116	4.18	3.00	5.36
个人年收入	1 万元及以下	559	303	256	12.83	13.80	11.84
	1 万—2 万元	552	299	253	12.67	13.62	11.70
	2 万—3 万元	815	473	342	18.70	21.55	15.81
	3 万—5 万元	708	382	326	16.25	17.40	15.07
	5 万元以上	743	391	352	17.05	17.81	16.27
	无收入	981	347	634	22.50	15.82	29.31
家庭年收入	5 万元及以下	1 289	696	593	29.58	31.71	27.42
	5 万—8 万元	1 189	632	557	27.28	28.79	25.75
	8 万—10 万元	981	481	500	22.51	21.91	23.12
	10 万元以上	899	386	513	20.63	17.59	23.71
家中是否有18岁以下的小孩	有	2 243	1202	1041	51.47	54.76	48.13
	没有	2 115	993	1122	48.53	45.24	51.87

特征描述	具体特征	频数			有效比例		
职业	公务员	165	62	103	3.79	2.82	4.76
	企业员工	795	287	508	18.24	13.08	23.49
	农民	740	651	89	16.98	29.66	4.11
	事业单位职员	596	222	374	13.68	10.11	17.29
	自由职业者	583	335	248	13.38	15.26	11.47
	离退休人员	86	55	31	1.97	2.51	1.43
	无业	92	59	33	2.11	2.69	1.53
	学生	998	348	650	22.90	15.85	30.05
	其他	303	176	127	6.95	8.02	5.87

（二）我国城乡公众参与食品安全治理的方式比较

鉴于我国城乡经济与社会发展存在一定差距的现实，我们利用上述调研数据，进一步展开城乡公众参与食品安全治理方式与方便程度的比较分析。

1. 城乡公众参与食品安全治理的方式

当被问及如果受到不安全食品侵害一般会采取什么措施时，城乡受访者虽然对选项的比例有所差异，却均表现出相同的趋势。具体来看，有52.57%的农村受访者会选择与经营者交涉，有15.58%的农村受访者会向消费者协会投诉，向有关部门投诉和向法院控诉所占的比例仅分别为9.70%、3.23%，另有2.69%的农村受访者选择向媒体反映，而剩下的16.22%的农村受访者则选择自认倒霉（图17-1）。

而同样有超过半数的城市受访者选择与经营者交涉；16.41%的城市受访者选择向消费者协会投诉；仅有8.72%及3.17%的城市受访者选择向政府部门投诉和向法院控告；2.91%的城市受访者选择向媒体反映；且仍有高达18.38%的城市受访者选择自认倒霉（图17-2）。

可见，我国城乡公众参与食品安全治理方式具有一定的共通性，绝大多数消费者会选择与经营者交涉或自认倒霉、忍气吞声，而向包括政府、法院、媒体、消费者协会等第三方机构进行有效监督、参与治理的方式仍然较少。

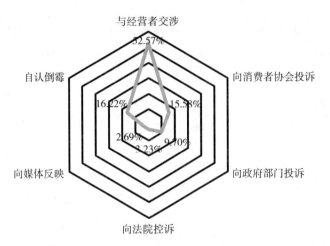

图 17-1　农村受访者参与食品安全治理的方式

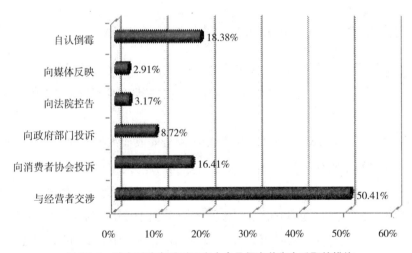

图 17-2　城市受访者受到不安全食品侵害首先会采取的措施

但需要指出的是,相较于城市受访者,稍多比例的农村受访者会选择与经营者交涉方式、向政府部门投诉、向法院控告等方式进行维权,而较少比例的农村受访者选择向消费者协会投诉、向媒体反映的方式。显示出我国农村公众参与食品安全治理的意识正在逐步提高,但选择向政府、法院等具有一定政府背景的第三方进行维权的方式的倾向较为明显,而选择向消费者协会、媒体等具有一定社会组织背景的第三方进行维权的倾向较弱。一定程度表明,农村消费者利用消费者协会、媒体等组织参与食品治理、进行维权的意识相对不高。总体而言,至少截至本书的 2016 年调查结束,我国城乡消费者参与食品安全治理选择投诉、举报等第三方介入方式的仍然较少,公众自我维权意识比较薄弱。

2. 城乡受访者参与食品安全治理的投诉举报渠道是否通畅

而当遇到不安全食品侵害时,选择向政府、消费者协会等第三方投诉、举报渠道不通畅和不太畅通的农村受访者比例分别是 23.60% 和 21.96%,31.39% 的农村受访者感觉投诉举报渠道通畅程度一般,16.31% 的农村受访者感觉比较畅通,而感觉畅通的农村受访者仅占 6.74%。表明在受到不安全食品侵害时,绝大多数农村受访者采用投诉或举报方式参与食品安全治理的渠道不太畅通(图 17-3)。

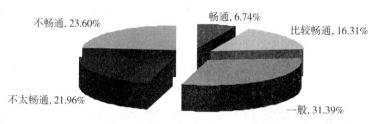

图 17-3　农村受访者在遇到不安全食品侵害时投诉或举报的渠道通畅程度

当城市受访者遇到不安全食品侵害进行投诉、举报时,28.73% 及 22.26% 的城市受访者表示投诉通道不畅通和不太畅通;32.17% 的城市受访者表示一般;仅有 12.16% 和 4.68% 的城市受访者认为投诉通道比较畅通和畅通。与农村受访者相比,认为投诉举报渠道不畅通、不太畅通、一般的城市受访者比例均较高,而认为投诉举报渠道比较畅通、畅通的城市受访者比例则较低。结合城乡公众参与食品安全治理的方式的调查结果分析,可能正是由于城市受访者对于向政府、法院等投诉或控告的渠道不够通畅,农村受访者对于向消费者协会、媒体投诉反映的渠道不够通畅,相当大比例的城乡受访者仍然通过与经营者交涉或自认倒霉解决遭遇的食品安全问题。我国城市和农村的食品安全的第三方介入的投诉举报渠道仍有待改善(图 17-4)。

(三)公众参与食品安全治理的意愿

为进一步考察我国公众自身投入食品安全治理的意愿,同时考虑到城乡的差异性,在此,本书则主要进一步利用 2163 个城市公众的调查数据展开分

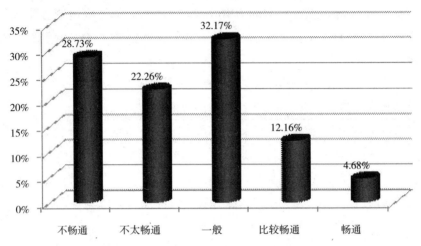

图 17-4　城市受访者遇到不安全食品侵害时投诉举报渠道是否畅通

析公众自身参与食品安全治理的意愿。

1. 公众自身对国内外食品安全事件关注的程度

如图 17-5 所示,在受访的 2163 名城市受访者中,从不关注国内外食品安全事件的受访者比例为 10.17%,很少关注国内外食品安全事件的受访者比例为 21.17%,而表示偶尔关注国内外食品安全事件的受访者为 36.38%,经常关注国内外食品安全事件的占 26.63%,非常频繁地关注国内外食品安全事件的受访者比例则为 5.64%。该调查结果也说明,绝大多数的受访者经常关注或偶尔关注国内外食品安全事件,而很少关注或从不关注的受访者虽然没有占据较大比例,但是也呈现出一定倾向。

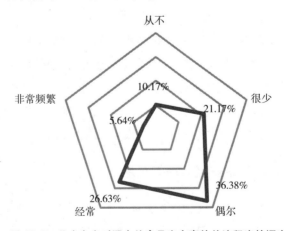

图 17-5　公众自身对国内外食品安全事件关注程度的调查

2. 公众对食品安全问题是否威胁到我国社会稳定的认知

如图 17-6 所示,当受访者被问到"是否认为食品安全问题已经威胁到我国社会稳定"时,17.38%的受访者表示很赞成,36.66%的受访者表示比较赞成,26.26%的受访者表示不大赞成,13.36%的受访者表示不赞成,6.33%的受访者表示很不赞成。由此可见,超过一半的受访者认为食品安全问题已经威胁到我国的社会稳定,自身需要对食品安全加以重视。

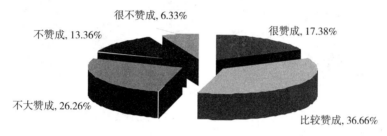

图 17-6 受访者对食品安全问题是否已经威胁到我国社会稳定的认知

3. 公众自身参与食品安全治理实质作用的认知

如图 17-7 所示,当受访者被问到对"公众自身参与食品安全治理没有实质作用"的说法是否赞成时,表示很不赞成的占 8.69%,不赞成的占 22.47%,不大赞成的占 26.77%,比较赞成的占 28.90%,很赞成的占 13.18%。由此可见,表示比较赞成或很赞成的受访者约占 42.08%,而超过半数的受访者表示出不赞成倾向,即绝大多数受访者还是认为公众参与食品安全治理是有实质作用的。

4. 公众自身成为宣传食品安全监督举报志愿者的频率

如图 17-8 所示,对于受访者在实践中承担宣传食品安全监督举报志愿者角色的调查显示,从不做该项志愿者的受访者占 33.93%,很少做该项志愿者的受访者占 36.89%,偶尔做该项志愿者的占 20.43%,经常做该项志愿者的受访者占 6.29%,而非常频繁做该项志愿者的受访者仅占 2.45%。由此可见,能够积极主动承担宣传食品安全监督举报志愿者角色的受访者很少,一方面公众意识尚未到位,而另一方面相关的宣传没有跟上可能也是主要原因之一。

5. 公众自身参与食品安全知识宣传的频率

当受访者被问到是否经常参与食品安全知识宣传时,从不参加的受访者

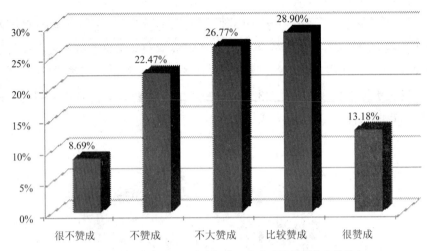

图 17-7 受访者对公众自身参与食品安全治理实质作用的认知

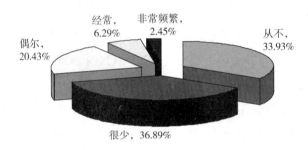

图 17-8 公众自身成为宣传食品安全监督举报志愿者的频率调查

占 29.82%,很少参加的受访者占 36.62%,偶尔参加的受访者占 23.25%,经常参加的受访者占 7.49%,而表示非常频繁参加食品安全知识宣传的受访者仅占 2.82%。可见,对于绝大多数的公众而言,都是很少或从不参与食品安全知识宣传,只有极少部分人经常或非常频繁地参与食品安全知识宣传(图17-9)。

6. 公众对积极参与食品安全治理的态度

当受访者被问及对"应积极参与食品安全治理"的说法是否赞成时,表示很不赞成的占 7.35%,不赞成的占 17.61%,不大赞成的占 30.79%,比较赞成的占 28.80%,很赞成的占 15.44%。由此可见,30.79%的受访者选择不大赞成说明他们对这一说法并不是非常赞成,此外,24.96%的人选择了不赞成,说明政府需要进一步加强食品安全教育,增强社会公众责任感,提高群众对食品

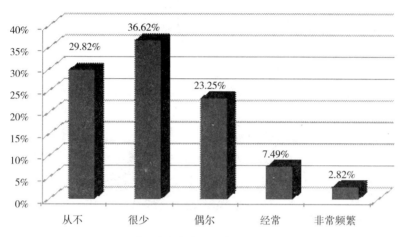

图 17-9　公众自身参与食品安全知识宣传频率的调查

安全监督举报的积极性(图 17-10)。

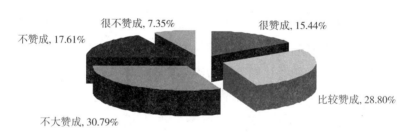

图 17-10　公众应积极参与食品安全治理的意愿

(四)公众利用第三方监督举报食品安全问题的意愿

公众除了自身参与食品安全治理的意愿之外,是否利用第三方监督举报食品安全问题成为体现其参与食品安全治理的切实行动。本书依据调查数据,就城市公众利用第三方监督与举报食品安全问题的具体调查结果展开分析。

1. 公众利用第三方监督举报食品安全问题的程度

图 17-11 中,当调查受访者是否经常利用第三方监督举报遭遇到的食品安全问题时,表示从不利用第三方监督举报的受访者占 37.12%,而选择很少利用第三方监督举报的受访者占 36.06%,表示偶尔利用第三方监督举报的受访者占 17.80%,而经常会利用第三方监督举报的受访者则占 6.15%,表示

会非常频繁利用第三方监督举报的受访者仅占 2.87%。由此可见,能够做到利用第三方监督举报食品安全问题,参与食品安全治理的公众较少,我国公众利用第三方监督举报食品安全问题的意识亟待提高。

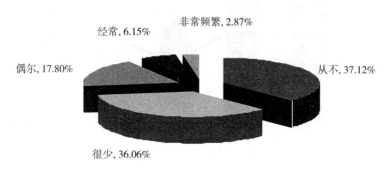

图 17-11 受访者利用第三方监督举报食品安全问题程度的调查

2. 公众对利用社会组织参与食品安全治理的认知程度

在调查受访者对利用社会组织参与食品安全治理的认知程度时,选择利用社会组织参与食品安全治理影响较大的受访者占 31.30%;而选择影响不大和影响很大的受访者比例分别为 14.98% 和 19.13%;仅有 8.88% 的受访者选择了利用社会组织参与食品安全治理的影响很小。调查结果说明,绝大多数受访者都认为利用社会组织参与食品安全治理可以发挥较大作用。当然,也有 25.71% 的受访者难以确定利用社会组织参与食品安全治理的作用。如何在公众中普及利用社会组织参与食品安全治理仍然任重而道远。

3. 公众利用法律手段参与食品安全治理,进行维权的认知

当调查受访者对"只有因食品安全问题遭受严重损失时才会采取法律手段参与食品安全治理,进行维权"这一说法是否赞成时,表示很不赞成的受访者占 16.74%,表示不赞成的受访者比例为 22.01%,认为不大赞成的受访者占 26.12%,而表示比较赞成的受访者占 24.18%,表示很赞成的受访者占 10.96%。调查结果显示,绝大多数受访者对这一说法并不赞成。但也有接近 35% 的受访者表示比较赞成或很赞成。如何将公众利用法律手段参与食品安全治理的渠道进一步打通,减少公众维权成本,成为其利用法律手段参与食品安全治理的主要动力(图 17-12)。

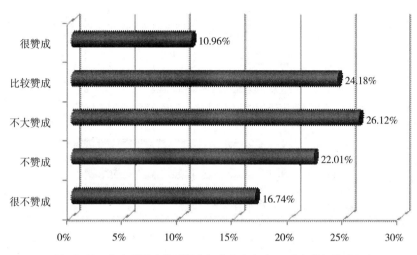

图17-12　公众利用法律手段参与食品安全治理,进行维权的认知度

4.公众利用网络平台或者智能手机等手段进行举报,参与食品安全治理

受访者遇到在食品生产、加工销售等环节中的违法、违规行为时,能够做到通过网络平台或者智能手机等进行举报的比例占到62.23%。由此可见,由于较为便捷,绝大多数受访者还是比较愿意利用网络平台或者智能手机等手段对食品生产、加工销售等环节中的违法、违规行为进行举报,参与食品安全治理。

5.公众利用第三方监督举报影响预期效果的主要原因

当受访者被问及利用第三方监督举报食品安全问题并未达到预期效果的主要原因时(为多选题),选择认为"获得相关信息较少"的受访者占18.26%,而认为"没有配套的设施和设备"的受访者比例为7.44%,选择认为"举证困难"的受访者比例为31.21%,选择"得不到合理赔偿"的受访者占27.28%,而认为"没有回应"的受访者比例为54.18%,认为"等待时间太长"的受访者占46.37%,认为"成本太高"的受访者比例为16.92%。由此可见,超过半数的受访者利用第三方监督举报食品安全问题并未得到回复,并且等待时间太长、举证困难,也没有得到合理赔偿。相关的第三方与公众共同参与食品安全治理机构的办事流程、效率等方面均有待进一步提高(图17-13)。

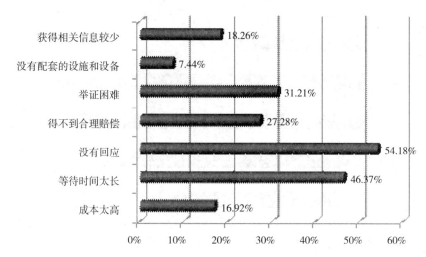

图 17-13　公众利用第三方监督举报影响预期效果的主要原因调查

三、食品安全的消费投诉与权益保护：
基于全国消协组织等数据的分析

消费者对食品安全相关问题的投诉，既是公众参与食品安全共治的重要组成部分，也是消费者维护自身权益的重要手段，本章主要采用我国消费者协会的相关数据，分析公众参与食品安全社会共治的情况。

（一）商品大类中食品类别投诉的基本情况

根据我国消费者协会 2016 年 1 月发布的《二〇一五年全国消协组织受理投诉情况分析》报告，2015 年，在 639 324 件投诉中，商品类投诉为 309 091 件，占总投诉比重为 48.34%，比 2014 年下降 5.72 个百分点；服务类投诉为 187 613 件，占总投诉比重为 29.34%，比 2014 年上升 0.62 个百分点。而在总投诉中，商品类投诉多于服务类投诉，但商品类投诉占比呈现下降趋势，服务类占比呈现上升趋势。

与 2014 年相比（如图 17-14、表 17-3 所示），商品大类投诉中，家用电子电器类、服装鞋帽类、交通工具类、日用商品类和房屋建材类投诉量仍居前五位，食品类位居第六位。除交通工具类投诉上升了 1.08% 外，包括食品类、烟酒和饮料类在内的食品类别的投诉量均有所下降。食品类在商品大类的投诉量占比较 2014 年的 4.27% 降低了近一个百分点。

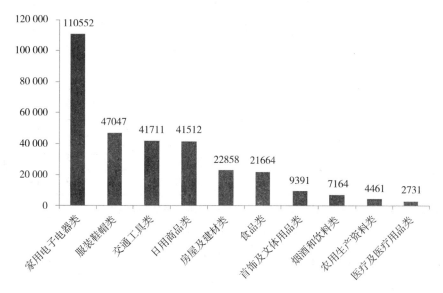

图 17-14　2015 年商品大类投诉量图（单位：件）

资料来源：中国消费者协会《2015 年全国消协组织受理投诉情况分析》。

表 17-3　2014—2015 年间商品大类投诉量变化情况　（单位：件、%）

商品大类	2015 年（件）	投诉比重（%）	2014 年（件）	投诉比重（%）	比重变化（%）	数量变化（%）
家用电子电器	110 552	17.29	128 607	20.76	−3.47	−14.03
服装鞋帽	47 047	7.36	50 863	8.21	−0.85	−7.50
交通工具	41 711	6.52	33 706	5.44	1.08	23.75
日用商品	41 512	6.49	43 247	6.98	−0.49	−4.01
房屋及建材	22 858	3.58	24 599	3.97	−0.39	−7.08
食品	21 664	3.39	26 459	4.27	−0.88	−18.12
首饰及文体用品	9 391	1.47	9 448	1.53	−0.06	−0.60
烟酒和饮料※	7 164	1.12	8 618	1.39	−0.27	−16.87
农用生产资料	4 461	0.70	5 554	0.90	−0.20	−19.68
医药及医疗用品	2 731	0.43	3 800	0.61	−0.18	−28.13

资料来源：中国消费者协会 2014、2015 年《全国消协组织受理投诉情况分析》

※：本表食品种类的有关分类按照中国消费者协会传统的方法。实际上，按照国家统计局的统计口径，烟、酒和饮料类也属于食品。

表 17-4 中,2015 年,食品消费投诉量也较 2014 年下降了 18.12%。而涉及到食品消费的投诉,消费者反映的主要问题有:一是商家对于过期变质食品没有及时下架,仍在销售;二是市场上仍然存在假冒伪劣食品,这些食品在口味、品质上与正品有很大差距,有些甚至威胁到消费者的生命健康等。

表 17-4　2009—2015 年间全国消协组织受理的食品消费投诉量

(单位:件、%)

年份	2009	2010	2011	2012	2013	2014	2015
投诉量	36 698	34 789	39 082	39 039	42 937	26 459	21 664
比上年增长	−20.65	−5.20	12.34	−0.11	9.98	−38.38	−18.12

资料来源:根据中国消费者协会发布的 2009—2015 年受理投诉情况分析整理。

(二)具体商品中食品相关类别投诉情况

1. 食品类投诉量仍居前十位

由于近年来国家加大了对食品安全违法行为的惩处力度,有关食品安全的投诉比例呈下降趋势。在具体商品投诉中,食品投诉量位居第五,达到 14 793 件,仅位居通信类产品、汽车及零部件、服装、鞋之后,仍然保持 2014 年第五位的投诉量(图 17-15)。

2015 年,全国消协组织共受理食品类的消费者投诉中,产品质量、计量、价格、合同和售后服务问题是引发投诉的主要原因,占投诉总量的七成以上,而三分之二的投诉又与食品的质量安全有关。其中,由于质量投诉的件数位居首位,食品、烟酒和饮料、婴幼儿奶粉、餐饮服务的相关投诉数分别为 8 946 件、4 239 件、132 件和 2 834 件;其次,由于计量原因接到的食品投诉也较高,在食品、烟酒和饮料、餐饮服务的投诉数分别为 1 047 件、143 件、57 件;另外,烟酒和饮料、婴幼儿奶粉、餐饮服务由于合同纠纷的投诉也较高,分别为 448 件和 28 件、1 692 件,均居其各自投诉量的第二位;而食品、烟酒和饮料由于价格原因接到的投诉分别为 909 件、346 件,居各自投诉量的第三位(表 17-5)。

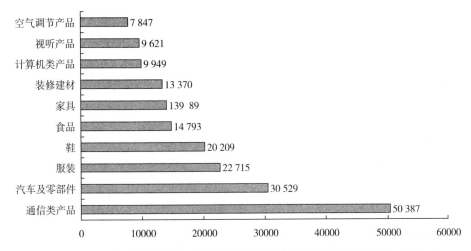

图 17-15　2014 年全国消协组织受理的投诉量位居前 10 位的商品与投诉量　单位：件

资料来源：中国消费者协会《2014 年全国消协组织受理投诉情况分析》。

表 17-5　2015 年食品类与烟、酒和饮料类等受理投诉的相关情况统计表※

单位：件

类别	总计	质量	安全	价格	计量	假冒	合同	虚假宣传	人格尊严	售后服务	其他
一、食品类	21 664	12 407	476	1 317	1 489	358	736	1 127	58	578	3 118
食品	14 793	8 946	308	909	1 047	206	495	575	42	218	2 047
其中：米、面粉	306	185		11	28	2	13	20			47
食用油	185	96		13	8		9	25		3	31
肉及肉制品	855	543	11	50	72	16	19	17	6		121
水产品	309	115	3	22	63	3	31	9	2	11	50
乳制品	768	462	5	50	5	6	71	30		35	104
保健食品	2 389	903	58	91	17	64	152	436		261	407
其他	4 482	2 558	110	317	425	88	89	116	16	99	664
二、烟酒和饮料类	7 164	4 239	93	346	143	267	448	234	5	468	921
烟草、酒类	2 568	1 526	39	97	60	118	107	119	3	146	353
其中：啤酒	357	209	11	25	5	2	17	14	2	25	47
白酒	682	309	2	16	17	25	60	63		96	94
非酒精饮料	2 144	1 086	30	141	14	14	253	38		278	290
其中：饮用水	799	273	11	25		3	201	3		179	104

续表

类别	总计	质量	安全	价格	计量	假冒	合同	虚假宣传	人格尊严	售后服务	其他
其他	2 452	1 627	24	108	69	135	88	77	2	44	278
三、婴幼儿奶粉	205	132		2		2	28	5		5	31
四、餐饮服务	9 484	2 834	328	838	57	17	1 692	209	163	1 526	1 820

资料来源:中国消费者协会《2015 年全国消协组织受理投诉情况分析》。

※:本表食品种类的有关分类按照中国消费者协会传统的方法。实际上,按照国家统计局的统计口径,烟、酒和饮料类属于食品。

2. 餐饮类服务投诉位列服务类前八位

在具体服务投诉中,餐饮服务的投诉量位居服务细分领域的第八位,位列远程购物、移动电话服务、经营性互联网服务、美容美发服务、保养和修理服务、快递服务、住宿服务之后。与 2014 年相比,2015 年消费者对餐饮服务投诉量下降了384 件,而在十大服务类投诉的排名则由 2014 年的第六位降至第八位(图 17-16)。

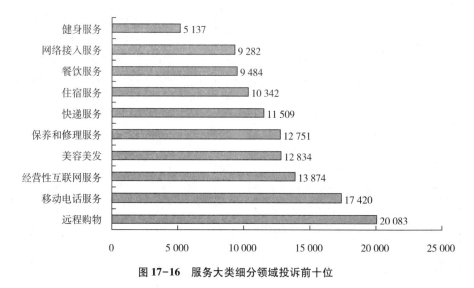

图 17-16 服务大类细分领域投诉前十位

3. 普通食品成为投诉举报的主要食品

2015 年,全国各级食品药品投诉举报机构共接收投诉举报信息 77 万件,其中投诉举报 47.5 万件,超过 60%。按产品类别统计,普通食品的投诉举报量最大,接近总投诉量的八成,主要原因一是普通食品与人民群众生活息息相关,公众关注度最高;二是食品行业具有链条长、点多面广等特点,小作坊、小餐馆、小摊贩等违法违规问题较多;三是与药品、医疗器械相比,普通食品技术含量较低,问题易被发现。占比排名其次的是药品(10.50%)和保健食品(5.12%)。化妆品(3.64%)和医疗器械(2.58%)的投诉举报量相对较少。

从公众对"四品一械"投诉举报的问题来看,主要反映无证生产、无证经营,销售假冒伪劣产品,虚假宣传,标签标识不符合规定等。较为突出、典型,且呈现递增趋势的热点问题:一是通过互联网、微信、APP 移动终端等方式,无证经营"四品一械"或销售假冒伪劣产品;二是保健食品和治疗仪等医疗器械的虚假宣传;三是使用未列入《新食品原料名录》及《药食同源物品名录》的原料生产食品。

而近两年全国食品药品稽查大案要案中,有一半以上来源于投诉举报线索,投诉举报已成为食品药品监管部门打击违法犯罪最重要的案源渠道。12331 投诉举报热线及相关工作不仅成为打击食品药品违法犯罪、解决公众诉求的重要窗口,也成为了群众咨询食品药品安全知识、参与社会共治的重要途径。同时,为提高投诉举报受理质量,投诉举报中心已经全面启动了食品药品投诉举报知识库升级改造建设工作,未来还将在此基础上搭建国家—省—市—县信息共享的食品药品投诉举报知识库云平台,推进省级投诉举报知识库建设,实现群众咨询答复的标准化。

4. 远程购物成为食品投诉的多发领域

近年来,我国电子商务发展迅猛,与此同时,包括食品消费在内,以网络购物、电视购物为代表的远程购物也成为消费者投诉的多发领域。2015 年,全国消协组织受理远程购物投诉 20 083 件,占销售服务类投诉的 69.86%。在远程购物投诉中网络购物占 95.41%,比去年同期上升 3.13%。而消费者主要投诉的对象涉及电商平台、以微商为代表的个人网络商家和电视购物等方面。

电商平台被投诉的问题有:一是商品质量不合格和假冒的现象比较严重;二是七天无理由退货难落实;三是消费者个人信息遭泄露;四是网上支付安全难保障。微商是近年来新兴的网络交易模式,发展迅速,但由于大部分微商是个人对个人的交易行为,且微商纳入政府监管的时间并不长,所以存在很多问题:一是微商缺乏信用保证体系,如出现消费纠纷,消费者维权难;二是微商存在虚假宣传行为,实物与宣传不符;三是部分微商的"积赞"等活动难以兑现承诺。而电视购物也是投诉高发区,存在的主要问题有:一是虚假宣传,误导消费者,尤其是老年消费者;二是部分商品存在质量问题,甚至涉嫌假冒伪劣;三是包括食品在内,商品出现问题后,厂商与电视台互相推脱,导致消费者维权比较困难。

5. 预付卡餐饮消费欺诈是顽疾

预付卡消费是指消费者一次性支付费用,经营者分次提供商品或服务。近年来,在餐饮消费中的预付卡消费也已成为一种新的商品服务消费方式。目前,预付卡消费领域存在的主要问题有:一是经营者诚信难保证,部分经营者利用其变相融资、集资、诈骗甚至跑路;二是在服务过程中,服务与宣传不符,服务缩水;三是经营者利用不合理格式条款限制预付卡使用期限,甚至排除消费者退卡权利等。如何保证消费者餐饮预付卡消费中的权利成为较大问题。

6. 跨国境食品消费投诉成为新热点

近年来,我国消费者跨境消费逐渐升温,同时跨境电商、海外代购等消费形式不断兴起,我国居民境外旅游购物支出增速最高的商户类别是医药品商店,其次是电器商店、百货公司、超市和食品店。这也造成包括食品消费在内,我国跨国跨境消费投诉呈现激增态势。跨国跨境投诉的问题主要有:一是在跨境旅游中,部分旅行社、导游,利用信息不对称欺诈消费者,或强制消费者购物;二是跨境电商、代购商品的质量存在问题,包括运输过程中造成的损耗、国内外型号不符等。由于我国目前跨境消费维权机制尚未建立、跨境消费维权环境还不成熟,导致跨境消费维权难度很大,成为维权的新难点。

四、公众食品安全治理参与行为基本特征与政策建议

(一)公众食品安全治理参与行为基本特征

本章的调查结果显示,我国相当大比例的城乡受访者仍然通过与经营者交涉或自认倒霉解决遭遇的食品安全问题。我国城市和农村的食品安全的第三方介入的投诉举报渠道仍有待改善。尽管绝大多数受访者认为公众参与食品安全治理还是有实质作用的,但能够积极主动承担宣传食品安全监督举报

志愿者角色的受访者很少,且大多数受访者并不认同公众自身参与食品安全治理应不计个人得失,其主要原因就是参与治理(包括投诉举报)等待时间太长。

基于全国消协组织的数据,发现在所有商品和服务大类投诉中,虽然包括餐饮消费在内,消费者的食品投诉量都有所下降,但投诉量仍居前十。而食药监管 12331 等受理投诉的食品八成为普通食品。当然,随着互联网的普及,包括远程购物、跨国跨境购物,食品消费的投诉呈现出新特点和新难点。与餐饮消费有关的预付卡消费也同样成为投诉顽疾。虽然公众参与食品安全风险社会共治的基础已经初步具备,但无论是公众参与意识,还是利用第三方共同参与治理,所花费的成本均较高,公众参与食品安全治理任重而道远。

(二)政策建议

全面实施《食品安全法》(2015),推进食品安全风险社会共治,发挥公众力量,当前与未来一个时期,必须从如下六个方面来完善公众参与食品安全风险治理机制。

1. 树立民主治理型的食品安全观念体系

改革开放 30 多年来,我国逐渐实现农业化向工业化转变,并进入全球化和信息革命时代。但是,由政府实施一元化、单向管理的传统观念和方法仍普遍运用于公共事务治理,当下我国食品安全的监管主体、监管体制和监管方法还带有传统行政管理特征,解决之道的首要因素就是推动观念更新并引导制度创新。党的十八届五中全会提出,实现"十三五"时期发展目标,破解发展难题,厚植发展优势,必须牢固树立并切实贯彻创新、协调、绿色、开放、共享的发展理念,这是关系我国发展全局的一场深刻变革。而食品安全治理是一项综合、复杂、系统工程,涉及社会生活多个层面和多种利益关系,必须树立大安全观、共同治理观、全面责任观,通过观念革新推动制度、机制和方法创新,实现依法治理、源头治理和系统治理。而且,应当逐步实现国家、社会共同治理,政府、市场各尽其能,国家在共治中不断培育食品安全意识,发展食品安全公德。

2. 建立健全高效的食品安全信息系统

政府机关必须建立有效的食品安全信息传导机制,以此作为食品安全治理的重要手段,定期发布食品生产、流通全过程中的市场检测等信息,为消费者和生产者提供服务,使消费者了解关于食品安全性的真实情况,减少由于信息不对称而出现的食品不安全因素,增强自我保护意识和能力。同时,提供平台帮助消费者参与改善食品安全性的控制管理。食品生产者、经营者和管理部门应重视食品安全动态的信息反馈,及时改进管理,提高社会责任感和应变能力。还要强化对大众媒体的管理,将食品报道、食品广告和食品标签纳入严格的法治轨道。各种媒体应以客观准确科学的食品信息传播给社会,维护社会安定,推动社会进步,不得炒作新闻制造轰动效应以牟取利益,以免加重消费者对食品安全的恐慌心理。

3. 完善食品安全监管信息公开制度

食品安全监管信息主要来自三个来源:一是政府监管机构信息,主要是食品安全监管部门的基础监管信息;二是食品生产行业信息,包括行业协会的评价等;三是社会信息,包括媒体舆论监督信息、认证机构的认证信息、消费者的投诉情况等。信息公开是公众参与取得实效的基础条件,信息开放的程度和方式直接影响着公众参与的兴趣和效果。政府如果不能为公众提供充分的信息,或者公众缺乏畅通的信息获取渠道,那么公众参与食品安全治理的成效就会大打折扣。因此,很多国家为了保障公众参与食品安全监管,在判例和成文法中都明确了信息公开的内容。我国可依据新法的规定,通过确定政府和食品生产企业披露食品安全信息的义务以及披露的方式和场所,使公众能从正规渠道获得食品安全信息,保障公众知情权、参与权和监督权。实际情况表明,没有公众参与的食品安全监管是艰难、低效的,要实现对食品的安全有效监管就必须发动广大群众的积极参与。保证信息来源的真实性和全面性,政府各监管部门有责任及时向社会公开相关的食品安全政策法规。要想发动群众,首先要做的就是让公众知道食品安全和监管信息,让公众有比较全面的了解。因此,我们应建立涉及食品安全的全过程、全方位的信息公开制度,这是最有效的一种监管方式。

4. 建立便捷的食品安全监管举报机制

烦琐的举报程序或者模糊不清的举报渠道,也是阻碍公众参与食品安全治理的原因之一。在信息技术高速发展的今天,人们可以通过多种方式进行信息交流。现代信息技术的特点就是快捷、安全、便利、准确。食品安全监管的举报模式也应该多样化,多采用现代信息技术手段等多元化的信息传递方式(例如各种微信、微博),可以通过互联网、手机短信等方式向食品安全监管部门反映情况。因此作为政府监管部门应该积极探索多样化的食品安全监管方式,做出必要的人财物和技术设备投入,构筑食品安全监管网络,延伸安全监管触角,把公众监督作为食品监管的强大后盾。通过聘请热心于社会公益、社会威望高、责任心强的公众代表作为食品安全信息员并进行统一培训,由其收集和反映消费者对食品安全监管的意见,促使食品安全监管部门能够随时发现、及时处理各类食品安全问题。

5. 健全公众参与食品监管的激励机制

公众参与食品安全监管是一种值得肯定和赞扬的行为,理应得到全社会的尊重和推崇。让公众看到参与食品安全治理带来的实际效果,而且这种效果与公众的心理预期一致,公众就会产生参与积极性,这是一种激励机制。同时,对食品安全的监管可能会触及不法者的利益,有可能导致违法者的不满或者报复,而且从既往查处的食品安全事件来看,有相当一部分是由于公众举报才引起监管部门予以关注和查处的,为将食品生产和销售的不法分子绳之于法,同违法行为作斗争,建立对举报者的法律保护和奖励制度,就显得十分必要,也有利于让公众更积极地参与食品安全治理,并依法对举报者和证人加以有效保护,并根据查处的实际情况对公众予以适当奖励。

6. 强化公众参与食品安全治理的救济机制

我国有关公众参与的机制远不完善,公众参与能力也远不平衡,为保护公众参与食品安全治理的积极性,需要对公众参与予以指导和帮助。为保护公众的参与积极性,需要设立食品安全监管的救济制度。例如,在公众参与食品安全监管的过程中遇到困难和问题的时候,政府监管部门要通过咨询信息网络进行帮助和解答。公众参与是宪法赋予我国人民的一项权利,应获得应有的尊重和保护。一旦公众的参与权受到阻碍或侵害,应有相应制度提供救济。例如,可尝试在政府机构内设立专门人员,解决公众参与的投诉问题,对违反公众参与食品安全治理有关规定的事项进行干预和处置,并将结果向社会公布,以实现对公众参与权利的救济和对行使行政权力的监督,从而改善执法机关形象、提升行政法治水平。

第十八章　社会组织参与食品安全社会共治的能力考察

单纯由政府主导的食品安全监管模式已无法满足人们对于食品安全的消费需求。政府和市场在食品安全风险治理中出现的政府公权和市场私权的"双重失灵",迫切需要包括社会组织、公众等社会力量的参与。社会力量参与食品安全风险治理,既是弥补食品安全风险治理中政府与市场"双重失灵"的必然选择,也是实现我国食品安全管理由传统的政府主导型治理向"政府主导、社会协同、公众参与"的协同型治理转变的迫切需要。在风险治理体系中积极引入社会机制,引导、扶持、鼓励和加强政府与市场之外的第三方监管,这既是食品安全风险治理力量的增量改革,更是风险治理理念的重构,将对治理食品安全风险发挥难以估量的特殊作用。近年来,在我国的食品安全治理中,社会力量也正在发挥日益重要的作用,但是就社会组织而言,由于非常复杂的原因,在食品安全治理领域面临着数量较少、质量较低、作用较为有限的问题。如何培育与发展"满足治理需求、基本职能明确、类型结构合理、协同无缝对接"的多层次、多主体的社会组织体系,是构建具有中国特色的食品安全社会共治体系所面临的重大任务。本章主要以中国食品工业协会、中国乳制品工业协会、中国肉类协会、中国保健协会、中国豆类协会等 25 家中央层面的食品行业的社会组织为案例,通过深度访问和问卷调查的方式,并基于模型的计量研究,重点考察影响食品行业社会组织参与食品安全风险治理能力的主要因素,并提出相应的思考与建议。

一、社会组织参与食品安全社会共治的理论与现实背景

食品从种植、生产加工、销售到最终消费,涉及生产农户、食品生产与加

工、运输与经销商、零售业等多个生产经营主体,在此非常复杂的食品供应链体系中任何一个环节出现问题都将影响食品安全[1]。事实上,食品安全风险是世界各国普遍面临的公共卫生难题[2],全世界范围内的消费者普遍面临着不同程度的食品安全风险问题[3]。据统计,全球每年至少有 2.2 亿人感染食源性疾病[4],严重威胁着人类的健康,世界卫生组织由此将控制食源性疾病和食品污染作为食品安全工作的重点,予以高度重视[5]。为防范食品安全风险,自 20 世纪 90 年代以来,我国不断探索与改革食品安全的政府监管机制。1993—2012 年间,随着市场经济体制的确立,我国食品安全管理机制逐步发展为分段式、多部门的监管机制(2003—2008 年),并逐步演化为综合协调(国务院食安委)下的部门分段监管机制(2009 年—2013 年 2 月),2013 年 3 月又再次实施了新一轮的改革。与此同时,监管的技术能力不断提升。但是,现阶段我国食品安全事件依旧不断发生[6]。事实再次证明,单纯由政府主导的食品安全监管模式已无法满足人们对于食品安全的消费需求。基于由社会管理向社会治理转变的整体背景,我国必须加快食品安全治理中的民主化与法治化进程,促进食品安全由传统的政府主导型管理向"政府主导、社会协同、公众参与"的协同型治理的转变,在食品安全风险治理体系中引入社会机制,积极引导、扶持、鼓励社会组织参与食品安全风险治理,这既是食品安全风险治理力量革命性的提升,更是风险治理理念创新性的改革,将对治理食品安全风险产生难以估量的特殊作用。为此,最新修订的《食品安全法》对社会组织参与食品安全风险治理的职能、责任、义务、权利作出了明确的规定。因此,研究

---

① 李静:《我国食品安全监管的制度困境——以三鹿奶粉事件为例》,《中国行政管理》2009 年第 292 期,第 30—33 页。

② M. P. M. M. De Krom " Understanding Consumer Rationalities: Consumer Involvement in European Food Safety Governance of Avian Influenza", *Sociologia Ruralis*, Vol.49, No.1, 2009, pp.1-19.

③ Y.Sarig*Traceability of Food Products*, Agricultural Engineering International: the CIGR Journal of Scientific Research and Development.Invited Overview Paper, 2003.

④ WHO/FAO.Major issues and challenges in food safety.In FAO/WHO regional meeting on food safety for the Near East.Jordan: WHO/FAO. , 2005.

⑤ Dr M.Y. , Baseline information for food safety policy and measures, Department of Food Safety and Zoonoses World Health Organization 20, *Avenue Appia*, CH-1211 Geneva 27 Switzerland, Revision 6 October 2011.

⑥ 厉曙光、陈莉莉、陈波:《我国 2004—2012 年媒体曝光食品安全事件分析》,《中国食品安全报》2014 年第 3 期,第 1—8 页。

现阶段影响我国社会组织参与食品安全风险治理能力的主要影响因素，据此提出提升社会组织参与食品安全风险治理能力的建议，对构建具有中国特色的食品安全社会共治体系就显得十分迫切。

二、食品行业社会组织的概念界定

在西方国家体系内，社会组织之所以能够成为社会治理的重要主体，主要取决于社会组织的基本功能与社会环境。作为介于社会和国家之间的社会组织，社会成员加入的目的不是为了追求市场的利益[1]，也不是为了获得国家的权力[2]，而是公民为维护自身权益而自愿组成的组织。因此，在包括食品安全风险治理的社会治理中有着民间性、公益性、专业性和自治性等众多优势[3]。在国外，社会组织一般称之为非政府组织（Non-Governmental Organization，NGO）。Lester M.Salamon 的研究指出，NGO 一般包括社会团体、教育机构、社会服务机构、倡议性团体、基金会、医疗保健组织等等[4]。从发达国家 NGO 参与社会共同治理的经验可以看出，NGO 的参与不仅能够弥补政府在治理过程中的各种弊端，同时能够弥补在社会治理中市场调节机制的缺陷[5]。

20 世纪 90 年代中后期以来，疯牛病（Bovine Spongiform Enceohalopathy，BSE）等食源性疾病的不断发生[6]，严重削弱了公众对食品安全治理的信心[7]，迫使政府寻找新的有效的治理方法[8]。Viscusi 的研究发现，在食品安全风险

---

① J.Fisher, *Non-governments: NGOs and the Political Redevelopment of the Third World*, West Hartford, CT: Kumarian Press, 1998.

② A.M.Florini, "The Third Force: The Rise of Transnational Civil Society", *Tokyo: JCIE, No.10, 2000*.

③ 夏建中、张菊枝：《我国社会组织的现状与未来发展方向》，《湖南师范大学社会科学学报》2014 年第 1 期，第 25—31 页。

④ M.S.Lester, *Global Civil Society: Dimensions of the Nonprofit Sector*, The Johns Hopkins Center for Civil Society Studies, 1999.

⑤ 姚远、任羽中：《"激活"与"吸纳"的互动——走向协商民主的中国社会治理模式》，《北京大学学报（哲学社会科学版）》2013 年第 2 期，第 141—146 页。

⑥ M.Cantley "How should public policy respond to the challenges of modern biotechnology", *Current Opinion in Biotechnology*, No.15, 2004, pp.258-263.

⑦ B.Halkier, L.Holm, "Shifting responsibilities for food safety in Europe: An introduction", *Appetite* No.47, 2006, pp.127-33.

⑧ L.Caduff, T.Bernauer, "Managing risk and regulation in European food safety governance", *Review of Policy Research*, No.23, 2006, pp.153-68.

的监管过程中,政府监管部门在面对私人利益和公众利益冲突时,政府的监管政策与食品风险减少之间并没有直接的关联①。相较于食品生产经营者,政府掌握的信息是不完全和不对称的,严重阻碍了政府在食品安全风险治理过程中事前预警与监管作用的发挥,消费者对食品安全的需求客观上需要社会组织的加入,需要政府、市场、社会多元主体的共同治理②。食品行业的社会组织不仅拥有食品行业的权威专家,对会员企业的生产运作更有着显著的信息优势,在食品安全风险的治理过程中能够弥补政府和市场的双重失灵。在发达国家,如世界第三大食品和农产品出口国荷兰的农业协会不仅覆盖整个食品产业链,制定了完整的食品安全质量标准,同时还在政府和企业之间构架了一座桥梁③。在食品生产新技术高速发展、食品供应链日趋国际化的背景下,社会组织等非政府力量在食品生产技术与专业管理等方面具有独一无二的知识优势④,在保障安全食品供应方面发挥了重要作用,成为政府治理力量的有效补充⑤。全球由此逐步共同探索食品安全风险的社会共治,食品安全社会共治的概念迅速发展,并在西方国家引起了广泛关注并逐步成为治理食品安全风险的有效方法⑥。

　　社会组织在我国社会科学的研究中有广义、狭义之分。一般而言,社会组织可以理解为,与政府和市场营利企业相对的民间性社会团体,主要包括公益类社团、行业协会商会、民办非企业单位、基金会等⑦。张锋的研究指出,社会组织在参与食品安全相关政策的制定过程中,应当充分利用其民间性和专业性

　　① W.K.Viscusi,J.M.Vernon and Jr J.E.Harrington,Economics of Regulation and Antitrust(3rd Edition),*Mas sachusetts*,The MIT Press,2000.

　　② A.C.Julie,M.Eliza,"Using Informational Labeling to Influence the Market for Quality in Food products",*American Journal of Agricultural Economics*,Vol.78,No.5,1996.

　　③ 徐韩君:《社会中介组织参与我国食品安全治理优势的研究》,南京工业大学博士学位论文,2014。

　　④ Gunningham and Sinclair,supra note 17,at 97(discussing the"assumption that industry knows best how to abate its own environmental problems"),2007.

　　⑤ S.Henson,J.Humphrey,*The Impacts of Private Food Safety Standards on the Food Chain and on Public Standard-Setting Processes*,Joint FAO/WHO Food Standards Programme,Codex Alimentarius Commission,ALINORM 09/32/9D-Part II FAO Headquarters,Rome. 2009.

　　⑥ R.Elodie,Julie A.Caswell,"From punishment to prevention:A French case study of the introduction of co-regulation in enforcing food safety",*Food Policy*,Vol.37,No.3,2012,pp.246-255.

　　⑦ 杨仁忠:《公共领域理论与和谐社会构建》,社会科学文献出版社2013年版。

的优势,综合考虑各方的利益诉求,给出更加科学合理的政策建议①。谭德凡通过对于我国食品安全监管模式的研究指出,社会组织非政府、非营利的特征有利于其制定更加标准的科学的检测手段和监管机制,减少企业的违法行为,为食品安全提供保障,同时社会组织的技术优势和专业优势能够帮助政府了解当前真实全面的食品安全相关信息,减少政府在治理环节的监管成本,提升食品安全的监管效率②。王辉霞的研究表明,社会组织能够有效地集中社会公众,了解社会公众的需求,在制定食品行业制度、标准方面维护消费者利益,同时可以集中公众力量督促企业管理者承担食品安全生产的社会责任,因此应当充分利用食品行业协会、食品质量检测协会、消费者协会、食品风险评估协会、食品认证协会等社会组织的市场感知能力、信息获取能力以及专业技术水平的优势③。因此,并不是所有的社会组织均有能力参与食品安全风险治理,参与食品安全风险治理的社会组织需要具备相应的技术手段、专业素养。刘文彬的研究指出,食品行业的社会组织主要是由与食品安全存在一定利益关系(非直接利益)的食品行业协会、公众自治组织、民办社会团体、消费者协会、新闻媒体机构等构成④。这些专业性、行业性的社会组织区别于政府和企业的自主性、非营利性的特性,在食品安全风险治理中有着特殊的地位。在我国,食品安全风险的社会共治,就是政府从全能的政府管理模式向有限参与的政府主导模式转化,由政府统筹管理,政府与市场、社会之间形成良好的合作伙伴关系,社会各主体共同参与的过程⑤。归纳、分析国内外现有的文献,并基于我国的实际,本章的研究将食品行业的社会组织定义为食品行业的利益相关群体不以盈利为目的,按照共同认可的章程,为促进食品行业自律、保障食品安全和实现有效监管而自愿组织成立的,实行组织自治性运作,独立于政府和企业以外的社会公益性组织,主要包括食品专业类的行业协会、综合类的消费者协会以及基层群众自治组织。

　　研究表明,在向现代化国家转型进步过程中,中国社会组织也在迅速成长,由原来少而弱的局面开始向数量增长、结构优化的良好格局发展。在引导

---

① 张锋:《食品安全治理需要新视角》,《中国食品安全报》2012 年 10 月 11 日。

② 谭德凡:《我国食品安全监管模式的反思与重构》,《湘潭大学学报》2011 年第 3 期,第77—79 页。

③ 王辉霞:《食品企业诚信机制探索》,《生产力研究》2012 年第 3 期,第88—90 页。

④ 刘文彬:《论健全综合性食品安全监管系统》,《消费经济》2009 年第 5 期,第30—33 页。

⑤ 胡冰:《十八届三中全会对"社会治理"的丰富与创新》,《特区实践与理论》2013 年第 6期,第 20—22 页。

社会组织朝"政社分开、权责明确、依法自治"的方向健康有序发展中，一个包括监管体制、支持体制、合作体制、治理体制与运行体制在内的现代社会组织体制正在逐步成形并日趋成熟起来①。但总体而言，受我国经济、社会、历史、文化等众多纷繁复杂的因素影响，包括食品行业在内的国内各类社会组织的发展尚处于提升能力的阶段，难以承担与社会责任相适应的社会治理能力。食品行业的社会组织参与食品安全风险治理的能力受若干个维度和诸多因素共同影响。事实上，影响食品行业的社会组织参与食品安全风险治理能力的因素之间并非相互独立，各个维度和主要因素间可能存在相互的影响关系。一个比较有效的方法是通过分析所有影响因素之间的关系②，研究影响社会组织参与食品安全风险治理能力的最主要的因素。故本章的研究采用主成分分析法（Principal Component Analysis，PCA），把相关的因素融合为若干不相关的综合指标变量③，实现对数据集的降维，最终采用多元线性回归模型（Multivariable Linear Regression Model）识别关键因素，由此把握影响社会组织参与食品安全风险治理能力的关键因素，为提升食品行业社会组织的治理能力提供政策建议。

三、社会组织参与能力可能影响因素的理论假设

美国国际开发署（United States Agency for International Development，US-AID）对 NGO 的生存能力调查设定了法律环境、财政活力、公众形象、基础设施、宣传、组织能力、提供的服务等七个关键指标④。Ekiert 和 Holy 等认为社会组织的资金来源、获取资金的过程、组织成员自愿参与的水平以及社会组织结构的合理性对社会组织的发展都有着重要的影响⑤⑥。陈彦丽的研究认

---

① 王名、丁晶晶:《中国社会组织的改革发展及其趋势》,《公益时报》2013 年 10 月 15 日。

② Zhou Q.，Huang W.L.，Zhang Y.，Identifying critical success factors in emergency management using a fuzzy dematel method，*Saf.Sci*，Vol.49，No.2，2011，pp.243-252.

③ 汪应洛:《系统工程》,机械工业出版社 2008 年版。

④ United States Agency for International Development（USAID）.NGO Sustainability Index for Central and Eastern Europe and Eurasia.Washington，DC:United States Agency for International Development. 2008.

⑤ G.Ekiert，"Democratization processes in East Central Europe:A theoretical reconsideration"，*British Journal of Political Science*，No.21，1991，pp.285-313.

⑥ L.Holy，*The Little Czech and the Great Czech Nation:National Identity and the Postcommunist Social Transformation.Cambridge*，Cambridge University Press. 1996.

为,实现食品安全社会共治,大力促进 NGO 的发展,首先是宏观上鼓励,赋予社会组织独立的法律地位,授予其相应的专业权限,保障其独立性、权威性①。为了研究影响食品行业社会组织参与食品安全风险治理能力的主要因素,本章的研究基于前人的研究,做出了如下的研究假设:

(一)社会组织的法律地位

USAID 的研究指出,社会组织的可持续发展必须依赖于其有明确的法律地位,明确的法律地位是社会组织存在的基本条件②。雷炜的研究指出,社会组织作为市场和政府的中间调节机制,应该具有独立的法律地位,这种法律地位不仅表现在形式上,更应赋予其独立的功能与运作模式③。法律法规制约着社会组织发展的规模、价值取向、活动范围,明确的法律地位是社会组织参与食品安全风险治理的动力、基本条件和外在保障。因此,党的十八届三中全会明确提出加强社会组织立法对于更好地加强社会组织作用的发挥具有里程碑作用④。食品安全社会共治首先应当健全食品安全治理主体法规,明确界定各参与主体的法律地位、权责范围,社会组织的法律地位不明确会使得整体实力弱小,公众参与的动力机制不足。故在食品安全社会共治的过程中,应当首先明确社会组织的法律地位,确保社会组织在法律框架下按照各自的章程自主性地开展各种活动,由此假设:

法律地位影响食品行业社会组织参与食品安全风险的治理能力。

(二)社会组织的资金状况

资金是社会组织生存和发展的重要因素⑤。由于社会组织的非营利性,使得组织运行的经费主要依赖外部资助。目前食品行业社会组织的资金主要来源于国内外基金会、个人和团体捐款、政府和财政支持(免税、财政直接支

---

① 陈彦丽:《食品安全社会共治机制研究》,《学术交流》2014 年第 9 期,第 122—126 页。

② United States Agency for International Development(USAID).NGO Sustainability Index for Central and Eastern Europe and Eurasia.Washington,DC:United States Agency for International Development. 2008.

③ 雷炜:《关于社会中介组织法律地位的思考》,首都经济贸易大学 2004 硕士学位论文。

④ 《中共中央关于全面推进依法治国若干重大问题的决定》,2014。

⑤ 俞志元:《NGO 发展的影响因素分析——一项基于艾滋 NGO 的研究》,《复旦学报(社会科学版)》2014 年第 6 期,第 151—160 页。

援等）[1]。私人和团体捐助的资金能够保持社会组织的独立性，但单纯依靠私人和团体的捐款，社会组织难以得到稳定的发展；通过政府的购买服务从政府或通过商业性的活动从国外捐助者方面获取资金虽然比较容易且可能，但社会组织可能会为了获取该资金改变自身的性质和宗旨[2]。社会组织的资金状况既关乎资助者的利益，也与社会组织自身的性质紧密相连[3]。周秀平等人研究认为，活动经费是影响社会组织处理紧急危机事件能力的重要因素[4]。Yang 在关于社会组织加强食品安全以及相关法律的作用研究中指出，充足的资金是社会组织在食品安全治理领域取得突破的重要保证[5]。很多社会组织职能性活动缺少的原因是受组织资金状况的约束。资金不足不仅是非常态下组织作用发挥不充分的原因，也是常态下社会组织发展受阻滞的根源，由此假设：

H_2：资金状况影响食品行业社会组织参与食品安全风险的治理能力。

（三）社会组织的法人特征

众多学者将社会组织内的管理人员定义为一种特别的社会资本——企业家社会资本[6][7]，而且认为社会组织所拥有的社会资本与其绩效存在着正相关的关系[8]。Hambrick 和 Mason 的研究认为，社会组织是组织体系内高层管理人员的集合体，具有不同背景特征的管理者由于其不同的职业经历、教育背景以及社会基础，即使处于完全相同的经营环境也会做出不同的战略选择，从

---

[1]　周秀平、刘求实：《非政府组织参与重大危机应对的影响因素研究——以应对"5.12"地震为例》，《南京师范大学学报（社会科学版）》2011 年第 5 期，第 41—46 页。

[2]　徐家良、廖鸿：《中国社会组织评估发展报告》，社会科学文献出版社 2014 年版。

[3]　王绍光：《金钱与自主——市民社会面临的两难境地》，《开放时代》2002 年第 3 期，第 6—21 页。

[4]　周秀平、刘求实：《非政府组织参与重大危机应对的影响因素研究——以应对"5.12"地震为例》，《南京师范大学学报（社会科学版）》2011 年第 5 期，第 41—46 页。

[5]　Yang Y., "Study of the Role of NGO in Strengthening the Food Safety and Construction of the Relevant Law", *Open Journal of Political Science*, Vol.4, No.3, 2014, pp.137–142.

[6]　J.Nahapiet, S.Ghoshal, "Social capital, intellectual capital, and organizational advantage", *Academy of Management Review*, Vol.23, No.2, 1998, pp.242–266.

[7]　H.Westlund, R.Bolton "Local social capital and entrepreneurship", *Small Business Economics*, Vol.21, No.2, 2003, pp.77–123.

[8]　边燕杰、丘海雄：《企业的社会资本及其功效》，《中国社会科学》2000 年第 2 期，第 87—99 页。

而影响组织的绩效,故社会组织中的高层管理者的特征对社会组织的绩效具有重要的影响作用①。Bommer 的研究进一步认为,社会组织的决策者特征,比如年龄、性别、受教育水平对组织的决策行为起着重要的作用②。在我国,食品行业社会组织的法人分别来源于党政机关、企业、事业单位等多个不同的社会管理机构(包括政府机构等),法人的不同背景特征会直接影响到社会组织在食品安全的风险治理过程中战略的选择,影响社会组织的角色定位以及职能发挥,从而影响参与食品安全风险治理的能力,由此假设:

H_3:法人特征可以影响社会组织参与食品安全风险的治理能力。

(四)社会组织内部的成员构成

社会组织的人力资源是其核心竞争力所在,组织内部成员的质量是社会组织职能发挥的有效保障③。由于社会组织的成员带有很强的自愿性,他们一般以共同的价值取向和公益性理想以及高度的使命感和奉献精神加入社会组织,企业物质激励的人力资源管理方式难以对他们造成影响,社会组织内部成员的自身素养对组织的绩效存在至关重要的影响④。Bateman 和 Organ 在组织公民行为的研究中指出,组织成员的质量、成员自发性及创造性影响组织目标的实现⑤。组织人员的素质达不到专业要求或缺乏制度约束,专业人才的匮乏会严重影响到社会组织治理能力的发挥⑥。在食品安全风险治理过程中,社会组织必须以其价值目标为中心,吸收符合其发展的人才和建立相应的人才管理机制⑦。根据我国目前的现状,食品行业社会组织的重要发起者多

---

① D.C.Hambrick,P.A.Mason,"Upper Echelons:the organaization as a reflection of its top manager",*Academy of Management Review*,Vol.9,No.2,1984,p.198.

② M.Bommer,C.Gratto,J.Gravander,M.Tuttle,"A Behavioral Model of Ethical and Unethical Decision Making",*Journal of Business Ethics*,Vol.6,No.4,1987,pp.264-280.

③ 郁建兴、任婉梦:《德国社会组织的人才培养模式和经验》,《中国社会组织》2013 年第 3 期,第 46—49 页。

④ 汪力斌、王贺春:《中国非营利组织人力资源管理问题》,《中国农业大学学报(社会科学版)》2007 年第 3 期,第 29—32 页。

⑤ T.S.Bateman,D.W.Organ,"Job satisfaction and the good soldier:The relationship between affect and employee'citizenship'",*Academy of Management Journal*,No.26,1983,pp.262-270.

⑥ 周秋光、彭顺勇:《慈善公益组织治理能力现代化的思考:公信力建设的视角》,《湖南大学学报》2014 年第 6 期,第 54—59 页。

⑦ 廖卫东、熊咪:《食品公共安全信息障碍与化解途径》,《江西农业大学学报》2009 年第 3 期,第 81—85 页。

为相关领域的专家,而组织内的专职与兼职人员则来源于各行各业,教育背景各不相同,拥有不同程度的专业知识和相关经验,在社会组织的日常活动和管理中发挥着截然不同的作用。由此假设:

H$_4$:组织成员的质量影响社会组织参与食品安全风险的治理能力。

(五)社会组织与政府的关系

由于食品的种类繁多,食品从生产到消费涵盖着众多的不同环节,社会组织参与食品安全的监管与治理涉及到多方面的复杂工作,政府对于社会组织的支持和指导显得尤为重要。关保英在其早期的研究中根据社会组织与政府的关系,将社会组织分为全民间性社会组织和半行政半民间性社会组织①。而一些有较强政府背景的社会组织则被称为官办非政府组织(Government Organized non-Governmental Organization, GONGO)②。Dickson 的研究也强调了中国社会组织与政府关系的重要性③。一般而言,具有较强政府背景的GONGO 在食品安全风险的治理中占有大量的资源——政府优惠的税收政策、财政政策、金融政策和各种社会保险等,能够帮助社会组织克服经济困难④。而那些与政府关系相对较弱、得到政府支持较少的全民间性社会组织,不仅其专业活动的开展受到了限制,甚至已经开展的活动也因此无法得到公众的支持。由此假设:

H$_5$:社会组织与政府的关系影响社会组织参与食品安全风险的治理能力。

(六)社会组织的技术能力

社会组织的发展需要更多地关注专业技术水平的培训以及先进的技术援

---

① 关保英:《市场经济下社会组织的法律地位探讨》,《华中理工大学学报(社会科学版)》1996 年第 3 期,第 95—99 页。

② N.Steinberg,*Background Paper on GONGOs and QUANGOs and Wild NGOs*,World Federalist Movement Institute of Global Policy,2001.

③ B.J.Dickson,"Co-optation and Corparatism in China:The Logic Party Adaptaion",*Political Science Quarterly*,Vol.115,No.4,2001,pp.517-540.

④ A.Green,"Comparative development of post-communist civil societies",*Europe-Asia Studies*,Vol.54,No.3,2002,pp.455-471.

助,这对于社会组织治理能力的提升具有更为长远的意义①。食品行业具有较强的专业性,治理者、消费者、被治理者之间存在严重的信息不对称现象②,故专业技术水平对治理食品这个特殊行业领域的安全风险显得尤为重要,社会组织参与食品安全风险治理依赖于其高度的专业化水平。然而,与政府直属的专业技术部门相比较,社会组织虽然在很多方面有一定的专业优势,但各组织的专业技术水平依旧参差不齐,专业知识以及技术手段落后的社会组织在食品安全监测过程中难以发现问题,比如技术装备的落后,并不能够检测到食品中是否添加了有毒有害的非法物质,甚至已经发生的食品安全事件也常常因为技术水平的落后而难以追根溯源③。因此社会组织参与食品安全风险治理需要组织专业技术的支撑。由此假设:

H_6:技术水平影响社会组织参与食品安全风险的治理能力。

(七)社会组织的公信力

社会组织的公信力反映的是其赢得政府支持和社会信任的能力,是社会组织自身内在的信用水平的外在体现,是社会组织参与食品安全风险治理能力的无形资产④。食品既是商品,又不同于一般的普通商品,它既是一种经验品,又是一种信用品,食品特殊的信任品特征,必然导致在食品市场中存在着严重的信息不对称⑤,表现为消费者即便消费食品后也无法了解到食品相关信息,例如是否残留农药、是否违规使用添加剂等"⑥。Encranación 的研究表明,人们对于社会组织的态度和信任对社会组织的发展有着重要的影响⑦。在参与食品安全风险治理的过程中,缺乏公信力的社会组织不仅会在公众和成员间失去信誉,还会失去政府对于其治理能力的信任,社会组织活动将难以

①　M.S.Lester, "Rise of Nonprofit Sector", *Foreign Affairs*, No.73, 1994.

②　张锋:《我国食品安全多元规制模式研究》,华中农业大学 2008 硕士学位论文。

③　徐韩君:《社会中介组织参与我国食品安全治理优势的研究》,南京工业大学 2014 年硕士学位论文。

④　姚锐敏:《困境与出路——社会组织公信力建设研究》,《中州学报》2013 年第 193 期。

⑤　J.A.Caswell, D.L.Padberg, "Toward a More Comprehensive Theory of Food Labels", *American Journal of Agricultural Economics*, No.74, 1992, pp.460-468.

⑥　T.H.Davenport, L.Prusak, *Working knowledge*, Boston:Harvard Business School Press, 1998.

⑦　O.Encranación, "On bowling leagues and NGOs:A critique of civil society's revival", *Studies in Comparative International Development*, No.36, 2002, pp.116-131.

获得支持,组织的宗旨难以实现,严重阻碍社会组织食品安全风险治理职能的发挥。由此假设:

H$_7$:社会组织公信力影响社会组织参与食品安全风险的治理能力。

(八)社会组织国际化程度

全球食品工业不断向多领域、全方位、深层次方向发展,比以往任何历史时期都更加深刻地影响着世界各国。我国食品工业的发展从未曾像现在这样与全球食品工业的发展息息相关。吴林海等研究了中国进出口食品安全现状时发现,随着世界经济全球化的不断发展,食品安全问题已超越国界并日益演化为世界性问题。目前全球的消费者普遍面临着越来越多、越来越复杂的食品安全问题,食品安全监管变得越来越难①。要实现食品安全,需要相互合作与国际共治。社会组织参与食品安全风险国际共治的能力,在很大程度上取决于其国际化水平。俞志元的研究指出,国际影响力较强的社会组织一般拥有较强的资金优势和专业优势,这些优势对于社会组织在食品安全风险治理过程中能力的提升具有很大的帮助②。缺乏国际影响力的社会组织很难得到国外基金会的资助,专业技术水平也难以领先,阻碍了社会组织在食品安全治理领域职能的发挥。由此假设:

H$_8$:社会组织国际影响力影响社会组织参与食品安全风险的治理能力。

(九)社会组织的独立性

Petrova 的研究发现,西方国家的社会组织通常是随着社会形态的演变和发展自下而上逐步建立,而由于种种历史原因和国情因素,在东欧国家的许多社会组织并非由民间力量自发组织与发展,而是通过自上而下的方式由政府的有关机构精简合并而来,独立性不足③。相类似地,我国的食品工业协会便是为了强化食品行业管理,作为国家机关的一个直属事业单位而成立,并一直处于"半行政化"的状态,组织体系内的管理人员相当一部分由政府的退(离)

---

① 吴林海、尹世久、王建华等:《中国食品安全发展报告》,北京大学出版社 2014 年版。

② 俞志元:《NGO 发展的影响因素分析——一项基于艾滋 NGO 的研究》,《复旦学报(社会科学版)》2014 年第 6 期,第 151—160 页。

③ P.P.Velina,"Civil Society in Post-Communist Eastern Europe and Eurasia:A Cross-National Analysis of Micro-and Macro-Factors",*World Development*,Vol.35,No.7,2007,pp.1277–1305.

休领导干部在兼职,因此在参与食品安全风险治理的过程中必然受到政府的干预。食品行业社会组织作为食品安全风险治理的第三方力量,其独立的自治能力是衡量食品安全风险治理的重要标准之一。王晓博、安洪武的研究认为,适当保持行业组织的独立性,不但可以降低政府监管的财政负担,且行业组织可以利用其分布较广、信息获取能力较强等优势来弥补政府由于信息不对称而造成的监管失灵①。Lee 的研究认为,公众对于社会组织的信任在很大程度上取决于社会组织的独立性,取决于他们是否有能力在所开展的活动上为公众提供独立的信息②。行政化的社会组织,众多决策和运行均依赖政府,其自治性难以充分、彻底地实现。食品行业社会组织的独立性是保障其在食品安全风险治理中发挥职能的重要因素③。由此假设:

H_9:社会组织的独立性影响社会组织参与食品安全风险的治理能力。

四、调查基本情况与样本特征描述

为了验证上述研究假设,本章的研究通过调查问卷等收集数据,并展开相应的研究。

(一)样本选取

本章的研究以中国食品工业协会、中国乳制品工业协会、中国肉类协会、中国保健协会、中国豆类协会等 25 家中央层面的食品行业的社会组织为研究对象,以深度访谈和问卷调查的形式收集上述社会组织的基本信息和参与食品安全风险治理的相关数据。之所以选择中央层面的食品行业的社会组织为案例,主要的考虑是,食品行业门类众多,就全国范围而言,任何一个地方区域可能都尚未形成覆盖本地区食品主要行业的社会组织。而中央层面食品行业的社会组织相对健全,且参与食品安全风险治理活动的范围不

---

① 王晓博、安洪武:《我国食品安全治理工具多元化的探索》,《预测》2012 年第 3 期,第 13—18 页。

② T.Lee,"The rise of international nongovernmental organizations:Top-down or bottom-up explanation",*Voluntas:International Journal of Voluntary and Nonprofit Organizations*,Vol.21,No.3,2010,pp.393—416.

③ Yang Y.,"Study of the Role of NGO in Strengthening the Food Safety and Construction of the Relevant Law",*Open Journal of Political Science*,Vol.4,No.3,2014,pp.137—142.

同程度地影响全国。以中央层面食品行业社会组织为研究对象,考察影响社会组织参与食品安全风险治理能力的主要因素,对构建全国性的食品安全社会共治格局、提升食品安全风险治理能力意义更大,并且可以根据中央层面影响社会组织参与食品安全风险治理能力的主要因素,可以大体评估影响地方性社会组织参与能力的基本因素。对食品行业的社会组织调查于2015 年 1 月进行。通过社会组织参与食品安全风险治理座谈会的方式,邀请在京的 25 家全国性的食品行业社会组织的 3—4 名领导和专家分批参加会议,讨论食品安全风险共治过程中社会组织参与治理的现状、影响治理能力的因素,并参加问卷调查。共发放调查问卷 95 份,获得有效样本 84 份,样本回收率 88.42%。

(二)Bootstrap 模拟抽样

基于 PCA 的多元线性回归方法展开研究,客观要求样本数量与变量数之间保持 5∶1 及以上的比例,实际理想的样本量更应达到 10—25 倍,同时总样本数量不应小于 100[1]。而本章的研究通过问卷和实地调查共获得了 84 份原始样本,样本量小于 100。如果对原始样本直接采用基于 PCA 的多元线性回归分析,此时样本矩本身的误差可能导致分布拟合会出现较大的偏差。故首先采用 Bootstrap 方法对原始样本进行反复重采样(Resampling with Replacement),以增加样本容量,并在实证部分依据模拟抽样的随机替换样本进行 PCA 的多元回归分析。

Bootstrap 方法仅依赖于给定的观测信息,在处理实际中只能获得少量样本,但可依此模拟大样本的抽样统计方法[2]。Bootstrap 对原始样本进行反复重采样共有 84^{84} 种可能的随机替换样本,但实际中抽取 84^{84} 个随机替换样本是困难的,一般抽取 300 个 Bootstrap 随机替换样本就可以据此进行分析计算[3]。故在此使用 MATLAB 平台从样本中生成容量为 300 的随机替换样本。在随机替换样本中接受调查的人员(简称受访者)的基本统计特征见表 18-1。表 18-1 显示,在接受调查的社会组织管理者中,基层、中层与高层管理者的

①　R.L.Gorsuch,"Psychology of Religion",*Annual Review of Psychology*,No.39,1988.

②　B.Efron,"Bootstrap methods:another look at the Jackknife",*The Annuals of Statistics*,Vol.7,No.1,1979,pp.1—26.

③　B.Efron,R.J.Tibshirani,*An Introduction to the Bootstrap*,New York:Chapman&Hall,1993.

占比分别为 33.33%、42.67% 与 24.00%①;在受访者中,男性、女性的比例分别为 57.33%、42.47%,男性高出女性约 5 个百分点。同时,95.33% 的受访者具有本科及以上学历。

表 18-1　Bootstrap 后样本的基本统计特征

特征描述	具体特征	频数	百分比	Bootstrap 百分比			
				偏差	标准差	95%置信区间	
						下限	上限
性别	男	172	57.33	0.05	2.98	51.36	63.33
	女	128	42.67	−0.05	2.98	36.67	48.64
年龄	30 岁及以下	71	23.67	−0.29	2.38	18.51	27.67
	31—45 岁	129	43.00	0.44	3.10	36.85	49.97
	46—60 岁	72	24.00	−0.07	2.62	18.51	29.15
	60 岁以上	28	9.33	−0.08	1.66	5.67	12.67
婚姻状况	已婚	185	61.67	0.15	2.88	56.00	67.67
	未婚	115	38.33	−0.15	2.88	32.33	44.00
学历	大专及以下	14	4.67	−0.07	1.22	2.18	7.00
	本科	199	66.33	−0.09	2.72	60.85	71.67
	硕士及以上	87	29.00	0.16	2.66	23.67	34.33
年收入	3 万元及以下	15	5.00	0.01	1.36	2.67	8.33
	3—6 万元	57	19.00	0.36	2.24	15.18	23.67
	6—9 万元	143	47.67	−0.34	2.91	41.67	52.33
	9—12 万元	57	19.00	−0.03	2.38	14.67	23.67
	12 万元以上	28	9.33	0.00	1.71	6.007	12.67

---

① 基层管理者是指社会组织中执行组织命令,直接从事较为低端的事务性工作的一类人员;中层管理者是指位于社会组织中的基层与高层管理者之间一类人员,承上启下,主要职责是贯彻高层决策,领导组织内的某个部门,有效地指挥相关的职能工作;高层管理者是指社会组织中居于顶层或接近于顶层的人,对组织全面负责或负责分管某项工作,主要侧重于决策或实施决策。表 18-1 中管理人员的分类是基于问卷调查中受访者的选项,并通过 Bootstrap 随机替换样本而计算形成。

特征描述	具体特征	频数	百分比	Bootstrap 百分比			
				偏差	标准差	95%置信区间	
						下限	上限
管理者层次	基层	100	33.33	-0.04	2.66	28.007	39.15
	中层	128	42.67	0.05	2.93	37.007	48.67
	高层	72	24.00	-0.01	2.50	18.85	29.00
任职年限	2 年及以下	56	18.67	-0.22	2.20	14.33	23.33
	2—5 年	87	29.00	0.244	2.72	23.85	34.49
	5—10 年	115	38.33	-0.15	2.85	32.67	43.82
	10—15 年	14	4.67	0.04	1.19	2.33	7.00
	15 年以上	28	9.33	0.09	1.73	6.33	13.00

(三)样本变量说明

调查问卷设置了如表18-2所示的17个测度指标,力求涵盖解释变量的所有信息。

表 18-2　影响社会组织参与食品安全风险治理能力各维度的指标变量

维度	可测变量	符号	变量取值
法律地位	法律依据是否健全	X_1	很健全=1;比较健全=2;一般=3;不太健全=4;很不健全=5
资金状况	社会组织年度收入	X_2	500 万以上=1;101 万—500 万=2;51 万—100 万=3;11 万—50 万=4;10 万及以下=5
	日常经费是否满足履职需求	X_3	非常满足=1;比较满足=2;基本满足=3;不满足=4;非常不满足=5
法人特征	年龄	X_4	66 岁及以上=1;61—65 岁=2;46—60 岁=3;31—45 岁=4;30 岁及以下=5
	学历	X_5	硕士及以上=1;本科=2;大专=3;高中=4;初中及以下=5
	来源	X_6	企业=1;事业单位=2;党政机关=3;个人=4;其他=5

维度	可测变量	符号	变量取值
内部成员构成	专职人员数量是否满足工作需求	X_7	非常满足＝1;比较满足＝2;基本满足＝3;不满足＝4;非常不满足＝5
	学历本科以上人员比例	X_8	50%以上＝1;41%—50%＝2;31%—40%＝3;21%—30%＝4;20%及以下＝5
与政府的关系	组织与政府关系	X_9	非常好＝1;比较好＝2;一般＝3;比较差＝4;非常差＝5
	获得的政府支持	X_{10}	非常多＝1;比较多＝2;一般＝3;比较少＝4;非常少＝5
技术能力	技术能力是否满足履职需求	X_{11}	非常满足＝1;比较满足＝2;基本满足＝3;不满足＝4;非常不满足＝5
公信力	社会公信度	X_{12}	非常好＝1;比较好＝2;一般＝3;比较差＝4;非常差＝5
	信息公开程度	X_{13}	最大限度＝1;大部分＝2;一般＝3;较差＝4;非常差＝5
国际化程度	国际影响力	X_{14}	非常好＝1;比较好＝2;一般＝3;比较差＝4;非常差＝5
	年度境内外相互交流访问	X_{15}	10次及以上＝1;6—9次＝2;4—5次＝3;1—3次＝4;基本无＝5
独立性	法定代表人产生方式	X_{16}	行政干预非常严重＝1;比较严重＝2;一般＝3,;干预较少＝4;基本无干预＝5
	现职的国家机关公务人员在组织内担任职务的比例	X_{17}	15%及以上＝1;10%—15%＝2;5%—10%＝3;0—5%＝4;无＝5
治理能力	参与食品安全风险治理的能力	Y	非常好＝1;比较好＝2;一般＝3;比较差＝4;非常差＝5

五、社会组织参与治理能力影响因素的实证分析结果

依据 Bootstrap 模拟抽样所生成的 300 个随机替换样本,构建社会组织参与食品安全风险治理能力影响因素的多元线性回归模型。由于在社会学问题多元回归的研究中,考虑到解释变量之间普遍存在多重共线性,由此影响回归模型的稳定性,并可能导致回归模型结果与社会学基本原理相悖且难以符合客观现实的状况,故采用 PCA 的研究方法,依据 Bootstrap 所生成的 300 个随

机替换样本建立基于主成分分析的多元线性回归模型,克服食品行业社会组织参与食品安全风险治理能力影响因素模型估算结果可能出现的多重共线性问题。

(一)影响因素的多元线性回归分析

以影响因素 $X_1, X_2, X_3, \cdots X_{17}$,与被解释变量社会组织参与食品安全风险治理的能力 Y 建立回归分析模型,运用 SPSS 统计软件对 Bootstrap 的抽样数据进行分析,构建模型。分析结果显示,调整后的 R^2 为 0.945,方程的拟合程度非常高,拟合效果很好。但从表 18-3 的方差膨胀系数检验中可以看出,X_2、X_6 等多个被解释变量的 VIF 值均大于10,说明变量之间确实存在多重共线性关系①。因此不能单纯利用多元线性回归分析来建立社会组织参与食品安全风险治理能力的影响因素模型,故采用 PCA 主成分分析方法处理多重共线性问题。

表 18-3　多元线性回归参数估计及其共线性统计量

Model	Unstandardized Coefficients		Standardized Coefficients	T 值	Sig.	Collinearity Statistics	
	B	Std.Error	Beta			Tolerance	VIF
(Constant)	1.311	.270		4.857	.000		
X_1	.210	.046	.279	4.540	.000	.116	8.633
X_2	.394	.057	.645	6.961	.000	.051	19.577
X_3	-.270	.036	-.282	-7.386	.000	.300	3.332
X_4	-.210	.034	-.274	-6.193	.000	.224	4.457
X_5	.259	.036	.250	7.112	.000	.356	2.809
X_6	-.015	.036	-.033	-.410	.683	.069	14.441
X_7	-.002	.027	-.002	-.072	.943	.466	2.144
X_8	-.183	.042	-.233	-4.367	.000	.155	6.472
X_9	-.243	.070	-.251	-3.455	.001	.083	11.992

---

① 金浩:《经济统计分析与 SAS 应用》,经济科学出版社 2002 年版。

续表

Model	Unstandardized Coefficients		Standardized Coefficients	T 值	Sig.	Collinearity Statistics	
X_{10}	.068	.014	.187	4.996	.000	.312	3.206
X_{11}	-.241	.051	-.261	-4.743	.000	.145	6.896
X_{12}	.709	.055	.900	12.817	.000	.089	11.229
X_{13}	-.117	.053	-.183	-2.222	.028	.065	15.463
X_{14}	.392	.062	.440	6.277	.000	.089	11.181
X_{15}	.143	.050	.144	2.866	.005	.173	5.788
X_{16}	-.139	.022	-.271	-6.208	.000	.231	4.336
X_{17}	-.419	.080	-.240	-5.217	.000	.207	4.832

（二）基于 PCA 分析的主成分变量的构建

运用 SPSS 软件对 Bootstrap 抽样数据的 17 个测度指标进行相关性分析，得到指标数据的相关系数矩阵①。可以发现，变量 X_1 与 X_{10}、X_{11}，X_2 与 X_6、X_9、X_{11} 等众多变量之间存在明显的相关关系，在信息上存在一定的重叠，如果直接用于问题的分析可能导致结果的共线性偏差。故使用主成分分析（PCA）将其融合为互不相关（正交）的综合指标变量，得到 F_1，F_2，…，F_7 共 7 个主成分变量。

通过计算各主成分的特征值和方差贡献率可以发现，第一主成分 F_1 的特征值为 3.848，能够解释 17 个原始变量总方差的 22.633%，其累计方差贡献率为 22.633%；主成分 F_2 的特征值为 3.181，能够解释 17 个原始变量总方差的 18.712%，其累计方差贡献率为 41.345%；主成分 F3 的特征值为 1.990，能够解释 17 个原始变量总方差的 11.707%，其累计方差贡献率为 53.053%。通过 PCA 方法按照特征值大于 1 的判别方法提取了 7 个主成分，累计方差贡献率为 83.056%，可充分概括 17 个原始变量的信息。在此基础上，计算如表 18-4 所示的 7 个主成分 F_1，F_2，…，F_7 的初始因子载荷矩阵。

---

① 由于文章篇幅有限，在此没有给出相关系数矩阵表，读者如需要，可向作者索要。

表 18-4　初始因子载荷矩阵

	1	2	3	4	5	6	7
X_1	.513	.380	-.381	-.125	-.272	.026	-.394
X_2	.353	.485	.649	.022	-.002	.385	-.102
X_3	.736	.267	-.013	.228	.183	-.182	.155
X_4	-.262	-.032	.324	.804	-.091	-.066	-.232
X_5	.008	.566	.201	-.448	.130	-.155	.438
X_6	-.282	.852	.161	.090	.070	.061	.075
X_7	.558	-.031	-.237	.113	-.517	-.033	.381
X_8	.114	-.533	.211	-.222	.470	.133	-.213
X_9	.676	.336	-.028	.269	.163	.432	.214
X_{10}	-.264	-.596	.266	-.177	-.254	.320	-.036
X_{11}	.648	.184	.319	.118	-.356	-.287	-.351
X_{12}	.639	-.395	-.254	-.029	.114	.489	.018
X_{13}	.842	-.360	.093	-.150	-.004	.004	-.054
X_{14}	.166	-.467	-.263	.610	.344	-.222	.227
X_{15}	.073	-.220	.831	.141	.043	.020	.202
X_{16}	-.572	.050	-.202	.282	-.384	.493	.164
X_{17}	-.143	.584	-.324	.143	.422	.212	-.277

　　表 18-4 显示,社会组织的日常经费是否满足履职需求 X_3、与政府的关系 X_9、技术能力是否满足履职需求 X_{11}、社会公信度 X_{12}、信息的公开程度 X_{13} 等变量在第一主成分 F_1 上有较高载荷,说明第一主成分基本反映这些指标的信息;社会组织法人的学历 X_5、法人来源 X_6 在第二主成分 F_2 上有较高载荷,第二主成分基本反映这些指标的信息;社会组织年度收入 X_2、年度境内外相互交流访问 X_{15} 在第三主成分 F_3 上有较高载荷,第三主成分基本反映这些指标的信息;社会组织法人年龄 X_4、现职国家机关公务人员在组织内担任职务的比例 X_{17}、法定代表人产生方式 X_{16}、法人学历 X_5 等变量分别在主成分 F_4、F_5、F_6、F_7 中有较高的载荷,能够反映这些指标的信息。

　　根据初始成分载荷矩阵表 18-4 中的数据与主成分相对应的特征值,可计算得到如表 18-5 所示的 7 个主成分中每个指标对应的系数,由此可观察到

7 个主成分与原始影响因素指标之间的关系。由于篇幅原因,在此处仅列出第一主成分 F_1 与原有 17 个因素之间如方程(18-1)所示的函数关系,F_2,F_3,$\cdots$,F_7,可依此类推。

$F_1 = 0.133X_1 + 0.092X_2 + 0.191X_3 - 0.068X_4 + 0.002X_5 - 0.073X_6 + 0.145X_7 + 0.03X_8 + 0.176X_9 - 0.069X_{10} + 0.168X_{11} + 0.166X_{12} + 0.219X_{13} + 0.043X_{14} + 0.019X_{15} - 0.149X_{16} - 0.037X$ (18-1)

表 18-5　主成分因子得分系数

	1	2	3	4	5	6	7
X_1	.133	.119	-.191	-.077	-.209	.022	-.393
X_2	.092	.153	.326	.013	-.002	.326	-.102
X_3	.191	.084	-.006	.141	.141	-.154	.155
X_4	-.068	-.010	.163	.497	-.070	-.056	-.232
X_5	.002	.178	.101	-.277	.100	-.131	.437
X_6	-.073	.268	.081	.055	.054	.051	.075
X_7	.145	-.010	-.119	.070	-.397	-.028	.381
X_8	.030	-.168	.106	-.137	.361	.112	-.212
X_9	.176	.106	-.014	.166	.125	.366	.214
X_{10}	-.069	-.187	.134	-.109	-.195	.271	-.035
X_{11}	.168	.058	.160	.073	-.274	-.243	-.350
X_{12}	.166	-.124	-.127	-.018	.088	.414	.018
X_{13}	.219	-.113	.047	-.093	-.003	.003	-.054
X_{14}	.043	-.147	-.132	.377	.264	-.188	.226
X_{15}	.019	-.069	.418	.087	.033	.017	.202
X_{16}	-.149	.016	-.102	.174	-.295	.418	.164
X_{17}	-.037	.184	-.163	.088	.324	.179	-.277

(三)基于 PCA 的多元线性回归模型分析与结果讨论

上述已对可能影响社会组织参与食品安全风险治理能力的因素进行了分

类,将所设定的 17 个原始影响因素指标通过 PCA 融合为 7 个互不相关的综合指标,避免了各影响因素之间共线性偏差。为了更好地反映这些指标是否影响社会组织参与食品安全风险治理的能力与影响程度,基于 PCA 的分析结果,构建如方程(18-2)所示的社会组织参与食品安全风险治理能力的影响因素分析的多元线性回归模型:

$$Y = b_0 + b_1 F_1 + b_2 F_2 + b_3 F_3 + b_4 F_4 + b_5 F_5 + b_6 F_6 + b_7 F_7 + e \quad (18-2)$$

其中:Y 为社会组织参与食品安全风险治理的能力,F_1,F_2,$\cdots$,F_7 为影响社会组织参与食品安全风险治理能力的综合指标,b_0 为回归常数(也称为偏置),b_1,b_2,$\cdots$,b_7 为回归系数,e 为拟合误差。运用 SPSS 软件,按照方程(18-2)进行回归检验,结果如表 18-6 所示:

表 18-6　多元线性回归模型概述

Model	R	R^2	Adjusted R Square	F	Sig.
1	.861[a]	741	.725	48.165	.000[b]

表 18-6 显示,R 值为 0.861,R^2 值为 0.741,调整后的 R^2 值取值为 [0,1],值越接近于 1 说明方程的拟合度越好,调整后的 R^2 值为 0.725,说明解释变量与被解释变量之间的方程合理性越强,模型与数据的拟合程度越好。F 统计值为 48.165,显著性水平小于 0.05,说明所建立的回归方程有效。对回归方程(18-2)进一步的回归系数测算,得到如表 18-7 所示的回归系数及共线性检测表。

表 18-7　回归系数及共线性检验表

Unstandardized Coefficients		Standardized Coefficients	t	Sig.	Collinearity Statistics	
B	Std.Error	Beta	—	—	Tolerance	VIF
2.238	.029	—	78.299	.000	—	—
.321	.029	.524	11.169	.000	1.000	1.000
-.205	.029	-.334	-7.128	.000	1.000	1.000
.054	.029	.089	1.898	.060	1.000	1.000
-.197	.029	-.321	-6.850	.000	1.000	1.000

续表

Unstandardized Coefficients		Standardized Coefficients	t	Sig.	Collinearity Statistics	
.053	.029	.086	1.829	.070	1.000	1.000
.269	.029	.440	9.385	.000	1.000	1.000
.127	.029	.208	4.432	.000	1.000	1.000

　　表18-7显示,各主成分 F_1,F_2,$\cdots$,F_7 的 VIF 值均为1,说明各个主成分相互正交,较好地消除了各影响指标之间的共线性偏差。同时除 F_3、F_5 之外,其他回归系数的显著性水平均小于0.05,说明它们对社会组织参与食品安全风险治理的能力 Y 有显著的影响,而 F_3、F_5 的显著性水平相对较高,与治理能力 Y 不存在明显的线性关系。基于以上检验结论,将变量 F_3、F_5 剔除,构建如方程(18-3)所示的社会组织参与食品安全风险治理能力影响因素的二次回归模型。

$$Y = b_0 + b_1F_1 + b_2F_2 + b_4F_4 + b_6F_6 + b_7F_7 + e \tag{18-3}$$

　　二次回归模型的计算结果如表18-8所示。表18-8显示,调整后的 R^2 值为0.714,模型与数据的拟合度依旧较好。F 统计值为63.424,显著性水平为0.000,小于0.05,说明所建立的二次回归方程(18-3)有效。

表18-8　二次回归模型计算结果

Model	R	R Square	Adjusted R Square	F	Sig.
2	.852[a]	.725	.714	63.424	.000[b]

　　通过对二次回归模型中解释变量 F_1、F_2、F_4、F_6、F_7 的进一步回归计算得到了如表18-9所示的二次回归系数表。可以发现,所有解释变量的回归系数的显著性水平均小于0.05,说明解释变量与被解释变量 Y 具有显著影响,由此构建出主成分指标与治理能力 Y 的回归分析方程(18-4)。

$$Y = 0.32F_1 - 0.205F_2 - 0.197F_4 + 0.269F_6 + 0.127F_7 + 2.238$$

$$\tag{18-4}$$

表 18-9　二次回归系数表

Model		Unstandardized Coefficients		Standardized Coefficients	t	Sig.
		B	Std.Error	Beta		
2	(Constant)	2.238	.029		76.732	.000
	F_1	.321	.029	.524	10.946	.000
	F_2	-.205	.029	-.334	-6.985	.000
	F_4	-.197	.029	-.321	-6.713	.000
	F_6	.269	.029	.440	9.198	.000
	F_7	.127	.029	.208	4.344	.000

基于方程(18-4)和 PCA 分析的主成分因子得分系数表(参见表 18-5),计算得出了各原始影响因素指标 $X_1, X_2, \cdots, X_{17}$ 与治理能力 Y 的回归方程(18-5)。

$$Y = 2.238 - 0.011X_1 + 0.07X_2 - 0.005X_3 - 0.162X_4 - 0.039X_5 - 0.066X_6 + 0.076X_7 + 0.074X_8 + 0.128X_9 + 0.106X_{10} - 0.082X_{11} + 0.196X_{12} + 0.105X_{13} - 0.052X_{14} + 0.033X_{15} + 0.048X_{16} - 0.054X_{17}$$

(18-5)

从方程(18-5)可以看出,在 17 个原始影响指标中,社会组织的公信度(X_{12})与其参与治理能力存在着最强的正相关,说明公信度是影响参与能力的关键因素;社会组织与政府的关系(X_9)、政府支持力度(X_{10})、社会组织的信息公开程度(X_{13})、专职人员的数量是否履职需求(X_7)、本科以上学历人员数(X_8)等与参与治理的能力存在较强的正相关,因此,构建社会组织与政府的伙伴关系、加大政府对社会组织的支持力度、提升社会组织信息的公开能力、改善专职人员的数量与质量能有效提升其参与食品安全风险的治理能力。除此之外,社会任组织法定代表人的年龄(X_4)、现职的国家机关公务人员在组织内担任职位的比例(X_{17})与其参与治理的能力存在较高的负相关,由此说明,社会组织法定代表人的年龄层次、国家机关人员在组织任职的比例等影响其参与能力,故社会组织参与食品安全风险共治,必须首先形成良好的内部治理结构。

六、主要结论与研究展望

相比于普通的多元线性规划模型,基于 PCA 分析的多元线性规划模型较好地解决了解释变量之间的多重共线性关系,能够较好地测度与反映各个因素对社会组织参与食品安全风险治理能力的影响程度。同时 PCA 的相关性分析还能够反映两两指标之间的相互影响关系。实证检验结果显示,本章的研究选取的 17 个影响因素变量,对社会组织参与食品安全风险治理均存在一定的影响,研究假设大部分得到了验证。研究表明,社会组织在食品安全的风险治理中是否能发挥自身独有的优势,弥补政府和市场在食品安全风险中的双重失灵,内在地取决于社会组织的外部环境、内部治理结构与内部管理水平。一是要逐步完善社会组织的立法,明确社会组织的法律地位,确保社会组织在法律框架下按照各自的章程自主性地开展各种活动,并形成社会组织与政府间良好的合作关系,政府在法律框架下履行支持社会组织发展的职能力度;二是社会组织要优化内部人员结构,建设具有数量充足、能力结构基本完备的工作人员队伍,并依据改革要求,优化法定代表人的结构,逐步并最终取消现职国家机关公务人员在组织内担任职位的做法,并努力发挥其信息获取的优势,建立诚信信息服务平台,尽可能地向公众公开较多的信息,提升自身的社会公信度,由此保障社会组织在参与食品安全风险治理过程中的独立性,发挥自身专业性、自治性等优势。

依据上述这些研究结论,考察我国目前食品行业社会组织的状况,不难得出在现实情境下,中央层面上的食品行业社会组织参与食品安全社会共治的能力较为有效。因此,贯彻执行国务院办公厅《关于加快推进行业协会商会改革和发展的若干意见》(国办发〔2007〕36 号),并从实际出发,把握食品行业社会组织的专业性,按照完善社会主义市场经济体制的总体要求,理顺关系、优化结构,改进监管、强化自律,完善政策、加强建设,加快推进食品行业社会组织的改革和发展,逐步建立体制完善、结构合理、行为规范、法制健全的食品行业社会组织体系,充分发挥行业社会组织在食品安全风险国家治理体系中的重要作用,就显得尤为迫切。

与此同时,需要说明的是,本章的研究调查对象仅仅限于专业性的食品专业类社会组织,研究结论可能具有一定的局限性。同时 Bootstrap 虽然对小样本、非正态的估计结果比较理想,但难以避免数据相对集中于某一区间,估计误差偏大、解释能力不足的问题,估计结果的普适性尚有待检验;案例调查主要针对全国性的社会组织,同时受样本数量较少的影响,社会组织在食品安全风险治理中的一些真实状态难以测度。后续的研究期待通过更为全面的理论分析,进一步完善探索性案例的分析样本,研究不同区域、不同类型、样本量更大的案例,并展开比较研究,以提高研究结论的系统性和针对性。

第十九章　村民委员会参与食品安全治理行为研究

有效治理农村食品安全问题,需要发挥村民委员会(以下简称"村委会")的作用,构建社会共治格局。为了探究村委会参与农村食品安全治理的现状,本章基于对山东省、江苏省、安徽省和河南省等四个省份 1 242 个村委会的问卷调查,运用因子分析和聚类分析方法,实证测度了现实情境下村委会参与农村食品安全风险的治理行为。

一、村委会参与食品安全治理行为研究的理论与现实意义

近年来,在我国广大农村地区持续爆发了一系列的食品安全事件,最典型的是病死猪肉流入市场的事件屡禁不止,而且呈现出事件曝光数量逐年上升、犯罪参与主体多元化、跨区域犯罪可能成为常态的特征[①]。由于农村地区幅员辽阔,农产品的生产以分散的农户为主,食品市场和消费场所以小卖部和小摊贩为主,具有布局分散、聚集程度低的特征,存在监管难度大与监管力量有限的困难[②]。相比于城市,农村地区的食品安全隐患更多,形势更为严峻,是我国食品安全监管最薄弱的环节[③][④],亟须寻找新的有效的治理方式。而缘

---

① 吴林海、尹世久、王建华等:《中国食品安全发展报告(2014)》,北京大学出版社 2014年版。

② 范海玉、申静:《公众参与农村食品安全监管的困境及对策》,《人民论坛》2013 年第 23期,第 40—41 页。

③ 吴卫:《农村流通环节食品安全监管问题探讨:以湖南省为例》,《消费经济》2009 年第 6期,第 40—42 页。

④ 倪楠:《农村食品安全监管主体研究》,《西北农林科技大学学报》2013 年第 4 期,第133—136 页。

起于 20 世纪末期西方国家的食品安全风险社会共治被公认为有效治理和解决食品安全问题的基本路径①，传入我国后逐步得到认可并于 2015 年写入《食品安全法》，理应成为我国治理农村食品安全风险的重要途径。进一步分析，更加注重社会组织等社会力量作用的发挥是社会共治区别于传统治理方式的一大特点②。在我国农村地区，作为基层群众自治制度重要体现的村民委员会（以下一般简称村委会）是数量最多、分布最广泛、法律地位最明确的社会组织，成为有效弥补农村食品安全治理政府失灵与市场失灵最为实际、最为有效的途径③。因此，在农村地区推行社会共治，需要重点发挥村委会的作用。然而，目前鲜有文献研究村委会在农村食品安全风险治理中的现实行为。本书基于因子分析和聚类分析的方法，研究现实情境下村委会参与农村食品安全风险治理的外部表现、内在的结构与分类维度，实证测度村委会参与农村食品安全风险治理的现实行为，并由此提出政策建议。

从经济学的视角来考量，生产者和消费者之间的食品信息不对称是食品安全问题产生的根源，同时也是政府在食品安全风险治理领域进行行政干预的根本原因④。然而，随着经济社会的不断发展，人们逐渐认识到，单一的以政府监管为主导的模式也存在"政府失灵"现象⑤。因此，食品安全风险治理还必须引入非政府组织等社会力量的参与，引导全社会共同治理⑥⑦。对此，国内外学者就社会组织在食品安全风险治理中的作用展开了大量的研究。在

---

①　A.Fearne，M.G.Martinez，"Opportunities for the co-regulation of food safety：insights from the United Kingdom"，*Choices：the magazine of food，farm and resource issues*，Vol.20，No.2，2005，pp.109-116.

②　P.Eijlander，"Possibilities and constraints in the use of self-regulation and co-regulation in legislative policy：experiences in the Netherlands-Lessons to be learned for the EU"，*Electronic journal of comparative law*，Vol.9，No.1，2005，pp.1-8.

③　王艳翚：《农村突发公共卫生事件应急管理机制探究：以政府的食品安全规制职能为视角》，《中国食品卫生杂志》2010 年第 2 期，第 130—132 页。

④　J.M.Antle，"Effcient food safety regulation in the food manufacturing sector"，*American journal of agricultural economics*，No.78，1996，pp.1242-1247.

⑤　A.W.Burton，"RALPH L A，ROBERT E B，et al.Disease and economic development：the impact of parasitic diseases in st.Luci"，*International journal of social economics*，Vol.1，No.1，1974，pp.111-117.

⑥　J.L.Cohen，A.Arato，*Civil society and political theory*，Cambridge，Ma：Mit Press，1992.

⑦　A.Mutshewa，"The use of information by environmental planners：a qualitative study using grounded theory methodology"，*Information processing and management：an international journal*，Vol.46，No.2，2010，pp.212-232.

国外,Davis 等、King 等、Bailey 和 Garforth 的研究认为,非政府组织、消费者协会、行业自律组织等第三方社会力量可以充当连接政府监管者、市场经营者和消费者的桥梁,具有矫正政府失灵和市场失灵的双重作用,在食品安全风险治理中具有重要优势[1][2][3]。在国内,欧元军的研究指出市场中介组织、社会团体、基层群众性自治组织等社会中介组织是国家与企业之间的桥梁,既能协助政府做好对企业的监管工作,也能代表企业向国家提出正当的诉求,可以在食品安全监管中发挥重要功能[4]。进一步地,郭志全、王晓芬和邓三、毛政和张启胜研究认为,在农村社会管理中的村委会、各类专业合作社、行业协会以及农民自愿组成的公益性组织应在农村食品监管中发挥主体作用[5][6][7]。虽然已有的研究强调了社会组织在食品安全风险治理中的作用,但更多的学者主要侧重于某一具体类型的社会组织在农村食品安全风险治理中的作用展开研究。

21 世纪初,农民专业合作社等农民合作经济组织迅猛发展,而同期我国的食品安全事件也进入了高发期。在此背景下,学者们对农民合作经济组织在农村食品安全风险治理中的作用展开了大量研究。张雨等[8]、黄俐华[9]研究认为,农民合作经济组织是我国食用农产品生产与加工的主体部分,在很大

① G.F. Davis, D. Mcadam, W. R. Scott, *Social movements and organization theory*, Cambridge: Cambridge University Press, 2005.

② B.G. King, K.G. Bentele, S.A. Soule, "Protest and policymaking: explaining fluctuation in congressional attention to rights issues", *Social forces*, Vol.86, No.1, 2007, pp.137-163.

③ A.P. Bailey, C. Garforth, "An industry viewpoint on the role of farm assurance in delivering food safety to the consumer: the case of the dairy sector of England and Wales", *Food policy*, No.45, 2014, pp.14-24.

④ 欧元军:《论社会中介组织在食品安全监管中的作用》,《华东经济管理》2010 年第 1 期,第 32—35 页。

⑤ 郭志全:《民间组织与中国食品安全》,《安徽农业大学学报》2010 年第 4 期,第 39—41 页。

⑥ 王晓芬、邓三:《农村食品安全监管的非权力之维》,《行政与法治》2012 年第 6 期,第 22—27 页。

⑦ 毛政、张启胜:《基于 NGO 参与食品安全监管作用研究》,《中国集体经济》2014 年第 33 期,第 157—158 页。

⑧ 张雨、何艳琴、黄桂英:《试议农产品质量标准与农民专业合作经济组织》,《农村经营管理》2003 年第 9 期,第 7—9 页。

⑨ 黄俐华:《广东省农民专业合作经济组织运作模式的实证分析》,《广东农业科学》2007 年第 3 期,第 83—85 页。

程度上直接影响食品安全风险治理,任何类型的食品安全监管体系均离不开农民合作经济组织的参与。任国之和葛永元研究发现,农民专业合作组织通过发挥组织内部的自律功能来保障农产品源头安全的优势是不可替代的[①]。黄季焜等[②]、张梅和郭翔宇[③]认为,通过农资统一供应、农产品统一加工和包装等过程控制保障农产品安全是农民专业合作社的一大优势。而且白丽[④]、巩顺龙等[⑤]认为,农民专业合作社在食品安全标准的扩散中具有独特的优势。因此,张千友和蒋和胜[⑥]、陈新建和谭砚文[⑦]、贺岚[⑧]提出,在农村要构建以农民合作经济组织为主体的食品安全监管体系。

　　因为在食品安全风险治理中的特殊地位,食品行业协会也受到学者们的关注,但已有的研究更多的是基于食品供应链完整体系的视角,虽然这些研究在一定程度上涉及农村地区,但专注于行业协会在农村食品安全风险治理中作用的研究相对较少。Gunningham 和 Sinclair[⑨]、詹承豫和刘星宇[⑩]认为,食品行业协会拥有比政府和公民更多的行业信息,可以为食品安全风险评估提供相关科学数据、技术信息等,并以各种方式将信息传递给政府、企业和社会。

---

①　任国之、葛永元:《农村合作经济组织在农产品质量安全中的作用机制分析——以嘉兴市为例》,《农业经济问题》2008 年第 9 期,第 61—64 页。

②　黄季焜、邓衡山、徐志刚:《中国农民专业合作经济组织的服务功能及其影响因素》,《管理世界》2010 年第 5 期,第 75—81 页。

③　张梅、郭翔宇:《食品质量安全中农业合作社的作用分析》,《东北农业大学学报》2011 年第 2 期,第 1—4 页。

④　白丽、巩顺龙:《农民专业合作组织采纳食品安全标准的动机及效益研究》,《社会科学战线》2011 年第 12 期,第 249—250 页。

⑤　巩顺龙、白丽、杨印生:《农民专业合作组织的食品安全标准扩散功能研究》,《经济纵横》2012 年第 1 期,第 88—91 页。

⑥　张千友、蒋和胜:《专业合作、重复博弈与农产品质量安全水平提升的新机制:基于四川省西昌市鑫源养猪合作社品牌打造的案例分析》,《农村经济》2011 年第 10 期,第 125—129 页。

⑦　陈新建、谭砚文:《基于食品安全的农民专业合作社服务功能及其影响因素:以广东省水果生产合作社为例》,《农业技术经济》2013 年第 1 期,第 120—128 页。

⑧　贺岚:《广东地区农民合作经济组织关于食品安全认识的现状调查》,《广东农业科学》2014 年第 2 期,第 214—217 页。

⑨　Gunningham,Sinclair,"Assumption that industry knows best how to abate its own environmental problems",*London*,1997.

⑩　詹承豫、刘星宇:《食品安全突发事件预警中的社会参与机制》,《山东社会科学》2011 年第 5 期,第 53—57 页。

刘文萃①研究发现,食品行业协会的自律监管在信息获取、监管动力、监管成本、监管范围等诸多方面均具有不可替代的功能优势,可以有效弥补政府行政监管的不足。范海玉和申静进一步认为,作为连接政府与公众的桥梁和纽带,食品行业协会应向消费者推荐值得信赖的优质产品,加大对劣质产品的曝光力度,将生产不合格产品的企业列入"黑名单"。与此同时,也有学者客观地分析了食品行业协会的缺陷。郭琛②研究发现,在保障农村食品安全方面,我国的食品行业协会存在着相对独立的经济自治权限不完备、法人治理结构不健全等局限。倪楠③认为,农村区域大、食品经营单位分散的特点很难形成食品行业协会,现有的省市乃至县级层面的少量的食品行业协会在农村没有基点,很难参与农村地区食用农产品的初级生产与加工的小作坊、小加工企业的自律性监管,而全国性食品行业协会的自律功能在农村食品安全风险治理领域更是鞭长莫及。

学者们还探究了其他社会组织在农村食品安全风险治理中的作用。孙艳华④和应瑞瑶⑤提出了消费合作社的概念,认为在现有条件下构建消费合作社有助于保障农村食品消费安全。周永博和沈敏⑥认为,基层社会自治组织——基层商会可及时通过行业自律等道德约束手段解决我国的农村食品安全问题。詹承豫和刘星宇⑦认为,消费者协会可以起到联系者和信息传递者的作用,其覆盖面广、影响范围大等特点将为我国农村的食品安全风险治理贡献

① 刘文萃:《食品行业协会自律监管的功能分析与推进策略研究》,《湖北社会科学》2012年第1期,第44—49页。
② 郭琛:《食品安全监管:行业自律下的维度分析》,《西北农林科技大学学报》2010年第5期,第109—115页。
③ 倪楠:《农村食品安全监管主体研究》,《西北农林科技大学学报》2013年第4期,第133—136页。
④ 孙艳华:《消费合作社:我国农村食品安全保障机制之创新》,《农村经济》2006年第4期,第93—95页。
⑤ 孙艳华、应瑞瑶:《制度演进——基于消费合作社的农村食品安全保障机制建构》,《经济体制改革》2006年第2期,第119—122页。
⑥ 周永博、沈敏:《基层社会自组织在食品安全中的作用》,《江苏商论》2009年第10期,第156—157页。
⑦ 詹承豫、刘星宇:《食品安全突发事件预警中的社会参与机制》,《山东社会科学》2011年第5期,第53—57页。

力量。徐旭晖[①]认为，供销合作社在农药经营市场的规范管理上具有一定的优势，可以防止剧毒农药的非法滥用，对保障农产品的质量安全具有重要意义。

综上所述，与发达国家相比较，我国比较独特的农村食品安全风险治理问题虽然引起了国内学者们的极大关注，但现有的研究更多地关注了消费合作社、消费者协会等社会组织尤其是农民合作经济组织、食品行业协会的作用。然而，由于农民合作经济组织往往只局限于农产品生产环节，难以全程参与农村食品安全风险治理，而食品行业协会在我国本身就数量少、发育不良，其触角能否延伸到农村并有效发挥作用也有待于进一步的观察。因此，在我国农产品生产以家庭化、小规模为主体，以及农村食品市场区域大、经营分散的背景下，作为我国农村地区组织最健全、法律地位最明确、分布最广泛、与食品生产和消费联系最紧密的自治组织，村委会可以调动农产品生产与食品消费主体的广大农民的积极性，集合群体的力量有针对性地参与食品安全风险治理，能够有效弥补农民经济合作组织、其他各类公益性协会等社会组织的不足，在农村食品安全风险治理方面具有巨大潜力。然而，纵观我国农村改革与发展的历程，村委会在食品安全风险治理中的作用几乎没有得到关注。

1982年五届全国人大常委会第五次会议通过并施行的《中华人民共和国宪法》首次明确了村委会是我国农村基层群众性自治组织的功能定位。1987年六届全国人大常委会第二十三次会议审议通过的《中华人民共和国村民委员会组织法（试行）》，以及1998年九届全国人大常委会第五次会议正式施行并于2010年十一届全国人大常委会第十七次会议修订的《中华人民共和国村民委员会组织法》进一步明确了在我国农村乡镇以下设立村委会的"乡政村治"体制，由此改革开放后逐步形成的农村村民自治制度最终以法律的形式确立并基本完善。20世纪末，由于历史条件的限制，在"政治承包责任制"下的村委会的主要工作就是落实乡镇政府下派的"三提五统"收缴任务，难以顾及农村的基本公共服务[②][③]。进入21世纪，税费的改革与农业税的取消等，使

①　徐旭晖：《浅析供销合作社在农药市场中的作用》，《上海农业学报》2012年第2期，第129—131页。

②　荣敬本、崔之元：《从压力型体制向民主合作体制的转变：县乡两级政治体制改革》，中央编译出版社1998年版。

③　李晓玲：《实践困境与关系重塑：新形势下村庄治理的一种解读》，《哈尔滨市委党校学报》2015年第1期，第47—49页。

村委会能够在继续履行调解民间纠纷、协助维护社会治安等传统公共服务职能的同时，开始逐步参与新形态的农村公共服务，并成为我国新农村建设的体制性基础。诸如随着农村生态环境恶化变成农村公共服务和新农村建设的突出问题，村委会就成为农村环境治理的重要参与主体并在其中发挥着突出的作用①②。

现行的《中华人民共和国村民委员会组织法》在相关条款中规定"村民委员会办理本村的公共事务和公益事业"。然而，同样作为农村公共服务和新农村建设的重要内容，农村食品安全的治理并未有效地纳入村委会的基本职能之中，也鲜见文献有对此问题的研究。为此，基于探寻我国农村食品安全风险治理的有效路径，本书重点就村委会参与食品安全风险治理的现实行为展开初步的研究。

二、参与现实治理行为测度量表的构建

村委会参与农村食品安全风险治理的现实行为是本章研究的核心问题，因此需要构建参与治理行为的测度框架。目前，学术界对治理主体参与食品安全风险治理行为有不同维度的划分，而且主要从治理内容、治理方式两个层面进行划分③。从治理内容的角度，可以分为横向的内容治理与纵向的过程治理，内容治理即指农药残留的检测、重金属含量的检测、有害微生物的检测等，过程治理则主要指对食用农产品（食品）从农田到餐桌的整个生产、流通、消费等全过程的治理。从治理方式的角度，主要是按照现有的法律规章及技术水平，可以分为标准化治理与非标准化的治理。标准化治理是根据食品安全标准通过检测技术进行抽检等治理，非标准化治理则是指治理主体根据各自的经验等进行治理，具有一定的主观性。由于村委会不具备执法职能，也不具备检测农药残留等能力，因此其并不履行内容治理的职能，而治理方式只能

①　陈丽华：《论村民自治组织保护环境的法律保障》，《湖南大学学报》2011年第2期，第141—145页。

②　于华江、唐俊：《农民环境权保护视角下的乡村环境治理》，《中国农业大学学报》2012年第4期，第124—133页。

③　朱婧：《农村食品安全中政府监管行为与监管绩效的研究——基于L镇蔬果类食品的考察》，华中农业大学2012年硕士学位论文。

也只应该是按照其自治职能对村辖范围内涉及的食用农产品与食品生产、流通、消费等进行非标准化的治理，并协助政府等治理主体监督法律法规的实施，采用村规民约约束生产经营者与对村民进行宣传等手段进行治理。总之，基于职能与客观现实，村委会参与风险治理更多的是采用间断性的过程治理和非标准化治理相结合的治理方式。

　　然而，目前我国农村食品安全风险治理面临的最主要的问题是，食用农产品生产过程中非法滥用农药、兽药与饲料添加剂等行为，以及长期以来土壤受过量化学品投入与重金属污染而导致农药残留与重金属超标等[①]；无证照的小作坊式的食品加工商与小餐饮店普遍存在，流通环节销售的食用农产品与食品来源渠道不明，而糕点、熟食、干果、酒等食品散装的比例较高，部分包装食品没有标明保质期，更可怕的是假冒伪劣食品、过期食品与其他不合格食品在农村食品市场上较为普遍存在[②]。与此同时，农村食品安全科普教育落后，村民的食品安全知识匮乏，以广东省为例，仅有 2.7% 的农村集镇持续全面地开展食品安全科普教育，而仅在出现食品安全事故时才进行宣传的农村集镇约占 37.7%，几乎没有宣传过的约占 26.5%[③]。因此，根据农村食品安全风险治理所面临的最主要的现实问题，并把握村委会的职能，基于间断性的过程治理和非标准化治理相结合的治理方式，本书将村委会参与治理行为设定为食用农产品生产环节与食品流通消费环节治理两个维度。同时考虑到村委会是否依据法律明确的"乡政村治"体制要求，履行参与风险治理职能对治理行为具有举足轻重的地位，故构建了食品安全风险治理职能建设维度。基于这三个维度，我们再征求相关专家组建议设计且通过预调查修改，最终确定如表 19-1 所示的测度村委会参与食品安全风险治理的行为量表，并通过对村干部的调查问卷获得数据。调查问卷共确定了 16 个题项，将村干部的回答分为"非常差"、"比较差"、"一般"、"比较好"、"非常好"（分别用 1—5 表示）等五个等级，据此客观测度村委会参与风险治理的行为能力。在此基础上，展开因

---

① 吴林海、尹世久、王建华等：《中国食品安全发展报告（2014）》，北京大学出版社 2014 年版。

② 张英、刘俏：《流通领域农产品质量安全对策研究》，《知识经济》2015 年第 8 期，第 88 页。

③ 鲍金勇、程国星、李迪：《广东省农村食品安全科普教育现状调查与思考》，《广东农业科学》2012 年第 23 期，第 232—233、236 页。

子分析获取村委会参与风险治理的结构维度,提取影响其参与风险治理行为的关键因子,并基于聚类方法进行分类,获取其参与治理行为的分类维度。

表19-1　村委会参与农村食品安全风险治理的行为量表

分类	题项序号	题项内容	均值	标准差
食品安全风险治理职能建设	F_1	参与风险治理纳入基本职能	2.37	1.05
	F_2	明确参与风险治理的村委会成员	2.19	1.13
	F_3	建立食品安全知识的科普机制与实施路径	3.55	0.70
	F_4	建立风险治理信息的预警制度	3.39	0.70
食用农产品生产环节的治理	F_5	参与查处农产品种植过程中滥用农药的行为	3.09	1.11
	F_6	参与查处畜禽养殖过程中滥用兽药与添加剂的行为	3.55	0.78
	F_7	参与监督病死畜禽(如病死猪)的无害化处理	3.38	0.81
	F_8	协助举报与查处非法收购病死畜禽(如病死猪)的行为	4.39	1.04
	F_9	参与检查生猪屠宰场的屠宰行为	3.50	0.64
	F_{10}	参与检查食品小作坊的生产行为	2.91	0.81
食品流通消费环节的治理	F_{11}	参与检查食品零售店的经营行为	2.54	0.99
	F_{12}	参与检查餐饮店的经营行为	2.53	0.98
	F_{13}	参与检查集贸市场的经营行为	3.27	0.79
	F_{14}	参与检查食品流动摊点的经营行为	3.09	0.87
	F_{15}	参与报告食物中毒事件	2.88	0.86
	F_{16}	参与监管村民群体性聚餐	2.29	0.71

三、村委会实地调查方案与统计性分析

(一)问卷设计与调查组织

通过设计由村干部回答的调查问卷来获取村委会参与农村食品安全风险治理现实行为的数据。除了设置如表19-1所示的行为量表,问卷还设置了村干部的性别、年龄、受教育程度、在村委会中担任的职务等受访村干部个体

特征信息,以及村委会所管辖的人口、村干部每年人均补贴等村委会基本特征信息。于 2014 年 5 月对江苏省无锡市滨湖区下辖的 12 个村委会展开预调查并修正与最终确定调查问卷,2014 年 8 月对山东省、江苏省、安徽省和河南省进行了正式调查。这四个省份既是我国食用农产品生产大省,又是食品消费大省,且这四个省份的发展水平具有明显的差异性,村委会的自治能力也各不相同。因此,以这四省的村委会为样本可以大体测度现实情境下我国村委会参与农村食品安全风险治理能力的总体现状。调查面向上述四省所有的 63 个地级市,每个地级市随机选择 20 个行政村,共调查 1 260 个村委会,获得有效调查 1 242 份。在实际调查中,考虑到面对面的调查方式能有效地避免受访者对所调查问题可能存在的认识上的偏误且问卷反馈率较高①,本调查安排经过训练的调查员对村干部进行面对面的访谈式调查。

(二)受访村干部的个体特征

表 19-2 显示,受访村干部中男性比例超过 80%,占绝大多数;年龄段在 46—60 岁、受教育程度为高中(包括中等职业)、担任村委会主任的受访村干部的比例最高,分别为 50.64%、45.17%、50.40%。超过 65%的受访村干部任职时间低于 5 年,任职 2—3 年的村干部比例最高。

表 19-2　受访村干部的个体特征

特征描述	具体特征	频数	有效比例(%)
性别	男	999	80.43
	女	243	19.57
年龄	18—25 岁	9	0.72
	26—45 岁	580	46.70
	46—60 岁	629	50.64
	61 岁及以上	24	1.94

---

　　① S.Boccaletti, M.Nardella, "Consumer willingness to pay for pesticide-free fresh fruit and vege-tables in Italy", *The international food and agribusiness management review*, Vol.3, No.3, 2000, pp. 297-310.

特征描述	具体特征	频数	有效比例(%)
受教育程度	小学及以下	40	3.22
	初中	368	29.63
	高中(包括中等职业)	561	45.17
	大专	198	15.94
	本科及以上	75	6.04
在村委会中担任的职务	村委会主任	626	50.40
	村委会副主任	261	21.02
	村委会委员	355	28.58
担任村干部的时间	1年及以下	126	10.14
	2—3年	258	22.95
	3—4年	190	15.30
	4—5年	207	16.67
	5年及以上	461	34.94

(三)村委会的基本特征

如表19-3所示,绝大多数被调查的村委会所辖人口在5 000人以下,其中1 000—5 000人的比重超过一半;村委会组成人数的分布相对分散,3人及以下、4人、5人的比重相对较高,分别为28.18%、29.15%和21.09%;有76.40%的受访村干部认为村委会在村民中的影响力较好;68.60%的被调查的村委会中村干部年人均补贴在5 000元以下。

表19-3 村委会的基本特征

特征描述	具体特征	频数	有效比例(%)
所辖人口	1 000人以下	370	29.79
	1 000—5 000人	691	55.64
	5 000—10 000人	143	11.51
	10 000人及以上	38	3.06

续表

特征描述	具体特征	频数	有效比例(%)
村委会组成人数	3 人及以下	350	28.18
	4 人	362	29.15
	5 人	262	21.09
	6 人	164	13.20
	7 人及以上	104	8.38
村干部对村委会影响力的评价	影响力较好	949	76.40
	影响力一般	202	16.26
	影响力较差	91	7.34
村干部每年人均补贴	5 000 元以下	852	68.60
	5 000—10 000 元	256	20.61
	10 000 元及以上	134	10.79

(四)村委会行为的外部表现

表 19-1 显示,现实情境下村干部对村委会参与农村食品安全风险治理行为的判断大致处于 2—4 区间,即主要集中于"比较差"、"一般"、"比较好"三种层次,而且受访村干部对题项 F_8 打分的均值最高,表明受访村委会在协助举报与查处非法收购病死畜禽(如病死猪)的行为方面表现最好。相比于其他题项,题项 F_3、F_4、F_6、F_7、F_9 的得分均值也相对较高,且以上六项(包括 F8)的内部差异也较小(表现为标准差较小),显示与其他参与治理行为相比,村委会在参与治理滥用兽药与添加剂、病死畜禽(如病死猪)的无害化处理、生猪屠宰以及食品安全知识的科普与信息预警等方面也有相对较好的表现。而与之相对应的是,题项 F_1、F_2、F_{11}、F_{12}、F_{16} 得分均值相对较低,且这五项的内部差异也相对较大,表明村委会在参与风险治理纳入基本职能、明确参与风险治理的村委会成员以及参与治理食品零售店、餐饮店、村民群体性聚餐等方面是所有参与行为中表现较差的。同时,村委会在参与报告食物中毒事件及参与治理流动摊点、集贸市场、食品小作坊、滥用农药等方面在所有行为中表现一般。可见,在现实情境下,受调查的村委会在食用农产品生产环节

的治理中具有相对较好的表现,在食品流通消费环节的治理表现相对较差,食品安全风险治理职能建设维度则分别表现出了较好和较差的两极化倾向。

四、村委会参与食品安全治理行为的实证模型分析

(一)样本的信度和效度检验

为了检验样本数据的可靠性,本书采用 SPSS 21.0 进行数据信度和效度检验。对于量表的内在信度(Internal Reliability),采用 Cronbach's α 作为评估指标,计算结果显示表 19-1 中 16 个题项的 Cronbach's α 系数高达 0.774,且删去任何一个题项,α 系数均无显著提高。同时单个题项与总体的相关系数均在 0.4 以上,可见量表内部的一致性、可靠性和稳定性较好,样本数据具有较高的可信度。进一步地,以 KMO 检验和 Bartlett's 球形检验为指标进行了数据的效度检验。KMO 检验是测度数据量表效度的重要指标,反映了变量间拥有共同因子的程度,测度值越高(接近 1.0 时)表明变量间拥有的共同因子越多,说明所用数据越适于进行因子分析。表 19-4 显示量表的 KMO 值为0.830,则非常适合对量表数据进行因子分析。而 Bartlett's 球形检验显著性水平为 0.000,由此拒绝 Bartlett's 球形检验零假设,可以认为本问卷量表建构效度良好,满足进一步研究的需要。

表 19-4   KMO 检验和 Bartlett's 球形检验

KMO 检验		0.830
Bartlett's 球形检验	χ^2 检验	3 336.815
	自由度	120
	显著性水平	0.000

(二)村委会行为的结构维度

本书采用因子分析以考察村委会参与农村食品安全风险治理现实行为的结构维度。初次因子分析结果显示,题项 F_7、F_9、F_{10}、F_{13}、F_{14}、F_{15}、F_{16} 的平均信息提取量较低,故均删除。对余下的 9 个题项进一步做因子分析,运用

方差最大正交旋转法对因子载荷阵进行旋转,解决初始载荷阵结构不够清晰、难以对因子进行解释的问题,通过 6 次迭代后得到如表 19-5 所示的 9 个题项的因子负荷量。表 19-5 显示,本书所提取的四个测度村委会参与食品安全风险治理现实行为能力的关键因子可解释 66.09% 的方差。其中,第一个因子可以解释 29.15% 的方差,与题项 F_{11} 和 F_{12} 的因子载荷都在 0.80 以上,与参与流通消费环节中食品安全风险治理行为相关,可以聚合为食品安全流通消费因子;第二个因子可以解释 13.89% 的方差,对 $F5$、$F6$、$F8$ 三个题项有绝对值较大的负荷系数,与参与食用农产品生产环节风险治理相关,可以聚合为食用农产品安全生产因子;第三个因子可以解释 11.75% 的方差,其负荷系数绝对值较大的题项是 $F3$ 和 $F4$,与职能建设中食品安全知识的科普和信息预警相关,通过各种途径帮助村民及时获得相关食品安全信息,可以聚合为宣传职能建设因子;第四个因子可以解释 11.30% 的方差,与 F_1 和 F_2 两个题项的因子载荷也都在 0.80 以上,与参与风险治理纳入基本职能、有明确参与风险治理的村委会成员等基础职能建设相关,可以聚合为基础治理职能建设因子。总体来看,表 19-1 中的食品安全风险治理职能建设维度可分解为宣传职能建设因子和基础治理职能建设因子,其他关键因子与表 19-1 构建的维度基本一致。

以上四个因子体现了现实情境下村委会参与农村食品安全风险的治理重点与治理方式。餐饮店、食品零售店等流通消费场所是食品安全流通消费因子所反映的治理重点,一旦这些场所发生诸如因食品过期或食品不卫生造成的食物中毒事件,很容易在周围群体中造成不良影响,而且在村民的配合下治理效果相对比较明显。据作者在实际调研中的观察,一些受访的村干部不同程度地认为参与治理农村食品流通与消费的主要场所,防范食物中毒事件的发生容易见效,此类参与治理行为的方式可以称为效果追求型。食用农产品安全生产因子反映村委会参与治理的重点在食用农产品生产环节,重点监管村民农兽药等使用情况,这比食品安全流通消费因子更进一步,从本质上分析,这一参与方式可以从源头上不同程度地防范食品安全风险,可以称之为源头治理型。职能建设中建立食品安全知识的科普与预警制度是宣传职能建设因子所反映的治理重点,表明村委会的职能重点就是在村域范围内进行食品安全相关信息的发布与宣传,此类参与治理行为的方式可以称为信息公开型。基础治理职能建设因子表明,村委会的职能建设逐步转型,已逐步将参与食品安全治理纳入其基础工作范畴,努力通过村委会基础职能的转变来实施食品安全风险治理的参与行为,村委会的这一参与治理行为的方式可以称为职能推动型。

因子方差贡献度越大,相应地对提升村委会的食品安全风险治理能力的贡献越大。食品安全流通消费因子的方差贡献度最大,则对食品餐饮店、零售店等流通消费环节的治理是农村食品安全风险治理中最关键、最基础的环节,对其的治理能力直接影响着村委会的风险治理能力,但根据表19-1的结果,现实情境下村委会在流通消费环节的表现相对较差,表明村委会在流通消费环节的现实治理行为与贡献度存在明显的不对称。其次为食用农产品安全生产因子,农村是食用农产品的生产来源,对滥用农兽药与添加剂、非法收购病死畜禽(如病死猪)等行为的治理也是村委会风险治理能力的重要体现,是农村食品安全风险治理的第二个重要环节,村委会在这方面的表现相对较好。宣传职能建设因子和基础治理职能建设因子的方差贡献度基本相似,这是农村食品安全风险治理的更高环节,能在前两个环节的基础上优化村委会的风险治理能力。在这两个因子的驱动下,村委会将设置合理、全面的食品安全风险治理职能,这对于全面提升村委会的风险治理能力具有重要意义,然而表19-1显示,现实情境下,基础治理职能建设因子是村委会风险治理行为中表现最差的,说明村委会亟须加强食品安全基础治理职能建设。

表 19-5　旋转后的因子载荷矩阵

调查题项	因子 1	因子 2	因子 3	因子 4
	食品安全流通消费因子	食用农产品安全生产因子	宣传职能建设因子	基础治理职能建设因子
F_{12}	0.870	0.065	0.143	0.089
F_{11}	0.849	0.169	0.128	0.088
$F8$	0.121	0.735	0.118	-0.039
$F6$	0.158	0.730	0.191	0.030
$F5$	-0.032	0.633	-0.107	0.355
$F3$	0.103	0.116	0.845	0.073
$F4$	0.164	0.083	0.832	0.092
F_2	0.044	-0.033	0.189	0.781

续表

调查题项	因子 1	因子 2	因子 3	因子 4
	食品安全流通消费因子	食用农产品安全生产因子	宣传职能建设因子	基础治理职能建设因子
F_1	0.124	0.176	-0.006	0.712
特征值	2.624	1.250	1.057	1.017
特征值方差	29.15%	13.89%	11.75%	11.30%

（三）村委会行为的分类维度

可以采用快速聚类法（K-Means 聚类算法）分类描绘村委会参与食品安全风险的治理行为。作为一种常用的硬聚类算法，快速聚类具有算法简单、聚类速度快的特点，这主要得益于其事先指定远远小于记录个数的类别数，可以减少计算量而明显提高计算的速度。因此，K-Means 聚类算法被广泛应用于处理多变量、较大样本数据，不占用太多计算空间和时间且效果明显[1]。以因子分析四个因子得分作为聚类分析的变量，其方差分析结果如表 19-6 所示。对聚类结果的类别间距离进行方差分析结果表明，类别间距离差异的概率值均为 0.000 < 0.001，即聚类结果满足分析的要求。

表 19-6　4 个因子聚类结果方差分析

	聚类		残差		F 统计量	显著性水平
	均值平方	自由度	均值平方	自由度		
因子得分 1	283.170	3	0.316	123 8	895.465	0.000
因子得分 2	257.822	3	0.378	123 8	682.697	0.000
因子得分 3	253.562	3	0.388	123 8	653.552	0.000
因子得分 4	237.115	3	0.398	123 8	237.222	0.000

K-Means 聚类的最终结果如表 19-7 所示，综合表 19-6 和表 19-7，基于风险治理的参与行为可以将村委会分为四个类型。在四个类型的村委会中，

---

[1]　林震岩：《多变量分析 SPSS 的操作与应用》，北京大学出版社 2007 年版。

第Ⅰ类型的村委会约占31.08%,此类型的村委会既不参与食用农产品生产和食品流通消费环节的风险治理,且食品安全风险治理并未有效地纳入基本职能之中,村委会职能未能与时俱进地实施改革,在食品安全治理方面几乎没有作为,可以称之为"参与传统型"村委会。第Ⅱ类型的村委会约占34.30%,此类型的村委会相对注重食品流通消费环节的治理,但并不关注食用农产品生产的风险治理,尚且没有展开参与风险治理的职能建设,可以称之为"参与起步型"村委会。第Ⅲ类型的村委会约占16.34%,此类型的村委会相对注重食品流通消费环节的风险治理和宣传职能建设,但在参与食用农产品生产环节风险治理上的作用有限,且在基础治理职能建设上也基本属于传统形态,可以称之为"参与断点型"村委会。第Ⅳ类型的村委会约占受访村委会的18.28%,此类型的村委会既注重参与风险治理的职能建设,又关注食用农产品生产环节的治理,同时也较重视食品流通消费环节的治理,相对而言,第Ⅳ类型的村委会较为全面地参与食品安全风险治理,可以称之为"参与全面型"村委会。

表19-7　聚类分析结果

项目	Ⅰ 参与传统型	Ⅱ 参与起步型	Ⅲ 参与断点型	Ⅳ 参与全面型
食品安全流通消费因子	1.183 79	−0.809 68	−0.242 68	−0.276 45
食用农产品安全生产因子	0.222 86	0.485 45	0.406 17	−1.653 21
宣传职能建设因子	0.331 16	0.556 01	−1.697 40	−0.088 63
基础治理职能建设因子	0.119 93	−0.059 20	0.136 73	−0.215 11
样本量	386	426	203	227
比例	31.08%	34.30%	16.34%	18.28%
治理行为特征	不注重食用农产品生产、食品流通消费环节的治理,也不注重基础治理职能建设和宣传职能建设	注重食品流通消费环节的治理,不注重食用农产品生产环节的治理和宣传职能建设,也不太注重基础治理职能建设	注重宣传职能建设,也比较注重食品流通消费环节的治理,但不注重食用农产品生产环节的治理和基础治理职能建设	注重基础治理职能建设和食用农产品生产环节治理,也比较注重食品流通消费环节的治理和宣传职能建设

注:表中一二三四行各数字为类别中心点,也就是各类别在各因子上的平均值。得分越小,表明该类越注重该因子。

五、村委会参与农村食品安全
风险治理的行为路径

根据以上分析,本章构建了如图 19-1 所示的村委会参与农村食品安全风险治理的行为路径,为提高我国村委会参与风险治理的能力提出理论依据。通过对现实情境下村委会参与农村食品安全风险治理行为的测度,我们可以得出以下结论。

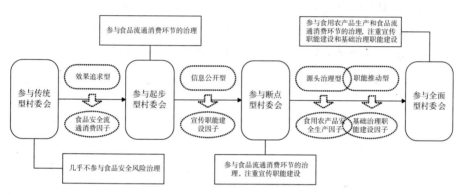

图 19-1　村委会参与农村食品安全风险治理的行为路径

第一,村委会参与农村食品安全风险治理的行为表现并不乐观。整体而言,村委会在参与风险治理纳入基本职能与明确参与风险治理的村委会成员等方面表现最差,表明现实情境下绝大多数村委会并未将食品安全治理纳入其基本工作重心,食品安全的治理工作在职能建设层面便没有受到重视。村委会在食品流通消费环节的治理表现也较差,这与其在农村食品安全治理中方差贡献度最大、最关键、最基础的地位存在明显的不对称。因此,目前亟须加强对村委会的政策支持力度,引导其加快职能转变,提高食品安全治理的能力和水平。

第二,村委会参与农村食品安全风险治理行为的结构维度明显,内含食用农产品安全生产、食品安全流通消费、宣传职能建设和基础治理职能建设等四个因子,体现了村委会参与风险治理的不同重点和行为方式:食用农产品生产环节与源头治理型,流通消费环节与效果追求型,宣传职能建设与信息公开型,基础治理职能建设与职能推动型。可见,村委会参与农村食品安全风险治理的行为并非简单表现为治理或不治理,而是呈现复杂多维的形态,其深层次的治理重点和行为方式也并不相同。相应地,加强村委会对农村食品安全风险治理的公共政策显然不能仅仅依赖对村委会参与风险治理行为的表面认识,而是要依据村委会的深层次的治理行为方式来展开政策制定。

第三,村委会参与农村食品安全风险治理行为的分类维度表明可以将村委会划分为四种不同的类型:参与传统型村委会、参与起步型村委会、参与断点型村委会和参与全面型村委会,它们在参与风险治理的行为上存在显著差异。这对更好地认识我国村委会参与风险治理的行为特征有着重要意义,可以对不同类型的村委会实施有针对性的政策,不仅节约成本而且可以明显提高政策效果。值得注意的是,仅有 18.28% 的村委会属于参与全面型,而有近三分之一的村委会属于参与传统型,这再次表明我国村委会参与农村食品安全风险治理的现实行为表现并不乐观。

参考文献

一、中文部分

1. 图书

法规应用研究中心组织编写：《中华人民共和国食品安全法一本通》，中国法制出版社2011年版。

金浩编：《经济统计分析与SAS应用》，经济科学出版社2002年版。

［法］克劳德、让·贝特朗：《媒体职业道德规范与责任体系》，宋建新译，商务印书馆2006年版。

李泰然编著：《食品安全监督管理知识读本》，中国法制出版社2012年版。

毛群安：《食品安全风险交流概论》，人民卫生出版社2014年版。

邱皓政：《潜在类别模型的原理与技术》，教育科学出版社2008年版。

荣敬本、崔之元：《从压力型体制向民主合作体制的转变：县乡两级政治体制改革》，中央编译出版社1998年版。

石阶平：《食品安全风险评估》，中国农业大学出版社2010年版。

王俊秀、杨宜音：《中国社会心态研究报告（2013）》，社会科学文献出版社2013年版。

汪应洛：《系统工程》，机械工业出版社2008年版。

吴林海、钱和等：《中国食品安全发展报告（2012）》，北京大学出版社2012年版。

吴林海、徐立青等编著：《食品国际贸易》，中国轻工业出版社2009年版。

吴林海、王建华、朱淀等：《中国食品安全发展报告（2013）》，北京大学出版社2013年版。

吴林海、尹世久、王建华等：《中国食品安全发展报告（2014）》，北京大学出版社2014年版。

徐家良、廖鸿：《中国社会组织评估发展报告》，社会科学文献出版社2014年版。

杨仁忠：《公共领域理论与和谐社会构建》，社会科学文献出版社2013年版。

尹世久：《信息不对称、认证有效性与消费者偏好：以有机食品为例》，中国社会科学出版社2013年版。

邹志飞：《食品添加剂检测指南》，中国标准出版社2010年版。

2. 论文

白丽、巩顺龙：《农民专业合作组织采纳食品安全标准的动机及效益研究》，《社会科学战线》2011 年第 12 期。

鲍金勇、程国星、李迪：《广东省农村食品安全科普教育现状调查与思考》，《广东农业科学》2012 年第 23 期。

毕井泉：《在全国食品药品监管工作座谈会暨仿制药一致性评价工作会议上的讲话》，2016 年 6 月 29 日。

边燕杰、丘海雄：《企业的社会资本及其功效》，《中国社会科学》2000 年第 2 期。

蔡书凯：《经济结构、耕地特征与病虫害绿色防控技术采纳的实证研究——基于安徽省 740 个水稻种植户的调查数据》，《中国农业大学学报》2013 年第 4 期。

陈刚、张浒：《食品安全中政府监管职能及其整体性治理：基于整体政府理论视角》，《云南财经大学学报》2012 年第 5 期。

陈丽华：《论村民自治组织保护环境的法律保障》，《湖南大学学报》2011 年第 2 期。

陈泥：《我市公布 2013 年十大食品药品典型案例》，《厦门日报》2013 年 12 月 3 日。

陈新建、谭砚文：《基于食品安全的农民专业合作社服务功能及其影响因素：以广东省水果生产合作社为例》，《农业技术经济》2013 年第 1 期。

陈彦丽：《食品安全社会共治机制研究》，《学术交流》2014 年第 9 期。

储成兵：《农户病虫害综合防治技术的采纳决策和采纳密度研究：基于 Double-Hurdle 模型的实证分析》，《农业技术经济》2015 年第 9 期。

储成兵、李平：《农户病虫害综合防治技术采纳意愿实证分析：以安徽省 402 个农户的调查数据为例》，《财贸研究》2014 年第 3 期。

邓刚宏：《构建食品安全社会共治模式的法治逻辑与路径》，《南京社会科学》2015 年第 2 期。

丁佩珠：《广州市 1976—1985 年食物中毒情况分析》，《华南预防医学》1988 年第 4 期。

董银果、徐恩波：《中德猪肉安全控制系统比较研究》，《农业经济问题》2005 年第 2 期。

范海玉、申静：《公众参与农村食品安全监管的困境及对策》，《人民论坛》2013 年第 23 期。

封俊丽：《大部制改革背景下我国食品安全监管体制探讨》，《食品工业科技》2013 年第 6 期。

付文丽等：《创新食品安全监管机制的探讨》，《中国食品学报》2015 年第 5 期。

巩顺龙、白丽、杨印生：《农民专业合作组织的食品安全标准扩散功能研究》，《经济纵横》2012 年第 1 期。

关保英：《市场经济下社会组织的法律地位探讨》，《华中理工大学学报（社会科学版）》1996 年第 3 期。

郭琛：《食品安全监管：行业自律下的维度分析》，《西北农林科技大学学报》2010 年第 5 期。

郭志全：《民间组织与中国食品安全》，《安徽农业大学学报》2010 年第 4 期。

韩长赋：《在全国农业厅局长座谈会上的讲话》，《中华人民共和国农业部公报》2011

年第 7 期。

贺澜起:《关于在食药监体制改革未完成的市县设置独立食药管机构的建议》,民建中央网站,2014-12-30。

胡冰:《十八届三中全会对"社会治理"的丰富与创新》,《特区实践与理论》2013 年第 6 期。

黄季焜、邓衡山、徐志刚:《中国农民专业合作经济组织的服务功能及其影响因素》,《管理世界》2010 年第 5 期。

黄俐华:《广东省农民专业合作经济组织运作模式的实证分析》,《广东农业科学》2007 年第 3 期。

黄琴、徐剑敏:《"黄浦江上游水域漂浮死猪事件"引发的思考》,《中国动物检疫》2013 年第 7 期。

黄璋如:《消费者对蔬菜安全偏好之联合分析》,《农业经济半年刊》1999 年第 66 期。

焦明江:《我国食品安全监管体制的完善:现状与反思》,《人民论坛》2013 年第 5 期。

李雷炜:《关于社会中介组织法律地位的思考》,首都经济贸易大学 2004 年硕士学位论文。

李本森:《破窗理论与美国的犯罪控制》,《中国社会科学》2010 年第 5 期。

李海峰:《猪场病死猪处理之我见》,《畜禽业》2013 年第 9 期。

李双双、陈毅文、李江予:《消费者网上购物决策模型分析》,《心理科学进展》2006 年第 2 期。

李晓玲:《实践困境与关系重塑:新形势下村庄治理的一种解读》,《哈尔滨市委党校学报》2015 年第 1 期

李友志:《272 家餐饮店食品添加剂使用情况调查》,《上海预防医学杂志》2009 年第 10 期。

厉曙光、陈莉莉、陈波:《我国 2004—2012 年媒体曝光食品安全事件分析》,《中国食品安全报》2014 年第 3 期。

廖成林、仇明全:《敏捷供应链背景下企业合作关系对企业绩效的影响》,《南开管理评论》2007 年第 1 期。

廖卫东、熊咪:《食品公共安全信息障碍与化解途径》,《江西农业大学学报》2009 年第 3 期。

廖西元、申红芳、王志刚:《中国特色农业规模经营"三步走"战略:从"生产环节流转"到"经营权流转"再到"承包权流转"》,《农业经济问题》2011 年第 12 期。

刘畅、张浩、安玉发:《中国食品质量安全薄弱环节、本质原因及关键控制点研究:基于 1460 个食品质量安全事件的实证分析》,《农业经济问题》2011 年第 1 期。

刘德军、杨慧、尹朝华:《农户与龙头企业的非合作行为影响因素研究:基于江西省农户的调查数据》,《统计与信息论坛》2014 年第 12 期。

刘飞、孙中伟:《食品安全社会共治:何以可能与何以可为》,《江海学刊》2015 年第 3 期。

刘广明、尤晓娜：《论食品安全治理的消费者参与及其机制构建》，《消费经济》2011 年第 3 期。

刘鹏：《中国食品安全监管：基于体制变迁与绩效评估的实证研究》，《公共管理学报》2010 年第 4 期。

刘文彬：《论健全综合性食品安全监管系统》，《消费经济》2009 年第 5 期。

刘文萃：《食品行业协会自律监管的功能分析与推进策略研究》，《湖北社会科学》2012 年第 1 期。

刘小峰、陈国华、盛昭瀚：《不同供需关系下的食品安全与政府监管策略分析》，《中国管理科学》2010 年第 2 期。

刘洋、熊学萍、刘海清等：《农户绿色防控技术采纳意愿及其影响因素研究：基于湖南省长沙市 348 个农户的调查数据》，《中国农业大学学报》2015 年第 4 期。

刘增金、乔娟：《消费者对认证食品的认知水平及影响因素分析：基于大连市的实地调研》，《消费经济》2011 年第 4 期。

刘增金、乔娟、李秉龙：《消费者对可追溯牛肉的认知及其影响因素分析：基于结构方程模型》，《技术经济》2013 年第 3 期。

马从国、赵德安、刘叶飞等：《猪肉工厂化生产的全程监控与可溯源系统研制》，《农业工程学报》2008 年第 9 期。

马骥、秦富：《消费者对安全农产品的认知能力及其影响因素：基于北京市城镇消费者有机农产品消费行为的实证分析》，《中国农村经济》2009 年第 5 期。

马小芳，《深化我国食品安全监管体制改革》，《经济研究参考》2014 年第 30 期。

马彦丽、施轶坤：《农户加入农民专业合作社的意愿、行为及其转化》，《农业技术经济》2012 年第 6 期。

马志雄、丁士军：《基于农户理论的农户类型划分方法及其应用》，《中国农村经济》2013 年第 4 期。

毛政、张启胜：《基于 NGO 参与食品安全监管作用研究》，《中国集体经济》2014 年第 33 期。

倪楠：《农村食品安全监管主体研究》，《西北农林科技大学学报》2013 年第 4 期。

牛亮云：《食品安全风险社会共治：一个理论框架》，《甘肃社会科学》2016 年第 1 期。

欧阳海燕：《近七成受访者对食品没有安全感　2010～2011 消费者食品安全信心报告》，《小康》2011 年第 1 期。

欧元军：《论社会中介组织在食品安全监管中的作用》，《华东经济管理》2010 年第 1 期。

戚建刚：《风险规制过程合法性之证成：以公众和专家的风险知识运用为视角》，《法商研究》2009 年第 5 期。

任端平等：《新食品安全法的十大亮点（一）》，《食品与发酵工业》2015 年第 7 期。

任国之、葛永元：《农村合作经济组织在农产品质量安全中的作用机制分析：以嘉兴市为例》，《农业经济问题》2008 年第 9 期。

单红梅、熊新正、胡恩华等:《科研人员个体特征对其诚信行为的影响》,《科学学与科学技术管理》2014 年第 2 期。

石岿然、王冀宁、许景:《供应链买方信任的前因及信任对合约修改弹性的影响》,《系统工程理论与实践》2014 年第 6 期。

时沁峰:《浅谈影响我国猪肉安全的问题及生产安全猪肉的措施》,《畜禽业》2009 年第 5 期。

史海根:《嘉兴市部分农村食品企业食品添加剂使用情况调查分析》,《中国预防医学杂志》2006 年第 6 期。

粟勤、刘晓娜、尹朝亮:《基于媒体报道的中国银行业消费者权益受损事件研究》,《国际金融研究》2014 年第 2 期。

孙绍荣、焦玥、刘春霞:《行为概率的数学模型》,《系统工程理论与实践》2007 年第 11 期。

孙艳华:《消费合作社:我国农村食品安全保障机制之创新》,《农村经济》2006 年第 4 期。

孙艳华、应瑞瑶:《制度演进:基于消费合作社的农村食品安全保障机制建构》,《经济体制改革》2006 年第 2 期。

孙元欣、于茂荐:《关系契约理论研究综述》,《学术交流》2010 年第 8 期。

谭德凡:《我国食品安全监管模式的反思与重构》,《湘潭大学学报》2011 年第 3 期。

唐刚:《论食品安全保障的公众参与方式及完善》,《法治与经济》2010 年第 4 期。

唐晓纯、赵建睿、刘文等:《消费者对网络食品安全信息的风险感知与影响研究》,《中国食品卫生杂志》2015 年第 7 期。

田星亮:《论网络化治理的主体及其相互关系》,《学术界》2011 年第 2 期。

同春芬、刘韦钰:《破窗理论研究述评》,《知识经济》2012 年第 23 期。

汪力斌、王贺春:《中国非营利组织人力资源管理问题》,《中国农业大学学报(社会科学版)》2007 年第 3 期。

王长彬:《病死动物无害化处理》,《中国畜牧兽医文摘》2013 年第 3 期。

王常伟、顾海英:《市场 VS 政府,什么力量影响了我国菜农农药用量的选择》,《管理世界》2013 年第 11 期。

王辉霞:《公众参与食品安全治理法治探析》,《商业研究》2012 年第 4 期。

王辉霞:《食品企业诚信机制探索》,《生产力研究》2012 年第 3 期。

王建强、王强、赵中华:《加快推进农作物病虫害绿色防控工作的对策建议》,《中国植保导刊》2015 年第 58 期。

王可山、李秉龙:《食品安全问题及其规制探讨》,《现代经济探讨》2007 年第 4 期。

王利平、王成、李晓庆:《基于生计资产量化的农户分化研究:以重庆市沙坪坝区白林村 471 户农户为例》,《地理研究》2012 年第 5 期。

王名、丁晶晶:《中国社会组织的改革发展及其趋势》,《公益时报》2013 年 10 月 15 日。

王绍光：《金钱与自主：市民社会面临的两难境地》，《开放时代》2002 年第 3 期。

王晓博、安洪武：《我国食品安全治理工具多元化的探索》，《预测》2012 年第 3 期。

王兴平：《病死动物尸体处理的技术与政策探讨》，《甘肃畜牧兽医》2011 年第 6 期。

王晓芬、邓三：《农村食品安全监管的非权力之维》，《行政与法治》2012 年第 6 期。

王艳翚：《农村突发公共卫生事件应急管理机制探究：以政府的食品安全规制职能为视角》，《中国食品卫生杂志》2010 年第 2 期。

王怡、宋宗宇：《社会共治视角下食品安全风险交流机制研究》，《华南农业大学学报（社会科学版）》2015 年第 4 期。

王怡、宋宗宇：《日本食品安全委员会的运行机制及其对我国的启示》，《现代日本经济》2011 年第 5 期。

王瑜、应瑞瑶：《养猪户的药物添加剂使用行为及其影响因素分析：基于垂直协作方式的比较研究》，《南京农业大学学报（社会科学版）》2008 年第 2 期。

魏益民、欧阳韶晖、刘为军等：《食品安全管理与科技研究进展》，《中国农业科技导报》2005 年第 5 期

邬兰娅、齐振宏、张董敏等：《养猪业环境外部性内部化的治理对策研究：以死猪漂浮事件为例》，《农业现代化研究》2013 年 6 期。

吴林海、王淑娴、徐玲玲：《可追溯食品市场消费需求研究——以可追溯猪肉为例》，《公共管理学报》2013 年第 3 期。

吴林海、徐玲玲、王晓莉：《影响消费者对可追溯食品额外价格支付意愿与支付水平的主要因素：基于 Logistic、Interval Censored 的回归分析》，《中国农村经济》2010 年第 4 期。

吴卫：《农村流通环节食品安全监管问题探讨：以湖南省为例》，《消费经济》2009 年第 6 期。

吴雪莲、张俊飚、何可：《农户高效农药喷雾技术采纳意愿：影响因素及其差异性分析》，《中国农业大学学报》2016 年第 4 期。

夏建中、张菊枝：《我国社会组织的现状与未来发展方向》，《湖南师范大学社会科学学报》2014 年第 1 期。

肖艳辉、刘亮：《我国食品安全监管体制研究：兼评我国〈食品安全法〉》，《太平洋学报》2009 年第 11 期。

徐飞、朱小军：《消费者决策过程模型与经济学需求曲线的理论证明》，《上海管理科学》2003 年第 5 期。

徐韩君：《社会中介组织参与我国食品安全治理优势的研究》，南京工业大学 2014 年硕士学位论文。

徐旭晖：《浅析供销合作社在农药市场中的作用》，《上海农业学报》2012 年第 2 期。

徐勇：《农民理性的扩张："中国奇迹"的创造主体分析：对既有理论的挑战及新的分析进路的提出》，《中国社会科学》2010 年第 1 期。

薛瑞芳：《病死畜禽无害化处理的公共卫生学意义》，《畜禽业》2012 年第 11 期。

闫振宇、陶建平、徐家鹏：《养殖农户报告动物疫情行为意愿及影响因素分析：以湖北

地区养殖农户为例》,《中国农业大学学报》2012 年第 3 期。

杨理科、徐广涛:《我国食品工业发展迅速,今年产值跃居工业部门第三位》,《人民日报》1988 年第 1 期。

杨嵘均:《论中国食品安全问题的根源及其治理体系的再建构》,《政治学研究》2012 年第 5 期。

姚锐敏:《困境与出路:社会组织公信力建设研究》,《中州学报》2013 年第 193 期。

姚文:《家庭资源禀赋、创业能力与环境友好型技术采用意愿:基于家庭农场视角》,《经济经纬》2016 年第 1 期。

姚远、任羽中:《"激活"与"吸纳"的互动:走向协商民主的中国社会治理模式》,《北京大学学报(哲学社会科学版)》2013 年第 2 期。

易成非、姜福洋:《潜规则与明规则在中国场景下的共生:基于非法拆迁的经验研究》,《公共管理学报》2014 年第 4 期。

尹世久、徐迎军、陈雨生:《食品质量信息标签如何影响消费者偏好:基于山东省 843 个样本的选择实验》,《中国农村观察》2015 年第 1 期。

应飞虎:《食品安全有奖举报制度研究》,《社会科学》2013 年第 3 期。

余聪:《社会共治食品安全的理论基础及实践指导》,《中国国情国力》2016 年第 7 期。

于华江、唐俊:《农民环境权保护视角下的乡村环境治理》,《中国农业大学学报》2012 年第 4 期。

于丽艳、王殿华、徐娜:《影响消费者对食品安全风险认知的因素分析》,《调研世界》2013 年第 9 期。

虞祎、张晖、胡浩:《排污补贴视角下的养殖户环保投资影响因素研究:基于沪、苏、浙生猪养殖户的调查分析》,《中国人口资源与环境》2012 第 2 期。

俞志元:《NGO 发展的影响因素分析:一项基于艾滋 NGO 的研究》,《复旦学报(社会科学版)》2014 年第 6 期。

郁建兴、任婉梦:《德国社会组织的人才培养模式和经验》,《中国社会组织》2013 年第 3 期。

袁端端:《七专家再议食药改革最后一役》,南方周末,《建言参考》(内部资料)2016 年第 6 期。

苑菲菲:《批发病死猪销往市场和食堂　烟台 4 人被提起公诉》,《齐鲁晚报》2014 年 12 月 16 日。

詹承豫、刘星宇:《食品安全突发事件预警中的社会参与机制》,《山东社会科学》2011 年第 5 期。

张闯、林曦:《农产品交易关系治理机制:基于角色理论的整合分析框架》,《学习与实践》2012 年第 12 期。

张德江:《全国人民代表大会常务委员会执法检查组关于检查〈中华人民共和国食品安全法〉实施情况的报告》,《中国人大》2016 年第 3 期。

张锋:《食品安全治理需要新视角》,《中国食品安全报》2012 年 10 月 11 日。

张锋:《我国食品安全多元规制模式研究》,华中农业大学 2008 年硕士学位论文。

张桂新、张淑霞:《动物疫情风险下养殖户防控行为影响因素分析》,《农村经济》2013年第 2 期。

张金亮:《基层大市场监管体制构建的困境》,《机构与行政》2015 年第 8 期。

张可、柴毅、翁道磊、翟茹玲:《猪肉生产加工信息追溯系统的分析和设计》,《农业工程学报》2010 年第 4 期。

张磊、王娜、赵爽:《中小城市居民消费行为与鲜活农产品零售终端布局研究:以山东省烟台市蔬菜零售终端为例》,《农业经济问题》2013 年第 6 期。

张梅、郭翔宇:《食品质量安全中农业合作社的作用分析》,《东北农业大学学报》2011年第 2 期。

张千友、蒋和胜:《专业合作、重复博弈与农产品质量安全水平提升的新机制:基于四川省西昌市鑫源养猪合作社品牌打造的案例分析》,《农村经济》2011 年第 10 期。

张全军等:《论中国食品安全新形势及〈食品安全法〉的修订》,《农产品加工月刊》2015 年第 3 期。

张雅燕:《养猪户病死猪无害化处理行为影响因素实证研究:基于江西养猪大县的调查》,《生态经济(学术版)》2013 年第 2 期。

张岩、刘学铭:《食品添加剂的发展状况及对策分析》,《中国食物与营养》2006 年第6 期。

张英、刘俏:《流通领域农产品质量安全对策研究》,《知识经济》2015 年第 8 期。

张雨、何艳琴、黄桂英:《试议农产品质量标准与农民专业合作经济组织》,《农村经营管理》2003 年第 9 期。

张跃华、邬小撑:《食品安全及其管制与养猪户微观行为——基于养猪户出售病死猪及疫情报告的问卷调查》,《中国农村经济》2012 年第 7 期。

章志远:《食品安全监管中的有奖举报制度研究》,《长春市委党校学报》2012 年第5 期。

赵刚、费文彬:《守护"舌尖上的安全"》,《人民法院报》2014 年 3 月 8 日。

赵佳、姜长云:《家庭农场的资源配置、运行绩效分析与政策建议:基于与普通农户比较》,《农村经济》2015 年第 3 期。

赵连阁、蔡书凯:《晚稻种植农户技术采纳的农药成本节约和粮食增产效果分析》,《中国农村经济》2013 年第 5 期。

周力、薛莘绮:《基于纵向协作关系的农户清洁生产行为研究:以生猪养殖为例》,《南京农业大学学报(社会科学版)》2014 年第 3 期。

周秋光、彭顺勇:《慈善公益组织治理能力现代化的思考:公信力建设的视角》,《湖南大学学报》2014 年第 6 期。

周秀平、刘求实:《非政府组织参与重大危机应对的影响因素研究:以应对"5·12"地震为例》,《南京师范大学学报(社会科学版)》2011 年第 5 期。

周应恒、霍丽、彭晓佳:《食品安全:消费者态度、购买意愿及信息的影响》,《中国农村经济》2004 年第 11 期。

周永博、沈敏:《基层社会自组织在食品安全中的作用》,《江苏商论》2009 年第 10 期。

朱昌俊:《执法不严是病死猪产业链的"病灶"》,《中国食品安全报》2015 年 1 月 8 日第 A2 版。

朱淀、蔡杰、王红纱:《消费者食品安全信息需求与支付意愿研究:基于可追溯猪肉不同层次安全信息的 BDM 机制研究》,《公共管理学报》2013 年第 10 期。

朱婧:《农村食品安全中政府监管行为与监管绩效的研究:基于 L 镇蔬果类食品的考察》,华中农业大学 2012 年硕士学位论文。

朱启臻、胡鹏辉、许汉泽:《论家庭农场:优势、条件与规模》,《农业经济问题》2014 年第 7 期。

竺乾威:《从新公共管理到整体性治理》,《中国行政管理》2008 年第 10 期。

祝胜林、吴同山、林伟东、张守全:《猪肉安全追溯的终端管理系统研究与应用》,《广东农业科学》2009 年第 12 期。

二、外文部分

1. 图书

Ansell, C. K., Vogel, D., *What's the Beef? The Contested Governance of European Food Safety*, Cambridge, Ma: Mit Press, 2006.

Ayres, I., Braithwaite, J., *Responsive Regulation: Transcending the Deregulation Debate*, New York, Ny: Oxford University Press, 1992.

Baldwin R., Cave M., *Understanding Regulation: Theory, Strategy, and Practice*, Oxford: Oxford University Press, 1999.

Brunsson N., Jacobsson B., *A World of Standards*, Oxford: Oxford University Press, 2000.

Cohen, J.L., Arato, A., *Civil Society and Political Theory*, Cambridge, Ma: Mit Press, 1992.

Commission on Global Governance, *Our Global Neighbourhood: The Report of the Commission on Global Governance*, London: Oxford University Press, 1995.

Davenport, T. H., Prusak, L., *Working Knowledge*, Boston: Harvard Business School Press, 1998.

Davis, G. F., Mcadam, D., Scott, W. R., *Social Movements and Organization Theory*, Cambridge: Cambridge University Press, 2005.

Fisher, J., *Non-governments: NGOs and the Political Redevelopment of the Third World*, West Hartford, CT: Kumarian Press, 1998.

Gratt, L. B., *Uncertainty in Risk Assessment, Risk Management and Decision Making*, New York: Plenum Press, 1987.

Holy, L., *The Little Czech and the Great Czech Nation: National Identity and the Postcommunist Social Transformation. Cambridge*, Cambridge University Press, 1996.

Louviere, J.J., Hensher, D.A., Swait, J.D., *Stated Choice Methods: Analysis and Applications*,

Cambridge University Press,2000.

Luce,D.S.,*A Study of Commercial Hog Production in Western New York*,Cornell University Press,1959.

Marsden,L.T.R.,Flynn,A.,*The New Regulation and Governance of Food*,*Beyond the Food Crisis*,New York and London：Routledge Press,2010.

Mas-Colell,A.,Whinston,M.D.,Green,J.,*Microeconomic Theory*,New York：McGraw-Hill Press,1995.

Maynard-Moody,S.,Musheno,M.,*Cops*,*Teachers*,*Counsellors*：*Stories from the Frontlines of Public Services*,Ann Arbor,Mi：University Of Michigan Press,2003.

Merrill,R.A,*The Centennial of U.S.Food Safety Law*：*A Legal and Administrative History*, Washington,Dc：Resource For The Future Press,2005.

Pressman,J.L.,Wildavsky,A.,*Implementation*：*How Great Expectations in Washington are Dashed in Oakland 3rd Edn*,Los Angeles,Ca：University Of California Press,1984.

Putnam,R.D.,*Making Democracy Work*：*Civic Traditions in Modern Italy*,Princeton：Princeton University Press,1993.

Richard A.P.,*Economic Analysis of Law*,Aspen Press,2010.

Tirole,J.,*The Theory of Industrial Organization*,The Mit Press,1988.

Train,K.E.,*Discrete Choice Methods with Simulation*（*2rd edition*），Cambridge University Press,2009.

Viscusi,W.K.,Vernon,J.M.,Harrington,J.E.,*Economics of Regulation and Antitrust*（*3rd Edition*），The MIT Press,2000.

Wu L.H.,Zhu D.,*Food Safety in China*：*A Comprehensive Review*,CRC Press,2014.

Zimbardo, P. G., *The Human Choice*： *Individuation*, *Reason*, *and Order Versus Deindividuation*,*Impulse*,*and Chaos*,*Nebraska Symposium On Motivation*,University Of Nebraska Press,1969.

2. 论文

Abidoye,B.,Bulut,H.,Lawrence,J.D.,et al.,"U.S.Consumers' Valuation of Quality Attributes in Beef Products",*Journal of Agricultural and Applied Economics*,Vol.43,2011.

Afriat,S.N.,"The Construction of Utility Functions from Expenditure Data",*International Economic Review*,Vol.8,No.1,1967.

Ajay,D.,Handfield,R.,Bozarth,C.,*Profiles in Supply Chain Management*：*An Empirical Examination*,33rd Annual Meeting of the Decision Sciences Institute,2002.

Akaichi,F.,Rodolfo,M.N.J.,Gil,J.M.,"Assessing Consumers' Willingness to Pay for Different Units of Organic Milk：Evidence from Multiunit Auctions",*Canadian Journal of Agricultural Economics*,Vol.60,No.4,2012.

Albersmeier,F.,Schulze,H.,Spiller,A.,"System Dynamics in Food Quality Certifications：Development of an Audit Integrity System",*International Journal of Food System Dynamics*,Vol.

1,No.1,2010.

Allahyari, M. S., Damalas, C. A., Ebadattalab, M., "Determinants of integrated pest management adoption for olive fruit fly (Bactrocera oleae) in Roudbar, Iran", *Crop Protection*, Vol.84, 2016.

Angulo, A.M., Gil, J.M., "Risk Perception and Consumer Willingness to Pay for Certified Beef in Spain", *Food Quality and Preference*, Vol.18, 2007.

Antle, J.M., "Effcient Food Safety Regulation in the Food Manufacturing Sector", American *Journal of Agricultural Economics*, Vol.78, 1996.

Awotide, B.A., Karimov, A.A., Diagne, A., "Agricultural technology adoption, commercialization and smallholder rice farmers' welfare in rural Nigeria", *Agricultural and Food Economics*, Vol.4, No.1, 2016.

Babigumira, R., Angelsen, A., Buis, M., et al., "Forest Clearing in Rural Livelihoods: Household-Level Global-Comparative Evidence", *World Development*, Vol.64, No.1, 2014.

Bailey, A.P., Garforth, C., "An industry viewpoint on the role of farm assurance in delivering food safety to the consumer: the case of the dairy sector of England and Wales", *Food policy*, No. 45, 2014.

Bakucs, L.Z., Ferto, I., Szabó, G.G., "Contractual Relationships in the Hungarian Milk Sector", *British Food Journal*, Vol.115, No.2, 2013.

Bardach, E., *The Implementation Game: What Happens after A Bill Becomes A Law*, Cambridge, Ma: The Mit, 1978 PhD Thesis.

Bartle I., Vass P., *Self-Regulation and the Regulatory State: A Survey of Policy and Practices*, Research Report, University Of Bath, 2005.

Bateman, T. S., Organ, D. W., "Job satisfaction and the good soldier: The relationship between affect and employee' citizenship'", *Academy of Management Journal*, No.26, 1983.

Bauer, R.A., *Consumer behavioral risk taking: dynamic marketing for a changing world*, proceedings of the 43rd Conference of the American Marketing Association, 1964.

Bechini, A., Ciminoa, M., Marcelloni, F., et al., "Patterns and Technologies for Enabling Supply Chain Traceability through Collaborative E-business", *Information and Software Technology*, Vol.50, 2008.

Becker, G. M., DeGroot, M. H., Marschak, J., "Measuring Utility by a Single-response Sequential Method", *Behavioral Science*, Vol.3, No.9, 1964.

Ben-Akiva, M., Gershenfeld, S., "Multi-featured Products and Services: Analysing Pricing and Bundling Strategies", *Journal of Forecasting*, Vol.17, 1998.

Berge, A. C. B., Glanville, T. D., Millner, P. D., et al., "Methods and Microbial Risks Associated with Composting of Animal Carcasses in the United States", *Journal of the American Veterinary Medical Association*, Vol.234, No.1, 2009.

Black, J., "Decentring Regulation: Understanding the Role of Regulation and Self

Regulation in A 'Post-Regulatory' World", *Current Legal Problems*, Vol.54, 2001.

Boccaletti, S., Nardella, M., "Consumer Willingness to Pay for Pesticide-Free Fresh Fruit and Vegetables in Italy", *The International Food and Agribusiness Management Review*, Vol.3, No. 3, 2000.

Bommer, M., Gratto, C., Gravander, J., et al., "A Behavioral Model of Ethical and Unethical Decision Making", *Journal of Business Ethics*, Vol.6, No.4, 1987.

Borges, J. A. R., Tauer, L. W., Lansink, A. O., "Using the theory of planned behavior to identify key beliefs underlying Brazilian cattle farmers' intention to use improved natural grassland: A MIMIC modeling approach", *Land Use Policy*, Vol.55, 2016.

Borkhani, F. R., Rezvanfar, A., Fami, H. S., et al., "Social Factors Influencing Adoption of Integrated Pest Management (IPM) Technologies by Paddy Farmers", *International Journal of Agricultural Management and Development*, Vol.3, No.3, 2013.

Boxall, P.C., Adamowicz, W.L., Swait, J., et al., "Comparison of Stated Preference Methods for Environmental Valuation", *Ecological Economics*, Vol.18, 1996.

Bradlow, E.T., Rao, V.R., "A Hierarchical Bayes Model for Assortment Choice", *Journal of Marketing Research*, Vol.37, 2000.

Breidert, C., Hahsler, M., Reutterer, T., "A Review of Methods for Measuring Willingness to Pay", *Innovative Marketing*, Vol.2, No.4, 2006.

Burton, A.W., Ralph, L.A., Robert, E.B., et al., "Thomas, Disease and Economic Development: The Impact of Parasitic Diseases in St. Luci", *International Journal of Social Economics*, Vol.1, No.1, 1974.

Buzby, J.C., Ready, R.C., Skees, J.R., "Contingent Valuation in Food Policy Analysis: A Case Study of A Pesticide−Residue Risk Reduction", *Journal of Agriculture and Applied Economics*, Vol.27, 1995.

Caduff, L., Bernauer, T., "Managing Risk and Regulation in European Food Safety Governance", *Review of Policy Research*, Vol.23, No.1, 2006.

Cantley, M., "How Should Public Policy Respond to the Challenges of Modern Biotechnology", *Current Opinion in Biotechnology*, Vol.15, No.3, 2004.

Carlsson, F., Martinsson, P., "Do Hypothetical and Actual Marginal Willingness to Pay Differ in Choice Experiments? Application to the Valuation of the Environment", *Journal of Environmental Economics and Management*, Vol.41, 2001.

Carlsson, F., Nam, P.K., Linde-Rahr, M., et al, "Are Vietnamese Farmers Concerned with Their Relative Position in Society?", *The Journal of Development Studies*, Vol.43, No.7, 2007.

Caswell, J.A., Padberg, D.L., "Toward a More Comprehensive Theory of Food Labels", *American Journal of Agricultural Economics*, No.74, 1992.

Caswell, J.A., Modjuzska, E.M., "Using Informational Labeling to Influence the Market for Quality in Food Products", *American Journal of Agricultural Economics*, No.78, 1996.

Chang J., Lusk, J., Norwood, F., "How Closely Do Hypothetical Surveys and Laboratory Experiments Predict Field Behavior?", *American Journal of Agricultural Economics*, Vol. 91, No. 1, 2009.

Chang K.H., Gotcher, D.F., "Safeguarding Investments and Creation of Transaction Value in Asymmetric International Subcontracting Relationships: The Role of Relationship Learning and Relational Capital", *Journal of World Business*, Vol.42, No.4, 2007.

Chen J., Lobo, A., "Organic Food Products in China: Determinants of Consumers' Purchase Intentions", *The International Review of Retail, Distribution and Consumer Research*, Vol.22, No. 3, 2012.

Christian, H., Klaus, J., Axel, V., "Better Regulation by New Governance Hybrids? Governance Styles and the Reform of European Chemicals Policy", *Journal of Cleaner Production*, Vol. 15, NO.18, 2007.

Clark, T.D., Zmud, R.W., Mccray, G.E., "The Outsourcing of Information Services: Transforming the Nature of Business in the Information Industry", *Journal of Information Technology*, Vol.10, No.4, 1995.

Clemens, R. L., "*Meat Traceability and Consumer Assurance in Japan*", Midwest Agribusiness Trade Research and Information Center, Iowa State University, 2003.

Cockburn, J., Coetzee, H., Berg, J.V., et al., "Large-scale sugarcane farmers' knowledge and perceptions of Eldana saccharina Walker (Lepidoptera: Pyralidae), push-pull and integrated pest management", *Crop Protection*, Vol.56, 2014.

Codron, J.M., Fares, M., Rouvière, E., "From Public to Private Safety Regulation? The Case of Negotiated Agreements in the French Fresh Produce Import Industry", *International Journal of Agricultural Resources Governance and Ecology*, Vol.6, No.3, 2007.

Coglianese, C., Lazer, D., "Management-Based Regulation: Prescribing Private Management to Achieve Public Goals", *Law & Society Review*, Vol.37, 2003.

Colin, M., Adam, K., Kelley, L., et al., "Framing Global Health: The Governance Challenge", *Global Public Health*, Vol.7, No.2, 2012.

Corradof, G.G., "Food Safety Issues: From Enlightened Elitism towards Deliberative Democracy? An Overview of Efsa's Public Consultation Instrument", *Food Policy*, Vol.37, No.4, 2012.

Danso, G., Drechsel, P., Fialor, S., et al., "Estimating the Demand for Municipal Waste Compost Via Farmers' Willingness-To-Pay in Ghana", *Waste Management*, Vol.26, No.12, 2006.

Darby, M., Karni, E., "Free Competition and the Optimal Amount of Fraud", *Journal of Law and Economics*, Vol.16, No.1, 1973.

De Krom, M.P.M.M., "Understanding Consumer Rationalities: Consumer Involvement in European Food Safety Governance of Avian Influenza", *Sociologia Ruralis*, Vol.49, No.1, 2009,.

Demortain, D., "Standardising through Concepts, the Power of Scientific Experts in International Standard-Setting", *Science and Public Policy*, Vol.35, No.6, 2008.

Department for Trade and Industry and Department for Culture, Media and Sport, *A New Future for Telecommunications*, London: The Stationery Office Cm 5010, 2000.

DeSarbo, W. S., Ramaswamy, V., Cohen, S. H., "Market Segmentation with Choice-based Conjoint Analysis", *Marketing Letters*, Vol.6, 1995.

Dickinson, D.L., Bailey, D.V., "Experimental Evidence on Willingness to Pay for Red Meat Traceability in the United States, Canada, the United Kingdom, and Japan", *Journal of Agricultural and Applied Economics*, Vol.37, 2005.

Dickinson, D.L., Bailey, D.V., "Meat Traceability: Are U.S. Consumers Willing to Pay for It?", *Journal of Agricultural and Resource Economics*, Vol.27, No.2, 2002.

Dickson, B.J., "Co-optation and Corparatism in China: The Logic Party Adaptaion", *Political Science Quarerly*, Vol.115, No.4, 2001.

Dimitrios, P.K., Evangelos, L.P., Panagiotis, D.K., "Measuring the Effectiveness of the HACCP Food Safety Management System", *Food Control*, Vol.33, No.2, 2013.

Dordeck-Jung, B., Vrielink, M.J.G.O., Hoof, J.V., et al., "Contested Hybridization of Regulation: Failure of the Dutch Regulatory System to Protect Minors from Harmful Media", *Regulation & Governance*, Vol.4, No.2, 2010.

Dyckman, L.J., *The Current State of Play: Federal and State Expenditures on Food Safety*, Washington, DC: Resource For The Future, 2005.

Edwards, M., "Participatory Governance into the Future: Roles of the Government and Community Sectors", *Australian Journal of Public Administration*, Vol.60, No.3, 2001.

Efron, B., "Bootstrap Methods: Another Look at the Jackknife", *The Annuals of Statistics*, Vol.7, No.1, 1979.

Eijlander, P., "Possibilities and Constraints in the Use of Self-Regulation and Coregulation in Legislative Policy: Experience in the Netherlands-Lessons to be Learned for the EU", *Electronic Journal of Comparative Law*, Vol.9, No.1, 2005.

Ekiert, G., "Democratization Processes in East Central Europe: A Theoretical Reconsideration", *British Journal of Political Science*, No.21, 1991.

Elbakidze, L., Nayga, J.R.M., "The Effects of Information on Willingness to Pay for Animal Welfare in Dairy Production: Application of Nonhypothetical Valuation Mechanisms", *Journal of Dairy Science*, Vol.95, No.3, 2012.

Erbaugh, J.M., Donnermeyer, J., Amujal, M., et al., "The role of women in pest management decision making in Eastern Uganda", *Journal of Agricultural and Extension Education*, Vol.10, No.3, 2003.

Fairman, R., Yapp, C., "Enforced Self-Regulation, Prescription, and Conceptions of Compliance within Small Businesses: The Impact of Enforcement", *Law & Policy*, Vol.27, No.4, 2005.

Falguera, V., Aliguer, N., Falguera, M., "An Integrated Approach to Current Trends in Food Consumption: Moving toward Functional and Organic Products", *Food Control*, Vol. 26, No.

2,2012.

Fearne, A., Garcia, M.M., Bourlakis, M., *Review of the Economics of Food Safety and Food Standards*, *Document Prepared for the Food Safety Agency*, London: Imperial College London, 2004.

Fearne, A., Martinez, M.G., "Opportunities for the Coregulation of Food Safety: Insights from the United Kingdom, Choices: The Magazine of Food", *Farm and Resource Issues*, Vol.20, No.2, 2005.

Fielding, L.M., Ellis, L., Beveridge, C., et al., "An Evaluation of HACCP Implementation Status In UK SME's in Food Manufacturing", *International Journal of Environmental Health Research*, Vol.15, No.2, 2005.

Fink, R.C., James, W.L., Hatten, K.J., "An Exploratory Study of Factors Associated with Relational Exchange Choices of Small–, medium-and large-sized Customers", *Journal of Targeting, Measurement and Analysis for Marketing*, Vol.17, No.1, 2009.

Flynn, A., Carson, L., Lee, R., et al., *The Food Standards Agency: Making A Difference*, Cardiff: The Centre For Business Relationships, Accountability, Sustainability And Society (Brass), Cardiff University, 2004 PhD Thesis.

Font, F.M., González, J., Gispert, M., et al., "Sensory Characterization of Meat from Pigs Vaccinated Against Gonadotropin Releasing Factor Compared to Meat from Surgically Castrated, Entire Male and Female Pigs", *Meat Science*, Vol.83, 2009.

Food Standards Agency, *Safe Food and Healthy Eating for All*, *Annual Report 2007/08*, London: The Food Standards Agency, 2008.

Franciosi, R., Isaac, R.M., Pingry, D.E., "An Experimental Investigation of the Hahn-Noll Revenue Neutral Auction for Emissions Licenses", *Journal of Environmental Economics and Management*, Vol.24, No.1, 1993.

Furnols, M., Realini, C., Montossi, F., et al., "Consumer's Purchasing Intention for Lamb Meat Affected by Country of Origin, Feeding System and Meat Price: A Conjoint Study in Spain, France and United Kingdom", *Food Quality and Preference*, Vol.22, 2011.

Gan, C.E.C., Luzar, E.J.A., "Conjoint Analysis of Waterfowl Hunting in Louisiana", *Journal of Agricultural and Applied Economics*, Vol.25, 1993.

Gao, X.M., Reynolds, A., Lee, J.J., "A Structural Latent Variable Approach to Modeling Consumer Perception: a Case Study of Orange Juice", *Agribusiness*, No.4, 1993.

Gao, Z., Schroeder, T.C., "Effects of Label Information on Consumer Willingness-to-pay for Food Attributes", *American Journal of Agricultural Economics*, Vol.91, No.3, 2009.

Garcia, M.M., Verbruggen, P., Fearne, A., "Risk-Based Approaches to Food Safety Regulation: What Role For Co-Regulation", *Journal of Risk Research*, Vol.16, No.9, 2013.

Gençtürk, E.F., Aulakh, P.S., "Norms-and Control-based Governance of International Manufacturer-distributor Relational Exchanges", *Journal of International Marketing*, Vol. 15, No.

1,2007.

Genius, M., Pantzios, C. J., Tzouvelekas, V., "Information Acquisition and Adoption of Organic Farming Practices", *Journal of Agricultural & Resource Economics*, Vol.31, No.1, 2006.

Gershon, F., Sara, S., "The Role of Opinion Leaders in the Diffusion of New Knowledge: The Case of Integrated Pest Management", *World Development*, Vol.7, 2006.

Golan, E.H., Krissoff, B., Kuchler, F., Nelson, K.P., et al., "Traceability in the U.S. Food Supply: Economic Theory and Industry Studies", *United States Department of Agriculture, Economic Research Service*, 2004.

Golan, E., Kuchler, F., Mitchell, L., "Economics of Food Labeling", *Journal of Consumer Policy*, Vol.24, No.2, 2001.

Goles, T., *The Impact of the Client-vendor Relationship on Outsourcing Success*, Unpublished Dissertation, Houston: University of Houston, 2001 PhD Thesis.

Gong, Y., Baylis, K., Kozak, R., et al., "Farmers' Risk Preferences and Pesticide Use Decisions: Evidence from Field Experiments in China", *Agricultural Economics*, Vol.47, No.4, 2016.

Goodwin, J.H.L., Shiptsova, R., "Changes in Market Equilibria Resulting from Food Safety Regulation in the Meat and Poultry Industries", *The International Food and Agribusiness Management Review*, Vol.5, No.1, 2002.

Gorsuch, R.L. "Psychology of Religion", *Annual Review of Psychology*, No.39, 1988.

Grazia, C., Hammoudi, A., "Food Safety Management by Private Actors: Rationale and Impact on Supply Chain Stakeholders", *Rivista Di Studi Sulla Sostenibilita*, Vol.2, No.2, 2012.

Green, A., "Comparative Development of Post-communist Civil Societies", *Europe-Asia Studies*, Vol.54, No.3, 2002.

Green, J.M., Draper, A.K., Dowler, E.A., "Short Cuts to Safety: Risk and Rules of Thumb in Accounts of Food Choice", *Health, Risk and Society*, Vol.5, No.1, 2003.

Grigsby, M., Español, E.O., Brien, D.J., "The Influence of Farm Size on Gendered Involvement in Crop Cultivation and Decision-making Responsibility of Moldovan Farmers", *Eastern European Countryside*, Vol.18, No.1, 2012.

Gunningham, N., Rees, J., "Industry Self Regulation. An Institutional Perspective", *Law and Policy*, Vol.19, No.4, 1997.

Hadjigeorgiou, A., Soteriades, E.S., Gikas, A., "Establishment of A National Food Safety Authority for Cyprus: A Comparative Proposal Based on the European Paradigm", *Food Control*, Vol.30, No.2, 2013.

Halkier, B., Holm, L., "Shifting responsibilities for food safety in Europe: an introduction", *Appetite*, No.47, 2006.

Hall, D., "Food with A Visible Face: Traceability and the Public Promotion of Private Governance in the Japanese Food System", *Geoforum*, Vol.41, No.5, 2010.

Hambrick, D.C., Mason, P.A., "Upper Echelons: the Organaization as a Reflection of Its

Top Managers", *Academy of Management Review*, Vol.9, No.2, 1984.

Hampton, P., *Reducing Administrative Burdens: Effective Inspection and Enforcement*, London: HM Treasury, 2005.

Hassan, Z., Green, R., Herath, D., "An Empirical Analysis of the Adoption of Food Safety and Quality Practices in the Canadian Food Processing Industry", *Essays in Honor of Stanley R. Johnson*, 2006.

Heckman, J.J., "Sample Selection Bias as a Specification Error", *Econometrica*, Vol.47, No.1, 1979.

Hendrickson, M.K., James, H.S., "The Ethics of Constrained Choice: How the Industrialization of Agriculture Impacts Farming and Farmer Behavior", *Journal of Agricultural and Environmental Ethics*, Vol.18, No.3, 2005.

Henson, S., Caswell, J., "Food Safety Regulation: An Overview of Contemporary Issues", *Food Policy*, Vol.24, No.6, 1999.

Henson, S., Heasman, M., "Food Safety Regulation and the Firm: Understanding the Compliance Process", *Food Policy*, Vol.23, No.1, 1998.

Henson, S., Hooker, N., "Private Sector Management of Food Safety: Public Regulation and the Role of Private Controls", *International Food and Agribusiness Management Review*, Vol.4, No.1, 2001.

Henson, S., Humphrey, J., *The Impacts of Private Food Safety Standards on the Food Chain and on Public Standard-Setting Processes*, Rome: Joint FAO/WHO Food Standards Programme, Codex Alimentarius Commission, Alinorm 09/32/9D-Part II Fao Headquarters.

Hobbs, J.E., "Identification and Analysis of the Current and Potential Benefits of a National Livestock Traceability System in Canada", *Agriculture and Agri-Food Canada*, 2007.

Hole, A.R., "A Comparison of Approaches to Estimating Confidence Intervals for Willingness to Pay Measures", *Health Economics*, Vol.16, No.8, 2007.

Hussian, M., Zia, S., Saboor, A., "The Adoption of Integrated Pest Management (IPM) Technologies by Cotton Growers in the Punjab", *Soil Environment*, Vol.30, No.1, 2011.

Hutter, B.M., *The Role of Non State Actors in Regulation*, London: The Centre for Analysis of Risk and Regulation (CARR), London School of Economics and Political Science, 2006.

Hynes, S., Garvey, E., "Modelling Farmers' Participation in an Agri-Environmental Scheme Using Panel Data: An Application to the Rural Environment Protection Scheme In Ireland", *Journal of Agricultural Economics*, Vol.60, No.3, 2009.

Ithika, C.S., Singh, S.P., Gautam, G., "Adoption of Scientific Poultry Farming Practices by the Broiler Farmers in Haryana, India", *Iranian Journal of Applied Animal Science*, Vol.3, No.2, 2013.

Jack, B.K., Leimona, B., Ferraro, P.J., "A Revealed Preference Approach to Estimating Supply Curves for Ecosystem Services: Use of Auctions to Set Payments for Soil Erosion Control in

Indonesia", *Conservation Biology*, Vol.23, No.2, 2008.

James, H.S., *The Ethical Challenges Farming: A Report on Conversations with Missouri Corn and Soybean Producers*, 2004.

James, H.S., Hendrickson, M.K., "Perceived Economic Pressures and Farmer Ethics", *Agricultural Economics*, Vol.38, No.3, 2008.

Janet, V.D., Robert, B.D., *The New Public Service: Serving, Not Steering*, M.E.Sharpe, 2002.

Janssen, M., Hamm, U., "Product Labeling in the Market for Organic Food: Consumer Preferences and Willingness-to-pay for Different Organic Certification Logos", *Food Quality and Preference*, Vol.25, No.1, 2012.

Jayasooriya, H.J.C., Aheeyar, M.M.M., "Adoption and Factors Affecting on Adoption of Integrated Pest Management among Vegetable Farmers in Sri Lanka", *Procedia Food Science*, Vol. 6, 2016.

Jeannot, G., "Les Fonctionnaires Travaillent-Ils De Plus En Plus? Un Double Inventaire Des Recherches Sur L'Activité Des Agents Publics", *Revue Française De Science Politique*, Vol.58, No.1, 2008.

Jehle, G.A., Reny, P.J., *Advanced Microeconomic Theory*, Reading: Addison-Wesley, 2001.

Jensen, L.P., Picozzi, K., Almeida, O.C.M., et al., "Social Relationships Impact Adoption of Agricultural Technologies: The Case of Food Crop Varieties in Timor-Leste", *Food Security*, Vol. 6, 2014.

Jia, C., Jukes, D., "The National Food Safety Control System of China-Systematic Review", *Food Control*, Vol.32, No.1, 2013.

Jones, R., Kelly, L., French, N., "Quantitative Estimates of the Risk of New Outbreaks of Foot-and-Mouth Disease as a Result of Burning Pyres", *The Veterinary Record*, Vol.154, No. 6, 2004.

Jones, S.L., Parry, S.M., Brien, S.J.O., et al., "Are Staff Management Practices and Inspection Risk Ratings Associated with Foodborne Disease Outbreaks in the Catering Industry in England and Wales?", *Journal of Food Protection*, Vol.71, No.3, 2008.

Julie, A.C., Eliza, M., "Using Informational Labeling to Influence the Market for Quality in Food Products", *American Journal of Agricultural Economics*, Vol.78, No.5, 1996.

Kabir, M.H., Rainis, R., "Adoption and Intensity of Integrated Pest Management (IPM) Vegetable Farming in Bangladesh: An Approach to Sustainable Agricultural Development", *Environment, Development and Sustainability*, Vol.17, No.6, 2015.

Kabir, M.H., Rainis, R., "Integrated Pest Management Farming in Bangladesh: Present Scenario and Future Prospect", *Journal of Agricultural Technology*, Vol.9, No.3, 2013.

Kafle, B., "Diffusion of Uncertified Organic Vegetable Farming Among Small Farmers in Chitwan District, Nepal: A Case of Phoolbari Village", *International Journal of Agriculture: Research and Review*, Vol.1, No.4, 2011.

Karlan, D., Osei, R., Osei-Akoto, I., Udry, C., "Agricultural Decisions after Relaxing Credit and Risk Constraints", *The Quarterly Journal of Economics*, Vol.129, No.2, 2014.

Kassie, M., Shiferaw, B., Muricho, G., "Agricultural Technology, Crop Income, and Poverty Alleviation in Uganda", *World Development*, Vol.39, No, 10, 2011.

Kerwer, D., "Rules that Many Use: Standards and Global Regulation", *Governance*, Vol.18, No.4, 2005.

Khatri, Y., Collins, R., "Impact and Status of HACCP in the Australian Meat Industry", *British Food Journal*, Vol.109, 2007.

King, B.G., Bentele, K.G., Soule, S.A., "Protest and Policymaking: Explaining Fluctuation in Congressional Attention to Rights Issues", *Social Forces*, Vol.86, No.1, 2007.

Kleter, G.A., Marvin, H.J.P., "Indicators of Emerging Hazards and Risks to Food Safety", *Food and Chemical Toxicology*, Vol.47, No.5, 2009.

Konerding, U., "Theory and Methods for Analyzing Relations Between Behavioral Intentions, Behavioral Expectations, and Behavioral Probabilities", *Methods of Psychological Research Online*, Vol.6, No.1, 2001.

Korir, J.K., Affognon, H.D., Ritho, C.N., et al., "Grower Adoption of an Integrated Pest Management Package for Management of Mango-infesting Fruit Flies (Diptera: Tephritidae) in Embu, Kenya", *International Journal of Tropical Insect Science*, Vol.35, No.2, 2015.

Krinsky, I., Robb, A.L., "On Approximating the Statistical Properties of Elasticities", *The Review of Economics and Statistics*, Vol.68, No.4, 1986.

Krueathep, W., "Collaborative Network Activities of Thai Subnational Governments: Current Practices and Future Challenges", *International Public Management Review*, Vol.9, No.2, 2008.

Lancaster, K. J., "A New Approach to Consumer Theory", *The Journal of Political Economy*, Vol.74, 1966.

Läpple, D., "Adoption and Abandonment of Organic Farming: An Empirical Investigation of the Irish Drystock Sector", *Journal of Agricultural Economics*, Vol.61, No.3, 2010.

Launio, C.C., Asis, C.A., Manalili, R.G., et al., "What Factors Influence Choice of Waste Management Practice? Evidence from Rice Straw Management in the Philippines", *Waste Management & Research*, Vol.32, No.2, 2014.

Lee T., "The Rise of International Nongovernmental Organizations: Top-down or Bottom-up Explanation", *Voluntas: International Journal of Voluntary and Nonprofit Organizations*, Vol.21, No.3, 2010.

Lester, M. S., "Global Civil Society: Dimensions of the Nonprofit Sector", The Johns Hopkins Center for Civil Society Studies, 1999.

Lester, M.S., "Rise of Nonprofit Sector", *Foreign Affairs*, No.73, 1994.

Lester, M.S., Sokolowski, S.W., *Global Civil Society: Dimensions of the Nonprofit Sector*, The Johns Hopkins Center for Civil Society Studies, 1999.

Liechty, J., Ramaswamy, V., Cohen, S. H., "Choice Menus for Mass Customization: An Experimental Approach for Analyzing Customer Demand with an Application to a Web-based Information Service", *Journal of Marketing Research*, Vol.38, 2001.

Lim, K. H., Hu, W. Y., Maynard, L. J., et al., "Consumers' Preference and Willingness to Pay for Country-of-origin-labeled Beef Steak and Food Safety Enhancements", *Canadian Journal of Agricultural Economics*, Vol.61, No.1, 2013.

Lin, T. H., Dayton, C. M. "Model Selection Information Criteria for Non-nested Latent Class Models", *Journal of Educational and Behavioral Statistics*, Vol.22, 1997.

Lipsky, M., *Street-Level Bureaucracy: Dilemmas of the Individual in Public Services*, New York: Russell Sage Foundation, 2010.

Loader, R., Hobbs, J., "Strategic Responses to Food Safety Legislation", *Food Policy*, Vol. 24, No.6, 1999.

Long, T. B., Blok, V., Coninx, I., "Barriers to the Adoption and Diffusion of Technological Innovations for Climate-smart Agriculture in Europe: Evidence from the Netherlands, France, Switzerland and Italy", *Journal of Cleaner Production*, Vol.112, No.1, 2016.

Loo, E. J. V., Caputo, V., Nayga, R. M., et al., "Consumers' Willingness to Pay for Organic Chicken Breast: Evidence from Choice Experiment", *Food Quality and Preference*, Vol.22, No. 7, 2011.

Loureiro, M. L, Hine, S., "Preferences and Willingness to Pay for GM Labeling Policies", *Food Policy*, Vol.29, 2004.

Loureiro, M. L., Umberger, W. J., "A Choice Experiment Model for Beef: What U. S. Consumer Responses Tell Us about Relative Preferences for Food Safety, Country-of-Origin Labeling and Traceability", *Food Policy*, Vol.32, No.4, 2007.

Luce, R. D., "On the Possible Psychophysical Laws", *Psychological Review*, Vol. 66, No. 2, 1959.

Lusk, J., Feldkamp, T., Schroeder, T., "Experimental Auctions Procedure: Impact on Valuation of Quality Differentiated Goods", *American Journal of Agricultural Economics*, Vol.86, No. 1, 2004.

Ma, Y., Zhang, L., "Analysis of Transmission Model of Consumers' Risk Perception of Food Safety Based on Case Analysis", *Research Journal of Applied Sciences, Engineering and Technology*, Vol.5, No.9, 2013.

Maertens, A., Barrett, C.B., "Measuring Social Network's Effects on Agricultural Technology Adoption", *American Journal of Agricultural Economics*, Vol.95, No.2, 2013.

Marian, G.M., Fearne, A., Caswell, J.A., et al., "Co-Regulation as a Possible Model for Food Safety Governance: Opportunities for Public-Private Partnerships", *Food Policy*, Vol. 32, No. 3, 2007.

Mariano, M. J., Villano, R. A., Fleming, E., "Factors Influencing Farmers' Adoption of

Modern Rice Technologies and Good Management Practices in the Philippines", *Agricultural Systems*, *Vol*.110,2012.

Martinez, M.J., Fearne, A., Caswell, J., et al., "Co-regulation as a Possible Model for Food Safety Governance: Opportunities for Public-private Partnerships", *Food Policy*, Vol.32,2007.

May, P., Burby, R., "Making Sense out of Regulatory Enforcement", *Law and Policy*, Vol. 20, No.2,1998.

Mead, P.S., Slutsker, L., Dietz, V., et al., "Food-Related Illness and Death in the United States", *Emerging Infectious Diseases*, Vol.5, No.5,1999.

Meijboom, F.V., Brom, F., "From Trust to Trustworthiness: Why Information is not Enough in the Food Sector", *Journal of Agricultural and Environmental Ethics*, Vol.19, No.5,2006.

Melly, B., "Public-private Sector Wage Differentials in Germany: Evidence from Quantile Regression", *Empirical Economics*, Vol.30, No.2,2005.

Mendola, M., "Farm Household Production Theories: A Review of 'Institutional' and 'Behavioral' Responses", *Asian Development Review*, Vol.24, No.1,2007.

Mennecke, B.E., Townsend, A.M., Hayes, D.J., et al., "A Study of the Factors that Influence Consumer Attitudes Toward Beef Products Using the Conjoint Market Analysis Tool", *Journal of Animal Science*, Vol.85,2007.

Micovic, E., "Consumer Protection and Food Safety", *Revija za Kriminalistiko in Kriminologijo*, Vol.62,2011.

Mol, A.P.J., "Governing China's Food Quality through Transparency: A Review", *Food Control*, Vol.43,2014.

Mueller, R.K., "Changes in the Wind in Corporate Governance", *Journal of Business Strategy*, Vol.1, No.4,1981.

Murage, A.W., Midega, C.A.O., Pittchar, J.O., et al., "Determinants of Adoption of Climate-smart Push-pull Technology for Enhanced Food Security through Integrated Pest Management in Eastern Africa", *Food Security*, Vol.7, No.3,2015.

Murphy, J.J., Allen, P.G., Stevens, T.H., et al., "A Meta-analysis of Hypothetical Bias in Stated Preference Valuation", *Environmental and Resource Economics*, Vol.30, No.3,2005.

Mutshewa, A., "The Use of Information by Environmental Planners: A Qualitative Study Using Grounded Theory Methodology", *Information Processing and Management: An International Journal*, Vol.46, No.2,2010.

Mzoughi, N., "Farmers Adoption of Integrated Crop Protection and Organic Farming: Do Moral and Social Concerns Matter", *Ecological Economics*, Vol.70, No.8,2011.

Nahapiet, J., Ghoshal, S., "Social Capital, Intellectual Capital, and Organizational Advantage", *Academy of Management Review*, Vol.23, No.2,1998.

Nelson, P., "Information and Consumer Behavior", *Journal of Political Economy*, Vol.78, No.2,1970.

Ng, L. T., Eheart, J. W., Cai, X., et al., "An Agent-based Model of Farmer Decision-making and Water Quality Impacts at the Watershed Scale under Markets for Carbon Allowances and a Second-generation Biofuel Crop", *Water Resources Research*, Vol.47, 2011.

Nuñez, J., "A Model of Self Regulation", *Economics Letters*, Vol.74, No.1, 2001.

Ofuoku, A. U., Egho, E. O., Enujeke, E. C., "Integrated Pest Management (IPM) Adoption among Farmers in Central Agro-ecological Zone of Delta State, Nigeria", *African Journal of Agricultural Research*, Vol.3, No.12, 2008.

Organisation for Economic Cooperation and Development (OECD), *Regulatory Policies in OECD Countries, from Interventionism to Regulatory Governance*, Report OECD, 2002.

Ortega, D. L., Wang, H. H., Widmar, O., et al., "Chinese Producer Behavior: Aquaculture Farmers in Southern China", *China Economic Review*, Vol.28, No.3, 2014.

Ortega, D. L., Wang, H. H., Wu, L., et al., "Modeling Heterogeneity in Consumer Preferences for Select Food Safety Attributes in China", *Food Policy*, Vol.36, 2011.

Ortiz, O., "Evolution of Agricultural Extension and Information Dissemination in Peru: An Historical Perspective Focusing on Potato-related Pest Control", *Agriculture and Human Values*, Vol.23, No.4, 2006.

Osborne, D., Gaebler, T., *Reinventing Government: How the Entrepreneurial Spirit is Transforming the Public Sector*, Reading, Ma: Addison-Wesley, 1992.

Park, N., Rhoads, M., Hou, J., et al., "Understanding the Acceptance of Teleconferencing Systems among Employees: An Extension of the Technology Acceptance Model", *Computers in Human Behavior*, Vol.39, 2014.

Paxton, K. W., Mishra, A. K., Chintawar, S., et al., "Intensity of Precision Agriculture Technology Adoption by Cotton Producers", *Agricultural and Resource Economics Review*, Vol.40, No.1, 2012.

Peshin, R., "Farmers' Adoptability of Integrated Pest Management of Cotton Revealed by a New Methodology", *Agronomy for Sustainable Development*, Vol.33, No.3, 2013.

Pricovic, S., Tzeng, G. H., "Compromise Solution by MCDM Methods: A Comparative Analysis of VIKOR and TOPSIS", *European Journal of Operational Research*, Vol.156, 2004.

Rahman, S., "Farm-level Pesticide Use in Bangladesh Determinants and Awareness", *Agriculture, Ecosystems and Environment*, Vol.95, No.1, 2003.

Rasouliazar, S., Fealy, S., "Affective Factors in the Wheat Farmer's Adoption of Farming Methods of Soil Management in West Azerbaijan Province, Iran", *International Journal of Agricultural Management and Development*, Vol.3, No.2, 2013.

Regattieri, A., Gamberi, M., Manzini, R., "Traceability of Food Products: General Framework and Experimental Evidence", *Journal of Food Engineering*, Vol.2, 2007.

Rezaei, M. M., Hayati, D., Rafiee, Z., "Analysis of Administrative Barriers to Pistachio Integrated Pest Management: A Case Study in Rafsanjan City", *International Journal of Modern*

Management & Foresight, Vol.1, No.1, 2014.

Rigby, D., Young, T., Burton, M., "The Development of and Prospects for Organic Farming in the UK, *Food Policy*, Vol.26, No.6, 2001.

Roosen, J., Lusk, J.L., Fox, J.A., "Consumer Demand for and Attitudes Toward Alternative Beef Labeling Strategies in France, Germany, and the UK", *Agribusiness*, Vol.19, 2003.

Rosenheim, J.A., "Costs of Lygus Herbivory on Cotton Associated with Farmer Decision-Making: An Ecoinformatics Approach", *Journal of Economic Entomology*, Vol.106, No.3, 2013.

Roth, E., Rosenthal, H., "Fisheries and Aquaculture Industries Involvement to Control Product Health and Quality Safety to Satisfy Consumer-Driven Objectives on Retail Markets in Europe", *Marine Pollution Bulletin*, Vol.53, No.10, 2006.

Rouvière, E., Caswell, J.A., "From Punishment to Prevention: A French Case Study of the Introduction of Co-regulation in Enforcing Food Safety", *Food Policy*, Vol.37, No.3, 2012.

Saha, A., Love, H.A., Schwart, R., "Adoption of Emerging Technologies under Output Uncertainty", *American Journal of Agricultural Economics*, Vol.76, No.4, 1994.

Samiee, A., Rezvanfar, A., Faham, E., "Factors Influencing the Adoption of Integrated Pest Management (IPM) by Wheat Growers in Varamin County Tran", *African Journal of Agricultural Research*, Vol.4, No.5, 2009.

Sanglestsawai, S., Rejesus, R.M., Yorobe, Jr J.M., "Economic Impacts of Integrated Pest Management (IPM) Farmer Field Schools (FFS): Evidence from Onion Farmers in the Philippines", *Agricultural Economics*, Vol.46, No.2, 2015.

Sarig, Y., "Traceability of Food Products", *Agricultural Engineering International: the CIGR Journal of Scientific Research and Development*, *Invited Overview Paper*, 2003.

Saurwein, F., "Regulatory Choice for Alternative Modes of Regulation: How Context Matters", *Law & Policy*, Vol.33, No.3, 2011.

Schnettler, B., Vidal, R., Silva, R., et al, "Consumer Willingness to Pay for Beef Meat in a Developing Country: The Effect of Information Regarding Country of Origin, Price and Animal Handling Prior to Slaughter", *Food Quality and Preference*, Vol.20, 2009.

Scott, C., "Analysing Regulatory Space: Fragmented Resources and Institutional Design", *Public Law Summer*, Vol.1, 2001.

Sharma, R., Peshin, R., "Impact of Integrated Pest Management of Vegetables on Pesticide Use in Subtropical Jammu, India", *Crop Protection*, Vol.84, 2016.

Shim, S.M., Seo S, H., Lee, Y., et al., "Consumers' Knowledge and Safety Perceptions of Food Additives: Evaluation on the Effectiveness of Transmitting Information on Preservatives", *Food Control*, Vol.22, 2011.

Shojaei, S.H., Hosseini, S.J.F., Mirdamadi, M., et al., "Investigating Barriers to Adoption of Integrated Pest Management Technologies in Iran", *Annals of Biological Research*, Vo.l4, No.1, 2013.

Sinclair, D., "Self-Regulation versus Command and Control? Beyond False Dichotomies", *Law and Policy*, Vol.19, No.4, 1997.

Sørebø, Ø., Eikebrokk, T. R., "Explaining is Continuance in Environments Where Usage is Mandatory", *Computers in Human Behavior*, Vol.24, No.5, 2008.

Sparling, D., Henson, S., Dessureault, S., et al., "Costs and Benefits of Traceability in the Canadian Dairy-processing Sector", *Journal of Food Distribution Research Distribution Research*, Vol.1, 2006.

Stanford, K., Sexton, B., "On-Farm Carcass Disposal Options for Dairies", *Advanced Dairy Technology*, Vol.18, 2006.

Starbird S.A., Amanor-Boadu V., "Contract Selectivity, Food Safety, and Traceability", *Journal of Agricultural & Food Industrial Organization*, Vol.5, No.1, 2007.

Steinberg, N., *Background Paper on GONGOs and QUANGOs and Wild NGOs*, World Federalist Movement Institute of Global Policy, 2001.

Stevens, T. H., Belkner, R., Dennis, D., et al., "Comparison of Contingent Valuation and Conjoint Analysis in Ecosystem Management", *Ecological Economics*, Vol.32, 2000.

Stoker, G., "Governance as Theory: Five Propositions", *International Social Science Journal*, Vol.155, No.50, 1998.

Stringer, R., Sang, N., Croppenstedt, A., "Producers, Processors, and Procurement Decisions: The Case of Vegetable Supply Chains in China", *World Development*, Vol.37, 2009.

Struthers, C.B., Bokemeier, J.L., "Myths and Realities of Raising Children and Creating Family Life in a Rural County", *Journal of Family Issues*, Vol.21, No.1, 2000.

Supriya, U., Ram, D., "Comparative Profile of Adoption of Integrated Pest Management (IPM) on Cabbage and Cauliflower Growers", *Research Journal of Agricultural Sciences*, Vol.4, No.5, 2013.

Taylor, S., Todd, P.A., "Understanding Information Technology Usage: A Test of Competing Models", *Information Systems Research*, Vol.6, No.2, 1995.

Tey, Y.S., Brindal, M., "Factors Influencing the Adoption of Precision Agricultural Technologies: A Review for Policy Implications", *Precision Agriculture*, Vol.13, No.6, 2012.

Thapa, G.B., Rattanasuteerakul, K., "Adoption and Extent of Organic Vegetable Farming in Maha Sarakham Province, Thailand", *Applied Geography*, Vol.31, No.1, 2011.

Thompson, M., Sylvia, G., Morrissey, M.T., "Seafood Traceability in the United States: Current Trends, System Design, and Potential Applications", *Comprehensive Reviews in Food Science and Food Safety*, Vol.4, 2005.

Timprasert, S., Datta, A., Ranamukhaarachchi, S.L., "Factors Determining Adoption of Integrated Pest Management by Vegetable Growers in Nakhon Ratchasima Province, Thailand", *Crop Protection*, Vol.62, 2014.

Todto, O., Munoz, E., Gonzalez, M. et al., "Consumer Attitudes and the Governance of Food

Safety", *Public Understanding of Science*, Vol.18, No.1, 2009.

Valeeva, N.I., Meuwissen, M.P.M., Huirne, R.B.M., "Economics of Food Safety in Chains: A Review of General Principles", *Wageningen Journal of Life Sciences*, Vol.51, No.4, 2004.

Van Rijswijk, W., Frewer, L.J., Menozzi, D., et al., "Consumer Perceptions of Traceability: A Cross-national Comparison of the Associated Benefits", *Food Quality and Preference*, Vol. 19, 2008.

Velina, P.P., "Civil Society in Post-Communist Eastern Europe and Eurasia: A Cross-National Analysis of Micro-and Macro-Factors", *World Development*, Vol.35, No.7, 2007.

Verbeke, W., Ward, R.W., *Importance of EU Label Requirements: An Application of Ordered Probit Models to Belgium Beef Labels*, American Agricultural Economics Association Annual Meetings, July, Montreal, Canada.2003.

Vignola, R., Koellner, T., .Scholz, R.W, et al., "Decision-Making by Farmers Regarding Ecosystem Services: Factors Affecting Soil Conservation Efforts in Costa Rica", *Land Use Policy*, Vol.27, No.4, 2010.

Villamil, M.B., Alexander, M., Silvis, A.H., et al., "Producer Perceptions and Information Needs Regarding Their Adoption of Bioenergy Crops", *Renewable and Sustainable Energy Reviews*, Vol.16, No.6, 2012.

Vos, E., "EU Food Safety Regulation in the Aftermath of the BES Crisis", *Journal of Consumer Policy*, Vol.23, No.3, 2000.

Wallace, G.L., Sheetz, D.S., "The Adoption of Aoftware Measures: A Technology Acceptance Model (TAM) Perspective", *Information and Management*, Vol.51, No.2, 2014.

Wang, M.J.J., Chang, T.C., "Tool Steel Materials Selection under Fuzzy Environment", *Fuzzy Sets and Systems*, Vol.72, 1995.

Westlund, H., Bolton, R., "Local Social Capital and Entrepreneurship", *Small Business Economics*, Vol.21, No.2, 2003.

Wilson, J.Q., Kelling, G.L., "Broken Windows: The Police and Neighborhood Safety", *Atlantic Monthly*, Vol.249, No.3, 1982.

Wollni, M., Brammer, B., "Productive Efficiency of Specialty and Conventional Coffee Farmers in Costa Rica: Accounting for Technological Heterogeneity and Self-selection", *Food Policy*, Vol.37, 2012.

Wu L., Wang H., Zhu D., "Analysis of Consumer Demand for Traceable Pork in China Based on a Real Choice Experiment", *China Agricultural Economic Review*, Vol.7, No.2, 2015.

Wu L.H., Xu L.L., Zhu D., et al., "Factors Affecting Consumer Willingness to Pay for Certified Traceable Food in Jiangsu Province of China", *Canadian Journal of Agricultural Economics*, Vol.60, No.3, 2012.

Wu L., Zhang Q., Shan L., et al., "Identifying Critical Factors Influencing the Use of Additives by Food Enterprises in China", *Food Control*, Vol.31, No.2, 2013.

Wu S.Y., "Adapting Contract Theory to Fit Contract Farming", *American Journal of Agricultural Economics*, Vol.96, No.5, 2014.

Yang Y., "Study of the Role of NGO in Strengthening the Food Safety and Construction of the Relevant Law", *Open Journal of Political Science*, Vol.4, No.3, 2014.

Yorobe, J.M., Rejesus, R.M., Hammig, M.D., "Insecticide Use Impacts of Integrated Pest Management (IPM) Farmer Field Schools: Evidence from Onion Farmers in the Philippines", *Agricultural Economics*, Vol.104, No.7, 2011.

Young, I., Hendrick, S., Parker, S., et al., "Knowledge and Attitudes towards Food Safety Among Canadian Dairy Producers", *Preventive Veterinary Medicine*, Vol.94, 2010.

Zhou Q., Huang W.L., Zhang Y., "Identifying Critical Success Factors in Emergency Management Using a Fuzzy Dematel Method", *Safety Science*. Vol.49, No.2, 2011.

后　记

坚持"学科交叉、特色鲜明、实证研究"的学术理念，采用多学科组合的研究方法，我们完成了《构建中国特色食品安全社会共治体系》的研究与撰写工作。本书是 2014 年国家社会科学基金重大项目《食品安全风险社会共治研究（项目编号：14ZDA069）》与 2012 年国家自然科学基金《消费者多源信任融合模型及政策应用研究：以安全食品为例（项目编号：71203122）》的阶段性研究成果。本书从选题、框架的构思、写作，直至后续修改与完善，历时 5 年。在本书出版之际，我们要感谢关心、支持和帮助我们的所有学界同人和政府部门、企业实务界的朋友们！

本书由曲阜师范大学山东省食品安全治理政策研究中心首席专家尹世久教授牵头。尹世久教授负责全书的整体设计、修正研究大纲、确定研究重点，协调研究过程中的关键问题，并且在完成自身研究任务的同时，最终对全书进行完整、统一的修改与把关。曲阜师范大学高杨副教授协助尹世久教授展开了相关方面的研究工作，并承担了本书部分章节的撰写工作。江南大学江苏省食品安全研究基地首席专家吴林海教授对本书的撰写提出了若干建设性的指导意见，尤其是对全书的研究框架、基本思路以及研究中的关键问题等进行了具体指导。

在研究过程中，我们得到了国务院食品安全委员会办公室、国家食品药品监督管理总局、卫生计生委、农业部、质检总局、工商总局、工信部与中国标准化研究院、中国食品工业协会等国家部委、行业协会以及山东省食品安全委员会办公室、山东省食品药品监督管理局、山东省农业厅、山东省海洋与渔业厅等有关领导与人员的积极帮助。在此一并表示最诚挚的谢意！

感谢本书的主要依托单位曲阜师范大学有关领导、管理部门给予的帮助与经费支持；感谢人民出版社的各位领导、老师为本书出版所付出的辛勤劳动。李营、吕珊珊、王小楠、赵媛媛、张笑、李佩、王一琴、韩飞等曲阜师范大学的研究生承担了大量的数据处理、图表制作、文字校对等方面的具体工作。我们同时还要感谢参加相关调查以及协助进行问卷统计的曲阜师范大学与江南大学的研究生和本科生们！

需要说明的是，我们在研究过程中参考了大量的文献资料，并尽可能地在文中一一列出，但也难免会有疏忽或遗漏。我们对被引用文献的国内外作者表示感谢。

我们十分感谢关注本书以及我们所有研究成果的广大读者、专家学者与政府部门。我们将继续努力，进一步深化食品安全治理研究，在更高层次、更大范围、更宽领域全面、客观地反映中国食品安全的真实状况，更好地体现由社会管理向社会治理转型过程中中国治理食品安全的新理念、新举措、新成效，更好地总结中国食品安全社会共治体系构建与治理能力建设的基本经验。

尹世久　高　杨　吴林海

责任编辑:杨美艳　翟金明

图书在版编目(CIP)数据

构建中国特色食品安全社会共治体系/尹世久,高杨,吴林海 著. —北京:
人民出版社,2017.10
ISBN 978－7－01－018326－8

Ⅰ.①构…　Ⅱ.①尹…②高…③吴…　Ⅲ.①食品安全-安全管理-研究-
中国　Ⅳ.①TS201.6

中国版本图书馆 CIP 数据核字(2017)第 244579 号

构建中国特色食品安全社会共治体系

GOUJIAN ZHONGGUO TESE SHIPIN ANQUAN SHEHUI GONGZHI TIXI

尹世久　高 杨　吴林海　著

人民出版社 出版发行

(100706　北京市东城区隆福寺街 99 号)

北京龙之冉印务有限公司印刷　新华书店经销

2017 年 10 月第 1 版　2017 年 10 月北京第 1 次印刷
开本:710 毫米×1000 毫米 1/16　印张:32.5
字数:550 千字

ISBN 978－7－01－018326－8　定价:79.00 元

邮购地址 100706　北京市东城区隆福寺街 99 号
人民东方图书销售中心　电话 (010)65250042　65289539